和秋叶一起学

WPS Office

融会贯通Word/PPT/Excel

秋叶 刘晓阳•编著

人 民 邮 电 出 版 社
北 京

图书在版编目（ＣＩＰ）数据

和秋叶一起学WPS Office / 秋叶，刘晓阳编著. -- 北京 : 人民邮电出版社，2021.10
ISBN 978-7-115-56111-4

Ⅰ. ①和… Ⅱ. ①秋… ②刘… Ⅲ. ①办公自动化－应用软件 Ⅳ. ①TP317.1

中国版本图书馆CIP数据核字(2021)第126627号

内 容 提 要

本书通过职场中常见的各类办公文档实例，遵循“正确思路+经验总结+案例分析+解决问题”的路线，详细地介绍了 WPS Office 的基础知识和使用方法，并对办公中经常遇到的难题进行了专家级的指导。

全书共 10 章。第 1 章~第 2 章通过 9 个案例介绍文档的基本操作、科学的文档排版流程；第 3 章~第 7 章通过 18 个案例介绍电子表格的制作与美化、数据分析与汇总、图表、函数与公式及表格数据的规划求解；第 8 章~第 10 章通过 7 个案例介绍如何快速打造简单又好看的演示文稿，怎样让你的演示文稿更专业，以及演示文稿的动画设计与放映的方法。

本书精心编排知识点，帮助读者从正确的使用习惯开始，在职场办公中更高效、更专业。

◆ 编　　著　秋　叶　刘晓阳
　责任编辑　李永涛
　责任印制　彭志环

◆ 人民邮电出版社出版发行　　北京市丰台区成寿寺路 11 号
　邮编　100164　　电子邮件　315@ptpress.com.cn
　网址　https://www.ptpress.com.cn
　北京捷迅佳彩印刷有限公司印刷

◆ 开本：700×1000　1/16
　印张：22.5　　　　　　　2021 年 10 月第 1 版
　字数：478 千字　　　　　2021 年 10 月北京第 1 次印刷

定价：99.90 元

读者服务热线：(010)81055410　印装质量热线：(010)81055316
反盗版热线：(010)81055315
广告经营许可证：京东市监广登字 20170147 号

人人都可以成为 WPS 办公专家

回顾 WPS 近 3 年的重大更新，自 WPS Office 2019 发布以来，新的交互方式、创新的聚合页面、全新的视觉界面，让很多 Office 人为之沸腾，我的耳边也萦绕着很多对 WPS 的赞扬和鼓励的声音。

截至 2020 年年底，WPS 全球月度活跃用户数已经达到了 4.7 亿，云文档的日均上传量也超过 1 亿份。今天的 WPS 已经成长为国内最强大的提供办公素材和功能资源的一站式办公服务平台，到目前为止，WPS 的用户群体已经覆盖了教育工作者、设计人员、行政人员、技术人员、小微企业负责人等群体——越来越多的用户在使用 WPS 提供的产品服务。

诚然，新版本、新界面和新功能为 WPS 用户带来了全新的办公体验，但也不可避免地遇到了新问题，负责处理用户反馈的同事告诉我，金山办公每天有上千条来自用户的反馈、咨询和求助。WPS 用户的行业分布和年龄层非常广泛，对 WPS 的运用水平、功能侧重各有不同。为了能够解决用户需求，我们会帮用户讲解每一个“疑难技巧点”，一跟到底。逐渐地，很多积极反馈的用户开始成为 WPS 产品的忠实粉丝，甚至成为我们的“自来水”，热情地帮我们宣传 WPS 的各种功能。

更令人欣慰的是，越来越多的专业作者、技术精英成为 WPS 的忠实用户，他们更乐意分享各种 WPS 操作技巧，帮助普通用户加快熟悉和掌握 WPS Office，甚至帮助他们成长为 WPS 的操作专家。

本书全面翔实地介绍了 WPS Office 的使用方法，实用性较强。书中案例的讲解由浅入深，还附带练习素材和教学视频帮助学习者加以巩固。希望读者在阅读完本书后，能够快速提升 WPS Office 的使用水平，提高工作效率。希望通过本书的学习，人人都可以成为 WPS 办公专家！

感谢本书作者，感谢所有 WPS 的忠实用户。

—— 金山办公软件 高级副总裁 毕晓存

前言

这本书适合谁看?

本书适用范围较广，职场人士及学生等都可以使用，涵盖而不限于：

1. 从零开始、希望系统掌握 WPS Office 的读者，有一定基础、希望继续学习提高的读者。

2. 希望通过学习，提高工作效率的企事业白领、公务员、学生及教师等。

3. 希望通过学习，提升自己职场形象的管理者。

这本书有什么?

本书有内容（全面）、有案例（经典、实用）、有经验（高手实战总结）。

1. 有内容：一本书即可精通 WPS Office（主要包括 WPS 文字、WPS 表格和 WPS 演示）。

2. 有案例：本书包含 34 个紧贴实际工作的大案例及若干个小案例，并且每个大案例均对应一个动手练习，学习完本书，至少可以掌握 68 个不同类型的制作方法。

3. 有经验：多章最后，秋叶团队总结了职场中经常遇到的多种问题的解决经验，助你在职场中顺利进阶。

通过这本书您能学到什么?

通过学习本书，您可以轻松学会以下知识。

1. 掌握文档处理、文档修订、文档排版及各种高效技巧等，轻松搞定各种文档。

2. 掌握数据整理、表格美化、统计分析、图表、常用函数及规划求解等技巧，快速作表不加班。

3. 掌握演示文稿的设计技巧及思路，使你的演示文稿重点突出、逻辑清晰。

这本书特色是什么?

入门讲解，易于上手：无论读者是否使用过 WPS Office，都能从本书中找到最佳的起点。本书入门级的讲解，可以帮助读者快速地脱离“新手”行列。

实例为主，图文并茂：每章包含多个大案例，在讲解案例的过程中，每个知识点均以实际应用为出发点，关键操作步骤均配有对应的插图以加深理解。这种图文并茂的方式，能够使读者在学习过程中直观、清晰地看到操作过程和效果，便于深刻理解和掌握相关知识。

案例总结，操练结合：案例前，一般先介绍该案例会用到的功能及该功能下每个选项的作用；案例后则总结该案例操作的注意事项，辅助读者巩固所学。最后则通过一个与案例操作类似的动手练习，检验学习效果。

高手指导，扩展学习：本书在很多章的最后以“秋叶私房菜”的形式为读者介绍职场进阶相关技能，为读者升职加薪助力。

精心排版，实用至上：彩色印刷既美观大方，又能够突出重点、难点。精心编排的内容能够帮助读者深入理解所学知识，并实现触类旁通。

单双栏混排，超大容量：本书采用单双栏混排的形式，大大扩充了信息容量，能在有限的篇幅中为读者奉送更多的知识和实战案例。

扫码学习，方便高效：本书配套的视频教程内容与书中的知识点紧密结合并相互补充，读者不仅可以下载视频文件到计算机中学习，还可以扫描书中的二维码，在手机上观看视频，随时随地学习。

除了书，您还能得到什么？

除了与本书内容同步的教学视频外，您还可以关注“秋叶 PPT”微信公众号，联系客服获取本书的素材结果文件，以及 2000 个文档模板、1800 个表格模板、1500 个演示模板等内容。

遇到问题怎么办？

本书由秋叶和龙马高新教育联合打造，在编写本书的过程中，北京金山办公软件股份有限公司给予了我们大力的支持，此外，羊依军老师参与了本书部分案例的设计，在此，表示衷心的感谢。

我们尽心处理好每一个细节，但难免有疏漏和不妥之处，恳请广大读者不吝批评指正。

联系电子邮件：liyongtao@ptpress.com.cn。

目录

第1章 文档的基本操作

第2章 科学的文档排版流程

第3章 电子表格的制作与美化

第4章 搞定数据分析与汇总

第 5 章 玩转图表，让数据一目了然

第6章 函数与公式的应用

第7章 表格数据的规划求解

第8章 快速打造简单又好看的演示文稿

第 9 章 让你的演示文稿更专业

第10章 演示文稿的动画设计与放映

WPS 文字广泛应用于政府、学校、企业及科研单位，是一款操作简单且功能强大的文档制作软件，可以帮助个人完成日常文档的处理工作。报告编写质量的好坏不仅是个人能力的体现，较高的编写质量也是职场晋升的必备条件。

第 1 章 文档的基本操作

- 怎样高效输入特殊符号？
- 从网页中复制的内容看起来比较乱，该如何处理？
- 怎样快速查找与替换文字及格式？
- 检查文档错误的手段有哪些？

1.1 制作面试通知单

企业人力资源部通知求职者参加面试，除了通过电话通知外，也会选择以面试通知单的形式书面通知。制作面试通知单需要使用文档的新建与保存、输入特殊文本及日期和时间等功能。

插入符号菜单及功能如下图所示。

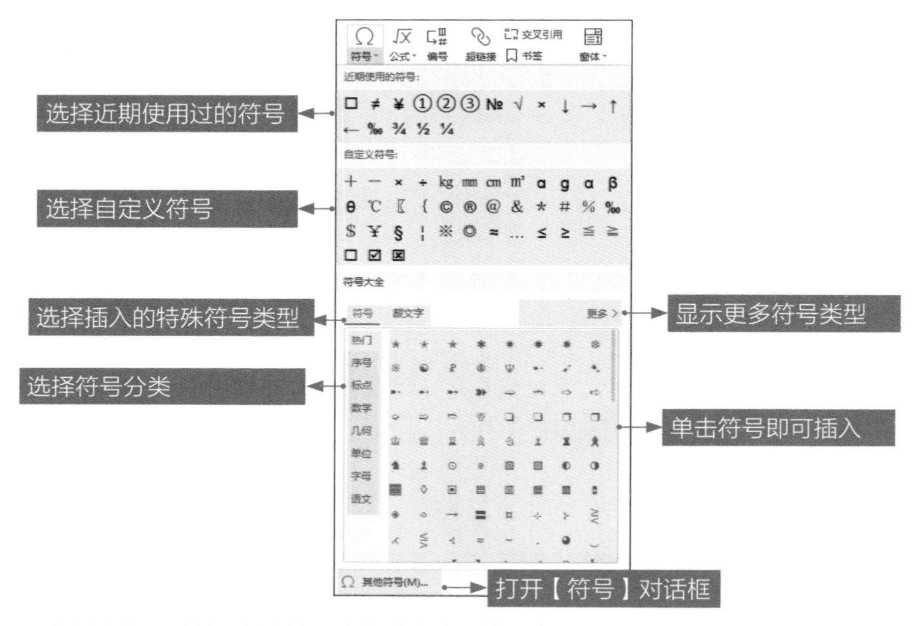

【日期和时间】对话框及功能介绍如下图所示。

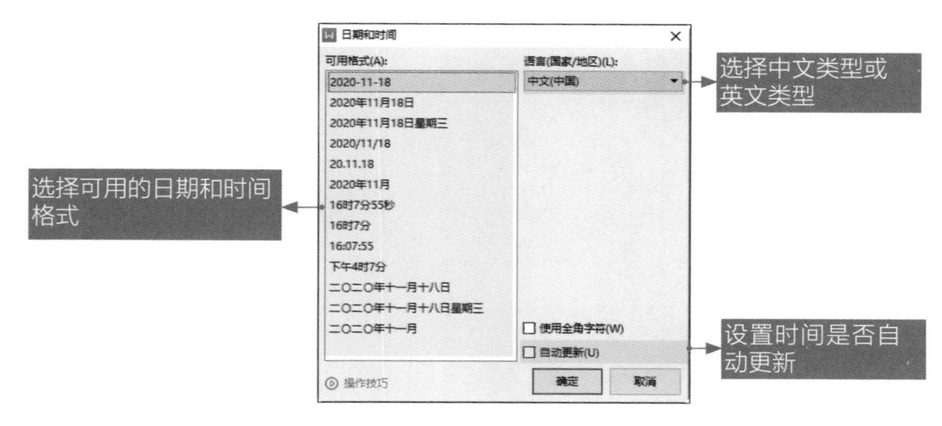

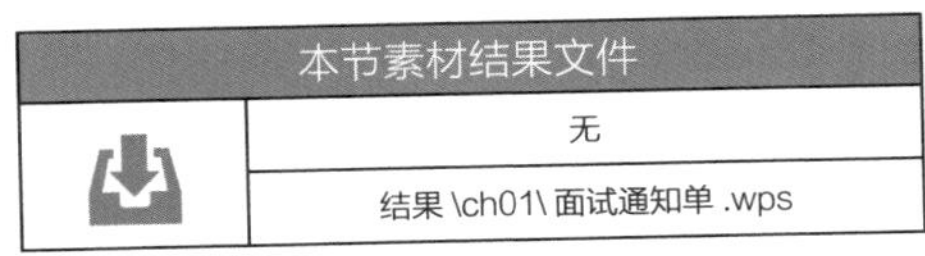

面试通知单通常包含求职者姓名、面试通知正文、面试时间、地点、需携带的资料、日期等内容。

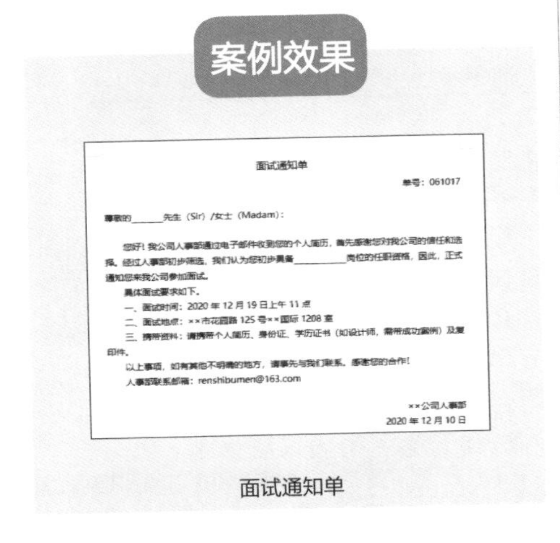

面试通知单

单号：061017

尊敬的______先生（Sir）/女士（Madam）：

您好！我公司人事部通过电子邮件收到您的个人简历，首先感谢您对我公司的信任和选择。经过人事部初步筛选，我们认为您初步具备__________岗位的任职资格，因此，正式通知您来我公司参加面试。

具体面试要求如下。

一、面试时间：2020 年 12 月 19 日上午 11 点

二、面试地点：××市花园路 125 号××国际 1208 室

三、携带资料：请携带个人简历、身份证、学历证书（如设计师，需带成功案例）及复印件。

以上事项，如有其他不明确的地方，请事先与我们联系。感谢您的合作！

人事部联系邮箱：renshibumen@163.com

××公司人事部

2020 年 12 月 10 日

面试通知单

1.1.1 文档的新建与保存

在制作面试通知单前，需要创建一个空白文档，新建文档后，可直接将空白文档保存，之后再输入内容。

1. 新建文档

步骤 1 启动 WPS，在【首页】选项卡左侧导航栏中选择【新建】命令，或在【首页】选项卡右侧单击【＋新建】按钮。

步骤 2 在新建页面选择【W 文字】选项，单击【新建空白文档】按钮，如下图所示。

创建的空白 WPS 文档如下图所示。

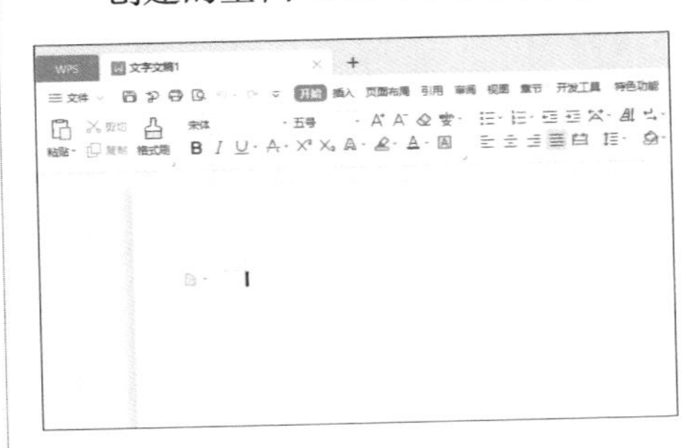

Tips

为了方便用户更加快速地创建文档，WPS 内置大量的文档模板，用户可以根据需要创建的文档类型，在右边的模板搜索栏中输入模板关键字来下载模板（部分模板需要开通会员才可以下载），通过在模板的基础上修改，可迅速创建自己所需的文档。

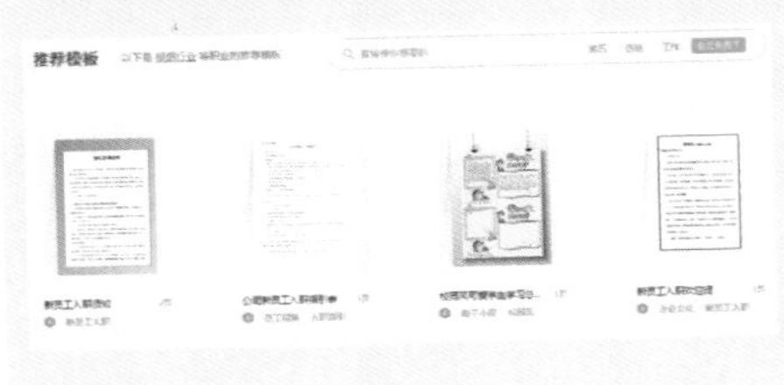

2. 保存文档

创建空白文档后，可以先将文档保存，之后再输入文档内容。

步骤 1 选择【文件】→【保存】命令，或单击左上角的【保存】按钮。

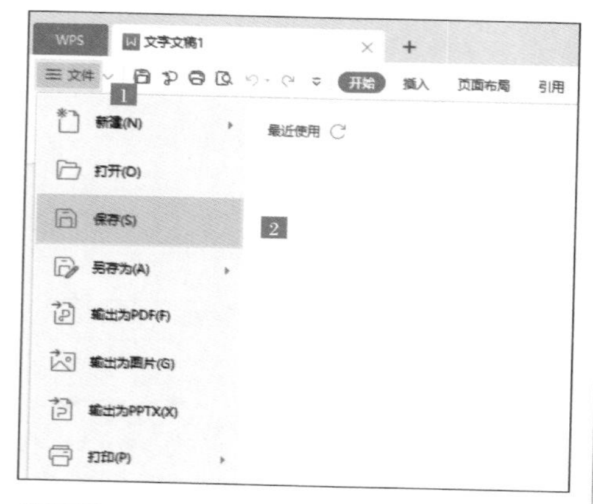

步骤 2 弹出【另存文件】窗口，在该窗口中可以自定义文档名称及存储路径。同时在文件类型的下拉菜单中可选择更多的文档类型，设置完成后单击【保存】按钮。

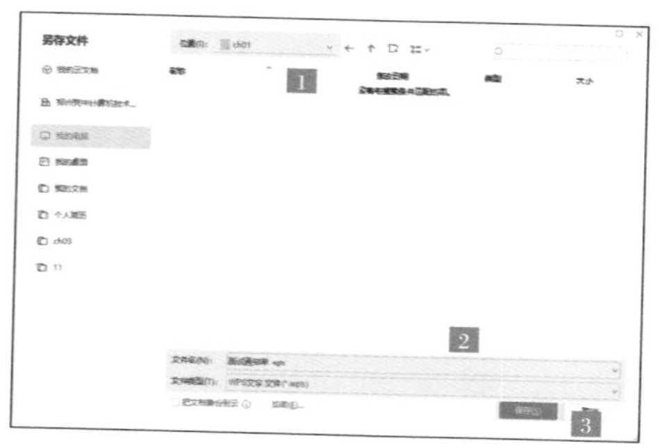

步骤 3 对于已保存过的文档，再次执行【保存】命令，将会永久覆盖原来的内容。如果用户需要使用其他名称存储文档，可选择【文件】→【另存为】命令。

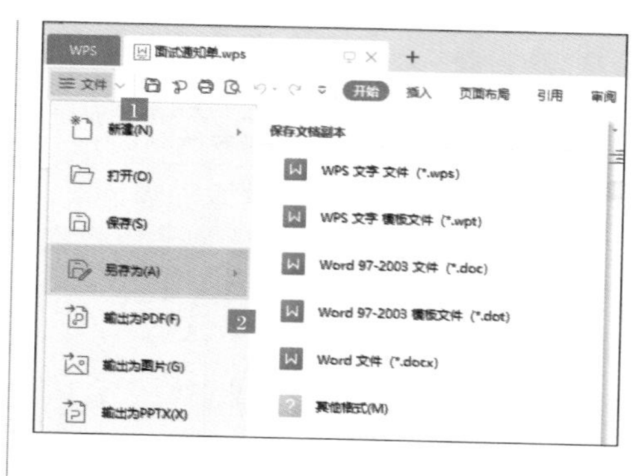

1.1.2 中英文的快速录入

快速向文档中输入文字是快速制作文档的有效保障。常用输入法有拼音输入法、五笔输入法、笔画输入法和语音输入法，这些输入法中又以拼音输入法和五笔字型输入法为主。

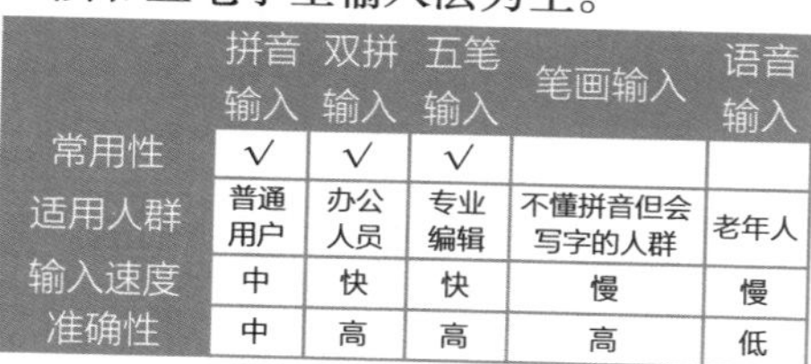

	拼音输入	双拼输入	五笔输入	笔画输入	语音输入
常用性	√	√	√		
适用人群	普通用户	办公人员	专业编辑	不懂拼音但会写字的人群	老年人
输入速度	中	快	快	慢	慢
准确性	中	高	高	高	低

单击状态栏右下角的输入法图标，可以显示当前计算机安装的输入法种类，也可以选择输入法。用户在文档中输入中文时，需要将输入法切换为中文状态，输入英文时需切换为英文状态。切换中英文输入法可以直接单击输入法中的“中”“英”字（若是五笔输入法，中文状态标示为“五”）。此外，可按【Shift】键切换中英文输入法。若用户计算机上安装了多款输入法，可按【Ctrl + Shift】组合键快速切换不同的输入法。

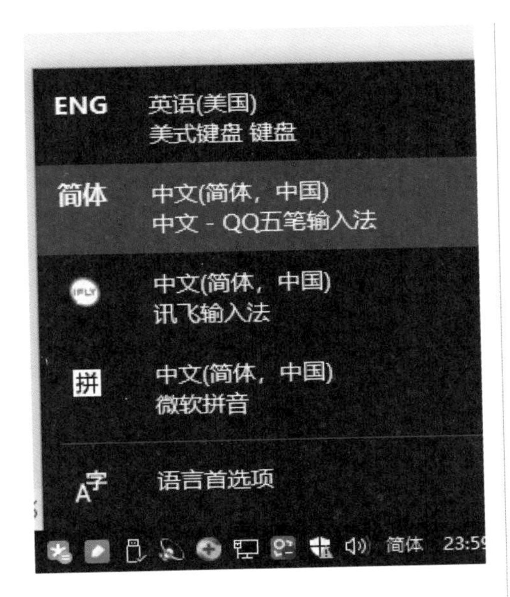

需要输入英文大写时，可按键盘上的【Caps Lock】键，输入的文字均为英文大写，再次按【Caps Lock】键将恢复正常状态。此外，在英文状态下，按【Shift】键，可临时切换到英文大写状态。

掌握输入法的相关操作后，即可开始输入面试通知单的内容。

步骤 1 在文档开始位置，输入“面试通知单”文本，按【Enter】键换行，并输入第 2 段和第 3 段文本，如右上图所示。

面试通知单
单号：061017
尊敬的________先生（）/女士（）：

步骤 2 将光标定位至“先生”后的括号内，将输入法切换至英文状态，输入“Sir”，并在“女士”后的括号内输入“Madam”。

面试通知单
单号：061017
尊敬的________先生（Sir）/女士（Madam）：

步骤 3 根据需要，输入面试通知单的其他内容，效果如下图所示。

面试通知单
单号：061017
尊敬的________先生（Sir）/女士（Madam）：
您好！我公司人事部通过电子邮件收到您的个人简历，首先感谢您对我公司的信任和选择。经过人事部初步筛选，我们认为您初步具备__________岗位的任职资格，因此，正式通知您来我公司参加面试。
具体面试要求如下。
一、面试时间：2020 年 12 月 19 日上午 11 点
二、面试地点：××市花园路 125 号××国际 1208 室
三、携带资料：请携带个人简历、身份证、学历证书（如设计师，需带成功案例）及复印件。
以上事项，如有其他不明确的地方，请事先与我们联系。感谢您的合作！
人事部联系邮箱：
××公司人事部

1.1.3 标点与特殊符号的高效录入

在文档中经常需要输入标点符号及一些特殊符号，如邮箱符号 @、商标符号 ® 等，下面介绍如何在 WPS 中快速插入标点与特殊符号。

1. 插入标点

在中文输入法状态下可输入中文标点（全角），在英文输入法状态下可输入英文标点（半角）。也可以不切换输入法状态，直接通过【中 / 英文标点】按钮切换标点的输入。

，。、！ 中文标点输入状态

,.\! 英文标点输入状态

Tips

英文中是没有顿号“、”的，通常用英文逗号“,”代替。

中文标点和英文标点的位置是一样的，那么怎样通过键盘输入“——”“、”“《》”等标点呢？下面以中文标点为例进行介绍。

在键盘上可以看到一些按键上包含两种标点符号，直接按该标点键，可输入下方的标点符号，按住【Shift】键再按该标点键，可输入上方的标点符号。

2. 插入特殊符号

步骤 1 在“人事部联系邮箱：”文本后输入邮箱地址“renshibumen”，如右图所示。

面试通知单

单号：061017

尊敬的______先生（Sir）/女士（Madam）：

您好！我公司人事部通过电子邮件收到您的个人简历，首先感谢您对我公司的信任和选择。经过人事部初步筛选，我们认为您初步具备________岗位的任职资格，因此，正式通知您来我公司参加面试。

具体面试要求如下。

一、面试时间：2020 年 12 月 19 日上午 11 点

二、面试地点：××市花园路 125 号××国际 1208 室

三、携带资料：请携带个人简历、身份证、学历证书（如设计师，需带成功案例）及复印件。

以上事项，如有其他不明确的地方，请事先与我们联系。感谢您的合作！

人事部联系邮箱：renshibumen

××公司人事部

步骤 2　单击【插入】→【自定义符号】选项下的“@”符号。

步骤 3　输入 @ 符号后，继续输入其他内容，完成邮箱地址的输入，效果如下图所示。

面试通知单
单号：061017
尊敬的______先生（Sir）/女士（Madam）：
您好！我公司人事部通过电子邮件收到您的个人简历，首先感谢您对我公司的信任和选择。经过人事部初步筛选，我们认为您初步具备__________岗位的任职资格，因此，正式通知您来我公司参加面试。
具体面试要求如下。
一、面试时间：2020 年 12 月 19 日上午 11 点
二、面试地点：××市花园路 125 号××国际 1208 室
三、携带资料：请携带个人简历、身份证、学历证书（如设计师，需带成功案例）及复印件
以上事项，如有其他不明确的地方，请事先与我们联系。感谢您的合作！
人事部联系邮箱：renshibumen@163.com
××公司人事部

1.1.4 日期、时间等特殊内容的输入

在文档中日期与时间是较常用的输入项目，在 WPS 中可以快速准确地输入当前的日期与时间，无须手工输入。

步骤 1　将光标定位至文档结束位置，单击【插入】→【日期】按钮。

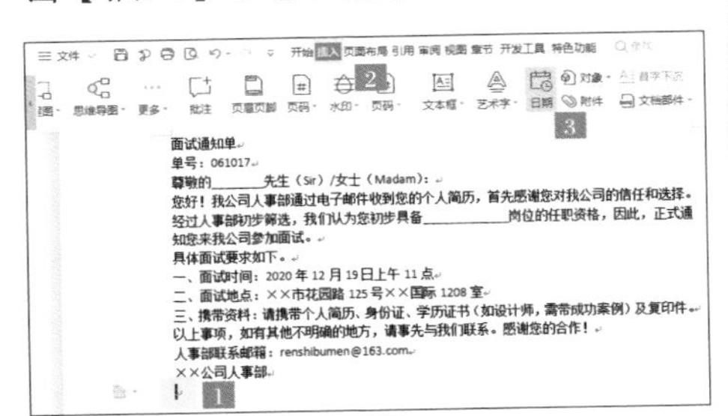

面试通知单
单号：061017
尊敬的______先生（Sir）/女士（Madam）：
您好！我公司人事部通过电子邮件收到您的个人简历，首先感谢您对我公司的信任和选择。经过人事部初步筛选，我们认为您初步具备__________岗位的任职资格，因此，正式通知您来我公司参加面试。
具体面试要求如下。
一、面试时间：2020 年 12 月 19 日上午 11 点
二、面试地点：××市花园路 125 号××国际 1208 室
三、携带资料：请携带个人简历、身份证、学历证书（如设计师，需带成功案例）及复印件
以上事项，如有其他不明确的地方，请事先与我们联系。感谢您的合作！
人事部联系邮箱：renshibumen@163.com
××公司人事部

步骤 2　弹出【日期和时间】对话框，在【可用格式】列表框中选择要插入的日期格式，单击【确定】按钮。

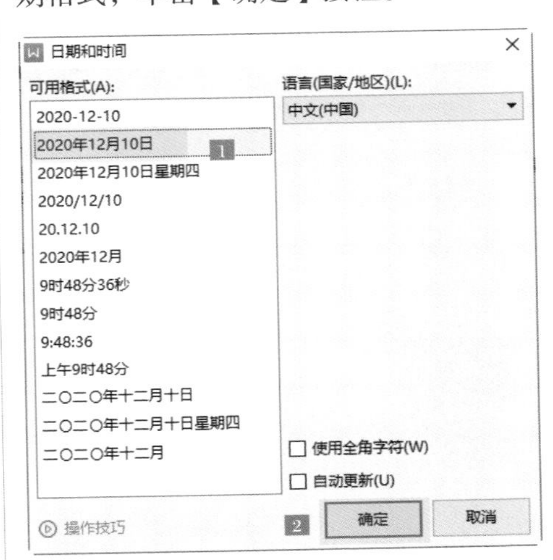

步骤 3　完成日期的插入，效果如下图所示。

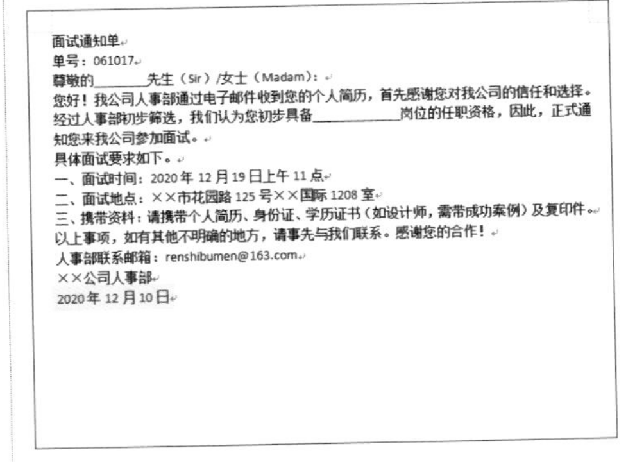

面试通知单
单号：061017
尊敬的______先生（Sir）/女士（Madam）：
您好！我公司人事部通过电子邮件收到您的个人简历，首先感谢您对我公司的信任和选择。经过人事部初步筛选，我们认为您初步具备__________岗位的任职资格，因此，正式通知您来我公司参加面试。
具体面试要求如下。
一、面试时间：2020 年 12 月 19 日上午 11 点
二、面试地点：××市花园路 125 号××国际 1208 室
三、携带资料：请携带个人简历、身份证、学历证书（如设计师，需带成功案例）及复印件
以上事项，如有其他不明确的地方，请事先与我们联系。感谢您的合作！
人事部联系邮箱：renshibumen@163.com
××公司人事部
2020 年 12 月 10 日

步骤 4　至此，面试通知单的内容输入完毕，为了使面试通知单看起来更美观，还需要设置文字的字体、字号及段落等，这部分内容将在后续章节进行介绍，这里仅展示设置后的最终效果，制作完成的面试通知单效果如下页图所示。

面试通知单

单号：061017

尊敬的______先生（Sir）/女士（Madam）：

您好！我公司人事部通过电子邮件收到您的个人简历，首先感谢您对我公司的信任和选择。经过人事部初步筛选，我们认为您初步具备__________岗位的任职资格，因此，正式通知您来我公司参加面试。

具体面试要求如下。

一、面试时间：2020 年 12 月 19 日上午 11 点

二、面试地点：××市花园路 125 号××国际 1208 室

三、携带资料：请携带个人简历、身份证、学历证书（如设计师，需带成功案例）及复印件。

以上事项，如有其他不明确的地方，请事先与我们联系。感谢您的合作！

人事部联系邮箱：renshibumen@163.com

××公司人事部

2020 年 12 月 10 日

案例总结及注意事项

（1）要养成随时保存文档的习惯，防止因意外造成文档内容丢失。

（2）如果使用的是搜狗拼音输入法，可以选择【工具箱】→【表情符号】→【符号大全】选项或按【Ctrl + Shift + Z】组合键，打开【符号大全】对话框，选择要插入的特殊符号。

动手练习：制作放假通知单

练习背景：

接到公司上级通知，为庆祝公司成功上市，从明天开始，全公司放假 3 天，需要你制作一份放假通知单，告知放假时间、工作安排及安全须知等相关事宜。

练习要求：

（1）根据当前日期，完成放假通知单中时间的修改，并在最后插入当前的日期。

（2）修改完成后，将文件另存为“放假通知 .wps”。

练习目的：

（1）学会文档创建与保存操作。

（2）掌握文字及日期的输入方法。

本节素材结果文件	
	素材 \ch01\ 放假通知 .wps
	结果 \ch01\ 放假通知 .wps

动手练习效果展示

放假通知

公司各部门：

接公司上级通知，为庆祝公司成功上市，从 2020 年 5 月 20 日开始，全公司放假 3 天，现对假期做出如下安排。

一、放假时间为 5 月 20 日至 5 月 22 日（星期三至星期五），共 3 天。5 月 23 日（星期六）和 5 月 24 日（星期日）为法定节假日，照常公休。

二、请公司各职员做好自己的假期工作安排，并检查相关设施设备，做好防火防盗工作，确保办公场所的安全、有序。

三、公司各职员假期期间应保持通讯畅通，以及时应对紧急事务。

四、全体员工在假期外出期间，应注意自身的人身和财务安全，愉快地度过假期。

特此通知！

××有限责任公司

2020 年 5 月 19 日

放假通知

1.2 全面改造劳动合同

劳动合同是常用的文档类型，一般情况下采用劳动部门制定的固定格式文本，也可以在遵循劳动法律法规的前提下，根据自身情况，制定合理、合法、有效的劳动合同。

从网络中下载的劳动合同范本并不能完全满足签订劳动合同的需要，需要修改后才能使用，如根据需求修改劳动合同的内容，或删除文档中存在的大量空格、空白段落、文字底纹及不需要的字体和段落等样式，因此，改造劳动合同常会用到【文字排版】功能。

【文字排版】菜单及功能介绍如下图所示。

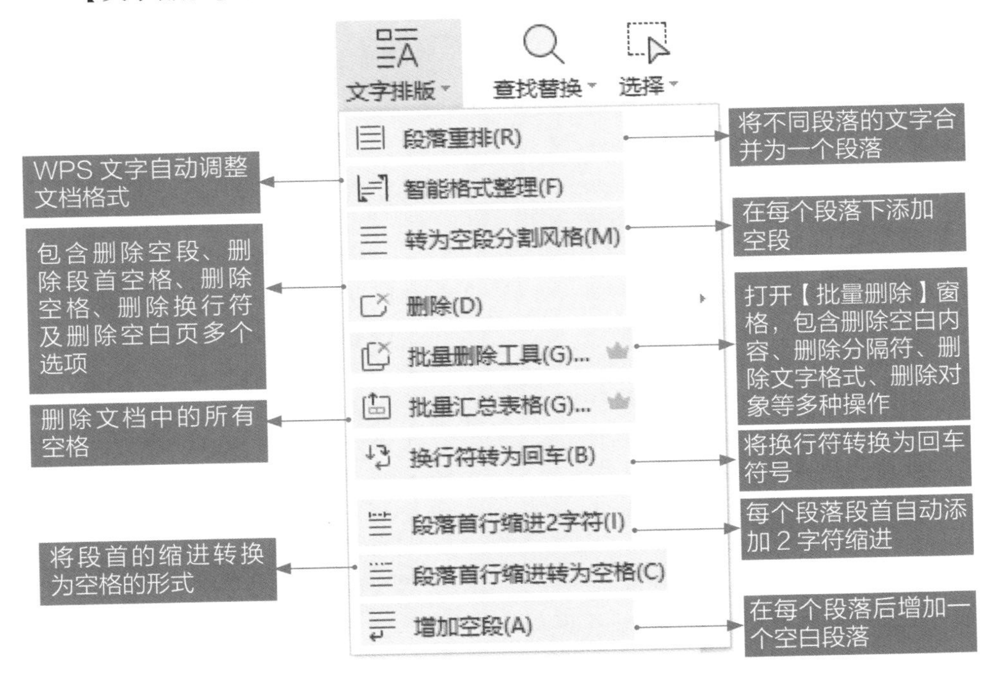

下面通过全面改造劳动合同的操作，介绍 WPS 的选择文本、清除格式及【替换】功能。

本节素材结果文件	
	素材 \ch01\ 劳动合同 .wps
	结果 \ch01\ 劳动合同 .wps

“劳动合同 .wps”素材文件已根据领导意图完成内容修改，现在需要修改文档格式，使其规范。

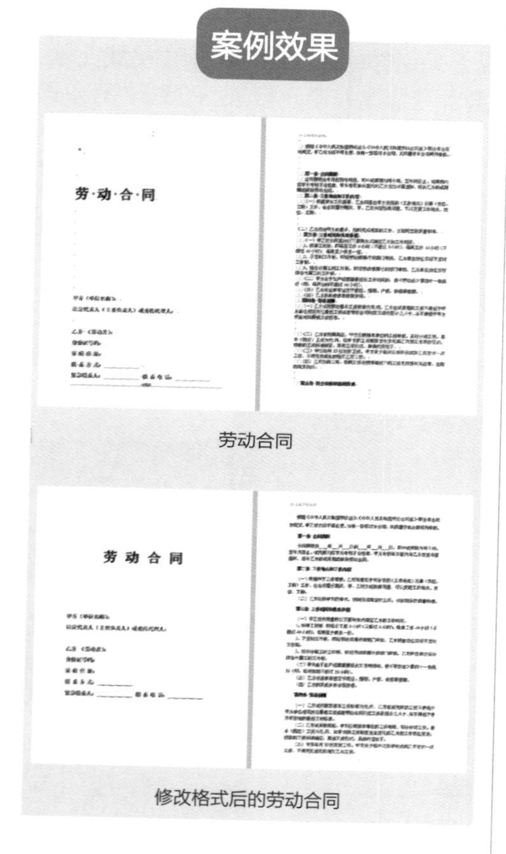

劳动合同

修改格式后的劳动合同

1.2.1 合同文本的高效选择

在修改合同内容时，只有选对文本才能根据需要修改内容，如选择某个单词、某个词组、某句话、某一行、某个段落、某一页、若干页等，常用的方法是用鼠标拖曳进行选择，但这样操作效率低下。用合适的方法选择合同文本，可以提高选择文本的速度，进而提升工作效率。

1. 使用键盘选择及定位文本

选择类型	组合键	功能
短文本	【Shift+ ←】	以字为单位，向左选择文字
	【Shift+ →】	以字为单位，向右选择文字
	【Shift+ ↑】	以行为单位，向上选择文字
	【Shift+ ↓】	以行为单位，向下选择文字
	【Shift+Home】	选择至当前行的开始位置
	【Shift+End】	选择至当前行的结束位置
长文本	【Ctrl+A】	选择全部文本
	【Ctrl+Shift+ ↑】	选择至当前段落的开始位置
	【Ctrl+Shift+ ↓】	选择至当前段落的结束位置
	【Ctrl+Shift+Home】	选择至文档的开始位置
	【Ctrl+Shift+End】	选择至文档的结束位置
定位文本	【Ctrl+F】	查找文本
	【Ctrl+H】	替换文本
	【Ctrl+G】	通过节、页、行等定位文本位置

2. 在空白页边距内通过鼠标进行选择

选择整行、整段或整篇文本时，可以通过在段落左侧的空白页边距内单击或拖曳鼠标来实现。

在空白页边距处单击鼠标左键，可选择整行。

第一条 合同期限
合同期限自年月日到年月日，其中试用期为两个月，至年月日止。试用期内经甲方考核不合格者，甲方有权单方面内向乙方发出书面通知，延长乙方的试用期或解除劳动合同。
第二条 工作地点和工作内容
（一）根据甲方工作需要，乙方同意在甲方安排的（工作地点）从事（岗位、工种）工作。在合同履行期间，甲、乙双方经协商同意，可以变更工作地点、岗位、工种。

在空白页边距处双击鼠标左键，可选中整个段落。

第一条 合同期限
合同期限自年月日到年月日，其中试用期为两个月，至年月日止。试用期内经甲方考核不合格者，甲方有权单方面内向乙方发出书面通知，延长乙方的试用期或解除劳动合同。
第二条 工作地点和工作内容
（一）根据甲方工作需要，乙方同意在甲方安排的（工作地点）从事（岗位、工种）工作。在合同履行期间，甲、乙双方经协商同意，可以变更工作地点、岗位、工种。

在空白页边距处连续单击鼠标左键 3 次可选中整篇文档。

第一条 合同期限
合同期限自年月日到年月日，其中试用期为两个月，至年月日止。试用期内经甲方考核不合格者，甲方有权单方面内向乙方发出书面通知，延长乙方的试用期或解除劳动合同。
第二条 工作地点和工作内容
（一）根据甲方工作需要，乙方同意在甲方安排的（工作地点）从事（岗位、工种）工作。在合同履行期间，甲、乙双方经协商同意，可以变更工作地点、岗位、工种。

3. 选择连续区域

定位光标位置，按住【Shift】键，在其他位置单击，即可选中两次单击位置之间的所有连续内容。

第六条 劳动保护和劳动条件和职业危害防护
（一）甲方按国家和省、市有关劳动保护规定，提供符合国家安全卫生标准的劳动作业场所和必要的劳动防护用品，切实保护乙方在生产工作中的安全和健康。对从事有职业危害作业的，应当定期进行健康检查。
（二）甲方按国家和省、市有关规定，做好女员工和未成年工的特殊劳动保护工作。
（三）乙方有权拒绝甲方的违章指挥，强令冒险作业；对甲方危害生命安全和身体健康的行为，乙方有权要求改正或向有关部门举报。

4. 选择不连续区域

选择第 1 部分内容后，按住【Ctrl】键，再选择第 2 部分内容，以此类推，可以选取多处非连续区域。

根据《中华人民共和国劳动法》和《中华人民共和国劳动合同法》等法律法规的规定，甲乙双方经平等自愿、协商一致签订本合同，共同遵守本合同所列条款。
第一条 合同期限
合同期限自____年___月___日到____年___月___日，其中试用期为两个月，至年月日止。试用期内经甲方考核不合格者，甲方有权单方面内向乙方发出书面通知，延长乙方的试用期或解除劳动合同。
第二条 工作地点和工作内容
（一）根据甲方工作需要，乙方同意在甲方安排的（工作地点）从事（岗位、工种）工作。在合同履行期间，甲、乙双方经协商同意，可以变更工作地点、岗位、工种。
（二）乙方应按甲方的要求，按时完成规定的工作，达到规定的质量标准。
第三条 工作时间和休息休假
（一）甲乙双方同意按以下第种方式确定乙方的工作时间。
1、标准工时制，即每日工作 8 小时（不超过 8 小时），每周工作 40 小时（不超过 40 小时），每周至少休息一日。

1.2.2 复制与粘贴网页上的文本

在制作劳动合同时，可通过复制、粘贴的形式借鉴网页中的内容，但将从网上或其他文档中复制的文本内容粘贴至 WPS 中时，这些文本中会包含网页中的文字格式，导致文档的显示比较乱，如字体大小不一致、段落设置不同、半角全角混用等，复制的文字还会包含多余空格、多余空白行、大量手动换行标记等，这时可以通过下面的操作处理复制来的文本。

选择合适的粘贴方法是处理复制文本的第一步。复制网页中的文本后，在 WPS 中选择【开始】→【粘贴】→【只粘贴文本】命令，可以避免粘贴文本后出现字号过大、行间距不一致、字体颜色不同等格式问题。

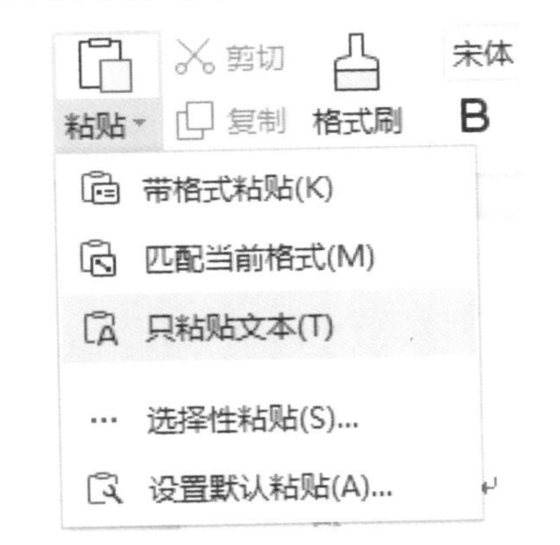

【带格式粘贴】：保持复制内容原本的格式。

【匹配当前格式】：若 WPS 文档中已经设置了某种格式，则将复制内容自动转换成文档已经设置的格式。

【只粘贴文本】：去掉复制内容中的所有格式，使用纯文本粘贴。

【选择性粘贴】：弹出【选择性粘贴】窗口，可将复制内容粘贴为无格式文本、超链接或粘贴成图片。

1.2.3 合同中特殊文本的处理

如果已经将网页中的文字格式复制到劳动合同中，并且文档显示已经混乱，如字体大小不一致、文字颜色不一致、行间距和缩进不一致或文字带有底纹，该怎么办？

可以选择全部文本，或仅选择要调整格式的段落，选择【开始】→【样式】→【清除格式】命令，即可清除所有格式。

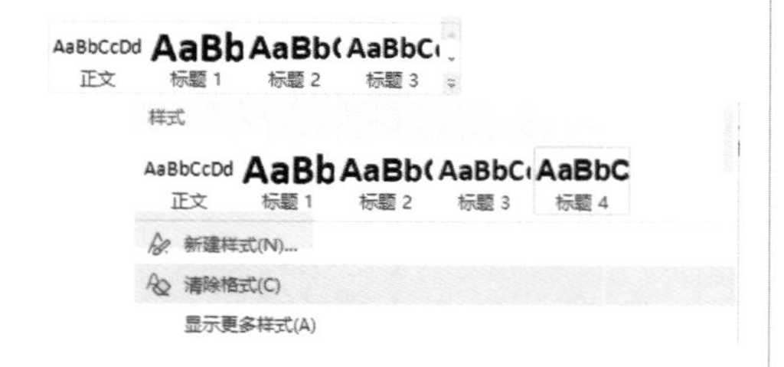

1.2.4 多余空格与手动换行符的删除

如果劳动合同中带有大量多余空格和手动换行符，将严重妨碍排版效果，如果显示出这些标记，文档看起来也不美观。

Tips

常见的格式标记有以下几种。

·：半角空格标记。

↵：向左折线，段落标记。

↓：向下箭头，手动换行标记。起换行作用，但与前面的内容仍属同一段落。

□：全角空格标记。

在改造劳动合同时，首先需要显示段落标记。可以选择【开始】→【显示/隐藏编辑标记】→【显示/隐藏段落标记】命令，该命令可在显示与隐藏段落标记之间进行切换，便于用户查看文档中是否有隐藏的空格、换行符和其他标记。

开始 插入 页面布局 引用 审阅 视图 章节 开发工具 特色功能

AaBbCcDc AaBl

显示/隐藏段落标记

显示/隐藏段落布局按钮

显示段落标记后的效果如下图所示，可以看到文档中包含的特殊符号标记。

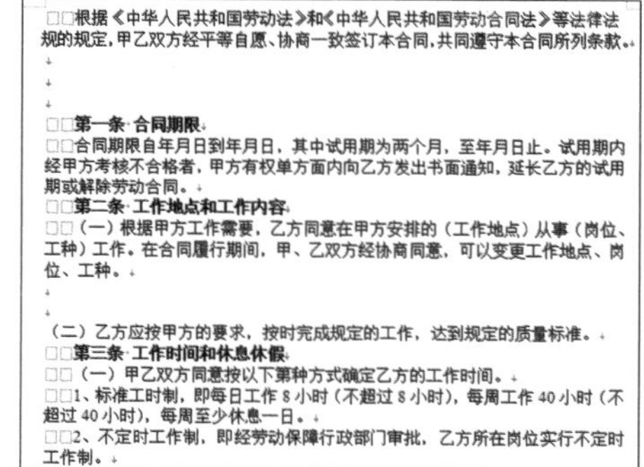

□□根据《中华人民共和国劳动法》和《中华人民共和国劳动合同法》等法律法规的规定，甲乙双方经平等自愿、协商一致签订本合同，共同遵守本合同所列条款。↵

□□**第一条 合同期限**↵
□□合同期限自年月日到年月日，其中试用期为两个月，至年月日止。试用期内经甲方考核不合格者，甲方有权单方面内向乙方发出书面通知，延长乙方的试用期或解除劳动合同。↵
□□**第二条 工作地点和工作内容**
□□（一）根据甲方工作需要，乙方同意在甲方安排的（工作地点）从事（岗位、工种）工作。在合同履行期间，甲、乙双方经协商同意，可以变更工作地点、岗位、工种。↵

（二）乙方应按甲方的要求，按时完成规定的工作，达到规定的质量标准。↵
□□**第三条 工作时间和休息休假**
□□（一）甲乙双方同意按以下第种方式确定乙方的工作时间。↵
□□1、标准工时制，即每日工作 8 小时（不超过 8 小时），每周工作 40 小时（不超过 40 小时），每周至少休息一日。↵
□□2、不定时工作制，即经劳动保障行政部门审批，乙方所在岗位实行不定时工作制。↵

1. 处理多余空格

多余的空格包含段前空格、段落中的空格，空格也分为半角空格、全角空格、圆角空格等，在 WPS 中可以使用自带的删除空格命令删除这些多余的空格。

选择【开始】→【文字排版】→【删除】→【删除空格】命令。

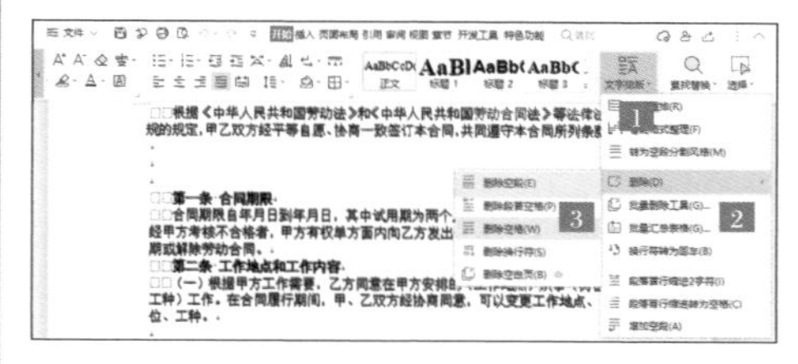

这样即可将劳动合同文档中的多

余空格删除，效果如下图所示。

根据《中华人民共和国劳动法》和《中华人民共和国劳动合同法》等法律法规的规定，甲乙双方经平等自愿、协商一致签订本合同，共同遵守本合同所列条款。

第一条合同期限
合同期限自年月日到年月日，其中试用期为两个月，至年月日止。试用期内经甲方考核不合格者，甲方有权单方面内向乙方发出书面通知，延长乙方的试用期或解除劳动合同。
第二条工作地点和工作内容
（一）根据甲方工作需要，乙方同意在甲方安排的（工作地点）从事（岗位、工种）工作。在合同履行期间，甲、乙双方经协商同意，可以变更工作地点、岗位、工种。

（二）乙方应按甲方的要求，按时完成规定的工作，达到规定的质量标准。
第三条工作时间和休息休假
（一）甲乙双方同意按以下第种方式确定乙方的工作时间。
1、标准工时制，即每日工作 8 小时（不超过 8 小时），每周工作 40 小时（不超过 40 小时），每周至少休息一日。

Tips

如果只删除段前空格，选择【删除段前空格】选项即可。此外，还可以使用【查找和替换】命令删除多余空格，在【查找内容】文本框中输入一个空格，单击【全部替换】按钮即可。

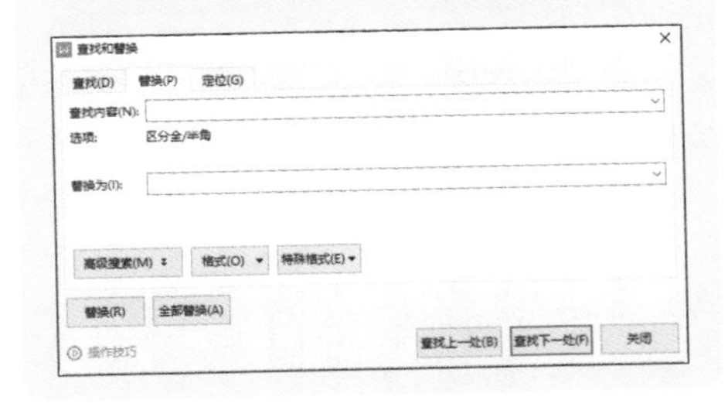

2. 处理大量的手动换行标记

选择所有文本，选择【开始】→【文字排版】→【换行符转为回车】命令。

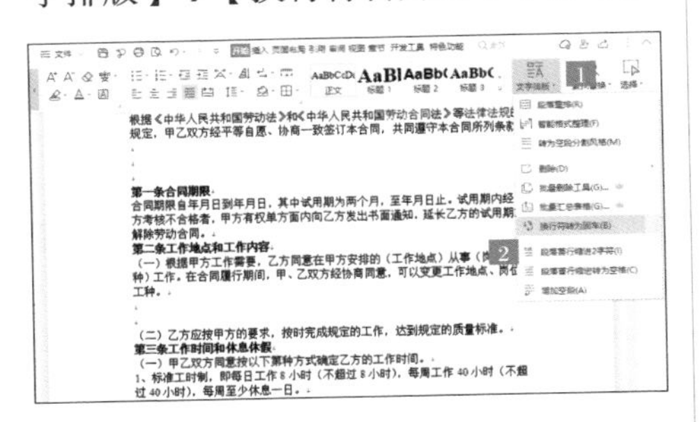

即可看到将换行标记转换为回车标记后的效果，如下图所示。

根据《中华人民共和国劳动法》和《中华人民共和国劳动合同法》等法律法规的规定，甲乙双方经平等自愿、协商一致签订本合同，共同遵守本合同所列条款。

第一条合同期限
合同期限自年月日到年月日，其中试用期为两个月，至年月日止。试用期内经甲方考核不合格者，甲方有权单方面内向乙方发出书面通知，延长乙方的试用期或解除劳动合同。
第二条工作地点和工作内容
（一）根据甲方工作需要，乙方同意在甲方安排的（工作地点）从事（岗位、工种）工作。在合同履行期间，甲、乙双方经协商同意，可以变更工作地点、岗位、工种。

（二）乙方应按甲方的要求，按时完成规定的工作，达到规定的质量标准。
第三条工作时间和休息休假
（一）甲乙双方同意按以下第种方式确定乙方的工作时间。
1、标准工时制，即每日工作 8 小时（不超过 8 小时），每周工作 40 小时（不超过 40 小时），每周至少休息一日。
2、不定时工作制，即经劳动保障行政部门审批，乙方所在岗位实行不定时工作制。
3、综合计算工时工作制，即经劳动保障行政部门审批，乙方所在岗位实行综合计算工时工作制。

Tips

此外，还可以使用查找和替换对话框删除多余空行。按【Ctrl + H】组合键打开【查找和替换】对话框，在【查找内容】文本框中输入“^l”，在【替换为】文本框中输入“^p”，单击【全部替换】按钮。

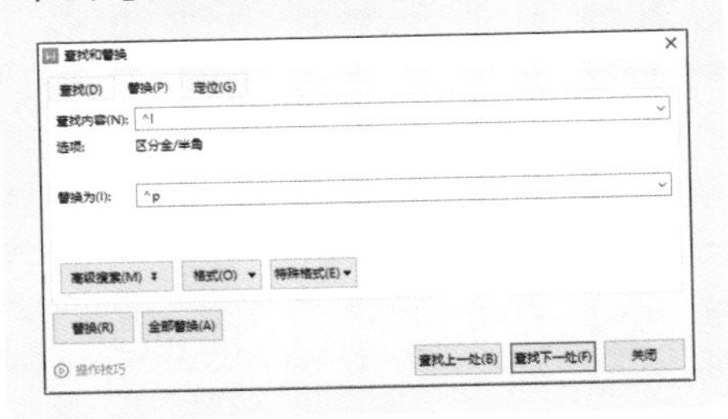

3. 处理空白段落

步骤 1　选择所有文本，选择【开始】→【文字排版】→【删除】→【删除空段】命令。

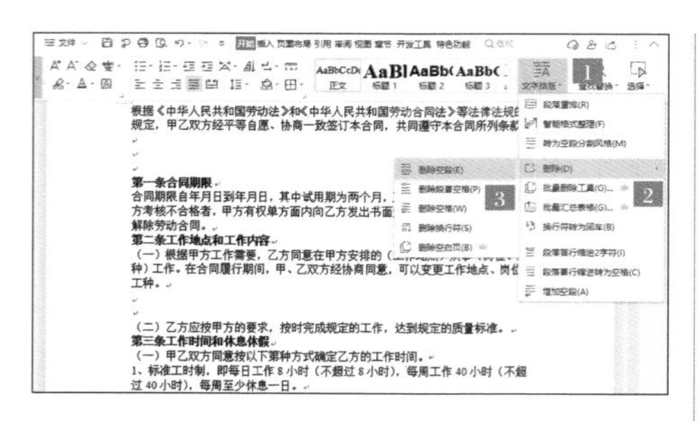

删除空白段落后的效果如下图所示。

根据《中华人民共和国劳动法》和《中华人民共和国劳动合同法》等法律法规的规定，甲乙双方经平等自愿、协商一致签订本合同，共同遵守本合同所列条款。
第一条合同期限
合同期限自年月日到年月日，其中试用期为两个月，至年月日止。试用期内经甲方考核不合格者，甲方有权单方面内向乙方发出书面通知，延长乙方的试用期或解除劳动合同。
第二条工作地点和工作内容
（一）根据甲方工作需要，乙方同意在甲方安排的（工作地点）从事（岗位、工种）工作。在合同履行期间，甲、乙双方经协商同意，可以变更工作地点、岗位、工种。
（二）乙方应按甲方的要求，按时完成规定的工作，达到规定的质量标准。
第三条工作时间和休息休假
（一）甲乙双方同意按以下第种方式确定乙方的工作时间。
1、标准工时制，即每日工作 8 小时（不超过 8 小时），每周工作 40 小时（不超过 40 小时），每周至少休息一日。
2、不定时工作制，即经劳动保障行政部门审批，乙方所在岗位实行不定时工作制。
3、综合计算工时工作制，即经劳动保障行政部门审批，乙方所在岗位实行综合计算工时工作制。
（二）甲方由于生产经营需要延长工作时间的，按《劳动法》第四十一条执行（即，每月加班不超过 36 小时）。
（三）乙方依法享有法定节假日、婚假、产假、丧假等假期。
（四）乙方的其他休息休假安排。
第四条劳动报酬

步骤 2 最后根据需要设置字体及段落样式，即可完成全面改造劳动合同的操作，最终效果如下图所示。

劳 动 合 同

甲方（单位名称）：
法定代表人（主要负责人）或委托代理人：
乙方（劳动者）：
身份证号码：
家 庭 住 址：
联 系 方 式：________
紧急联系人：________ 联 系 电 话：________

Tips

如果文档中含有大量制表符，在【查找和替换】对话框中的【查找】文本框中输入“^t”符号，单击【全部替换】按钮，即可清除制表符。

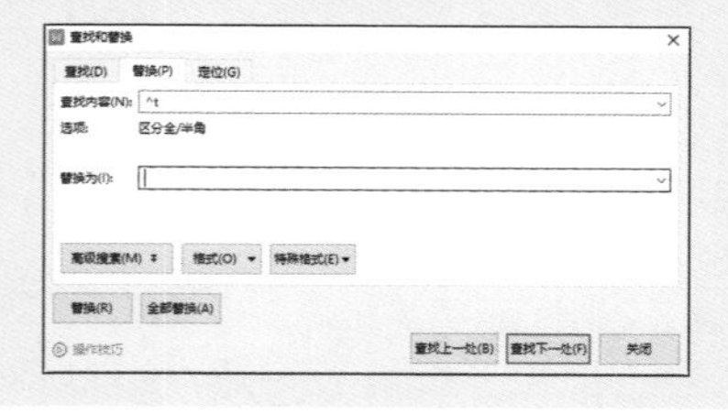

案例总结及注意事项

（1）在搜索劳动合同前首先要知道劳动合同属于哪种类型，要包含哪些内容，才能更快、更准确地找到满足要求的劳动合同。

（2）在【文字工具】菜单下还可以为所有段落设置首行缩进 2 字符，以及删除文档中的换行符等。

动手练习：制作企业合作协议书

练习背景：

从网上下载的企业合作协议书包含大量的空格、空行及段落标记，在修改协议内容前，需要先将多余的符号删除，现在公司需要你按照以下要求完成文档的处理。

练习要求：

（1）删除所有空格。

（2）将手动换行符更换为段落标记。

练习目的：

（1）学会【文字工具】命令的使用。

（2）掌握改造文档的方法。

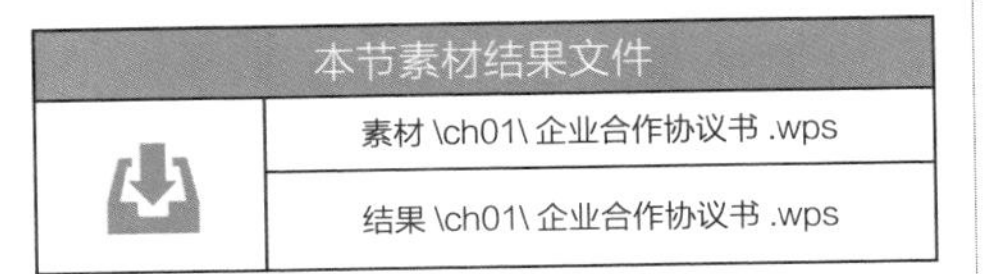

本节素材结果文件	
	素材 \ch01\ 企业合作协议书 .wps
	结果 \ch01\ 企业合作协议书 .wps

动手练习效果展示

改造前的企业合作协议书

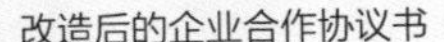

改造后的企业合作协议书

1.3 审阅员工入职培训方案

在日常团队办公中，经常需要多个人对同一个文档进行审阅并提出修改意见，然后将文档发回原文档编辑者手中，进行最终的修改、定稿，而 WPS 中的修订、批注及比较功能，可以完美地解决此类问题，方便多人之间的协作，提高文档的处理效率和准确性。

【审阅】选项下常用的功能介绍如下页图所示。

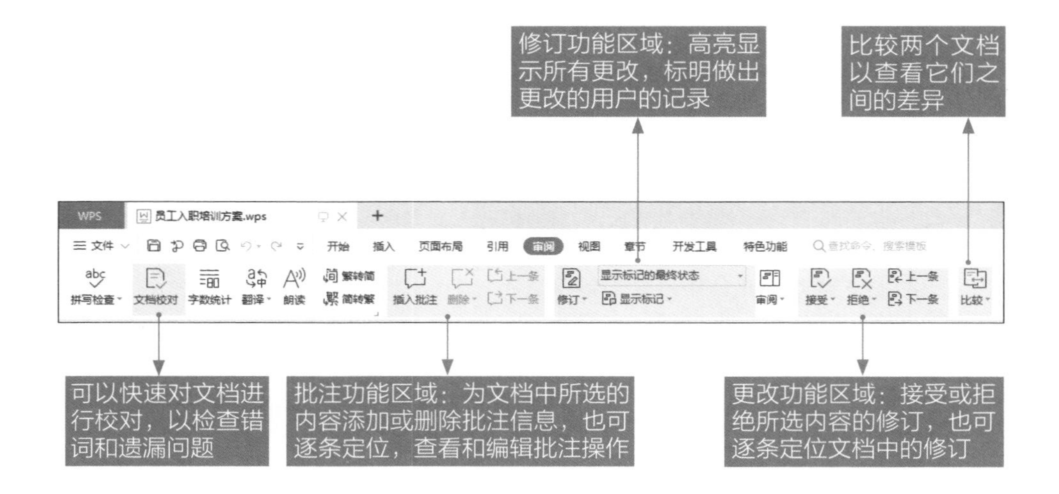

下面以员工入职培训方案为例，介绍高效查看方式及修订功能。

本节素材结果文件	
	素材 \ch01\ 员工入职培训方案 .wps
	结果 \ch01\ 员工入职培训方案 .wps

修订前的员工入职培训方案

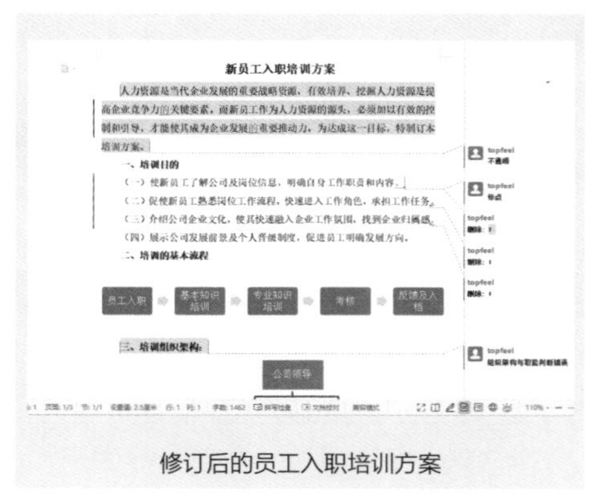

修订后的员工入职培训方案

1.3.1 高效查看培训方案

在阅读办公文档时，掌握好的阅读方法，不仅可以提升阅读体验，还可以提高阅读效率。本小节介绍高效查看文档的技巧。

1. WPS 的 6 种视图模式

WPS 中提供了全屏显示、阅读版式、写作模式、页面、大纲及 Web 版式 6 种视图模式，用户可以根据需求选择不同的视图模式查看文档。

用户可通过【视图】选项卡下的视图按钮或状态栏底部的视图图标切换视图外观。

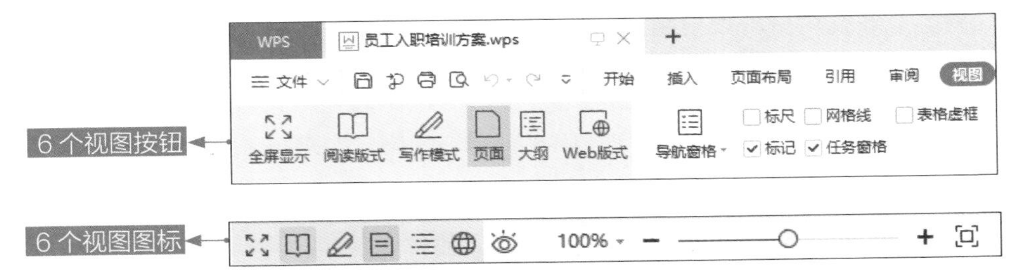

6 种视图模式的功能介绍如下表所示。

视图模式	功能介绍
全屏显示	全屏显示文档，方便无干扰阅读
阅读版式	以阅读方式查看文档，其最大优点是利用最大空间来阅读，与全屏显示视图模式相比，支持目录导航、批注、突出显示等操作
写作模式	适用于文字工作者，集合了历史版本、字数统计、护眼模式等功能
页面	默认的视图方式，在视图中可对文档进行各种编辑操作
大纲	大纲是显示文档结构和大纲工具的视图，它将所有的标题分级显示出来，层次分明，特别适合有较多层次的文档，如报告等，也适合进行章节排版
Web 版式	主要用于查看网页形式的文档外观

2. 使用导航窗格查看文档

导航窗格可以用来显示文档的结构图、缩略图及书签等，可以方便用户了解文档的整体结构和页面的效果，同时能够快速定位文档的某个结构、页面或书签。

步骤 1 打开素材文件，单击【视图】→【导航窗格】按钮，导航窗格默认靠左显示，并清晰地显示文档的各级标题。

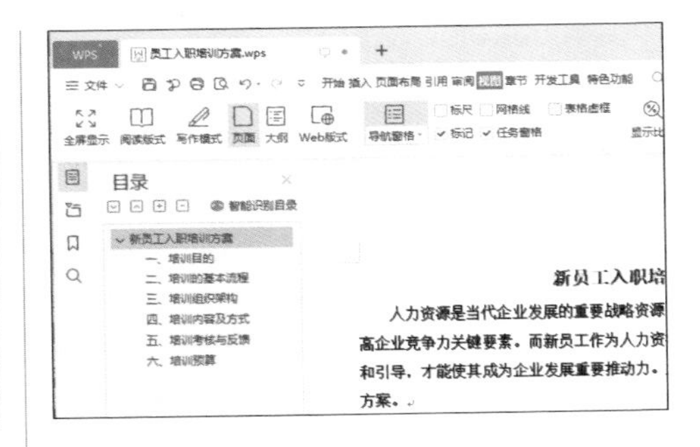

Tips

如果未定义标题的大纲级别，在导航窗口中则不显示任何内容。

步骤 2 在【目录】窗格区域下，单击文档的标题名称，则可快速定位到该标题处。

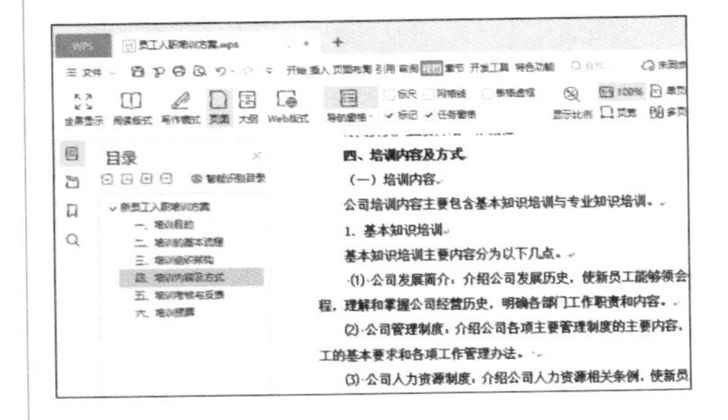

3. 调整文档显示的比例

当工作表中文字较小，或者是数据内容较多，无法在一个屏幕内查看其内容或布局时，可以使用缩放比例的功能。

最常用的方法是，按住【Ctrl】键，使用鼠标滚轮放大或缩小视图显示比例，下图所示为文档视图放大显示后的效果。

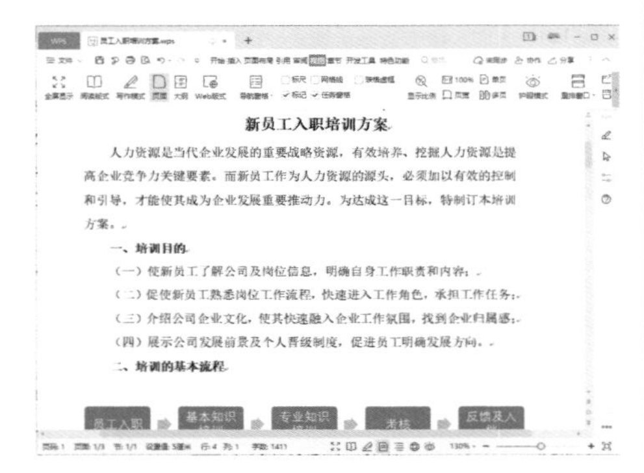

另外，也可使用鼠标左右拖曳状态栏右侧的“显示比例”滑块，实现文档显示比例的缩放。

4. 一屏显示多页

对于长文档，若要一屏显示多页，可通过“多页”功能更改文档的显示比例，以便在窗口中查看多个页面。

单击【视图】→【多页】按钮，即可在窗口中显示多个页面，用户此时按住【Ctrl】键并滚动鼠标滚轮，可调整显示比例，控制窗口中显示页面的数量。

Tips

如果要退出多页模式，可单击【视图】→【单页】按钮，或将视图比例设置为“100%”。

1.3.2 使用校对检查文档错误

文档编辑完后，用户必须对文档进行校对，避免出现错别字、语法错误、标点符号错误等问题。除了人工校对外，WPS 也提供自动校对功能，具体操作步骤如下。

步骤 1 单击【审阅】选项卡→【文档校对】按钮，即可启动校对功能，单击【开始校对】按钮。

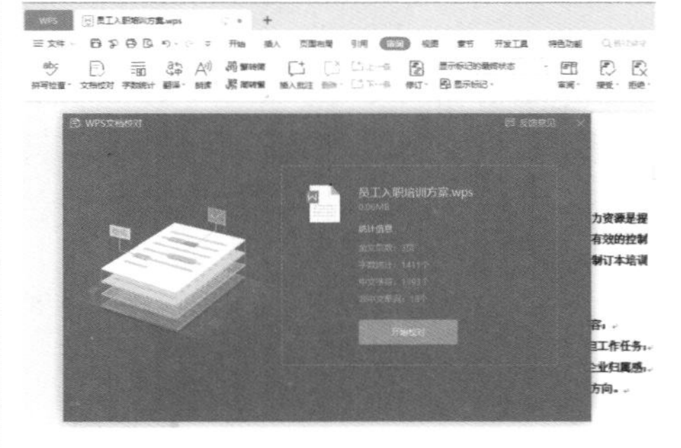

步骤 2 WPS 校对检查完毕后，即会显示检查结果，如下页图所示为发现错词

2 处，单击【马上修正文档】按钮。

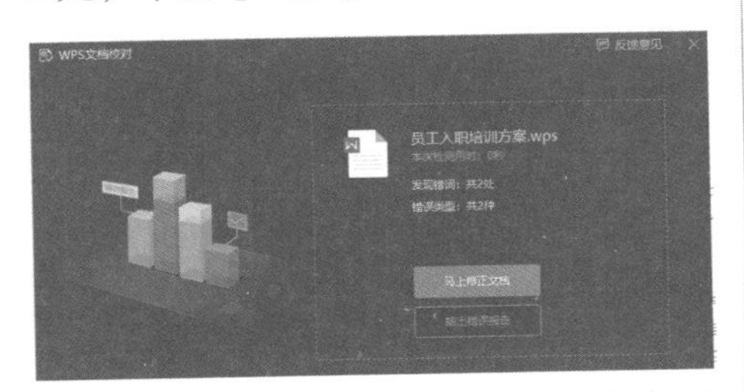

步骤 3　此时文档中的错误会以高亮显示，同时靠右显示【文档校对】窗格，在该窗格中可以对错误逐一进行检查并更正。

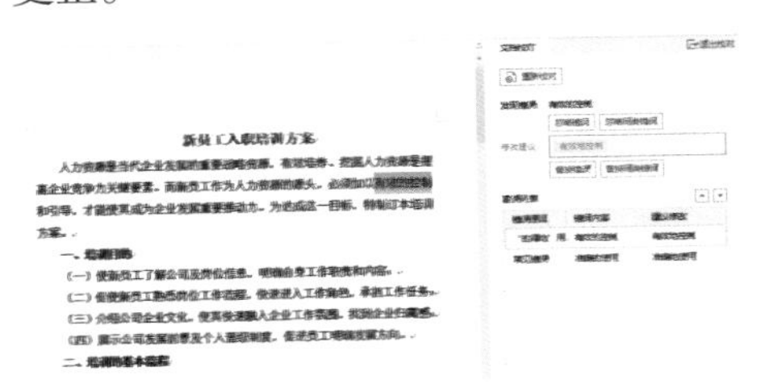

1.3.3 使用批注对方案提出修改意见

在工作中会经常遇到这样的情况：同一个文档在多个人间流转，不同的人提出各自的修改意见，最终回到原作者手中修改并定稿。WPS 的批注功能可以满足原作者和审阅者的不同需求，提出问题和解决问题。

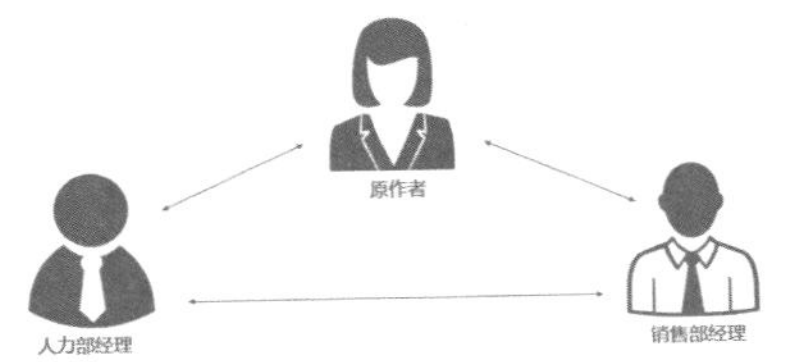

使用批注对方案提出修改意见的具体操作步骤如下。

步骤 1　选择要插入批注的内容，单击【审阅】→【插入批注】按钮。

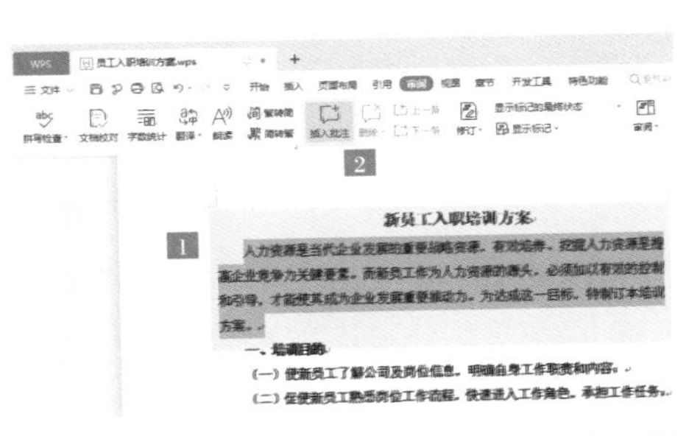

步骤 2　文档右侧会弹出批注框，输入批注内容即可。

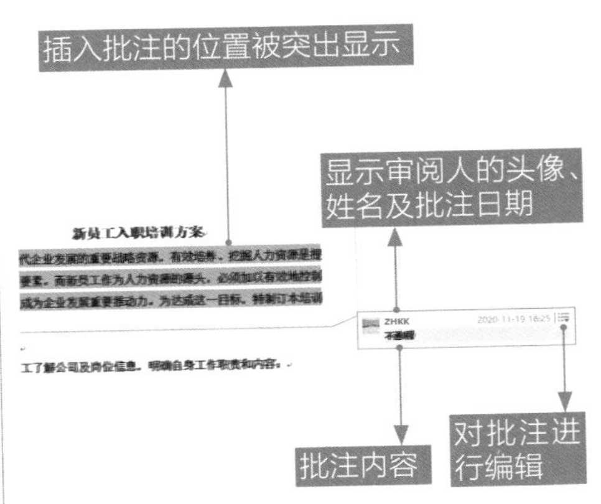

步骤 3　使用同样方法添加其他批注。用鼠标选中一条批注，单击【审阅】→【删除】按钮，可以执行删除该条批注或所有批注的操作。

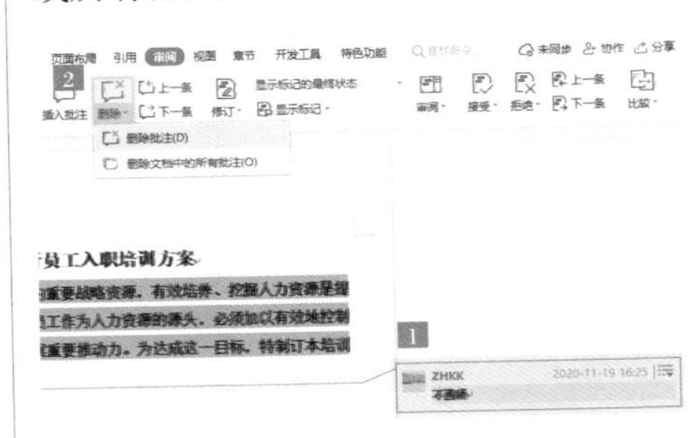

步骤 4　用鼠标选中一条批注，单击【编辑批注】按钮，在弹出的快捷菜单中选择【答复】命令，可以在原批注下进行回复。

1.3.4 使用修订记录文档的所有改动

通过修订模式，审阅者对原文的增加、删除或更改格式等操作都会被标记出来，这样能够让文档原作者跟踪多位审阅者对文档所做的修改。

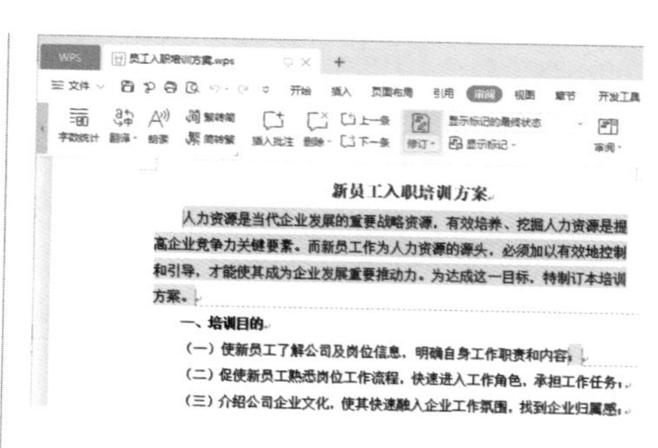

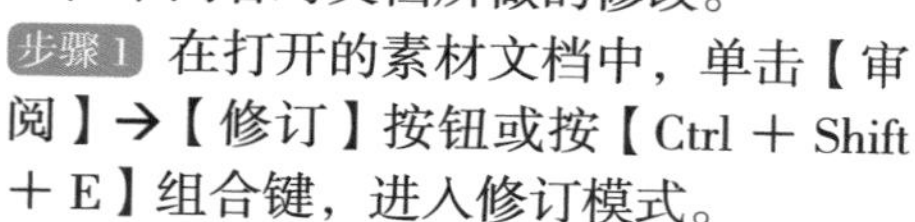

步骤 1 在打开的素材文档中，单击【审阅】→【修订】按钮或按【Ctrl + Shift + E】组合键，进入修订模式。

Tips

再按一次该按钮，则退出修订模式。另外，使用鼠标右击状态栏，利用弹出的快捷菜单命令，可以快速开启 / 关闭修订模式。

步骤 2 此后，对文档做的所有修改就会被记录下来，如下图所示。

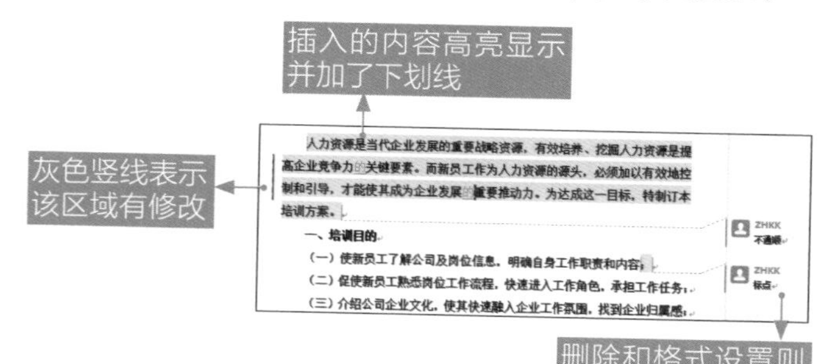

步骤 3 对文档进行修订后，单击【审阅】→【修订】按钮右侧的【显示标记的最终状态】按钮，在弹出的下拉列表中选择不同的选项，可以查看修订前后的状态。

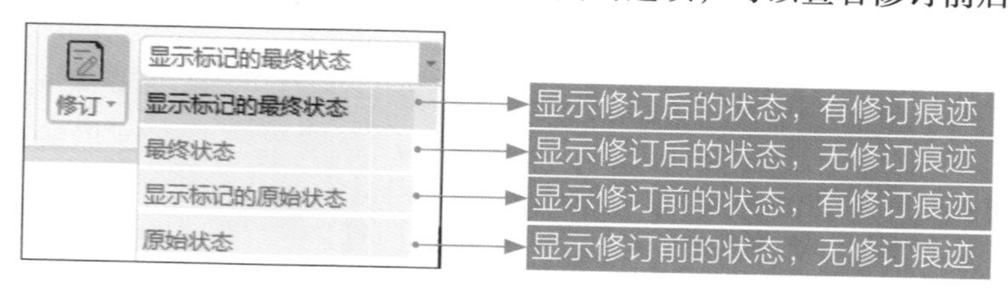

步骤 4 选择一处修订内容，单击【审阅】选项卡下的【接受】或【拒绝】按钮，可以接受或拒绝修订，也可以接受或拒绝对文档做的所有修订。

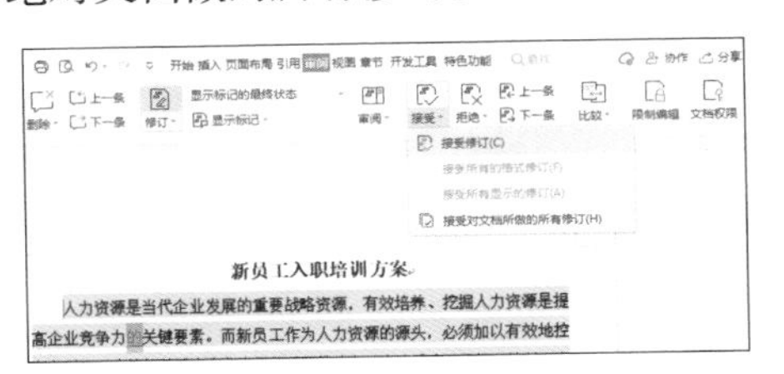

1.3.5 使用“比较”速查修改位置

假如你的同事或老板修改你的文档时，没有使用修订功能，还发来了多个版本，一个字一个字进行对比是无法高效、准确地完成工作的。这种情况下，WPS 的“比较”功能不仅可以精准比对文档的差异，快速找出修改的地方，还可以输出为修订模式。

步骤 1 打开 WPS 程序或任意一个文档，单击【审阅】→【比较】按钮。

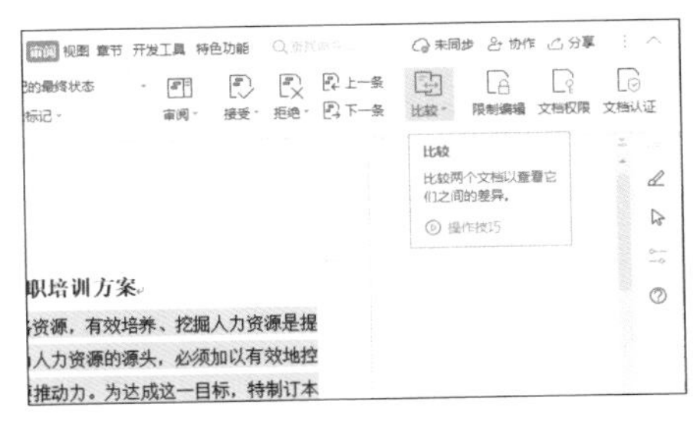

步骤 2 弹出【比较文档】对话框，在原文档处单击按钮，打开原始文档。在修订的文档处，打开修改后的文档，单击【确定】按钮。

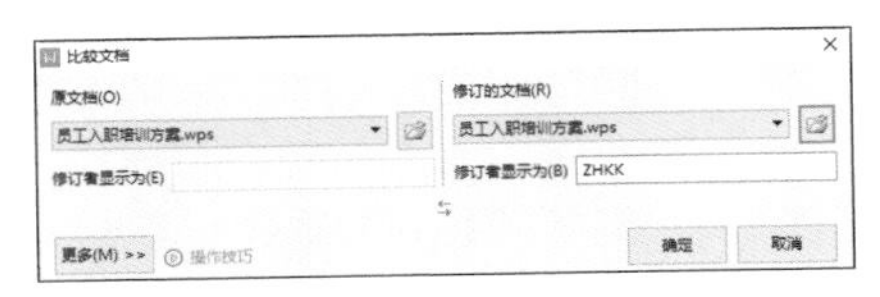

这样就能以修订的方式，来标识同一文档不同版本之间的差异。

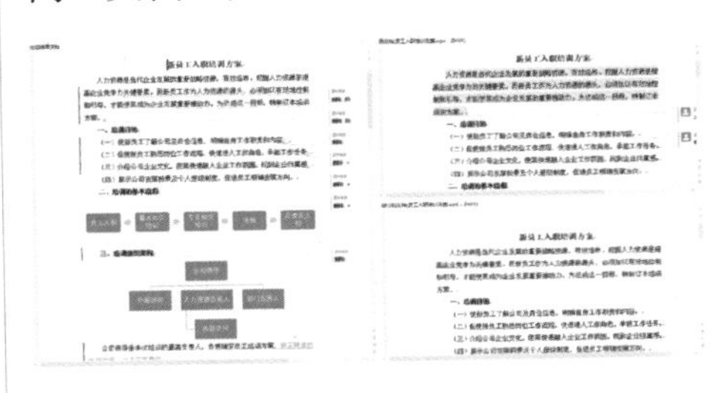

1.3.6 打印员工入职培训方案

将文档打印在纸上是很常见的操作，如员工入职培训方案修改并定稿后，可以将其打印出来给领导，或者发给参与培训的员工，方便其了解培训安排。

步骤 1 在执行打印操作之前，可以单击【文件】→【打印】→【打印预览】选项。

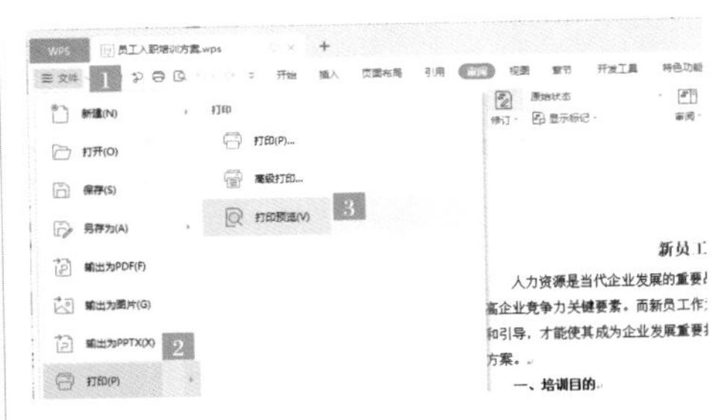

步骤 2 进入“打印预览”模式，可以预览打印文档的效果，以免出现错误，浪费纸张。

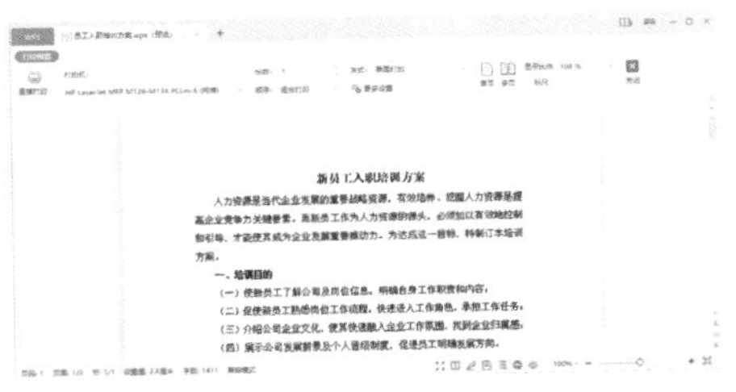

步骤 3 确定无误后，可以设置【打印机】

【份数】【方式】及【顺序】等，然后单击【直接打印】按钮，即可执行打印操作。

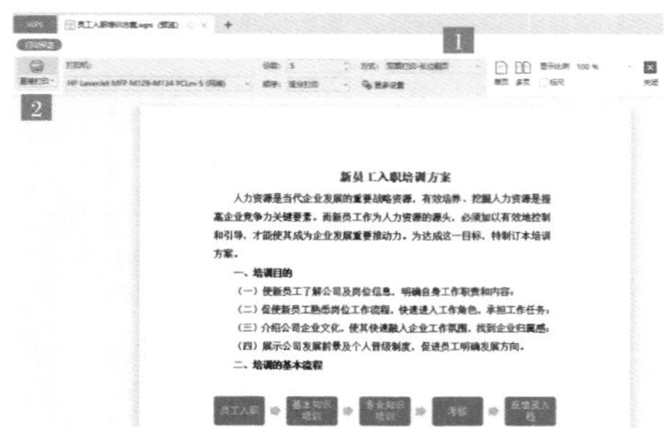

步骤 4 如要自定义打印的页码范围，则需单击【更多设置】按钮，在弹出的【打印】对话框的【页码范围】区域，设置要打印的页码范围及其他参数，单击【确定】按钮即可执行打印操作。

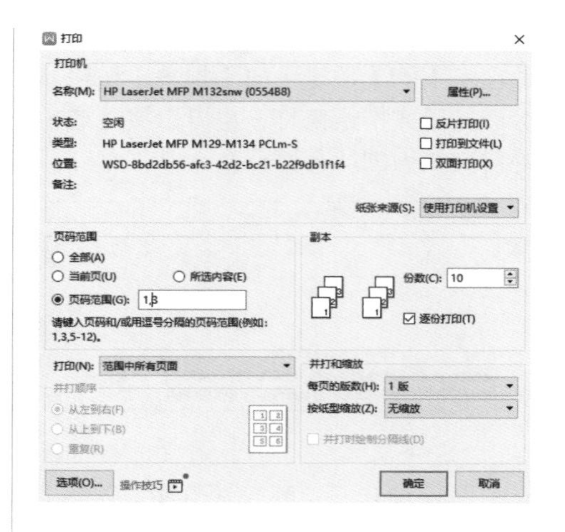

案例总结及注意事项

（1）批注文档时，要直接指出存在的问题，方便他人修改。

（2）修订文档时，可打开【审阅窗格】，逐个查看批注，并根据批注修改文档，在修改后可对批注进行答复。

动手练习：制作“公司行政管理手册”

练习背景：

公司初步制作出公司行政管理手册后，手册中会有一些错误或不合理的内容。经过多人审阅文档，才能制作出更加人性化、更加专业的公司行政管理手册。现公司要求你对初步制作出的公司行政管理手册进行审阅。

练习要求：

参考结果文档中的效果完成如下操作。

（1）批注文档，将错误或不合理的内容以批注的形式标出。

（2）修订文档，在修订状态下，根据批注内容修改文档中存在的问题。

练习目的：

（1）熟悉批注文档的方法。

（2）掌握修订文档的方法。

本节素材结果文件	
	素材 \ch01\ 公司行政管理手册 .wps
	结果 \ch01\ 公司行政管理手册 .wps

动手练习效果展示

公司行政管理手册

总则

为进一步规范公司行政事务管理行为，理顺内部关系，提高办事效率，特制定本规定。以加强行政管理的有效性，并在公司内部形成办事有程序，工作有标准，事事有人管，人人有专责的工作局面。

一、员工行为规范

1 目的和适用范围

(1) 目的在于规范员工行为，提升员工精神面貌，树立公司良好的对外形象。

(2) 本规范适用于公司全体员工。

2 管理与组织

(1) 本规范由行政部与人力资源部负责检查和监督执行。

(2) 各部门经理有对本部门员工行为是否规范进行监督和管理的职能。

3 仪表基本规定

(1) 仪表应端正、整洁。

(2) 头发要保持清洁，梳理整齐，请不要留怪异发型和怪颜色。

(3) 男员工请不要留长指甲，发不过耳，不留胡须。

(4) 女员工上班提倡画淡妆，要体现清洁健康的形象，饰物的佩带应得当，不得浓妆艳抹，不用香味浓烈的香水。

(5) 衬衫领口、袖口要清洁。

(6) 出席重要场合要符合着装要求，大方文雅得体。

审阅前的公司行政管理手册

审阅后的公司行政管理手册

秋叶私房菜：别做“马大哈”，这些WPS 文字文档细节务必要注意！

一个人的专业程度往往体现在他的日常办公中，尤其是处理的文档资料，会被老师、同学、领导、同事等无数人看到，每一个细节，都会影响别人对你的评价。

比如下面的案例，就是一个错误百出、极不专业的反面典型。

根据省厅2 0 1 9年1 1月下发的《XX 交通运输能耗调查监测样本配置实施方案》及《XX 省交通匀速能耗调查监测实施方案》要求，2 0 1 9年下半年全省上报能耗调查名录库中，包括营运客车 1267 辆，营运货车1 9 8 0辆，营运货船9 3 1艘，工作日城市出租车4 4 7辆，非工作日城市出租车4 4 7辆，城市公交企业2 5家，港口生产企业4 9家，具体如下表所示。

2 0 1 9年下半年 XX 省交通运输能耗调查样本数

调查类型	上报要求	单位	实报样本数
营运客车	≥1 2 6 7	辆	1 1 3 4
营运货车	≥1 9 8 0	辆	1 8 9 1
营运货船	≥9 3 1	艘	8 7 2
城市公交客运企业	2 5	企业数	2 5
港口生产企业	4 9	企业数	4 7

存在问题：

（1）字体、颜色、字号不一致。

（2）错误地使用了全角数字。

这里也帮你总结一下一份包含了中文、英文和数字的文档都有哪些细节需要注意。

1. 注意符号的全半角

在 WPS 文字文档中，全角数字占两个字节，半角数字占一个字节，直观来看，就是全角数字间距较大，半角数字间距较小，就像下面这样。

半角数字：5201314

全角数字：５２０１３１４

全角数字不符合要求，想要更改为半角数字也很简单，具体操作如下。

步骤 1 全选所有文字，可以使用组合键【Ctrl + A】。

步骤 2 在【开始】选项卡下，单击【拼音指南】按钮右侧的小三角，在弹出菜单中选择【更改大小写】命令。

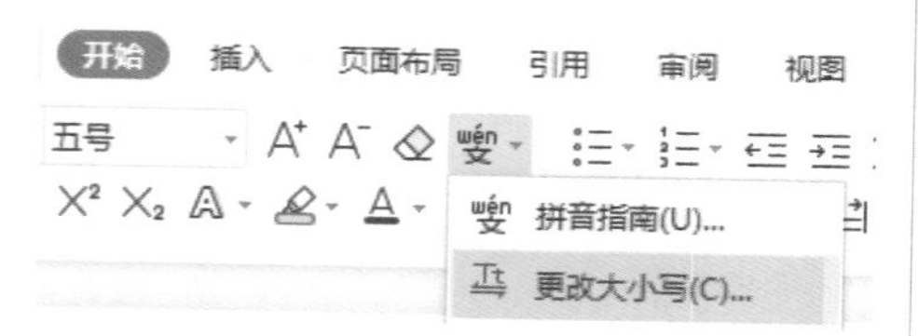

步骤 3 在弹出的对话框中选择【半角】选项，单击【确定】按钮。

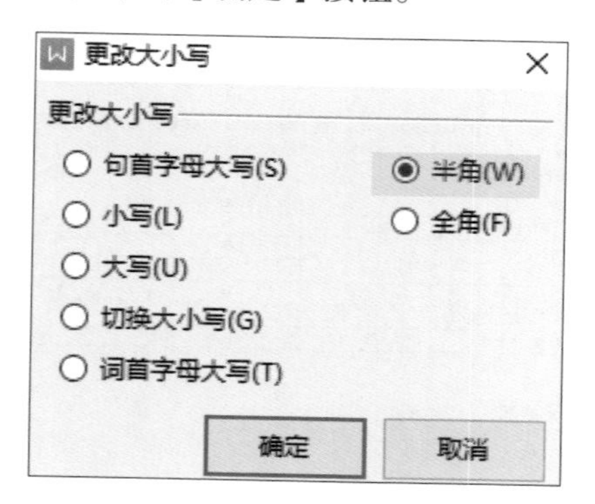

这样就可以将所有的全角数字变为半角数字了。

根据省厅 2019 年 11 月下发的《XX 交通运输能耗调查监测样本配置实施方案》及《XX 省交通匀速能耗调查监测实施方案》要求,2019 年下半年全省上报能耗调查名录库中,包括营运客车 1267 辆,营运货车 1980 辆,营运货船 931 艘,工作日城市出租车 447 辆,非工作日城市出租车 447 辆,城市公交企业 25 家,港口生产企业 49 家,具体如下表所示。

2019 年下半年 XX 省交通运输能耗调查样本数

调查类型	上报要求	单位	实报样本数
营运客车	≥1267	辆	1134
营运货车	≥1980	辆	1891
营运货船	≥931	艘	872
城市公交客运企业	25	企业数	25
港口生产企业	49	企业数	47

Tips

如果在输入文字的过程中出现英文字母或数字都变成了全角的情况，按【Shift +空格】组合键，就可以正常输入英文和数字了。

2. 注意字体

每一个被论文排版折磨过的人都知道这样一条铁律：中文要用宋体，英文要用 Times New Roman。一旦字体设置得不对，必定会被久经沙场的导师一眼识出。

中文字体的差别其实很明显，一般来讲一眼就能看出来。

宋体　黑体　楷体　隶书

差别很大很明显。

但是 Times New Roman 和宋体英文的差异就不是很明显，很多人稍不留意就漏过了，不信，你可以仔细观察一下下面两个目录，你能发现其中的差异吗？

目录（西文使用宋体）

1. 字体、段落设置是 WPS 文档排版的根基........1
2. 文本格式在 WPS 文档中无处不在........2
3. 原来很多 WPS 文档问题都是它们导致的........5
4. 课后作业........6

目录（中西文使用不同字体）

果然是英文的字体设置不对，不过这个修改起来也很简单。

步骤 1 选中对应的文本，单击右键后选择【字体】或按【Ctrl + D】组合键打开字体格式对话框。

步骤 2 修改西文字体为 Times New Roman 就可以了。

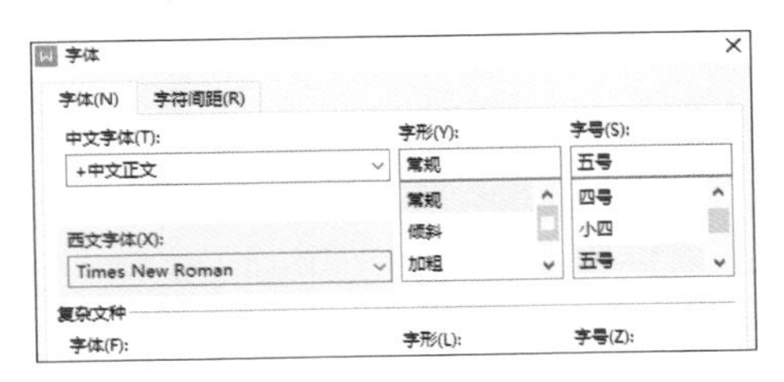

3. 注意数字格式

有些文档不只要求英文字母的字体，还会单独要求数字部分的字体。怎么办？

比如有的文档，字体要求中文用“微软雅黑”，英文用“Times New Roman”，数字用“Arial”。

如果想单独修改数字的字体，就没办法全选文字一起改了，这里推荐用【替换】操作。

步骤 1 选中需替换数字部分的文字，按【Ctrl + H】组合键打开【查找和替换】对话框。

步骤 2 在【查找内容】中输入“^#”，代表查找任意的数字，在【替换为】中，设定需要修改的格式，单击【全部替换】按钮。

4. 特别要注意“错别字”

即使排版做得很到位，也无法拯救文档被抓到有错别字。

所以一定要注意检查错别字！

WPS 有“拼写检查”功能，就是那个经常给你的文档画波浪线的功能，其实它是在提醒你，这个地方可能有问题。

Wrong 不是 wlong

福建人不是胡建人

如果英文单词出现拼写错误，WPS 会认真地标上红线。在错误单词上单击鼠标右键，还会给出推荐的正确拼写。

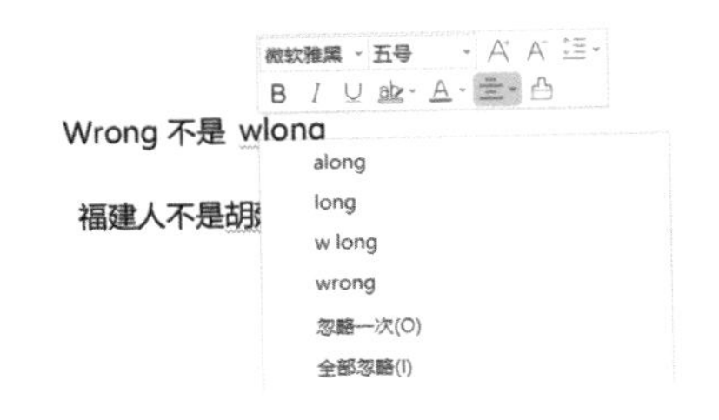

担心自己拼错单词或写错词语？记得多多留意这种红色波浪线！

以上问题可能很多人都不会在意，以为就是一个小问题，但这很有可能关系到你的个人发展，职场上的很多细节可以反映出一个人做事的态度。

文档的内容重要，版式同样重要，好的版式才能让文档赏心悦目，让读者快速把握重点，理解文档表达的思想，因此，掌握科学的排版流程是关键。

第 2 章

科学的文档排版流程

- 让文档看起来条理清晰的方法有哪些?
- 怎样才能让图片与文字完美融合到一起?
- 怎样对长文档进行排版更科学?
- 怎样快速制作出大量格式相同的文档?

2.1 短文档排版——员工岗位说明书的制作

员工岗位说明书属于短文档类型，内容一般为 1~2 页，通常包含岗位名称、所属部门、直属上级、部门领导和晋升方向等信息，同时也会对员工的技能素质和工作内容提出详细的要求。

编写岗位说明书文档后，为了使版面更加美观，就需要对文档进行排版。常用的排版操作有设置字体格式、段落格式及添加项目符号和编号等。

【字体】菜单中各按钮的功能如下图所示。

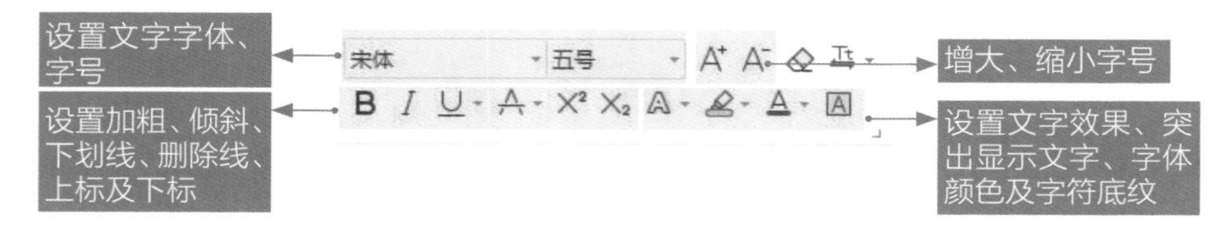

Tips

此外，还可以通过【字体】对话框设置字体格式。需要注意的是，只有选中文字，才能设置文字的字体格式。

【段落】菜单及【段落】对话框中各按钮的功能介绍如下图所示。

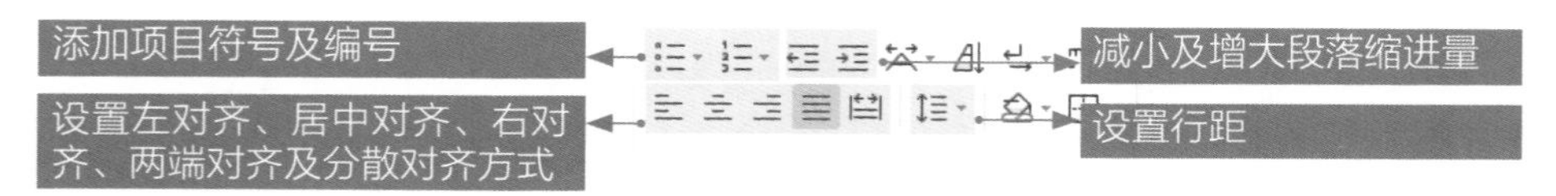

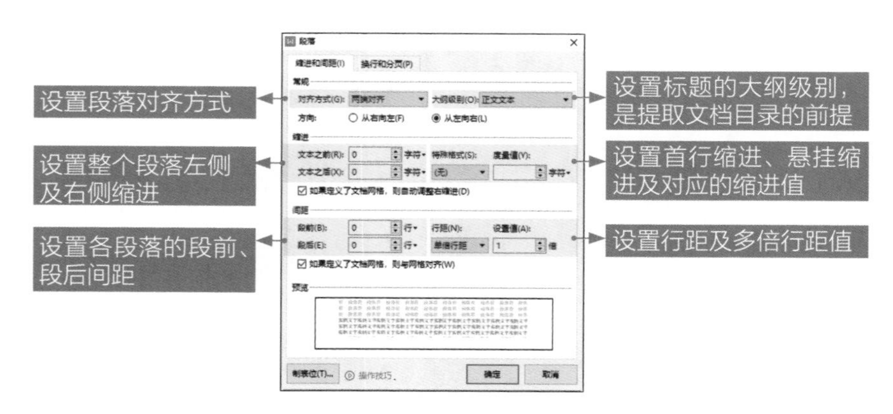

Tips

默认情况下，排版时正文内容均要求设置【首行缩进】为“2 字符”。

下面通过排版员工岗位说明书，介绍 WPS 设置字体格式的操作。

本节素材结果文件	
	素材 \ch02\ 员工岗位说明书 .wps
	结果 \ch02\ 员工岗位说明书 .wps

“员工岗位说明书 .wps”素材文件是已经整理后的文档，为了使文档结构清晰，需要对其进行排版。

案例效果

员工岗位说明书
岗位名称：人事科科长助理
所属部门：人事科
直属上级：人事科长
部门领导：张××
晋升方向：人事副科长、人事科长
岗位概述
日常科室管理、人事相关规章制度的编制、员工绩效考核、培训及仲裁工作。
技能素质
精通各类办公软件及办公自动化系统。
熟悉国家相关法律法规，熟悉人力资源管理各项实务操作流程。
办事沉稳、细致，思维活跃，有创新精神和良好的团队合作意识。
具备较强的学习能力和责任心，能自我激励，有较强的独立处理事务能力。
工作内容
协助部门负责人做好日常科室管理，组织开展与跟踪督促人事相关工作。
组织制定、执行、监督公司人事管理制度。
落实公司组织机构编制，做好各部门定员、定岗、定编、定薪工作。
制定公司培训计划和培训大纲，建立岗位职业发展方向，完善培训体系。
拟定薪酬管理制度，落实月度、年度部门员工薪酬绩效考核效果。
制作员工岗位职位说明书，并根据公司职位调整进行适时变更。
负责公司仲裁会议的组织召开及仲裁内容的通报，并对跟踪执行情况。
负责公司文件的办理与发布。
负责办公系列用品采购价格的核定，以及各类职称评定。
本人承诺
我已认真阅读本岗位说明书，已明确个人岗位责任，并将在以后的工作中，严格遵守公司一切规章制度，全面履行本岗位职责，及时、高效地完成领导交给我的各项工作任务。

责任人（签字）：
年 月 日

排版前的员工岗位说明书

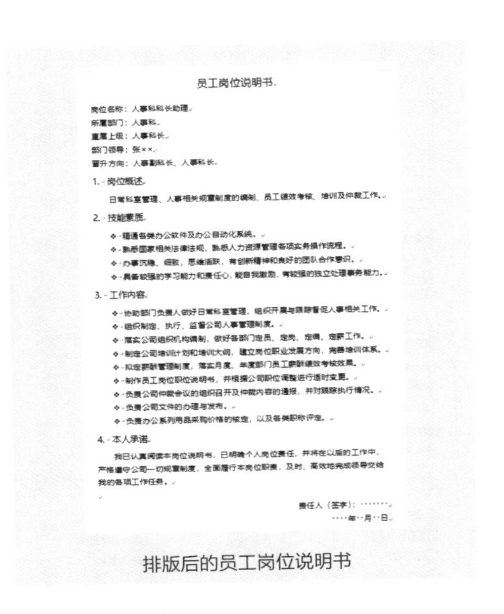

员工岗位说明书

岗位名称：人事科科长助理
所属部门：人事科
直属上级：人事科长
部门领导：张××
晋升方向：人事副科长、人事科长

1. 岗位概述

日常科室管理、人事相关规章制度的编制、员工绩效考核、培训及仲裁工作。

2. 技能素质

- 精通各类办公软件及办公自动化系统。
- 熟悉国家相关法律法规，熟悉人力资源管理各项实务操作流程。
- 办事沉稳、细致，思维活跃，有创新精神和良好的团队合作意识。
- 具备较强的学习能力和责任心，能自我激励，有较强的独立处理事务能力。

3. 工作内容

- 协助部门负责人做好日常科室管理，组织开展与跟踪督促人事相关工作。
- 组织制定、执行、监督公司人事管理制度。
- 落实公司组织机构编制，做好各部门定员、定岗、定编、定薪工作。
- 制定公司培训计划和培训大纲，建立岗位职业发展方向，完善培训体系。
- 拟定薪酬管理制度，落实月度、年度部门员工薪酬绩效考核效果。
- 制作员工岗位职位说明书，并根据公司职位调整进行适时变更。
- 负责公司仲裁会议的组织召开及仲裁内容的通报，并对跟踪执行情况。
- 负责公司文件的办理与发布。
- 负责办公系列用品采购价格的核定，以及各类职称评定。

4. 本人承诺

我已认真阅读本岗位说明书，已明确个人岗位责任，并将在以后的工作中，严格遵守公司一切规章制度，全面履行本岗位职责，及时、高效地完成领导交给我的各项工作任务。

责任人（签字）：
年 月 日

排版后的员工岗位说明书

2.1.1 设置文字格式让内容清晰直观

文字格式的设置通常包括字体、字号、字形及文字效果（字体颜色、下划线、着重号、上下标、轮廓）设置等，为文档设置合理的格式，不仅可以使文档看起来更美观，还能让制作的文档更专业、更便于他人阅读。

设置员工岗位说明书文字格式的具体操作步骤如下。

步骤 1 打开素材文件，选中文档第一行的标题“员工岗位说明书”，单击【开始】→【字体】按钮。

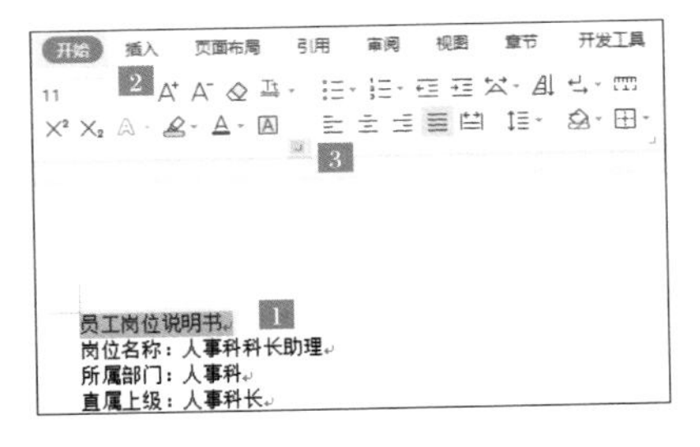

步骤 2 打开【字体】对话框，设置【字体】为“微软雅黑”，【字号】为“三号”，单击【确定】按钮，即可完成文字格式设置。

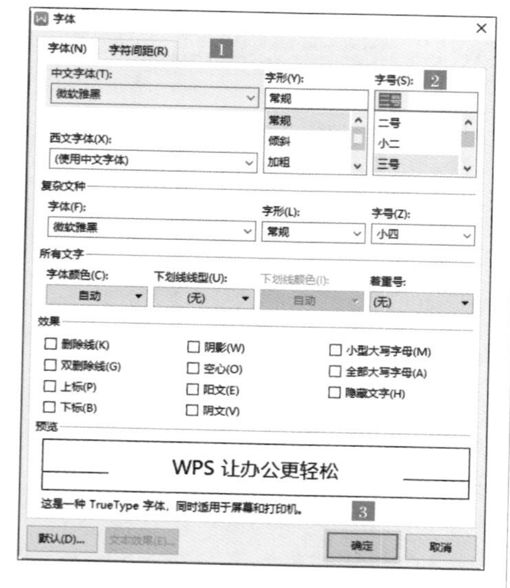

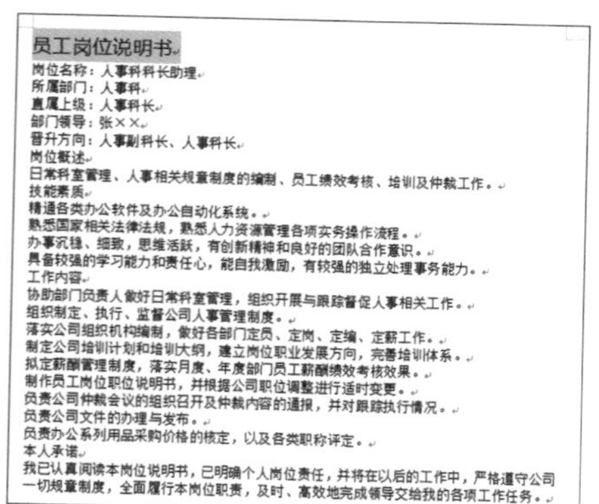

员工岗位说明书
岗位名称：人事科科长助理
所属部门：人事科
直属上级：人事科长
部门领导：张××
晋升方向：人事副科长、人事科长
岗位概述
日常科室管理、人事相关规章制度的编制、员工绩效考核、培训及仲裁工作。
技能素质
精通各类办公软件及办公自动化系统。
熟悉国家相关法律法规，熟悉人力资源管理各项实务操作流程。
办事沉稳、细致，思维活跃，有创新精神和良好的团队合作意识。
具备较强的学习能力和责任心，能自我激励，有较强的独立处理事务能力。
工作内容
协助部门负责人做好日常科室管理，组织开展与跟踪督促人事相关工作。
组织制定、执行、监督公司人事管理制度。
落实公司组织机构编制，做好各部门定员、定岗、定编、定薪工作。
制定公司培训计划和培训大纲，建立岗位职业发展方向，完善培训体系。
拟定薪酬管理制度，落实月度、年度部门员工薪酬绩效考核效果。
制作员工岗位职位说明书，并根据公司职位调整进行适时变更。
负责公司仲裁会议的组织召开及仲裁内容的通报，并对跟踪执行情况。
负责公司文件的办理与发布。
负责办公系列用品采购价格的核定，以及各类职称评定。
本人承诺
我已认真阅读本岗位说明书，已明确个人岗位责任，并将在以后的工作中，严格遵守公司一切规章制度，全面履行本岗位职责，及时、高效地完成领导交给我的各项工作任务。

步骤 3 重复上面的操作，设置“岗位概述”“技能素质”“工作内容”和“本人承诺”这 4 个标题的【字体】为“微软雅黑”，【字号】为“13”，效果如右上图所示。

岗位概述
日常科室管理、人事相关规章制度的编制、员工绩效考核、培训及仲裁工作。
技能素质
精通各类办公软件及办公自动化系统。
熟悉国家相关法律法规，熟悉人力资源管理各项实务操作流程。
办事沉稳、细致，思维活跃，有创新精神和良好的团队合作意识。
具备较强的学习能力和责任心，能自我激励，有较强的独立处理事务能力。
工作内容
协助部门负责人做好日常科室管理，组织开展与跟踪督促人事相关工作。
组织制定、执行、监督公司人事管理制度。
落实公司组织机构编制，做好各部门定员、定岗、定编、定薪工作。
制定公司培训计划和培训大纲，建立岗位职业发展方向，完善培训体系。
拟定薪酬管理制度，落实月度、年度部门员工薪酬绩效考核效果。
制作员工岗位职位说明书，并根据公司职位调整进行适时变更。
负责公司仲裁会议的组织召开及仲裁内容的通报，并对跟踪执行情况。
负责公司文件的办理与发布。
负责办公系列用品采购价格的核定，以及各类职称评定。
本人承诺

步骤 4 设置其他正文内容的【字体】为“微软雅黑”，【字号】为“小四”，至此，就完成了设置字体格式的操作，最终效果如下图所示。

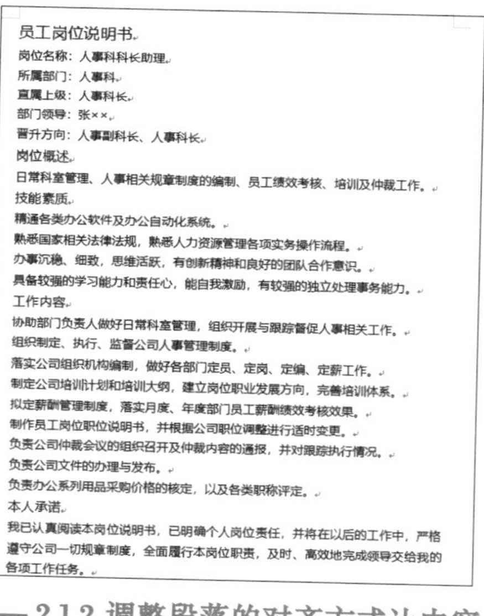

员工岗位说明书
岗位名称：人事科科长助理
所属部门：人事科
直属上级：人事科长
部门领导：张××
晋升方向：人事副科长、人事科长
岗位概述
日常科室管理、人事相关规章制度的编制、员工绩效考核、培训及仲裁工作。
技能素质
精通各类办公软件及办公自动化系统。
熟悉国家相关法律法规，熟悉人力资源管理各项实务操作流程。
办事沉稳、细致，思维活跃，有创新精神和良好的团队合作意识。
具备较强的学习能力和责任心，能自我激励，有较强的独立处理事务能力。
工作内容
协助部门负责人做好日常科室管理，组织开展与跟踪督促人事相关工作。
组织制定、执行、监督公司人事管理制度。
落实公司组织机构编制，做好各部门定员、定岗、定编、定薪工作。
制定公司培训计划和培训大纲，建立岗位职业发展方向，完善培训体系。
拟定薪酬管理制度，落实月度、年度部门员工薪酬绩效考核效果。
制作员工岗位职位说明书，并根据公司职位调整进行适时变更。
负责公司仲裁会议的组织召开及仲裁内容的通报，并对跟踪执行情况。
负责公司文件的办理与发布。
负责办公系列用品采购价格的核定，以及各类职称评定。
本人承诺
我已认真阅读本岗位说明书，已明确个人岗位责任，并将在以后的工作中，严格遵守公司一切规章制度，全面履行本岗位职责，及时、高效地完成领导交给我的各项工作任务。

2.1.2 调整段落的对齐方式让内容整齐划一

设置文档的特殊段落对齐方式，能够让整篇文档看起来错落有致。段落对齐的方式包括居中对齐、右对齐、左对齐、两端对齐、分散对齐等。设置员工岗位说明书段落对齐方式的具体操作步骤如下。

步骤 1 选中标题“员工岗位说明书”，

单击【开始】→【居中】按钮，将标题设置为居中对齐。

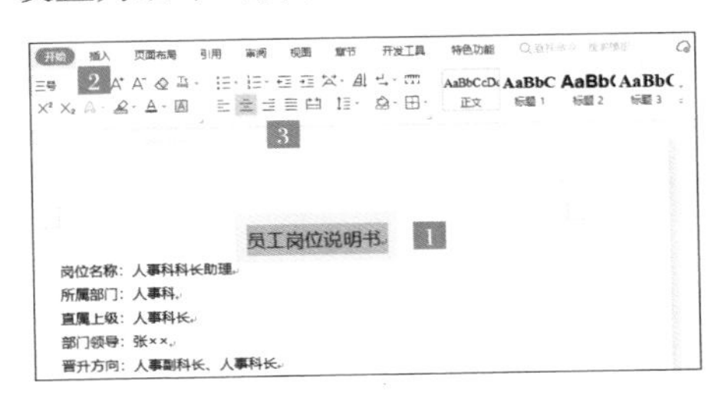

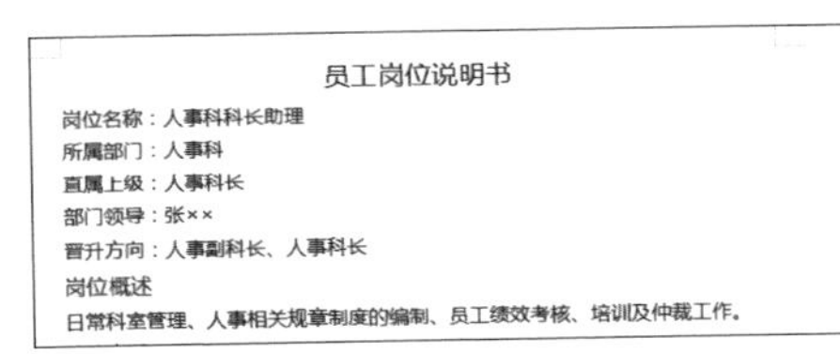

员工岗位说明书

岗位名称：人事科科长助理
所属部门：人事科
直属上级：人事科长
部门领导：张××
晋升方向：人事副科长、人事科长
岗位概述
日常科室管理、人事相关规章制度的编制、员工绩效考核、培训及仲裁工作。

步骤 2　选择落款文本，设置其【对齐方式】为“右对齐”，效果如下图所示。

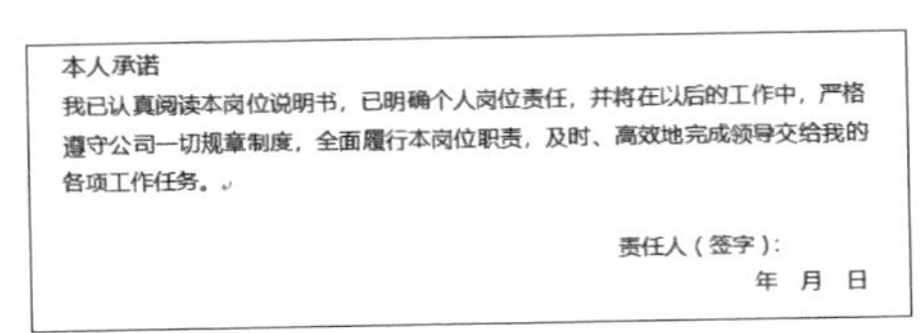

本人承诺
我已认真阅读本岗位说明书，已明确个人岗位责任，并将在以后的工作中，严格遵守公司一切规章制度，全面履行本岗位职责，及时、高效地完成领导交给我的各项工作任务。

责任人（签字）：
年　月　日

Tips

责任人落款右对齐后，缺少签字的位置，可以在后方输入空格进行调整。

2.1.3 修改缩进方式让段落层次分明

在员工岗位说明书文档中，通常需要为正文段落设置【首行缩进】，让文档看起来工整、条理清晰、层次分明。设置员工岗位说明书首行缩进 2 字符的具体操作步骤如下。

步骤 1　选中标题“技能素质”下的 4 个段落并单击鼠标右键，在弹出的快捷菜单中选择【段落】命令。

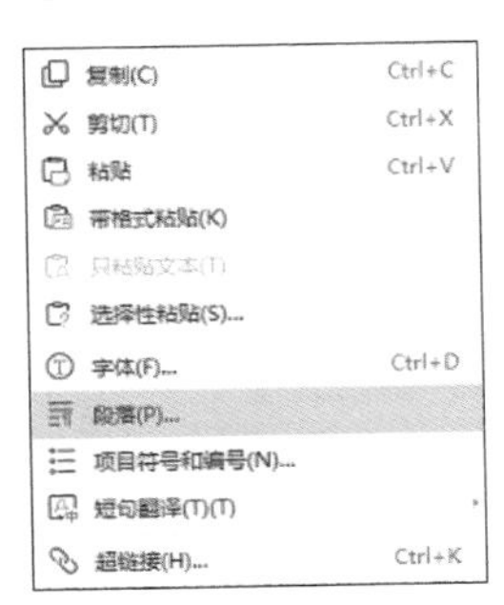

步骤 2　打开【段落】对话框，设置【特殊格式】为“首行缩进”，【度量值】为“2 字符”。单击【确定】按钮，完成设置首行缩进 2 字符的操作。

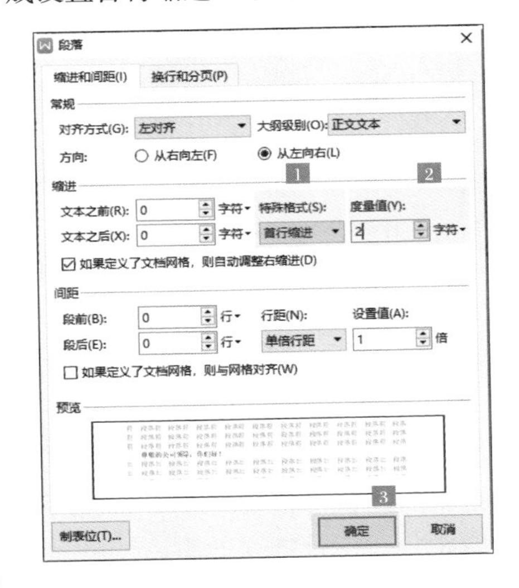

岗位概述
日常科室管理、人事相关规章制度的编制、员工绩效考核、培训及仲裁工作。
技能素质
　　精通各类办公软件及办公自动化系统。
　　熟悉国家相关法律法规，熟悉人力资源管理各项实务操作流程。
　　办事沉稳、细致，思维活跃，有创新精神和良好的团队合作意识。
　　具备较强的学习能力和责任心，能自我激励，有较强的独立处理事务能力。

步骤 3　使用同样的方法设置“岗位概述”“工作内容”“本人承诺”下方的段落。至此，就完成了设置首行缩进 2 字符的操作，最终效果如下页图所示。

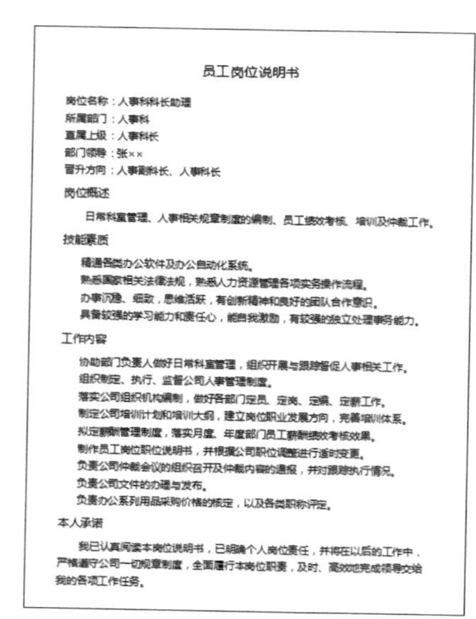
员工岗位说明书

岗位名称：人事科科长助理
所属部门：人事科
直属上级：人事科长
部门领导：张××
晋升方向：人事副科长、人事科长

岗位概述

日常科室管理、人事相关规章制度的编制、员工绩效考核、培训及仲裁工作。

技能素质

精通各类办公软件及办公自动化系统。
熟悉国家相关法律法规，熟悉人力资源管理各项实务操作流程。
办事沉稳、细致，思维活跃，有创新精神和良好的团队合作意识。
具备较强的学习能力和责任心，能自我激励，有较强的独立处理事务能力。

工作内容

协助部门负责人做好日常科室管理，组织开展与跟踪督促人事相关工作。
组织制定、执行、监督公司人事管理制度。
落实公司组织机构编制，做好各部门定员、定岗、定编、定薪工作。
制定公司培训计划和培训大纲，建立岗位职业发展方向，完善培训体系。
拟定薪酬管理制度，落实月度、年度部门员工薪酬绩效考核效果。
制作员工岗位职位说明书，并根据公司职位调整进行适时变更。
负责公司仲裁会议的组织召开及仲裁内容的通报，并对跟踪执行情况。
负责公司文件的办理与发布。
负责办公系列用品采购价格的核定，以及各类职称评定。

本人承诺

我已认真阅读本岗位说明书，已明确个人岗位责任，并将在以后的工作中，严格遵守公司一切规章制度，全面履行本岗位职责，及时、高效地完成领导交给我的各项工作任务。

Tips

WPS 文档【特殊格式】中的“首行缩进”默认为“2 字符”，如果要缩进其他数值，在【度量值】下方，直接单击列表进行设置。

2.1.4 调整行间距和段间距让阅读更舒服

在 WPS 中，可以通过行间距和段间距的设置来调整段落间的紧密状态。其中行间距是行与行之间的距离，段间距是段落与段落之间的距离，包括段前间距和段后间距，段前间距是指本段与上一段之间的距离，段后间距是指本段与下一段之间的距离。设置员工岗位说明书行间距和段间距的具体操作步骤如下。

步骤 1 选中标题“员工岗位说明书”，单击【开始】→【行距】按钮，在下拉列表中选择“1.5”选项，即可将标题设置为“1.5”倍行距。

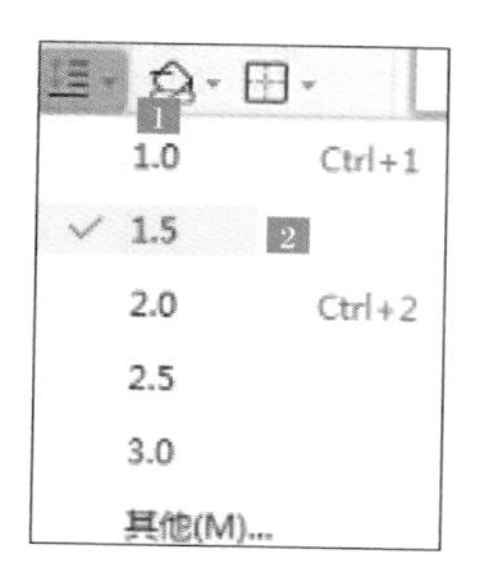

员工岗位说明书

岗位名称：人事科科长助理
所属部门：人事科
直属上级：人事科长
部门领导：张××
晋升方向：人事副科长、人事科长

步骤 2 选中“岗位概述”，在【段落】对话框中设置【段前】【段后】间距为“0.5”行，【行距】为“单倍行距”。

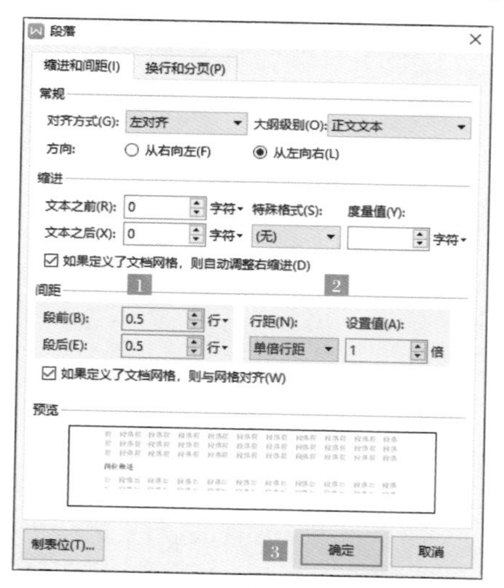

步骤 3 重复上面的操作，将“技能素质”“工作内容”“本人承诺”标题的【段前】【段后】间距均设置为“0.5”行，效果如下页图所示。

岗位概述

日常科室管理、人事相关规章制度的编制、员工绩效考核、培训及仲裁工作。

技能素质

精通各类办公软件及办公自动化系统。
熟悉国家相关法律法规，熟悉人力资源管理各项实务操作流程。
办事沉稳、细致，思维活跃，有创新精神和良好的团队合作意识。
具备较强的学习能力和责任心，能自我激励，有较强的独立处理事务能力。

步骤 4 选中其他正文，设置【行距】为“单倍行距”。至此，就完成了设置段间距和行间距的操作，最终效果如下图所示。

员工岗位说明书

岗位名称：人事科科长助理
所属部门：人事科
直属上级：人事科长
部门领导：张××
晋升方向：人事副科长、人事科长

岗位概述

日常科室管理、人事相关规章制度的编制、员工绩效考核、培训及仲裁工作。

技能素质

精通各类办公软件及办公自动化系统。
熟悉国家相关法律法规，熟悉人力资源管理各项实务操作流程。
办事沉稳、细致，思维活跃，有创新精神和良好的团队合作意识。
具备较强的学习能力和责任心，能自我激励，有较强的独立处理事务能力。

工作内容

协助部门负责人做好日常科室管理，组织开展与跟踪督促人事相关工作。
组织制定、执行、监督公司人事管理制度。
落实公司组织机构编制，做好各部门定员、定岗、定编、定薪工作。
制定公司培训计划和培训大纲，建立岗位职业发展方向，完善培训体系。
拟定薪酬管理制度，落实月度、年度部门员工薪酬绩效考核效果。
制作员工岗位职位说明书，并根据公司职位调整进行适时变更。
负责公司仲裁会议的组织召开及仲裁内容的通报，并对跟踪执行情况。
负责公司文件的办理与发布。
负责办公系列用品采购价格的核定，以及各类职称评定。

本人承诺

我已认真阅读本岗位说明书，已明确个人岗位责任，并将在以后的工作中，严格遵守公司一切规章制度，全面履行本岗位职责，及时、高效地完成领导交给我的各项工作任务。

2.1.5 设置项目符号或编号让内容井然有序

对于那些表示流程的标题段落，可添加编号，使其关系更明了、有序；对于并列关系的段落，可添加编号，使其更清晰、直观。设置项目符号或编号的具体操作步骤如下。

步骤 1 同时选中“岗位概述”“技能素质”“工作内容”“本人承诺”标题，单击【开始】→【编号】按钮，在【编号】下拉列表中选择一种编号格式，即可为所选标题添加编号。

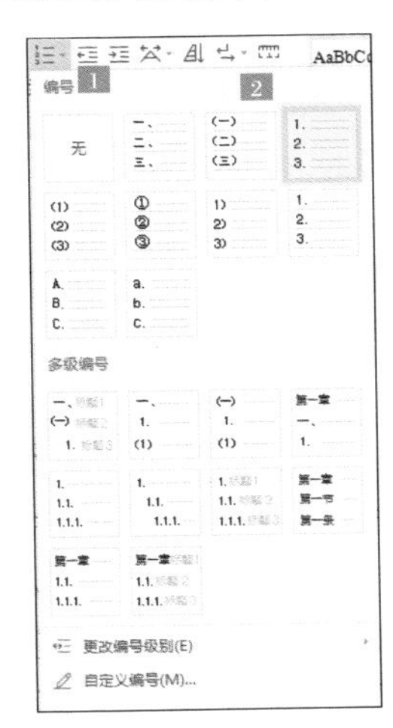

1. 岗位概述

   日常科室管理、人事相关规章制度的编制、员工绩效考核、培训及仲裁工作。

2. 技能素质

   精通各类办公软件及办公自动化系统。
   熟悉国家相关法律法规，熟悉人力资源管理各项实务操作流程。
   办事沉稳、细致，思维活跃，有创新精神和良好的团队合作意识。
   具备较强的学习能力和责任心，能自我激励，有较强的独立处理事务能力。

3. 工作内容

步骤 2 选中小标题“技能素质”下的文本段落，单击【开始】→【项目符号】按钮，在【项目符号】下拉列表中选择一种符号格式。

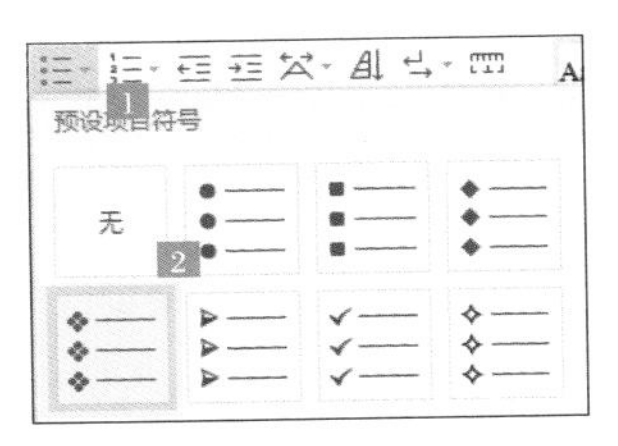

步骤 3 设置项目符号后的效果如下页图所示。

1. 岗位概述

日常科室管理、人事相关规章制度的编制、员工绩效考核、培训及仲裁工作。

2. 技能素质

- 精通各类办公软件及办公自动化系统。
- 熟悉国家相关法律法规，熟悉人力资源管理各项实务操作流程。
- 办事沉稳、细致，思维活跃，有创新精神和良好的团队合作意识。
- 具备较强的学习能力和责任心，能自我激励，有较强的独立处理事务能力。

步骤 4 重复上面的操作，为其他并列关系的内容设置项目符号。至此，就完成了设置项目符号和编号的操作，最终效果如下图所示。

1. 岗位概述

日常科室管理、人事相关规章制度的编制、员工绩效考核、培训及仲裁工作。

2. 技能素质

- 精通各类办公软件及办公自动化系统。
- 熟悉国家相关法律法规，熟悉人力资源管理各项实务操作流程。
- 办事沉稳、细致，思维活跃，有创新精神和良好的团队合作意识。
- 具备较强的学习能力和责任心，能自我激励，有较强的独立处理事务能力。

3. 工作内容

- 协助部门负责人做好日常科室管理，组织开展与跟踪督促人事相关工作。
- 组织制定、执行、监督公司人事管理制度。
- 落实公司组织机构编制，做好各部门定员、定岗、定编、定薪工作。
- 制定公司培训计划和培训大纲，建立岗位职业发展方向，完善培训体系。

Tips

通过【项目符号和编号】对话框，还可以根据需要自定义项目符号类型。

案例总结及注意事项

（1）设置文档的字体格式和段落格式后，可使用格式刷复制格式并应用到其他需设置相同格式的文字或段落。

（2）设置文字字体格式和段落格式时，如果仅设置某一项，通过【开始】选项卡设置更快速，如果要设置多项，通过对话框设置更便捷。

动手练习：为公司规章制度排版

练习背景：

撰写公司规章制度后，需要将公司的制度清晰地传达给公司的每一位员工，这就要求文档规范、工整，方便每一位员工查看。现在公司要求你为新制定的公司规章制度排版。

练习要求：

（1）根据需要为文档中不同类型的文字设置不同的字体格式及段落格式，如下表所示。

文字类型	设置格式
大标题	微软雅黑、二号、加粗、段后 1 行、2 倍行距
小标题	微软雅黑、四号、加粗、1.2 倍行距
正文	微软雅黑、11、首行缩进 2 字符、1.2 倍行距

（2）为合适的段落添加项目符号及编号。

练习目的：

（1）掌握设置字体及段落格式的方法。

（2）掌握添加项目符号及编号的方法。

本节素材结果文件	
	素材 \ch02\ 公司规章制度 .wps
	结果 \ch02\ 公司规章制度 .wps

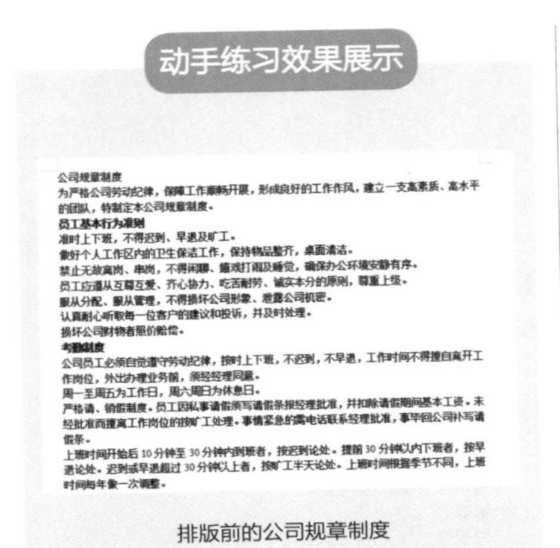

公司规章制度
为严格公司劳动纪律，保障工作顺畅开展，形成良好的工作作风，建立一支高素质、高水平的团队，特制定本公司规章制度。
员工基本行为准则
准时上下班，不得迟到、早退及旷工。
做好个人工作区内的卫生保洁工作，保持物品整齐，桌面清洁。
禁止无故离岗、串岗，不得闲聊、嬉戏打闹及睡觉，确保办公环境安静有序。
员工应遵从互尊互爱、齐心协力、吃苦耐劳、诚实本分的原则，尊重上级。
服从分配、服从管理，不得损坏公司形象、泄露公司机密。
认真耐心听取每一位客户的建议和投诉，并及时处理。
损坏公司财物者照价赔偿。
考勤制度
公司员工必须自觉遵守劳动纪律，按时上下班，不迟到，不早退，工作时间不得擅自离开工作岗位，外出办理业务前，须经经理同意。
周一至周五为工作日，周六周日为休息日。
严格请、销假制度。员工因私事请假须写请假条报经理批准，并扣除请假期间基本工资。未经批准而擅离工作岗位的按旷工处理。事情紧急的需电话联系经理批准，事毕回公司补写请假条。
上班时间开始后 10 分钟至 30 分钟内到班者，按迟到论处。提前 30 分钟以内下班者，按早退论处。迟到或早退超过 30 分钟以上者，按旷工半天论处。上班时间根据季节不同，上班时间每年做一次调整。

排版前的公司规章制度

公司规章制度

为严格公司劳动纪律，保障工作顺畅开展，形成良好的工作作风，建立一支高素质、高水平的团队，特制定本公司规章制度。

一、员工基本行为准则

1. 准时上下班，不得迟到、早退及旷工。
2. 做好个人工作区内的卫生保洁工作，保持物品整齐，桌面清洁。
3. 禁止无故离岗、串岗，不得闲聊、嬉戏打闹及睡觉，确保办公环境安静有序。
4. 员工应遵从互尊互爱、齐心协力、吃苦耐劳、诚实本分的原则，尊重上级。
5. 服从分配、服从管理，不得损坏公司形象、泄露公司机密。
6. 认真耐心听取每一位客户的建议和投诉，并及时处理。
7. 损坏公司财物者照价赔偿。

二、考勤制度

1. 公司员工必须自觉遵守劳动纪律，按时上下班，不迟到，不早退，工作时间不得擅自离开工作岗位，外出办理业务前，须经经理同意。
2. 周一至周五为工作日，周六周日为休息日。
3. 严格请、销假制度。员工因私事请假须写请假条报经理批准，并扣除请假期间基本工资。未经批准而擅离工作岗位的按旷工处理。事情紧急的需电话联系经理批准，事毕回公司补写请假条。
4. 上班时间开始后 10分钟至 30 分钟内到班者，按迟到论处。提前 30 分钟以内下班者，按早退论处。迟到或早退超过 30 分钟以上者，按旷工半天论处。上班时间根据季节不同，上班时间每年做一次调整。

排版后的公司规章制度

2.2 逻辑图示排版——企业组织结构图的制作

企业组织结构图属于逻辑图示类型，从企业组织结构图中，人们可以清晰地掌握企业的流程运转、部门设置及职能规划等信息。企业的组织结构就是一种决策权的划分体系和各部门的分工协作体系。编写企业组织结构框架后，为了明确组织分工、从属关系、职责范围，就需要用智能图形绘制企业组织结构图。

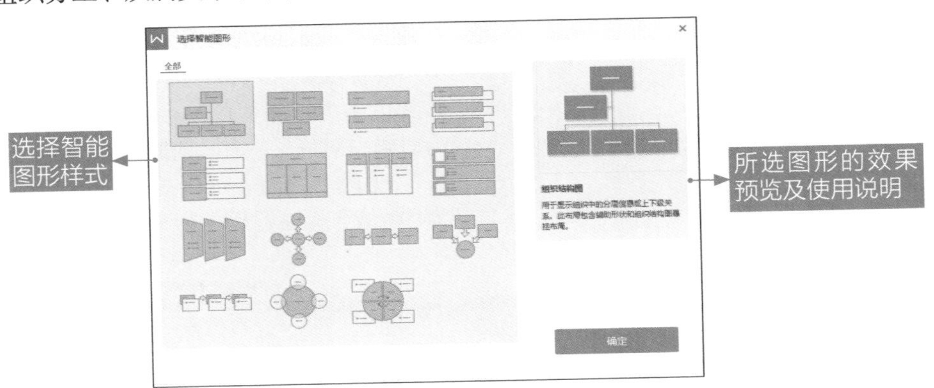

下面通过制作某建筑企业组织结构图，介绍智能图形的制作方法。

本节素材结果文件	
	素材 \ch02\ 企业组织结构图 .wps
	结果 \ch02\ 企业组织结构图 .wps

“企业组织结构图 .wps”素材文件中列举了某建筑企业组织结构的上下级关系，需要根据该关系制作出该企业的组织结构图。

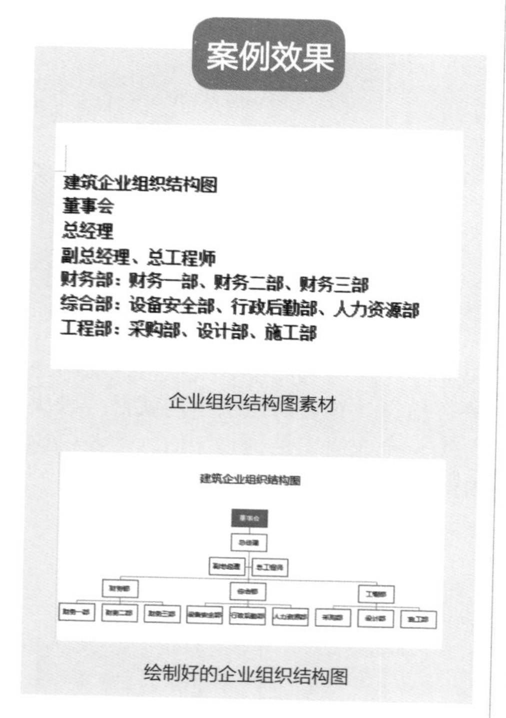

2.2.1 梳理组织结构上下级关系

绘制企业组织结构图之前，需要先搞清楚企业内部的各组织之间的关系，一般包括权责关系、职能关系、领导关系等。

打开素材文件，可以看到下图所示的“建筑企业组织结构”，该企业分为 5 个层级：第一级是董事会，第二级是总经理，第三级是副总经理和总工程师，第四级是财务部、综合部和工程部。财务部分为财务一部、财务二部和财务三部；综合部分为设备安全部、行政后勤部、人力资源部；工程部细分为采购部、设计部和施工部，这些部门是第五级。

建筑企业组织结构图
董事会
总经理
副总经理、总工程师
财务部：财务一部、财务二部、财务三部
综合部：设备安全部、行政后勤部、人力资源部
工程部：采购部、设计部、施工部

2.2.2 选择合适的智能图形结构图模板

理清了企业内的组织结构框架，就可为其选择合适的智能图形结构图模板，具体操作步骤如下。

步骤 1 打开素材文件，选中文档标题“建筑企业组织结构图”，设置【字体】为“微软雅黑”，【字号】为“20”，【字体颜色】为“深蓝色”，【对齐方式】为“居中对齐”，【段前间距】为“1.25 行”，【段后间距】为“0.5 行”，【行距】为“1 倍”。设置后的效果如下图所示。

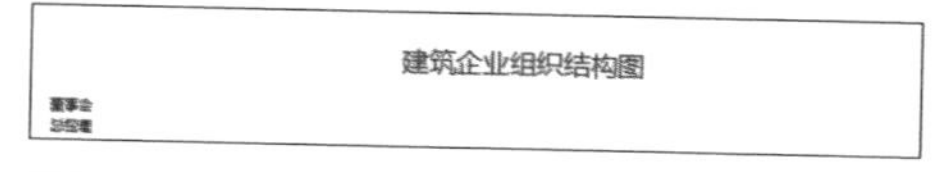

步骤 2 在“建筑企业组织结构图”下方，单击【插入】→【智能图形】→【智能图形】按钮。

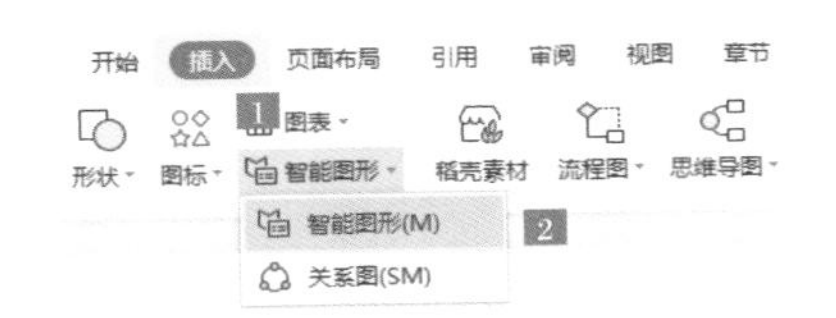

步骤 3 打开【智能图形】对话框，选择“组织结构图”选项，单击【确定】按钮。

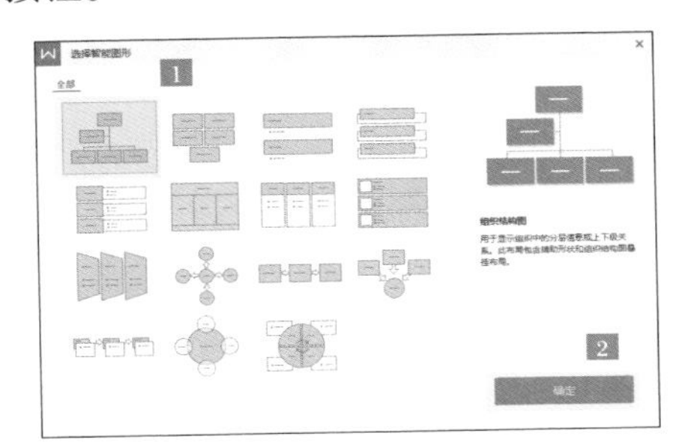

插入组织结构图后的效果如右图所示。

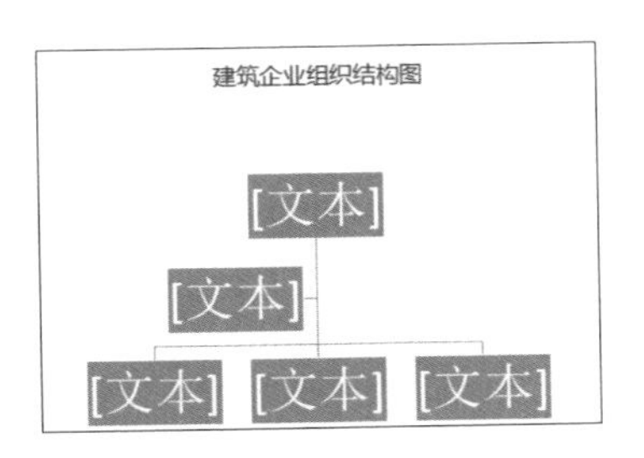

Tips

可以根据文字的关系选择不同的智能图形。

2.2.3 灵活调整智能图形结构

虽然已经选择了合适的智能图形结构，但是这个结构默认情况下只有 3 层，而该建筑企业的组织关系有 5 层，因此需要调整智能图形的结构。

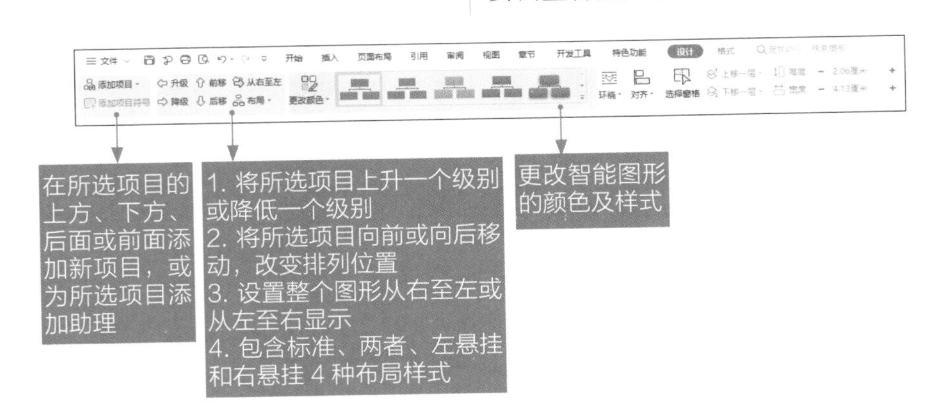

调整智能图形结构的具体操作步骤如下。

步骤 1 在企业组织结构图中，选中第一行的文本框，单击【设计】→【添加项目】按钮，在下拉列表中选择“在上方添加项目”选项，即可在选择文本框上方添加新项目。

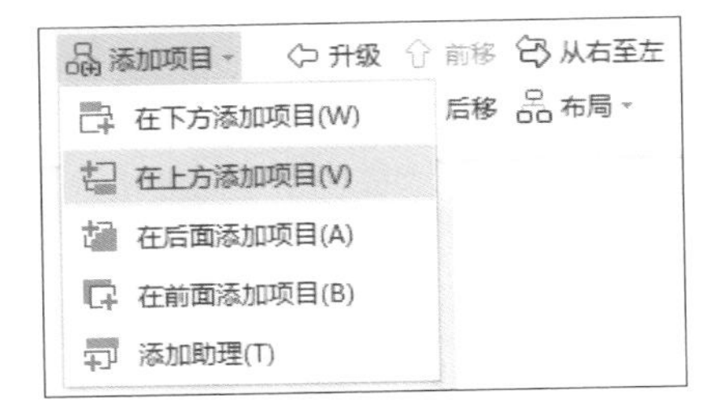

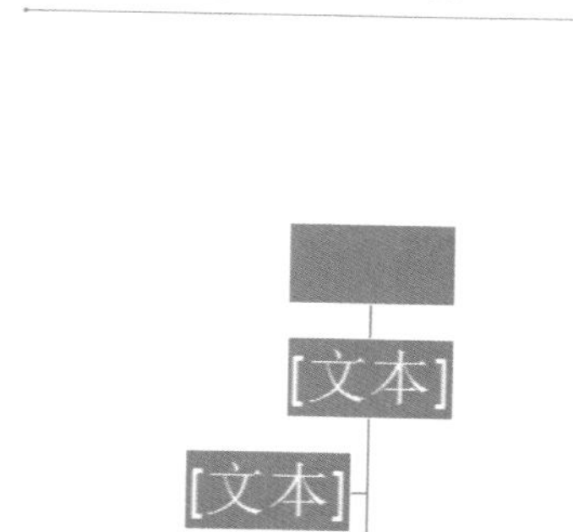

步骤2 选中第二行的文本框，单击【设计】，在【添加项目】的下拉列表中选择“添加助理”选项，效果如下图所示。

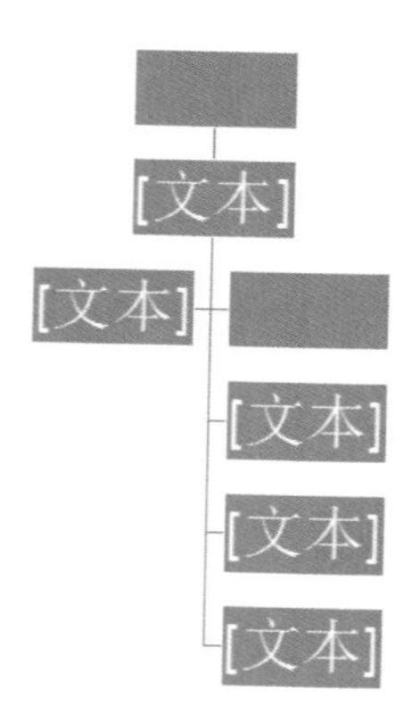

步骤3 选中下方 3 个文本框中的任意一个，参照步骤1，在【添加项目】的下拉列表中选择“在下方添加项目”选项，并重复操作 3 次，效果如右上图所示。

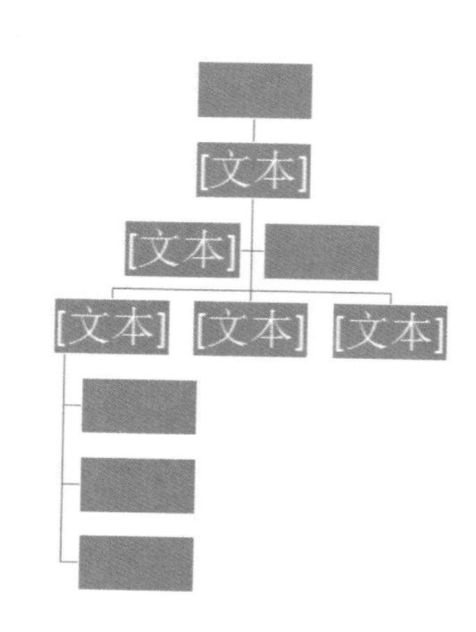

步骤4 重复上面的操作，为第四行的另外两个文本框添加项目，效果如下图所示。

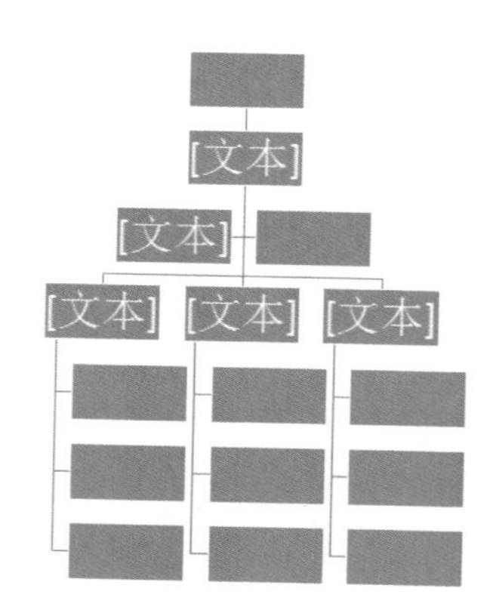

步骤5 选中第四行第一个文本框，单击【设计】→【布局】→【标准】按钮，即可看到将布局设置为标准后的效果。

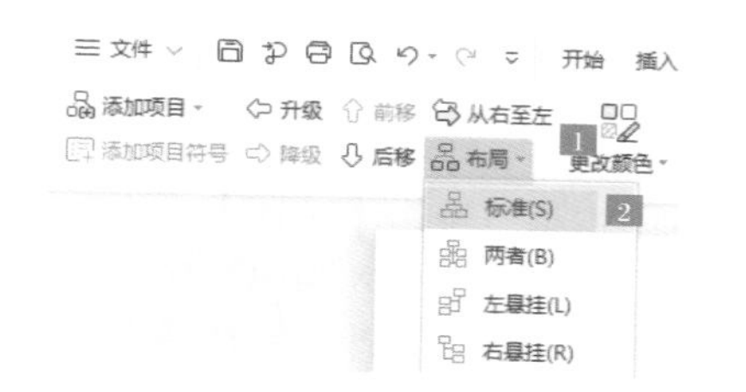

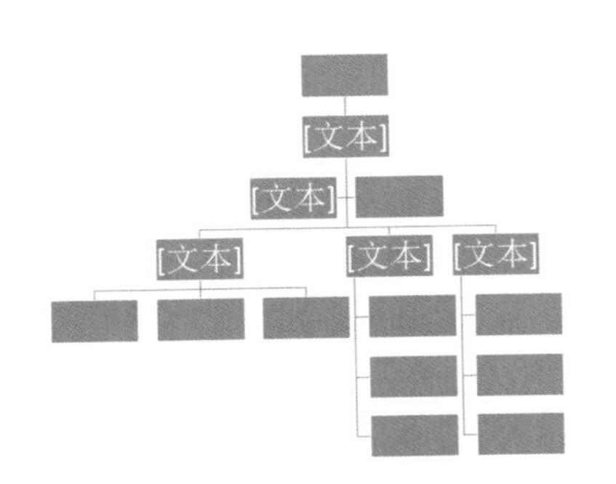

步骤 6 分别选中第四行另外两个文本框，重复操作步骤 5。至此，就完成了调整智能图形结构的操作，最终效果如下图所示。

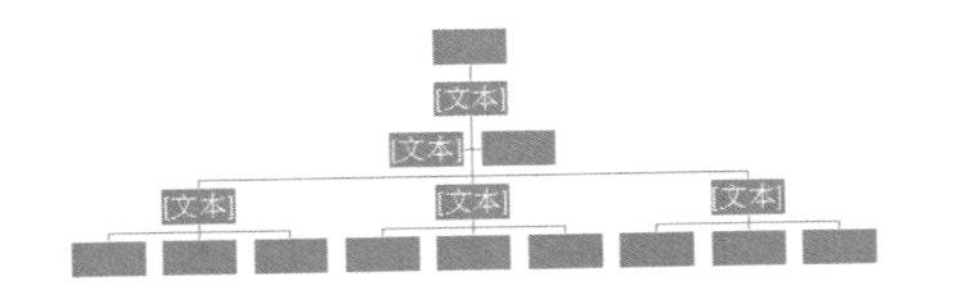

2.2.4 组织结构图内容的添加与删除

组织结构图框架绘制完成后，还需根据企业的具体情况，添加、删除文本框中的内容，具体操作步骤如下。

步骤 1 在建筑企业组织结构图中，单击第一行的文本框，直接输入文字“董事会”，设置【字体】为“微软雅黑”，【字号】为“小四”，添加文字后的效果如下图所示。

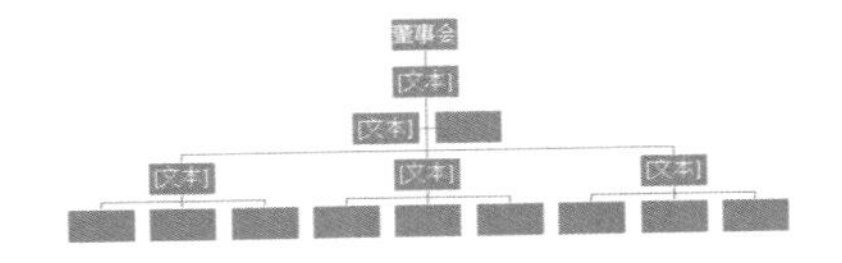

步骤 2 重复上面的操作，在其他文本框中输入对应的内容，设置【字体】为“微软雅黑”，【字号】为“小四”。至此，建筑企业组织结构图的内容添加完成，最终效果如下图所示。

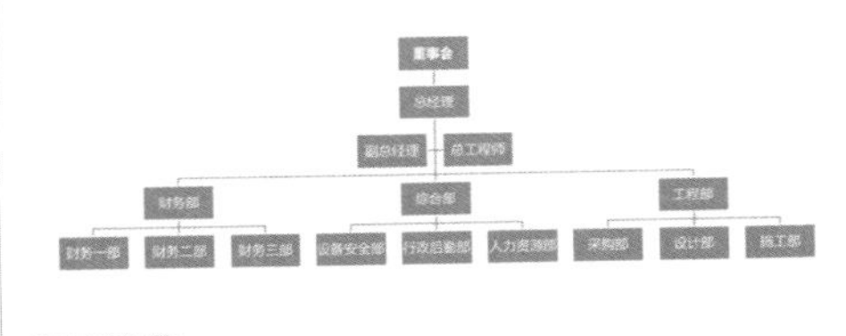

Tips

如果要删除图形，选择图形后，按【Delete】键即可。

2.2.5 组织结构图的美化

为了让组织结构图美观好看，可以对组织结构图进行美化。常见的美化方法包括设置文本框大小、更改文本框颜色，以及设置文本框内文字格式等，具体操作步骤如下。

步骤 1 选中智能图形，单击【设计】→【更改颜色】按钮，在【更改颜色】下拉列表中选择“着色 5”中的第一个格式，然后在【形状样式】中选择第 2 种样式，完成更改颜色的操作。

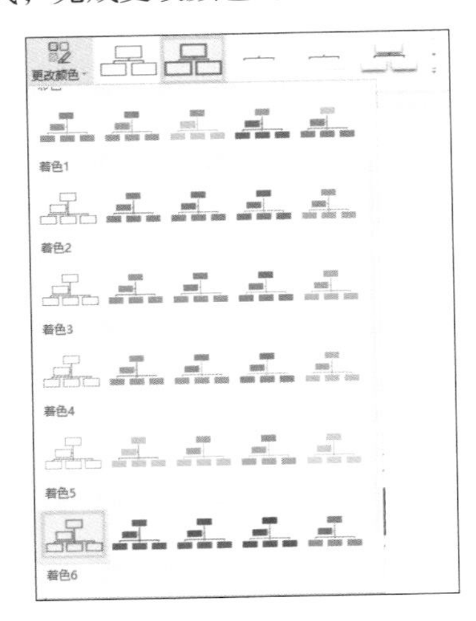

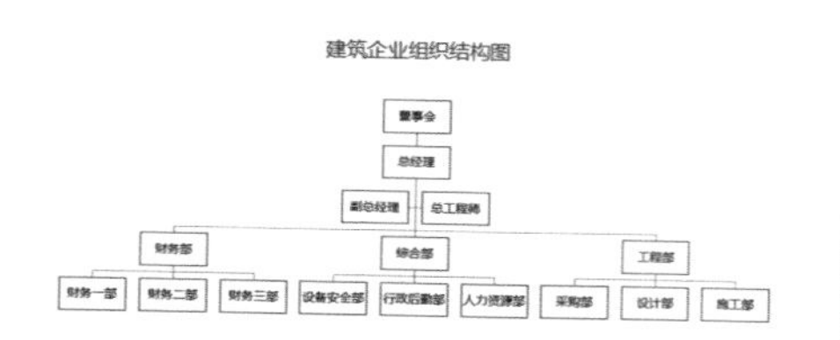

步骤 2 选择“董事会”图形，设置【填充颜色】为“深蓝色”，【字体颜色】为“白色”，【字形】为“加粗”，设置后的效果如下图所示。

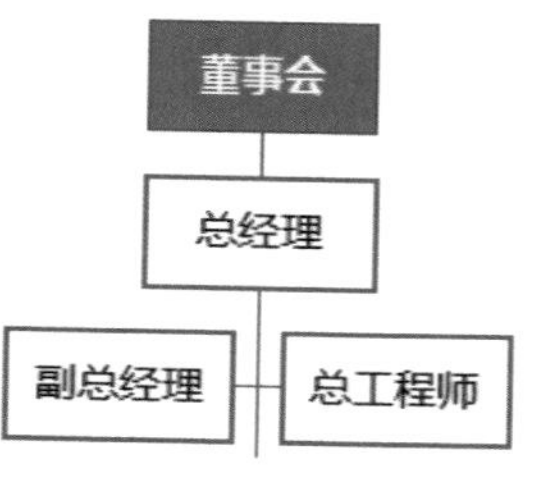

步骤 3 拖曳文本框的 4 个角，将其调整至合适大小，最终效果如右图所示。

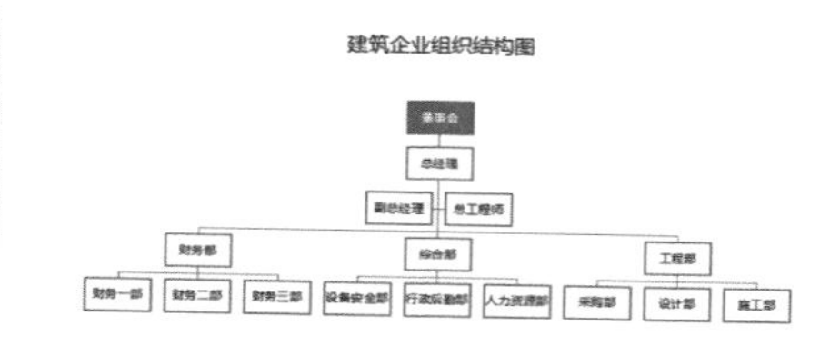

Tips

如果需要精确调节组织结构图大小，可以通过【其他布局选项】对话框进行设置。

案例总结及注意事项

（1）要调整组织结构图中文本框的样式，可以对单个图形进行设置，也可以批量设置。

（2）通过调整布局，可制作出宽图或窄图样式，方便在不同情况下使用。

动手练习：制作企业项目管理流程图

练习背景：

制定完项目管理流程后，需要将流程设置得美观、清晰，以便快速传递信息。现在公司要求你根据流程说明文档制作项目管理流程图。

练习要求：

（1）根据需要选择合适的关系图结构。

（2）调整关系图结构，添加相应的内容。

练习目的：

（1）掌握设置智能图形结构的方法。

（2）掌握插入关系图的方法。

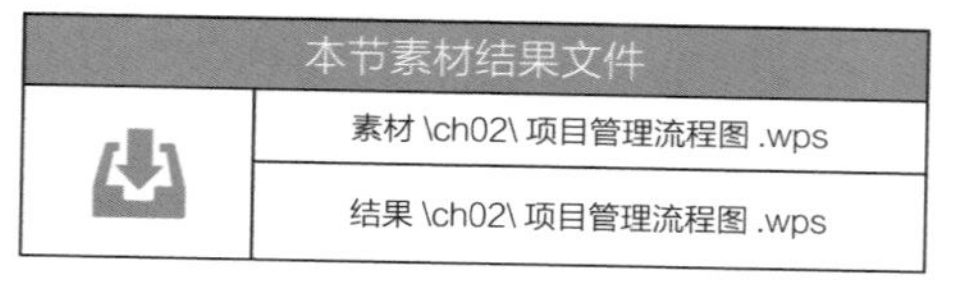

本节素材结果文件	
	素材 \ch02\ 项目管理流程图 .wps
	结果 \ch02\ 项目管理流程图 .wps

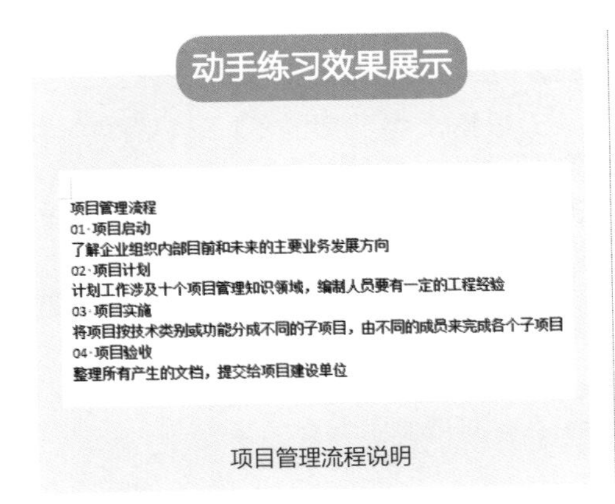
动手练习效果展示

项目管理流程
01·项目启动
了解企业组织内部目前和未来的主要业务发展方向
02·项目计划
计划工作涉及十个项目管理知识领域，编制人员要有一定的工程经验
03·项目实施
将项目按技术类别或功能分成不同的子项目，由不同的成员来完成各个子项目
04·项目验收
整理所有产生的文档，提交给项目建设单位

项目管理流程说明

项目管理流程图

2.3 图文混合排版——企业内刊的制作

与文字相比，图片展示更能传达意图，在日常工作中，经常需要在内容中添加图片，让内容传达更加清晰，让报告更加美观。

下面通过在企业内刊中进行图文混合排版的示例，介绍为企业内刊排版的方法。

【页面布局】菜单中各按钮的功能如下图所示。

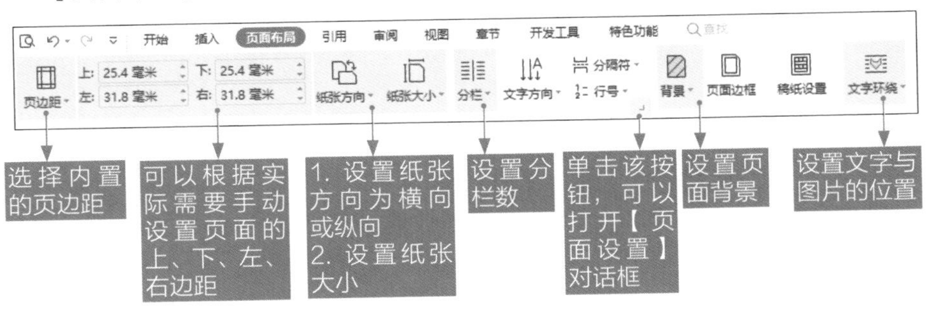

【图片工具】菜单中各按钮的功能如下图所示。

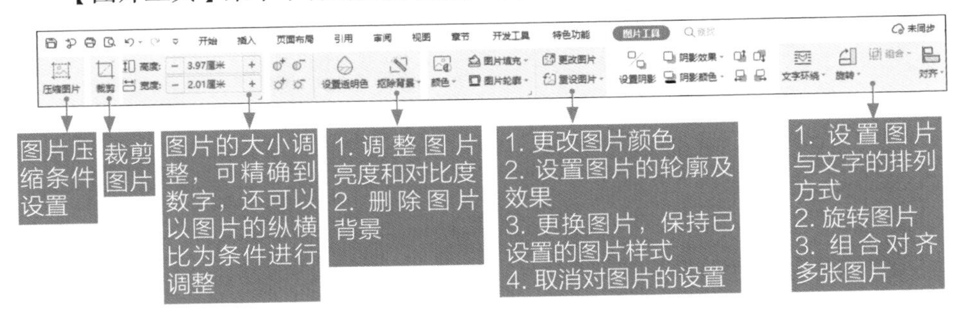

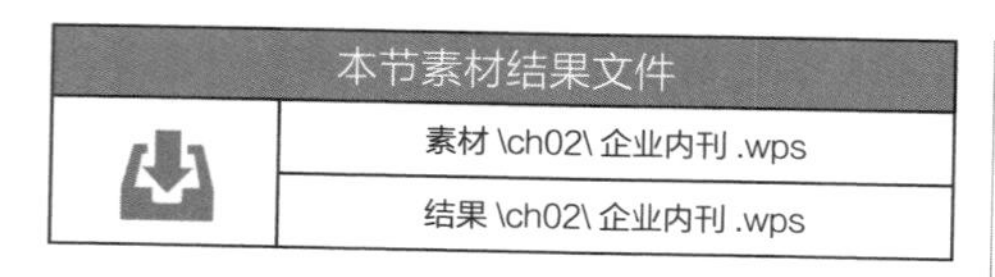

本节素材结果文件	
	素材 \ch02\ 企业内刊 .wps
	结果 \ch02\ 企业内刊 .wps

“企业内刊 .wps”文件是编写完成的文档，需要设置版式并使用图片元素美化文档。

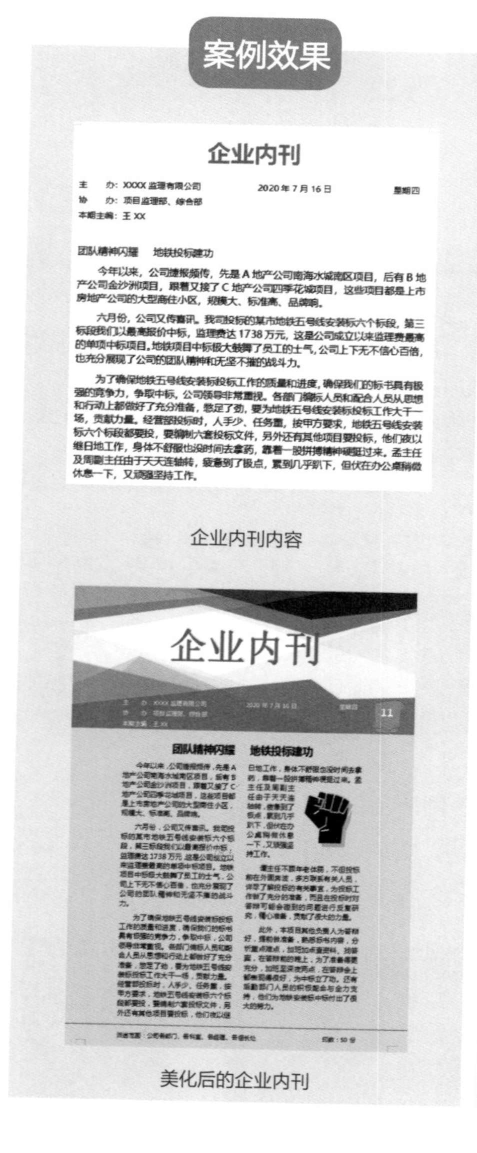

案例效果

企业内刊

主　　办：XXXX 监理有限公司　　2020 年 7 月 16 日　　星期四
协　　办：项目监理部、综合部
本期主编：王 XX

团队精神闪耀　　地铁投标建功

今年以来，公司捷报频传，先是 A 地产公司南海水城南区项目，后有 B 地产公司金沙洲项目，跟着又接了 C 地产公司四季花城项目，这些项目都是上市房地产公司的大型商住小区，规模大、标准高、品牌响。

六月份，公司又传喜讯。我司投标的某市地铁五号线安装标六个标段，第三标段我们以最高报价中标，监理费达 1738 万元，这是公司成立以来监理费最高的单项中标项目。地铁项目中标极大鼓舞了员工的士气，公司上下无不信心百倍，也充分展现了公司的团队精神和无坚不摧的战斗力。

为了确保地铁五号线安装标投标工作的质量和进度，确保我们的标书具有极强的竞争力，争取中标，公司领导非常重视。各部门编标人员和配合人员从思想和行动上都做好了充分准备，憋足了劲，要为地铁五号线安装标投标工作大干一场，贡献力量。经营部投标时，人手少、任务重，按甲方要求，地铁五号线安装标六个标段都要投，要编制六套投标文件，另外还有其他项目要投标，他们夜以继日地工作，身体不舒服也没时间去拿药，靠着一股拼搏精神硬挺过来。孟主任及周副主任由于天天连轴转，疲惫到了极点，累到几乎趴下，但伏在办公桌稍微休息一下，又顽强坚持工作。

企业内刊内容

美化后的企业内刊

2.3.1 设置页面大小和页边距

根据文档类型的不同，需要设置文档页面布局，页面布局包括纸张大小、页边距、纸张方向、文字方向及分栏等内容。在企业内刊中，设置页面大小和页边距的具体操作步骤如下。

步骤 1 打开素材文件，单击【页面布局】→【页面设置】按钮。

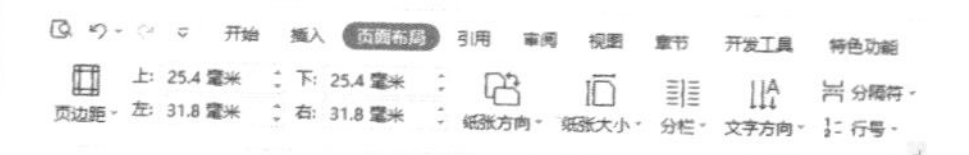

Tips

也可在【页面布局】选项卡下设置页边距、纸张方向、纸张大小等属性。

步骤 2 打开【页面设置】对话框，在【页边距】→【页边距】下设置【上】【下】边距为“2.3”厘米，【左】【右】边距为“2.8”厘米，设置【方向】为“纵向”。

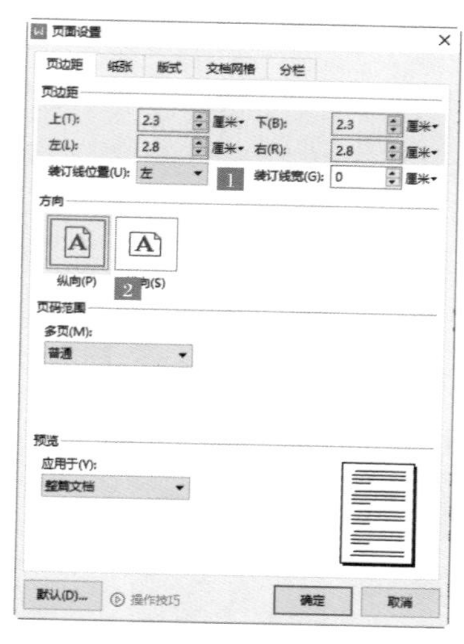

步骤 3 选择【纸张】选项卡，设置【纸

张大小】为“A4”。如果要自定义纸张大小，直接在【宽度】【高度】微调框中输入要设置的值即可。设置好后，单击【确定】按钮，完成设置页边距和纸张大小的操作。

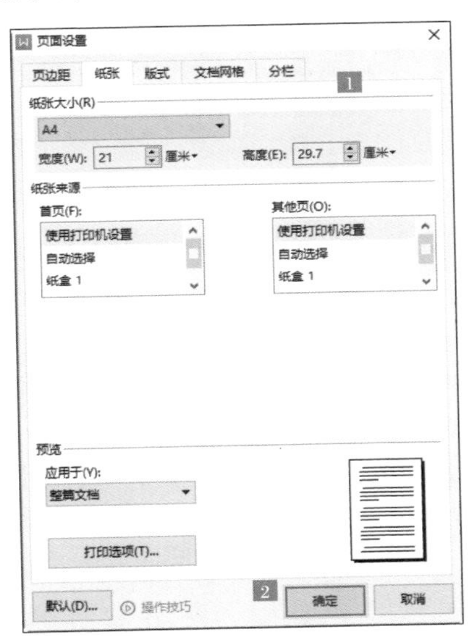

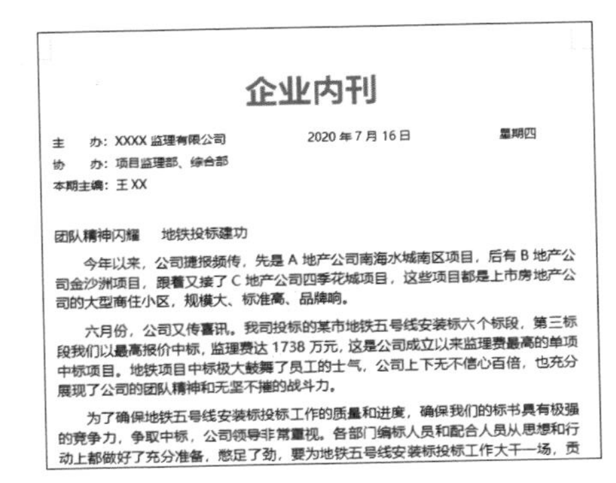

企业内刊

主　　办：XXXX 监理有限公司　　2020 年 7 月 16 日　　星期四
协　　办：项目监理部、综合部
本期主编：王 XX

团队精神闪耀　地铁投标建功

今年以来，公司捷报频传，先是 A 地产公司南海水城南区项目，后有 B 地产公司金沙洲项目，跟着又接了 C 地产公司四季花城项目，这些项目都是上市房地产公司的大型商住小区，规模大、标准高、品牌响。

六月份，公司又传喜讯。我司投标的某市地铁五号线安装标六个标段，第三标段我们以最高报价中标，监理费达 1738 万元，这是公司成立以来监理费最高的单项中标项目。地铁项目中标极大鼓舞了员工的士气，公司上下无不信心百倍，也充分展现了公司的团队精神和无坚不摧的战斗力。

为了确保地铁五号线安装标投标工作的质量和进度，确保我们的标书具有极强的竞争力，争取中标，公司领导非常重视。各部门编标人员和配合人员从思想和行动上都做好了充分准备，憋足了劲，要为地铁五号线安装标投标工作大干一场，贡

设置页面大小和页边距后，可根据需要设置企业内刊标题及正文的字体和段落格式。具体操作步骤如下。

步骤 1 选择正文标题，更改其【字号】为“小二”，添加【加粗】效果，并居中显示，效果如右上图所示。

企业内刊

主　　办：XXXX 监理有限公司　　2020 年 7 月 16 日　　星期四
协　　办：项目监理部、综合部
本期主编：王 XX

团队精神闪耀　地铁投标建功

今年以来，公司捷报频传，先是 A 地产公司南海水城南区项目，后有 B 地产公司金沙洲项目，跟着又接了 C 地产公司四季花城项目，这些项目都是上市房地产公司的大型商住小区，规模大、标准高、品牌响。

六月份，公司又传喜讯。我司投标的某市地铁五号线安装标六个标段，第三标段我们以最高报价中标，监理费达 1738 万元，这是公司成立以来监理费最高的单项中标项目。地铁项目中标极大鼓舞了员工的士气，公司上下无不信心百倍，也充分展现了公司的团队精神和无坚不摧的战斗力。

步骤 2 选择正文内容，单击【页面布局】→【分栏】→【两栏】按钮，设置分栏后的效果如下图所示。

团队精神闪耀　地铁投标建功

今年以来，公司捷报频传，先是 A 地产公司南海水城南区项目，后有 B 地产公司金沙洲项目，跟着又接了 C 地产公司四季花城项目，这些项目都是上市房地产公司的大型商住小区，规模大、标准高、品牌响。

六月份，公司又传喜讯。我司投标的某市地铁五号线安装标六个标段，第三标段我们以最高报价中标，监理费达 1738 万元，这是公司成立以来监理费最高的单项中标项目。地铁项目中标极大鼓舞了员工的士气，公司上下无不信心百倍，也充分展现了公司的团队精神和无坚不摧的战斗力。

为了确保地铁五号线安装标投标工作的质量和进度，确保我们的标书具有极强的竞争力，争取中标，公司领导非常重视。各部门编标人员和配合人员从思想和行动上都做好了充分准备，憋足了劲，要为地铁五号线安装标投标工作大干一场，贡献力量。经营部投标时，人手少、任务重，按甲方要求，地铁五号线安装标六个标段都要投，要编制六套投标文件，另外还有其他项目要投标，他们夜以继日地工作，身体不舒服也没时间去拿药，靠着一股拼搏精神硬挺过来。孟主任及周副主任由于天天连轴转，疲惫到了极点，累到几乎趴下，但伏在办公桌稍微休息一下，又顽强坚持工作。

谭主任不顾年老体弱，不但投标前在外面奔波，多方联系有关人员，详尽了解投标的有关事宜，为投标工作做了充分的准备，而且在投标时对答辩可能会碰到的问题进行反复研究，精心准备，贡献了很大的力量。

此外，本项目其他负责人为答辩好，提前做准备，熟悉标书内容，分析重点难点，加班加点查资料、找答案，在答辩前的晚上，为了准备得更充分，加班至深夜两点，在答辩会上都表现得很好，为中标立了功。还有后勤部门人员的积极配合与全力支持，他们为地铁安装标中标付出了很大的努力。

步骤 3 在“派送范围”上方插入空行，然后单击【插入】→【形状】→【线条】→【直线】按钮。

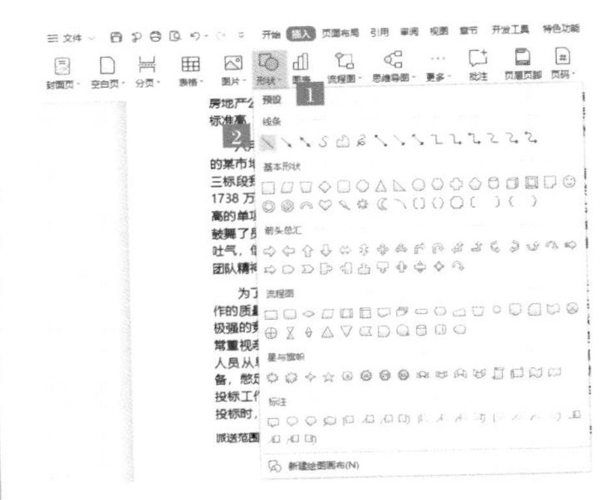

步骤 4 在空行位置单击，按住【Shift】键绘制一条水平直线，单击【绘图工

具】→【轮廓】按钮，设置线条的颜色，如下图所示。

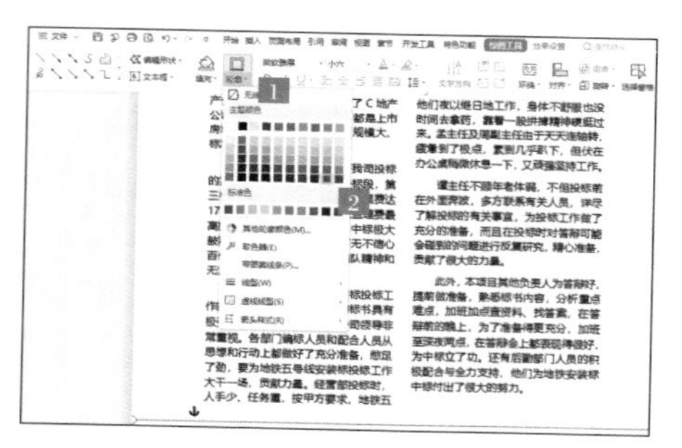

步骤 5 选择【绘图工具】→【轮廓】→【线型】→【1.5 磅】线型，设置线条的粗细，最终效果如下图所示。

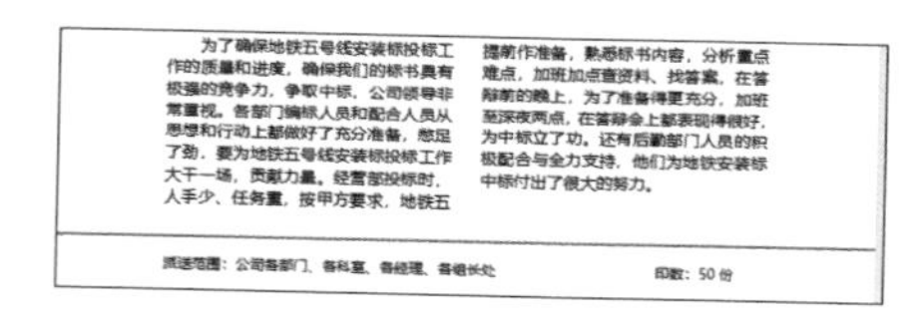

2.3.2 设置宣传页面背景颜色

对于企业内刊这类内部发行的作品，可以通过设置页面的背景颜色，使页面显得更温和、更饱满。

单击【页面布局】→【背景】按钮，在弹出的菜单中选择一种主题颜色，即可完成设置页面背景颜色的操作，效果如下图所示。

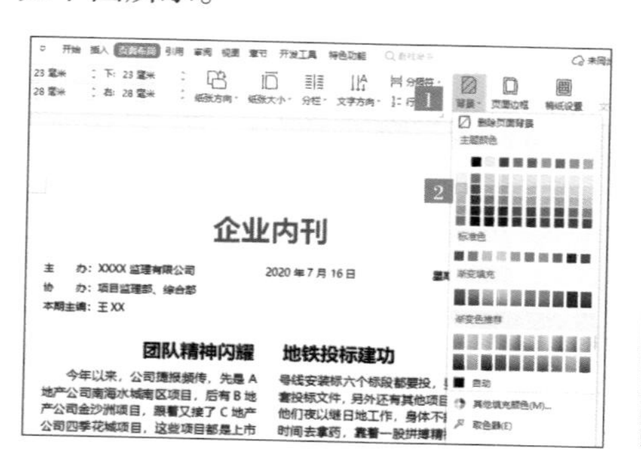

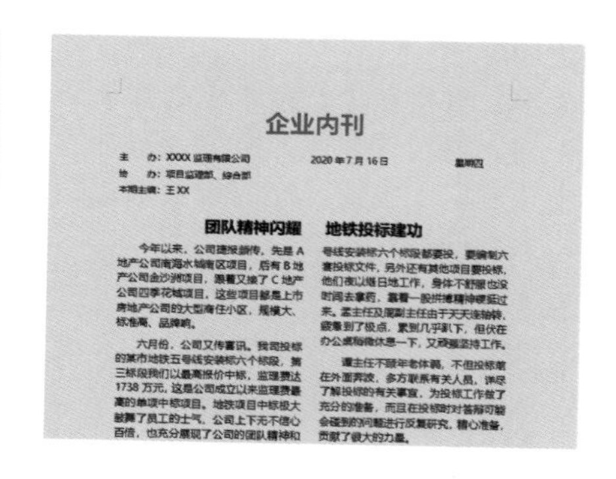

2.3.3 使用艺术字美化标题

用艺术字美化标题，可以让标题更加醒目。在企业内刊中，使用艺术字美化标题的具体操作步骤如下。

步骤 1 选中标题“企业内刊”，单击【插入】→【艺术字】按钮，在下拉列表的【预设样式】中选择一种样式。

Tips

.wps 格式的文档不支持新版的艺术字样式，可将文档转换成 .docx 格式后，再插入并编辑艺术字。

步骤 2 选中艺术字文本框，选择【布局

选项】→【上下型环绕】选项，更改艺术字文本的布局。

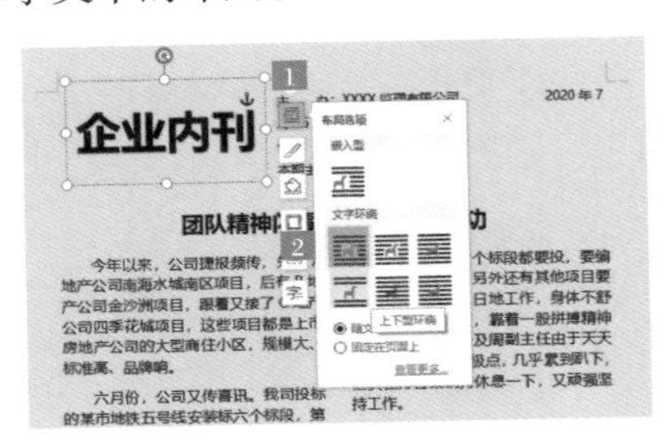

Tips

插入艺术字后会打开【文本工具】选项卡，在其中可以设置艺术字的字体、字号、对齐方式、文本填充、文本轮廓及文字效果等。

步骤 3 拖曳艺术字文本框，调整艺术字文本框的位置后，效果如下图所示。

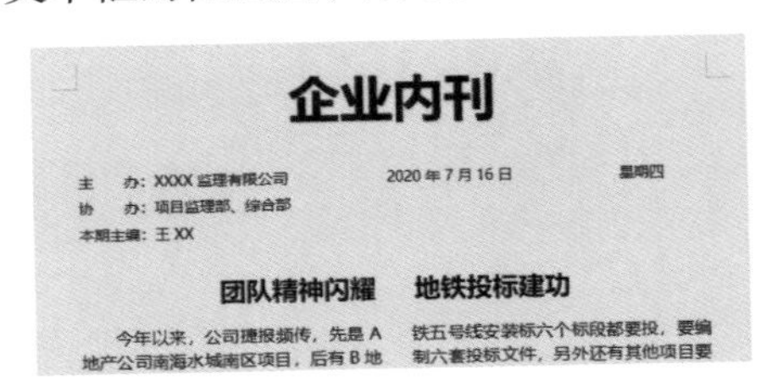

步骤 4 更改艺术字的【字体】为“思源宋体”，【字号】为“66”，【字形】为“加粗”，【字体颜色】为“深红”，设置后的效果如下图所示。

步骤 5 插入新的艺术字，输入文字“11”，设置【字体】为“微软雅黑”，【字号】为“小二”，【字体颜色】为“白色”，并将其拖曳至合适位置，设置效果如下图所示。

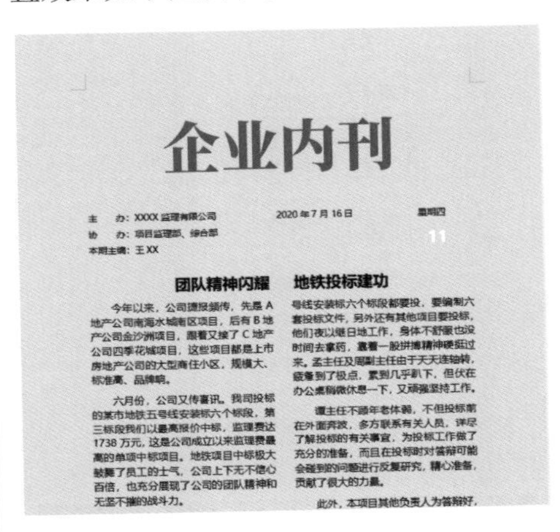

2.3.4 插入和编辑公司图片

现在的企业内刊，看起来比较单调，还可以插入公司图片，让文档图文并茂。在企业内刊中，插入和编辑公司图片的具体步骤如下。

步骤 1 打开素材，光标放在单倍行距的任意位置，单击【插入】→【图片】按钮，在下拉菜单中选择“来自文件”选项，选中“图片 1”文件，插入图片后的效果如下图所示。

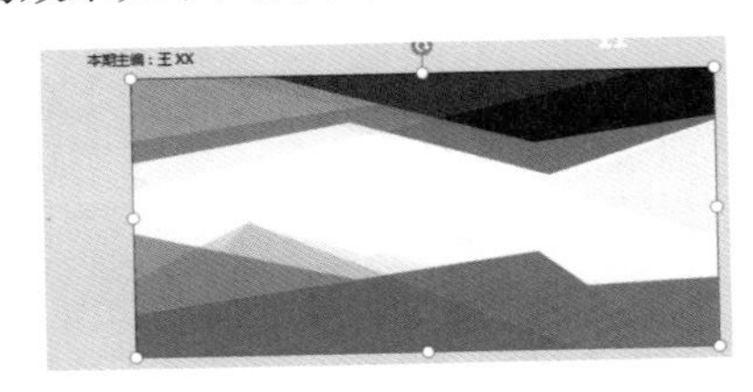

步骤 2 选中图片，单击【图片工具】→【文字环绕】按钮，在下拉列表中选择“衬于文字下方”选项，将图片设置为衬于文字下方。

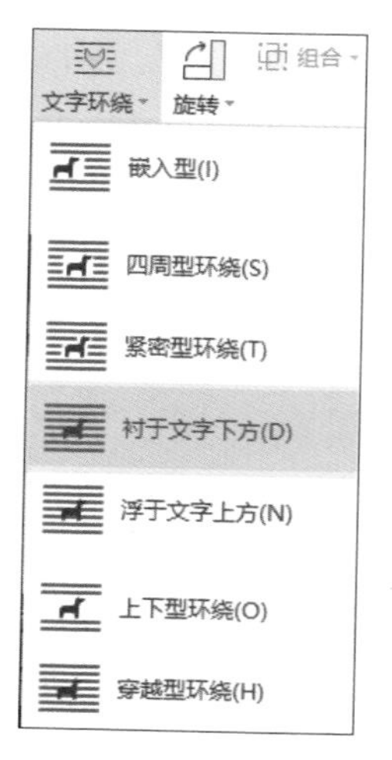

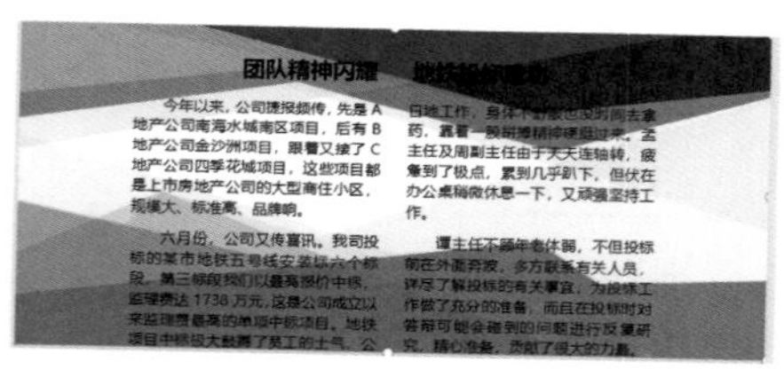

步骤 3 向上移动图片，调整图片至合适的大小，设置后的效果如下图所示。

步骤 4 单击【图片工具】→【设置形状格式】按钮，在弹出的【属性】对话框中设置图片的效果，【柔化边缘】设为“1 磅”。设置柔化边缘后的图片效果如右上图所示。

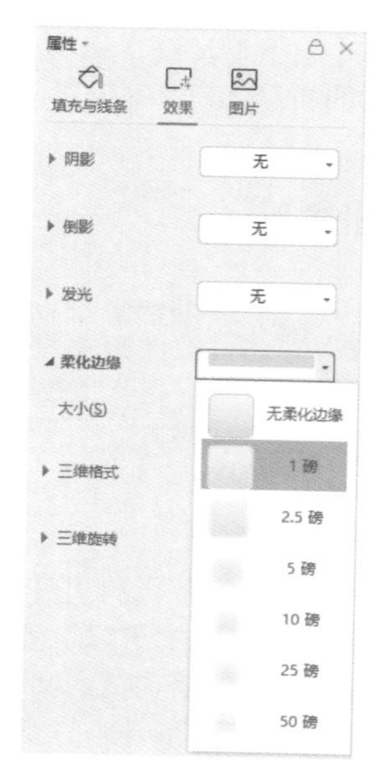

Tips

要调整图片的填充与线条、位置及效果等，能通过【属性】对话框进行设置。

Tips

拖曳调整图片大小时，如果选择的段落设置的是多倍行距，整个文档的页面布局可能会被打乱。只要将光标放在图片下方文字的任意部分，单击【页面布局】→【页边距】按钮，在下拉列表中选择“普通”选项重新设计，即可恢复正常。

2.3.5 调整文字与图片的位置

插入图片后，如果不做调整，文档会显得比较凌乱，而且，如果背景图片颜色比较深，黑色文字会比较难以辨认。在企业内刊中，调整文字与图片位置的具体操作步骤如下。

步骤 1 重复 2.3.4 小节的操作，插入“图片 2”，设置【文字环绕】为“衬于文字下方”，并将其移动至数字“11”下方，设置后的效果如下图所示。

Tips

多张图片重叠时，还需要设计将图片放在哪一层，在本案例中需将“图片 1”设为“置于底层”。

步骤 2 选中艺术字“企业内刊”，将其拖曳至合适位置，效果如下图所示。

步骤 3 选中主办方、协办、本期主编、日期、星期等三行段落，设置【字体颜色】为“白色”。至此，企业内刊中的文字与图片位置调整完毕，最终设置效果如右上图所示。

2.3.6 插入图标丰富页面内容

为了丰富页面，还可以在文档中插入各种各样的图标，在企业内刊中插入图标的具体操作步骤如下。

步骤 1 在文档中插入“拳头”图标，设置【环绕方式】为“四周型环绕”，并调整其位置和大小，设置后的效果如下图所示。

件，另外还有其他项目要投标，他们夜以继日地工作，身体不舒服也没时间去拿药，靠着一股拼搏精神硬挺过来。孟主任及周副主任由于天天连轴转，疲惫到了极点，几乎累到趴下，但伏在办公桌稍微休息一下，又顽强坚持工作。

步骤 2 选中图标“拳头”，打开【属性】对话框，设置阴影效果的颜色和距离，【颜色】设置为“蓝色”，【距离】设置为“9 磅”，设置后的效果如下图所示。

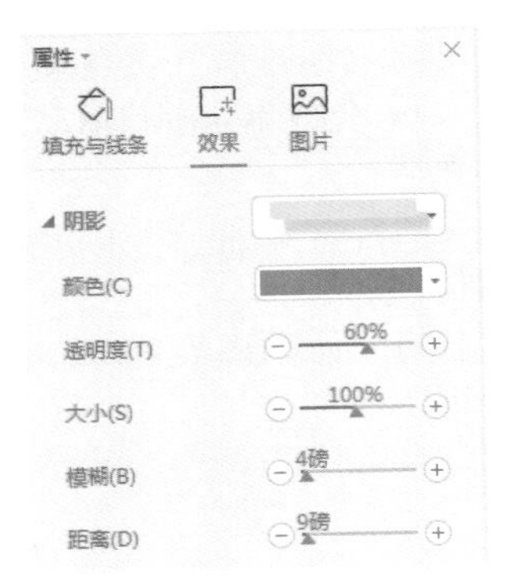

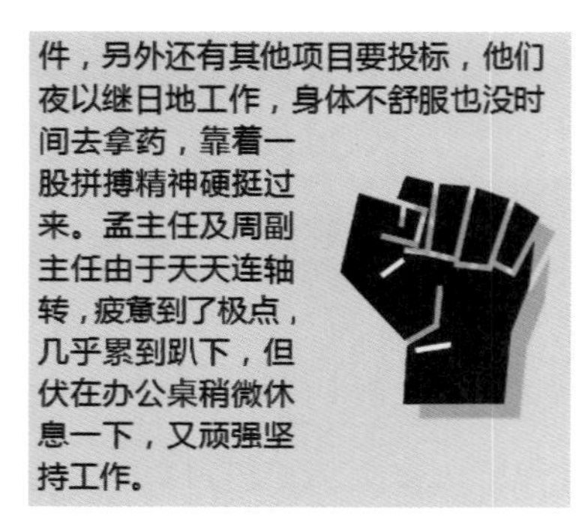
件，另外还有其他项目要投标，他们夜以继日地工作，身体不舒服也没时间去拿药，靠着一股拼搏精神硬挺过来。孟主任及周副主任由于天天连轴转，疲惫到了极点，几乎累到趴下，但伏在办公桌稍微休息一下，又顽强坚持工作。

至此，企业内刊制作完成，最终设置效果如右图所示。

案例总结及注意事项

（1）调整图片时，如果图片过大，会影响文档的整体布局，这时要注意调整。

（2）在文字下方插入图片时，要注意设置文字颜色，确保能看清文字。

动手练习：美化公司年会游戏活动方案

练习背景：

公司年会游戏活动方案设计完成后，需要对所有员工公示，这就需要对活动方案文档进行排版，使其更美观。现在公司要求你排版并美化新制作的2021年××公司年会游戏活动方案。

练习要求：

插入图片并设置图片的布局，使文档整体更协调。

为不同的活动内容添加图标并调整图片布局。

练习目的：

（1）掌握插入图片及调整图片的方法。

（2）掌握图文排版的方法。

本节素材结果文件	
	素材 \ch02\ 公司年会游戏活动方案 .wps
	结果 \ch02\ 公司年会游戏活动方案 .wps

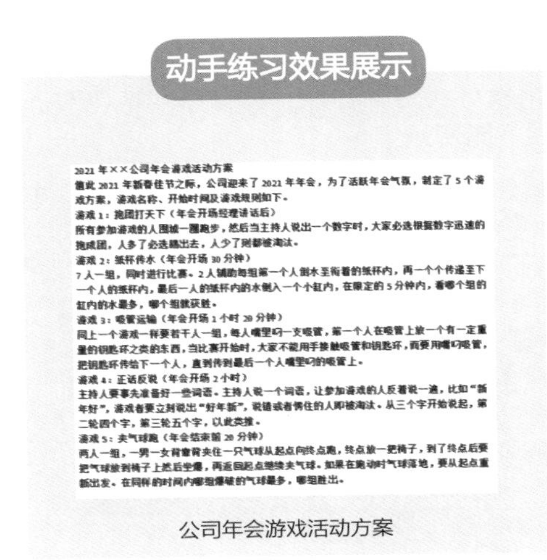

动手练习效果展示

2021 年××公司年会游戏活动方案
值此 2021 年新春佳节之际，公司迎来了 2021 年年会，为了活跃年会气氛，制定了 5 个游戏方案，游戏名称、开始时间及游戏规则如下。
游戏 1：抱团打天下（年会开场经理讲话后）
所有参加游戏的人围城一圈跑步，然后当主持人说出一个数字时，大家必选根据数字迅速的抱成团，人多了必选踢出去，人少了则都被淘汰。
游戏 2：纸杯传水（年会开场 30 分钟）
7 人一组，同时进行比赛。2 人辅助每组第一个人倒水至衔着的纸杯内，再一个个传递至下一个人的纸杯内，最后一人的纸杯内的水倒入一个小缸内，在限定的 5 分钟内，看哪个组的缸内的水最多，哪个组就获胜。
游戏 3：吸管运输（年会开场 1 小时 20 分钟）
同上一个游戏一样要若干人一组，每人嘴里叼一支吸管，第一个人在吸管上放一个有一定重量的钥匙环之类的东西，当比赛开始时，大家不能用手接触吸管和钥匙环，而要用嘴叼吸管，把钥匙环传给下一个人，直到传到最后一个人嘴里叼的吸管上。
游戏 4：正话反说（年会开场 2 小时）
主持人要事先准备好一些词语。主持人说一个词语，让参加游戏的人反着说一遍，比如“新年好”，游戏者要立刻说出“好年新”，说错或者愣住的人即被淘汰。从三个字开始说起，第二轮四个字，第三轮五个字，以此类推。
游戏 5：夹气球跑（年会结束前 20 分钟）
两人一组，一男一女背靠背夹住一只气球从起点向终点跑，终点放一把椅子，到了终点后要把气球放到椅子上然后坐爆，再返回起点继续夹气球。如果在跑动时气球落地，要从起点重新出发。在同样的时间内哪组爆破的气球最多，哪组胜出。

公司年会游戏活动方案

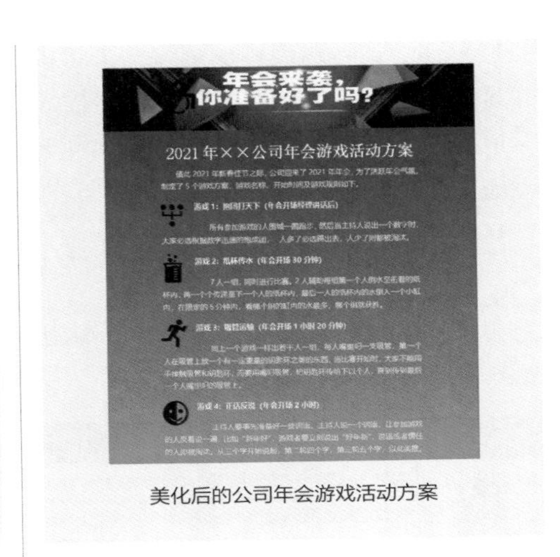

美化后的公司年会游戏活动方案

2.4 表格排版——个人简历制作

个人简历是进入职场的敲门砖，用于展示求职者个人信息、工作能力和优势。简历制作得好不好，会在很大程度上决定求职者能否在众多人之中脱颖而出，表现出其核心竞争力。WPS 文字模块中的表格是最为常用的个人简历制作工具，本节讲述如何使用 WPS 打造一份优秀的个人简历。

【表格】的各功能介绍如下图所示。

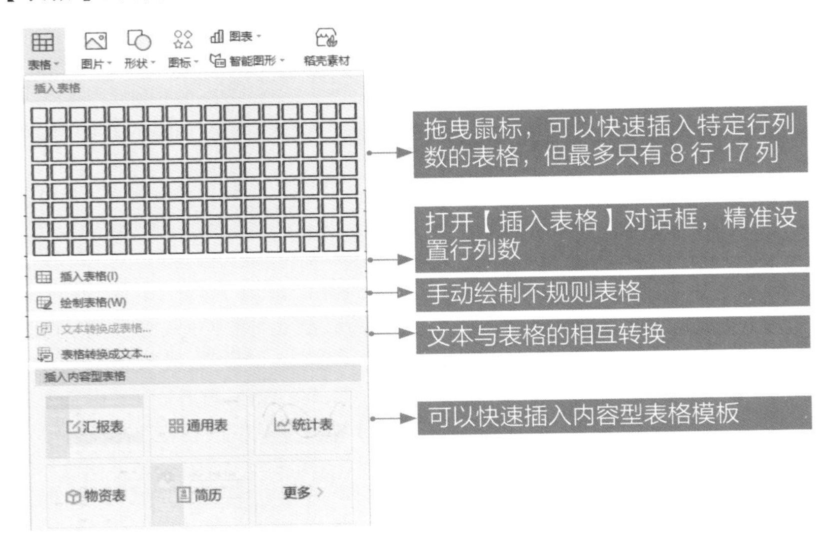

当插入或选择一个表格时，【表格工具】和【表格样式】选项卡即被激活，并显示在功能区中，可以帮助用户插入或删除行和列，合并、拆分单元格，对齐表格，快速设置表格大小和表格格式等，如下图所示。

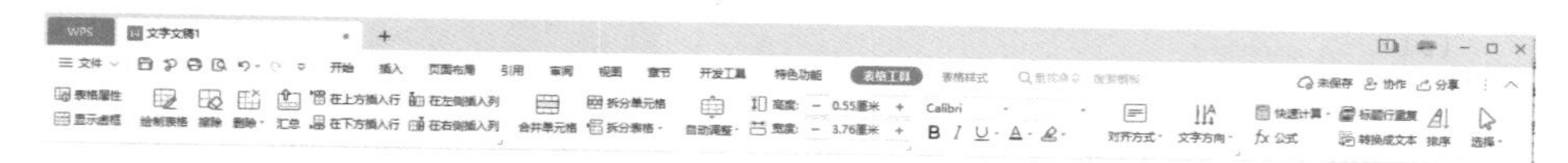

下面通过制作个人简历，介绍 WPS 文字模块的表格排版功能。

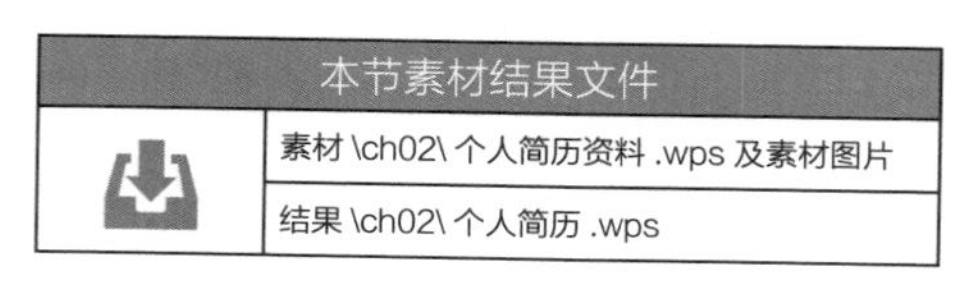

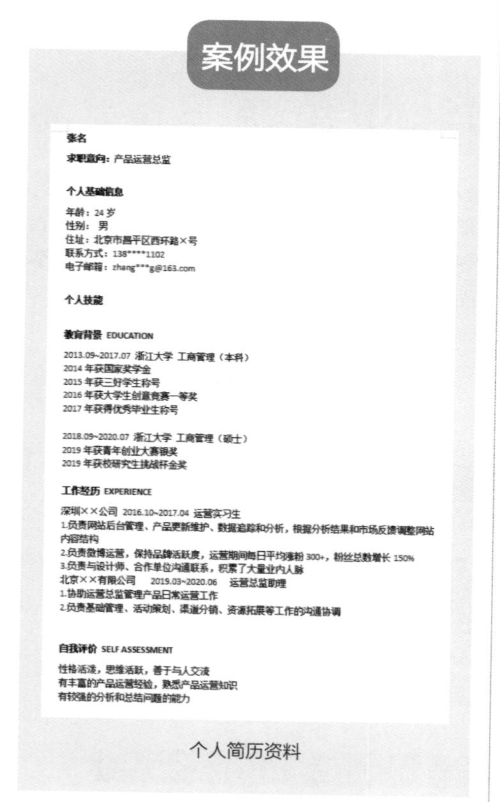

张名
求职意向：产品运营总监

个人基础信息
年龄：24 岁
性别：男
住址：北京市昌平区西环路×号
联系方式：138****1102
电子邮箱：zhang***g@163.com

个人技能

教育背景 EDUCATION
2013.09~2017.07 浙江大学 工商管理（本科）
2014 年获国家奖学金
2015 年获三好学生称号
2016 年获大学生创意竞赛一等奖
2017 年获得优秀毕业生称号

2018.09~2020.07 浙江大学 工商管理（硕士）
2019 年获青年创业大赛银奖
2019 年获校研究生挑战杯金奖

工作经历 EXPERIENCE
深圳××公司 2016.10~2017.04 运营实习生
1.负责网站后台管理、产品更新维护、数据追踪和分析，根据分析结果和市场反馈调整网站内容结构
2.负责微博运营，保持品牌活跃度，运营期间每日平均涨粉 300+，粉丝总数增长 150%
3.负责与设计师、合作单位沟通联系，积累了大量业内人脉
北京××有限公司 2019.03~2020.06 运营总监助理
1.协助运营总监管理产品日常运营工作
2.负责基础管理、活动策划、渠道分销、资源拓展等工作的沟通协调

自我评价 SELF ASSESSMENT
性格活泼，思维活跃，善于与人交流
有丰富的产品运营经验，熟悉产品运营知识
有较强的分析和总结问题的能力

个人简历资料

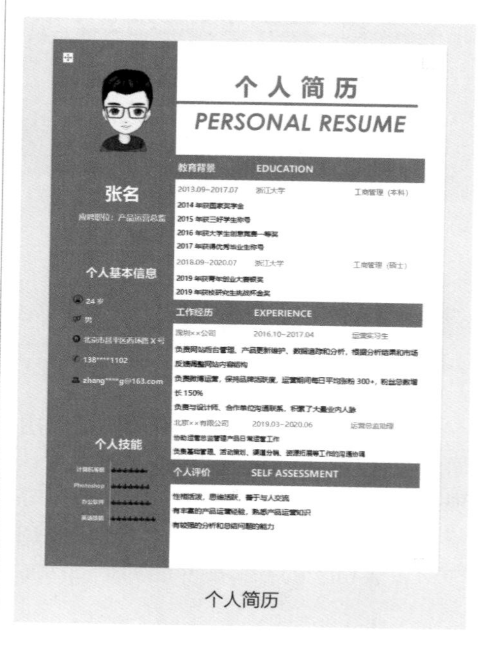

个人简历

2.4.1 下载使用在线表格模板

WPS 拥有海量的在线模板，其中有很多优秀的个人简历模板供读者下载并使用，但不要盲目地下载一个模板就套用，正确的做法是根据个人的实际情况对模板进行调整，让简历模板适合你。

步骤 1 在 WPS 文字工作界面单击【插入】→【表格】按钮，在弹出的下拉菜单中选择【插入内容型表格】区域中的【简历】图标。

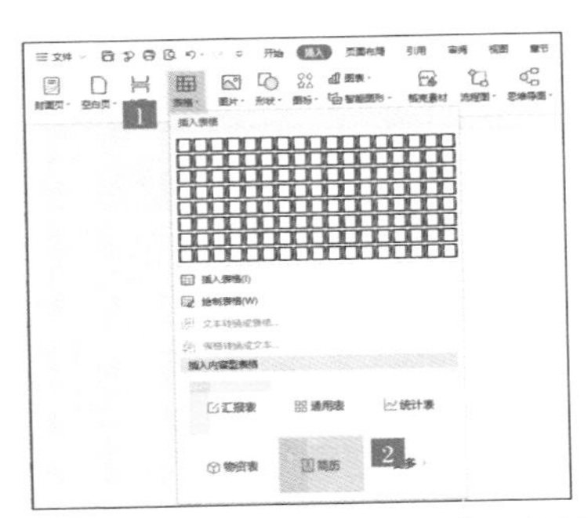

步骤2 在弹出的【在线表格】对话框中可以看到在线简历列表，并可进行职业筛选。若要查看简历全貌，则需单击简历缩略图。

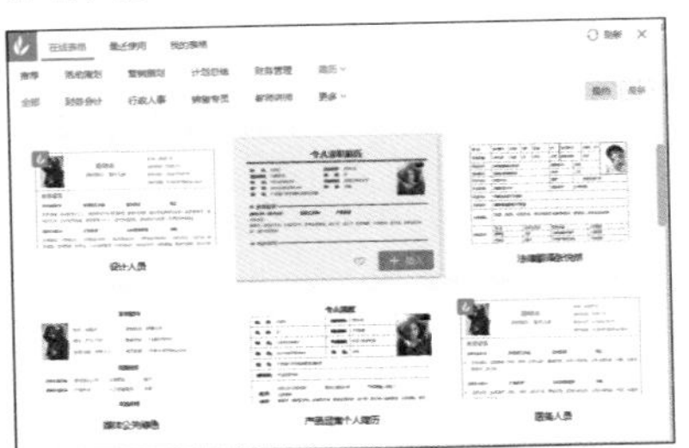

步骤3 在弹出的新页面中，可向下滑动鼠标滚轮进行查看。单击【插入】按钮，即可将模板插入当前文档中，用户根据情况调整即可。

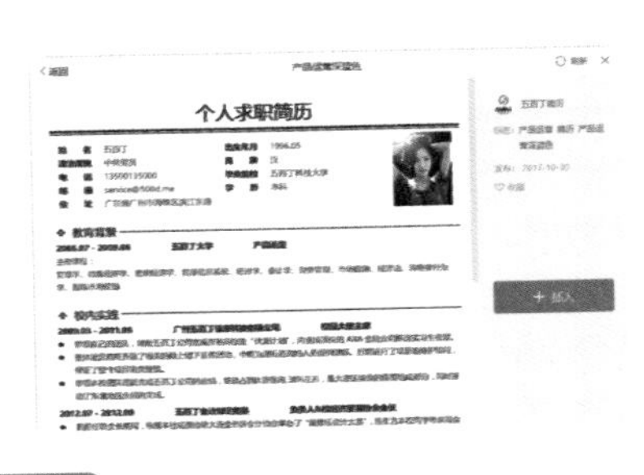

Tips

如果内置简历模板无法满足使用要求，可以从专业的模板网站下载简历模板，如五百丁简历、乔布简历、向日葵等。

2.4.2 为简历规划表格结构

一份完整、出色的简历，大致分为6个模块，包括求职意向、基础信息、个人技能、教育背景、工作经历和个人评价。用户可根据实际情况，对求职信息进行分块处理。

以本节提供的素材“个人简历资料”为例，按照6个模块划分后如下图所示。

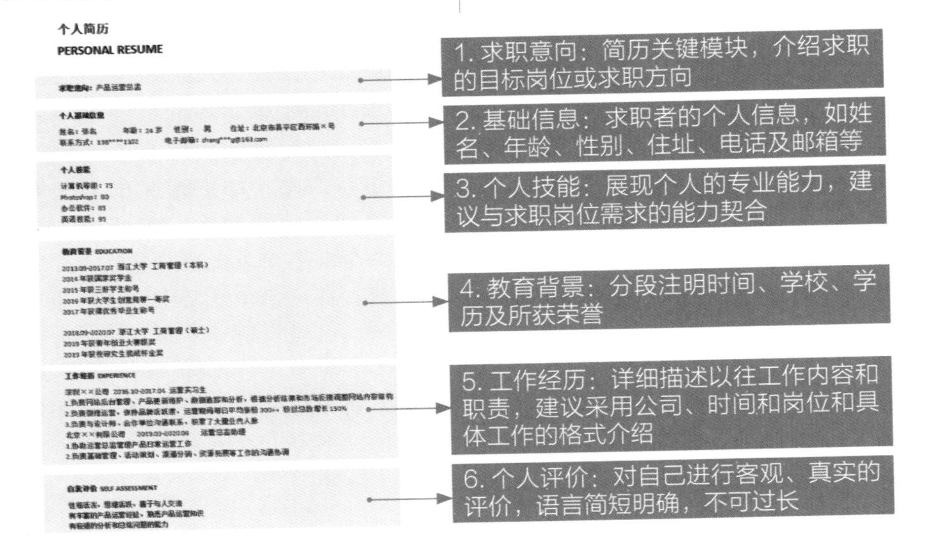

了解以上简历信息模块，可以帮助你快速对简历内容进行划分。以上信息中求职意向、基础信息和个人技能是需要突出的模块，且内容不多，而教育背景、工作经历、个人评价文字较多，以描述为主，可以整体采用“左右”划分的结构，使简历更为醒目，突出重点。

个人照片	个人简历标题
求职意向	教育背景
基础信息	工作经历
个人技能	个人评价

简历模块布局确定后，基本可以确定行和列的规划，可先绘制 2 列 4 行的表格，然后根据内容情况，调整表格的行列分布。

2.4.3 插入基础表格框架

简历表格结构规划好之后，即可根据需求，插入表格框架，具体步骤如下。

步骤 1 新建一个空白文档，单击【页面布局】→【页边距】按钮，在弹出的选项中单击【窄】选项，这样可以更大限度地在该页面中显示更多内容。

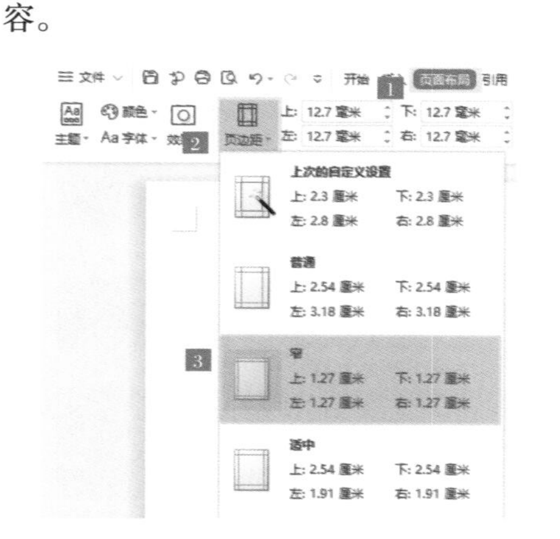

步骤 2 单击【插入】→【表格】按钮，在弹出的下拉列表中选择【插入表格】选项上方的网格显示框，将鼠标指针指向网格，向右下方拖曳鼠标，鼠标指针所掠过的单元格就会被全部选中并高亮显示，在网格顶部的提示栏中会显示被选中表格的行数和列数。这里绘制 2 列 4 行的表格。返回文档即可插入一个“2 列 4 行”的表格。

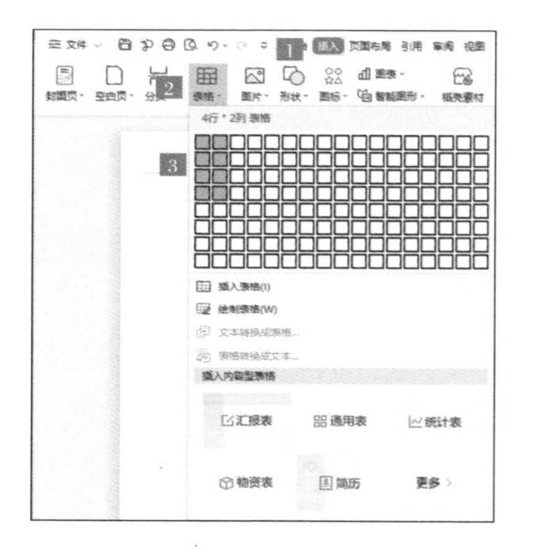

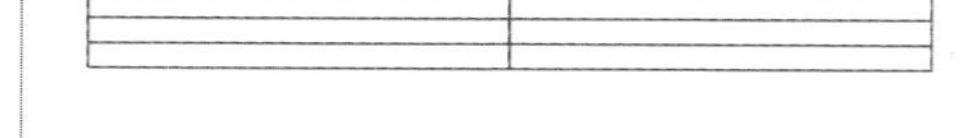

2.4.4 快速对表格进行合并与拆分

简历的基础表格框架绘制好后，即可根据内容对单元格进行调整。如把相邻单元格之间的边线擦除，就可以将两个或多个单元格合并成一个大的单元格；在一个单元格中添加一条或多条边线，就可以将一个单元格拆分成两个或多个小单元格，具体操作步骤如下。

步骤 1 将鼠标光标定位至第 2 行第 2 列单元格，单击【表格工具】→【拆分单元格】按钮。

Tips

“教育背景”下的“日期”“学校”“专业”需要 3 列，标题和内容占 5 行，因此可以将第 2 行第 2 列单元格拆分为“3 列 5 行”。

步骤 2 在弹出的对话框中，设置【列数】为“3”，【行数】为“5”，单击【确定】按钮。

拆分单元格
列数(C): 3
行数(R): 5
拆分前合并单元格(M)
确定 取消

拆分后的单元格的效果如下图所示。

步骤 3 使用同样的方法，将原第 3 行第 2 列单元格拆分成“3 列 5 行”，用于填写工作经历信息。将原第 4 行第 2 列单元格拆分成“3 列 2 行”，用于填写个人评价信息，效果如右上图所示。

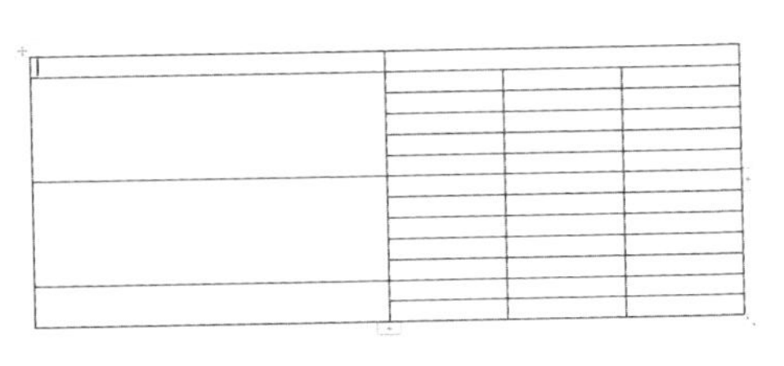

步骤 4 需要将各受教育阶段所获的奖励放置在一个单元格中。拖曳鼠标选择拆分后的第 4 行中的第 2 列到第 4 列单元格区域，单击【合并单元格】按钮，即可将所选单元格合并为一个单元格，效果如下图所示。

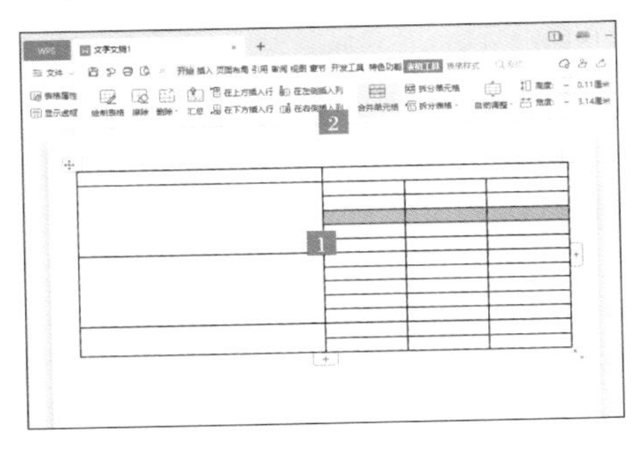

步骤 5 使用同样的方法，依次将第 6 行、第 9 行、第 11 行和第 13 行的第 2 列至第 4 列单元格区域进行单元格合并，用于填写描述性内容。

2.4.5 插入内容并美化简历表格

表格创建完成后，即可在表格中输入内容并美化简历表格，具体操作步骤如下。

步骤1 将个人简历资料中的信息依次输入表格中，如下图所示。

应聘职位：产品运营总监
个人基础信息
姓名：张名　年龄：24岁　性别：男　住址：北京市昌平区西环路×号
联系方式：138****1102　电子邮箱：zhang****g@163.com
个人技能
计算机等级：75
Photoshop：80
办公软件：85
英语技能：95
个人简历 PERSONAL RESUME
教育背景　EDUCATION
2013.09~2017.07　浙江大学　工商管理（本科）
2014年获国家奖学金
2015年获三好学生称号
2016年获大学生创意竞赛一等奖
2017年获得优秀毕业生称号
2018.09~2020.07　浙江大学　工商管理（硕士）
2019年获青年创业大赛银奖
2019年获校研究生挑战杯金奖
工作经历　EXPERIENCE
深圳××公司　2016.10~2017.04　运营实习生
负责网站后台管理、产品更新维护、数据追踪和分析，根据分析结果和市场反馈调整网站内容结构
负责微博运营，保持品牌活跃度，运营期间每日平均涨粉300+，粉丝总数增长150%
负责与设计师、合作单位沟通联系，积累了大量业内人脉
北京××有限公司　2019.03~2020.06　运营总监助理
协助运营总监管理产品日常运营工作
负责基础管理、活动策划、渠道分销、资源拓展等工作的沟通协调
个人评价　SELF ASSESSMENT
性格活泼，思维活跃，善于与人交流
有丰富的产品运营经验，熟悉产品运营知识
有较强的分析和总结问题的能力

步骤2 此时简历内容过于拥挤且不满一页，可以拖曳表格右下角的控制柄，调大表格，使其布满整页。

负责微博运营，保持品牌活跃度，运营期间每日平均涨粉300+，粉丝总数增长150%
负责与设计师、合作单位沟通联系，积累了大量业内人脉
北京××有限公司　2019.03~2020.06　运营总监助理
协助运营总监管理产品日常运营工作
负责基础管理、活动策划、渠道分销、资源拓展等工作的沟通协调
个人技能
计算机等级：75
Photoshop：80
办公软件：85
英语技能：95
个人评价　SELF ASSESSMENT
性格活泼，思维活跃，善于与人交流
有丰富的产品运营经验，熟悉产品运营知识
有较强的分析和总结问题的能力

步骤3 拖曳表格第1列右侧框线，按住鼠标左键向左拖曳鼠标，即可改变所选单元格区域的列宽。

个人简历 PERSONAL RESUME
应聘职位：产品运营总监
教育背景　EDUCATION
2013.09~2017.07　浙江大学　工商管理（本科）
2014年获国家奖学金
2015年获三好学生称号
2016年获大学生创意竞赛一等奖
2017年获得优秀毕业生称号
2018.09~2020.07　浙江大学　工商管理（硕士）
2019年获青年创业大赛银奖
2019年获校研究生挑战杯金奖
个人基础信息
姓名：张名　年龄：24岁　性别：男　住址：北京市昌平区西环路×号
联系方式：138****1102　电子邮箱：
工作经历　EXPERIENCE
深圳××公司　2016.10~2017.04　运营实习生

Tips

将鼠标指针移动到要调整行高的行线上，按住鼠标左键向上或向下拖曳，即可调整单元格的行高。

步骤4 使用同样的方法，调整其他单元格的列宽和行高，如下图所示。

个人简历 PERSONAL RESUME
应聘职位：产品运营总监
教育背景　EDUCATION
2013.09~2017.07　浙江大学　工商管理（本科）
2014年获国家奖学金
2015年获三好学生称号
2016年获大学生创意竞赛一等奖
2017年获得优秀毕业生称号
2018.09~2020.07　浙江大学　工商管理（硕士）
2019年获青年创业大赛银奖
2019年获校研究生挑战杯金奖
个人基础信息
年龄：24岁
性别：男
住址：北京市昌平区西环路×号
联系方式：138****1102
电子邮箱：zhang****g@163.com
工作经历　EXPERIENCE
深圳××公司　2016.10~2017.04　运营实习生
负责网站后台管理、产品更新维护、数据追踪和分析，根据分析结果和市场反馈调整网站内容结构
负责微博运营，保持品牌活跃度，运营期间每日平均涨粉300+，粉丝总数增长150%
负责与设计师、合作单位沟通联系，积累了大量业内人脉
北京××有限公司　2019.03~2020.06　运营总监助理
协助运营总监管理产品日常运营工作
负责基础管理、活动策划、渠道分销、资源拓展等工作的沟通协调
个人技能
计算机等级：75
Photoshp：80
办公软件：85
英语技能：95
个人评价　SELF-ASSESSMENT
性格活泼，思维活跃，善于与人交流
有丰富的产品运营经验，熟悉产品运营知识
有较强的分析和总结问题的能力

步骤5 将第1行“个人简历”的字体设置为“微软雅黑，小初，加粗”。按【Enter】键，将“PERSONAL RESUME”另起一行，并设置字体为“Century Gothic，小初，加粗，斜体”。然后选中两行文字，颜色设置为“RGB：49,433,156”，对齐方式为“居中对齐”，并在其中间绘制一条横线，效果如下图所示。

个人简历
PERSONAL RESUME
应聘职位：产品运营总监
教育背景　EDUCATION
2013.09~2017.07　浙江大学　工商管理（本科）
2014年获国家奖学金
2015年获三好学生称号
2016年获大学生创意竞赛一等奖
2017年获得优秀毕业生称号

步骤 6　根据需要调整简历各模块标题的字体为“微软雅黑，四号，加粗”，正文字体设置为“微软雅黑，11”，并调整“个人基础信息”的段落，效果如下图所示。

	个人简历 PERSONAL RESUME		
应聘职位：产品运营总监	教育背景	EDUCATION	
	2013.09~2017.07	浙江大学	工商管理（本科）
	2014 年获国家奖学金 2015 年获三好学生称号 2016 年获大学生创意竞赛一等奖 2017 年获得优秀毕业生称号		
	2018.09~2020.07	浙江大学	工商管理（硕士）
	2019 年获青年创业大赛银奖 2019 年获校研究生挑战杯金奖		
个人基础信息 姓名：张名 年龄：24 岁 性别：　男 住址：北京市昌平区西环路×号 联系方式：138****1102 电子邮箱： zhang***g@163.com	工作经历	EXPERIENCE	
	深圳××公司	2016.10~2017.04	运营实习生
	负责网站后台管理、产品更新维护、数据跟踪和分析，根据分析结果和市场反馈调整网站内容结构 负责微博运营，保持品牌活跃度，运营期间每日平均涨粉 300+，粉丝总数增长 150% 负责与设计师、合作单位沟通联系，积累了大量业内人脉		
	北京××有限公司	2019.03~2020.06	运营总监助理
	协助运营总监管理产品日常运营工作 负责基础管理、活动策划、渠道分销、资源拓展等工作的沟通协调		
个人技能 计算机等级：75 Photoshop：80 办公软件：85 英语技能：95	个人评价	SELF ASSESSMENT	
	性格活泼，思维活跃，善于与人交流 有丰富的产品运营经验，熟悉产品运营知识 有较强的分析和总结问题的能力		

Tips

在调整字体时，可根据情况微调单元格的列宽。如果正文行间距过大，可以在【段落】对话框中取消选中【如果定义了文档网络，则与网格对齐】复选框。

步骤 7　单击表格左上角的 ⊕ 按钮，选择整个表格。单击【表格样式】→【边框】按钮，在弹出的列表中选择【无框线】选项，可以取消边框显示效果，并显示网格线，便于用户操作，但网格线不会被打印。

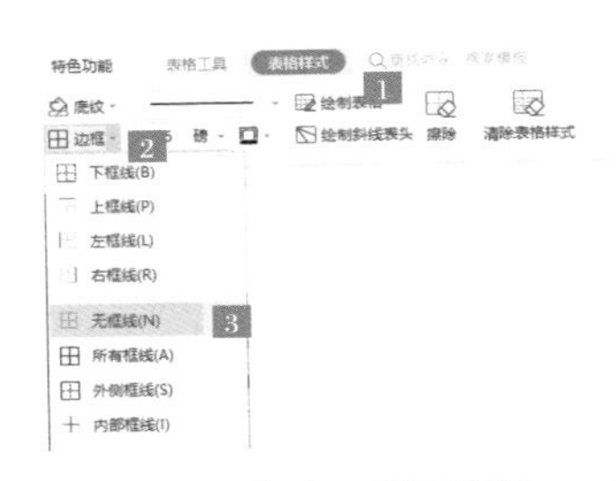

步骤 8　边框取消后，即可添加一些色块修饰简历。在左侧绘制矩形，设置【轮廓】为“无线条颜色”，【填充】颜色为“RGB 49,433,156”，右击该矩形，在弹出的快捷菜单中选择【文字环绕】→【衬于文字下方】命令，效果如下图所示。

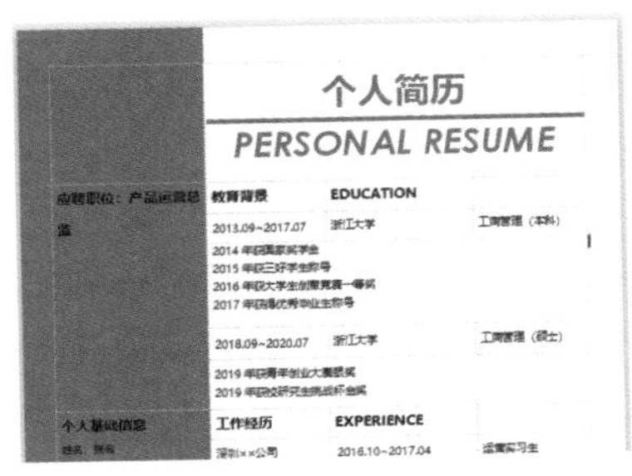

步骤 9　使用同样的方法，为右侧各模块标题绘制矩形底纹，效果如下图所示。

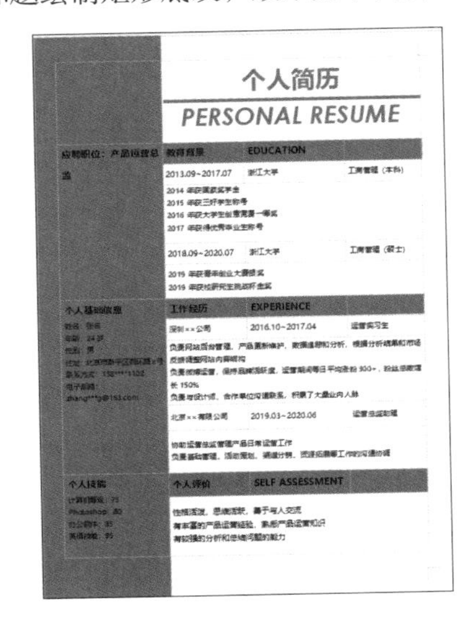

步骤 10 添加色块后，将素材中提供的图片插入简历中，并根据情况调整字体颜色、大小、行间距及表格布局等，最终优化后的简历如下图所示。

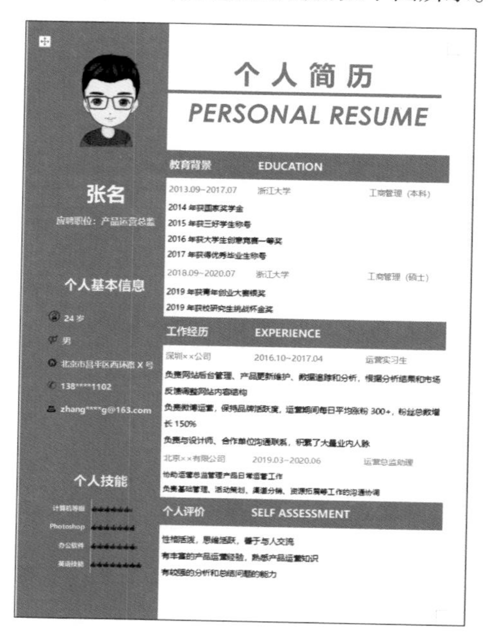

案例总结及注意事项

（1）使用表格排版时，最好能提前规划需要的行数和列数。

（2）简历中可添加色块、小图标以丰富简历内容。

（3）本案例中表格右侧内容比左侧多，可遵从先难后易的原则，先布局右侧版面，右侧确定后再调整左侧版面。

练习背景：

为了统一、规范管理公司员工出差报销单据，报销员工要表明差旅目的并提供消费清单，再由财务部门审核，现在公司需要你按照以下要求制作差旅费报销单。

练习要求：

（1）包含差旅目的、时间及费用类型等内容。

（2）合理规划表格结构，方便差旅报销员工填写及财务部门审核。

练习目的：

熟练掌握使用表格排版文档的方法。

本节素材结果文件	
	无
	结果 \ch02\ 差旅费报销单 .wps

动手练习效果展示

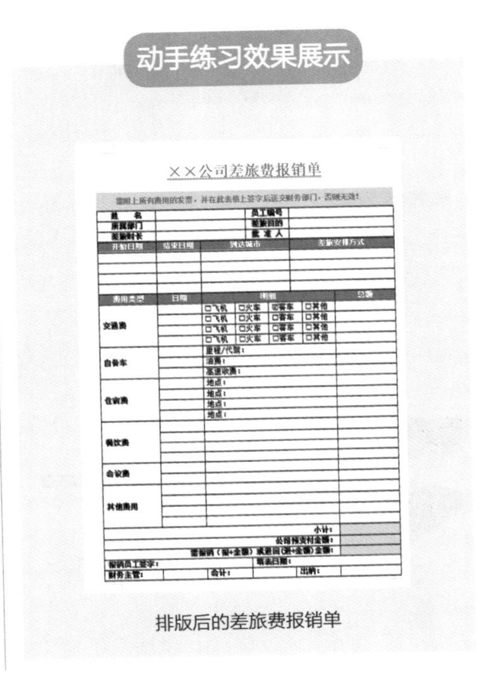

××公司差旅费报销单

请附上所有费用的发票，并在此表格上签字后送交财务部门，否则无效！						
姓名			员工编号			
所属部门			差旅目的			
差旅时长			批准人			
开始日期	结束日期	到达城市	差旅安排方式			
费用类型	日期	明细				总额
交通费		□飞机	□火车	□客车	□其他	
		□飞机	□火车	□客车	□其他	
		□飞机	□火车	□客车	□其他	
		□飞机	□火车	□客车	□其他	
自备车		里程/代驾：				
		油费：				
		高速收费：				
住宿费		地点：				
		地点：				
		地点：				
		地点：				
餐饮费						
会议费						
其他费用						
					小计：	
					公司预支付金额：	
					需报销（报+金额）或退回(退+金额)金额：	
报销员工签字：			填表日期：			
财务主管：		会计：		出纳：		

排版后的差旅费报销单

2.5 长文档排版——年终总结报告的制作

制作年终总结报告是办公人员必须面对的工作，年终报告内容多、序号多、章节多、标题多、图表多，且页码、页眉的要求多，此外，还有难以搞定的目录。因此，有一套完整的流程，才是制作出规范的年终总结报告的前提，流程如下图所示。

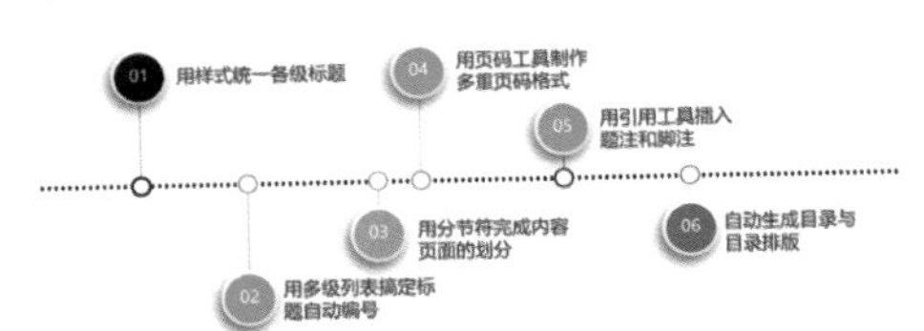

本节涉及知识点较多，大致包含以下几类。

样式	多级编号	分页	页码	题注	目录

下面通过制作年终总结报告，介绍使用 WPS 排版长文档的方法。

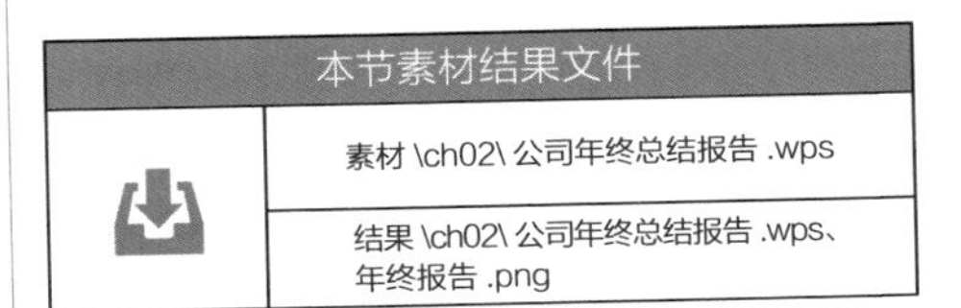

本节素材结果文件	
	素材 \ch02\ 公司年终总结报告 .wps
	结果 \ch02\ 公司年终总结报告 .wps、年终报告 .png

“公司年终总结报告 .wps”素材文件是已经撰写完毕的年终总结报告文档，现在需要对其进行排版操作，使文档更美观、规范及专业。

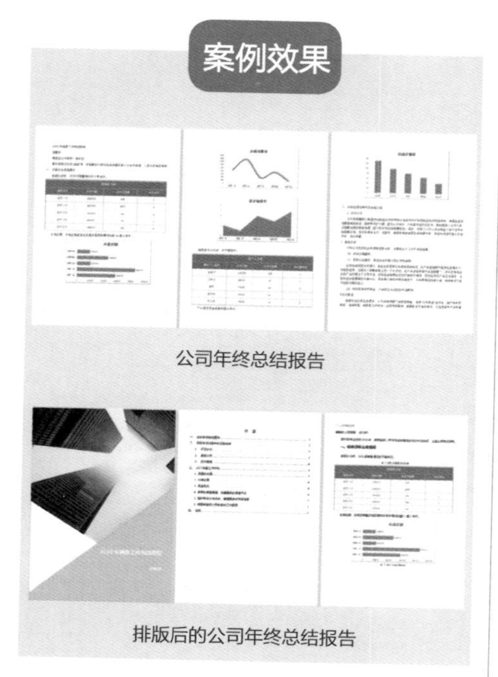

2.5.1 用样式统一各级标题

排版长文档时，设置标题样式是常用的操作，各类标题只需设置一次，就能反复使用，修改一次，所有应用该样式的标题会自动更改，这是提高长文档排版效率的关键。

样式菜单及【新样式】对话框功能如下。

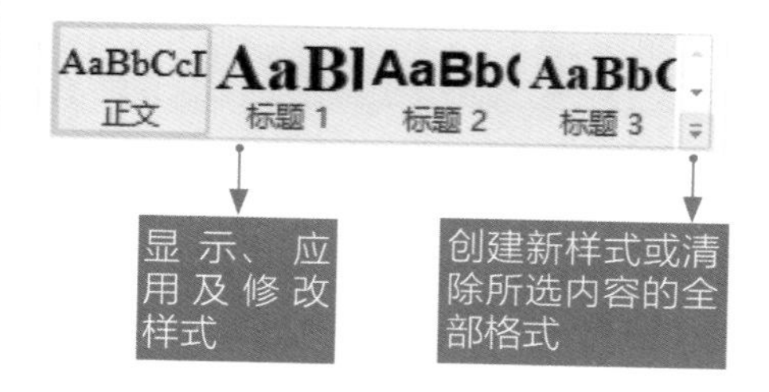

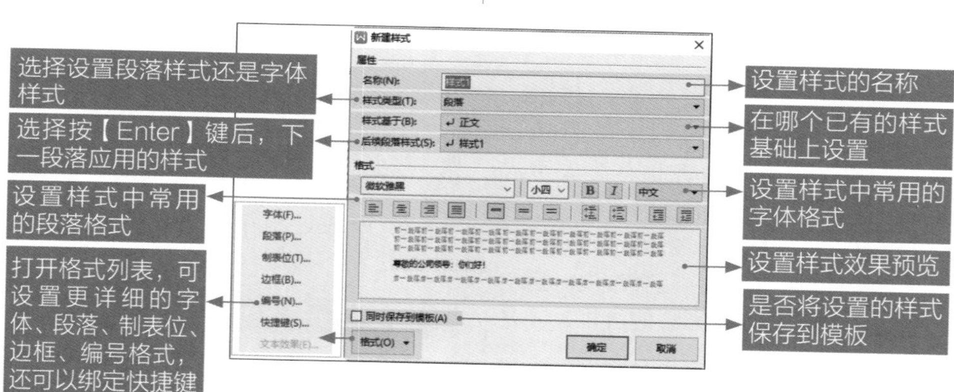

下面以修改年终总结报告中的标题 1、标题 2 和正文样式为例，介绍使用样式统一各级标题的具体操作步骤。

Tips

一般来讲，不提倡大家新建自定义样式，长文档排版中最常用的就是软件中默认的标题 1、标题 2、标题 3 及正文样式，在使用的时候可以直接在此基础上进行样式修改。

1. 修改内置标题样式

步骤 1 打开素材文档，在【开始】→【标题 1】样式上单击鼠标右键，选择【修改样式】选项。

步骤 2 打开【修改样式】对话框，设置【样式基于】为“无样式”，更改【字体】为“微软雅黑”，【字号】为“小三”，单击【加粗】按钮，如下图所示。

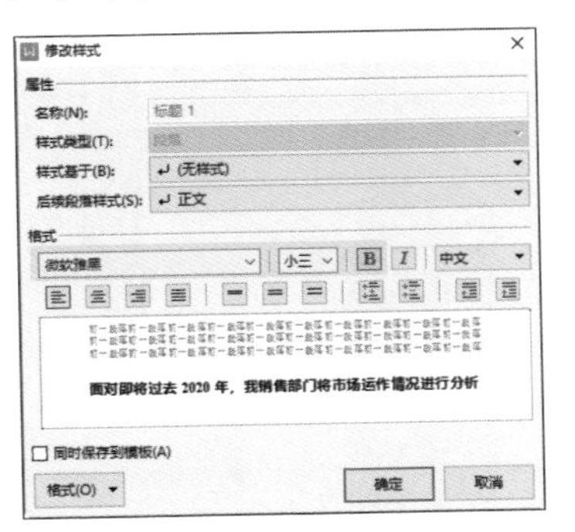

步骤 3 单击【格式】按钮，选择【段落】选项，如下图所示。

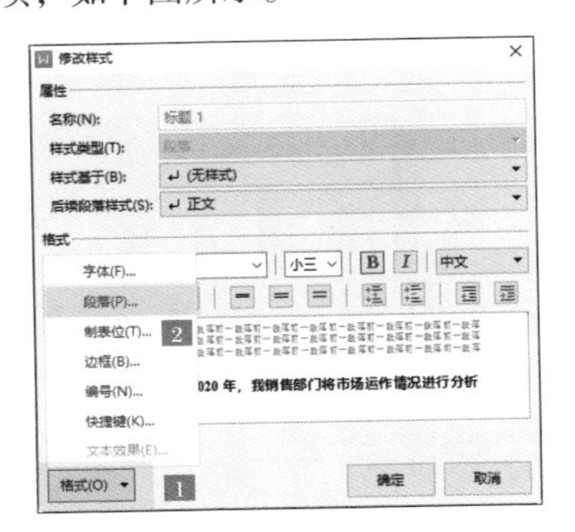

步骤 4 打开【段落】对话框，设置【段前】【段后】为“0.5 行”，设置【行距】为“1.5 倍行距”，单击【确定】按钮。

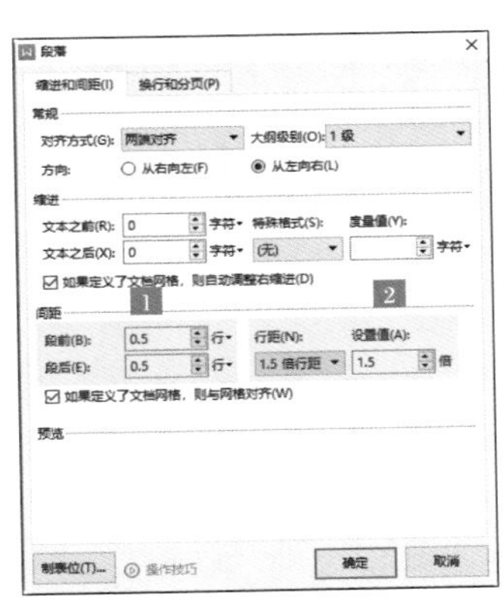

步骤 5 返回【修改样式】对话框，在预览区可看到设置一级标题后的预览效果，如下图所示，单击【确定】按钮。

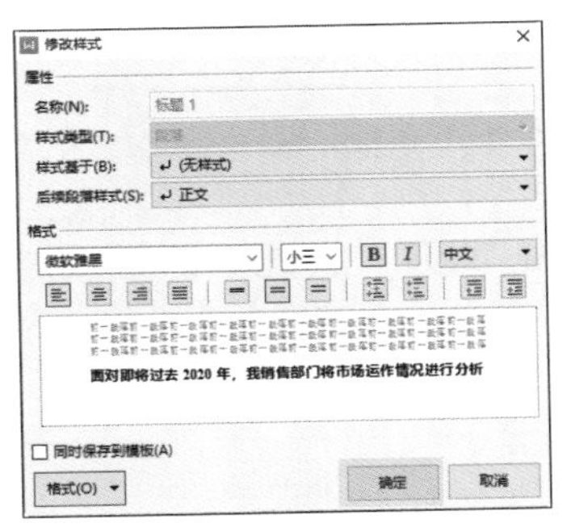

步骤 6 在【开始】→【标题 2】样式上单击鼠标右键，选择【修改样式】选项。打开【修改样式】对话框，设置【样式基于】为“无样式”，更改【字体】为“微软雅黑”，【字号】为“四号”，取消【加粗】效果，如下图所示。

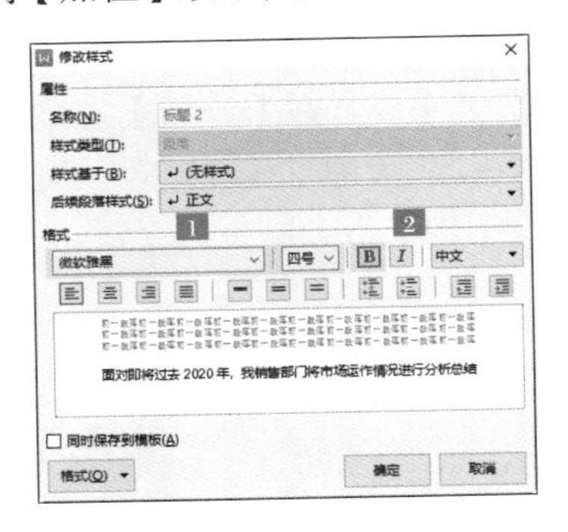

步骤 7 选择【格式】→【段落】选项，打开【段落】对话框，更改【段前】【段后】为“0.5 行”，设置【行距】为“1.5 倍行距”，单击【确定】按钮。

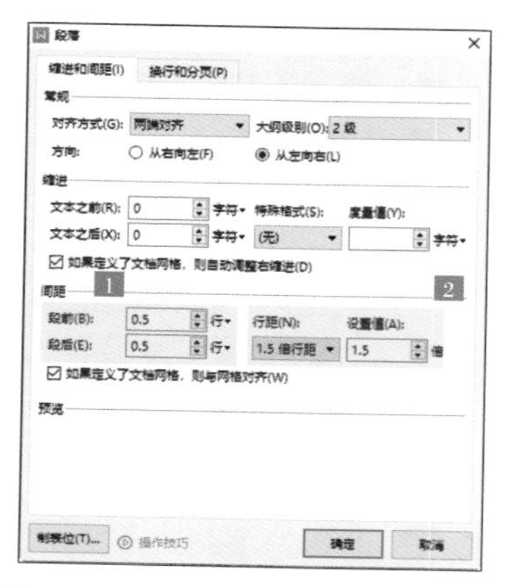

步骤 8 使用同样的方法修改“正文”样式，设置【字体】为“微软雅黑”，【字号】为“小四”，更改【首行缩进】为“2 字符”，【段前】【段后】为“0.5 行”，设置【行距】为“1.15 倍行距”。

设置完成，在【开始】选项卡下的【样式】框中即可看到修改后的样式，如下图所示。

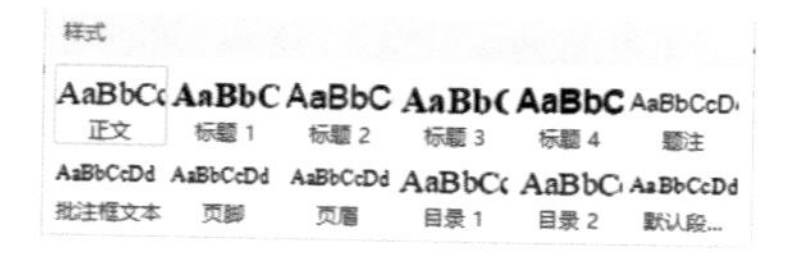

Tips

单击【开始】→【样式和格式】按钮，即可在打开的【样式和格式】窗格中查看新建的样式。

2. 应用样式

修改样式后，即可将修改的样式逐个应用至标题中，具体操作步骤如下。

步骤 1 将光标放在“一、总体目标完成情况”段落内，选择【开始】→【标题 1】选项，即可将“标题 1”样式应用到选择的段落中，如下图所示。

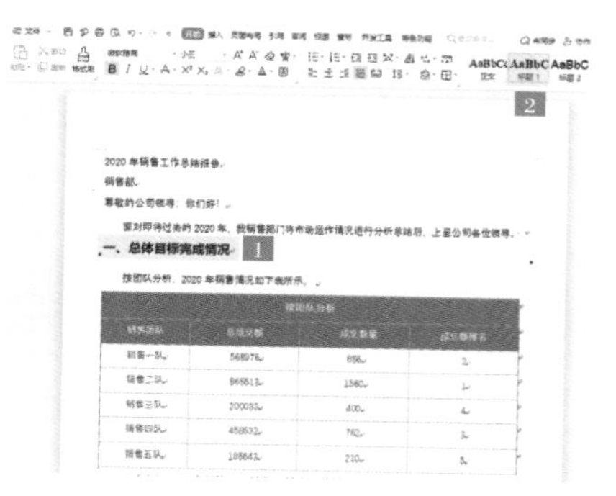

步骤 2 使用同样的方法，为其他标题应用样式，效果如下图所示。

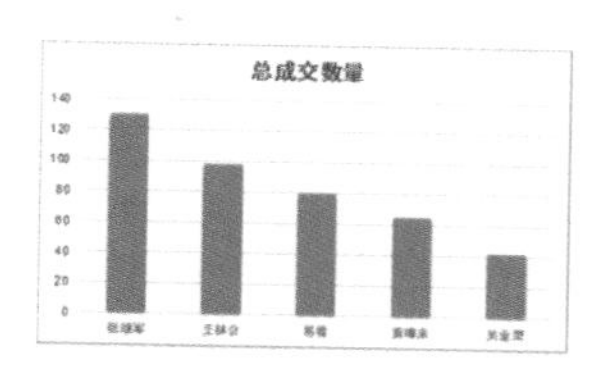

步骤 3 依次为其他段落应用标题 2 或正文样式，最终效果如下页图所示。

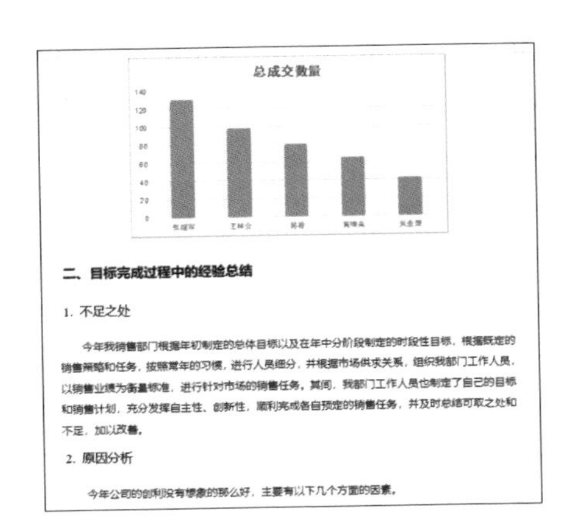
总成交数量

二、目标完成过程中的经验总结

1. 不足之处

今年我销售部门根据年初制定的总体目标以及在年中分阶段制定的时段性目标，根据既定的销售策略和任务，按照常年的习惯，进行人员细分，并根据市场供求关系，组织我部门工作人员，以销售业绩为衡量标准，进行针对市场的销售计划。其间，我部门工作人员也制定了自己的目标和销售计划，充分发挥自主性、创新性，顺利完成各自预定的销售任务，并及时总结可取之处和不足，加以改善。

2. 原因分析

今年公司的创利没有想象的那么好，主要有以下几个方面的因素。

3. 新建样式

如果 WPS 默认样式无法满足格式需求，可以新建一个样式进行补充，下面以新建【图注】样式为例，介绍新建自定义样式的具体操作步骤。

步骤 1 选择【开始】→【样式】→【新建样式】选项。

步骤 2 弹出【新建样式】对话框，设置【字体】为“微软雅黑”，【字号】为“7.5”，如下图所示。

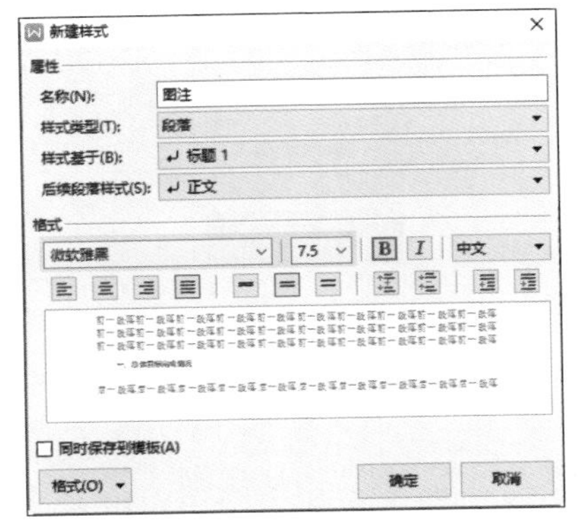

步骤 3 选择【格式】→【段落】选项。

步骤 4 打开【段落】对话框，设置【对齐方式】为“居中对齐”，【段前】【段后】为“0.5 行”，设置【行距】为“1.5 倍行距”，单击【确定】按钮。

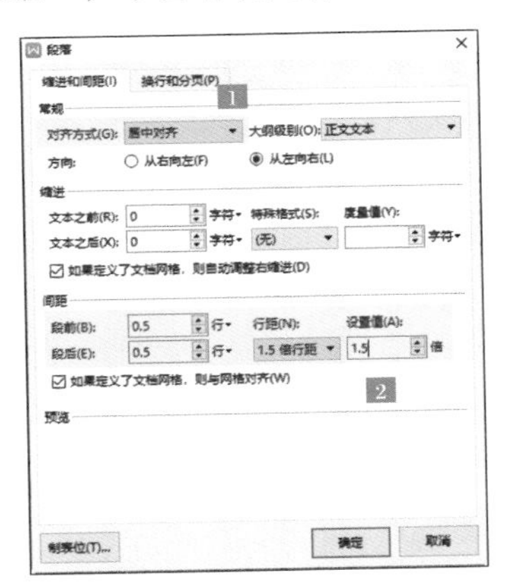

步骤 5 返回【新建样式】对话框，再次单击【确定】按钮，在【样式】下拉列表中即可看到新建的【图注】样式。

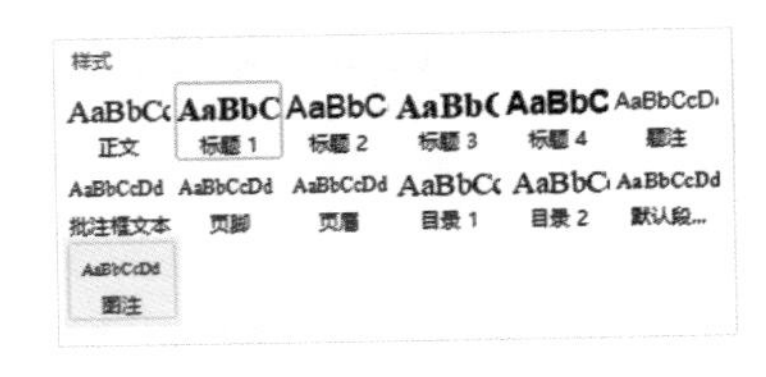

2.5.2 用多级编号搞定标题自动编号

多级编号与编号功能不同，多级编号可以实现不同

标题级别间的嵌套。使用多级编号最大的优势在于，更改标题的位置后，编号会自动更新，不需要一个个修改标题编号。

【多级编号】菜单及【自定义多级编号列表】对话框功能介绍如下。

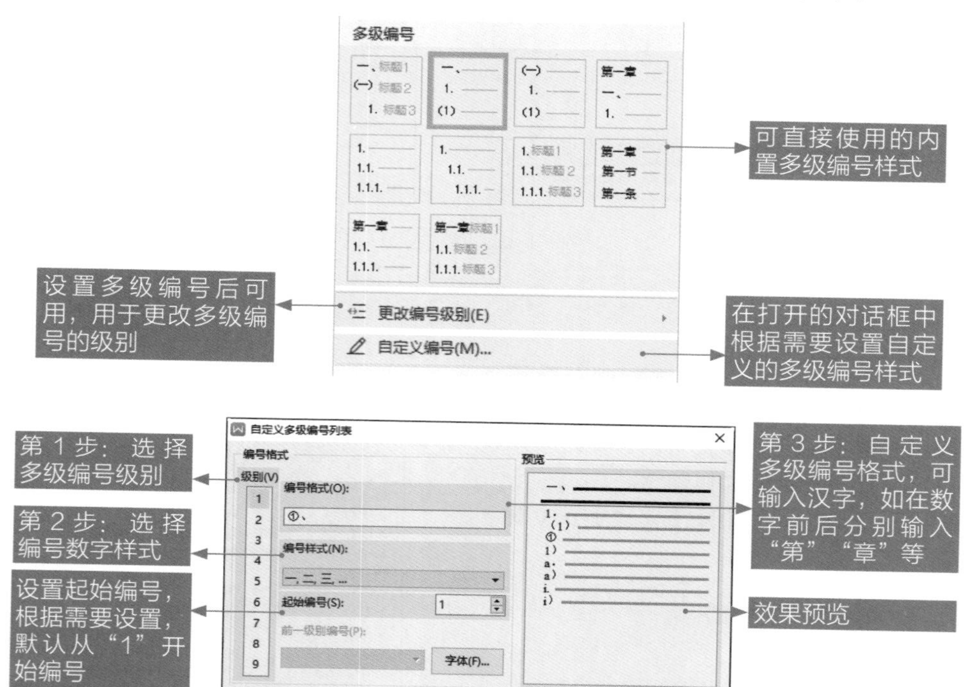

下面以在年终总结报告中设置内置的“一、”“1.”“（1）”多级编号为例，介绍多级编号的使用。

1. 手动应用及调整多级列表

步骤 1 选择“一、总体目标完成情况”文本，选择【开始】→【编号】→【多级编号】中的“一、”“1.”“（1）”多级编号。

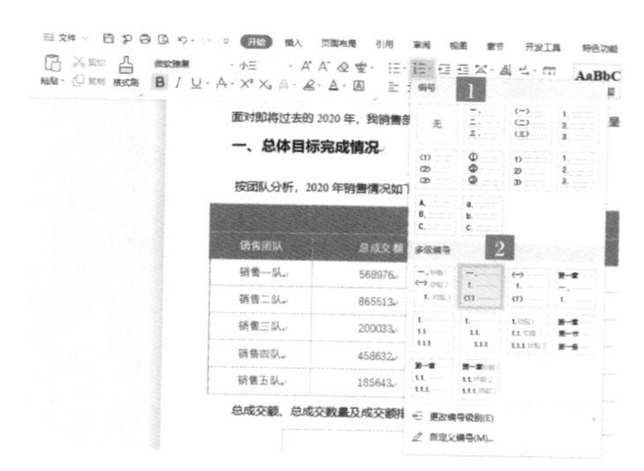

这时即可看到为标题应用多级编号后的效果，如下页图所示。

一、总体目标完成情况

按团队分析，2020 年销售情况如下表所示。

按团队分析			
销售团队	总成交额	总成交数量	成交额排名
销售一队	568976	856	2
销售二队	865513	1560	1
销售三队	200033	400	4
销售四队	458632	762	3
销售五队	185643	210	5

总成交额、总成交数量及成交额排名具体情况如图 1~图 3 所示。

Tips

多级编号中的数字是无法直接选中的，如果设置多级编号前已经手动输入了编号，则需要将手动输入的编号删除。

步骤 2 使用同样的方法，可以为其他标题应用多级编号。如果编号级别有误，可在【更改编号级别】下级菜单中更改编号级别。

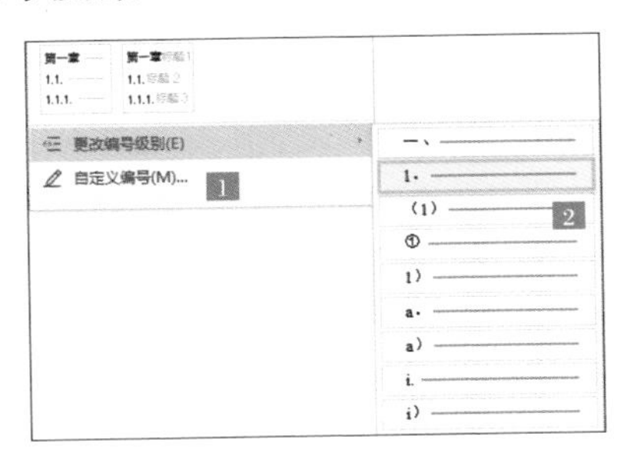

Tips

选择多级编号后的文本，按一次【Tab】键，编号会自动降一个级别，如“一、总体目标完成情况”会更改为“1. 总体目标完成情况”；按【Shift + Tab】组合键，则会升高一个级别。连续按即可连续降级或升级。

2. 批量设置多级列表

在 2.5.1 小节已经为标题设置了样式，可以通过自定义将多级编号中的各个级别分别链接至各标题样式，避免一个个重复设置，具体操作步骤如下。

步骤 1 选择【开始】→【编号】→【自定义编号】选项。

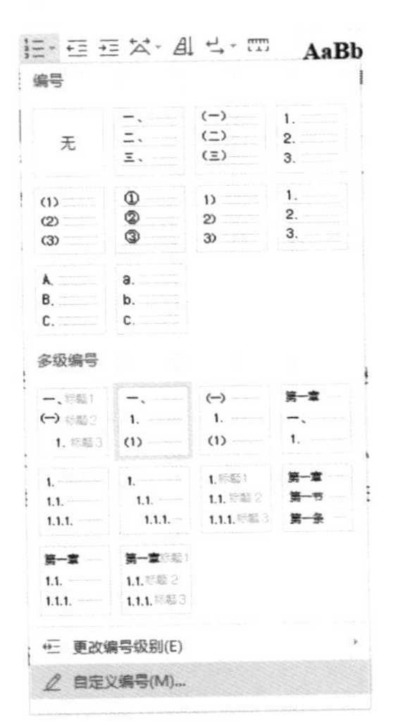

步骤 2 打开【项目符号和编号】对话框，选择要链接至标题样式的多级编号样式，单击【自定义】按钮，如下图所示。

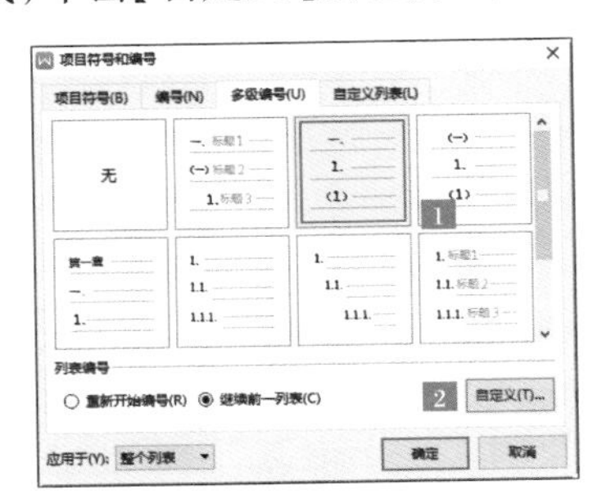

步骤 3 打开【自定义多级编号列表】对话框，在【级别】区域选择“1”，单击【高级】按钮。

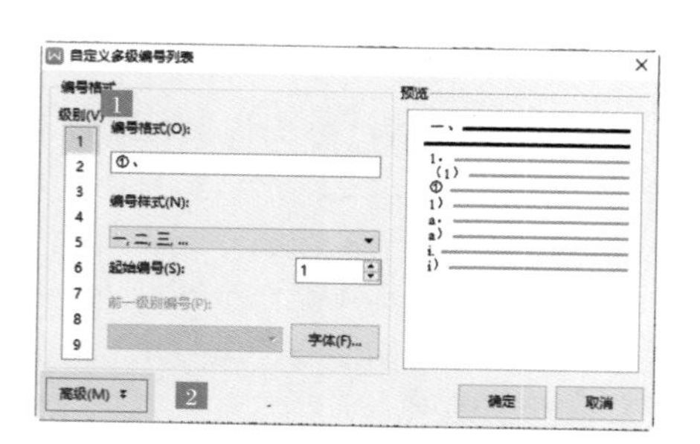

步骤 4 展开更多选项后，在【将级别链接到样式】下拉列表中选择“标题 1”选项，如下图所示。

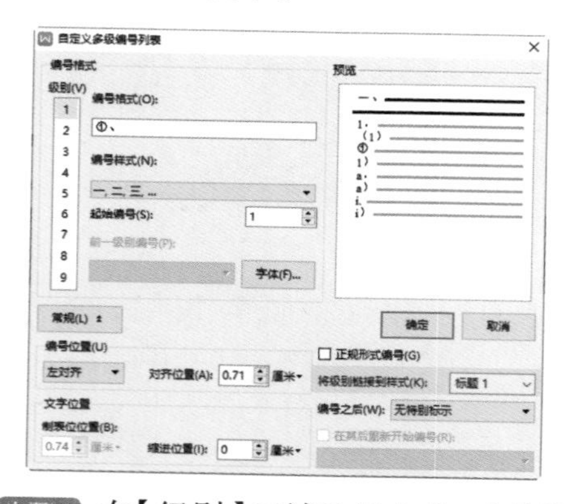

步骤 5 在【级别】区域选择“2”，在【将级别链接到样式】下拉列表中选择“标题 2”选项，单击【确定】按钮。

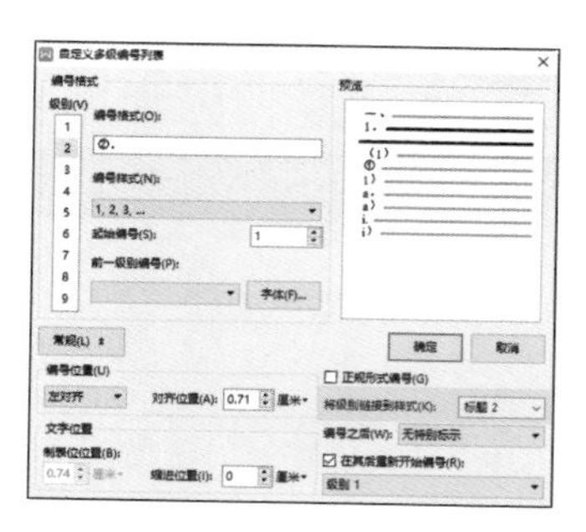

步骤 6 这样即可为所有标题添加多级编号，删除手动添加的编号后，效果如下图所示。

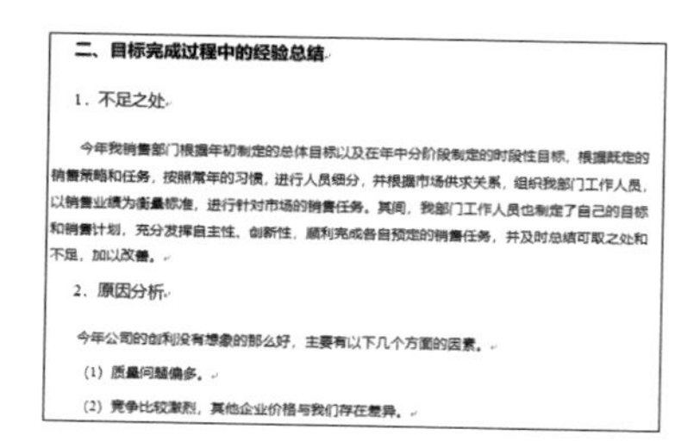

二、目标完成过程中的经验总结

1．不足之处

今年我销售部门根据年初制定的总体目标以及在年中分阶段制定的时段性目标，根据既定的销售策略和任务，按照常年的习惯，进行人员细分，并根据市场供求关系，组织我部门工作人员，以销售业绩为衡量标准，进行针对市场的销售任务。其间，我部门工作人员也制定了自己的目标和销售计划，充分发挥自主性、创新性，顺利完成各自预定的销售任务，并及时总结可取之处和不足，加以改善。

2．原因分析

今年公司的创利没有想象的那么好，主要有以下几个方面的因素。

（1）质量问题偏多。

（2）竞争比较激烈，其他企业价格与我们存在差异。

2.5.3 用分节符完成内容页面的划分

在长文档中，要设置不同的页边距、页面方向、页眉、页脚、页码等，就需要使用“节”来达到划分的目的。为文档分节后，就可以分别设置每节的格式。

【分页】菜单各功能描述如下图所示。

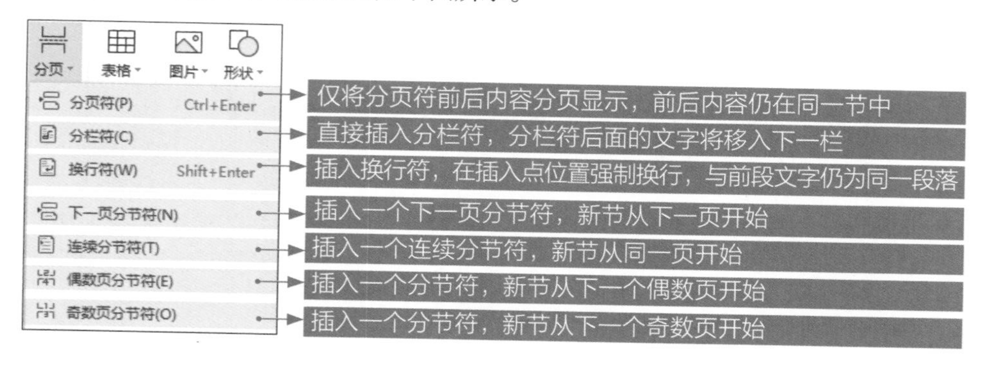

Tips

对文档或某些段落进行分栏操作后，WPS会在适当的位置自动分栏，若希望某一短内容始终出现在下栏的顶部，则可在该位置前插入分栏符。

在年终总结报告中，需要有封面、目录和正文。封面不需要页眉和页码；目录页不需要页眉，需要添加“Ⅰ”“Ⅱ”等罗马数字页码；正文的奇数页、偶数页需要设置不同的页眉，并添加阿拉伯数字页码。这里需要使用下一页分节符，用分节符完成内容页划分的具体操作步骤如下。

步骤 1 将光标放在需要分页的位置，这里放在第 3 段段首位置。

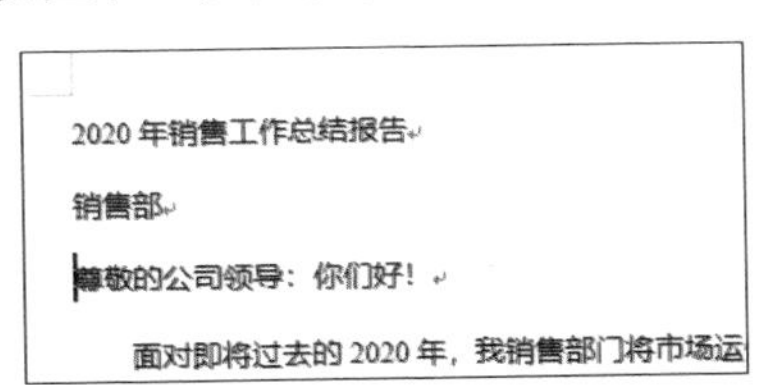

步骤 2 选择【插入】→【分页】→【下一页分节符】选项，即可在第 2 段后显示分节符，并且第 3 段及以后的内容会显示在下一页。此时，分节后文档的第一页就可以用来制作封面，如下图所示。

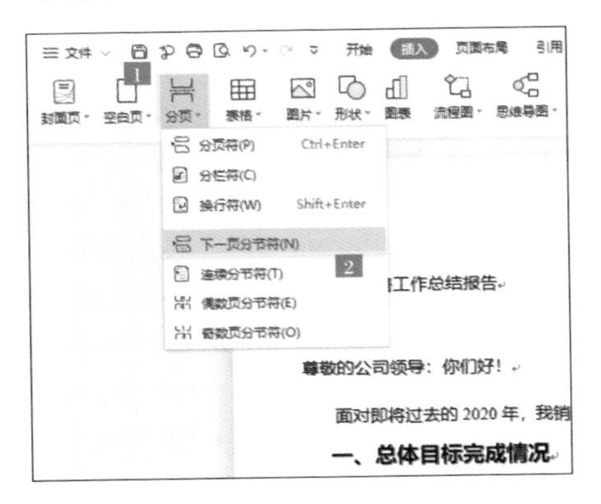

2020 年销售工作总结报告
销售部 分节符(下一页)

步骤 3 使用同样的方法，在正文内容前再次插入一个下一页分页符，将该页作为目录页，输入“目　录”，并根据需要设置“目　录”文字【字体】为“微软雅黑”，【字号】为“三号”，效果如下图所示。

目　录
分节符(下一页)

至此，就完成了使用分节符划分年终总结报告的操作。封面页不需要页眉及页码，可以先完成封面页的制作，具体操作步骤如下。

步骤 1 将光标放在第 1 页中，执行【插入】→【图片】→【来自文件】命令，在【插入图片】对话框中选择“年终报告.png”文件，单击【打开】按钮，即可将选择的图片插入 WPS 文档中。

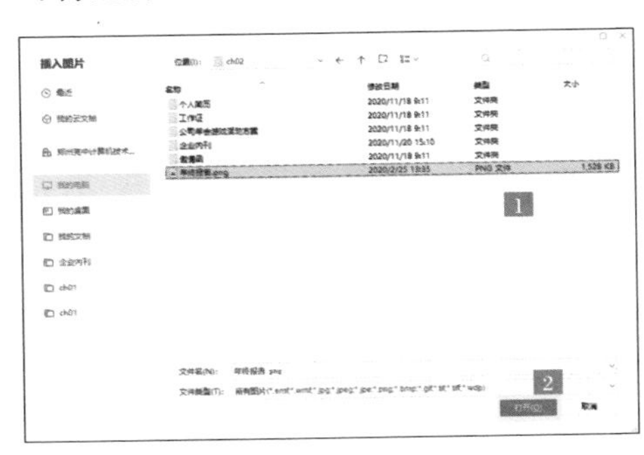

步骤 2 选中插入的图片，选择【图片

工具】→【文字环绕】→【衬于文字下方】选项，如下图所示。

步骤 3 调整图片的大小，使其布满整个页面，效果如下图所示。

步骤 4 选择封面页的第 1 段文字，设置【字体】为“微软雅黑”，【字号】为“二号”，【字体颜色】为“白色”。设置第 2 段文字的【字体】为“微软雅黑”，【字号】为“三号”，【字体颜色】为“白色”。将这两段文字应用【加粗】效果，并设置为【右对齐】，效果如下图所示。

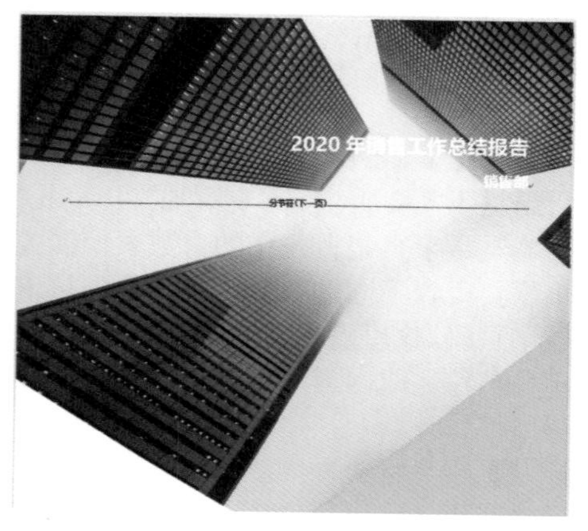

步骤 5 将封面页的文字调整至合适的位置，完成封面页的制作，最终效果如下图所示。

2.5.4 用页码工具制作多重页码格式

封面制作完成后，就需要设置目录页和正文页的页眉、页脚及页码。页眉和页码是排版长文档时的难题，需要使用【页眉页脚】【页码】命令。

【页眉页脚】选项卡各选项的功能如下图所示。

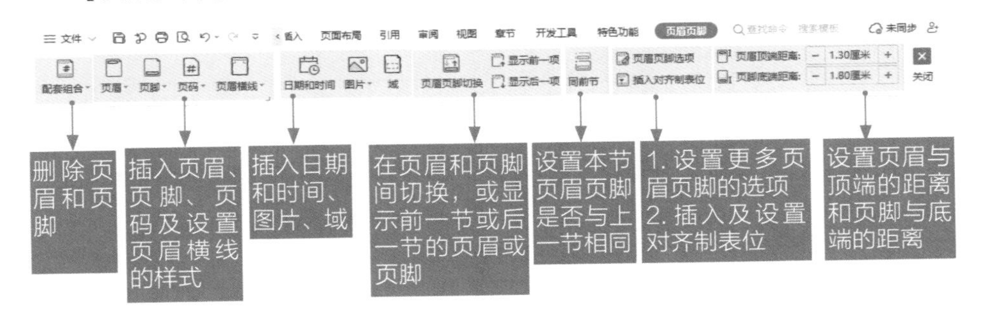

Tips

如果要设置奇偶页不同或首页不同，可以在【章节】选项卡下分别选中【奇偶页不同】或【首页不同】复选框。

【页码】菜单各选项及【页码】对话框各选项的功能如下图所示。

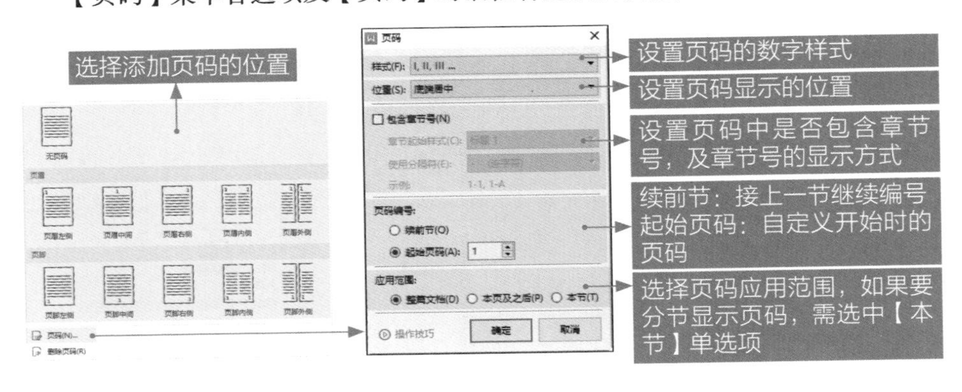

目录页不需要页眉，只需添加罗马数字页码；正文部分需要设置奇偶页不同的页眉，并添加阿拉伯数字页码。设置多重页码格式的具体操作步骤如下。

1. 取消【同前节】功能

为不同节设置不同的页眉、页脚和页码，最重要的是先要取消【同前节】功能，这样才能单独为不同节设置不同的页眉、页脚和页码。具体操作步骤如下。

Tips

默认情况下，【同前节】按钮处于选中状态，此时该按钮有灰色背景。单击该按钮，当该按钮无灰色背景时，表示已取消【同前节】功能。

步骤 1 选择目录页，单击【插入】→【页眉页脚】按钮。

步骤 2 进入编辑页眉状态，单击【页眉页脚】→【同前节】按钮，当该按钮无灰色背景时，表明已取消目录节页眉的【同前节】功能，效果如下图所示。

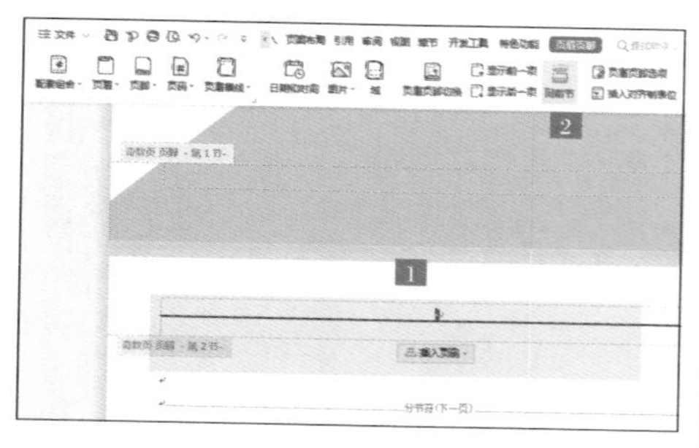

步骤 3 单击【页眉页脚切换】按钮，定位至目录页页脚位置，再次单击【同前节】按钮，取消目录节页脚的【同前节】功能，效果如右上图所示。

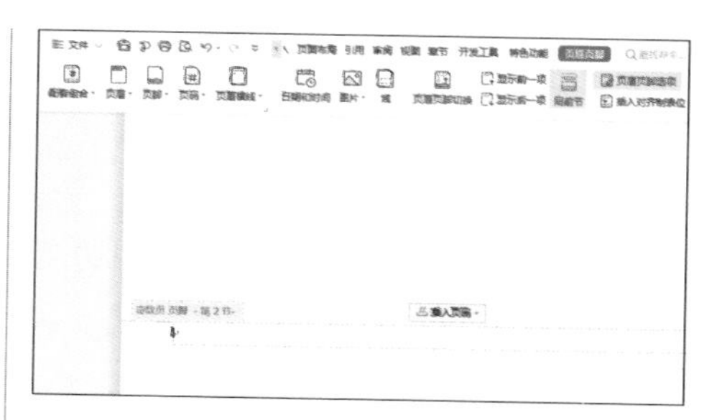

步骤 4 单击【显示后一项】按钮，会自动定位至下一节（正文节）的页脚位置，此时可以看到【同前节】按钮处于开启状态，效果如下图所示。

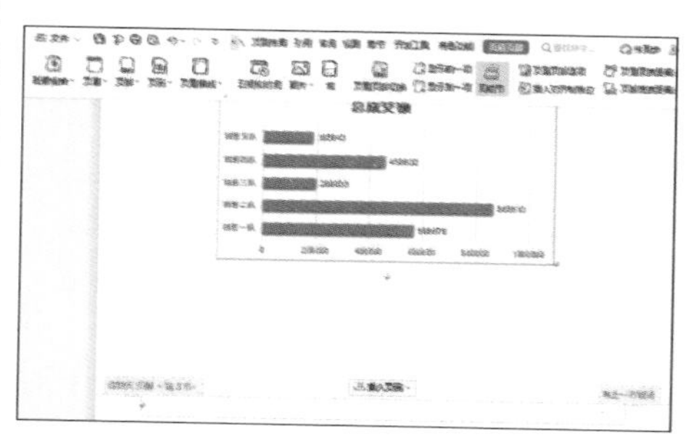

步骤 5 单击【同前节】按钮，取消正文节页脚的【同前节】功能，效果如下图所示。

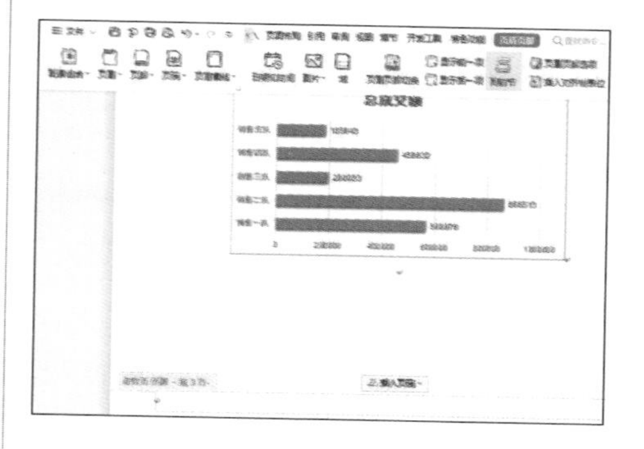

步骤 6 单击【页眉页脚切换】按钮，定位至正文页页眉位置，取消正文页页眉的【同前节】功能，效果如下图所示。

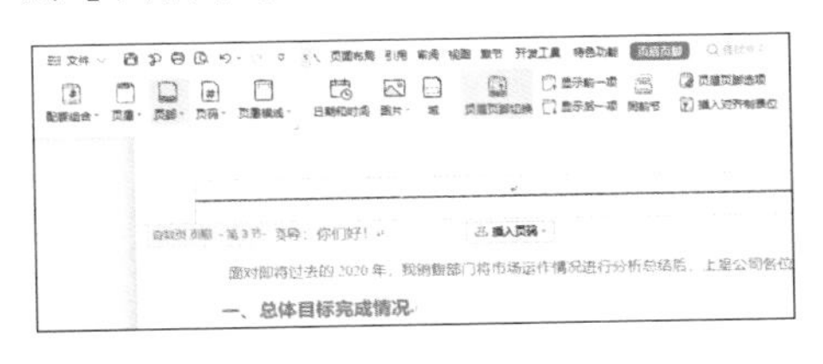

2. 设置多重页码格式

下面就为不同节设置不同的页眉和页码，如果要为正文节设置奇偶页不同的页眉，还需要取消正文节页眉和页脚的【同前节】功能。具体操作步骤如下。

步骤 1 选择目录页，选择【章节】→【页码】→【页脚】→【页脚中间】选项。

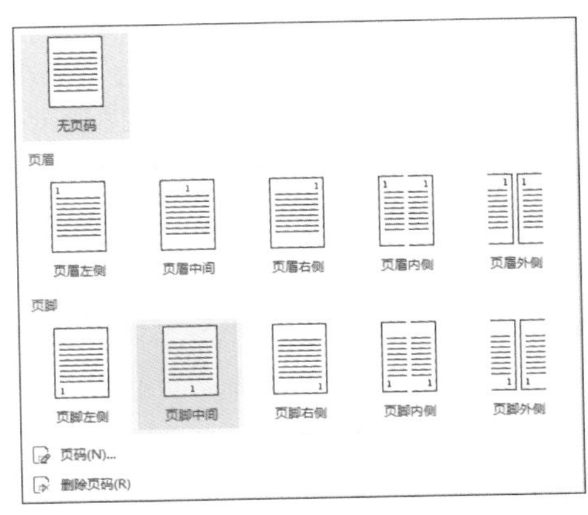

步骤 2 为目录页插入页码，在页脚位置双击，进入编辑状态，效果如下图所示。

步骤 3 单击【页码设置】按钮，在【样式】下拉列表中选择罗马数字，单击选中【本节】单选项，单击【确定】按钮。

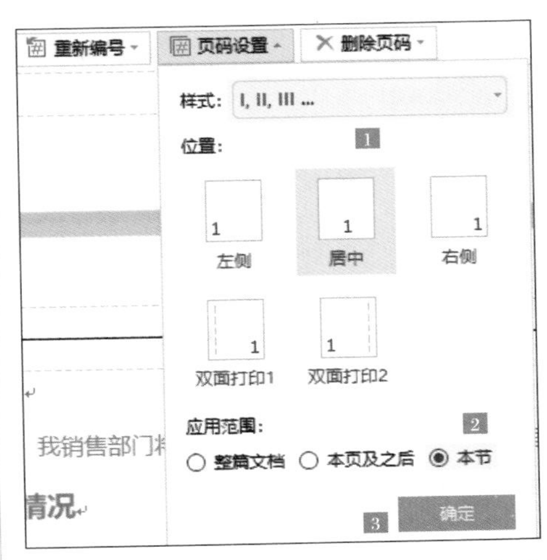

步骤 4 单击【页眉页脚】→【关闭】按钮，结束页眉页脚编辑，从而完成为目录页插入罗马数字页码的操作，效果如下图所示。

步骤 5 选择正文节第 1 页，在页眉位置处双击，进入页眉编辑状态。此时，可以看到页眉的【同前节】按钮处于取消状态。

步骤 6 单击选中【章节】→【奇偶页不同】复选框，可以看到页眉位置会显示“奇数页 页眉”，效果如下页图所示。

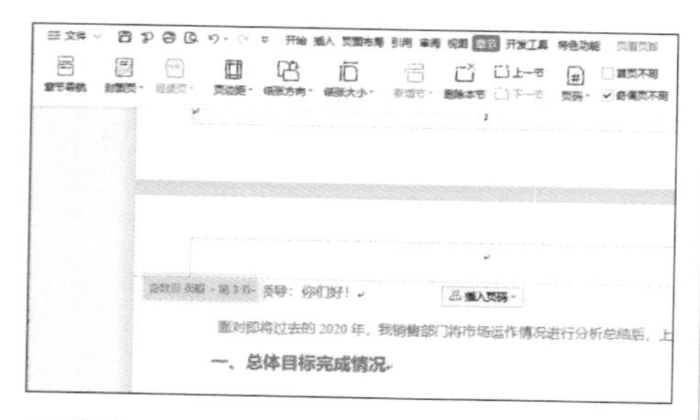

步骤 7 选择正文节第 2 页，分别选中页眉和页脚，并单击【同前节】按钮，关闭同前节功能，效果如下图所示。

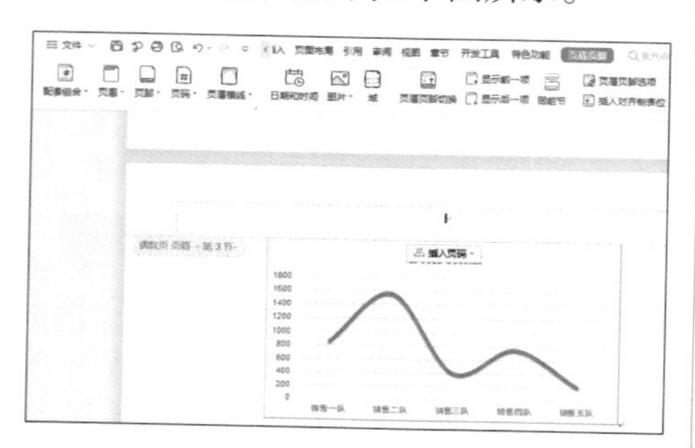

步骤 8 返回正文节第 1 页，在页眉中输入“××公司年终总结”文本，设置【字体】为“微软雅黑”，【字号】为“五号”，并设置【对齐方式】为“左对齐”，效果如下图所示。

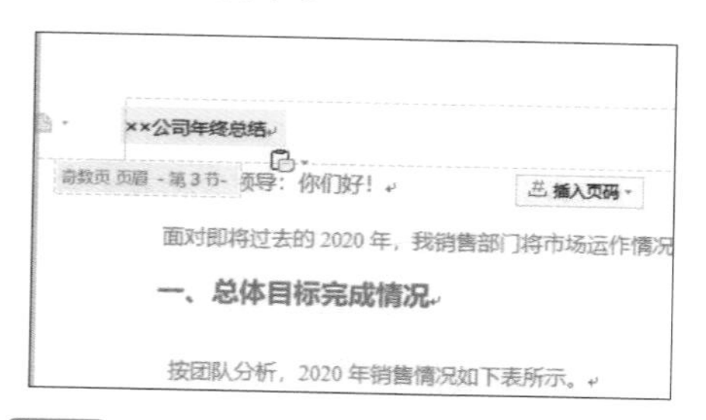

步骤 9 切换至第 1 页页脚，单击页脚处的【插入页码】按钮，设置【位置】为“居中”，【应用范围】为“本节”，单击【确定】按钮，如右上图所示。

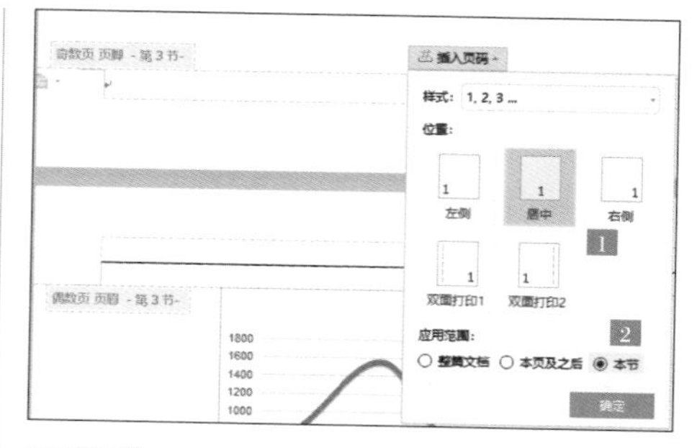

步骤 10 插入阿拉伯数字页码后的效果如下图所示。

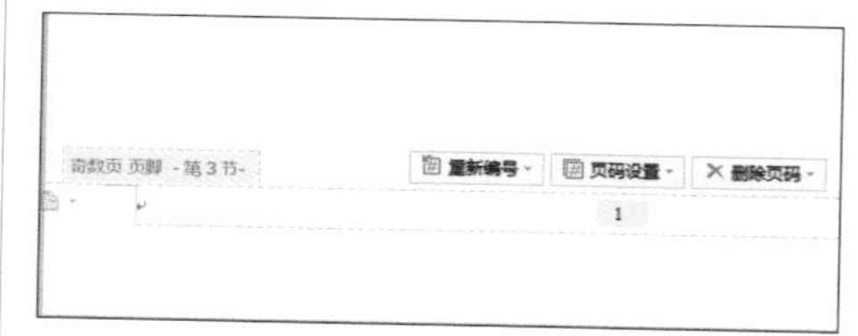

步骤 11 切换至第 2 页页眉，输入文字“销售部”，设置【字体】为“微软雅黑”，【字号】为“五号”，并设置【对齐方式】为“右对齐”，效果如下图所示。

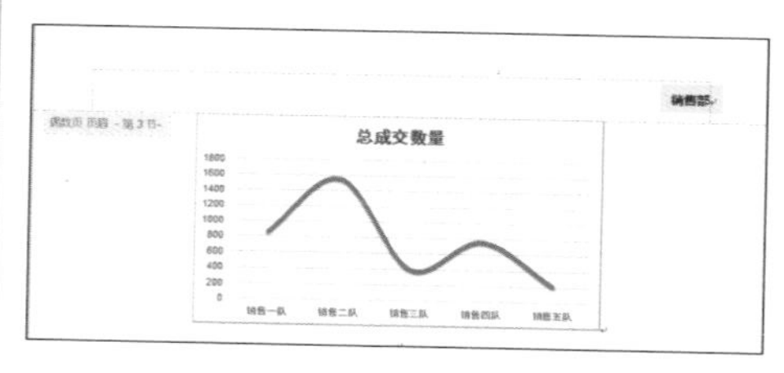

至此，就完成了设置多重页码的操作。

2.5.5 用引用工具为报告插入题注和脚注

题注、脚注和尾注也是排版长文档时常用的功能。题注的对象是图片或表格，题注主要用于描述该对象；脚注的对象是文档中的文字，脚注的主要作用是为文字注释更多的信息，显示

在所在页面的底部；尾注的对象与脚注类似，尾注的作用是列出引文的出处，并且显示在文档的末尾。

【题注】对话框各选项的功能如下图所示。

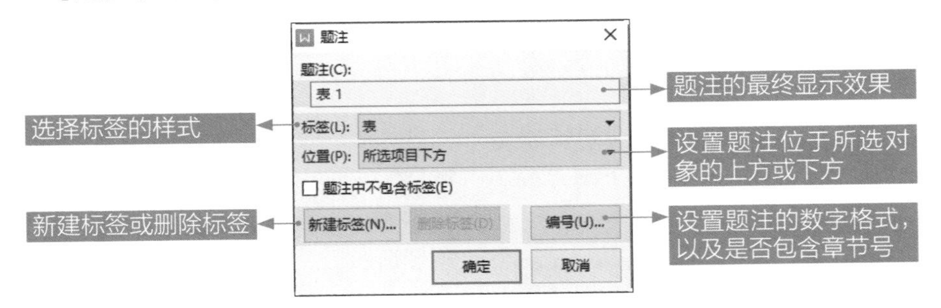

脚注和尾注的插入方法类似，首先需要选择插入脚注和尾注的位置，之后执行插入命令即可。插入脚注和尾注后可根据需要设置脚注和尾注内容的样式。相关功能如下图所示。

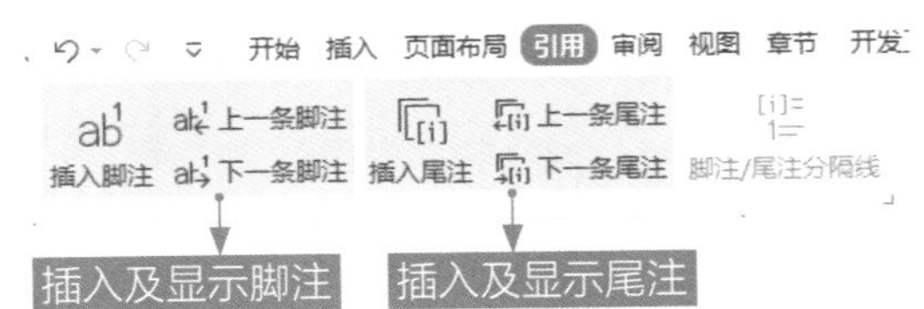

年终总结报告往往需要使用表格或图片展示数据，这时就可以通过添加题注的形式为表格或图片添加说明文字，具体操作步骤如下。

步骤 1 选中整个表格，单击【引用】→【题注】按钮。

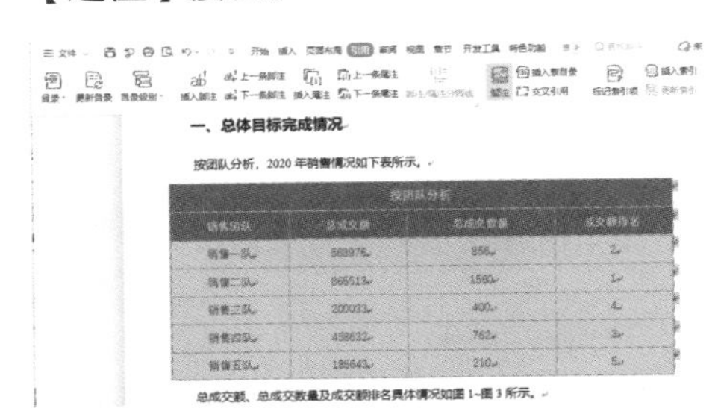

步骤 2 打开【题注】对话框，输入“表 1”，设置【标签】为“表”，【位置】为“所选项目上方”，单击【确定】按钮。

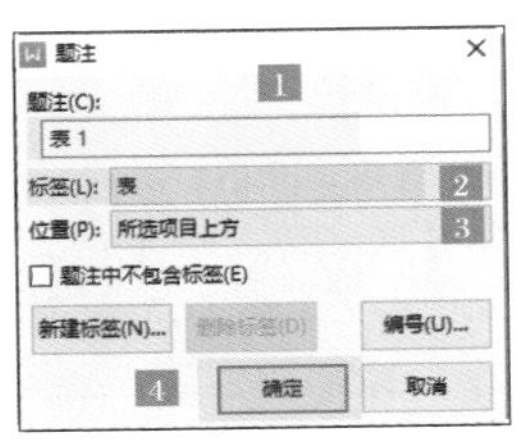

步骤 3 这样就在所选表格上方添加了“表 1”文本。在后方输入表格说明，这里输入的是“团队销售情况分析表”，设置【对齐方式】为“居中”，效果如下图所示。

2019 年销售情况按团队分析销售情况如下表所示。

表 1 团队销售情况分析表

按团队分析			
销售团队	总成交额	总成交数量	成交额排名
销售一队	568976	856	2
销售二队	865513	1560	1
销售三队	200033	400	4
销售四队	458632	762	3
销售五队	185643	210	5

Tips

添加表格的题注后，可以使用同样的方法为其他表格插入题注，也可以直接复制该题注，将其粘贴至其他表格上方。

步骤 4 复制题注并将其粘贴至其他表格上方，修改描述，效果如下图所示。

按优秀个人分析，如下表所示。

表 2 个人销售情况分析表

按个人分析			
最佳个人销售	总成交额	总成交数量	成交额排名
张媛军	120300	130	1
王林会	85642	98	2
易蓉	77456	80	3
黄靖来	56896	65	4
吴业荣	45893	42	5

Tips

使用插入题注功能插入的题注会自动编号，但复制后的题注仍显示为“表 1”，可以暂时不修改，插入所有题注后刷新所有题注即可。

步骤 5 选择图片，执行插入题注命令。设置【标签】为“图”，【位置】为“所选项目下方”，单击【确定】按钮。

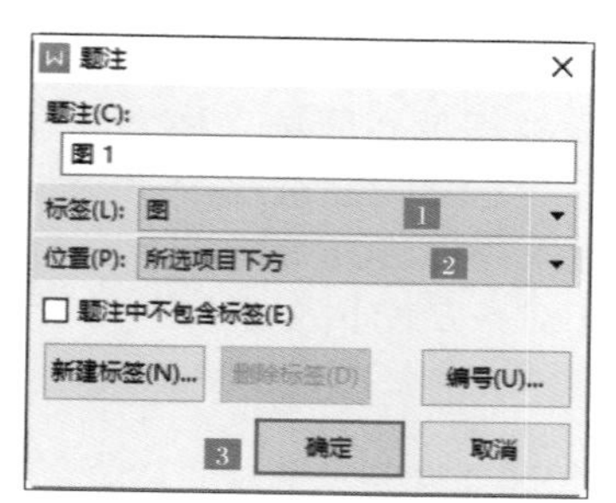

步骤 6 插入图注后，输入图注的说明文字，效果如右上图所示。

总成交额、总成交数量及成交额排名具体情况如图 1~图 3 所示。

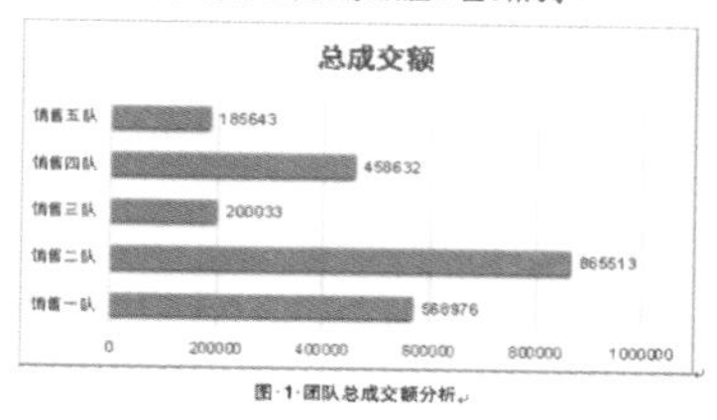

图 1 团队总成交额分析

步骤 7 复制图注，依次粘贴至其他图片下方，修改对应的说明文字，效果如下图所示。

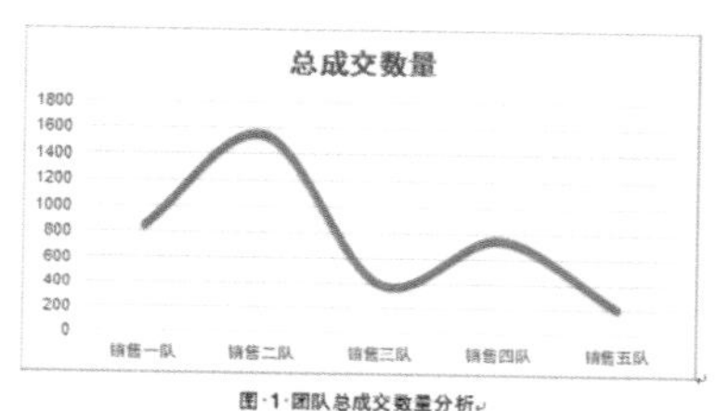

图 1 团队总成交数量分析

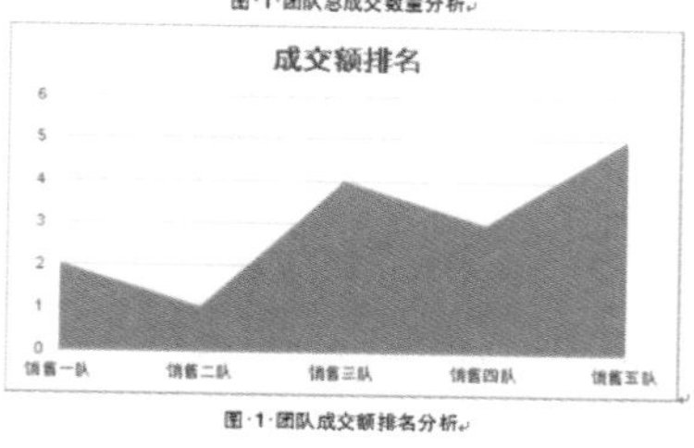

图 1 团队成交额排名分析

步骤 8 选择所有正文内容，按【F9】键，即可刷新文档中的所有题注，显示正确的题注序号，效果如下图所示。

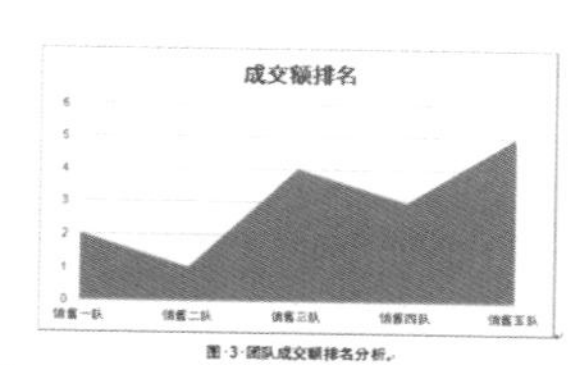

图 3 团队成交额排名分析

按优秀个人分析，如下表所示。

表 2 个人销售情况分析表

按个人分析			
最佳个人销售	总成交额	总成交数量	成交额排名
张媛军	120300	130	1
王林会	85642	98	2
易蓉	77456	80	3
黄靖来	56896	65	4
吴业荣	45893	42	5

2.5.6 自动生成目录与目录排版

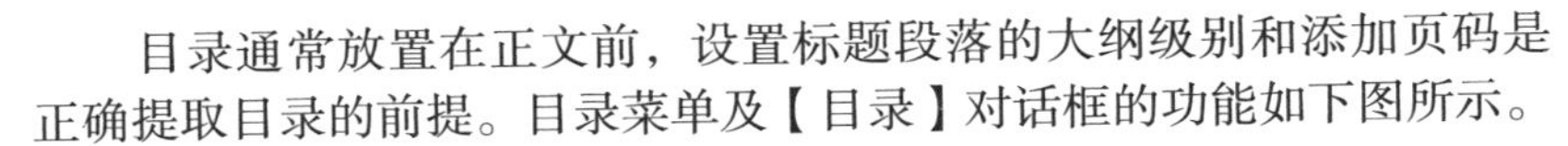

目录通常放置在正文前，设置标题段落的大纲级别和添加页码是正确提取目录的前提。目录菜单及【目录】对话框的功能如下图所示。

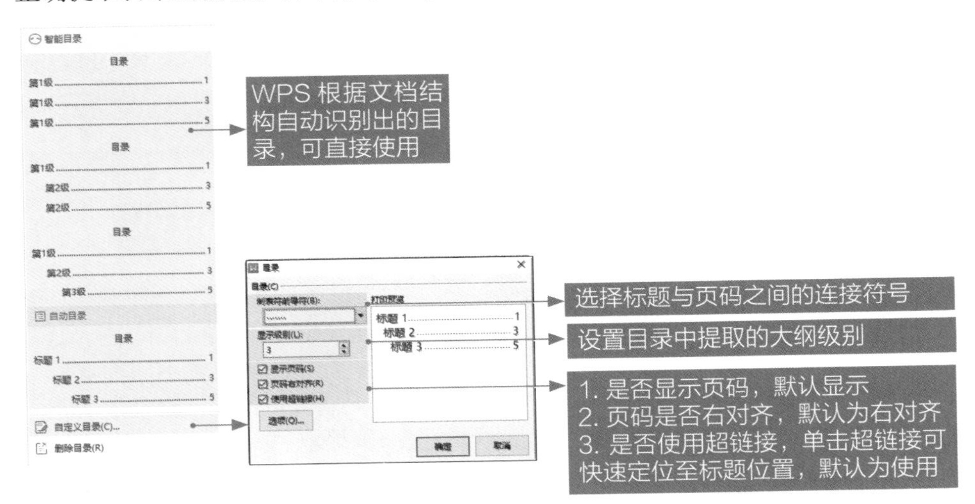

提取年终总结报告目录并进行排版的具体操作步骤如下。

步骤 1 将光标定位至目录页要插入目录的位置，选择【引用】→【目录】→【自定义目录】选项。

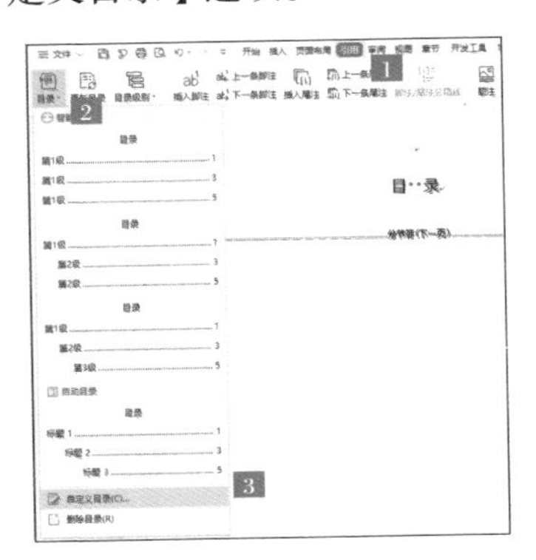

步骤 2 打开【目录】对话框，设置【显示级别】为“2”，取消选中【使用超链接】复选框，单击【确定】按钮，即可提取出目录，效果如右图所示。

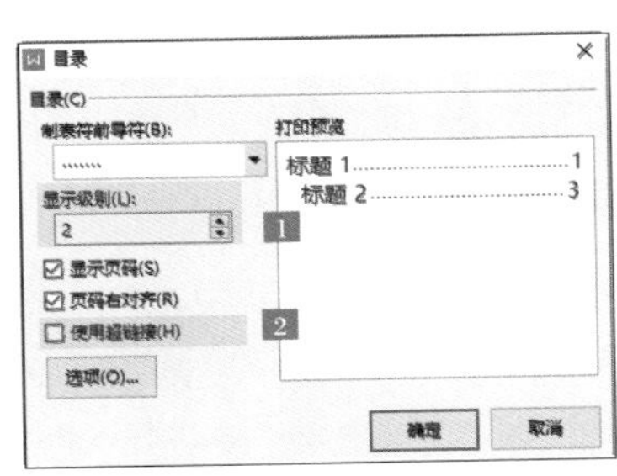

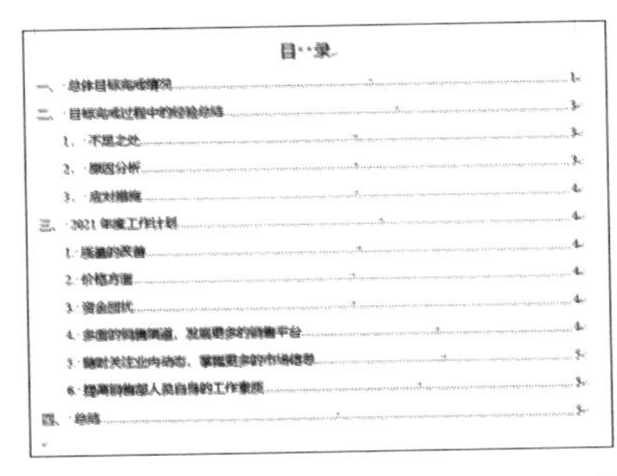

步骤 3 目录样式的设置与设置字体和段落格式的方法相同，根据需要设置目录样式后的效果如下页图所示。

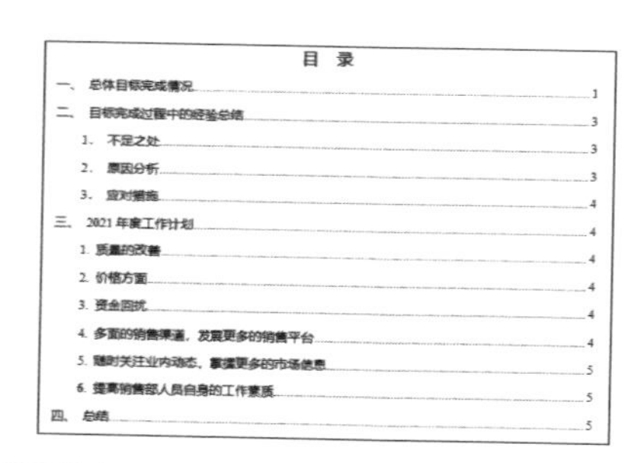
目 录

步骤 4 如果要更新目录，单击【引用】→【更新目录】按钮，打开【更新目录】对话框，如果只更新页码，选中【只更新页码】单选项；如果需要更新标题和页码，则选中【更新整个目录】单选项，设置完成，单击【确定】按钮。

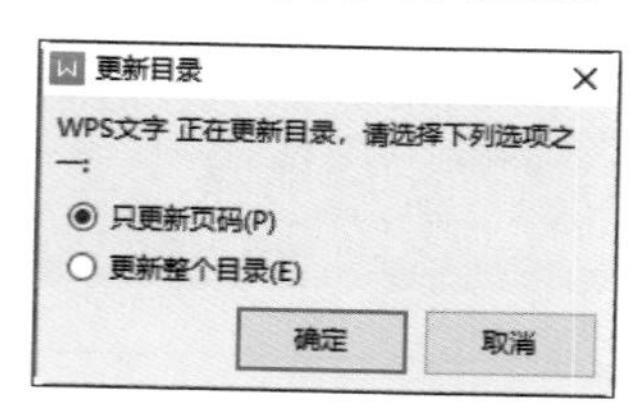

至此，就完成了制作年终总结报告的操作，最终效果如下图所示。

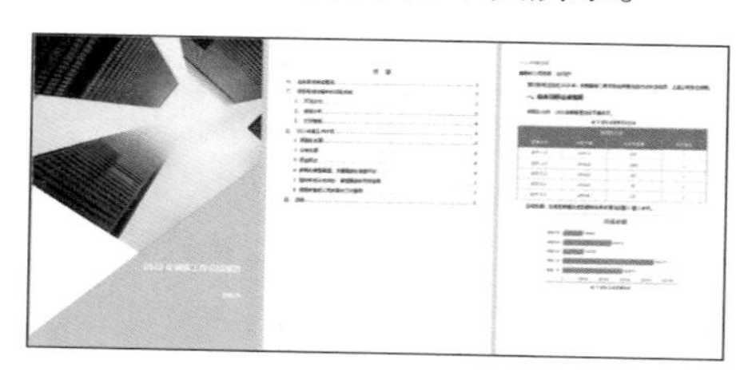

案例总结及注意事项

（1）排版长文档时，如果某些页面需另起一页显示，可使用分页符进行分页。

（2）为不同节设置不同的页眉、页脚前，必须要取消【同前节】功能。

（3）提取目录前，必须设置标题段落的大纲级别。

动手练习：制作项目标书

练习背景：

项目标书编写完成并初步调整版式后，格式仍然比较混乱，为了方便后期修改，现在公司需要你按照以下要求完成文档的处理。

练习要求：

（1）统一各级标题的样式。

（2）使用多级编号为文档标题添加自动编号。

（3）使用分节符对内容进行分节，并设置页眉、页脚及页码。

（4）为图片及表格等添加题注。

（5）生成目录。

练习目的：

熟练掌握对长文档进行排版的流程和方法。

本节素材结果文件	
	素材 \ch02\ 项目标书 .wps
	结果 \ch02\ 项目标书 .wps

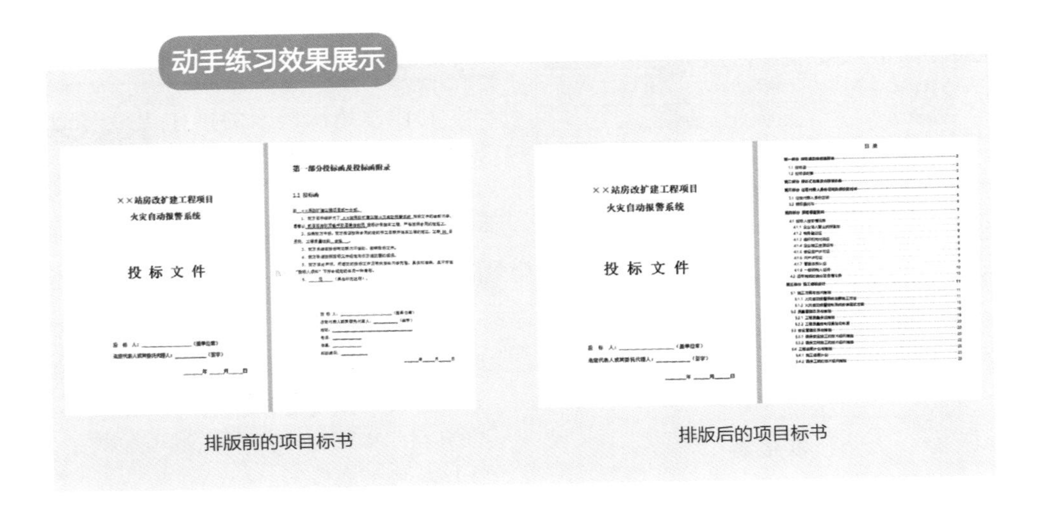

排版前的项目标书

排版后的项目标书

2.6 邮件合并批量制作——邀请函

在工作中，经常需要制作大量主题、内容相同，只有个别信息有差别的文件，如信函、座签、员工工资单、邀请函、奖状或证书等。如果逐一编辑，太过烦琐且耗时。如果想快速批量制作出这类文档，可以使用邮件合并功能。

【邮件合并】选项卡中各选项的功能如下图所示。

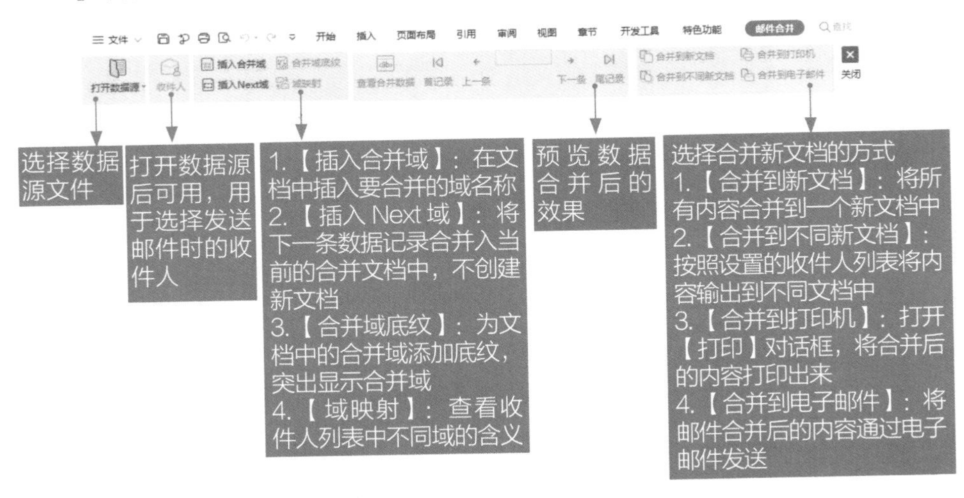

下面通过制作邀请函，介绍 WPS 的邮件合并功能。

本节素材结果文件	
	素材 \ch02\ 邀请函 .wps、邀请人员名单 .et
	结果 \ch02\ 邀请函 .wps

“邀请函 .wps”素材文件是包含主题和内容的 WPS 文档；“邀请人员名单 .et”素材文件是使用 WPS 表格存放的需在文档中填写的内容列表。

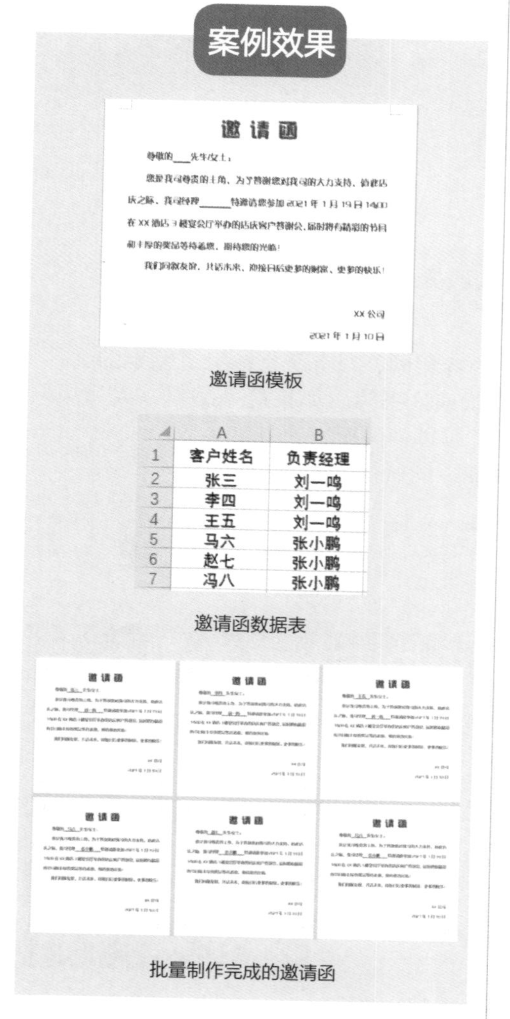

2.6.1 设计制作邀请函模板

制作邀请函模板的操作主要包括设置页面大小、输入文字、设置字体格式及设置段落格式等。

Tips

邀请函的大部分内容是相同的，只有涉及个人信息的部分不同，这部分内容可以添加下划线，方便批量填写内容。本案例中需要批量填写的是客户及邀请人姓名。

1. 设置页面大小

步骤 1 打开素材文档，选择【页面布局】→【纸张大小】→【其他页面大小】选项，打开【页面设置】对话框，设置纸张大小下的【宽度】为“15 厘米”，【高度】为“15 厘米”，单击【确定】按钮。

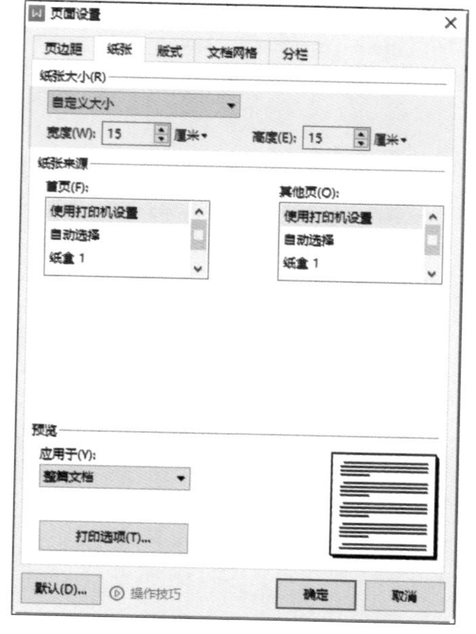

步骤 2 选择【页面布局】→【页边距】→【窄】选项，完成页边距的设置，如下图所示。

页面设置完成后的效果如下图所示。

邀 请 函
尊敬的____先生/女士：
您是我司尊贵的主角，为了答谢您对我司的大力支持，值此店庆之际，我司经理______特邀请您参加 2021 年 1 月 19 日 14:00 在 xx 酒店 3 楼宴会厅举办的店庆客户答谢会，届时将有精彩的节目和丰厚的奖品等待着您，期待您的光临！
我们同叙友谊，共话未来，迎接日后更多的财富、更多的快乐！

xx 公司
2021 年 1 月 10 日

2. 设置文字格式

步骤 1 选择"邀请函"文本，设置【字体】为"方正汉真广标简体"，【字号】为"一号"，【字体颜色】为"金色"，效果如右上图所示。

邀 请 函
尊敬的____先生/女士：
您是我司尊贵的主角，为了答谢您对我司的大力支持，值此店庆之际，我司经理______特邀请您参加 2021 年 1 月 19 日 14:00 在 xx 酒店 3 楼宴会厅举办的店庆客户答谢会，届时将有精彩的节目和丰厚的奖品等待着您，期待您的光临！
我们同叙友谊，共话未来，迎接日后更多的财富、更多的快乐！

xx 公司
2021 年 1 月 10 日

步骤 2 选择"邀请函"正文文本，设置【字体】为"方正中倩简体"，【字号】为"小四"，效果如下图所示。

邀 请 函
尊敬的____先生/女士：
您是我司尊贵的主角，为了答谢您对我司的大力支持，值此店庆之际，我司经理______特邀请您参加 2021 年 1 月 19 日 14:00 在 XX 酒店 3 楼宴会厅举办的店庆客户答谢会，届时将有精彩的节目和丰厚的奖品等待着您，期待您的光临！
我们同叙友谊，共话未来，迎接日后更多的财富、更多的快乐！

XX 公司
2021 年 1 月 10 日

3. 设置段落格式

设置邀请函标题为居中对齐，正文内容的【首行缩进】为"2 字符"，落款为右对齐，效果如下页图所示。

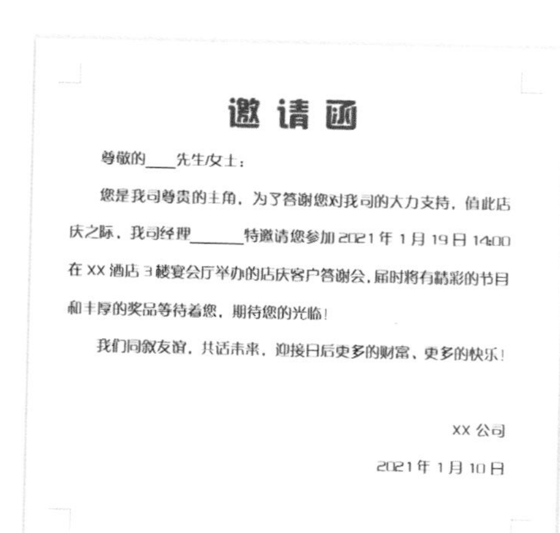

邀 请 函

尊敬的___先生/女士：

您是我司尊贵的主角，为了答谢您对我司的大力支持，值此店庆之际，我司经理______特邀请您参加2021年1月19日14:00在XX酒店3楼宴会厅举办的店庆客户答谢会，届时将有精彩的节目和丰厚的奖品等待着您，期待您的光临！

我们同叙友谊，共话未来，迎接日后更多的财富、更多的快乐！

XX公司

2021年1月10日

至此，完成了邀请函模板的制作。

2.6.2 制作邀请函数据表

邀请函数据表为包含不同内容的数据源，可以是 WPS 表格、Excel 表格，也可以是网页文件，甚至可以是数据库文件。

创建数据表需注意以下 3 点。

（1）数据表必须有表头。

（2）数据表必须包含要填写的内容列，但允许有其他多余内容。

（3）WPS 表格中尽量不要有多余的空工作表。

这里的数据表是根据邀请函中所要填写的客户姓名及邀请人姓名创建的，这些姓名将被批量填写到邀请函模板中的两条下划线处。制作的数据表如下图所示。

	A	B
1	客户姓名	负责经理
2	张三	刘一鸣
3	李四	刘一鸣
4	王五	刘一鸣
5	马六	张小鹏
6	赵七	张小鹏
7	冯八	张小鹏

2.6.3 完成邮件合并操作

制作好邀请函模板和邀请函数据表后，就可以开始进行邮件合并操作了，这个环节主要包括打开数据源、插入合并域及合并到新文档 3 步。

1. 打开数据源

步骤1 打开邀请函模板，单击【引用】→【邮件】按钮。

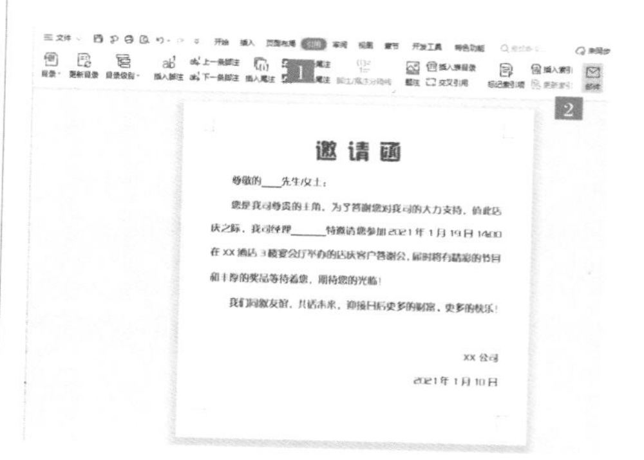

步骤2 打开【邮件合并】选项卡，选择【邮件合并】→【打开数据源】→【打开数据源】选项，如下图所示。

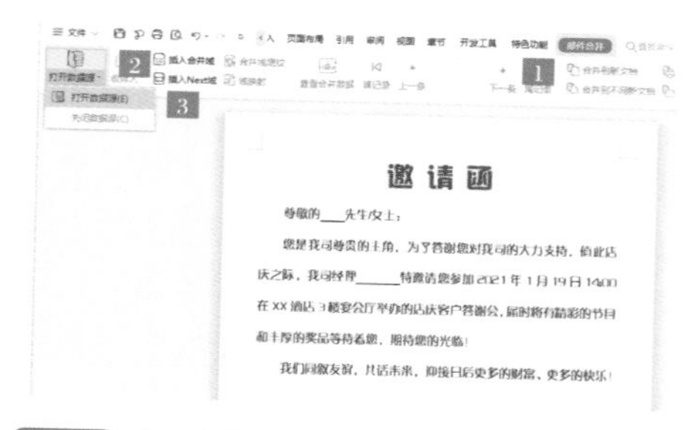

步骤3 打开【选取数据源】对话框，选择"邀请人员名单.et"素材文件，单击【打开】按钮，就完成了打开数据源的操作。

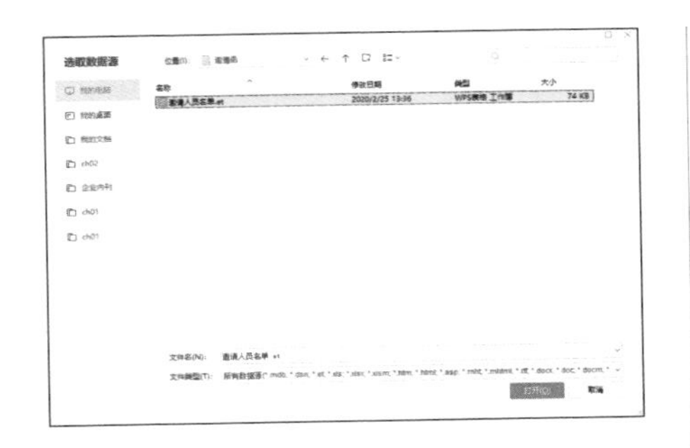

2. 插入合并域

步骤 1　将光标定位至正文第一行中下划线的中间位置，单击【邮件合并】→【插入合并域】按钮。

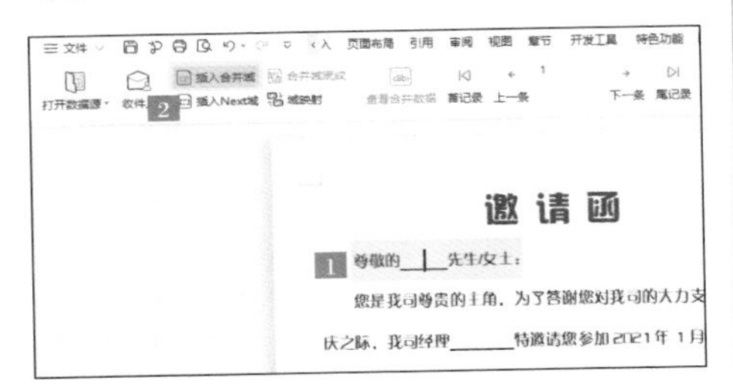

步骤 2　打开【插入域】对话框，在【域】列表框中选择【客户姓名】选项，单击【插入】按钮，之后关闭对话框，就完成了插入“客户姓名”合并域的操作，效果如下图所示。

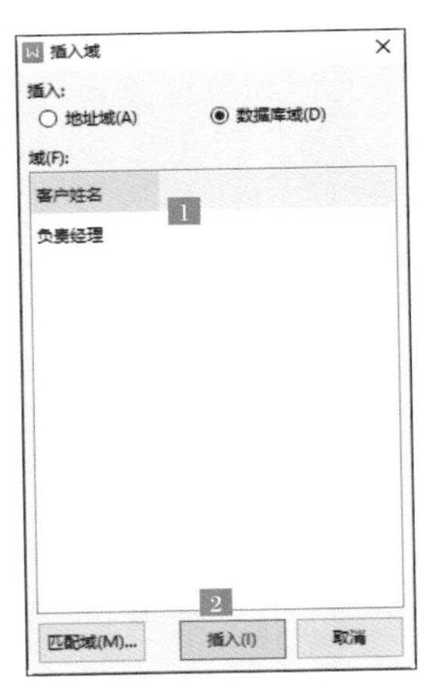

邀请函

尊敬的___«客户姓名»___先生/女士：

您是我司尊贵的主角，为了答谢您对我司的大力支持，值此店庆之际，我司经理______特邀请您参加2021年1月19日14:00在XX酒店3楼宴会厅举办的店庆客户答谢会，届时将有精彩的节目和丰厚的奖品等待着您，期待您的光临！

我们同叙友谊，共话未来，迎接日后更多的财富、更多的快乐！

步骤 3　重复上面的操作，插入“负责经理”合并域，效果如下图所示。

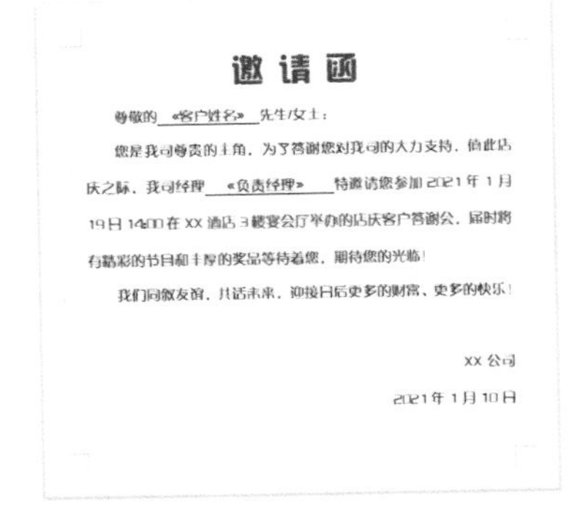

步骤 4　单击【邮件合并】→【查看合并数据】按钮，即可查看将邀请函模板和邀请函数据表合并后的效果，如下图所示。

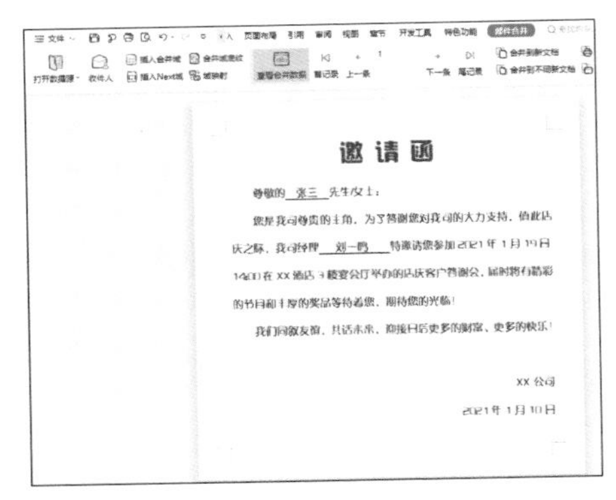

步骤 5　单击【下一条】【尾记录】【上一条】【首记录】按钮，即可查看其他数据的合并效果，如下页图所示。

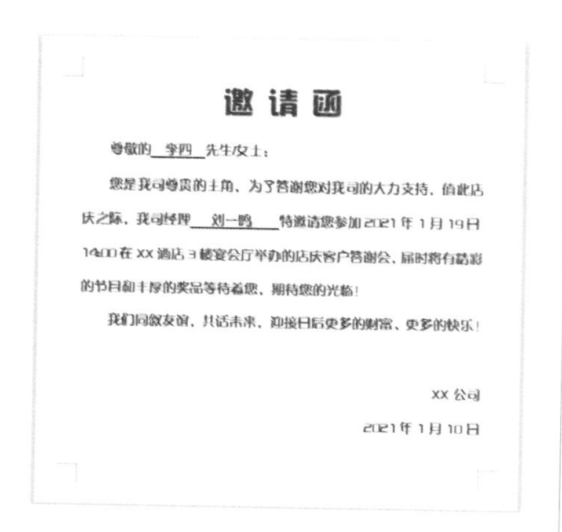

邀请函

尊敬的__李四__先生/女士：

您是我司尊贵的主角，为了答谢您对我司的大力支持，值此店庆之际，我司经理__刘一鸣__特邀请您参加2021年1月19日14:00在XX酒店3楼宴会厅举办的店庆客户答谢会，届时将有精彩的节目和丰厚的奖品等待着您，期待您的光临！

我们同叙友谊，共话未来，迎接日后更多的财富、更多的快乐！

XX公司

2021年1月10日

3. 合并到新文档

步骤1 单击【邮件合并】→【合并到新文档】按钮。

步骤2 打开【合并到新文档】对话框，在【合并记录】区域选中【全部】单选项，单击【确定】按钮。

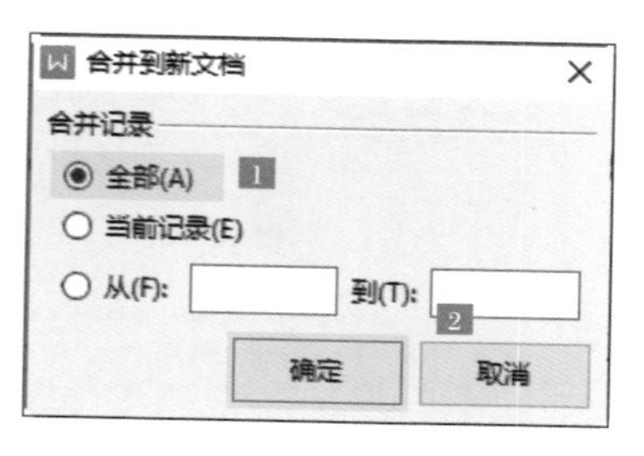

Tips

可在该对话框中根据需要选择要合并的数据：【全部】表示合并所有数据到新文档；【当前记录】表示仅合并当前预览的数据到新文档；【从……到……】表示合并选择的部分数据到新文档。

至此，完成了使用邮件合并功能批量制作邀请函的操作，最终效果如下图所示。

案例总结及注意事项

（1）可在模板中为需要填写的数据设置明显的样式。

（2）数据表中要包含所有需要填写的数据，并且要包含表头。

（3）文档和数据源表尽量使用同一个 WPS 版本，以免在引用时无法打开数据源。

动手练习：批量制作员工工作证

练习背景：

为了规范公司管理制度，塑造和维护公司良好形象，公司要求全体员工上班期间佩戴样式统一的工作证。现在公司需要你按照以下要求为每位员工制作样式统一的工作证。

练习要求：

（1）工作证上应有员工照片。

（2）工作证上应有员工姓名、职务及编号信息。

练习目的：

掌握使用邮件合并批量制作文档的方法。

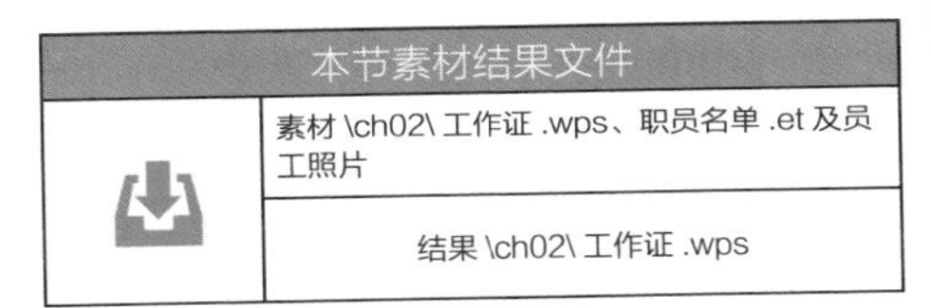

本节素材结果文件
素材 \ch02\ 工作证 .wps、职员名单 .et 及员工照片
结果 \ch02\ 工作证 .wps

Tips

1. 照片需要和数据源放在同一个目录下，照片的大小要统一，且照片名称也需要正确添加至数据表中。

2. 导入数据表后，将光标置于工作证模板文档中要放置照片的位置。按【Ctrl + F9】组合键，在域符号中输入“INCLUDEPICTURE”，然后将光标置于“INCLUDEPICTURE”与后方空格之后，右侧大括号之前。最后再插入合并域。

3. 如果执行合并后，照片没有显示，可按【Ctrl + A】组合键选择所有内容，按【Alt + F9】组合键显示结果，再按【F9】键更新域。

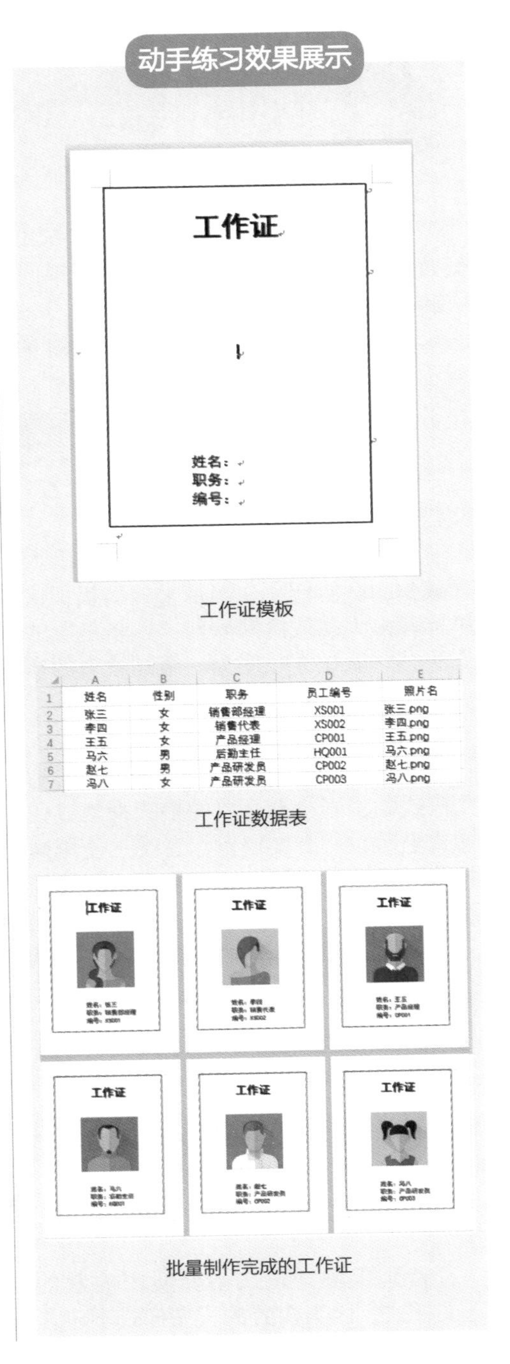

工作证模板

	A	B	C	D	E
1	姓名	性别	职务	员工编号	照片名
2	张三	女	销售部经理	XS001	张三.png
3	李四	女	销售代表	XS002	李四.png
4	王五	女	产品经理	CP001	王五.png
5	马六	男	后勤主任	HQ001	马六.png
6	赵七	男	产品研发员	CP002	赵七.png
7	冯八	女	产品研发员	CP003	冯八.png

工作证数据表

批量制作完成的工作证

秋叶私房菜：WPS 文字文档多人协作反而效率低？这四步让大家变得高效协同！

世界上只有两种物质：高效率和低效率；世界上只有两种人：高效率的人和低效率的人。——萧伯纳

在职场中，由于每个人擅长的东西不同，团队协作，共同完成一份报告、标书的现象越来越普遍。但往往最后每个人交上来的文档的格式各不相同，甚至千奇百怪，以至于统稿工作甚至比写文档还累！

使用科学有效的文档技巧可以大大减少团队协作写文档带来的困扰，这里推荐多人高效协同操作“四步走”的方法，它能让你蜕变为一个高效率的职场人。

第一步：设定样式

样式功能就像包含各种格式的高档格式刷，当所有必要的格式都集成在样式里后，所有文档协作者统一使用同样的样式，就能够快速实现文档格式的统一。

根据文档的格式需求，修改好默认的一级、二级、三级等标题的样式。使用标题样式，可以使文档层级分明，条理清晰。

特别提醒，正文不要使用内置的正文样式，因为内置的正文样式不包含首行缩进 2 字符，修改这一样式后，所有以此为基础的其他样式都会变形。

所以这里推荐新建样式，命名为【我的正文】，并设定其包含的字体、段落等格式，用于文档正文的格式套用。

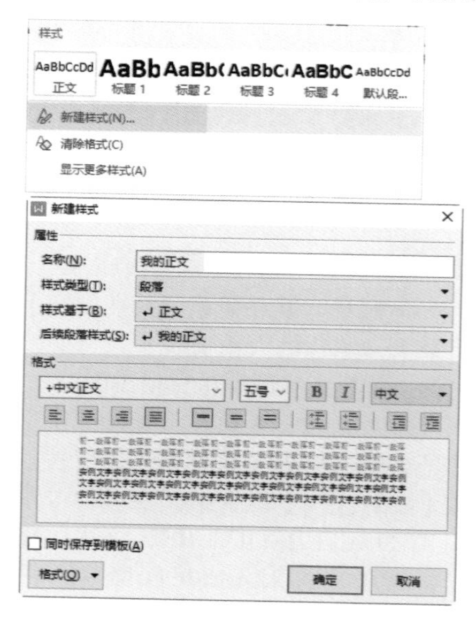

有了样式之后，可以快速格式化文档，迅速得到一份格式统一、结构清晰的格式。

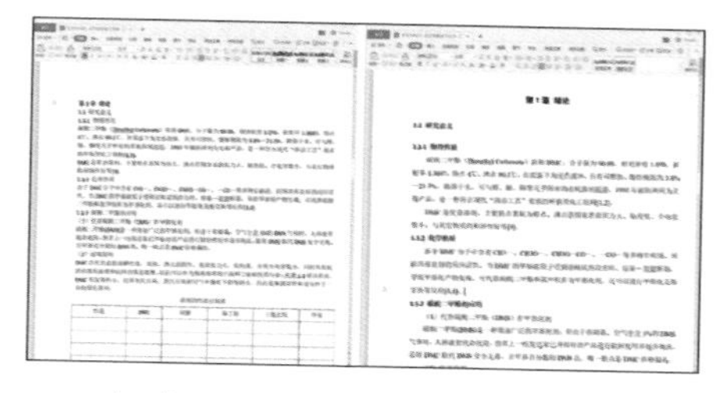

小贴士：如果你不知道什么格式好看，什么格式标准，去百度搜索高校

的学位论文格式要求吧。

第二步：存为模板

大部分人对文档模板的认识可能是这样的：复制一份格式、排版还不错的文档，然后直接将自己的文档粘贴进去，并辅以格式刷统一格式。

WPS 中其实有专门的“.wpt”格式的文档，它就是 WPS 文档的模板文件，长这样：

一份很方便的WPS模板.wpt

当你设定好统一的样式后，将 WPS 文档另存为 WPT 文件即可获得一份模板。存为模板的好处在于，双击模板文件会新建一份空白文档，供大家统一使用。

在团队协作的过程中，“主力选手”可以将制作好的模板分发给其他协作者，这样大家使用统一的模板，格式就可以保持高度一致。

一个专业的企业，应该设计一份具有企业标识的 WPS 文档模板文件，模板文件里可以设置好文档封面、页眉页脚、说明文本等。

第三步：合并文档

利用公司的标准模板制作出一份份子文档后，不要着急复制粘贴，统稿工作可以利用 WPS 文档的【插入对象】功能快速搞定。

首先按实际顺序为子文档编号，如 01 公司简介、02 团队分工、03 产业规模和趋势分析、04 关键成功要素、05 市场分析、06 竞争者分析。

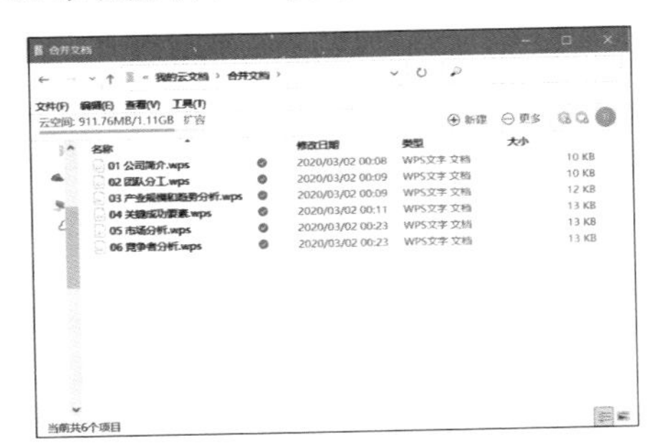

Tips

编号很关键，它的顺序决定了合并文档的顺序。

然后新建一份 WPS 文档，依次单击【插入】→【对象】→【文件中的文字】，选择 6 份文档，即可瞬间将它们插入新的文档中。

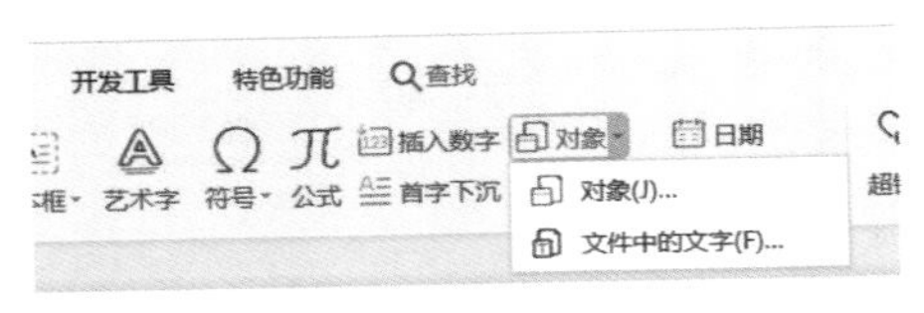

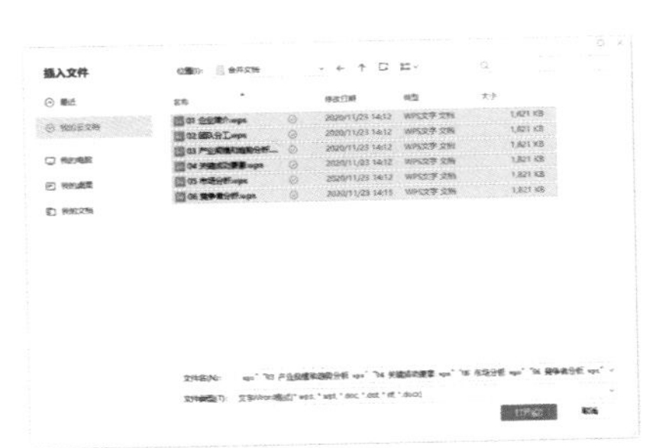

以上操作能保证将这 6 份文档原封不动地合并到新文档中。

第四步：批注修订

合并后的文档当然还需要修正，

统稿后可用【审阅】功能进行保留痕迹的修改。

其中建设性的建议，用批注写在旁边；有明显错误的地方，打开修订功能后直接修改。

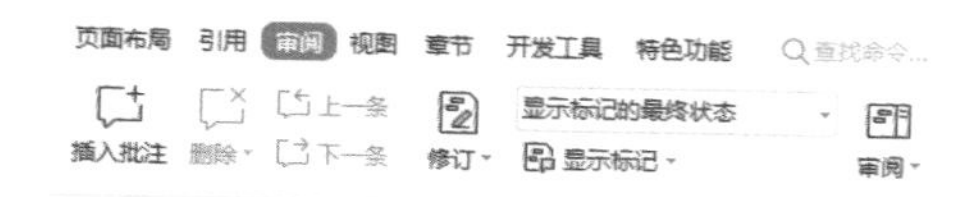

审阅的“画风”如下图所示，它能完完全全地保留修订过程，如果没有异议，就可以直接选择“接受修订”。

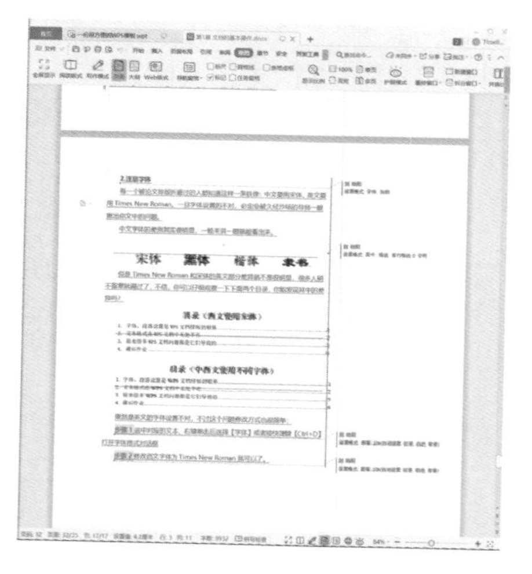

以上就是四步实现多人高效协同操作 WPS 文档的方法，我们再一起回顾一下。

❶ 根据文档的格式规范，设定好常用的段落样式。

❷ 将包含各类样式的文档另存为 WPT 模板文件。

❸ 利用插入“文件中的文字”功能合并多个文档。

❹ 使用批注和修订功能对总稿进行审阅，提出意见或建议。

台上一分钟，台下十年功。

高效协作的前提是过硬文档排版技能的积累和事先扎实的准备。学会统稿方法，做一个高效率的职场人吧！

在信息化时代，大量数据信息的收集和整理离不开电子表格软件的辅助。不论是对上班族还是对学生而言，掌握电子表格的应用将成为一种基本的生存技能。

第 3 章

电子表格的制作与美化

- 以“0”开头的数字怎么输入？
- 货币、日期、时间及分数等数据格式怎么设置？
- 如何高效、准确地输入数据？
- 不懂表格美化怎么办？

3.1 基本表制作之员工考勤表

在日常办公中，WPS 表格可以用来制作员工信息表、员工考勤表、工资表、销售报表等。员工考勤表是公司对员工进行日常考核时最常用的表单之一。本节通过对员工考勤表的制作，来讲解 WPS 表格的基本操作。

工作表是表格的主要编辑区域，主要由名称框、编辑栏、单元格、行号、列号和工作表标签组成。WPS 表格部分按钮的功能介绍如下。

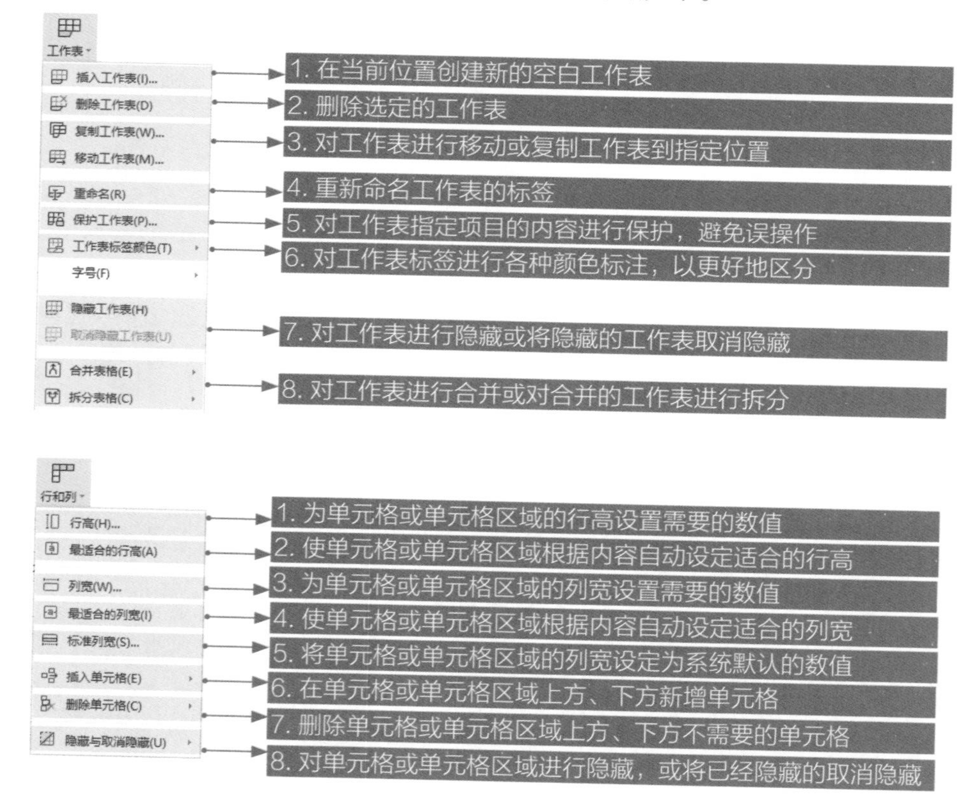

下面通过对员工考勤表的制作，介绍 WPS 表格的各项基本功能。

本节素材结果文件	
	素材 \ch03\ 员工考勤表 .et
	结果 \ch03\ 员工考勤表 .et

“员工考勤表 .et”素材文件统计

了员工考勤的相关内容，现需要根据这些内容制作员工考勤表。

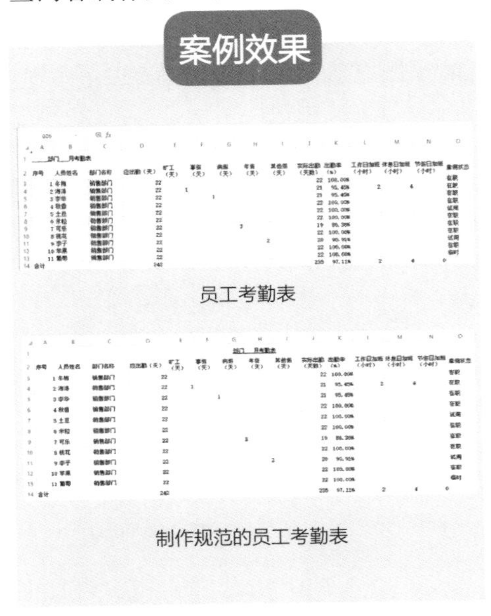

3.1.1 创建空白工作簿

WPS 表格中的工作簿是指一个电子表格文档；而工作表是电子表格文档中的一张表。创建空白工作簿的具体操作步骤如下。

步骤 1　启动 WPS 软件，单击软件界面上方或左侧的【新建】按钮。

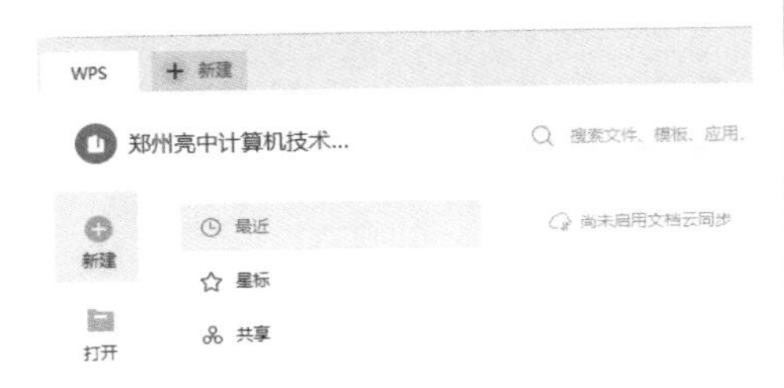

步骤 2　进入新建文档界面，单击【表格】按钮，再单击下方的【新建空白文档】选项，如下图所示。

这样即可新建一个空白工作簿"工作簿 1"，并且工作簿中仅包含"Sheet1"工作表，如下图所示。

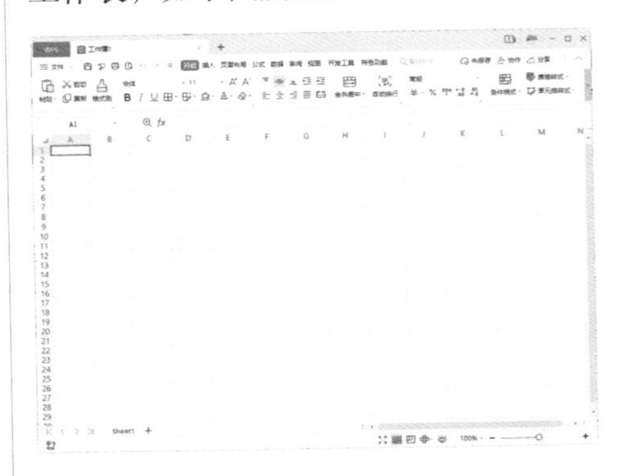

3.1.2 工作表的基本操作

工作表是由多个单元格组合而成的平面二维表格，一个工作簿可以包含多张工作表。默认情况下，每个工作簿中只有一张工作表，可以根据需要新建工作表、选择工作表、删除工作表、移动或复制工作表及重命名工作表。

1. 新建工作表

如果需要更多的工作表，就需要新建工作表。新建工作表有多种方法，如直接使用【新建工作表】按钮、使用【Shift + F11】组合键、使用“插入工作表”的方式等。使用【新建工作表】按钮的具体操作步骤如下。

步骤1 将指针放在“Sheet1”工作表标签右侧的【+】上，即可看到“新建工作表”提示。

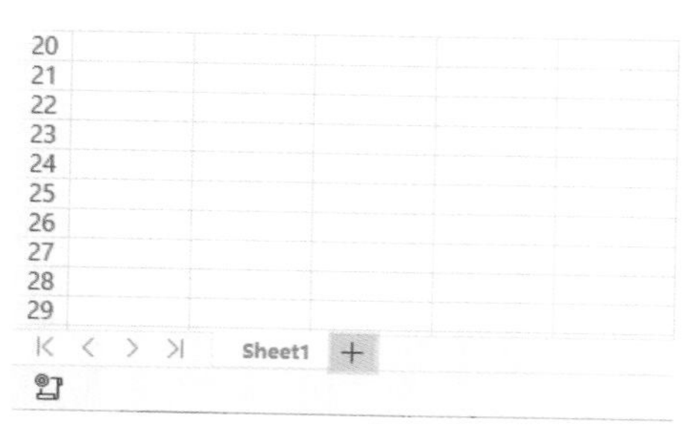

步骤2 单击【+】按钮即可在“Sheet1”工作表右边新建一个空白工作表“Sheet2”，如下图所示。

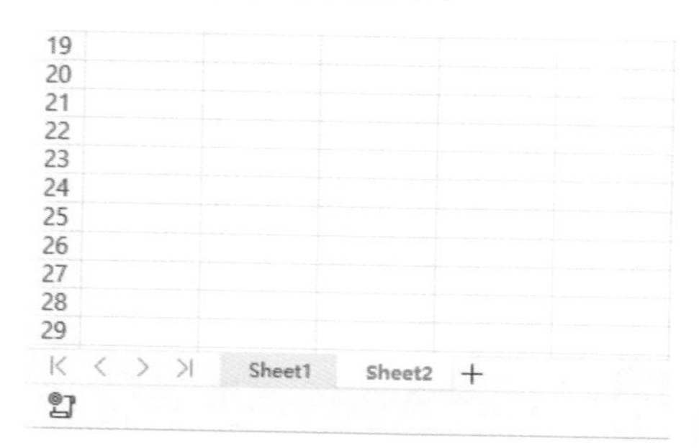

步骤3 如果需要新建更多的工作表，可以重复上面的操作步骤，依次创建名称为Sheet3、Sheet4的空白工作表。

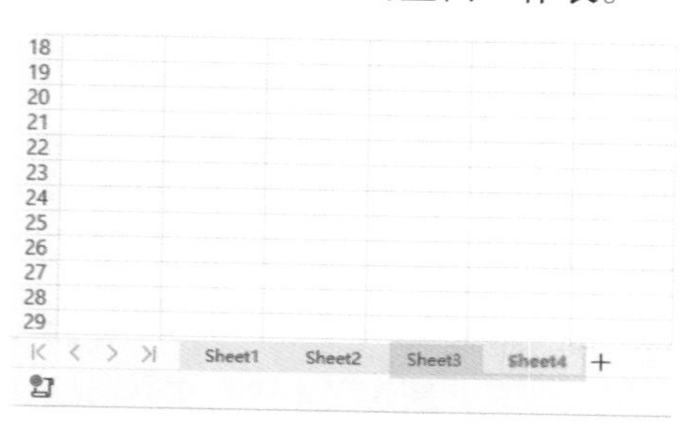

2. 删除工作表

在编辑工作簿时，如果存在不需要的工作表，也可以根据需要进行删除。删除工作表的方法主要有以下两种。

（1）使用快捷菜单

选中需要删除的工作表的标签，单击右键，在弹出的快捷菜单中选择【删除工作表】命令，即可删除刚才所选的工作表，如下图所示。

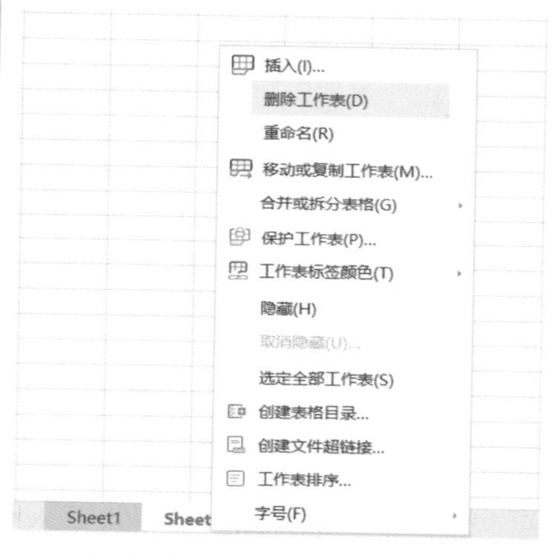

（2）使用功能菜单

选中需要删除的工作表，在【开始】选项下单击【工作表】按钮，在弹出的下拉列表中选择【删除工作表】选项，即可删除刚才所选的工作表，如下图所示。

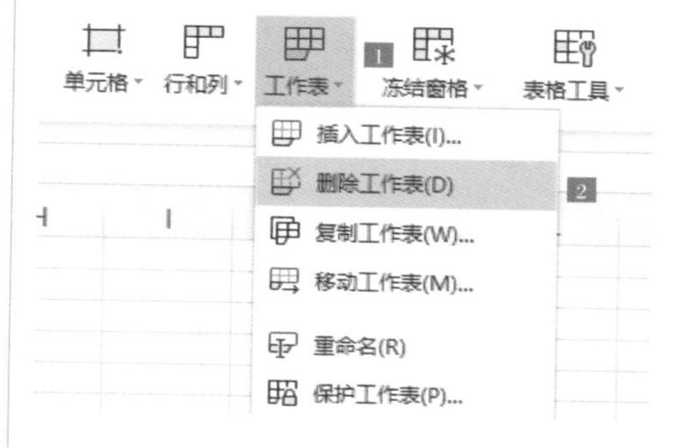

Tips

删除的工作表是不可找回的，所以在执行该操作前，要确认被删除的工作表及表格中的数据是不再需要的。

3. 重命名工作表

在默认情况下，新建的工作表是自动以 Sheet1、Sheet2、Sheet3 等依次命名的，但在实际应用中，为了区分不同的工作表，可以根据需要对工作表进行重命名。具体操作步骤如下。

步骤 1 选中需要重命名的工作表，双击其工作表标签，此时工作表标签呈现可编辑状态。

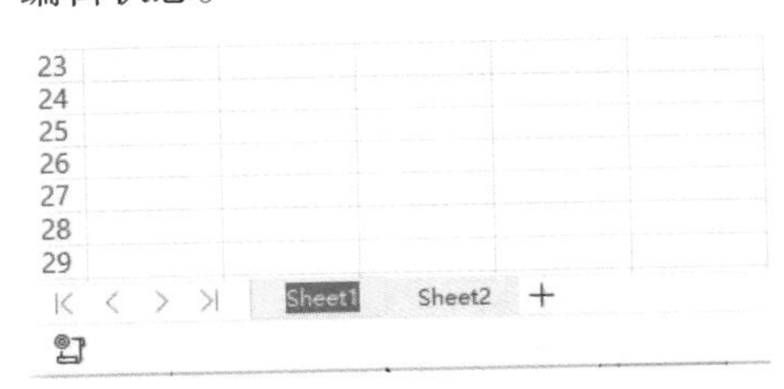

Tips

在工作表标签上右击，在弹出的快捷菜单中选择【重命名】命令，也可以进入编辑状态。

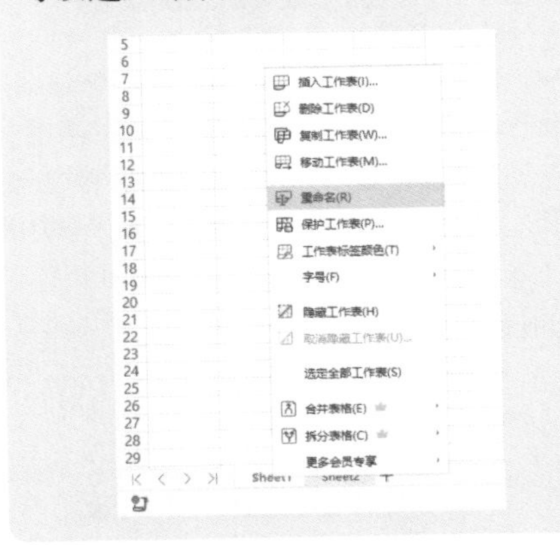

步骤 2 在工作表标签的可编辑状态下，直接输入新的工作表名称“员工考勤表”，按【Enter】键即可，效果如下图所示。

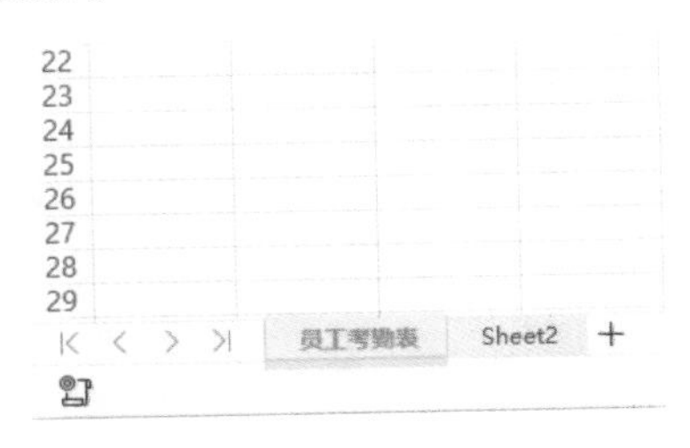

4. 移动或复制工作表

在实际工作中，经常会遇到需要移动或复制工作表的情况。可以在同一个工作簿内或不同工作簿间移动或复制工作表。具体操作步骤如下。

步骤 1 选中需要移动的工作表，单击鼠标右键，在弹出的菜单中选择【移动工作表】命令。

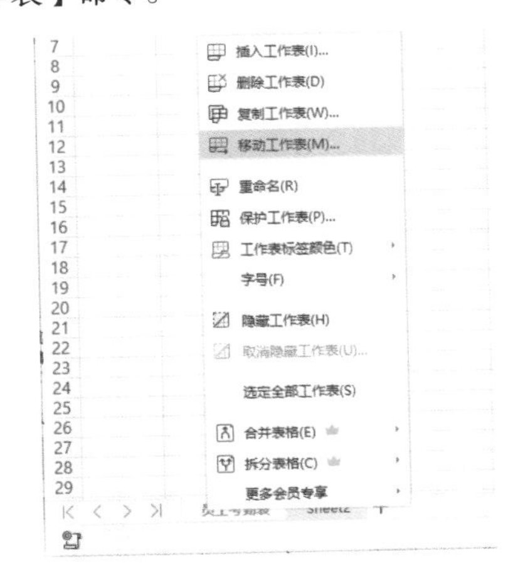

Tips

选择【复制工作表】命令，可直接在当前选择的工作表右侧复制出一个工作表。

步骤 2 弹出【移动或复制工作表】对话框，如果要在同一工作簿内进行移动，在【下列选定工作表之前】列表框选择要移动到的位置，单击【确定】按钮即可。

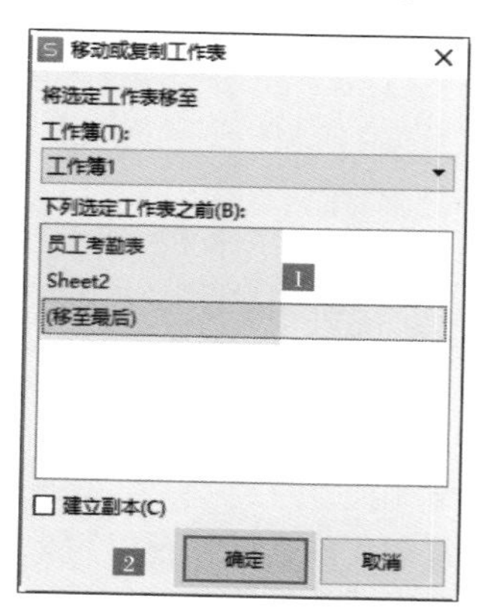

Tips

选中【建立副本】复选框，会进行复制工作表操作；不选中【建立副本】复选框，则为移动工作表操作。

步骤 3 如果要跨工作簿进行移动或复制，则需要单击【移动或复制工作表】对话框中的【工作簿】下拉列表，选择需要移动到的工作簿，单击【确定】按钮。

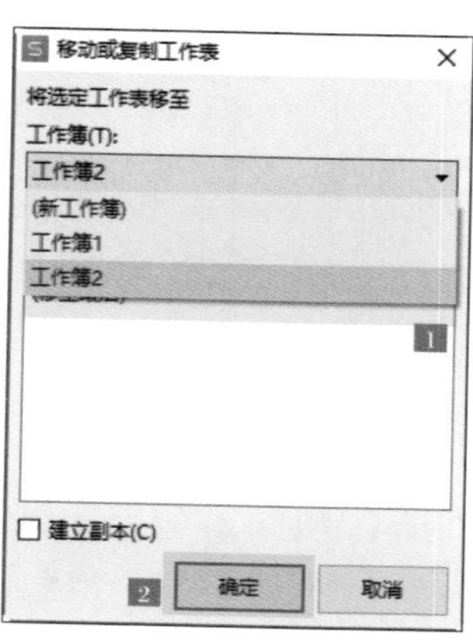

Tips

在同一工作簿内移动或复制工作表，还可以通过直接拖动鼠标来进行。移动工作表：将指针置于要移动的工作表标签上，长按鼠标左键将其拖动到目标位置，然后松开鼠标左键。复制工作表：将指针置于要复制的工作表标签上，同时长按【Ctrl】键和鼠标左键将其拖动到目标位置，然后松开鼠标左键。

3.1.3 选择单元格或单元格区域

在新建工作表以后，就要对工作表中的单元格进行操作了。单元格是表格的基本元素，对单元格的基本操作包括选择单元格、合并单元格、设置单元格行高和列宽等。

1. 选择单元格

在向单元格中输入数据前，通常需要先选择单元格或单元格区域。选择单元格有很多种情况，分为选择单个单元格、选择连续的多个单元格及选择不连续的多个单元格等。

（1）选择单个单元格

选择单个单元格很简单，单击需要选择的单元格即可。在选中单元格后，可以通过键盘的方向键，选择相邻区域的单元格。确定所选择的单元格，即可进行数据输入等相关操作。

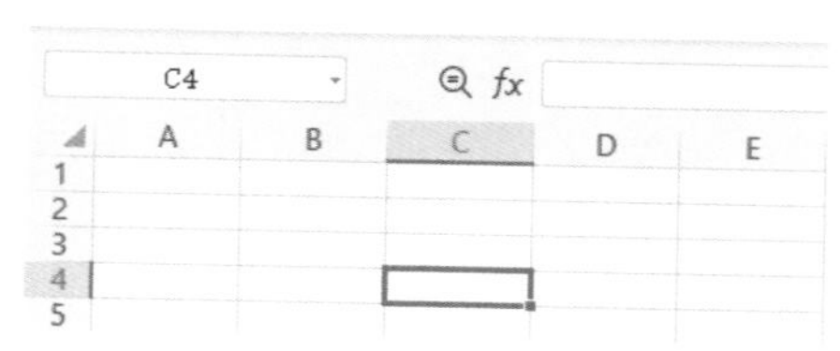

（2）选择连续的多个单元格

选中需要选择的单元格区域左上角的单元格，然后长按鼠标左键，拖到需要选择的单元格区域右下角的单元格。在确定所选择的单元格区域后，松开鼠标左键即可。

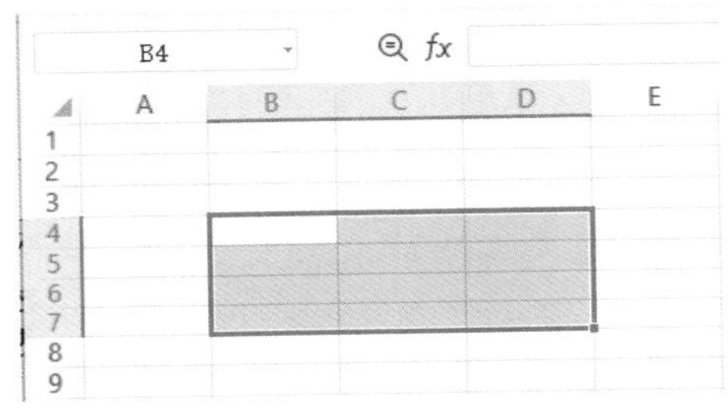

（3）选择不连续的多个单元格

如果要选择不连续的多个单元格，选中任意需要选择的单元格后，按住【Ctrl】键，用鼠标左键单击其他需要选择的单元格或单元格区域即可。

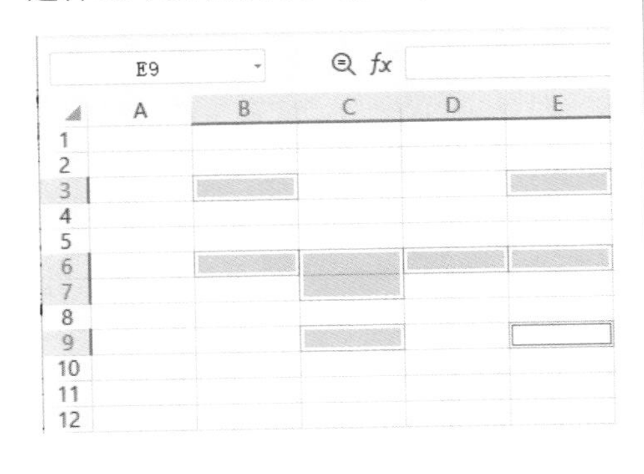

2. 合并单元格

合并单元格是将两个或多个单元格合并为一个单元格。具体操作步骤如下。

步骤 1 运用选择连续的多个单元格的方法，选中要合并的单元格区域。

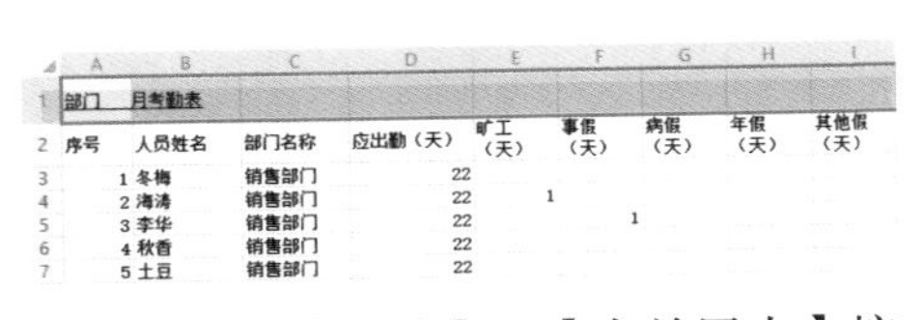

步骤 2 单击【开始】→【合并居中】按钮的下拉按钮。

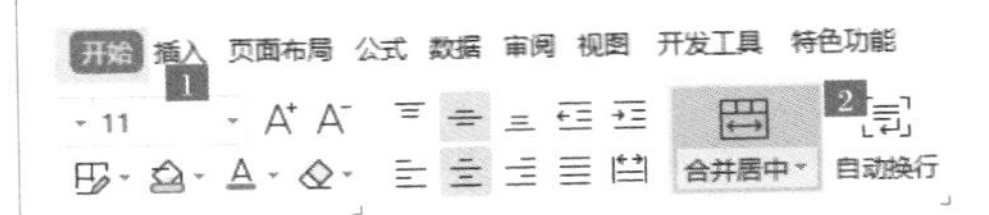

步骤 3 在弹出的菜单中选择【合并居中】选项。

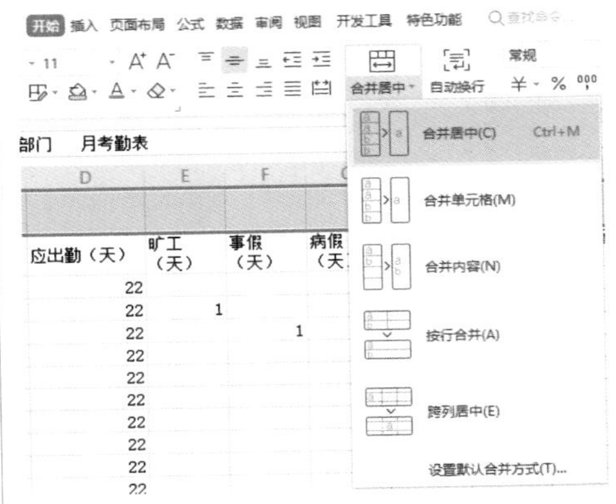

这样，所选中的单元格区域即可合并为一个单元格，单元格内容居中，效果如下图所示。

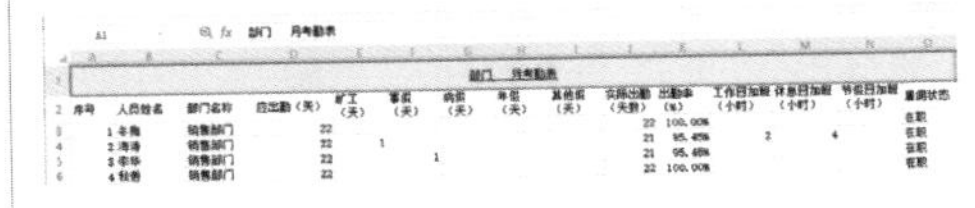

3.1.4 输入员工考勤数据

通过以上建立空白工作簿、建立空白工作表及进行单元格设置的操作，可以建立起“员工考勤表”的基本表格，然后就可以根据公司所需内容，添加员工考勤的相关数据了。这就涉及输入内容、设置输入数据类型的基本操作了。

在单元格中输入数据的常用方法有两种，分别是直接选择单元格输入、在编辑栏中输入。这里根据素材文件中的内容在对应单元格中输入数据即可。

（1）选择单元格输入

选择需要输入数据的单元格，然后直接输入所需的数据。完成后按【Enter】键或单击其他单元格即可。

A2 × ✓ fx 人员姓名

序号	人员姓名	部门名称	应出勤（天）	旷工（天）	事假（天）
1	冬梅	销售部门	22		
2	海涛	销售部门	22	1	
3	李华	销售部门	22		1
4	秋香	销售部门	22		
5	土豆	销售部门	22		
6	米粒	销售部门	22		
7	可乐	销售部门	22		
8	桃花	销售部门	22		
9	李子	销售部门	22		
10	苹果	销售部门	22		
11	葡萄	销售部门	22		
合计			242		

（2）在编辑栏中输入

选择需要输入数据的单元格，然后在编辑栏中输入数据，单元格中也会随之自动显示输入的内容。完成后按【Enter】键或单击其他单元格即可。

A2 × ✓ fx 人员姓名

序号	人员姓名	部门名称	应出勤（天）	旷工（天）	事假（天）
1	冬梅	销售部门	22		
2	海涛	销售部门	22	1	
3	李华	销售部门	22		1
4	秋香	销售部门	22		
5	土豆	销售部门	22		
6	米粒	销售部门	22		
7	可乐	销售部门	22		
8	桃花	销售部门	22		
9	李子	销售部门	22		
10	苹果	销售部门	22		
11	葡萄	销售部门	22		
合计			242		

3.1.5 在考勤表中对行与列进行操作

在创建工作表之后，还可以根据实际需要对工作表的行与列进行调整，如插入行与列、删除行与列、调整行高和列宽等。

1. 插入行与列

可以通过快捷菜单插入行与列，也可以通过工作表的功能菜单来操作。

（1）使用快捷菜单

选中需要插入行的地方的行号，单击鼠标右键，在弹出的快捷菜单中选择【插入】命令即可。插入完成后，将在所选行上方插入一整行空白单元格。

Tips

如果需要一次性插入多行，可在【插入】选项后面的【行数】数值框中输入要插入的行数，然后单击“√”按钮。

（2）使用功能菜单

选中需要插入行的地方的行号，在【开始】选项卡中选择【行和列】选项，在弹出的下拉菜单中选择【插入单元格】命令，再选择下级菜单中的【插入行】命令即可。

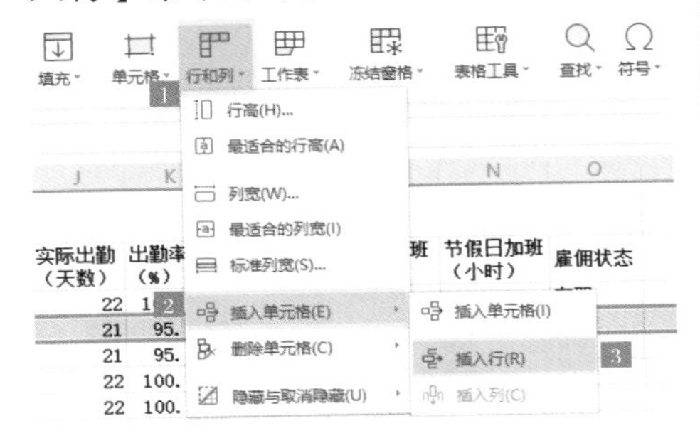

Tips

插入列的操作与插入行的操作相同，选中需要插入列的地方的列号，单击鼠标右键，使用快捷菜单插入空白列，或者使用功能菜单插入空白列。

2. 删除行与列

在实际应用中，除了可以插入行与列，还可以根据需要删除行与列。删除行与列的方法主要有以下两种。

（1）使用快捷菜单

选中要删除的行，单击鼠标右键，在弹出的快捷菜单中选择【删除】命令，所选的行就被删除了。

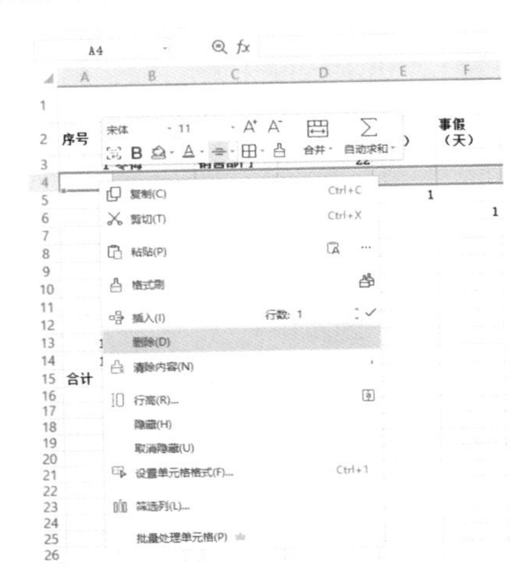

（2）使用功能菜单

选中要删除的行，在【开始】选项卡中选择【行和列】选项，在弹出的下拉菜单中选择【删除单元格】命令，再选择下级菜单中的【删除行】命令。

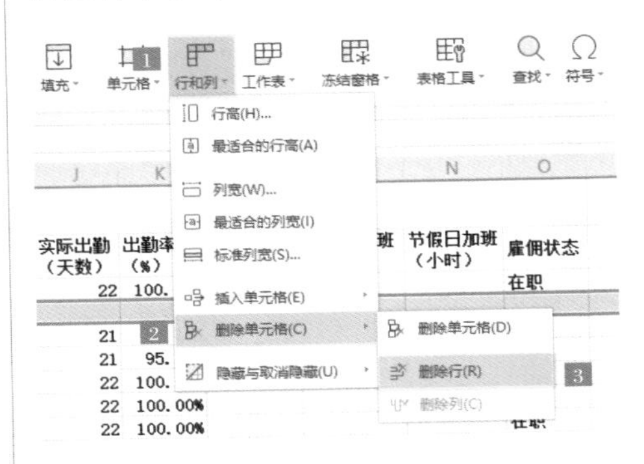

Tips

删除列的操作与删除行的操作相同，选中需要删除的列，单击鼠标右键，使用快捷菜单删除，或者使用功能菜单删除。

3. 调整列宽和行高

在默认的情况下，WPS 表格的行高、列宽都是固定的，而当单元格中的内容比较多的时候，可能无法显示出全部内容，这时就需要调整单元格的行高或列宽了。

（1）拖动调整列宽和行高

可以直接运用鼠标来调整列宽和行高。

调整列宽：将指针移动到列号的间隔线处，当鼠标指针变为左右双向箭头时，按住鼠标左键拖曳，调整到所需的列宽，松开鼠标左键即可完成列宽的调整。

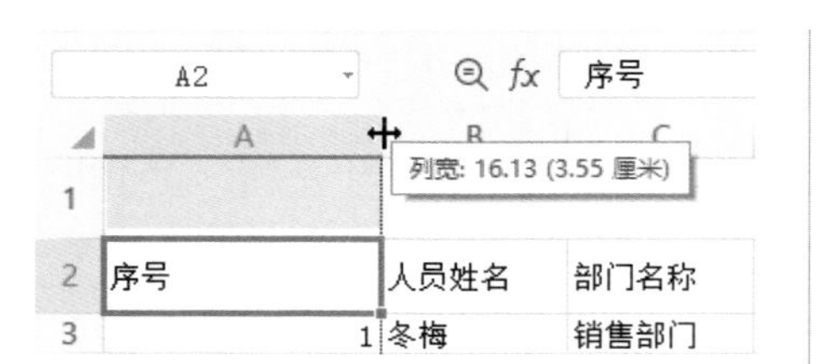

调整行高：将指针移动到行号的间隔线处，当鼠标指针变为上下双向箭头时，按住鼠标左键拖曳，调整到所需的行高，松开鼠标左键即可完成行高的调整。

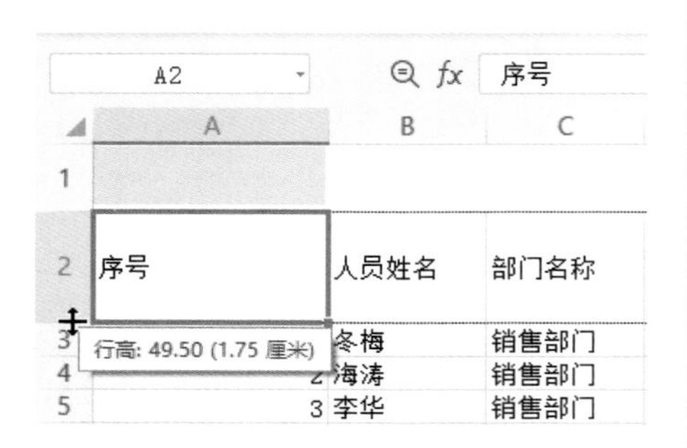

（2）精确设置列宽和行高

默认情况下，列宽以“字符”为单位，【行高】以“磅”为单位。如果要精确调整行高及列宽，有两种方法。

方法一：使用快捷菜单

步骤1 选中要调整列宽的列并单击鼠标右键，在弹出的快捷菜单中选择【列宽】命令。

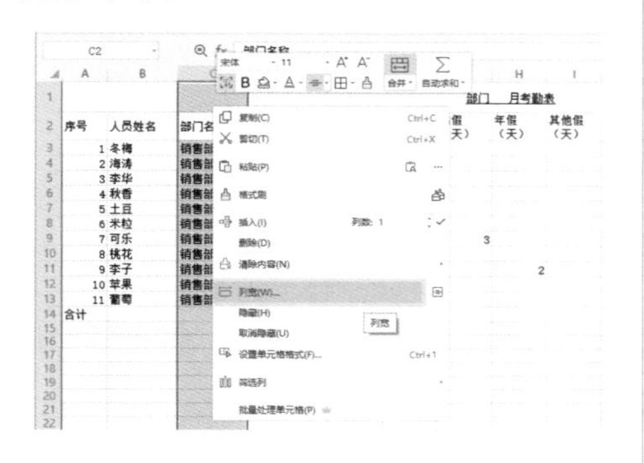

步骤2 弹出【列宽】对话框，输入需要的精确列宽数值，单击【确定】按钮。

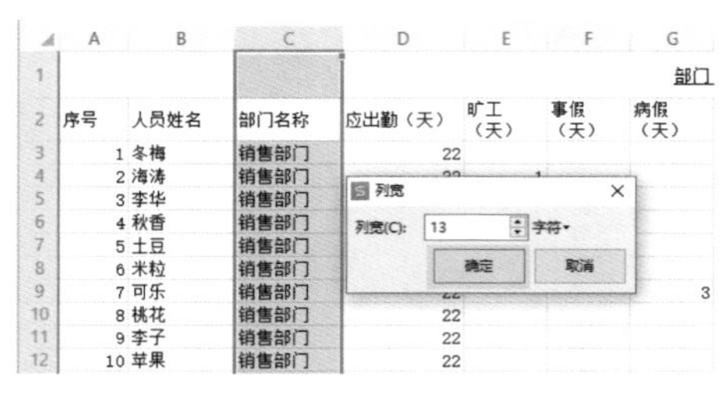

步骤3 选中要调整行高的行并单击鼠标右键，在弹出的快捷菜单中选择【行高】命令。

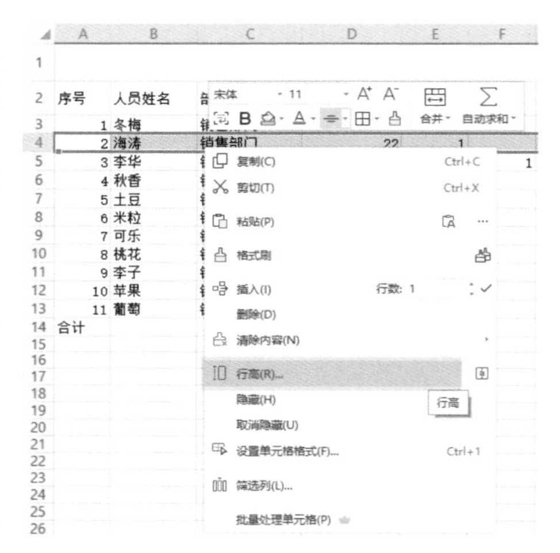

步骤4 弹出【行高】对话框，输入需要的精确行高数值，单击【确定】按钮。

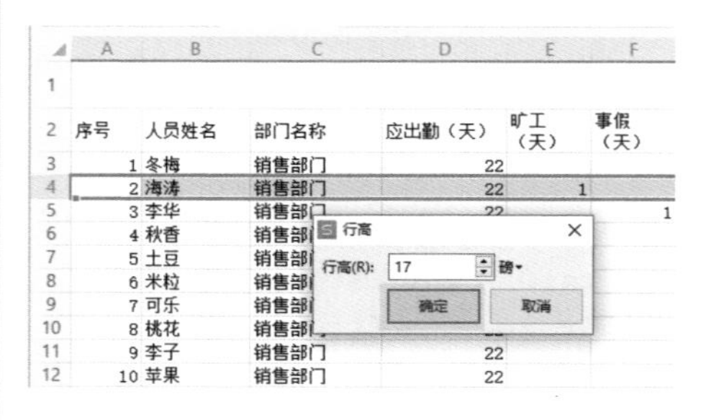

方法二：使用功能菜单

精确设置列宽和行高还可以使用WPS 表格的功能菜单来实现，具体操作步骤如下。

步骤 1 选中需要调整行高或列宽的整行或整列，选择【开始】选项卡中的【行和列】选项。

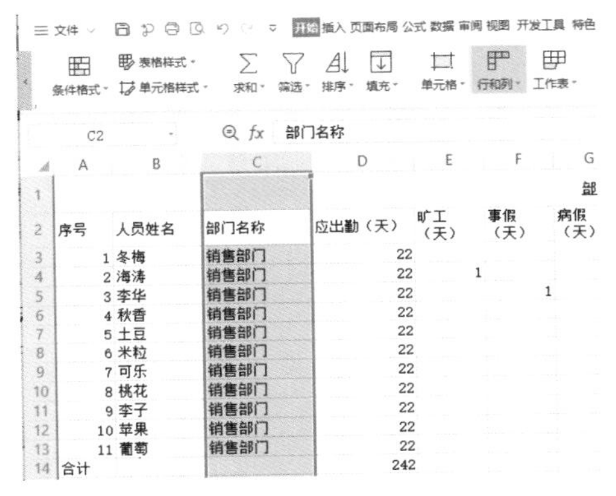

步骤 2 在弹出的下拉菜单中，单击【行高】或【列宽】按钮。

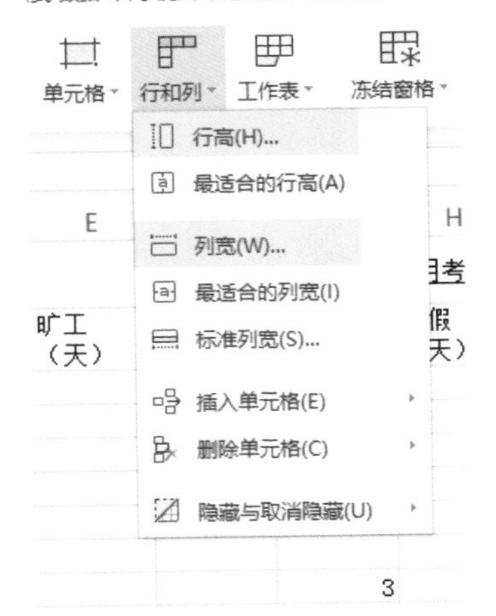

步骤 3 在弹出的【列宽】对话框或【行高】对话框中，输入需要的精确列宽或行高数值，单击【确定】按钮。

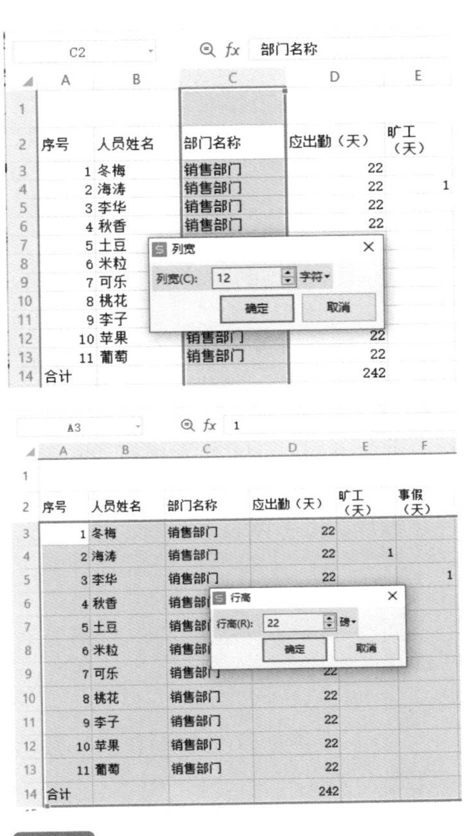

Tips

本小节设置 C 列的列宽为“12”字符；设置第 3 行～第 14 行的行高为“22”字符。

案例总结及注意事项

（1）由于删除整个工作表后，其相关数据是不可恢复的，因此，为了避免出现误删除的操作，在删除多余工作表时，需要确认工作表中的数据已不再需要。

（2）在进行合并单元格操作时，如果多个单元格中都有内容，将仅保留左上角单元格中的内容。

动手练习：制作公司员工考评成绩表

练习背景：

公司所提供的生产部员工考评成绩数据，包含个人编号、姓名、岗级基薪、KPI 绩效达成积分、合计工资及核定人等内容。为了更清晰和直观地了解员工考评成绩情况，现在公司需要你按照以下要求制作完善员工考评成绩表。

练习要求：

创建员工考评表，完成数据的输入。

对需要合并的项目进行合并单元格的操作。

调整员工考评表中的单元格至合适的行高和列宽。

练习目的：

（1）掌握创建工作表和输入数据的方法。

（2）学习合并单元格并使内容居中的方法。

（3）掌握调整行高和列宽的方法。

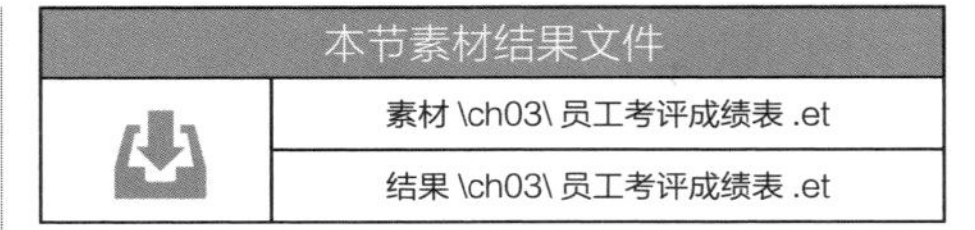

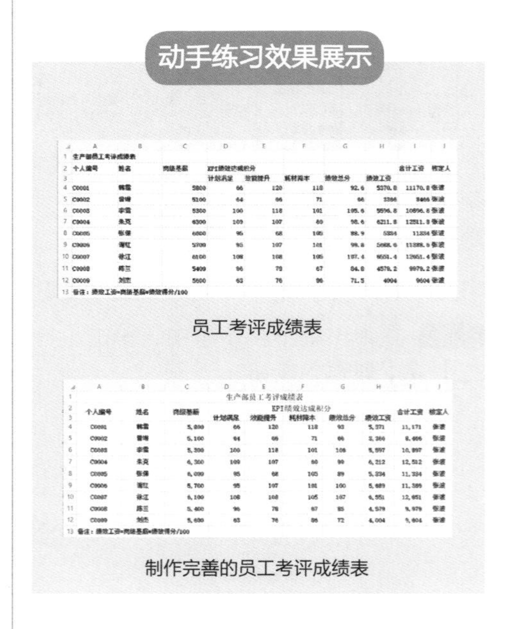

生产部员工考评成绩表									
个人编号	姓名	岗级基薪	KPI绩效达成积分					合计工资	核定人
			计划满足	效能提升	耗材降本	绩效总分	绩效工资		
C0001	韩雪	5800	66	120	118	92.6	5370.8	11170.8	张波
C0002	曾峰	5100	64	66	71	66	3366	8466	张波
C0003	李雪	5300	100	118	101	105.6	5596.8	10896.8	张波
C0004	朱亮	6300	109	107	80	98.6	6211.8	12511.8	张波
C0005	张保	6000	95	68	105	88.9	5334	11334	张波
C0006	谢红	5700	95	107	101	99.8	5688.6	11388.6	张波
C0007	徐江	6100	108	108	105	107.4	6551.4	12651.4	张波
C0008	陈兰	5400	96	78	67	84.8	4579.2	9979.2	张波
C0009	刘杰	5600	63	76	86	71.5	4004	9604	张波
备注：绩效工资=岗级基薪×绩效得分/100									

员工考评成绩表

生产部员工考评成绩表									
个人编号	姓名	岗级基薪	KPI绩效达成积分					合计工资	核定人
			计划满足	效能提升	耗材降本	绩效总分	绩效工资		
C0001	韩雪	5,800	66	120	118	93	5,371	11,171	张波
C0002	曾峰	5,100	64	66	71	66	3,366	8,466	张波
C0003	李雪	5,300	100	118	101	106	5,597	10,897	张波
C0004	朱亮	6,300	109	107	80	99	6,212	12,512	张波
C0005	张保	6,000	95	68	105	89	5,334	11,334	张波
C0006	谢红	5,700	95	107	101	100	5,689	11,389	张波
C0007	徐江	6,100	108	108	105	107	6,551	12,651	张波
C0008	陈兰	5,400	96	78	67	85	4,579	9,979	张波
C0009	刘杰	5,600	63	76	86	72	4,004	9,604	张波
备注：绩效工资=岗级基薪×绩效得分/100									

制作完善的员工考评成绩表

3.2 基本表制作之公司员工信息表

员工信息表也是公司日常管理最常用的表单之一，其中会涉及许多不同的数据类型。本节将通过制作公司员工信息表来讲解 WPS 表格中关于设置数据类型、设置数据有效性、快速输入数据等功能的操作。

可通过【单元格格式】对话框设置数据类型，WPS 表格支持的数据类型如下页图所示。

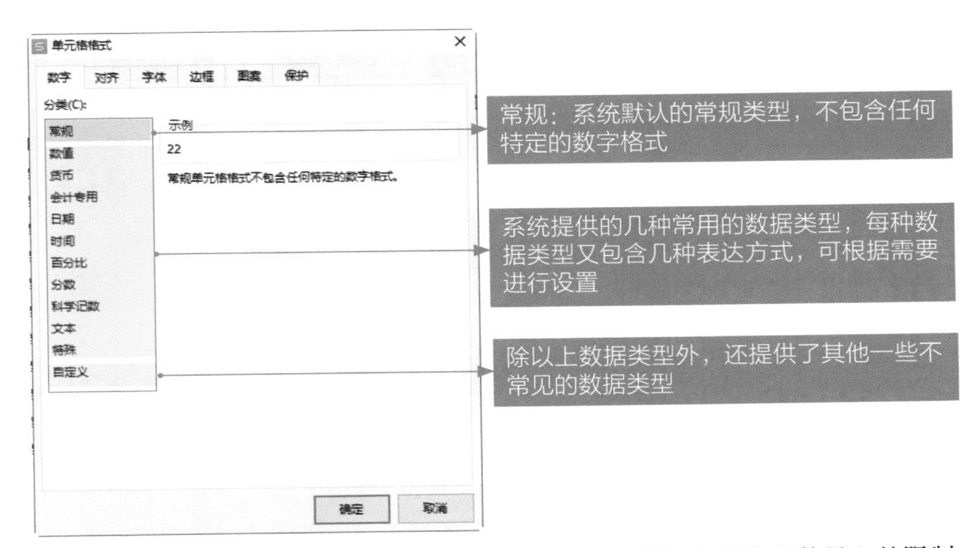

“数据有效性”是对单元格或单元格区域输入的数据在内容和数量上的限制。对于符合条件的数据，允许输入；对于不符合条件的数据，则禁止输入。这样就可以依靠系统检查输入的数据是否满足设置的条件，避免录入错误数据。

数据有效性的菜单及功能介绍如下图所示。

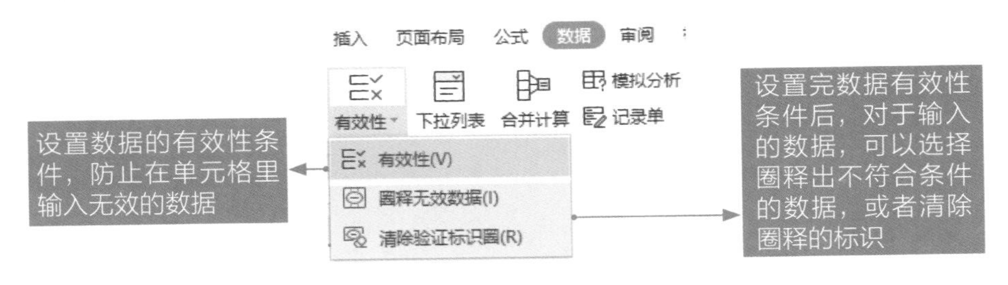

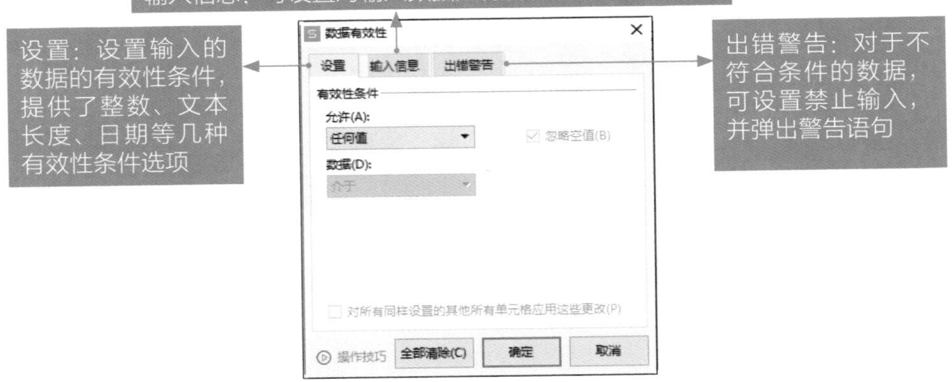

下面通过制作员工信息表，讲解输入以“0”开头的员工编号、设置数据类型、设置数据有效性及从身份证号码中提取出生日期的操作。

本节素材结果文件	
	素材 \ch03\ 员工信息表 .et
	结果 \ch03\ 员工信息表 .et

“员工信息表 .et”文件包括身份证号、联系电话、入职时间等标题信息，现在需要通过设置数据格式及填充数据功能完成员工信息表的制作。

案例效果

员工信息表

编号	姓名	性别	身份证号	出生日期	学历	入职时间	部门	职称	联系电话	备注
	张磊									
	王敏									
	柳书									
	任又									
	刘诗									
	中星									
	小勤									
	代洁									
	陈龙									
	香梅									
	董韵									
	白丽									
	陈娟									
	杨丽									
	邓华									
	陈玉									

空白的员工信息表

员工信息表

编号	姓名	性别	身份证号	出生日期	学历	入职时间	部门	职称	联系电话	备注
000524	张磊	男	42132419901112****	1990-11-12	本科	2012/7/21	研发部	高级	1339******2	
000525	王敏	女	42132419910615****	1991-06-15	本科	2012/7/6	研发部	中级	1339******3	
000526	柳书	女	42132419790430****	1979-04-30	研究生	2005/7/23	行政部	高级	1339******4	
000527	任又	女	42132419751012****	1975-10-12	大专	2001/6/24	销售部	高级	1339******5	
000528	刘诗	男	42132419830705****	1983-07-05	研究生	2010/6/25	行政部	高级	1339******6	
000529	中星	男	42132419820901****	1982-09-01	本科	2008/7/26	销售部	高级	1339******7	
000530	小勤	男	42132419790919****	1979-09-19	本科	2005/7/27	后勤部	初级	1339******8	
000531	代洁	男	42132419900907****	1990-09-07	本科	2017/7/28	后勤部	初级	1339******9	
000532	陈龙	男	42132419861010****	1986-10-10	博士	2013/8/1	研发部	高级	1339*****10	
000533	香梅	女	42132419820615****	1982-06-15	研究生	2007/7/30	研发部	高级	1339*****11	
000534	董韵	男	42132419920411****	1992-04-11	研究生	2012/7/31	研发部	高级	1339*****12	
000535	白丽	女	42132419930512****	1993-05-12	研究生	2012/7/21	研发部	高级	1339*****13	
000536	陈娟	女	42132419970501****	1997-05-01	研究生	2019/8/2	研发部	初级	1339*****14	
000537	杨丽	女	42132419920504****	1992-05-04	本科	2012/7/21	行政部	中级	1339*****15	
000538	邓华	男	42132419900916****	1990-09-16	本科	2010/7/21	销售部	中级	1339*****16	
000539	陈玉	女	42132419920504****	1992-05-04	本科	2012/7/21	后勤部	中级	1339*****17	

信息完整的员工信息表

3.2.1 输入以“0”开始的员工编号

在建立工作表后，就要根据需要输入各种数据内容进行填充。表格中的数据类型主要包括文本型数据和数值型数据。

1. 表格中的数据类型

（1）数值型数据

数值型数据是 WPS 表格常用的数据，数值是代表数量的数字形式，如产品的销售数量和利润、员工工资、学生成绩等。数值可以是正数，也可以是负数，可以进行加减乘除等数值计算。除了数字外，还有些特殊的符号也被理解为数值，如百分号（%）、千分号（‰）等。

（2）文本型数据

文本型数据可以用来说明表格中的其他数据，主要包括文字、编号和英文等。文本型数据不能进行数值计算，但可以作为函数参数使用。

如果需要为数字设置某种特定的显示方式，可以通过以下方法来进行更改。

方法一：通过【设置单元格格式】设置

用鼠标右键单击要设置数字格式的单元格或单元格区域，在弹出的快捷菜单中选择【设置单元格格式】命令，弹出【单元格格式】对话框，在其【数字】选项下，可以根据需要选择和设置单元格的数字格式。

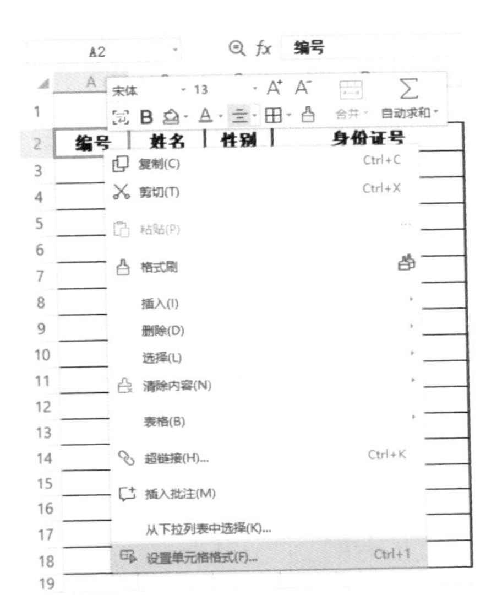

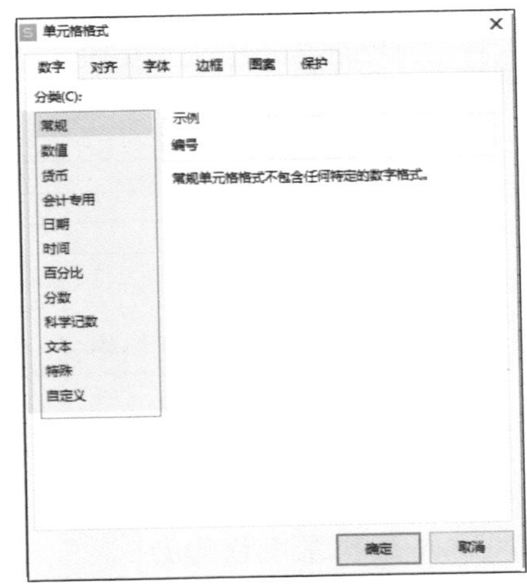

方法二：通过功能区设置

选中要设置数字格式的单元格或单元格区域，在【开始】选项卡中的【常规】功能下拉列表中，根据需要选择和设置单元格的数字格式。

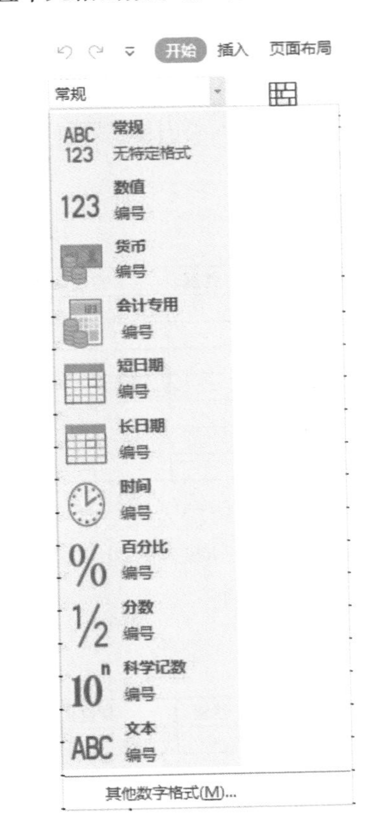

Tips

通常情况下，数字格式不会影响数值计算，但是在涉及四舍五入时，不同数字格式的计算结果可能会有误差。

2. 输入以“0”开始的员工编号

在进行员工信息表的数据输入时，要先弄清楚所输入的数据是什么数据类型。例如，输入以“0”开头的员工编号。通常情况下，WPS 表格会自动将其转换为默认的数字格式，也就是说，输入以“0”开头的数据后，前面的“0”会被自动删除。如输入“00524”，会显示为“524”。此时需要将数值转换为文本型数据，方法是在输入数值时先输入英文状态下的单引号“'”。具体操作步骤如下。

步骤 1 打开素材文件，选择 A3 单元格，在英文状态下输入单引号“'”。

A3　fx '

	A	B	C	D
1				
2	编号	姓名	性别	身份证号
3	'	张磊		
4		王敏		
5		柳书		
6		任义		
7		刘诗		
8		中星		
9		小勤		

步骤 2 在单引号后输入以“0”开头的数字内容，输入完成后按【Enter】键。

A3　fx '000524

	A	B	C	D
1				
2	编号	姓名	性别	身份证号
3	000524	张磊		
4		王敏		
5		柳书		
6		任义		
7		刘诗		
8		中星		
9		小勤		

步骤 3 选中 A3 单元格，将鼠标指针放在该单元格右下角，此时鼠标指针变成黑色的“+”符号，按住鼠标左键并向下拖曳至 A18 单元格，即可完成连续编号的快速输入。

A3　fx '000524

	A	B	C	D
1				
2	编号	姓名	性别	身份证号
3	000524	张磊		
4		王敏		

A3　fx '000524

	A	B	C	D
1				
2	编号	姓名	性别	身份证号
3	000524	张磊		
4	000525	王敏		
5	000526	柳书		
6	000527	任义		
7	000528	刘诗		
8	000529	中星		
9	000530	小勤		
10	000531	代浩		
11	000532	陈龙		
12	000533	春梅		
13	000534	董韵		
14	000535	白丽		
15	000536	陈娟		
16	000537	杨丽		
17	000538	邓华		
18	000539	陈玉		

3.2.2 设置员工信息单元格格式

根据素材文件提供的员工信息数据，向员工信息表中输入身份证号、出生年月、入职时间及联系电话等数据。根据不同的数据类型，完成不同数据的输入和设置。

1. 输入身份证号

身份证号有 18 位，如果直接输入 18 位数字，会以科学计数法显示，因此，需要将其单元格格式设置为“文本”，具体操作步骤如下。

步骤 1 选择 D3:D18 单元格区域并单击鼠标右键，在弹出的快捷菜单中选择

【设置单元格格式】命令。

步骤 2 弹出【单元格格式】对话框，在【数字】选项卡的【分类】列表框中选择【文本】选项，单击【确定】按钮。

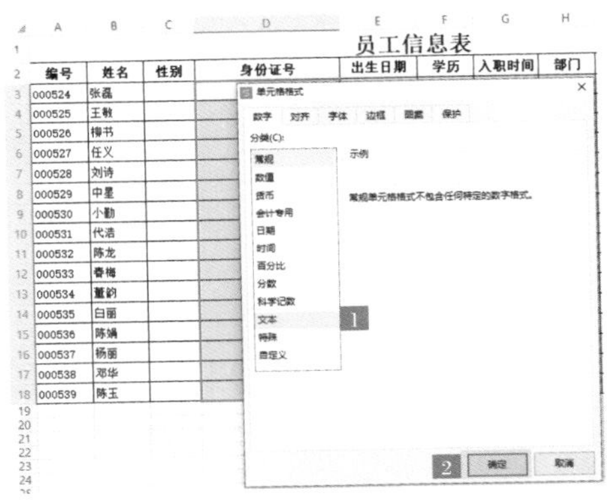

步骤 3 设置完成后，依次输入员工的身份证号即可，效果如下图所示。

员工信息表

编号	姓名	性别	身份证号	出生日期	学历	入职时间
000524	张磊		42132419901112****			
000525	王敏		42132419910615****			
000526	柳书		42132419790430****			
000527	任义		42132419751012****			
000528	刘诗		42132419830705****			
000529	中星		42132419820901****			
000530	小勤		42132419790919****			
000531	代浩		42132419900907****			
000532	陈龙		42132419861010****			
000533	春梅		42132419820615****			
000534	董韵		42132419920411****			
000535	白丽		42132419930512****			
000536	陈娟		42132419970501****			
000537	杨丽		42132419920504****			
000538	邓华		42132419900916****			
000539	陈玉		42132419920504****			

2. 输入出生年月和入职时间

员工的出生年月和入职时间都属于日期类数据。日期类数据有多种表达方式，如××××/××/××、××××-××-×× 及 ××××年××月××日等。为了统一日期格式，在输入该类数据之前也必须先对需要输入数据的单元格区域进行单元格格式设置。以输入入职时间为例，具体操作步骤如下。

步骤 1 选择 E3:E18 单元格区域并单击鼠标右键，在弹出的快捷菜单中选择【设置单元格格式】命令。

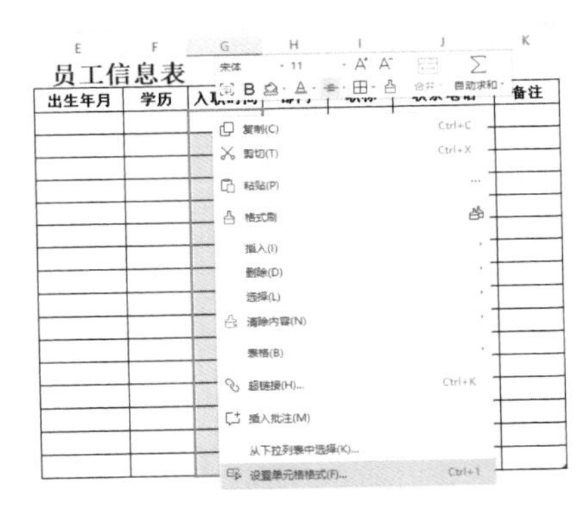

步骤 2 在【单元格格式】对话框中选择【数字】选项下的【日期】选项，在右边的【类型】下拉列表中选择所需要的日期格式，单击【确定】按钮。

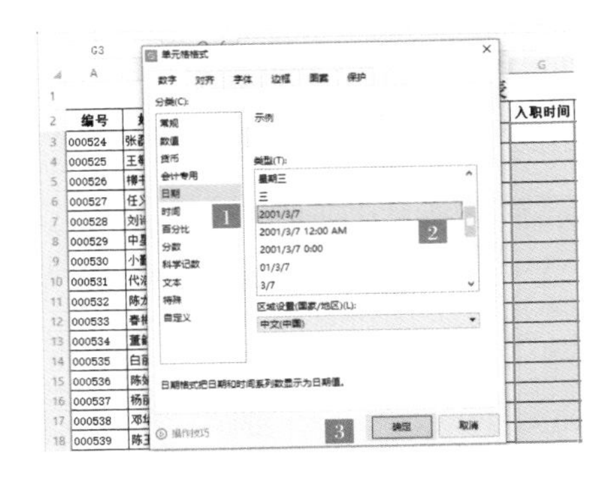

步骤3 设置完成，依次输入员工入职时间信息，效果如下图所示。

员工信息表

出生日期	学历	入职时间	部门
		2012/7/21	
		2012/7/6	
		2005/7/23	
		2001/6/24	
		2010/6/25	
		2008/7/26	
		2005/7/27	
		2017/7/28	
		2013/8/1	
		2007/7/30	
		2012/7/31	
		2012/7/21	
		2019/8/2	
		2012/7/21	
		2010/7/21	
		2012/7/21	

3. 输入联系电话

联系电话为 11 位文本型数据。在进行表格数据输入时，为了保证数据的正确性，可以设置位数限制，实现限制性输入：只有输入的数字位数正确，才能够进行输入，如果输入的数字位数不对的话，则会弹出错误提示。这里需要运用数据有效性的功能，具体操作步骤如下。

步骤1 选择 J3:J18 单元格区域，选择【数据】选项卡下的【有效性】选项，在弹出的下拉列表中选择【有效性】选项。

步骤2 弹出【数据有效性】对话框，在【设置】选项卡中【有效性条件】栏的【允许】下拉列表中选择【文本长度】选项。

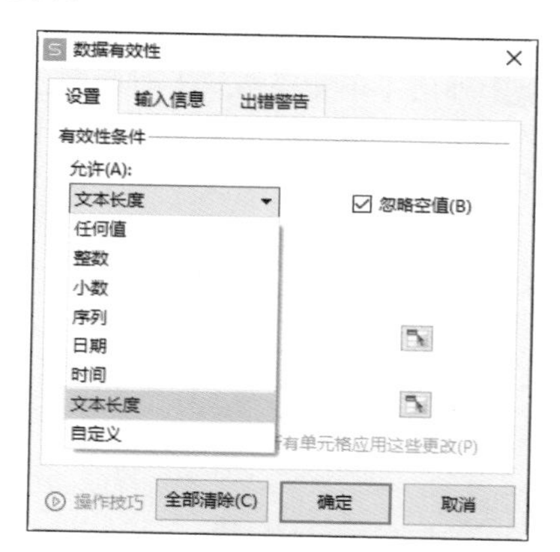

步骤3 接着选择【数据】下拉列表中的【等于】，在【数值】文本框中输入数字“11”。

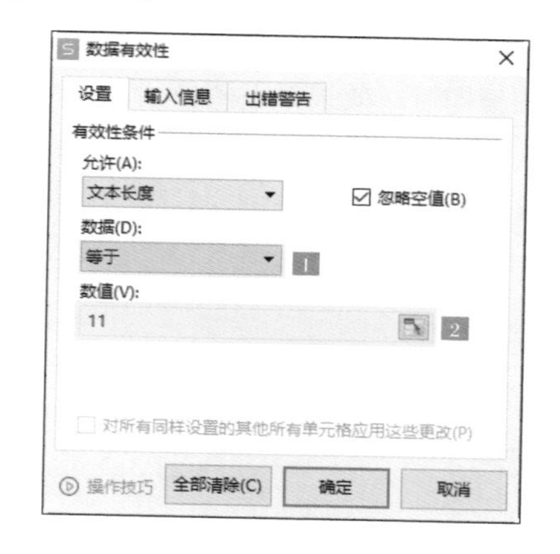

步骤 4 在【输入信息】选项卡中，选中【选定单元格时显示输入信息】复选框，在【标题】文本框中输入“请正确输入联系电话”，在【输入信息】文本框中输入“电话号码长度为11位”。

数据有效性
设置 输入信息 出错警告
☑ 选定单元格时显示输入信息(S) 1
选定单元格时显示下列输入信息:
标题(T):
请正确输入联系电话 2
输入信息(I):
电话号码长度为11位 3
操作技巧 全部清除(C) 确定 取消

步骤 5 在【出错警告】选项卡中，选中【输入无效数据时显示出错警告】复选框，选择【样式】下拉列表中的【停止】选项，在【标题】文本框输入“输入错误”，【错误信息】文本框中输入“联系电话数字长度为 11 位！”，单击【确定】按钮。

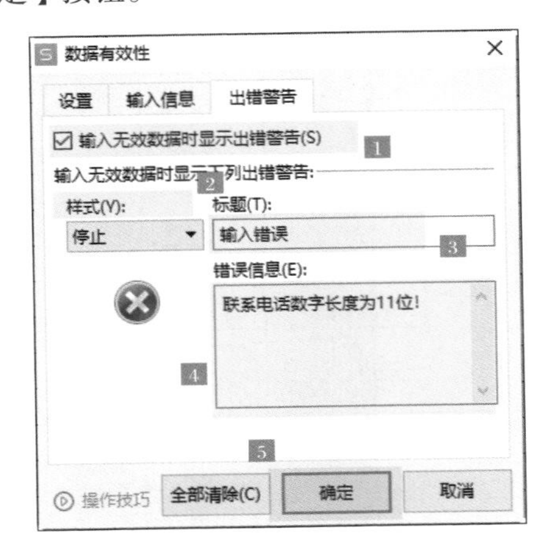

步骤 6 完成上述设置后，在选中需要输入联系电话的单元格时，系统会自动弹出满足有效性条件的语句提示，效果如下图所示。

部门	职称	联系电话	备注

请正确输入联系电话
电话号码长度为11位

步骤 7 当输入无效数据，并按【Enter】键后，系统会弹出“输入错误”的提示语句，效果如下图所示。输入正确长度的电话号码，错误提示就会消失。

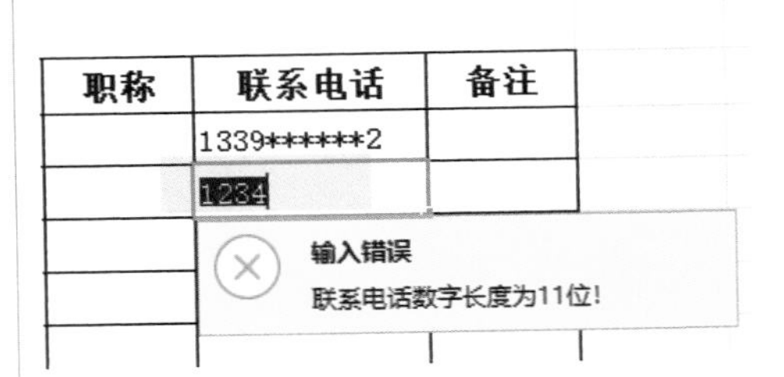

3.2.3 快速填充输入员工基本信息

1. 通过下拉列表输入信息

在进行员工信息表的数据输入时，可以通过数据验证功能制作下拉列表，实现数据的快速填充。例如，在“学历”栏中，仅允许输入“大专”“本科”“硕士”“博士”，此时可以将其制作为下拉列表以供选择。具体操作步骤如下。

步骤 1 选中 F3:F18 单元格区域，选择【数据】→【有效性】选项，选择下拉菜单中的【有效性】选项。

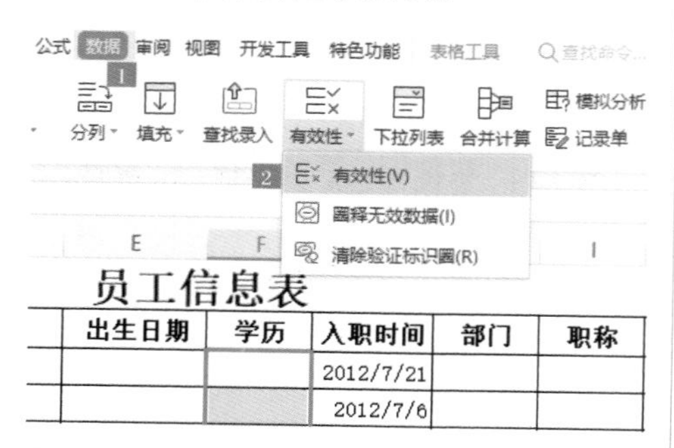

步骤 2 打开【数据有效性】对话框，在【允许】下拉列表中选择【序列】选项，在【来源】文本框中输入“大专，本科，硕士，博士”，选中【提供下拉箭头】复选框，单击【确定】按钮。

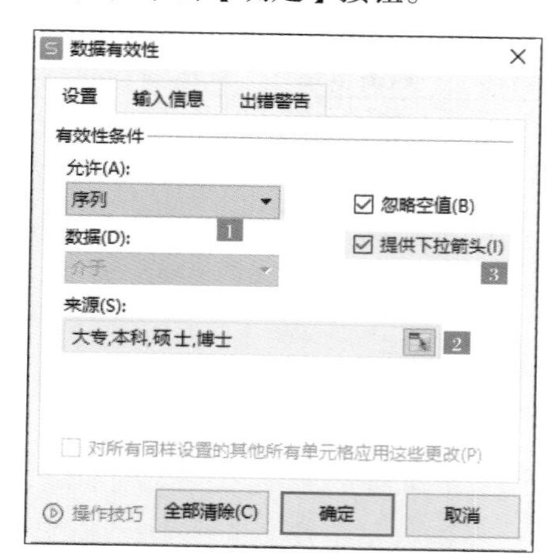

Tips

这里输入的“大专”“本科”“硕士”“博士”之间必须用英文状态下的逗号“，”进行分隔，否则将不能形成下拉选项。

步骤 3 所选单元格区域的每个单元格右下角都会出现下拉箭头，单击该下拉箭头，会弹出刚才所设置的几个选项组成的下拉菜单，以供选择，如下图所示。

员工信息表

出生日期	学历	入职时间	部门
		2012/7/21	
	大专 本科 硕士 博士	2012/7/6	
		2005/7/23	
		2001/6/24	
		2010/6/25	
		2008/7/26	
		2005/7/27	
		2017/7/28	
		2013/8/1	
		2007/7/30	
		2012/7/31	

步骤 4 依次根据相关信息进行选择，完成所选单元格的数据输入。

员工信息表

出生日期	学历	入职时间	部门
	本科	2012/7/21	
	本科	2012/7/6	
	硕士	2005/7/23	
	大专	2001/6/24	
	硕士	2010/6/25	
	本科	2008/7/26	
	本科	2005/7/27	
	本科	2017/7/28	
	博士	2013/8/1	
	硕士	2007/7/30	
	硕士	2012/7/31	
	硕士	2012/7/21	
	硕士	2019/8/2	
	本科	2012/7/21	

Tips

使用同样的方法，将“性别”列的数据有效性设置为“男,女”，将“部门”列的数据有效性设置为“研发部,行政部,销售部,后勤部”，将“职称”列的数据有效性设置为“初级,中级,高级”，通过对下拉菜单的选择，可以快速完成这几列数据的输入。

2. 从身份证信息中提取出生日期

通过一个人的身份证号，就可以知道其出生日期，此时可以通过 WPS 表格的函数公式功能快速提取出生日期，不但效率高，还更准确。具体操作步骤如下。

步骤 1 打开素材文件，选中 E3 单元格，选择【公式】→【常用函数】→【插入函数】选项。

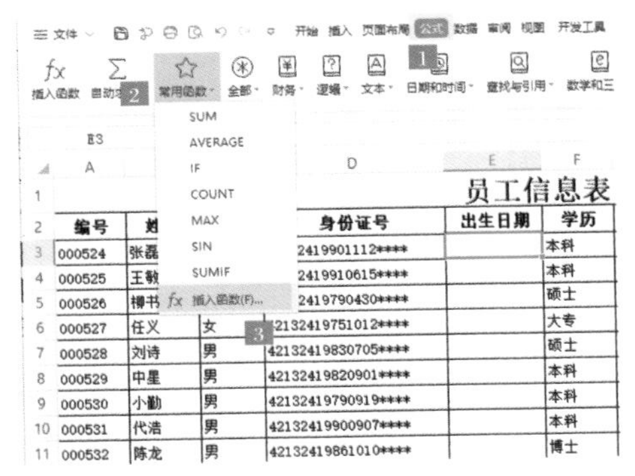

步骤 2 打开【插入函数】对话框，在【常用公式】选项卡的【公式列表】列表框中选择【提取身份证生日】选项，单击【参数输入】下的【身份证号码】后的选择按钮。

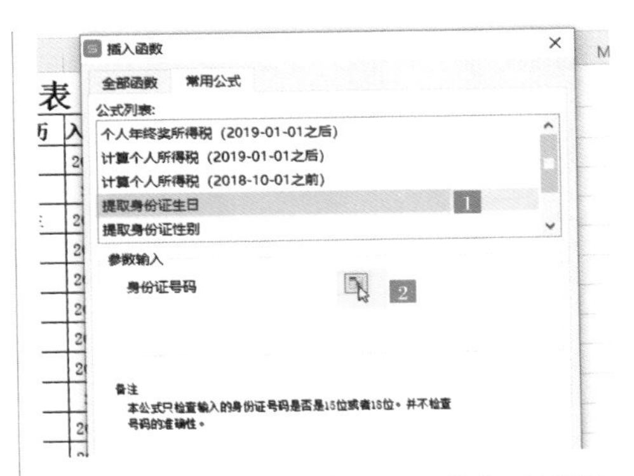

步骤 3 弹出折叠的【插入函数】对话框，单击选择身份证号所在的 D3 单元格，并单击对话框右下角的【展开】按钮。

姓名	性别	身份证号	出生日期	学历
张磊	男	42132419901112****		本科
王敏	女	42132419910615****		本科

插入函数
D3

步骤 4 展开【插入函数】对话框，单击【确定】按钮。

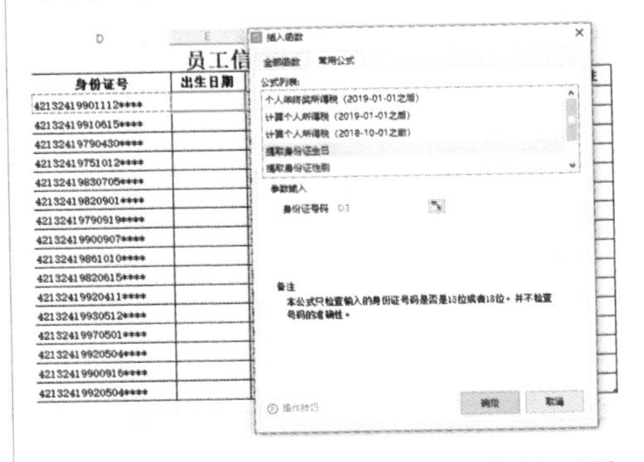

步骤 5 E3 单元格将自动根据身份证号提取出生日期，如下图所示。

```
=DATE(MID(D3,7,VLOOKUP(LEN(D3),{15,2;18,4},2,0)),MID(D3,VLOOKUP(LEN(D3),{15,9;18,11},2,0),2),MID(D3,VLOOKUP(LEN(D3),{15,11;18,13},2,0),2))
```

员工信息表

性别	身份证号	出生日期	学历	入职时间	部门	职称	联系电话
男	42132419901112****	1990/11/12	本科	2012/7/21	研发部	高级	1339******2
女	42132419910615****		本科	2012/7/6	研发部	中级	1339******3
女	42132419790430****		硕士	2005/7/23	行政部	高级	1339******4
女	42132419751012****		大专	2001/6/24	销售部	高级	1339******5
男	42132419830705****		硕士	2010/6/25	行政部	高级	1339******6
男	42132419820901****		本科	2008/7/26	销售部	高级	1339******7
男	42132419790919****		本科	2005/7/27	后勤部	初级	1339******8
男	42132419900907****		本科	2017/7/28	后勤部	初级	1339******9

Tips

需要提前设置单元格数据类型为“日期”，否则将会显示错误。

步骤 6 选中单元格 E3，向下填充至单元格 E18，即可完成根据身份证号提取出生日期的操作，效果如下图所示。

员工信息表

身份证号	出生日期	学历
42132419901112****	1990/11/12	本科
42132419910615****	1991/6/15	本科
42132419790430****	1979/4/30	硕士
42132419751012****	1975/10/12	大专
42132419830705****	1983/7/5	硕士
42132419820901****	1982/9/1	本科
42132419790919****	1979/9/19	本科
42132419900907****	1990/9/7	本科
42132419861010****	1986/10/10	博士
42132419820615****	1982/6/15	硕士
42132419920411****	1992/4/11	硕士
42132419930512****	1993/5/12	硕士
42132419970501****	1997/5/1	硕士
42132419920504****	1992/5/4	本科
42132419900916****	1990/9/16	本科
42132419920504****	1992/5/4	本科

Tips

这里要输入的出生日期的信息，都提取自身份证号单元格区域（D3:D18），必须先保证这些身份证号是 15 位或 18 位数据，否则提取的出生日期也将发生错误。

3.2.4 修改单元格中的员工信息

在员工信息表中输入数据后，若发现输入的数据有误或不再需要，可以根据实际情况进行修改或删除。

1. 删除单元格数据

删除单元格数据的方法主要有使用快捷键和使用快捷菜单两种。

（1）使用快捷键

选中需要删除数据的单元格，按【Backspace】和【Delete】键都可以进行删除；选中需要清除数据的单元格区域，然后按【Delete】键，即可删除所选区域的数据。

（2）使用快捷菜单

选中需要清除数据的单元格或单元格区域，单击鼠标右键，在弹出的快捷菜单中选择【清除内容】命令，即可删除所选区域的数据，如下图所示。

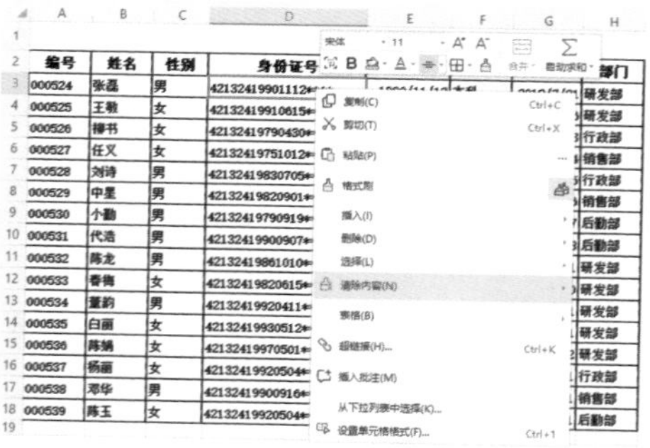

2. 修改单元格数据

修改单元格数据包括修改全部数据、修改部分数据等。

（1）修改全部数据

如果要在单元格中输入新的数据，选中需要重新输入数据的单元格，直接输入新的数据，按【Enter】键确认，系统会自动删除原有数据，保留最新输入的数据。

Tips

也可以在选中单元格后，直接在【编辑栏】中将原有数据删除，然后输入新的数据。

（2）修改部分数据

双击需要修改数据的单元格，使单元格处于编辑状态，将光标定位到需要修改的位置，删除要修改的部分数据，输入新的数据，输入完毕后按【Enter】键确认。

Tips

也可以在选中需要修改数据的单元格后，将光标定位到【编辑栏】中需要修改数据的位置，然后删除不需要的数据，输入新的数据，完成后按【Enter】键。

至此，就完成了制作员工信息表的操作，最终效果如下图所示。

员工信息表

编号	姓名	性别	身份证号	出生日期	学历	入职时间	部门	职称	联系电话	备注
000524	张磊	男	42132419901112****	1990/11/12	本科	2012/7/21	研发部	高级	1339******2	
000525	王靓	女	42132419910615****	1991/06/15	本科	2012/7/6	研发部	中级	1339******3	
000526	禅书	女	42132419790430****	1979/04/30	硕士	2005/7/23	行政部	高级	1339******4	
000527	任义	女	42132419751012****	1975/10/12	大专	2001/6/24	销售部	高级	1339******5	
000528	刘诗	男	42132419830705****	1983/07/05	硕士	2010/6/25	行政部	高级	1339******6	
000529	中星	男	42132419820901****	1982/09/01	本科	2008/7/26	销售部	高级	1339******7	
000530	小勤	男	42132419790919****	1979/09/19	本科	2005/7/27	后勤部	初级	1339******8	
000531	代浩	男	42132419900907****	1990/09/07	本科	2017/7/28	后勤部	初级	1339******9	
000532	陈龙	男	42132419861010****	1986/10/10	博士	2013/8/1	研发部	高级	1339*****10	
000533	春梅	女	42132419820615****	1982/06/15	硕士	2007/7/30	研发部	高级	1339*****11	
000534	董韵	男	42132419920411****	1992/04/11	硕士	2012/7/31	研发部	高级	1339*****12	
000535	白丽	女	42132419930512****	1993/05/12	硕士	2012/7/21	研发部	高级	1339*****13	
000536	陈娟	女	42132419970501****	1997/05/01	硕士	2019/8/2	研发部	初级	1339*****14	
000537	杨丽	女	42132419920504****	1992/05/04	本科	2012/7/21	行政部	中级	1339*****15	
000538	邓华	男	42132419900916****	1990/09/16	本科	2010/7/21	销售部	中级	1339*****16	
000539	陈玉	女	42132419920504****	1992/05/04	本科	2012/7/21	后勤部	中级	1339*****17	

案例总结及注意事项

（1）在 WPS 表格中输入数据时，先设置好单元格格式，确定数据类型，避免输入错误的数据。

（2）设置数据有效性，对输入数据进行限制，不仅可以提高输入速度，还可以提高输入数据的准确性。

动手练习：制作公司商品信息表

练习背景：

公司商品信息表中统计了各种办公用品和食品的进价、售价、数量等数据，为了更直观地了解这些数据，现在公司需要你按以下要求处理数据。

练习要求：

（1）输入以“0”开始的商品编号。

（2）设置单元格格式。

（3）为商品类别列设置【办公用品、食品】的下拉选项。

练习目的：

（1）掌握以“0”开始的数字编号的方法。

（2）掌握设置单元格格式的方法。

（3）掌握数据有效性的设置。

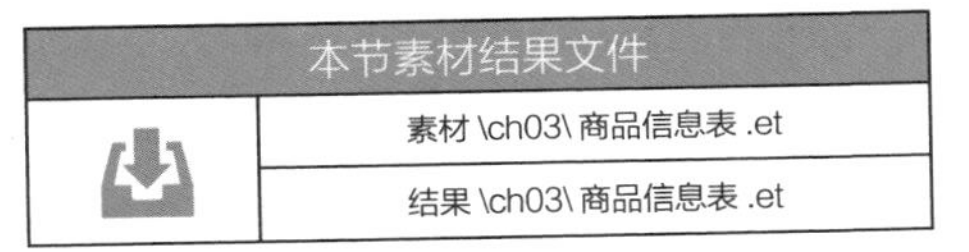

本节素材结果文件	
	素材 \ch03\ 商品信息表 .et
	结果 \ch03\ 商品信息表 .et

动手练习效果展示

商品信息表

商品编号	商品类别	商品名称	单位	进价	售价	数量
	办公用品	笔筒	个	5.00	9.00	2000
	办公用品	大头针	盒	4.50	10.00	1500
	办公用品	档案袋	个	2.00	5.00	6000
	办公用品	订书机	个	7.00	12.00	4500
	办公用品	复写纸	包	24.00	35.00	1200
	办公用品	起钉器	个	6.00	10.00	3000
	办公用品	钢笔	支	14.00	26.00	3660
	办公用品	回形针	盒	5.00	9.00	4500
	办公用品	计算器	个	12.00	20.00	2000
	办公用品	胶带	卷	6.00	10.00	2400
	办公用品	胶水	瓶	1.00	2.50	2000
	食品	薯片	箱	2.00	4.50	1200
	食品	方便面	箱	34.00	46.00	2000
	食品	饼干	袋	10.00	15.00	4500
	食品	火腿肠	箱	65.00	85.00	1000
	食品	速溶咖啡	包	45.00	60.00	1400
	食品	橙汁	瓶	2.80	5.00	3600
	食品	可乐	瓶	1.80	3.00	2000
	食品	馍片	袋	0.80	1.50	4500
	食品	蛋黄派	箱	34.00	42.00	2400

商品信息表

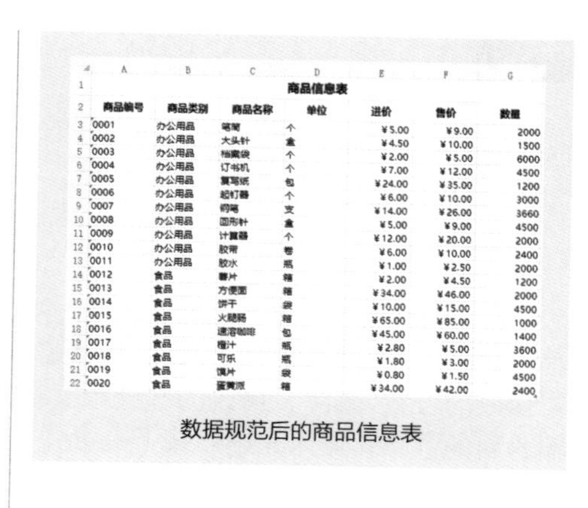

商品信息表

商品编号	商品类别	商品名称	单位	进价	售价	数量
0001	办公用品	笔筒	个	¥5.00	¥9.00	2000
0002	办公用品	大头针	盒	¥4.50	¥10.00	1500
0003	办公用品	档案袋	个	¥2.00	¥5.00	6000
0004	办公用品	订书机	个	¥7.00	¥12.00	4500
0005	办公用品	复写纸	包	¥24.00	¥35.00	1200
0006	办公用品	起钉器	个	¥6.00	¥10.00	3000
0007	办公用品	钢笔	支	¥14.00	¥26.00	3660
0008	办公用品	回形针	盒	¥5.00	¥9.00	4500
0009	办公用品	计算器	个	¥12.00	¥20.00	2000
0010	办公用品	胶带	卷	¥6.00	¥10.00	2400
0011	办公用品	胶水	瓶	¥1.00	¥2.50	2000
0012	食品	薯片	箱	¥2.00	¥4.50	1200
0013	食品	方便面	箱	¥34.00	¥46.00	2000
0014	食品	饼干	袋	¥10.00	¥15.00	4500
0015	食品	火腿肠	箱	¥65.00	¥85.00	1000
0016	食品	速溶咖啡	包	¥45.00	¥60.00	1400
0017	食品	橙汁	瓶	¥2.80	¥5.00	3600
0018	食品	可乐	瓶	¥1.80	¥3.00	2000
0019	食品	馍片	袋	¥0.80	¥1.50	4500
0020	食品	蛋黄派	箱	¥34.00	¥42.00	2400

数据规范后的商品信息表

3.3 美化公司销售清单

在 WPS 表格中输入内容后，通过设置背景、字体、对齐方式、边框等，可将表格内容更清晰、美观地展示出来。

美化表格常用的按钮如下图所示。

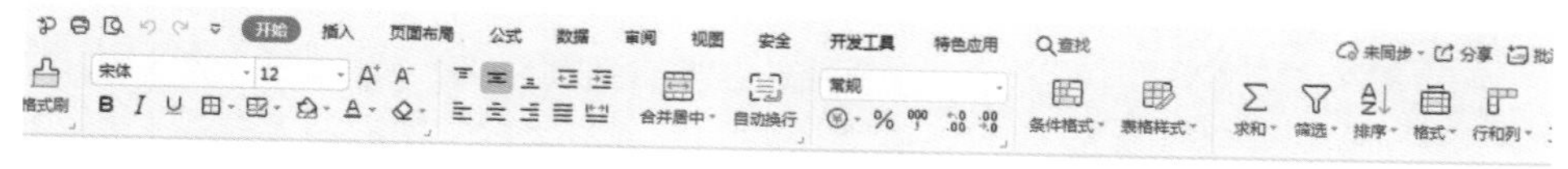

下面通过美化公司销售清单，介绍美化表格的方法。

本节素材结果文件	
	素材 \ch03\ 美化销售清单 .et
	结果 \ch03\ 美化销售清单 .et

“美化销售清单 .et”素材文件中已经输入了数据信息，现需要对表格进行美化操作，并在表格中插入图片。

案例效果

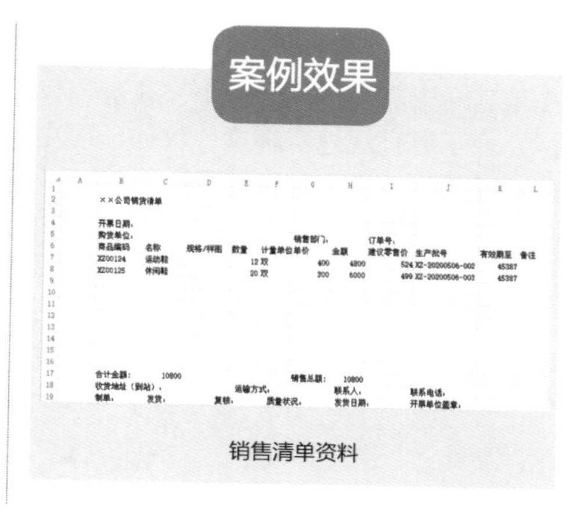

销售清单资料

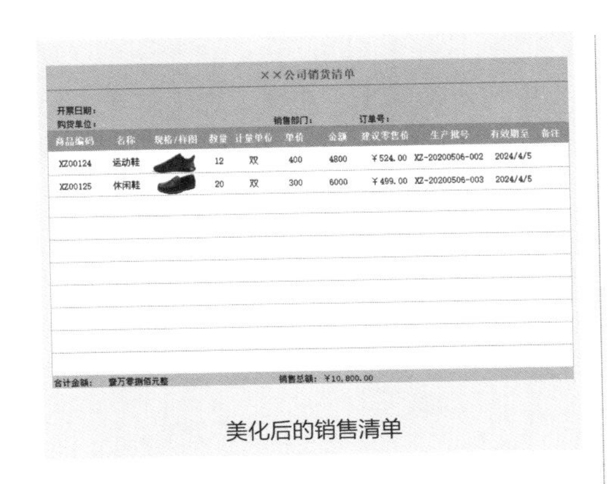

美化后的销售清单

3.3.1 设置清单背景颜色

为了凸显表格内容，需要设置表格的背景颜色。下面以公司销售清单为例，介绍如何设置表格背景颜色，具体操作步骤如下。

步骤 1 打开“美化销售清单 .et”素材文件，选择 B2:L19 单元格区域。

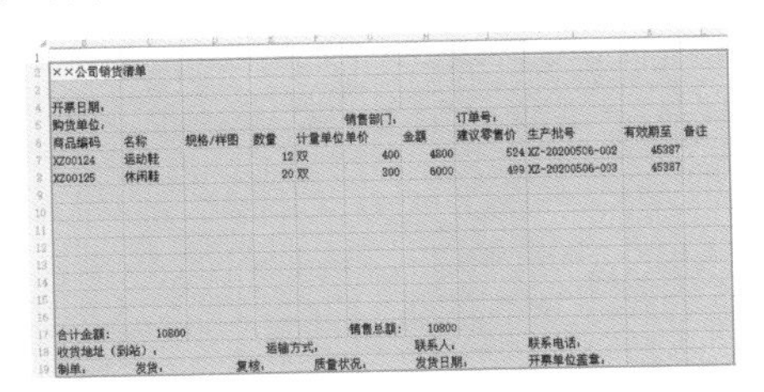

步骤 2 单击【开始】→【填充颜色】按钮，在弹出的颜色列表中，设置【填充颜色】为“黄色”，设置后的效果如下图所示。

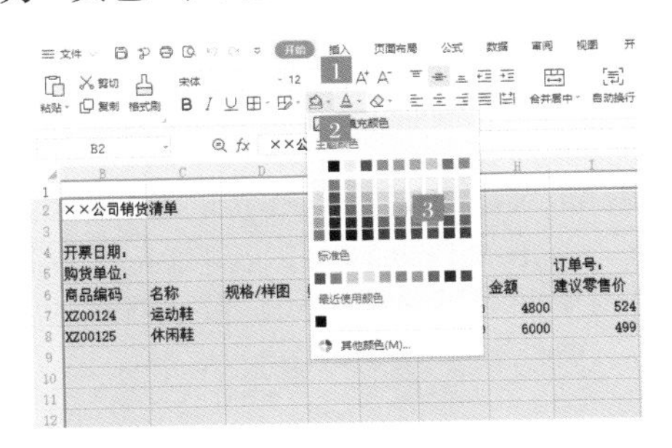

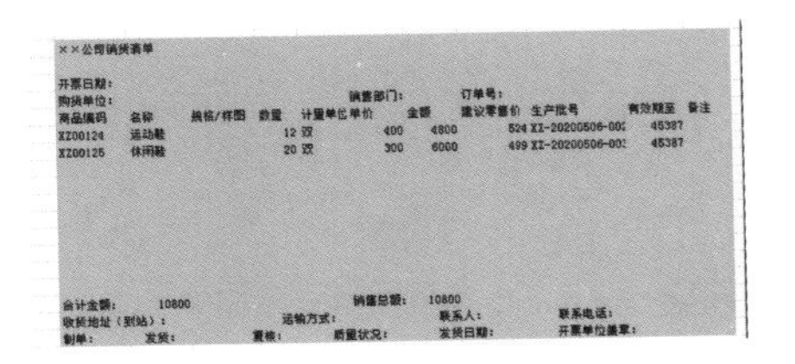

3.3.2 设置内容的字体和字号

为了使销售清单内容清晰、易读，可根据需要设置合适的字体和字号，设置字体、字号的具体操作步骤如下。

步骤 1 在销售清单中选中 B2 单元格，单击【开始】→【字体设置】按钮。

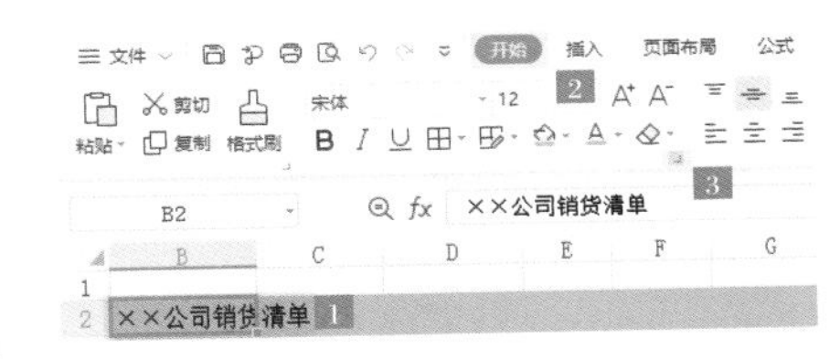

步骤 2 弹出【单元格格式】对话框，设置【字体】为“宋体”，【字号】为“16”，【字形】为“粗体”，【颜色】为“蓝色”，单击【确定】按钮。设置后的效果如下页图所示。

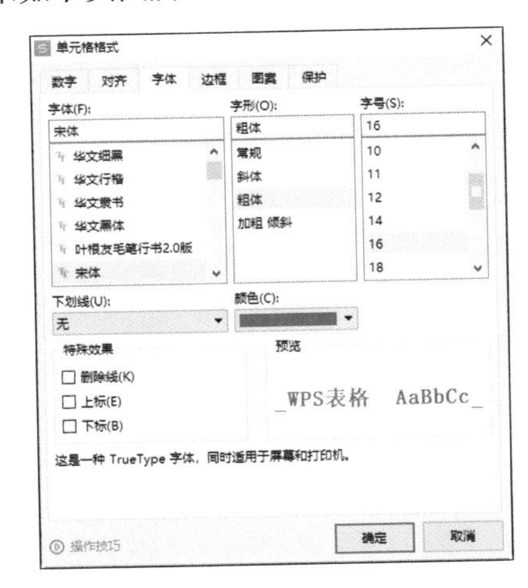

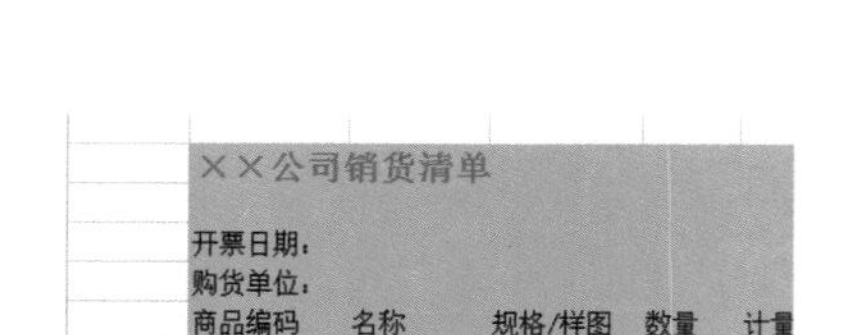

步骤 3 分别选中 B4:L5 单元格区域和 B17:L19 单元格区域，重复上面的操作，设置【字体】为“宋体”，【字号】为“11”。设置后的效果如下图所示。

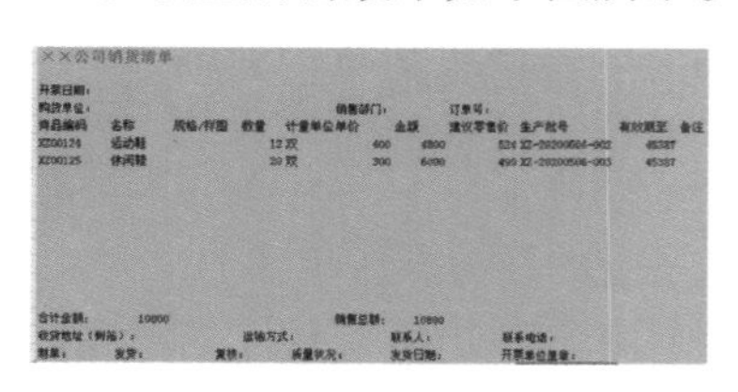

步骤 4 选中 I7:I16 单元格区域，单击【开始】→【单元格格式】按钮，打开【单元格格式】对话框，在【数字】选项卡中，设置【分类】为“货币”，【小数位数】为“2”，单击【确定】按钮。设置数字格式后的效果如下图所示。

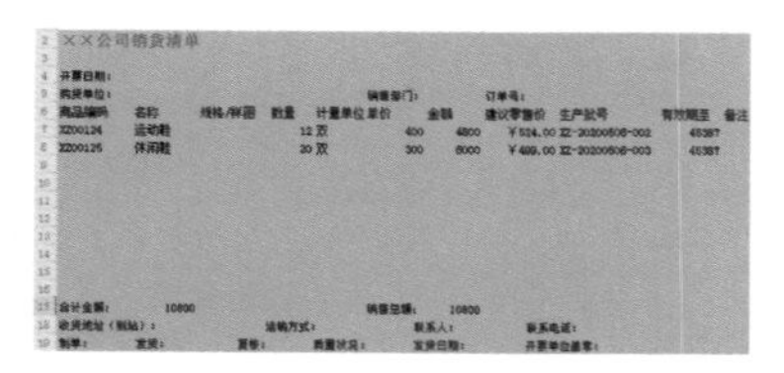

步骤 5 选择 K7:K16 单元格区域，打开【单元格格式】对话框，在【数字】选项卡中，设置单元格【分类】为“日期”，【类型】为“2001/3/7”，如下图所示。

步骤 6 选择 C17 单元格，打开【单元格格式】对话框，设置【分类】为“特殊”，【类型】为“人民币大写”，单击【确定】按钮。

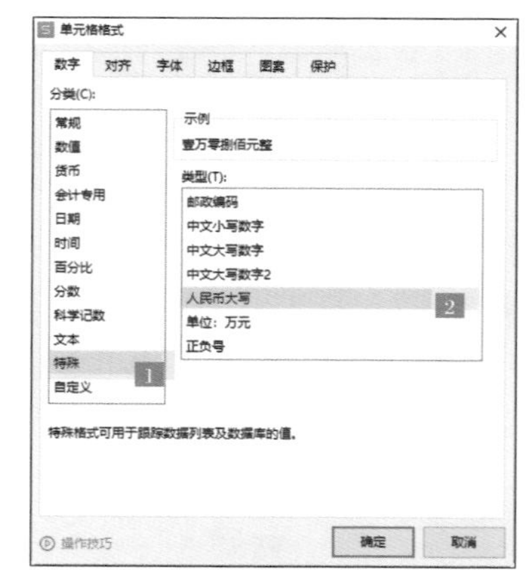

步骤 7 设置 H17 单元格【分类】为“货币”，【小数位数】为“2”。完成销售清单内容字体、字号、数字格式的设置，最终效果如下页图所示。

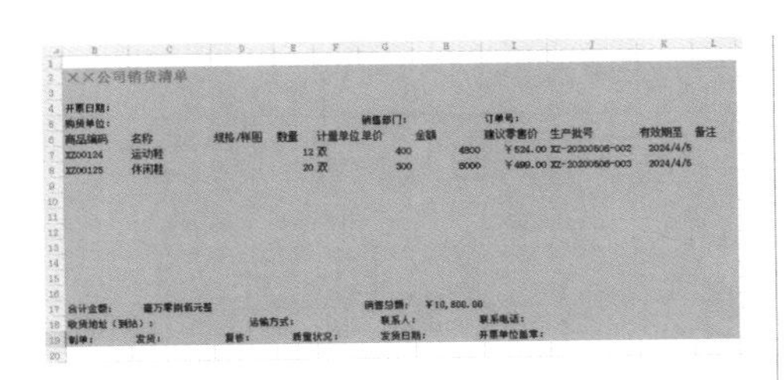

3.3.3 调整内容对齐方式

为了让表格的内容比较整齐，需要调整表格中文本的对齐方式和文本控制。文本对齐方式分为水平对齐和垂直对齐 2 种，文本控制包括自动换行、缩小字体填充和合并单元格 3 种。在销售清单中，调整内容对齐方式的具体操作步骤如下。

步骤 1 在销售清单中，选中 B2:L2 单元格区域，单击【开始】→【单元格格式：对齐方式】按钮。

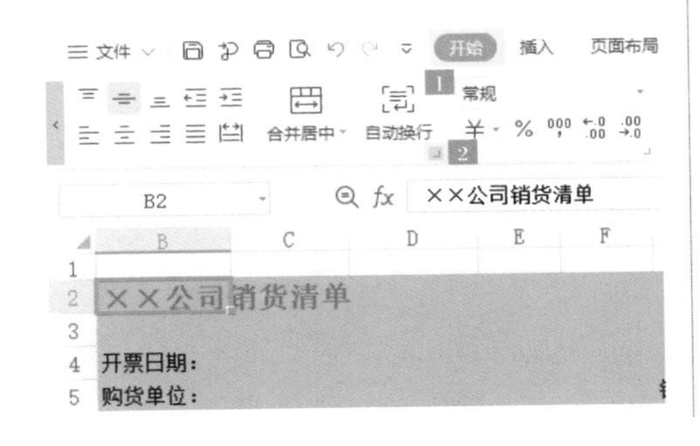

步骤 2 打开【单元格格式】对话框，在【对齐】选项卡中，设置【水平对齐】为“居中”，【垂直对齐】为“居中”，【文本控制】为“合并单元格”，单击【确定】按钮。

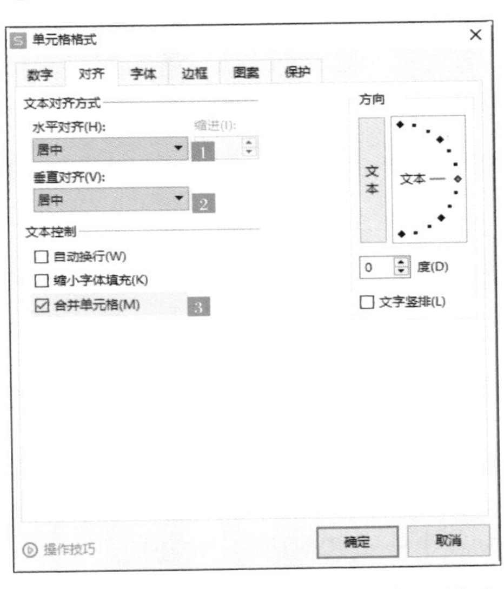

这样即可将所选的单元格区域合并并设置为居中对齐，效果如下图所示。

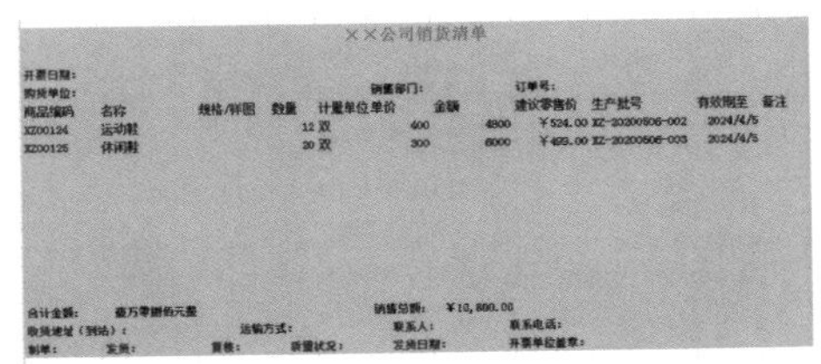

Tips

可以直接单击【开始】选项卡中的对齐按钮设置内容的对齐方式。

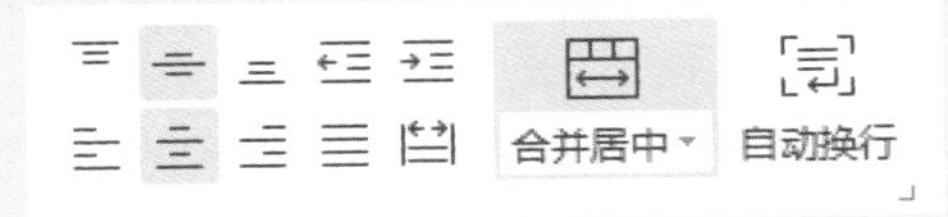

步骤 3 重复上面的操作，根据需要设置其他单元格内容的对齐方式，最终效果如下图所示。

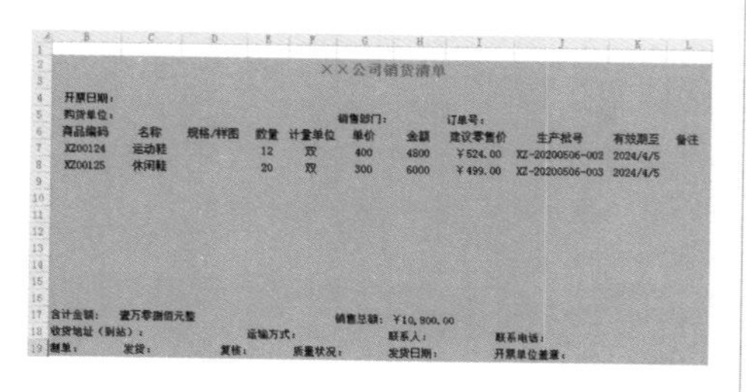

3.3.4 为销售清单添加边框

为表格添加边框，可以起到美化表格的作用，在销售清单中添加边框的具体步骤如下。

步骤 1 在销售清单中，选中 B6:L16 单元格区域，单击【开始】→【所有框线】→【其他边框】按钮。

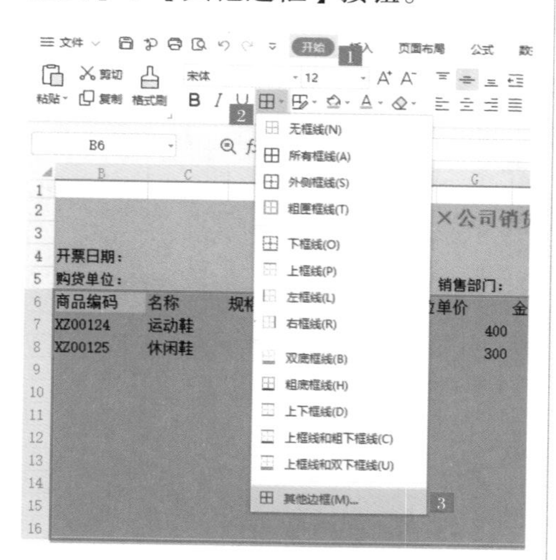

步骤 2 打开【单元格格式】对话框，在【边框】选项卡的【样式】列表框中选择线条样式，设置【颜色】为“黄色”，在【边框】区域选择要应用该样式的边框，单击【确定】按钮。

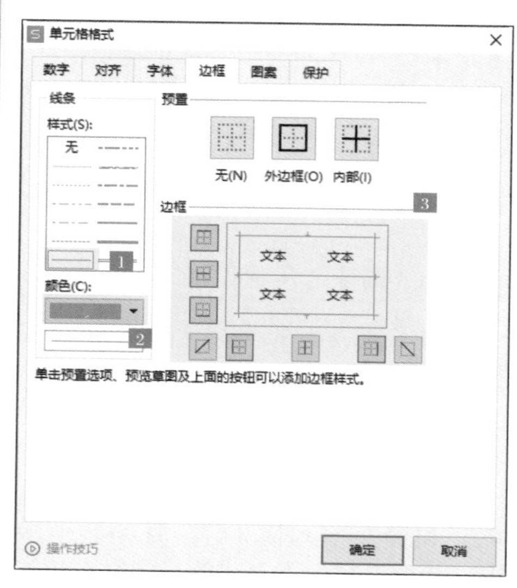

Tips

添加边框时，需要先选定线条的样式和颜色，再选择要设置的边框。

为 B6:L6 单元格区域添加边框后的效果如下图所示。

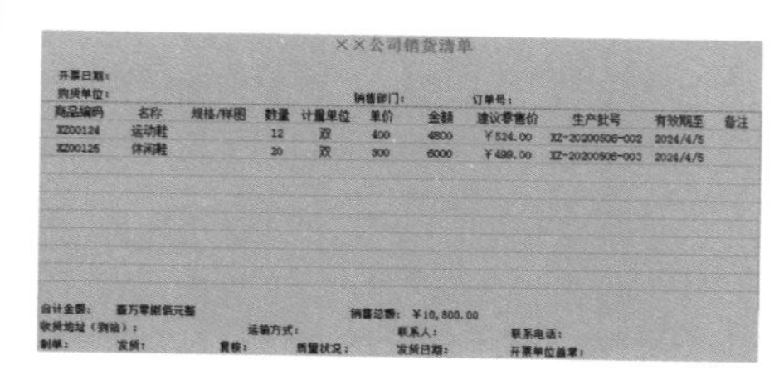

3.3.5 在 WPS 表格中添加商品图片

在 WPS 表格中插入图片，不仅可以更加形象地表达内容，还能起到美化表格的作用。下面以销售清单为例，介绍在 WPS 表格中插入图片的具体操作步骤。

步骤 1 选择表格的任意位置，单击【插

入】→【图片】→【本地图片】按钮。

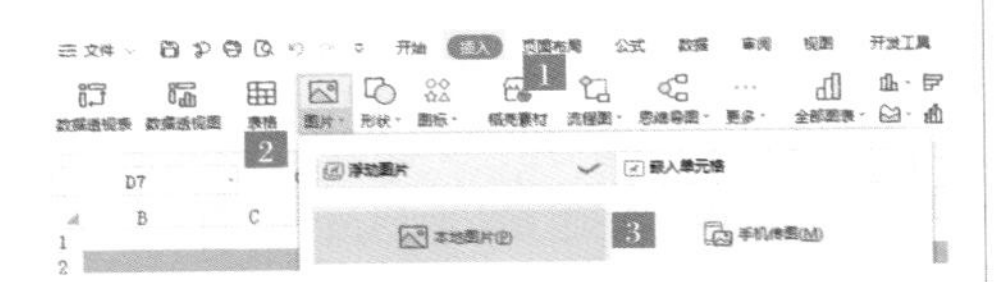

步骤 2 弹出【插入图片】对话框，选择素材文件中的“运动鞋 .png”图片，将其插入表格中。

开票日期：
购货单位： 销售部门：

商品编码	名称	规格/样图	数量	计量单位	单价
XZ00124	运动鞋		12	双	400
XZ00125	休闲鞋		[illegible]	双	300

步骤 3 选择插入的图片，调整图片的大小，将图片放到 D7 单元格的合适位置，并适当调整行高，效果如下图所示。

	商品编码	名称	规格/样图	数量
7	XZ00124	运动鞋		12
8	XZ00125	休闲鞋		20

Tips

拖曳图片 4 个角的控制点，可等比例缩放图片。

步骤 4 重复上面的操作，插入“休闲鞋 .png”图片。调整图片的大小和位置，完成插入图片的操作，最终效果如下图所示。

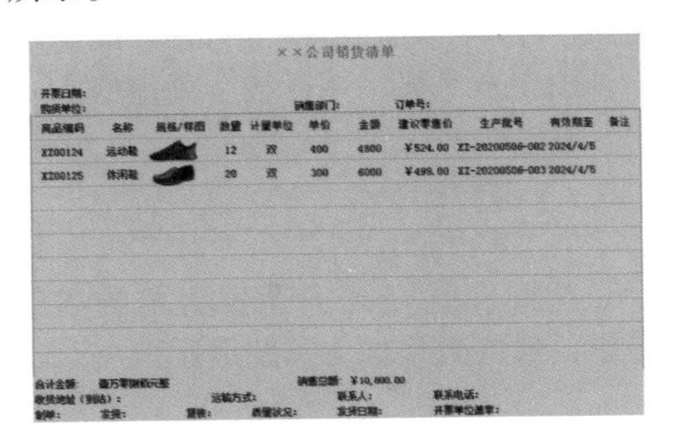

××公司销货清单

开票日期：
购货单位： 销售部门： 订单号：

商品编码	名称	规格/样图	数量	计量单位	单价	金额	建议零售价	生产批号	有效期至	备注
XZ00124	运动鞋		12	双	400	4800	¥524.00	XZ-20200506-002	2024/4/5	
XZ00125	休闲鞋		20	双	300	6000	¥499.00	XZ-20200506-003	2024/4/5	

合计金额： 壹万零捌佰元整 销售总额： ¥10,800.00
收货地址（到站）： 运输方式： 联系人： 联系电话：
制单： 发货： 验收： 质量状况： 发货日期： 开票单位盖章：

3.3.6 设置表格样式快速美化清单

WPS 提供了内容丰富的表格样式库，如果不懂配色等美化方式，可以直接使用“表格样式库”快速地美化表格。使用表格样式快速美化清单的具体操作步骤如下。

步骤 1 选中 B6:L16 单元格区域，单击【开始】→【表格样式】按钮，在下拉列表中选择【浅色系】组中的“表样式浅色 10”选项。

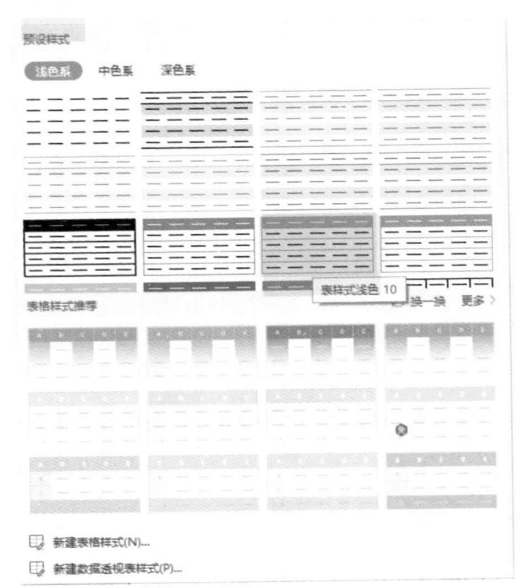

Tips

如果在表格样式库中找不到符合自己要求的样式，也可以自己新建表格样式。

步骤 2 弹出【套用表格样式】对话框，选择【仅套用表格样式】单选项，【标题行的行数】设置为“1”，单击【确定】按钮。

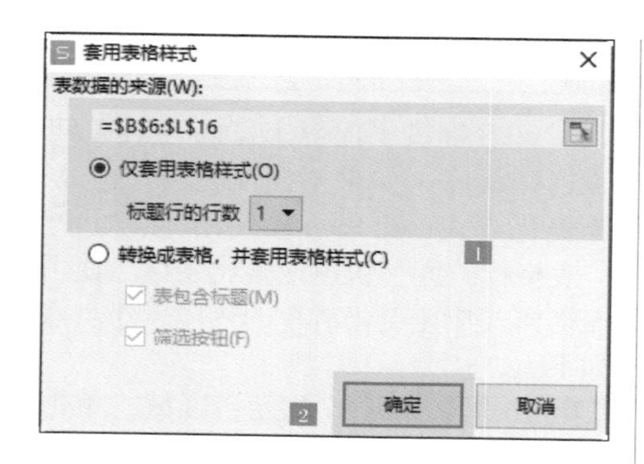

Tips

在【套用表格样式】对话框中，可以根据需要调整表数据的来源。

至此，就完成了使用 WPS 内置表格样式快速美化表格的操作，最终效果如下图所示。

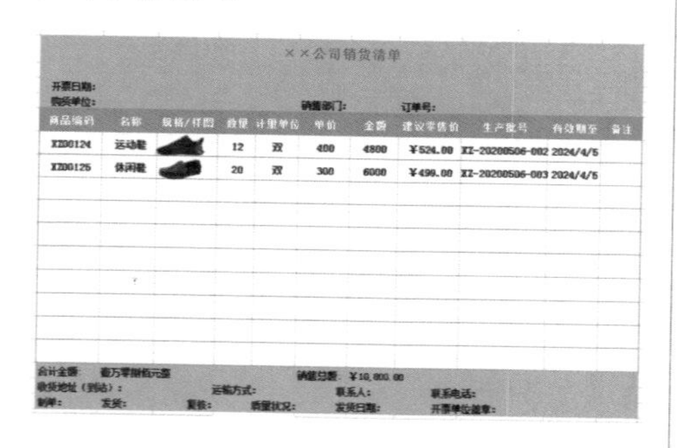

3.3.7 套用单元格样式调整数据显示

为了凸显表格中某个单元格的信息，WPS 表格提供了多种类型的单元格样式，可以调整表格中某个单元格的样式，套用单元格样式调整数据显示的具体操作步骤如下。

步骤 1 选中 B2:L2 单元格区域，选择【开始】→【单元格样式】→【标题】→【标题 1】选项。

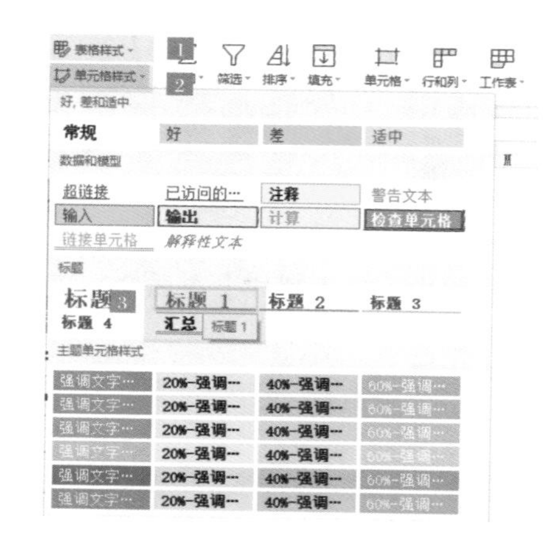

这样即可完成套用单元格样式的操作，效果如下图所示。

Tips

如果 WPS 内置的单元格样式中字体的设置不符合需求，可以直接选择“新建单元格样式”选项，根据需要设置单元格的数字、对齐、字体、边框、图案等格式。

步骤 2 如果不需要网格线，撤销选中【视图】→【显示网格线】复选框。

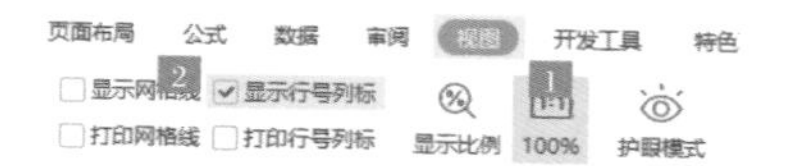

至此，就完成了销售清单的美化操作，最终效果如下页图所示。

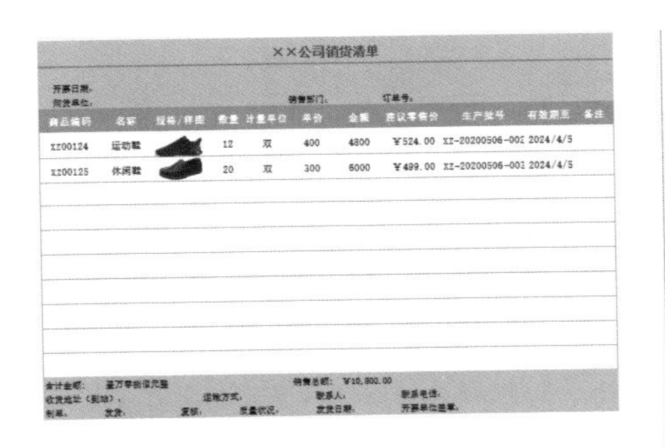

××公司销货清单

开票日期：
购货单位：　　销售部门：　　订单号：

商品编码	名称	规格/样图	数量	计量单位	单价	金额	建议零售价	生产批号	有效期至	备注
XZ00124	运动鞋		12	双	400	4800	￥524.00	XZ-20200506-002	2024/4/5	
XZ00125	休闲鞋		20	双	300	6000	￥499.00	XZ-20200506-003	2024/4/5	

合计金额：壹万零捌佰元整　　销售总额：￥10,800.00
收货地址（到站）：　　运输方式：　　联系人：　　联系电话：
制单：　　发货：　　复核：　　质量状况：　　发货日期：　　开票单位签章：

案例总结及注意事项

（1）自定义设置表格边框时，需要先设置样式，再选择边框线。

（2）单元格中内容较多时，通常设置为左对齐；内容较少或为数字时，可设置为居中对齐。

（3）美化 WPS 表格时，操作十分灵活，读者可以发挥想象力，做出让人赏心悦目的表格。

动手练习：美化公司销量统计表

练习背景：

统计完产品销售数据后，表格比较单调，为了能更直观、更清晰地展示各种商品的销售情况，现在公司要求你对产品销量表进行美化。

练习要求：

（1）为销量统计表中的数字设置相应的格式。

（2）在 WPS 表格中插入图片，并调整图片的大小和位置。

（3）为统计表设置表格样式和单元格格式。

练习目的：

（1）掌握美化 WPS 表格的方法。

（2）掌握插入并调整图片的方法。

本节素材结果文件	
	素材 \ch03\ 销量统计表 .et
	结果 \ch03\ 销量统计表 .et

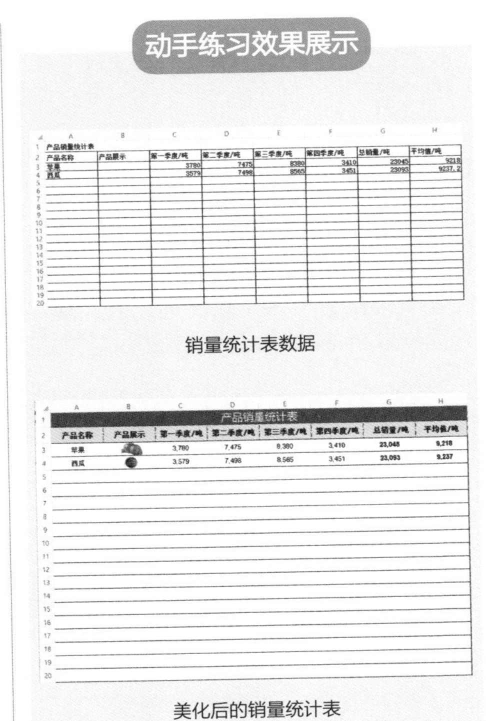

动手练习效果展示

产品销量统计表							
产品名称	产品展示	第一季度/吨	第二季度/吨	第三季度/吨	第四季度/吨	总销量/吨	平均值/吨
苹果		3780	7475	8380	3410	23045	9218
西瓜		3579	7498	8565	3451	23093	9237.2

销量统计表数据

产品销量统计表							
产品名称	产品展示	第一季度/吨	第二季度/吨	第三季度/吨	第四季度/吨	总销量/吨	平均值/吨
苹果		3,780	7,475	8,380	3,410	23,045	9,218
西瓜		3,579	7,498	8,565	3,451	23,093	9,237

美化后的销量统计表

秋叶私房菜：表格美化很麻烦？其实一键就能搞定！

为了使表格中的内容更醒目，重点更突出，大家通常的做法是不是一步一步地手动更改边框粗细、填充单元格颜色？

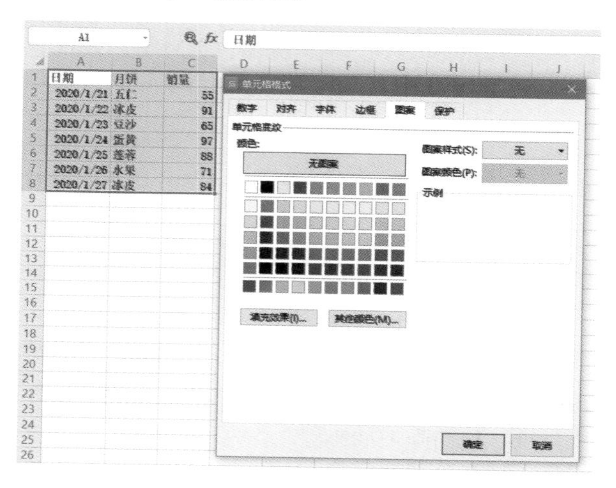

其实 WPS 表格中有一个“超级表格功能”，不仅能一键美化表格，还能进行结构化引用和高级筛选，极大地提升数据分析的效率，因此我们称之为智能表格。

下面就让我们一起来见证智能表格的 5 大神奇之处。

第一处：一键美化表格

智能表格最为大家所熟知的就是“变身”能力，而让普通表格变成漂亮表格的方法就是套用表格样式。

在【开始】选项卡下，选择套用表格样式，表格立刻就会变美。

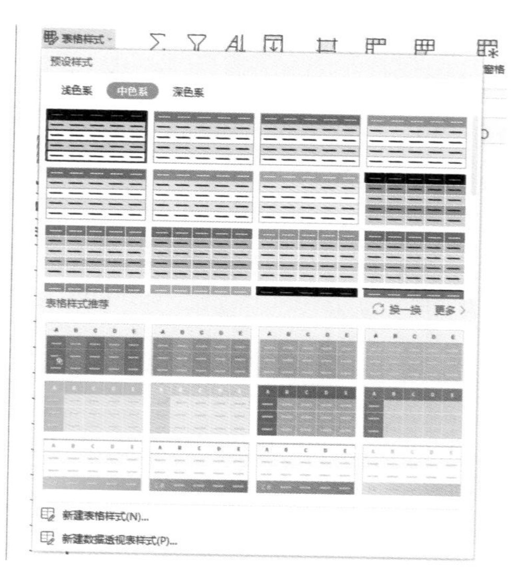

第二处：快速选择数据

在大表格里，最麻烦的操作就是选择数据。在智能表格中，选中整行整列的数据十分容易。

	A	B	C
1	日期	月饼	销量
2	2020/1/21	五仁	55
3	2020/1/22	冰皮	91
4	2020/1/23	豆沙	65
5	2020/1/24	蛋黄	97

步骤1 要在普通数据区域选择整行数据，需选择第一格再按【Ctrl＋Shift＋→】组合键，而智能表格只需要一次单击。

步骤2 不过，鼠标指针悬停的位置需要特别留意，如果悬停在行号或列标上，选中的则是整张工作表的行或列。

第三处：自动生成数据

套用表格样式变成智能表格以后，数据就变成了智能表格身体里的一部分，并且具有生命力。智能表格会随着数据的增加，而自动生长、不断延伸。在智能表格边缘继续输入数据，智能表格会自动扩展并包含新输入的数据，单元格格式也会自动变化，连格式刷都省了。录入数据时按一下【Tab】键就能自动换行。

	A	B	C
1	日期	月饼	销量
2	2020/1/21	五仁	55
3	2020/1/22	冰皮	91
4	2020/1/23	豆沙	65
5	2020/1/24	蛋黄	97
6	2020/1/25	莲蓉	88
7	2020/1/26	水果	71
8	2020/1/27	冰皮	84
9	2020/1/28	水果	65
10			

	A	B	C
1	日期	月饼	销量
2	2020/1/21	五仁	55
3	2020/1/22	冰皮	91
4	2020/1/23	豆沙	65
5	2020/1/24	蛋黄	97
6	2020/1/25	莲蓉	88
7	2020/1/26	水果	71
8	2020/1/27	冰皮	84
9	2020/1/28	水果	65
10	2020/1/29		

第四处：高效数据计算

变身智能表格，能显著提升数据计算和统计分析的效率。进行常规的汇总统计时，不需要输入一个函数公式。这招还特别适合结合筛选器查看各种条件下的统计结果。

步骤1 直接勾选【汇总行】选项，自动计算，用户连一个函数公式都不需要输入。

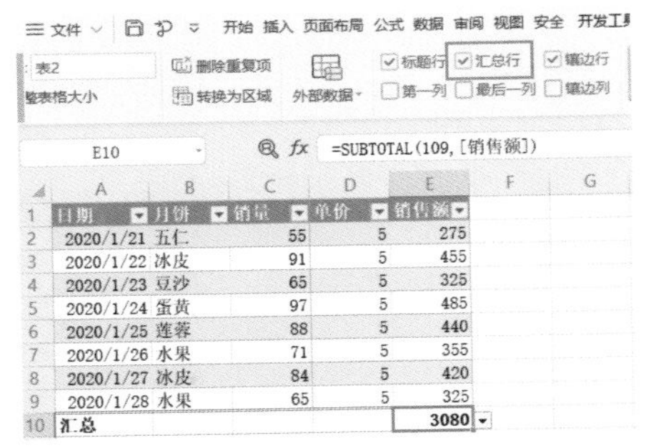

	A	B	C	D	E
1	日期	月饼	销量	单价	销售额
2	2020/1/21	五仁	55	5	275
3	2020/1/22	冰皮	91	5	455
4	2020/1/23	豆沙	65	5	325
5	2020/1/24	蛋黄	97	5	485
6	2020/1/25	莲蓉	88	5	440
7	2020/1/26	水果	71	5	355
8	2020/1/27	冰皮	84	5	420
9	2020/1/28	水果	65	5	325
10	汇总				3080

步骤2 单击下拉选项就可以切换汇总方式为计数、平均值、最大值……

	A	B	C	D	E
9	2020/1/28	水果	65	5	325
10	汇总				3080

无
平均值
计数
数值计数
最大值
最小值
求和
标准偏差
方差
其他函数...

步骤3 筛选数据时会自动忽略隐藏的数据。

	A	B	C	D	E
1	日期	月饼	销量	单价	销售额
7	2020/1/26	水果	71	5	355
9	2020/1/28	水果	65	5	325
10	汇总				680
11					

第五处：整合表格数据

每一个智能表格自诞生之时起，就自带专属名称，可以用表名称选中或引用表格。

步骤1 在表格工具栏中可以修改表名称。

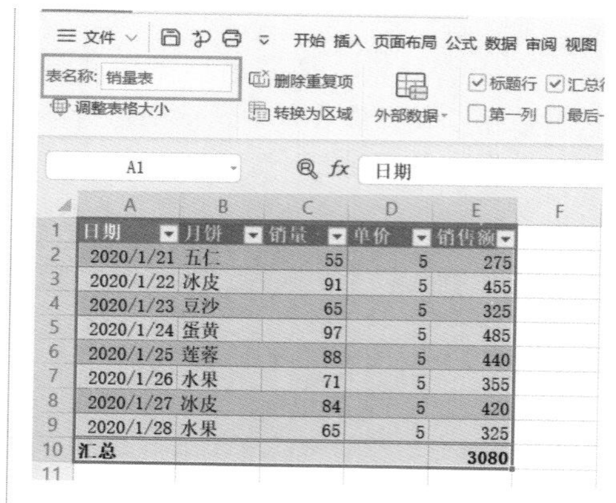

	A	B	C	D	E	F
1	日期	月饼	销量	单价	销售额	
2	2020/1/21	五仁	55	5	275	
3	2020/1/22	冰皮	91	5	455	
4	2020/1/23	豆沙	65	5	325	
5	2020/1/24	蛋黄	97	5	485	
6	2020/1/25	莲蓉	88	5	440	
7	2020/1/26	水果	71	5	355	
8	2020/1/27	冰皮	84	5	420	
9	2020/1/28	水果	65	5	325	
10	汇总				3080	
11						

步骤2 在名称框输入表名后按【Enter】键，可以直接选中整个表格区域。

套用表格样式，表格立即变身！这就是智能表格的 5 项“超能力”，它们有没有令你感到十分惊艳？

在信息化时代，工作中充斥着大量的数据信息，从这些复杂的数据中挖掘出简单的、老板感兴趣的数据，并形成数据分析报告，老板才能发现问题、把握商机，而数据分析人员则能得到老板的赏识，获得升职加薪的机会。

第4章 搞定数据分析与汇总

- 怎样立即把老板感兴趣的内容找出来？
- 如何快速将多张表的内容合并到一张表？
- 怎样对“流水账”数据进行分类和统计？
- 老板要的内容频繁改变怎么办？

4.1 员工销售业绩排序和筛选

员工销售业绩统计完成后，如果要分析员工业绩或不同产品的销售情况，就需要使用排序功能；如果要仅查看某一类产品的销售情况，或仅显示销售额靠前的几位员工的信息，就需要使用筛选功能。

【排序】菜单及【排序】对话框中各按钮的功能介绍如下。

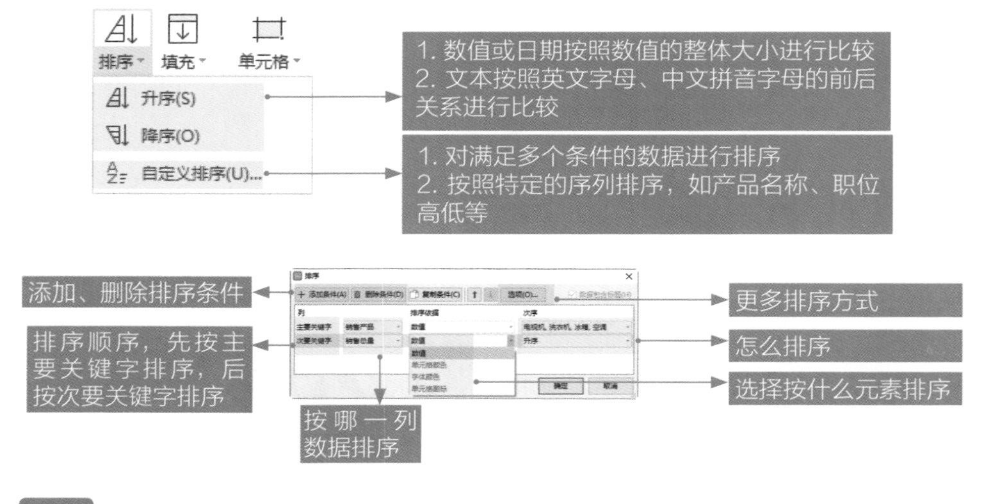

Tips

只有设置了单元格颜色、字体颜色或单元格图标，才能按照单元格颜色、字体颜色、单元格图标排序。

【筛选】菜单及【筛选】界面的主要功能介绍如下。

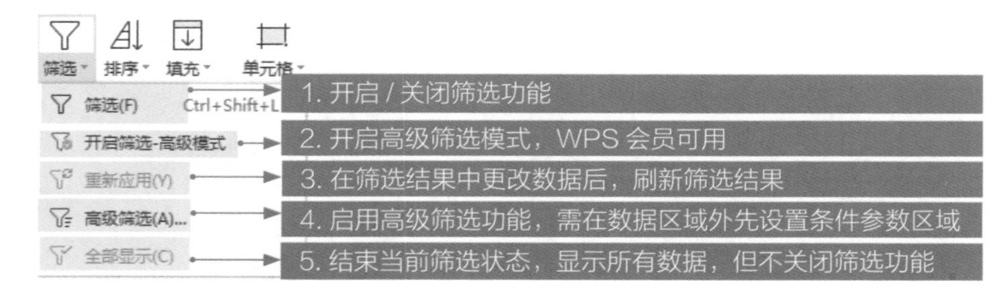

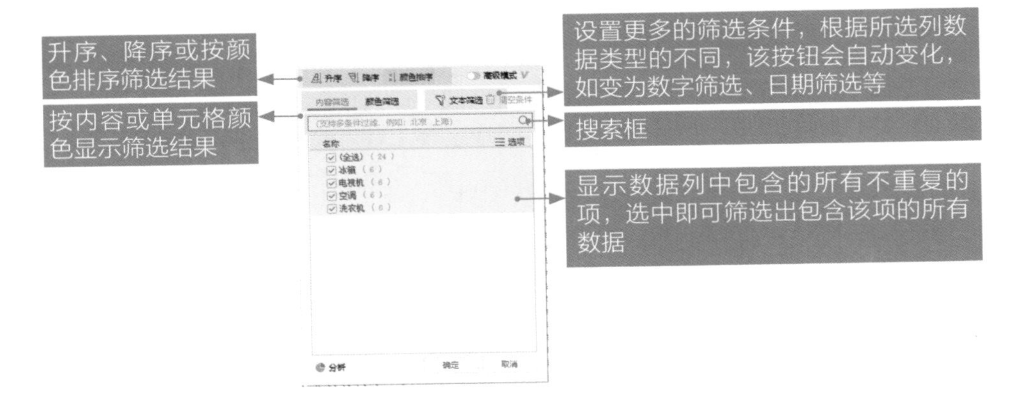

下面通过对员工销售业绩统计表的分析，介绍 WPS 的排序和筛选功能。

本节素材结果文件	
	素材 \ch04\ 员工销售业绩统计表 .et
	结果 \ch04\ 员工销售业绩统计表 .et

“员工销售业绩统计表 .et”素材文件中包含 5 张工作表，“员工销售业绩统计表”是汇总每位员工提交的数据后得到的原始表；“4.1.1”工作表统计出了每位员工的销售总额；“4.1.2”工作表统计出了每位员工各类销售产品的销售总量；“4.1.3”工作表统计出了每位员工各类销售产品的基本销售情况；“4.1.4”工作表统计出了每位员工的基本信息及销售总额。现需要根据这些表找出满足条件的内容。

案例效果

	A	B	C	D	E	F	G	H
1	员工编号	销售产品	部门	上半年销量	下半年销量	销售总量	单价	销售总额
2	YG1001	电视机	销售1部	45	82	127	¥3,800.00	¥482,600.00
3	YG1001	洗衣机	销售1部	89	60	149	¥2,780.00	¥414,220.00
4	YG1001	冰箱	销售1部	105	90	195	¥4,580.00	¥893,100.00
5	YG1001	空调	销售1部	121	147	268	¥4,200.00	¥1,125,600.00
6	YG1002	电视机	销售1部	121	147	268	¥3,800.00	¥1,018,400.00
7	YG1002	洗衣机	销售1部	59	140	199	¥2,780.00	¥553,220.00
8	YG1002	冰箱	销售1部	68	50	118	¥4,580.00	¥540,440.00
9	YG1002	空调	销售1部	79	95	174	¥4,200.00	¥730,800.00
10	YG1003	电视机	销售2部	102	148	250	¥3,800.00	¥950,000.00
11	YG1003	洗衣机	销售2部	151	100	251	¥2,780.00	¥697,780.00
12	YG1003	冰箱	销售2部	102	60	162	¥4,580.00	¥741,960.00
13	YG1003	空调	销售2部	96	89	185	¥4,200.00	¥777,000.00
14	YG1004	电视机	销售2部	78	105	183	¥3,800.00	¥695,400.00
15	YG1004	洗衣机	销售2部	96	121	217	¥2,780.00	¥603,260.00
16	YG1004	冰箱	销售2部	104	105	209	¥4,580.00	¥957,220.00
17	YG1004	空调	销售2部	89	68	157	¥4,200.00	¥659,400.00
18	YG1005	电视机	销售1部	99	79	178	¥3,800.00	¥676,400.00
19	YG1005	洗衣机	销售1部	100	52	152	¥2,780.00	¥422,560.00
20	YG1005	冰箱	销售1部	68	140	208	¥4,580.00	¥952,640.00
21	YG1005	空调	销售1部	86	50	136	¥4,200.00	¥571,200.00
22	YG1006	电视机	销售2部	50	95	145	¥3,800.00	¥551,000.00
23	YG1006	洗衣机	销售2部	142	58	200	¥2,780.00	¥556,000.00
24	YG1006	冰箱	销售2部	98	108	206	¥4,580.00	¥943,480.00
25	YG1006	空调	销售2部	57	124	181	¥4,200.00	¥760,200.00

员工销售业绩统计表

	A	B	C	D	E	F
1	员工编号	销售产品	部门	销售总量	单价	销售总额
2	YG1001	电视机	销售1部	127	¥3,800.00	¥482,600.00
3	YG1006	电视机	销售2部	145	¥3,800.00	¥551,000.00
4	YG1005	电视机	销售1部	178	¥3,800.00	¥676,400.00
5	YG1004	电视机	销售2部	183	¥3,800.00	¥695,400.00
6	YG1003	电视机	销售2部	250	¥3,800.00	¥950,000.00
7	YG1002	电视机	销售1部	268	¥3,800.00	¥1,018,400.00
8	YG1001	洗衣机	销售1部	149	¥2,780.00	¥414,220.00
9	YG1005	洗衣机	销售1部	152	¥2,780.00	¥422,560.00
10	YG1002	洗衣机	销售1部	199	¥2,780.00	¥553,220.00
11	YG1006	洗衣机	销售2部	200	¥2,780.00	¥556,000.00
12	YG1004	洗衣机	销售2部	217	¥2,780.00	¥603,260.00
13	YG1003	洗衣机	销售2部	251	¥2,780.00	¥697,780.00
14	YG1002	冰箱	销售1部	118	¥4,580.00	¥540,440.00
15	YG1003	冰箱	销售2部	162	¥4,580.00	¥741,960.00
16	YG1001	冰箱	销售1部	195	¥4,580.00	¥893,100.00
17	YG1006	冰箱	销售2部	206	¥4,580.00	¥943,480.00
18	YG1005	冰箱	销售1部	208	¥4,580.00	¥952,640.00
19	YG1004	冰箱	销售2部	209	¥4,580.00	¥957,220.00
20	YG1005	空调	销售1部	136	¥4,200.00	¥571,200.00
21	YG1004	空调	销售2部	157	¥4,200.00	¥659,400.00
22	YG1002	空调	销售1部	174	¥4,200.00	¥730,800.00
23	YG1006	空调	销售2部	181	¥4,200.00	¥760,200.00
24	YG1003	空调	销售2部	185	¥4,200.00	¥777,000.00
25	YG1001	空调	销售1部	268	¥4,200.00	¥1,125,600.00

同时按销售产品和销售总量排序

	A	B	C
1	员工编号	部门	销售总额
2	YG1003	销售2部	3166740
4	YG1001	销售1部	2915520
5	YG1004	销售2部	2915280

筛选出的销售总额前3名员工

4.1.1 按销售总额进行单条件排序

“员工销售业绩统计表”统计出了每位员工的销售总额，现在需要查看员工销售总额由高到低的排列情况，可以将销售总额按降序排序。具体操作步骤如下。

打开素材文件，选择“4.1.1”工作表，选中B列数据区域的任意单元格，选择【开始】→【排序】→【降序】选项。

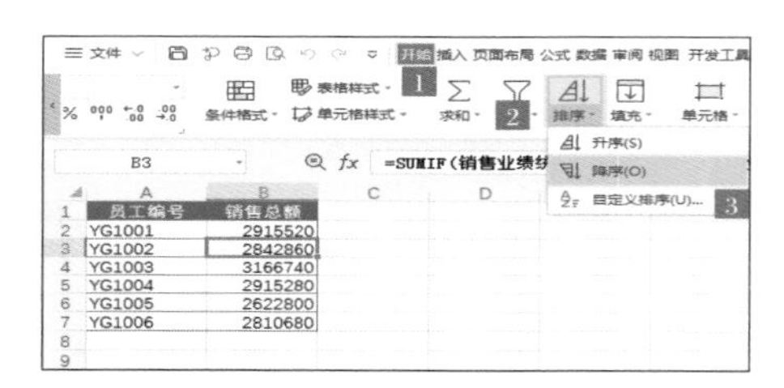

这时即可看到按销售总额由高到低排序后的效果，如下图所示。

	A	B
1	员工编号	销售总额
2	YG1003	3166740
3	YG1001	2915520
4	YG1004	2915280
5	YG1002	2842860
6	YG1006	2810680
7	YG1005	2622800
8		

4.1.2 销售产品类别和销售总量同时排序

“员工销售业绩统计表”中涉及电视机、洗衣机、冰箱和空调4类产品，现在需要先按照电视机、洗衣机、冰箱和空调的自定义序列排序；继而按照产品销售总量由低到高排序。此时有两个排序条件，就需要使用自定义排序功能，具体操作步骤如下。

步骤1 选择“4.1.2”工作表，选择数据区域的任意单元格，选择【开始】→【排序】→【自定义排序】选项。

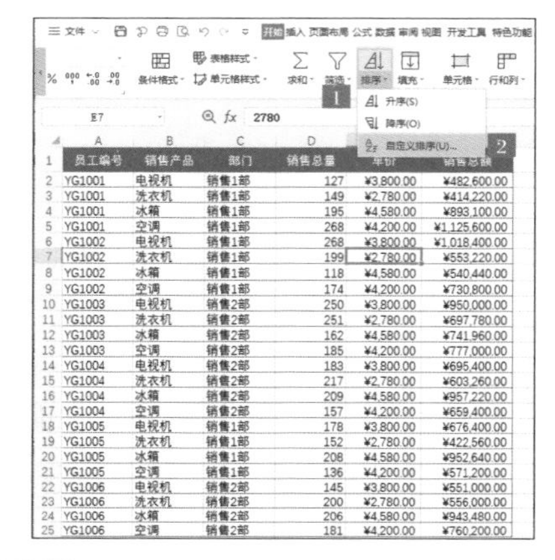

步骤2 打开【排序】对话框，在【主要关键字】下拉列表中选择“销售产品”选项，单击【次序】下拉按钮，选择【自定义序列】选项。

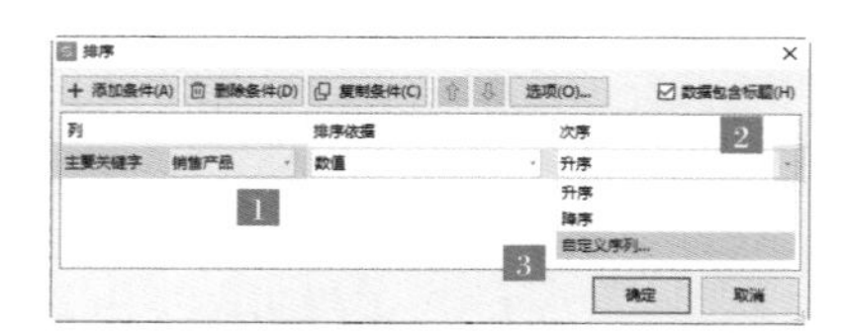

Tips

如果不自定义序列，则会按照电视机、洗衣机、冰箱、空调的拼音字母排序。

步骤3 弹出【自定义序列】对话框，在【输入序列】窗口依次输入“电视机”“洗衣机”“冰箱”“空调”，单击【添加】按钮，即可将输入的排序序列添加至【自定义序列】列表框中，单击【确定】按钮。

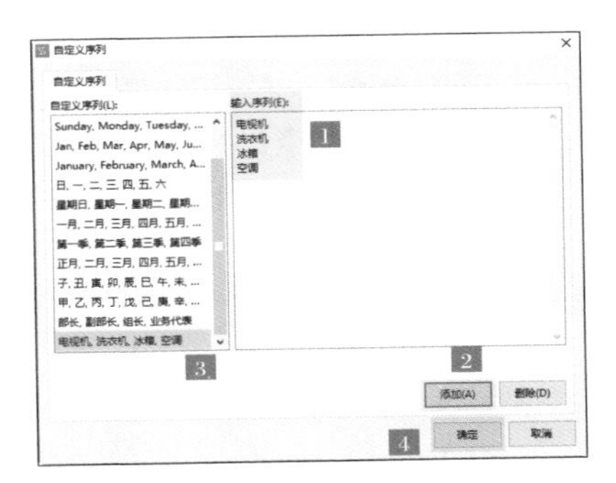

步骤 4 返回【排序】对话框，单击【添加条件】按钮，添加次要关键字条件。

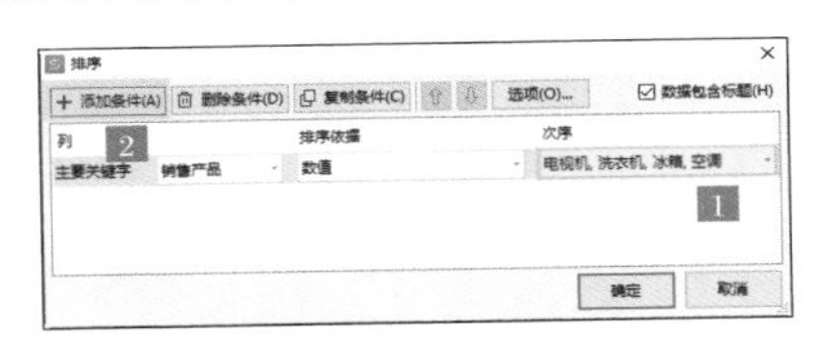

步骤 5 设置【次要关键字】为“销售总量”，【次序】为“升序”，单击【确定】按钮。

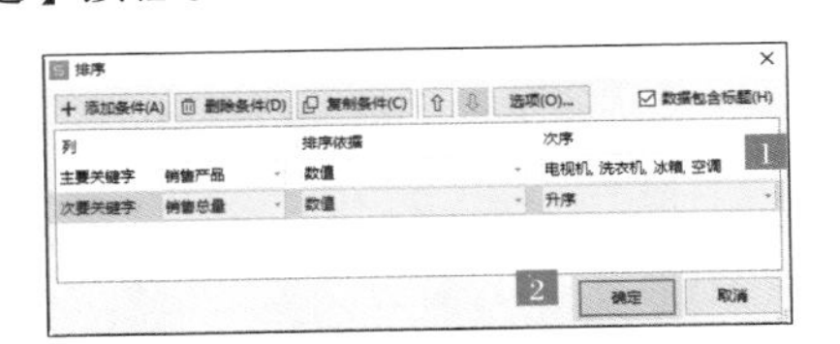

这时即可看到先按电视机、洗衣机、冰箱和空调的顺序排序，再按销售总量排序后的效果，如下图所示。

	A	B	C	D	E	F
1	员工编号	销售产品	部门	销售总量	单价	销售总额
2	YG1001	电视机	销售1部	127	¥3,800.00	¥482,600.00
3	YG1006	电视机	销售2部	145	¥3,800.00	¥551,000.00
4	YG1005	电视机	销售1部	178	¥3,800.00	¥676,400.00
5	YG1004	电视机	销售2部	183	¥3,800.00	¥695,400.00
6	YG1003	电视机	销售2部	250	¥3,800.00	¥950,000.00
7	YG1002	电视机	销售1部	268	¥3,800.00	¥1,018,400.00
8	YG1001	洗衣机	销售1部	149	¥2,780.00	¥414,220.00
9	YG1005	洗衣机	销售1部	152	¥2,780.00	¥422,560.00
10	YG1002	洗衣机	销售1部	199	¥2,780.00	¥553,220.00
11	YG1006	洗衣机	销售2部	200	¥2,780.00	¥556,000.00
12	YG1004	洗衣机	销售2部	217	¥2,780.00	¥603,260.00
13	YG1003	洗衣机	销售2部	251	¥2,780.00	¥697,780.00
14	YG1002	冰箱	销售1部	118	¥4,580.00	¥540,440.00
15	YG1003	冰箱	销售2部	162	¥4,580.00	¥741,960.00
16	YG1001	冰箱	销售1部	195	¥4,580.00	¥893,100.00
17	YG1006	冰箱	销售2部	206	¥4,580.00	¥943,480.00
18	YG1005	冰箱	销售1部	208	¥4,580.00	¥952,640.00
19	YG1004	冰箱	销售2部	209	¥4,580.00	¥957,220.00
20	YG1005	空调	销售1部	136	¥4,200.00	¥571,200.00
21	YG1004	空调	销售2部	157	¥4,200.00	¥659,400.00
22	YG1002	空调	销售1部	174	¥4,200.00	¥730,800.00
23	YG1006	空调	销售2部	181	¥4,200.00	¥760,200.00
24	YG1003	空调	销售2部	185	¥4,200.00	¥777,000.00
25	YG1001	空调	销售1部	268	¥4,200.00	¥1,125,600.00

4.1.3 筛选出冰箱的销售情况

如果仅需要查看某一类商品的销售情况，如冰箱的销售情况，可以使用【筛选】功能，筛选出冰箱销售情况的具体操作步骤如下。

步骤 1 选择“4.1.3”工作表，选中数据区域的任意单元格，选择【开始】→【筛选】→【筛选】选项。

文件 开始 插入 页面布局 公式 数据 审阅 视图
条件格式 表格样式 单元格样式 求和 筛选 排序 填充 单元格
1 2 3
筛选(F) Ctrl+Shift+L
开启筛选-高级模式
重新应用(Y)
高级筛选(A)...
全部显示(C)
C6 fx 销售1部

	A	B	C	D	E
1	员工编号	销售产品	部门	上	
2	YG1001	电视机	销售1部		
3	YG1001	洗衣机	销售1部		
4	YG1001	冰箱	销售1部	105	90
5	YG1001	空调	销售1部	121	147
6	YG1002	电视机	销售1部	121	147
7	YG1002	洗衣机	销售1部	59	140
8	YG1002	冰箱	销售1部	68	50
9	YG1002	空调	销售1部	79	95
10	YG1003	电视机	销售2部	102	148
11	YG1003	洗衣机	销售2部	151	100
12	YG1003	冰箱	销售2部	102	60
13	YG1003	空调	销售2部	96	89
14	YG1004	电视机	销售2部	78	105
15	YG1004	洗衣机	销售2部	96	121

这样即可开启筛选状态，标题行右下角将显示筛选下拉按钮。

	A	B	C	D	E	F
1	员工编号	销售产品	部门	上半年销量	下半年销量	销售总量
2	YG1001	电视机	销售1部	45	82	127
3	YG1001	洗衣机	销售1部	89	60	149
4	YG1001	冰箱	销售1部	105	90	195
5	YG1001	空调	销售1部	121	147	268
6	YG1002	电视机	销售1部	121	147	268
7	YG1002	洗衣机	销售1部	59	140	199
8	YG1002	冰箱	销售1部	68	50	118
9	YG1002	空调	销售1部	79	95	174
10	YG1003	电视机	销售2部	102	148	250
11	YG1003	洗衣机	销售2部	151	100	251
12	YG1003	冰箱	销售2部	102	60	162
13	YG1003	空调	销售2部	96	89	185
14	YG1004	电视机	销售2部	78	105	183
15	YG1004	洗衣机	销售2部	96	121	217
16	YG1004	冰箱	销售2部	104	105	209
17	YG1004	空调	销售2部	89	68	157
18	YG1005	电视机	销售1部	99	79	178
19	YG1005	洗衣机	销售1部	100	52	152
20	YG1005	冰箱	销售1部	68	140	208
21	YG1005	空调	销售1部	86	50	136
22	YG1006	电视机	销售2部	50	95	145

步骤 2 单击【销售产品】后的下拉按钮，在弹出的面板中仅勾选【冰箱】复选框，单击【确定】按钮。

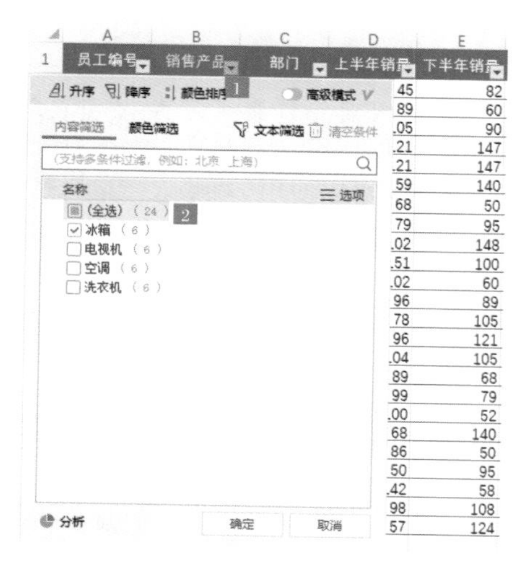

这时即可仅显示【销售产品】为冰箱的产品信息，效果如下图所示。

	A	B	C	D	E	F	G	H
1	员工编号	销售产品	部门	上半年销量	下半年销量	销售总量	单价	销售总额
4	YG1001	冰箱	销售1部	105	90	195	¥4,580.00	¥893,100.00
8	YG1002	冰箱	销售1部	68	50	118	¥4,580.00	¥540,440.00
12	YG1003	冰箱	销售2部	102	60	162	¥4,580.00	¥741,960.00
16	YG1004	冰箱	销售2部	104	105	209	¥4,580.00	¥957,220.00
20	YG1005	冰箱	销售1部	68	140	208	¥4,580.00	¥952,640.00
24	YG1006	冰箱	销售2部	98	108	206	¥4,580.00	¥943,480.00

Tips

如果要结束筛选，可再次选择【开始】→【筛选】→【筛选】选项。

4.1.4 筛选出销售总额前 3 名的员工

下面通过筛选操作，仅显示销售总额前 3 名的员工的销售信息，具体操作步骤如下。

步骤 1 选择“4.1.4”工作表，选中数据区域的任意单元格，选择【开始】→【筛选】→【筛选】选项，开启筛选模式。单击【销售总额】右下角的下拉按钮，在弹出的筛选面板中选择【数字筛选】→【前十项】选项。

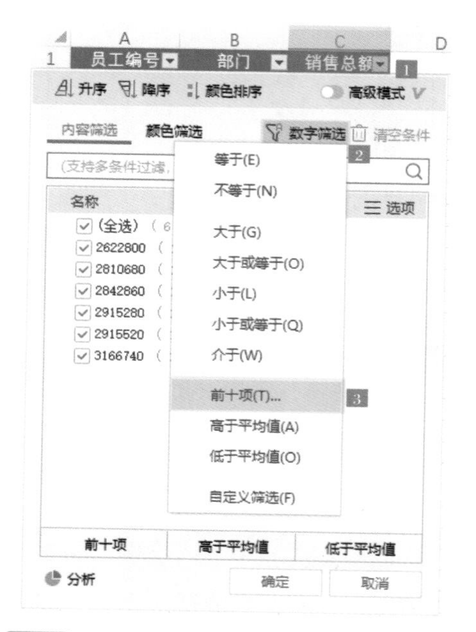

步骤 2 弹出【自动筛选前 10 个】对话框，设置项数为“3”，单击【确定】按钮。

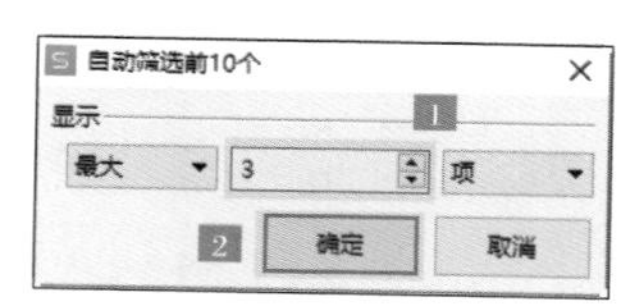

这时即可看到筛选出的销售总额前 3 名员工的销售信息，如下图所示。

	A	B	C
1	员工编号	部门	销售总额
2	YG1001	销售1部	2915520
4	YG1003	销售2部	3166740
5	YG1004	销售2部	2915280

Tips

筛选条件有多个时，可以依次执行筛选条件。如要筛选“销售 1 部”销售额前 2 名的员工，可以先在 B 列筛选出“销售 1 部”的数据，再在 C 列筛选销售额前 2 名的员工。

案例总结及注意事项

（1）单条件排序数据时，需要选中排序列数据区域的任意单元格，自定义排序时需选中数据区域的任意单元格。

（2）需要自定义排序规则或按多个条件排序时，可自定义排序序列。

（3）开启筛选模式后，如果要显示所有数据，而不结束筛选状态，可选择【开始】→【筛选】→【全部显示】选项。

（4）在【筛选】界面，可以将筛选结果按升序或降序排序，这样更容易观察筛选的内容。另外，根据筛选列数据的类型，显示的筛选界面会有差别。

动手练习：公司商品销售表的排序与筛选

练习背景：

汇总后的公司商品销售表，包含产品名称、销售区域、各季度销量及总销量等内容，为了更清晰地了解不同区域的商品销售情况，现在公司需要你按照以下要求完成对数据的处理。

练习要求：

（1）按照销售区域“华南、华北、华中、华东”的顺序对公司商品销售表中的数据进行排序，且各区域内按总销量从高到低的顺序排序。

（2）完成要求（1）后，筛选出空调总销量大于 500 的区域。

练习目的：

（1）掌握对数据进行排序的方法。

（2）掌握高级筛选的操作方法。

本节素材结果文件	
	素材 \ch04\ 公司商品销售表 .et
	结果 \ch04\ 公司商品销售表 .et

动手练习效果展示

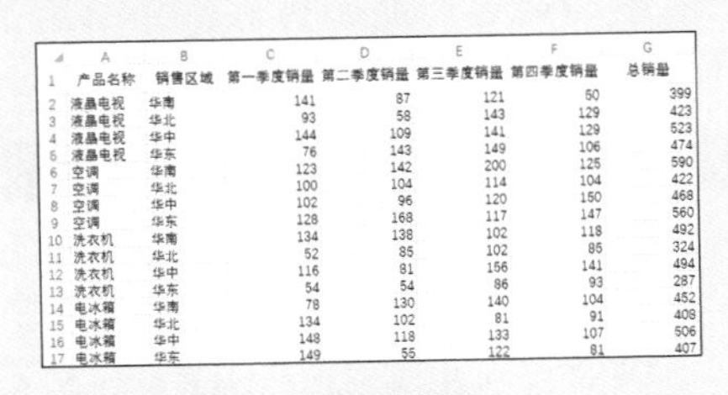

	A	B	C	D	E	F	G
1	产品名称	销售区域	第一季度销量	第二季度销量	第三季度销量	第四季度销量	总销量
2	液晶电视	华南	141	87	121	50	399
3	液晶电视	华北	93	58	143	129	423
4	液晶电视	华中	144	109	141	129	523
5	液晶电视	华东	76	143	149	106	474
6	空调	华南	123	142	200	125	590
7	空调	华北	100	104	114	104	422
8	空调	华中	102	96	120	150	468
9	空调	华东	128	168	117	147	560
10	洗衣机	华南	134	138	102	118	492
11	洗衣机	华北	52	85	102	85	324
12	洗衣机	华中	116	81	156	141	494
13	洗衣机	华东	54	54	86	93	287
14	电冰箱	华南	78	130	140	104	452
15	电冰箱	华北	134	102	81	91	408
16	电冰箱	华中	148	118	133	107	506
17	电冰箱	华东	149	55	122	81	407

公司商品销售表

	A	B	C	D	E	F	G
1	产品名称	销售区域	第一季度销量	第二季度销量	第三季度销量	第四季度销量	总销量
2	空调	华南	123	142	200	125	590
3	洗衣机	华南	134	138	102	118	492
4	电冰箱	华南	78	130	140	104	452
5	液晶电视	华南	141	87	121	50	399
6	液晶电视	华北	93	58	143	129	423
7	空调	华北	100	104	114	104	422
8	电冰箱	华北	134	102	81	91	408
9	洗衣机	华北	52	85	102	85	324
10	液晶电视	华中	144	109	141	129	523
11	电冰箱	华中	148	118	133	107	506
12	洗衣机	华中	116	81	156	141	494
13	空调	华中	102	96	120	150	468
14	空调	华东	128	168	117	147	560
15	液晶电视	华东	76	143	149	106	474
16	电冰箱	华东	149	55	122	81	407
17	洗衣机	华东	54	54	86	93	287

对数据进行排序后的效果

	A	B	C	D	E	F	G
1	产品名称	销售区域	第一季度销量	第二季度销量	第三季度销量	第四季度销量	总销量
5	空调	华南	123	142	200	125	590
17	空调	华东	128	168	117	147	560
18							
19							
20							
21	产品名称	总销量					
22	空调	>500					

筛选数据后的效果

4.2 跟踪热销产品

随着产品销售数据的增多，仅凭肉眼已经很难从众多的产品销售清单中发现热销产品的销售趋势，这就需要使用条件格式将热销产品的销售数据突出显示出来。

【条件格式】菜单及功能介绍如下。

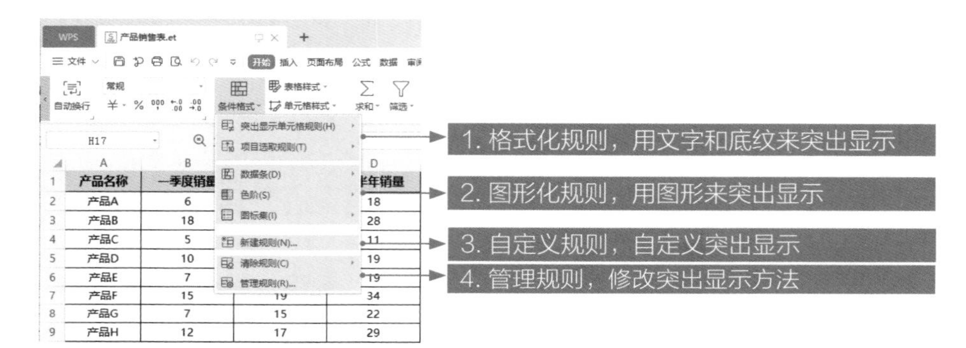

下面通过产品销售表，介绍用条件格式功能跟踪热销产品的方法。

本节素材结果文件	
	素材 \ch04\ 产品销售表 .et
	结果 \ch04\ 产品销售表 .et、产品销售表 1.et

“产品销售表 .et”素材文件收集了各类产品名称、一季度销量、二季度销量、单价及销售额等信息，现在需要通过这些数据将热销的产品突出显示出来。

案例效果

产品名称	一季度销量	二季度销量	上半年销量	单价	销售额
产品A	6	12	18	¥ 1,050	¥ 18,900
产品B	18	10	28	¥ 900	¥ 25,200
产品C	5	6	11	¥ 1,100	¥ 12,100
产品D	10	9	19	¥ 1,200	¥ 22,800
产品E	7	12	19	¥ 1,500	¥ 28,500
产品F	15	19	34	¥ 1,050	¥ 35,700
产品G	7	15	22	¥ 900	¥ 19,800
产品H	12	17	29	¥ 1,100	¥ 31,900
产品I	8	10	18	¥ 1,200	¥ 21,600
产品J	9	6	15	¥ 1,500	¥ 22,500
产品K	5	13	18	¥ 1,050	¥ 18,900
产品L	9	11	20	¥ 900	¥ 18,000
产品M	11	18	29	¥ 1,100	¥ 31,900
产品N	15	10	25	¥ 1,200	¥ 30,000
产品O	8	7	15	¥ 1,500	¥ 22,500

产品销售表

产品名称	一季度销量	二季度销量	上半年销量	单价	销售额
产品A	6	12	18	¥ 1,050	¥ 18,900
产品B	18	10	28	¥ 900	¥ 25,200
产品C	5	6	11	¥ 1,100	¥ 12,100
产品D	10	9	19	¥ 1,200	¥ 22,800
产品E	7	12	19	¥ 1,500	¥ 28,500
产品F	15	19	34	¥ 1,050	¥ 35,700
产品G	7	15	22	¥ 900	¥ 19,800
产品H	12	17	29	¥ 1,100	¥ 31,900
产品I	8	10	18	¥ 1,200	¥ 21,600
产品J	9	6	15	¥ 1,500	¥ 22,500
产品K	5	13	18	¥ 1,050	¥ 18,900
产品L	9	11	20	¥ 900	¥ 18,000
产品M	11	18	29	¥ 1,100	¥ 31,900
产品N	15	10	25	¥ 1,200	¥ 30,000
产品O	8	7	15	¥ 1,500	¥ 22,500

上半年销量前三及一季度、二季度销量对比

	A	B	C	D	E	F
1	产品名称	一季度销量	二季度销量	上半年销量	单价	销售额
2	产品A	6	12	18	¥ 1,050	¥ 18,900
3	产品B	18	10	28	¥ 900	¥ 25,200
4	产品C	5	6	11	¥ 1,100	¥ 12,100
5	产品D	10	9	19	¥ 1,200	¥ 22,800
6	产品E	7	12	19	¥ 1,500	¥ 28,500
7	产品F	15	19	34	¥ 1,050	¥ 35,700
8	产品G	7	15	22	¥ 900	¥ 19,800
9	产品H	12	17	29	¥ 1,100	¥ 31,900
10	产品I	8	10	18	¥ 1,200	¥ 21,600
11	产品J	9	6	15	¥ 1,500	¥ 22,500
12	产品K	5	13	18	¥ 1,050	¥ 18,900
13	产品L	9	11	20	¥ 900	¥ 18,000
14	产品M	11	18	29	¥ 1,100	¥ 31,900
15	产品N	15	10	25	¥ 1,200	¥ 30,000
16	产品O	8	7	15	¥ 1,500	¥ 22,500

突出热销产品

4.2.1 用格式化规则找到销量前 3 名的产品

【格式化规则】是【WPS 表格】程序内置的一套方法，用于快速查找并突出显示需要查找的内容，其设置方式包括【突出显示单元格规则】和【项目选取规则】两类。

Tips

【突出显示单元格规则】用于突出大于、小于、介于、等于，以及文本包含某一个值的单元格。【项目选取规则】用于突出排名靠前或靠后、数值位于前 10% 或后 10%，以及高于或低于平均值的单元格等。

下面给出一个案例，查找上半年销量的前 3 名，并突出显示出来。其中使用了【项目选取规则】，具体操作步骤如下。

步骤 1 打开素材文件，选中 D2:D16 单元格区域，选择【开始】→【条件格式】→【项目选取规则】→【其他规则】选项。

步骤 2 打开【新建格式规则】对话框，选择【仅对排名靠前或靠后的数值设置格式】选项，在【为以下排名内的值设置格式】中设置【前】为“3”，单击【格式】按钮。

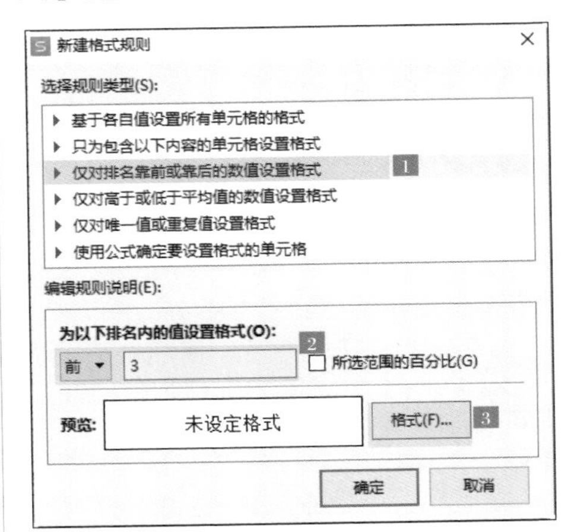

Tips

要求突出单元格值排名前 3 的单元格，但【项目选取规则】中没有这个选项，因此，需要自定义条件值为“3”。

步骤 3 弹出【单元格格式】对话框，在【字体】选项卡中设置【颜色】为“深红”。

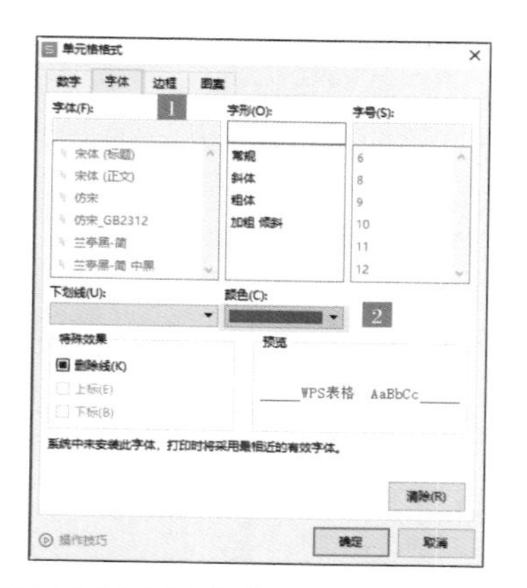

步骤 4 选择【图案】选项卡，设置一种填充颜色，单击【确定】按钮。

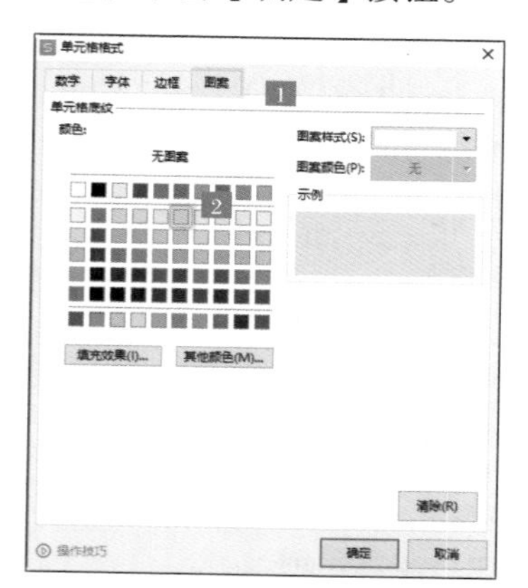

步骤 5 返回【新建格式规则】对话框，即可看到设置格式后的效果预览，单击【确定】按钮。

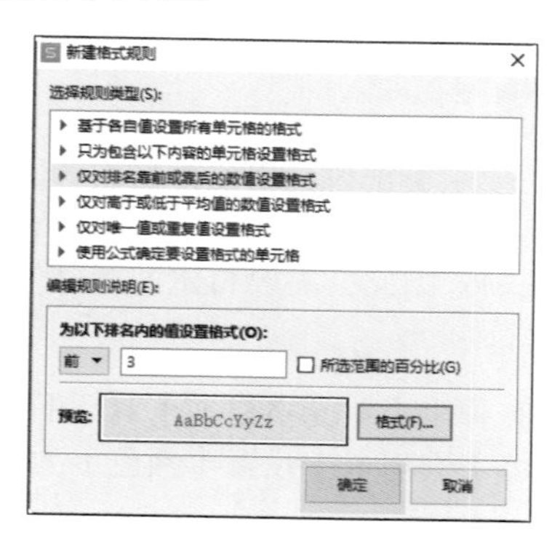

可看到 D2:D16 单元格区域中单元格值排名前 3 的单元格以浅红色填充色、深红色文本显示。

	A	B	C	D	E	F
1	产品名称	一季度销量	二季度销量	上半年销量	单价	销售额
2	产品A	6	12	18	¥ 1,050	¥ 18,900
3	产品B	18	10	28	¥ 900	¥ 25,200
4	产品C	5	6	11	¥ 1,100	¥ 12,100
5	产品D	10	9	19	¥ 1,200	¥ 22,800
6	产品E	7	12	19	¥ 1,500	¥ 28,500
7	产品F	15	19	34	¥ 1,050	¥ 35,700
8	产品G	7	15	22	¥ 900	¥ 19,800
9	产品H	12	17	29	¥ 1,100	¥ 31,900
10	产品I	8	10	18	¥ 1,200	¥ 21,600
11	产品J	9	6	15	¥ 1,500	¥ 22,500
12	产品K	5	13	18	¥ 1,050	¥ 18,900
13	产品L	9	11	20	¥ 900	¥ 18,000
14	产品M	11	18	29	¥ 1,100	¥ 31,900
15	产品N	15	10	25	¥ 1,200	¥ 30,000
16	产品O	8	7	15	¥ 1,500	¥ 22,500

4.2.2 用图形化规则快速对比产品销量

用图形来突出显示，指的是根据所选内容值的大小，用不同的图形或颜色对特定单元格突出显示，包括【数据条】【色阶】及【图标集】3 种类型。这 3 种类型的适用场景及展示效果如下表所示。

类型	适用场景	展示效果
数据条	同系列数值间的大小比较	不同长度的数据条，值越大，数据条越长
色阶	识别数据的重点关注区间	颜色渐变区间，值越大，颜色越深
图标集	标识数据属于哪个区域	不同的图标，同区间的值用相同图标

下面，将在产品销售表中分别将一季度销量值和二季度销量值用数据条突出显示出来，并通过自定义设置将两个季度的数据条用类似“旋风图”的效果进行对比，具体操作步骤如下。

步骤 1 接 4.2.1 小节继续操作，选中 B2:B16 单元格区域，选择【开始】→【条件格式】→【数据条】→【实心填充】→【蓝色数据条】选项。

这时即可看到 B2:B16 单元格区域的单元格中会增加蓝色数据条。

产品名称	一季度销量	二季度销量	上半年销量	单价	销售额
产品A	6	12	18	¥ 1,050	¥ 18,900
产品B	18	10	28	¥ 900	¥ 25,200
产品C	5	6	11	¥ 1,100	¥ 12,100
产品D	10	9	19	¥ 1,200	¥ 22,800
产品E	7	12	19	¥ 1,500	¥ 28,500
产品F	15	19	34	¥ 1,050	¥ 35,700
产品G	7	15	22	¥ 900	¥ 19,800
产品H	12	17	29	¥ 1,100	¥ 31,900
产品I	8	10	18	¥ 1,200	¥ 21,600
产品J	9	6	15	¥ 1,500	¥ 22,500
产品K	5	13	18	¥ 1,050	¥ 18,900
产品L	9	11	20	¥ 900	¥ 18,000
产品M	11	18	29	¥ 1,100	¥ 31,900
产品N	15	10	25	¥ 1,200	¥ 30,000
产品O	8	7	15	¥ 1,500	¥ 22,500

步骤 2 使用同样的方法为 C2:C16 单元格区域的单元格添加紫色数据条，即可得到两组不同颜色的数据条。

产品名称	一季度销量	二季度销量	上半年销量	单价	销售额
产品A	6	12	18	¥ 1,050	¥ 18,900
产品B	18	10	28	¥ 900	¥ 25,200
产品C	5	6	11	¥ 1,100	¥ 12,100
产品D	10	9	19	¥ 1,200	¥ 22,800
产品E	7	12	19	¥ 1,500	¥ 28,500
产品F	15	19	34	¥ 1,050	¥ 35,700
产品G	7	15	22	¥ 900	¥ 19,800
产品H	12	17	29	¥ 1,100	¥ 31,900
产品I	8	10	18	¥ 1,200	¥ 21,600
产品J	9	6	15	¥ 1,500	¥ 22,500
产品K	5	13	18	¥ 1,050	¥ 18,900
产品L	9	11	20	¥ 900	¥ 18,000
产品M	11	18	29	¥ 1,100	¥ 31,900
产品N	15	10	25	¥ 1,200	¥ 30,000
产品O	8	7	15	¥ 1,500	¥ 22,500

步骤 3 选择 B2:B16 单元格区域，单击【条件格式】→【管理规则】按钮。

步骤 4 打开【条件格式规则管理器】对话框，单击【编辑规则】按钮。

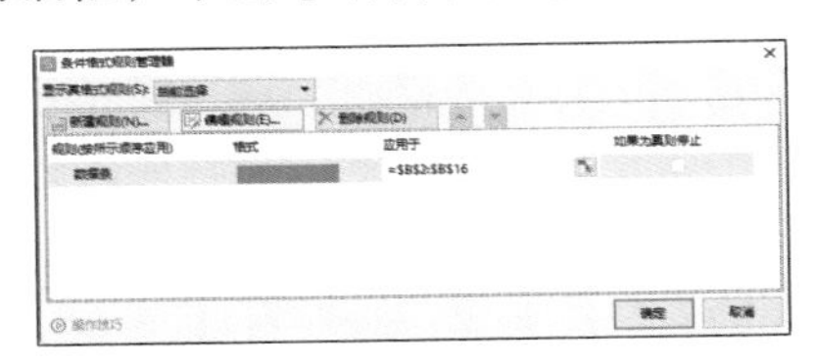

步骤 5 打开【编辑规则】对话框，设置【条形图方向】为“从右到左”，单击【确定】按钮。

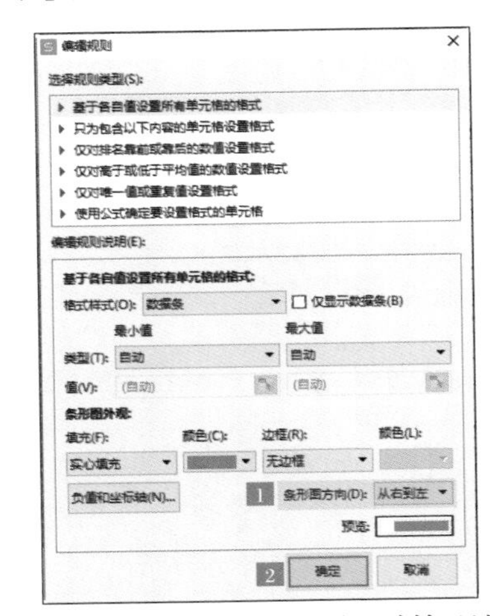

步骤 6 返回【条件格式规则管理器】对话框，单击【确定】按钮。然后将 B 列数据设置为左对齐，将 C 列数据设置为右对齐，即可看到类似“旋风图”效果。

	A	B	C	D	E	F
1	产品名称	一季度销量	二季度销量	上半年销量	单价	销售额
2	产品A	6	12	18	¥ 1,050	¥ 18,900
3	产品B	18	10	28	¥ 900	¥ 25,200
4	产品C	5	6	11	¥ 1,100	¥ 12,100
5	产品D	10	9	19	¥ 1,200	¥ 22,800
6	产品E	7	12	19	¥ 1,500	¥ 28,500
7	产品F	15	19	34	¥ 1,050	¥ 35,700
8	产品G	7	15	22	¥ 900	¥ 19,800
9	产品H	12	17	29	¥ 1,100	¥ 31,900
10	产品I	8	10	18	¥ 1,200	¥ 21,600
11	产品J	9	6	15	¥ 1,500	¥ 22,500
12	产品K	5	13	18	¥ 1,050	¥ 18,900
13	产品L	9	11	20	¥ 900	¥ 18,000
14	产品M	11	18	29	¥ 1,100	¥ 31,900
15	产品N	15	10	25	¥ 1,200	¥ 30,000
16	产品O	8	7	15	¥ 1,500	¥ 22,500

4.2.3 用自定义规则突出热销产品

默认情况下，WPS 内置的方法仅能突出显示满足条件的数据本身所在的单元格，而不能突出显示与之相关的其他内容。除了 WPS 表格内置的方法外，还可以根据需要自定义突出显示。

在下面的案例中，如果需要同时突出显示销售额大于 25000 元的产品的所有相关内容，可以通过设置自定义突出显示规则来突出显示整行。具体操作步骤如下。

步骤 1 打开素材文件，选中 A2:F16 单元格区域，选择【开始】→【条件格式】→【新建规则】选项。

文件 开始 插入 页面布局 公式 数据 审阅 视图 开发工具 特色功能
自动换行 常规 条件格式 表格样式 单元格样式 求和 筛选 排序 填充 单元格 行和列
1 2
突出显示单元格规则(H)
项目选取规则(T)
数据条(D)
色阶(S)
图标集(I)
新建规则(N)...
清除规则(C)
管理规则(R)...

	A	B	C	D	E	F
1	产品名称	一季度销量		半年销量	单价	销售额
2	产品A	6		18	¥ 1,050	¥ 18,900
3	产品B	18		28	¥ 900	¥ 25,200
4	产品C	5			¥ 1,100	¥ 12,100
5	产品D	10		19	¥ 1,200	¥ 22,800
6	产品E	7		19	¥ 1,500	¥ 28,500
7	产品F	15	19	34	¥ 1,050	¥ 35,700
8	产品G	7	15	22	¥ 900	¥ 19,800
9	产品H	12	17	29	¥ 1,100	¥ 31,900
10	产品I	8	10	18	¥ 1,200	¥ 21,600
11	产品J	9	6	15	¥ 1,500	¥ 22,500
12	产品K	5	13	18	¥ 1,050	¥ 18,900
13	产品L	9	11	20	¥ 900	¥ 18,000
14	产品M	11	18	29	¥ 1,100	¥ 31,900
15	产品N	15	10	25	¥ 1,200	¥ 30,000
16	产品O	8	7	15	¥ 1,500	¥ 22,500

Tips

步骤 1 中选择的区域非常关键，选取的范围就是自定义规则的应用范围。

步骤 2 打开【新建格式规则】对话框，单击【选择规则类型】列表框中的【使用公式确定要设置格式的单元格】选项，在【只为满足以下条件的单元格设置格式】文本框中输入“=$F2> 25000”，单击【格式】按钮。

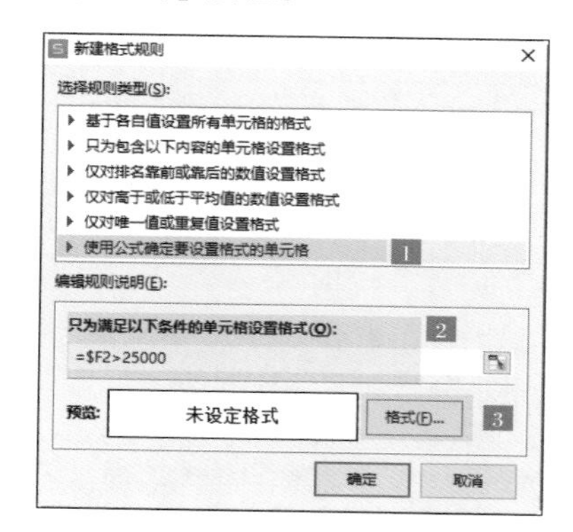

Tips

公式的相关知识会在后面的章节中介绍，这里先按照要求输入即可。

步骤 3 打开【单元格格式】对话框，在【字体】选项卡中设置【颜色】为“白色”，在【图案】选项卡中设置填充颜色为“巧克力黄”，单击【确定】按钮。

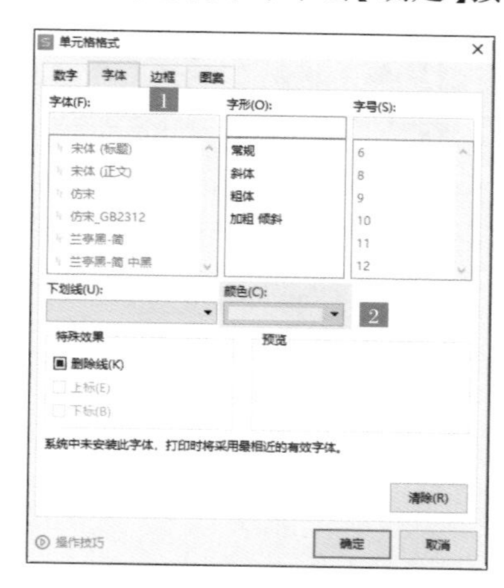

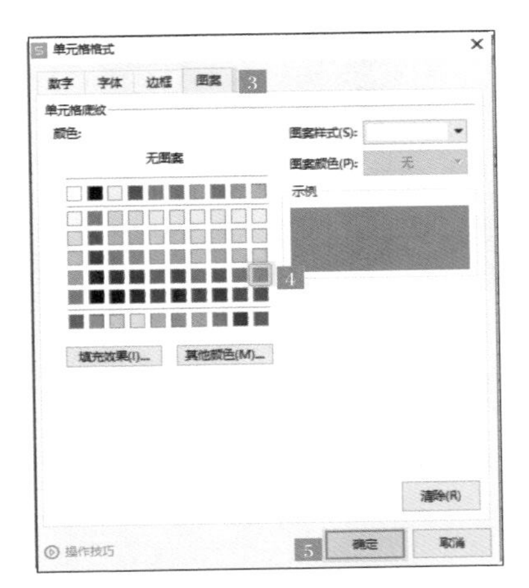

步骤 4 返回【新建格式规则】对话框，单击【确定】按钮。

可看到将自定义规则应用到表格中的效果，如下图所示。

产品名称	一季度销量	二季度销量	上半年销量	单价	销售额
产品A	6	12	18	¥ 1,050	¥ 18,900
产品B	18	10	28	¥ 900	¥ 25,200
产品C	5	6	11	¥ 1,100	¥ 12,100
产品D	10	9	19	¥ 1,200	¥ 22,800
产品E	7	12	19	¥ 1,500	¥ 28,500
产品F	15	19	34	¥ 1,050	¥ 35,700
产品G	7	15	22	¥ 900	¥ 19,800
产品H	12	17	29	¥ 1,100	¥ 31,900
产品I	8	10	18	¥ 1,200	¥ 21,600
产品J	9	6	15	¥ 1,500	¥ 22,500
产品K	5	13	18	¥ 1,050	¥ 18,900
产品L	9	11	20	¥ 900	¥ 18,000
产品M	11	18	29	¥ 1,100	¥ 31,900
产品N	15	10	25	¥ 1,200	¥ 30,000
产品O	8	7	15	¥ 1,500	¥ 22,500

案例总结及注意事项

（1）选择要根据条件突出显示部分单元格的区域是设置条件格式的第一步。

（2）如果突出显示的要求符合 WPS 内置的方法，可直接使用 WPS 内置的方法；如果两者类似，可使用内置方法中的【其他规则】选项对内置方法进行修改；如果两者差别较大，可根据要求自定义突出显示。

（3）设置字体颜色与单元格底纹颜色时，要确保能看清数字。

（4）字体颜色与单元格底纹颜色的搭配要使整张表看起来协调。

动手练习：用条件格式分析公司员工销售业绩

练习背景：

公司员工销售业绩表中统计了公司员工 2019 年的销售业绩和 2018 年的销售业绩，为了直观看出各员工 2019 年销售业绩较 2018 年销售业绩的增减变化情况，现在公司需要你按以下要求处理数据。

练习要求：

2019 年销售业绩与 2018 年销售业绩的差额≥ 100000 时，在数字前显示↑；100000 >差额≥ 30000 时，显示↗；30000 >差额> -30000 时，显示→；-30000 ≥差额> -100000 时，显示↘；差额≤ -100000 时，显示↓。

练习目的：

（1）掌握设置条件格式的方法。

（2）掌握编辑自定义规则的方法。

本节素材结果文件	
	素材 \ch04\ 公司员工销售业绩 .et
	结果 \ch04\ 公司员工销售业绩 .et

动手练习效果展示

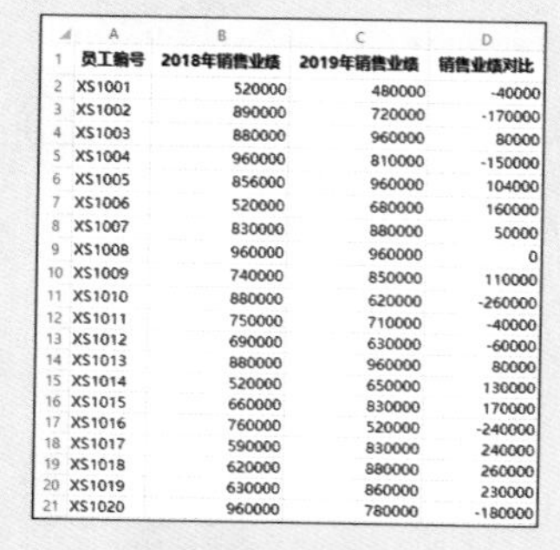

	A	B	C	D
1	员工编号	2018年销售业绩	2019年销售业绩	销售业绩对比
2	XS1001	520000	480000	-40000
3	XS1002	890000	720000	-170000
4	XS1003	880000	960000	80000
5	XS1004	960000	810000	-150000
6	XS1005	856000	960000	104000
7	XS1006	520000	680000	160000
8	XS1007	830000	880000	50000
9	XS1008	960000	960000	0
10	XS1009	740000	850000	110000
11	XS1010	880000	620000	-260000
12	XS1011	750000	710000	-40000
13	XS1012	690000	630000	-60000
14	XS1013	880000	960000	80000
15	XS1014	520000	650000	130000
16	XS1015	660000	830000	170000
17	XS1016	760000	520000	-240000
18	XS1017	590000	830000	240000
19	XS1018	620000	880000	260000
20	XS1019	630000	860000	230000
21	XS1020	960000	780000	-180000

公司员工销售业绩

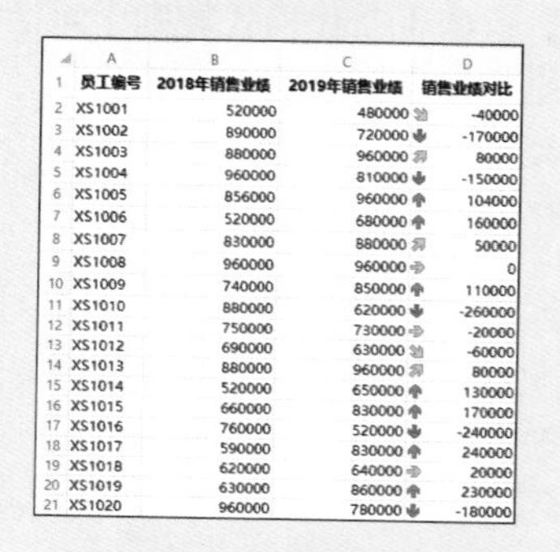

	A	B	C	D
1	员工编号	2018年销售业绩	2019年销售业绩	销售业绩对比
2	XS1001	520000	480000 ↘	-40000
3	XS1002	890000	720000 ↓	-170000
4	XS1003	880000	960000 ↗	80000
5	XS1004	960000	810000 ↓	-150000
6	XS1005	856000	960000 ↑	104000
7	XS1006	520000	680000 ↑	160000
8	XS1007	830000	880000 ↗	50000
9	XS1008	960000	960000 →	0
10	XS1009	740000	850000 ↑	110000
11	XS1010	880000	620000 ↓	-260000
12	XS1011	750000	730000 →	-20000
13	XS1012	690000	630000 ↘	-60000
14	XS1013	880000	960000 ↗	80000
15	XS1014	520000	650000 ↑	130000
16	XS1015	660000	830000 ↑	170000
17	XS1016	760000	520000 ↓	-240000
18	XS1017	590000	830000 ↑	240000
19	XS1018	620000	640000 →	20000
20	XS1019	630000	860000 ↑	230000
21	XS1020	960000	780000 ↓	-180000

销售业绩对比效果

4.3 合并各区域财务报表

总公司经常需要对各区域（或各部门）的数据进行汇总，有时需要将不同时期的数据整合到一张表中，这时，就可以使用合并计算功能。通过合并计算，可以将多张格式相同或类似的表格合并到一张表格中。“合并计算”有两种方法：一是按位置合并计算；二是按类别合并计算。

Tips

合并计算的数据源区域可以是同一工作表中的不同表格，也可以是同一工作簿中的不同工作表，还可以是不同工作簿中的表格。

合并计算按钮位于【数据】选项卡中，位置如下图所示。

下面通过两个典型案例，介绍使用合并计算功能将多张表格合并到一张表格中的方法。

本节素材结果文件	
	素材 \ch04\ 按位置合并商品销售表 .et、按类别合并商品销售表 .et
	结果 \ch04\ 按位置合并商品销售表 .et、按类别合并商品销售表 .et

案例效果

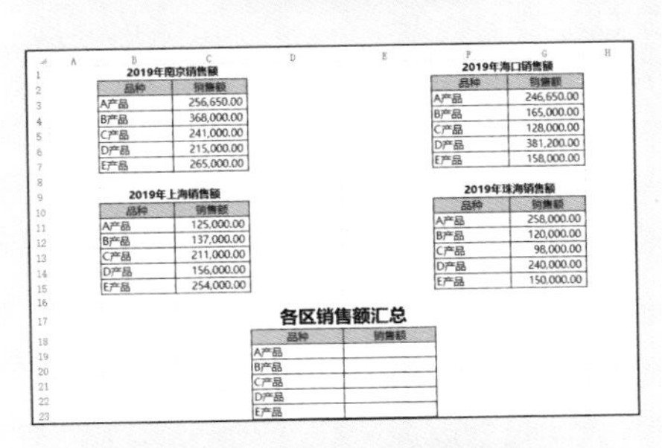

2019年南京销售额

品种	销售额
A产品	256,650.00
B产品	368,000.00
C产品	241,000.00
D产品	215,000.00
E产品	265,000.00

2019年海口销售额

品种	销售额
A产品	246,650.00
B产品	165,000.00
C产品	128,000.00
D产品	381,200.00
E产品	158,000.00

2019年上海销售额

品种	销售额
A产品	125,000.00
B产品	137,000.00
C产品	211,000.00
D产品	156,000.00
E产品	254,000.00

2019年珠海销售额

品种	销售额
A产品	258,000.00
B产品	120,000.00
C产品	98,000.00
D产品	240,000.00
E产品	150,000.00

各区销售额汇总

品种	销售额
A产品	
B产品	
C产品	
D产品	
E产品	

处理前的按位置合并商品销售表

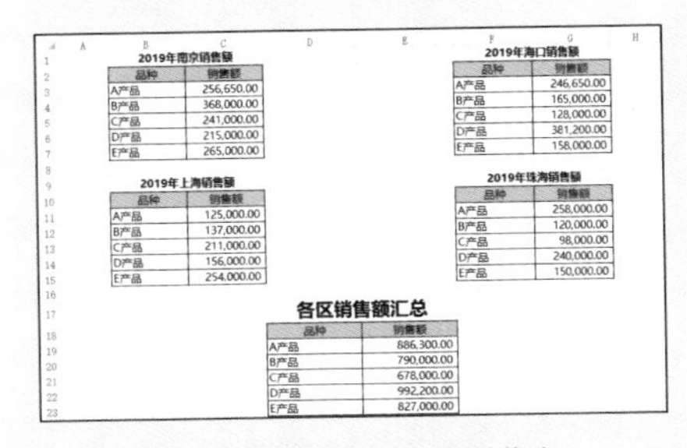

2019年南京销售额

品种	销售额
A产品	256,650.00
B产品	368,000.00
C产品	241,000.00
D产品	215,000.00
E产品	265,000.00

2019年海口销售额

品种	销售额
A产品	246,650.00
B产品	165,000.00
C产品	128,000.00
D产品	381,200.00
E产品	158,000.00

2019年上海销售额

品种	销售额
A产品	125,000.00
B产品	137,000.00
C产品	211,000.00
D产品	156,000.00
E产品	254,000.00

2019年珠海销售额

品种	销售额
A产品	258,000.00
B产品	120,000.00
C产品	98,000.00
D产品	240,000.00
E产品	150,000.00

各区销售额汇总

品种	销售额
A产品	886,300.00
B产品	790,000.00
C产品	678,000.00
D产品	992,200.00
E产品	827,000.00

处理后的按位置合并商品销售表

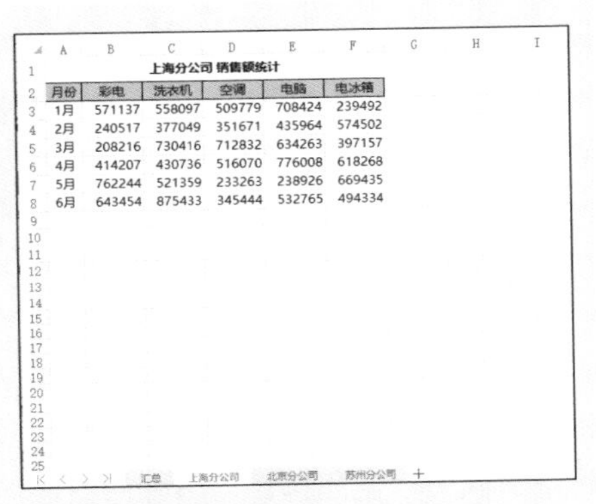

上海分公司 销售额统计

月份	彩电	洗衣机	空调	电脑	电冰箱
1月	571137	558097	509779	708424	239492
2月	240517	377049	351671	435964	574502
3月	208216	730416	712832	634263	397157
4月	414207	430736	516070	776008	618268
5月	762244	521359	233263	238926	669435
6月	643454	875433	345444	532765	494334

处理前的按类别合并商品销售表

	彩电	洗衣机	空调	电脑	电冰箱	手机
1月	1326555	1390727	1421801	2177734	1326435	303160
2月	993564	1246289	1386236	1527307	1623743	436095
3月	1468595	1672755	1537553	1527688	1121162	357428
4月	1165353	1385206	1251794	2148861	1284707	523433
5月	1778673	1859782	1173682	1365270	2137496	530968
6月	2160058	1645623	1141992	1703882	1256566	443599
7月	646442	825086	706058	1439170	643441	448329
8月	466501	820390	1187656	1248400	643758	531838
9月	944047	978857	1020165	942144	855254	558633
10月	609369	257527	553055	698574	748326	
11月	525744	752645	634942	315426	254796	
12月	382240	303898	302393	785028	238656	

处理后的按类别合并商品销售表

4.3.1 按报表位置合并计算

打开“素材 \ch04\ 按位置合并商品销售表 .et”文件，表格中包含“2019 年南京销售额”“2019 年海口销售额”“2019 年上海销售额”“2019 年珠海销售额”4 组数据，以及各区销售额汇总。

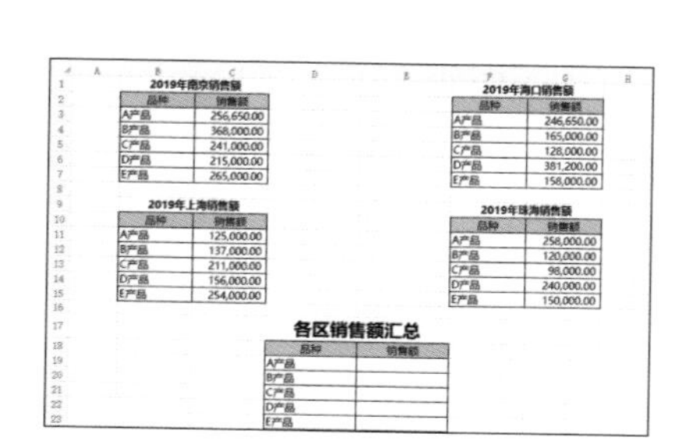

使用按位置合并的方式，WPS 不关心多张数据表的行、列标题是否相同，只是将数据源表格相同位置上的数据进行简单的合并计算。如果数据源表格结构不同，则会出现计算错误。

在本例中可以看到，每张表格都有品种和销售额列，行、列标题完全相同。在这种数据源表结构完全相同的情况下，就可以使用按位置合并的方式。具体操作步骤如下。

步骤 1 打开“按位置合并商品销售表.et”素材文件，选择 E19 单元格，单击【数据】→【合并计算】按钮。

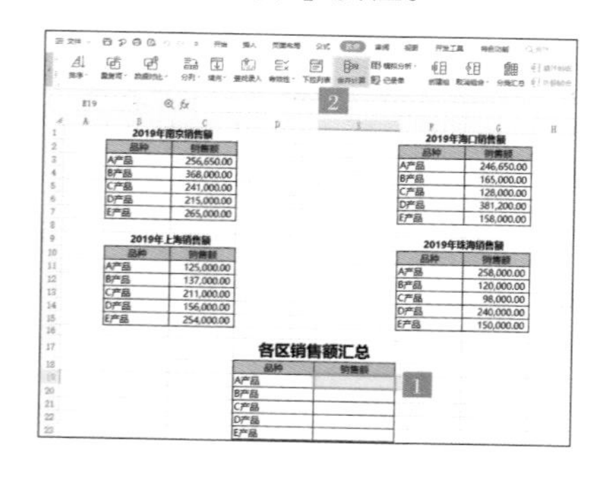

Tips

数据合并计算会从当前选择的单元格开始。

步骤 2 弹出【合并计算】对话框，设置【函数】为“求和”，将光标放在【引用位置】文本框中，直接选择 C3:C7 单元格区域。

	A	B	C
1		2019年南京销售额	
2		品种	销售额
3		A产品	256,650.00
4		B产品	368,000.00
5		C产品	241,000.00
6		D产品	215,000.00
7		E产品	265,000.00

步骤 3 单击【添加】按钮，将其添加至【所有引用位置】列表框中。

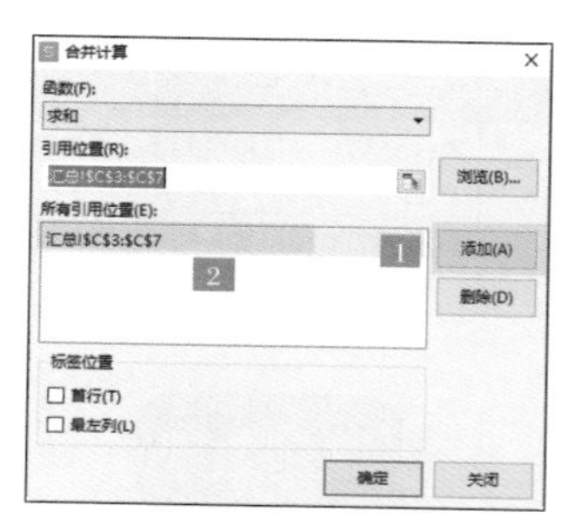

步骤 4 同样，选择 G3:G7 单元格区域，并将其添加至【所有引用位置】列表框。

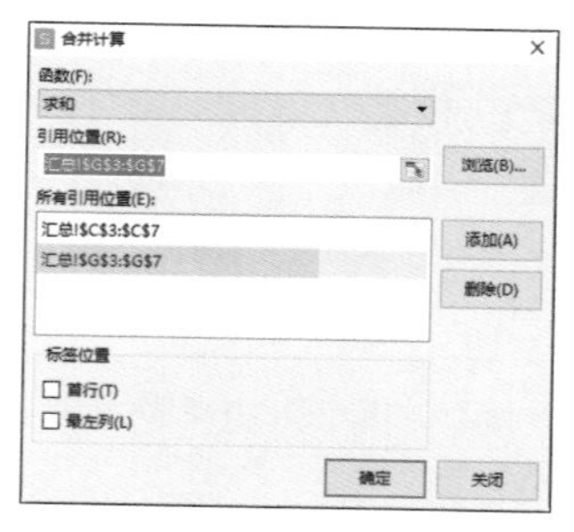

步骤 5 使用同样的方法，添加 C11:C15 及 G11:G15 单元格区域，完成后单击【确定】按钮。

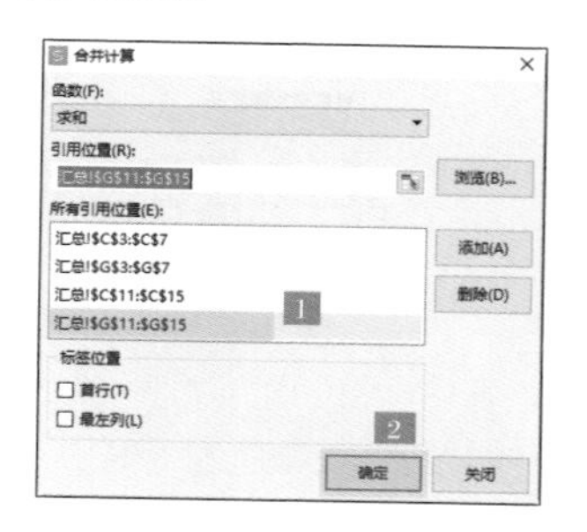

这时即可看到按位置合并计算后的最终效果，如下图所示。

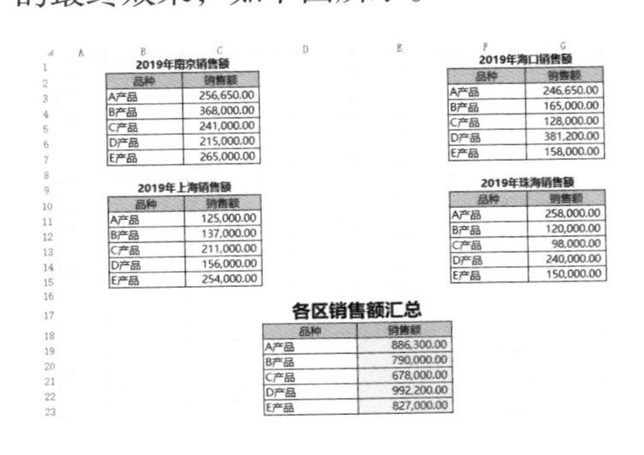

2019年南京销售额

品种	销售额
A产品	256,650.00
B产品	368,000.00
C产品	241,000.00
D产品	215,000.00
E产品	265,000.00

2019年海口销售额

品种	销售额
A产品	246,650.00
B产品	165,000.00
C产品	128,000.00
D产品	381,200.00
E产品	158,000.00

2019年上海销售额

品种	销售额
A产品	125,000.00
B产品	137,000.00
C产品	211,000.00
D产品	156,000.00
E产品	254,000.00

2019年珠海销售额

品种	销售额
A产品	258,000.00
B产品	120,000.00
C产品	98,000.00
D产品	240,000.00
E产品	150,000.00

各区销售额汇总

品种	销售额
A产品	886,300.00
B产品	790,000.00
C产品	678,000.00
D产品	992,200.00
E产品	827,000.00

Tips

合并计算的数据必须是数值型数据，只有数字才可以合并或进行计算。

4.3.2 由多个财务报表快速生成汇总表

打开“素材 \ch04\ 按类别合并商品销售表 .et”文件，文件中包含上海分公司、北京分公司和苏州分公司 3 张工作表及 1 张空白的汇总工作表。

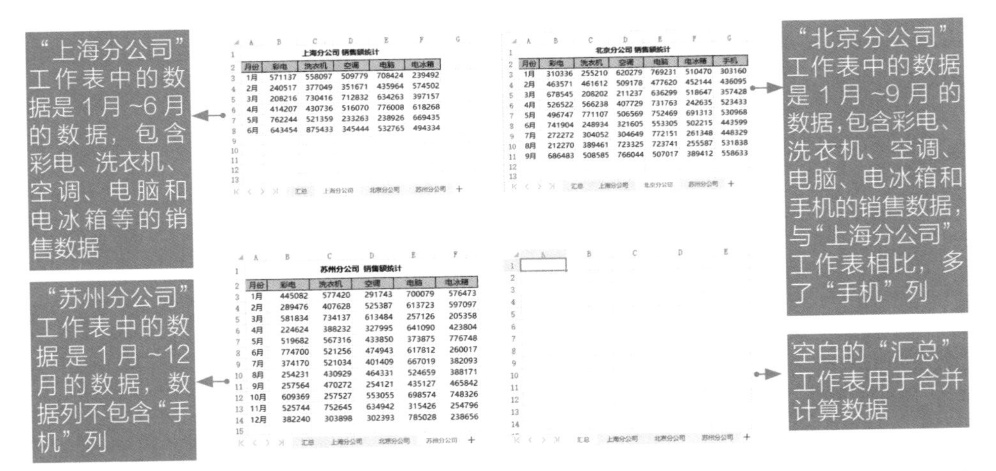

上海分公司 销售额统计

月份	彩电	洗衣机	空调	电脑	电冰箱
1月	571137	558097	509779	708424	239492
2月	240517	377049	351671	435964	574502
3月	208216	730416	712832	634263	397157
4月	414207	430736	516070	776008	618268
5月	762244	521359	233263	238926	669435
6月	643454	875433	345444	532765	494334

北京分公司 销售额统计

月份	彩电	洗衣机	空调	电脑	电冰箱	手机
1月	310336	255210	620279	769231	510470	303160
2月	463571	461612	509178	477620	452144	436095
3月	678545	208202	211237	636299	518647	357428
4月	526522	566238	407729	731763	242635	523433
5月	496747	771107	506569	752469	691313	530968
6月	741904	248934	321605	553305	502215	443599
7月	272272	304052	304649	772151	261348	448329
8月	212270	389461	723325	723741	255587	531838
9月	686483	508585	766044	507017	389412	558633

苏州分公司 销售额统计

月份	彩电	洗衣机	空调	电脑	电冰箱
1月	445082	577420	291743	700079	576473
2月	289476	407628	525387	613723	597097
3月	581834	734137	613484	257126	205358
4月	224624	388232	327995	641090	423804
5月	519682	567316	433850	373875	776748
6月	774700	521256	474943	617812	260017
7月	374170	521034	401409	667019	382093
8月	254231	430929	464331	524659	388171
9月	257564	470272	254121	435127	465842
10月	609369	257527	553055	698574	748326
11月	525744	752645	634942	315426	254796
12月	382240	303898	302393	785028	238656

分公司的这 3 张工作表的表结构是一样的，并且数据之间有重叠，重叠部分需要相加，而不重叠部分则单独显示。此时，可以使用按类别合并计算的方法。具体操作步骤如下。

Tips

（1）在使用按类别合并的功能时，数据源列表必须包含行或列标题，并且在【合并计算】对话框的【标签位置】组合框中勾选相应的复选框。

（2）合并后，结果表的各项数据是按第一个数据源表的数据项顺序排列的。

（3）合并计算过程不能复制数据源表的格式，如果要设置结果表的格式，可以使用【格式刷】将数据源表的格式复制到结果表中。

步骤1 打开“按类别合并商品销售表.et”素材文件，在“汇总”工作表中选择A1单元格，单击【数据】→【合并计算】按钮。

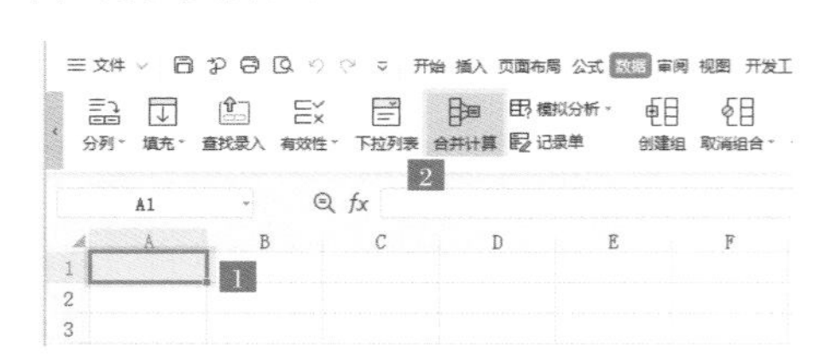

步骤2 弹出【合并计算】对话框，选择“上海分公司”工作表中的A2:F8单元格区域，单击【添加】按钮。

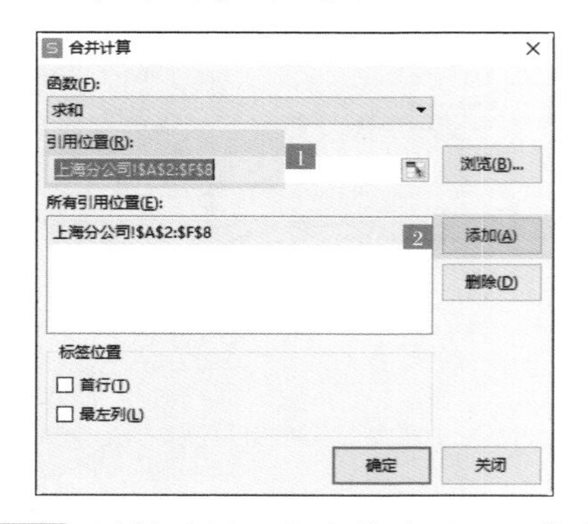

步骤3 继续选择“北京分公司”工作表中的A2:G11单元格区域，单击【添加】按钮。

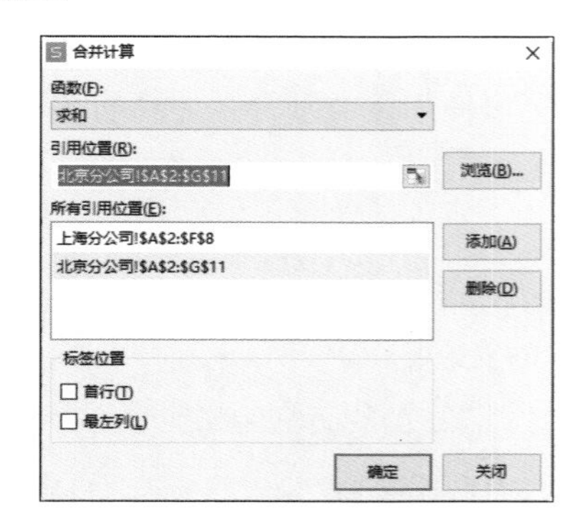

步骤4 选择“苏州分公司”工作表中的A2:F14单元格区域，单击【添加】按钮。

步骤5 这时即可看到将选择的数据添加至【所有引用位置】列表框中的效果，在【标签位置】区域选中【首行】【最左列】复选框，单击【确定】按钮。

此时可以看到将分公司数据合并计算后的效果。

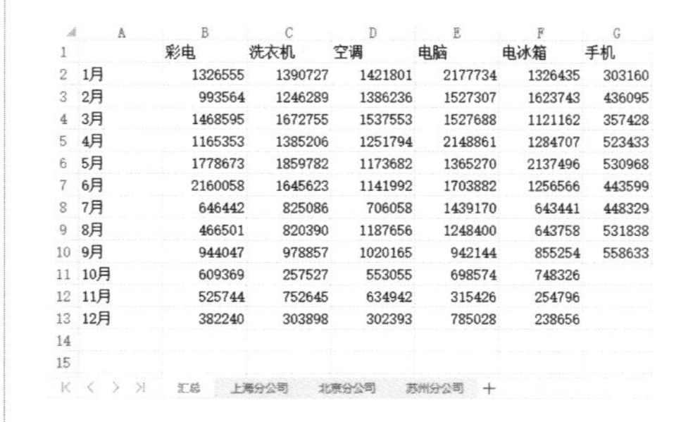

	彩电	洗衣机	空调	电脑	电冰箱	手机
1月	1326555	1390727	1421801	2177734	1326435	303160
2月	993564	1246289	1386236	1527307	1623743	436095
3月	1468595	1672755	1537553	1527688	1121162	357428
4月	1165353	1385206	1251794	2148861	1284707	523433
5月	1778673	1859782	1173682	1365270	2137496	530968
6月	2160058	1645623	1141992	1703882	1256566	443599
7月	646442	825086	706058	1439170	643441	448329
8月	466501	820390	1187656	1248400	643758	531838
9月	944047	978857	1020165	942144	855254	558633
10月	609369	257527	553055	698574	748326	
11月	525744	752645	634942	315426	254796	
12月	382240	303898	302393	785028	238656	

Tips

可以看到，标题相同的列会进行求和计算，其他列则会单独显示出来。并且合并计算的结果表会缺失第一列的列标题，如上面案例A1单元格中的“月份”。

案例总结及注意事项

（1）合并计算的计算方式默认为求和，也可以选择计数、平均值等其他方式。

（2）当按类别合并计算时，会将不同的行或列的数据根据标题进行分类合并，相同标题的合并成一条记录，不同标题的则形成多条记录。最后形成的结果表中包含了数据源表中所有的行标题或列标题。

（3）当需要根据列标题进行分类合并计算时，选取【首行】选项；当需要根据行标题进行分类合并计算时，选取【最左列】选项；如果需要同时根据列标题和行标题进行分类合并计算，则同时选中【首行】和【最左列】选项。

（4）如果数据源列表中没有列标题或行标题（仅有数据记录），而用户又选择了【首行】和【最左列】选项，系统会将数据源列表的第一行和第一列分别默认为列标题和行标题。

（5）如果【首行】和【最左列】两个选项都不勾选，则将按数据源列表中数据的单元格位置进行合并计算，不会进行分类合并计算。

动手练习：汇总各月份的预算及实际支出数据

练习背景：

公司各部门统计出了前6个月的财务预算及实际支出数据，为了让领导能直观看出各部门上半年的财务预算及实际支出情况，现在公司需要你按照以下要求处理数据。

练习要求：

将公司各部门前6个月的财务预算及实际支出总额汇总至一张表格中。

练习目的：

掌握使用合并计算汇总数据的方法。

本节素材结果文件	
	素材 \ch04\ 上半年预算及实际支出汇总 .et
	结果 \ch04\ 上半年预算及实际支出汇总 .et

动手练习效果展示

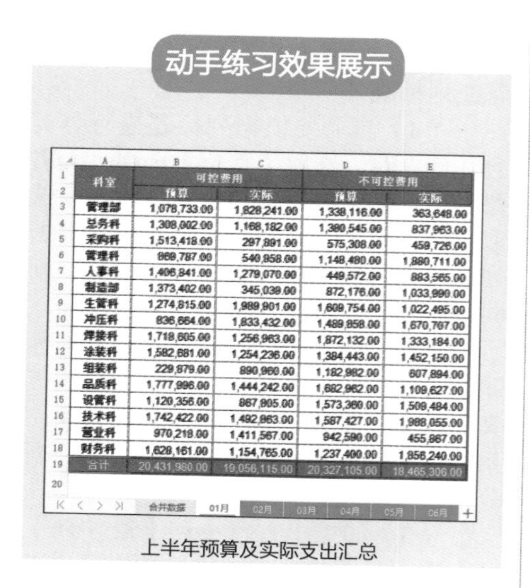

科室	可控费用		不可控费用	
	预算	实际	预算	实际
管理部	1,078,733.00	1,828,241.00	1,338,116.00	363,648.00
总务科	1,308,002.00	1,168,182.00	1,380,545.00	837,963.00
采购科	1,513,418.00	297,891.00	575,308.00	459,726.00
管理科	869,787.00	540,858.00	1,148,480.00	1,880,711.00
人事科	1,406,841.00	1,279,070.00	449,572.00	883,565.00
制造部	1,373,402.00	345,039.00	872,176.00	1,033,990.00
生管科	1,274,815.00	1,989,901.00	1,609,754.00	1,022,495.00
冲压科	836,664.00	1,833,432.00	1,489,858.00	1,670,707.00
焊接科	1,718,605.00	1,256,963.00	1,872,132.00	1,333,184.00
涂装科	1,582,681.00	1,254,236.00	1,384,443.00	1,452,150.00
组装科	229,879.00	890,960.00	1,182,982.00	607,894.00
品质科	1,777,996.00	1,444,242.00	1,682,962.00	1,109,627.00
设管科	1,120,356.00	867,805.00	1,573,360.00	1,509,484.00
技术科	1,742,422.00	1,492,863.00	1,587,427.00	1,988,055.00
营业科	970,218.00	1,411,567.00	942,590.00	455,867.00
财务科	1,628,161.00	1,154,765.00	1,237,400.00	1,856,240.00
合计	20,431,980.00	19,056,115.00	20,327,105.00	18,465,306.00

上半年预算及实际支出汇总

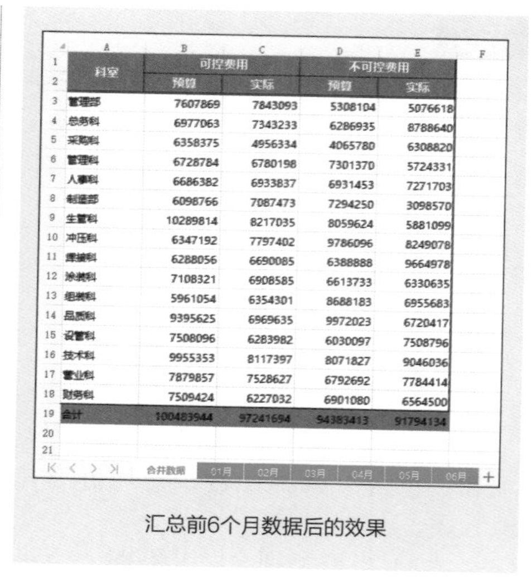

科室	可控费用		不可控费用	
	预算	实际	预算	实际
管理部	7607869	7843093	5308104	5076618
总务科	6977063	7343233	6286935	8788640
采购科	6358375	4956334	4065780	6308820
管理科	6728784	6780198	7301370	5724331
人事科	6686382	6933837	6931453	7271703
制造部	6098766	7087473	7294250	3098570
生管科	10289814	8217035	8059624	5881099
冲压科	6347192	7797402	9786096	8249078
焊接科	6288056	6690085	6388888	9664978
涂装科	7108321	6908585	6613733	6330635
组装科	5961054	6354301	8688183	6955683
品质科	9395625	6969635	9972023	6720417
设管科	7508096	6283982	6030097	7508796
技术科	9955353	8117397	8071827	9046036
营业科	7879857	7528627	6792692	7784414
财务科	7509424	6227032	6901080	6564500
合计	100483944	97241694	94383413	91794134

汇总前6个月数据后的效果

4.4 分类汇总销售记录表

销售记录清单会记录店名、销售日期及销量等信息，如果需要汇总一段时间内商品的销售金额，就可以通过分类汇总功能将销售记录分类并统计出汇总数据。

【分类汇总】对话框中各选项的含义如下图所示。

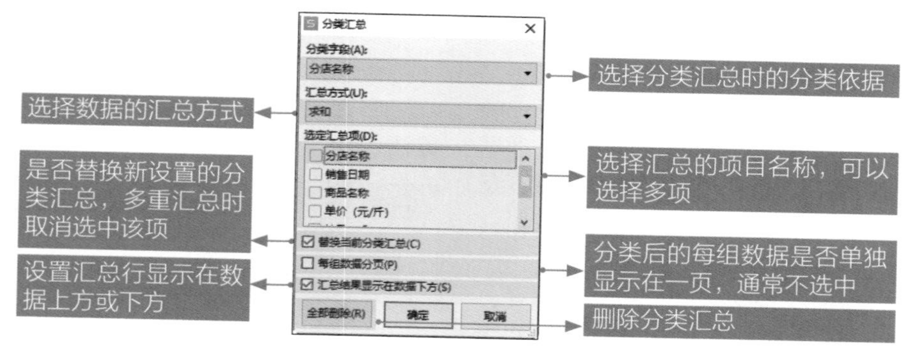

下面通过汇总销售记录表的流水记录，介绍 WPS 的分类汇总功能。

本节素材结果文件
素材 \ch04\ 分类汇总销售记录表 .et
结果 \ch04\ 分类汇总销售记录表 .et

该素材文件是某水果连锁商店一段时间内的水果销售流水记录，为了方便管理及合理调配商品，可以将这段时间内各分店的数据进行合并，分析各分店各种水果的销售情况。

案例效果

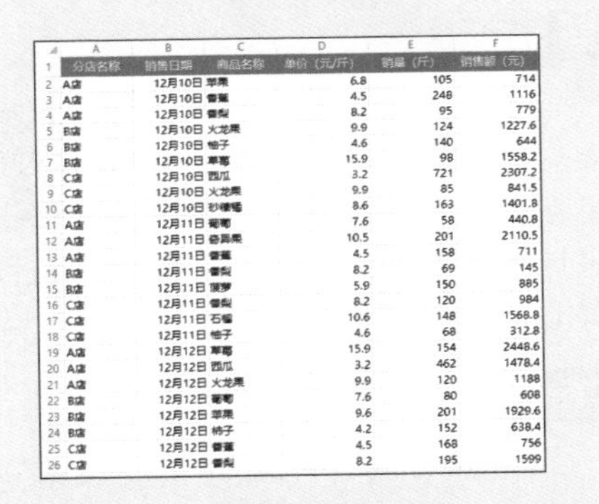

	A	B	C	D	E	F
1	分店名称	销售日期	商品名称	单价（元/斤）	销量（斤）	销售额（元）
2	A店	12月10日	苹果	6.8	105	714
3	A店	12月10日	香蕉	4.5	248	1116
4	A店	12月10日	香梨	8.2	95	779
5	B店	12月10日	火龙果	9.9	124	1227.6
6	B店	12月10日	柚子	4.6	140	644
7	B店	12月10日	草莓	15.9	98	1558.2
8	C店	12月10日	西瓜	3.2	721	2307.2
9	C店	12月10日	火龙果	9.9	85	841.5
10	C店	12月10日	砂糖橘	8.6	163	1401.8
11	A店	12月11日	葡萄	7.6	58	440.8
12	A店	12月11日	奇异果	10.5	201	2110.5
13	A店	12月11日	香蕉	4.5	158	711
14	B店	12月11日	香梨	8.2	69	145
15	B店	12月11日	菠萝	5.9	150	885
16	C店	12月11日	香梨	8.2	120	984
17	C店	12月11日	石榴	10.6	148	1568.8
18	C店	12月11日	柚子	4.6	68	312.8
19	A店	12月12日	草莓	15.9	154	2448.6
20	A店	12月12日	西瓜	3.2	462	1478.4
21	A店	12月12日	火龙果	9.9	120	1188
22	B店	12月12日	葡萄	7.6	80	608
23	B店	12月12日	苹果	9.6	201	1929.6
24	B店	12月12日	柿子	4.2	152	638.4
25	C店	12月12日	香蕉	4.5	168	756
26	C店	12月12日	香梨	8.2	195	1599

销售记录表

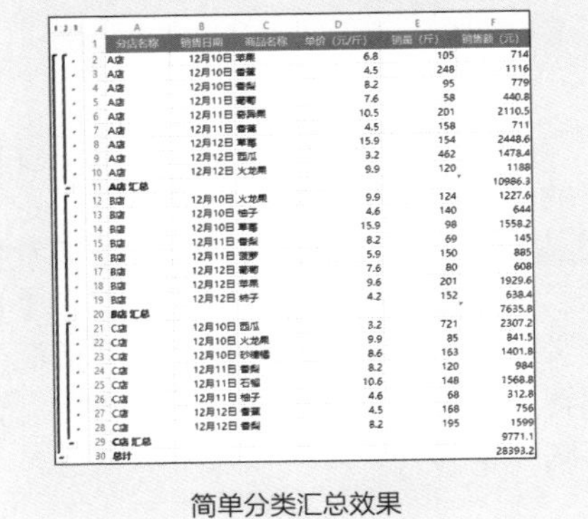

	A	B	C	D	E	F
1	分店名称	销售日期	商品名称	单价（元/斤）	销量（斤）	销售额（元）
2	A店	12月10日	苹果	6.8	105	714
3	A店	12月10日	香蕉	4.5	248	1116
4	A店	12月10日	香梨	8.2	95	779
5	A店	12月11日	葡萄	7.6	58	440.8
6	A店	12月11日	奇异果	10.5	201	2110.5
7	A店	12月11日	香蕉	4.5	158	711
8	A店	12月12日	草莓	15.9	154	2448.6
9	A店	12月12日	西瓜	3.2	462	1478.4
10	A店	12月12日	火龙果	9.9	120	1188
11	A店 汇总					10986.3
12	B店	12月10日	火龙果	9.9	124	1227.6
13	B店	12月10日	柚子	4.6	140	644
14	B店	12月10日	草莓	15.9	98	1558.2
15	B店	12月11日	香梨	8.2	69	145
16	B店	12月11日	菠萝	5.9	150	885
17	B店	12月12日	葡萄	7.6	80	608
18	B店	12月12日	苹果	9.6	201	1929.6
19	B店	12月12日	柿子	4.2	152	638.4
20	B店 汇总					7635.8
21	C店	12月10日	西瓜	3.2	721	2307.2
22	C店	12月10日	火龙果	9.9	85	841.5
23	C店	12月10日	砂糖橘	8.6	163	1401.8
24	C店	12月11日	香梨	8.2	120	984
25	C店	12月11日	石榴	10.6	148	1568.8
26	C店	12月11日	柚子	4.6	68	312.8
27	C店	12月12日	香蕉	4.5	168	756
28	C店	12月12日	香梨	8.2	195	1599
29	C店 汇总					9771.1
30	总计					28393.2

简单分类汇总效果

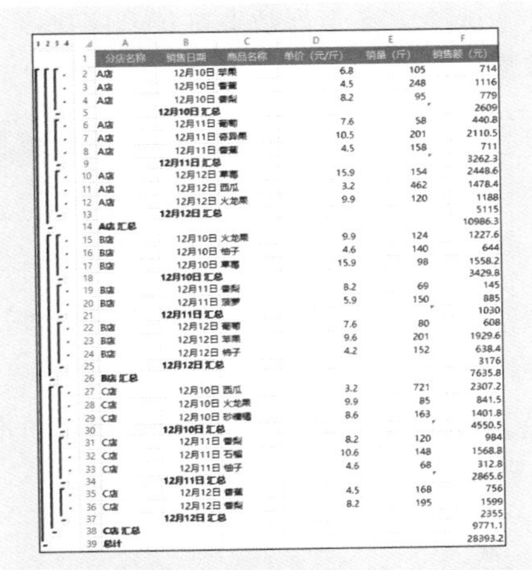

	A	B	C	D	E	F
1	分店名称	销售日期	商品名称	单价（元/斤）	销量（斤）	销售额（元）
2	A店	12月10日	苹果	6.8	105	714
3	A店	12月10日	香蕉	4.5	248	1116
4	A店	12月10日	香梨	8.2	95	779
5		12月10日 汇总				2609
6	A店	12月11日	葡萄	7.6	58	440.8
7	A店	12月11日	奇异果	10.5	201	2110.5
8	A店	12月11日	香蕉	4.5	158	711
9		12月11日 汇总				3262.3
10	A店	12月12日	草莓	15.9	154	2448.6
11	A店	12月12日	西瓜	3.2	462	1478.4
12	A店	12月12日	火龙果	9.9	120	1188
13		12月12日 汇总				5115
14	A店 汇总					10986.3
15	B店	12月10日	火龙果	9.9	124	1227.6
16	B店	12月10日	柚子	4.6	140	644
17	B店	12月10日	草莓	15.9	98	1558.2
18		12月10日 汇总				3429.8
19	B店	12月11日	香梨	8.2	69	145
20	B店	12月11日	菠萝	5.9	150	885
21		12月11日 汇总				1030
22	B店	12月12日	葡萄	7.6	80	608
23	B店	12月12日	苹果	9.6	201	1929.6
24	B店	12月12日	柿子	4.2	152	638.4
25		12月12日 汇总				3176
26	B店 汇总					7635.8
27	C店	12月10日	西瓜	3.2	721	2307.2
28	C店	12月10日	火龙果	9.9	85	841.5
29	C店	12月10日	砂糖橘	8.6	163	1401.8
30		12月10日 汇总				4550.5
31	C店	12月11日	香梨	8.2	120	984
32	C店	12月11日	石榴	10.6	148	1568.8
33	C店	12月11日	柚子	4.6	68	312.8
34		12月11日 汇总				2865.6
35	C店	12月12日	香蕉	4.5	168	756
36	C店	12月12日	香梨	8.2	195	1599
37		12月12日 汇总				2355
38	C店 汇总					9771.1
39	总计					28393.2

多项分类汇总效果

4.4.1 使用列标题进行简单分类汇总

分类汇总功能可以按照列标题快速统计出各项目的数据概况，在汇总过程中，首先需要对汇总列进行排序，将需要汇总的项目排列到一起，之后 WPS 才能进行分类汇总操作。下面根据分店名称汇总出近期的销售额数据，以便为销售额高的分店增加销售人员，更好地为顾客服务。使用列标题进行简单分类汇总的具体操作步骤如下。

步骤 1 打开素材文件，选中 A 列任意单元格。

	A	B	C	D	E	F
1	分店名称	销售日期	商品名称	单价（元/斤）	销量（斤）	销售额（元）
2	A店	12月10日	苹果	6.8	105	714
3	A店	12月10日	香蕉	4.5	248	1116
4	A店	12月10日	香梨	8.2	95	779
5	B店	12月10日	火龙果	9.9	124	1227.6
6	B店	12月10日	柚子	4.6	140	644
7	B店	12月10日	草莓	15.9	98	1558.2
8	C店	12月10日	西瓜	3.2	721	2307.2
9	C店	12月10日	火龙果	9.9	85	841.5
10	C店	12月10日	砂糖橘	8.6	163	1401.8
11	A店	12月11日	葡萄	7.6	58	440.8
12	A店	12月11日	奇异果	10.5	201	2110.5
13	A店	12月11日	香蕉	4.5	158	711
14	B店	12月11日	香梨	8.2	69	145
15	B店	12月11日	菠萝	5.9	150	885
16	C店	12月11日	香梨	8.2	120	984

步骤 2 选择【开始】→【排序】→【升

序】选项，将 A 列数据进行升序排序，效果如下图所示。

	A	B	C	D	E	F
1	分店名称	销售日期	商品名称	单价（元/斤）	销量（斤）	销售额（元）
2	A店	12月10日	苹果	6.8	105	714
3	A店	12月10日	香蕉	4.5	248	1116
4	A店	12月10日	香梨	8.2	95	779
5	A店	12月11日	葡萄	7.6	58	440.8
6	A店	12月11日	奇异果	10.5	201	2110.5
7	A店	12月11日	香蕉	4.5	158	711
8	A店	12月12日	草莓	15.9	154	2448.6
9	A店	12月12日	西瓜	3.2	462	1478.4
10	A店	12月12日	火龙果	9.9	120	1188
11	B店	12月10日	火龙果	9.9	124	1227.6
12	B店	12月10日	柚子	4.6	140	644
13	B店	12月10日	草莓	15.9	98	1558.2
14	B店	12月11日	香梨	8.2	69	145
15	B店	12月11日	菠萝	5.9	150	885
16	B店	12月12日	葡萄	7.6	80	608

步骤 3 选择数据区域任意单元格，单击【数据】→【分类汇总】按钮。

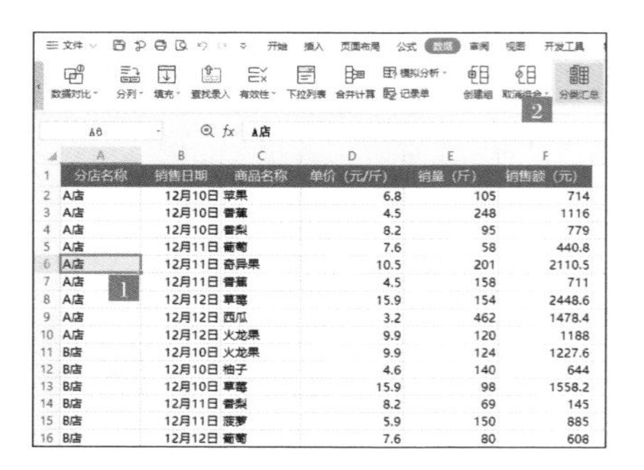

	A	B	C	D	E	F
1	分店名称	销售日期	商品名称	单价（元/斤）	销量（斤）	销售额（元）
2	A店	12月10日	苹果	6.8	105	714
3	A店	12月10日	香蕉	4.5	248	1116
4	A店	12月10日	香梨	8.2	95	779
5	A店	12月11日	葡萄	7.6	58	440.8
6	A店	12月11日	奇异果	10.5	201	2110.5
7	A店	12月11日	香蕉	4.5	158	711
8	A店	12月12日	草莓	15.9	154	2448.6
9	A店	12月12日	西瓜	3.2	462	1478.4
10	A店	12月12日	火龙果	9.9	120	1188
11	B店	12月10日	火龙果	9.9	124	1227.6
12	B店	12月10日	柚子	4.6	140	644
13	B店	12月10日	草莓	15.9	98	1558.2
14	B店	12月11日	香梨	8.2	69	145
15	B店	12月11日	菠萝	5.9	150	885
16	B店	12月12日	葡萄	7.6	80	608

步骤 4 弹出【分类汇总】对话框，设置【分类字段】为“分店名称”，【汇总方式】为“求和”，在【选定汇总项】列表框中选择【销售额（元）】复选框，单击【确定】按钮。

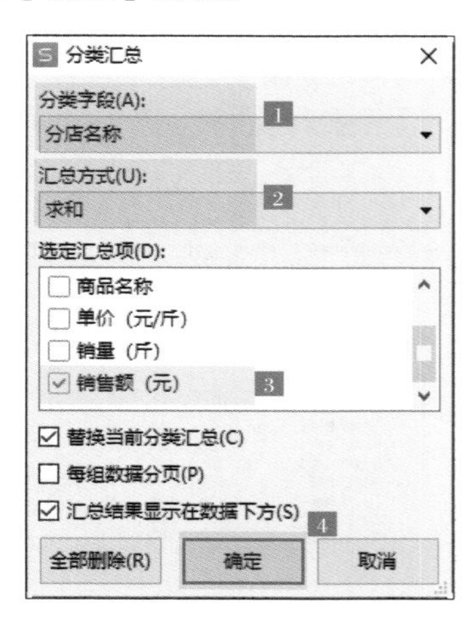

这时即可看到按照分店名称汇总销售额后的效果，如下图所示。

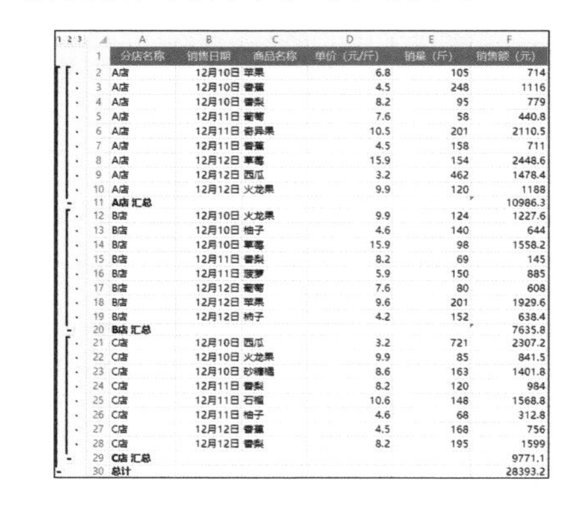

	A	B	C	D	E	F
1	分店名称	销售日期	商品名称	单价（元/斤）	销量（斤）	销售额（元）
2	A店	12月10日	苹果	6.8	105	714
3	A店	12月10日	香蕉	4.5	248	1116
4	A店	12月10日	香梨	8.2	95	779
5	A店	12月11日	葡萄	7.6	58	440.8
6	A店	12月11日	奇异果	10.5	201	2110.5
7	A店	12月11日	香蕉	4.5	158	711
8	A店	12月12日	草莓	15.9	154	2448.6
9	A店	12月12日	西瓜	3.2	462	1478.4
10	A店	12月12日	火龙果	9.9	120	1188
11	A店 汇总					10986.3
12	B店	12月10日	火龙果	9.9	124	1227.6
13	B店	12月10日	柚子	4.6	140	644
14	B店	12月10日	草莓	15.9	98	1558.2
15	B店	12月11日	香梨	8.2	69	145
16	B店	12月11日	菠萝	5.9	150	885
17	B店	12月12日	葡萄	7.6	80	608
18	B店	12月12日	苹果	9.6	201	1929.6
19	B店	12月12日	椭子	4.2	152	638.4
20	B店 汇总					7635.8
21	C店	12月10日	西瓜	3.2	721	2307.2
22	C店	12月10日	火龙果	9.9	85	841.5
23	C店	12月10日	砂糖橘	8.6	163	1401.8
24	C店	12月11日	香梨	8.2	120	984
25	C店	12月11日	石榴	10.6	148	1568.8
26	C店	12月11日	柚子	4.6	68	312.8
27	C店	12月12日	香蕉	4.5	168	756
28	C店	12月12日	香梨	8.2	195	1599
29	C店 汇总					9771.1
30	总计					28393.2

4.4.2 根据多个分类项对记录表进行汇总

4.4.1 小节根据各分店名称对销售额进行了汇总，如果在这之后，还需要根据销售日期再次汇总销售额，就需要进行两次汇总操作，流程如下。

Tips

在根据多个分类项对记录表进行汇总时，可按照以下思路进行。

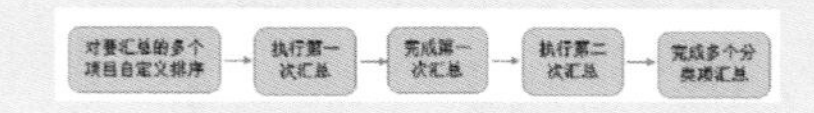

根据多个分类项对记录表进行汇总的具体操作步骤如下。

步骤 1 再次打开素材文件，选中任意数据区域，单击【数据】→【排序】→【自定义排序】按钮。在【排序】对话框中设置【主要关键字】为“分店名称”，【次序】为“升序”。

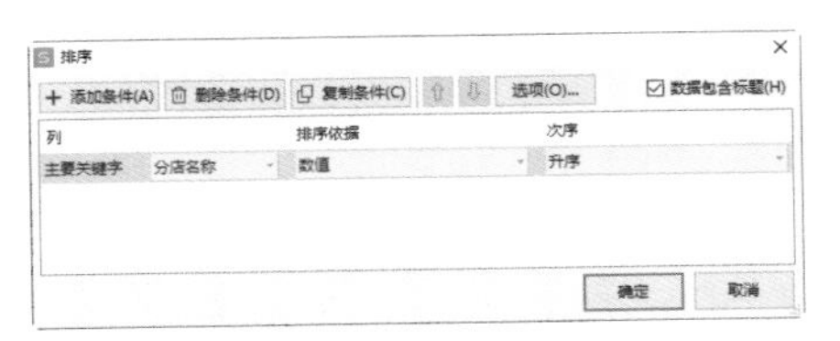

步骤 2 单击【添加条件】按钮，设置【次要关键字】为“销售日期”，【次序】为“升序”，单击【确定】按钮。

完成自定义排序后的效果如下图所示。

	A	B	C	D	E	F
1	分店名称	销售日期	商品名称	单价（元/斤）	销量（斤）	销售额（元）
2	A店	12月10日	苹果	6.8	105	714
3	A店	12月10日	香蕉	4.5	248	1116
4	A店	12月10日	香梨	8.2	95	779
5	A店	12月11日	葡萄	7.6	58	440.8
6	A店	12月11日	奇异果	10.5	201	2110.5
7	A店	12月11日	香蕉	4.5	158	711
8	A店	12月12日	草莓	15.9	154	2448.6
9	A店	12月12日	西瓜	3.2	462	1478.4
10	A店	12月12日	火龙果	9.9	120	1188
11	B店	12月10日	火龙果	9.9	124	1227.6
12	B店	12月10日	柚子	4.6	140	644
13	B店	12月10日	草莓	15.9	98	1558.2
14	B店	12月11日	香梨	8.2	69	145
15	B店	12月11日	菠萝	5.9	150	885
16	B店	12月12日	葡萄	7.6	80	608
17	B店	12月12日	苹果	9.6	201	1929.6
18	B店	12月12日	柿子	4.2	152	638.4
19	C店	12月10日	西瓜	3.2	721	2307.2
20	C店	12月10日	火龙果	9.9	85	841.5
21	C店	12月10日	砂糖橘	8.6	163	1401.8
22	C店	12月11日	香梨	8.2	120	984
23	C店	12月11日	石榴	10.6	148	1568.8
24	C店	12月11日	柚子	4.6	68	312.8
25	C店	12月12日	香蕉	4.5	168	756
26	C店	12月12日	香梨	8.2	195	1599

步骤 3 选择数据区域任意单元格，单击【数据】→【分类汇总】按钮。

	A	B	C	D	E	F
1	分店名称	销售日期	商品名称	单价（元/斤）	销量（斤）	销售额（元）
2	A店	12月10日	苹果	6.8	105	714
3	A店	12月10日	香蕉	4.5	248	1116
4	A店	12月10日	香梨	8.2	95	779
5	A店	12月11日	葡萄	7.6	58	440.8
6	A店	12月11日	奇异果	10.5	201	2110.5
7	A店	12月11日	香蕉	4.5	158	711
8	A店	12月12日	草莓	15.9	154	2448.6
9	A店	12月12日	西瓜	3.2	462	1478.4
10	A店	12月12日	火龙果	9.9	120	1188
11	B店	12月10日	火龙果	9.9	124	1227.6
12	B店	12月10日	柚子	4.6	140	644
13	B店	12月10日	草莓	15.9	98	1558.2

步骤 4 弹出【分类汇总】对话框，设置【分类字段】为“分店名称”，【汇总方式】为“求和”，在【选定汇总项】列表框中选择【销售额（元）】复选框，单击【确定】按钮。

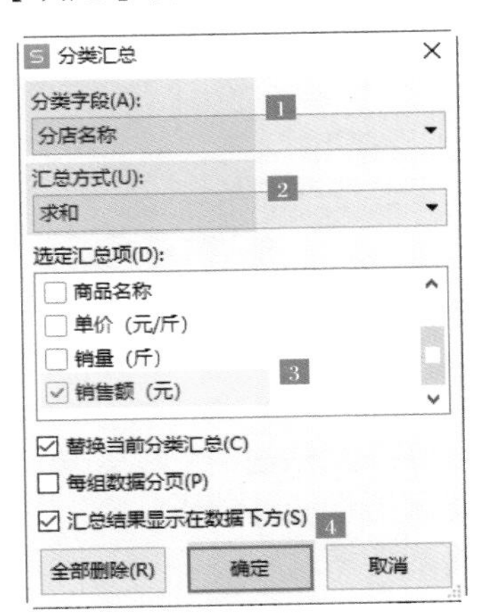

这样即可看到按照分店名称汇总销售额后的效果，如下图所示。

	A	B	C	D	E	F
1	分店名称	销售日期	商品名称	单价（元/斤）	销量（斤）	销售额（元）
2	A店	12月10日	苹果	6.8	105	714
3	A店	12月10日	香蕉	4.5	248	1116
4	A店	12月10日	香梨	8.2	95	779
5	A店	12月11日	葡萄	7.6	58	440.8
6	A店	12月11日	奇异果	10.5	201	2110.5
7	A店	12月11日	香蕉	4.5	158	711
8	A店	12月12日	草莓	15.9	154	2448.6
9	A店	12月12日	西瓜	3.2	462	1478.4
10	A店	12月12日	火龙果	9.9	120	1188
11	A店 汇总					10986.3
12	B店	12月10日	火龙果	9.9	124	1227.6
13	B店	12月10日	柚子	4.6	140	644
14	B店	12月10日	草莓	15.9	98	1558.2
15	B店	12月11日	香梨	8.2	69	145
16	B店	12月11日	菠萝	5.9	150	885
17	B店	12月12日	葡萄	7.6	80	608
18	B店	12月12日	苹果	9.6	201	1929.6
19	B店	12月12日	柿子	4.2	152	638.4
20	B店 汇总					7635.8
21	C店	12月10日	西瓜	3.2	721	2307.2
22	C店	12月10日	火龙果	9.9	85	841.5
23	C店	12月10日	砂糖橘	8.6	163	1401.8
24	C店	12月11日	香梨	8.2	120	984
25	C店	12月11日	石榴	10.6	148	1568.8
26	C店	12月11日	柚子	4.6	68	312.8
27	C店	12月12日	香蕉	4.5	168	756
28	C店	12月12日	香梨	8.2	195	1599
29	C店 汇总					9771.1
30	总计					28393.2

步骤 5 再次选择数据区域任意单元格，单击【数据】→【分类汇总】按钮。弹出【分类汇总】对话框，设置【分类字段】为“销售日期”，【汇总方式】为“求和”，在【选定汇总项】列表框中选择【销售额（元）】复选框，撤销选中【替换当前分类汇总】复选框，单击【确定】按钮。

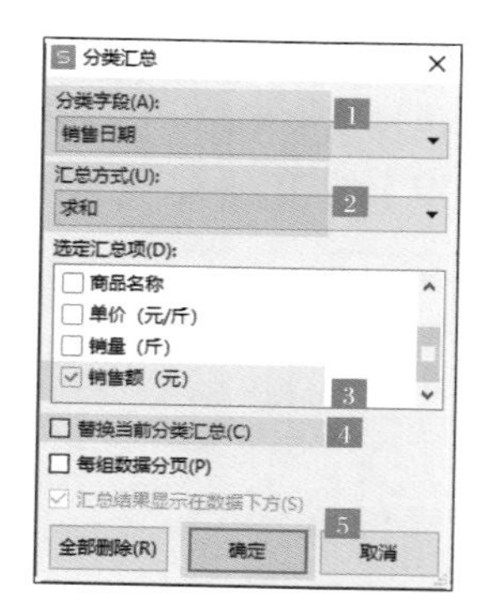

Tips

如果不撤销选中【替换当前分类汇总】复选框，将会替换按分店名称分类汇总的结果。

这时即可看到按照分店名称及销售日期汇总销售额后的效果，如下图所示。

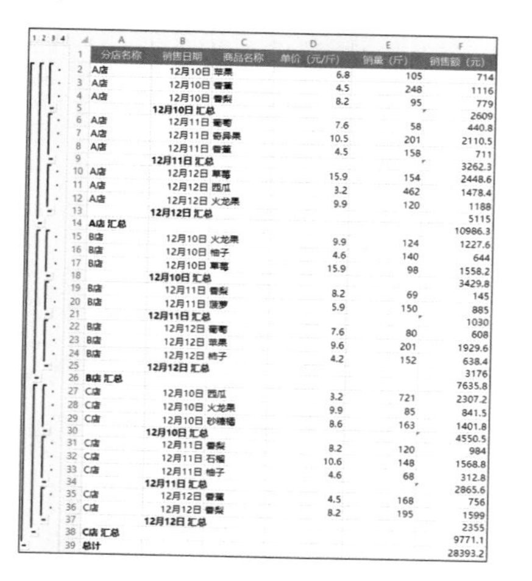

	分店名称	销售日期	商品名称	单价（元/斤）	销量（斤）	销售额（元）
2	A店	12月10日	苹果	6.8	105	714
3	A店	12月10日	香蕉	4.5	248	1116
4	A店	12月10日	香梨	8.2	95	779
5		12月10日 汇总				2609
6	A店	12月11日	葡萄	7.6	58	440.8
7	A店	12月11日	奇异果	10.5	201	2110.5
8	A店	12月11日	香蕉	4.5	158	711
9		12月11日 汇总				3262.3
10	A店	12月12日	草莓	15.9	154	2448.6
11	A店	12月12日	西瓜	3.2	462	1478.4
12	A店	12月12日	火龙果	9.9	120	1188
13		12月12日 汇总				5115
14	A店 汇总					10986.3
15	B店	12月10日	火龙果	9.9	124	1227.6
16	B店	12月10日	柚子	4.6	140	644
17	B店	12月10日	草莓	15.9	98	1558.2
18		12月10日 汇总				3429.8
19	B店	12月11日	香梨	8.2	69	145
20	B店	12月11日	菠萝	5.9	150	885
21		12月11日 汇总				1030
22	B店	12月12日	葡萄	7.6	80	608
23	B店	12月12日	苹果	9.6	201	1929.6
24	B店	12月12日	桔子	4.2	152	638.4
25		12月12日 汇总				3176
26	B店 汇总					7635.8
27	C店	12月10日	西瓜	3.2	721	2307.2
28	C店	12月10日	火龙果	9.9	85	841.5
29	C店	12月10日	砂糖橘	8.6	163	1401.8
30		12月10日 汇总				4550.5
31	C店	12月11日	香梨	8.2	120	984
32	C店	12月11日	石榴	10.6	148	1568.8
33	C店	12月11日	柚子	4.6	68	312.8
34		12月11日 汇总				2865.6
35	C店	12月12日	香蕉	4.5	168	756
36	C店	12月12日	香梨	8.2	195	1599
37		12月12日 汇总				2355
38	C店 汇总					9771.1
39	总计					28393.2

4.4.3 分级显示销售数据

分类汇总销售数据后，在行号左侧会显示分级按钮【1】【2】【3】【4】及【+】【-】等，单击相应的分级按钮，即可分级别显示销售数据，便于从整体及细节上观察和分析数据。在4.4.2小节的分类汇总结果中分级显示销售数据的具体操作步骤如下。

步骤 1 接着4.4.2小节继续操作，单击行号左侧的分级按钮【1】，即可仅显示总销售额，如下图所示。

	分店名称	销售日期	商品名称	单价（元/斤）	销量（斤）	销售额（元）
39	总计					28393.2
40						
41						
42						
43						
44						
45						
46						

步骤 2 单击分级按钮【2】，即可显示按照分店名称汇总销售额后的结果，如下图所示。

	分店名称	销售日期	商品名称	单价（元/斤）	销量（斤）	销售额（元）
14	A店 汇总					10986.3
26	B店 汇总					7635.8
38	C店 汇总					9771.1
39	总计					28393.2
40						

步骤 3 单击分级按钮【3】，即可显示两次分类汇总后的结果，如下图所示。

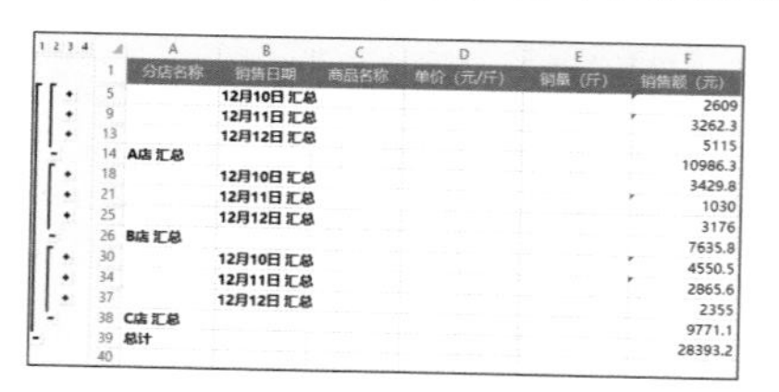

	分店名称	销售日期	商品名称	单价（元/斤）	销量（斤）	销售额（元）
5		12月10日 汇总				2609
9		12月11日 汇总				3262.3
13		12月12日 汇总				5115
14	A店 汇总					10986.3
18		12月10日 汇总				3429.8
21		12月11日 汇总				1030
25		12月12日 汇总				3176
26	B店 汇总					7635.8
30		12月10日 汇总				4550.5
34		12月11日 汇总				2865.6
37		12月12日 汇总				2355
38	C店 汇总					9771.1
39	总计					28393.2
40						

步骤 4 单击分级按钮【4】，即可显示详细的分类汇总结果，如下图所示。

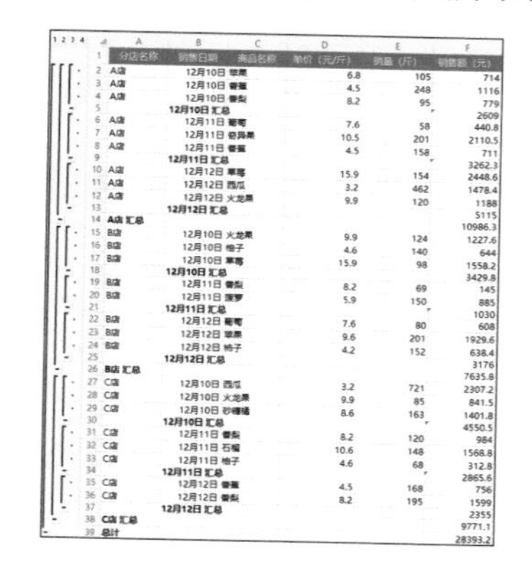

	分店名称	销售日期	商品名称	单价（元/斤）	销量（斤）	销售额（元）
2	A店	12月10日	苹果	6.8	105	714
3	A店	12月10日	香蕉	4.5	248	1116
4	A店	12月10日	香梨	8.2	95	779
5		12月10日 汇总				2609
6	A店	12月11日	葡萄	7.6	58	440.8
7	A店	12月11日	奇异果	10.5	201	2110.5
8	A店	12月11日	香蕉	4.5	158	711
9		12月11日 汇总				3262.3
10	A店	12月12日	草莓	15.9	154	2448.6
11	A店	12月12日	西瓜	3.2	462	1478.4
12	A店	12月12日	火龙果	9.9	120	1188
13		12月12日 汇总				5115
14	A店 汇总					10986.3
15	B店	12月10日	火龙果	9.9	124	1227.6
16	B店	12月10日	柚子	4.6	140	644
17	B店	12月10日	草莓	15.9	98	1558.2
18		12月10日 汇总				3429.8
19	B店	12月11日	香梨	8.2	69	145
20	B店	12月11日	菠萝	5.9	150	885
21		12月11日 汇总				1030
22	B店	12月12日	葡萄	7.6	80	608
23	B店	12月12日	苹果	9.6	201	1929.6
24	B店	12月12日	桔子	4.2	152	638.4
25		12月12日 汇总				3176
26	B店 汇总					7635.8
27	C店	12月10日	西瓜	3.2	721	2307.2
28	C店	12月10日	火龙果	9.9	85	841.5
29	C店	12月10日	砂糖橘	8.6	163	1401.8
30		12月10日 汇总				4550.5
31	C店	12月11日	香梨	8.2	120	984
32	C店	12月11日	石榴	10.6	148	1568.8
33	C店	12月11日	柚子	4.6	68	312.8
34		12月11日 汇总				2865.6
35	C店	12月12日	香蕉	4.5	168	756
36	C店	12月12日	香梨	8.2	195	1599
37		12月12日 汇总				2355
38	C店 汇总					9771.1
39	总计					28393.2

步骤 5 展开分类汇总结果后，单击【－】按钮，可将数据折叠隐藏起来，并且【－】会更改为【＋】，效果如下图所示。

	B	C	D	E	F
1	销售日期	商品名称	单价（元/斤）	销量（斤）	销售额（元）
2	12月10日	苹果	6.8	105	714
3	12月10日	香蕉	4.5	248	1116
4	12月10日	香梨	8.2	95	779
5	12月10日 汇总				2609
9	12月11日 汇总				3262.3
10	12月12日	草莓	15.9	154	2448.6
11	12月12日	西瓜	3.2	462	1478.4
12	12月12日	火龙果	9.9	120	1188
13	12月12日 汇总				5115
14					10986.3
18	12月10日 汇总				3429.8
19	12月11日	香梨	8.2	69	145
20	12月11日	菠萝	5.9	150	885
21	12月11日 汇总				1030
22	12月12日	葡萄	7.6	80	608
23	12月12日	苹果	9.6	201	1929.6
24	12月12日	柿子	4.2	152	638.4
25	12月12日 汇总				3176
26					7635.8
27	12月10日	西瓜	3.2	721	2307.2
28	12月10日	火龙果	9.9	85	841.5
29	12月10日	砂糖橘	8.6	163	1401.8
30	12月10日 汇总				4550.5
31	12月11日	香梨	8.2	120	984
32	12月11日	石榴	10.6	148	1568.8
33	12月11日	柚子	4.6	68	312.8
34	12月11日 汇总				2865.6
35	12月12日	香蕉	4.5	168	756
36	12月12日	香梨	8.2	195	1599
37	12月12日 汇总				2355
38					9771.1
39					28393.2

步骤 6 单击【＋】按钮，即可取消隐藏并展开数据，并且【＋】会更改为【－】，如下图所示。

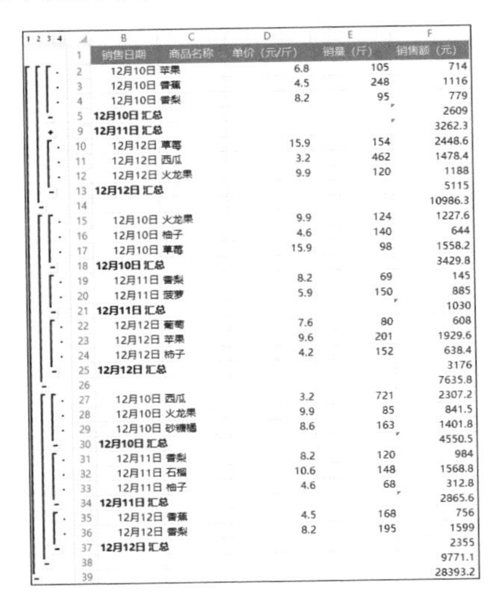

	B	C	D	E	F
1	销售日期	商品名称	单价（元/斤）	销量（斤）	销售额（元）
2	12月10日	苹果	6.8	105	714
3	12月10日	香蕉	4.5	248	1116
4	12月10日	香梨	8.2	95	779
5	12月10日 汇总				2609
9	12月11日 汇总				3262.3
10	12月12日	草莓	15.9	154	2448.6
11	12月12日	西瓜	3.2	462	1478.4
12	12月12日	火龙果	9.9	120	1188
13	12月12日 汇总				5115
14					10986.3
15	12月10日	火龙果	9.9	124	1227.6
16	12月10日	柚子	4.6	140	644
17	12月10日	草莓	15.9	98	1558.2
18	12月10日 汇总				3429.8
19	12月11日	香梨	8.2	69	145
20	12月11日	菠萝	5.9	150	885
21	12月11日 汇总				1030
22	12月12日	葡萄	7.6	80	608
23	12月12日	苹果	9.6	201	1929.6
24	12月12日	柿子	4.2	152	638.4
25	12月12日 汇总				3176
26					7635.8
27	12月10日	西瓜	3.2	721	2307.2
28	12月10日	火龙果	9.9	85	841.5
29	12月10日	砂糖橘	8.6	163	1401.8
30	12月10日 汇总				4550.5
31	12月11日	香梨	8.2	120	984
32	12月11日	石榴	10.6	148	1568.8
33	12月11日	柚子	4.6	68	312.8
34	12月11日 汇总				2865.6
35	12月12日	香蕉	4.5	168	756
36	12月12日	香梨	8.2	195	1599
37	12月12日 汇总				2355
38					9771.1
39					28393.2

4.4.4 清除销售记录表的分类显示

如果要清除记录表的分类显示，可以清除分类汇总。选择数据区域任意单元格，单击【数据】→【分类汇总】按钮，弹出【分类汇总】对话框，单击【全部删除】按钮，即可清除分类汇总结果。

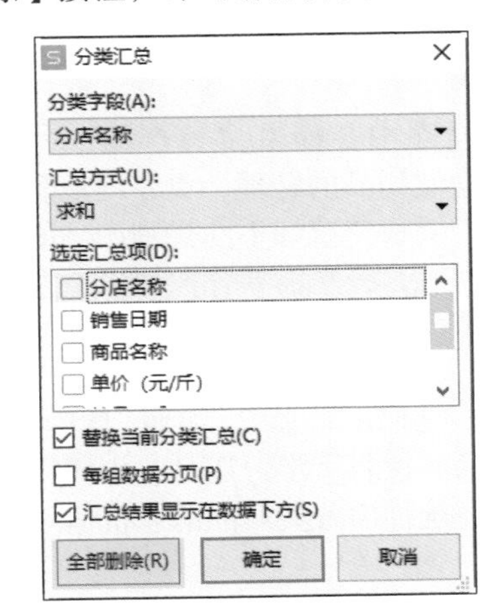

案例总结及注意事项

（1）分类汇总的前提条件是要对分类项进行排序。

（2）汇总方式可以是求和、计数、平均值、最大值、最小值等。

（3）按多个分类项汇总数据时，要撤销选中【替换当前分类汇总】复选框。

（4）如果需要先显示汇总结果，再显示数据，可撤销选中【汇总结果显示在数据下方】复选框。下图所示为汇总结果显示在数据上方的效果。

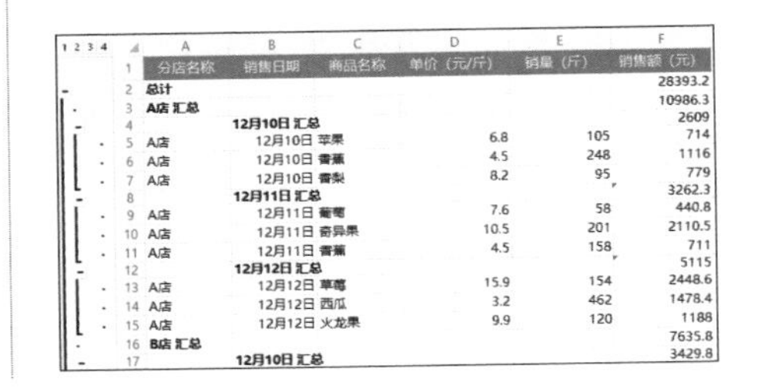

	A	B	C	D	E	F
1	分店名称	销售日期	商品名称	单价（元/斤）	销量（斤）	销售额（元）
2	总计					28393.2
3	A店 汇总					10986.3
4		12月10日 汇总				2609
5	A店	12月10日	苹果	6.8	105	714
6	A店	12月10日	香蕉	4.5	248	1116
7	A店	12月10日	香梨	8.2	95	779
8		12月11日 汇总				3262.3
9	A店	12月11日	葡萄	7.6	58	440.8
10	A店	12月11日	奇异果	10.5	201	2110.5
11	A店	12月11日	香蕉	4.5	158	711
12		12月12日 汇总				5115
13	A店	12月12日	草莓	15.9	154	2448.6
14	A店	12月12日	西瓜	3.2	462	1478.4
15	A店	12月12日	火龙果	9.9	120	1188
16	B店 汇总					7635.8
17		12月10日 汇总				3429.8

动手练习：按照产品类别汇总仓储记录表

练习背景：

仓库中存储着多种产品，为了加强对仓储物品的管理，更合理地利用仓库，需要快速获知不同类别产品的总价值。因此，公司需要你按照以下要求完成对数据的处理。

练习要求：

在仓储记录表中，按照“休闲零食、调味品、饮料、学习用品、生活用品”的顺序统计出各类产品的总价值。

练习目的：

（1）学会自定义排序。

（2）熟悉分类汇总操作流程。

<table>
<tr><th colspan="2">本节素材结果文件</th></tr>
<tr><td rowspan="2"></td><td>素材 \ch04\ 仓储记录表 .et</td></tr>
<tr><td>结果 \ch04\ 仓储记录表 .et</td></tr>
</table>

动手练习效果展示

	A	B	C	D	E	F	G
1	产品编号	产品名称	产品类别	仓储量	规格	单价	总价
2	XX033	薯片	休闲零食	6400	包	¥6.00	¥38,400.00
3	XX056	糖果	休闲零食	1000	箱	¥38.00	¥38,000.00
4	XX017	火腿肠	休闲零食	6400	箱	¥68.00	¥435,200.00
5	XX008	方便面	休闲零食	7600	箱	¥32.00	¥243,200.00
6	TW010	盐	调味品	1900	袋	¥1.20	¥2,280.00
7	TW035	鸡精	调味品	1400	袋	¥6.00	¥8,400.00
8	YL054	牛奶	饮料	2500	箱	¥76.00	¥190,000.00
9	YL058	矿泉水	饮料	6000	箱	¥15.00	¥90,000.00
10	YL066	红茶	饮料	4400	瓶	¥16.00	¥70,400.00
11	YL076	绿茶	饮料	2100	瓶	¥16.00	¥33,600.00
12	YL064	酸奶	饮料	2500	箱	¥64.00	¥160,000.00
13	XY024	笔记本	学习用品	9000	本	¥1.20	¥10,800.00
14	XY015	圆珠笔	学习用品	1600	支	¥3.50	¥5,600.00
15	SH005	洗衣液	生活用品	400	瓶	¥24.00	¥9,600.00
16	SH012	香皂	生活用品	1500	盒	¥5.00	¥7,500.00
17	SH007	纸巾	生活用品	2500	箱	¥36.00	¥90,000.00
18	SH032	晾衣架	生活用品	2500	包	¥32.00	¥80,000.00
19	SH046	垃圾袋	生活用品	6400	卷	¥2.00	¥12,800.00

仓储记录表

	A	B	C	D	E	F	G
1	产品编号	产品名称	产品类别	仓储量	规格	单价	总价
2	XX033	薯片	休闲零食	6400	包	¥6.00	¥38,400.00
3	XX056	糖果	休闲零食	1000	箱	¥38.00	¥38,000.00
4	XX017	火腿肠	休闲零食	6400	箱	¥68.00	¥435,200.00
5	XX008	方便面	休闲零食	7600	箱	¥32.00	¥243,200.00
6			休闲零食 汇总				¥754,800.00
7	TW010	盐	调味品	1900	袋	¥1.20	¥2,280.00
8	TW035	鸡精	调味品	1400	袋	¥6.00	¥8,400.00
9			调味品 汇总				¥10,680.00
10	YL054	牛奶	饮料	2500	箱	¥76.00	¥190,000.00
11	YL058	矿泉水	饮料	6000	箱	¥15.00	¥90,000.00
12	YL066	红茶	饮料	4400	瓶	¥16.00	¥70,400.00
13	YL076	绿茶	饮料	2100	瓶	¥16.00	¥33,600.00
14	YL064	酸奶	饮料	2500	箱	¥64.00	¥160,000.00
15			饮料 汇总				¥544,000.00
16	XY024	笔记本	学习用品	9000	本	¥1.20	¥10,800.00
17	XY015	圆珠笔	学习用品	1600	支	¥3.50	¥5,600.00
18			学习用品 汇总				¥16,400.00
19	SH005	洗衣液	生活用品	400	瓶	¥24.00	¥9,600.00
20	SH012	香皂	生活用品	1500	盒	¥5.00	¥7,500.00
21	SH007	纸巾	生活用品	2500	箱	¥36.00	¥90,000.00
22	SH032	晾衣架	生活用品	2500	包	¥32.00	¥80,000.00
23	SH046	垃圾袋	生活用品	6400	卷	¥2.00	¥12,800.00
24			生活用品 汇总				¥199,900.00
25			总计				¥1,525,780.00

按产品类别统计出总价值后的效果

4.5 动态汇总各部门差旅费——透视表

记录各部门差旅费是为了进一步计算、分析，从而得出一些结论，作为节约办公成本的依据。这需要使用透视表这一分析方法。

数据透视表的优势如右图所示。

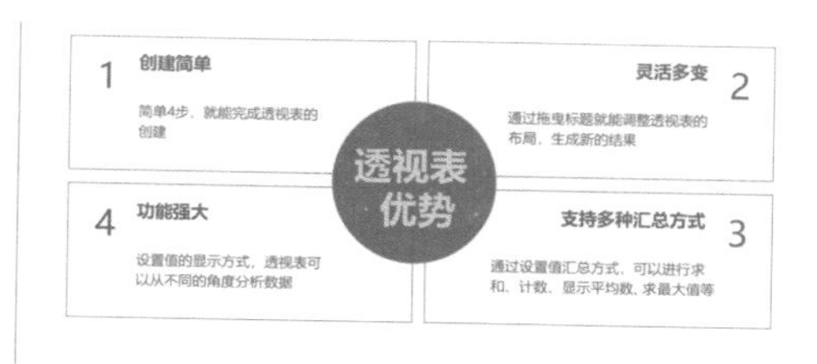

制作数据透视表首先要求数据规范，这样 WPS 才能整体化地处理这些数据。那么怎样才算规范?

（1）数据区域第一行为列标题。

（2）列标题不能重复。

（3）数据区域中不能有空行和空列。

（4）数据区域中不能有合并单元格。

（5）每列数据的数据类型相同。

（6）单元格的数据前后不要有空格或其他非可打印字符。

（7）必须是一维表格，而不是二维表格。

【创建数据透视表】对话框及各区域功能如下图所示。

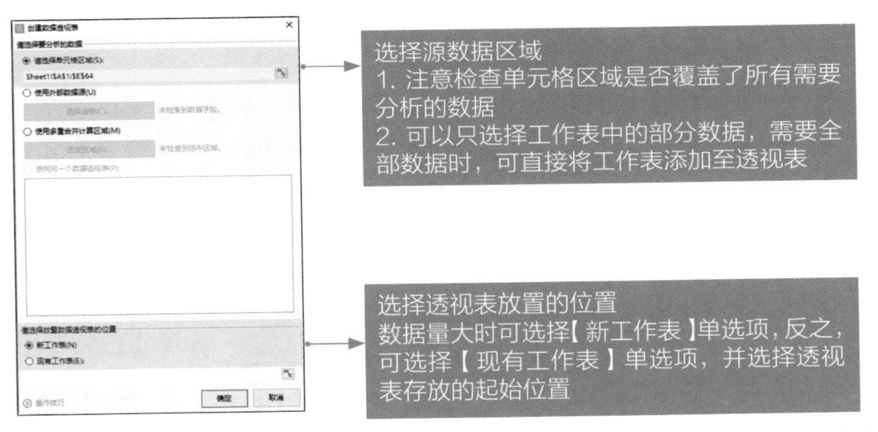

选择源数据区域及放置数据透视表的位置后，在打开的【数据透视表】窗格中即可进行透视表的设置及修改。

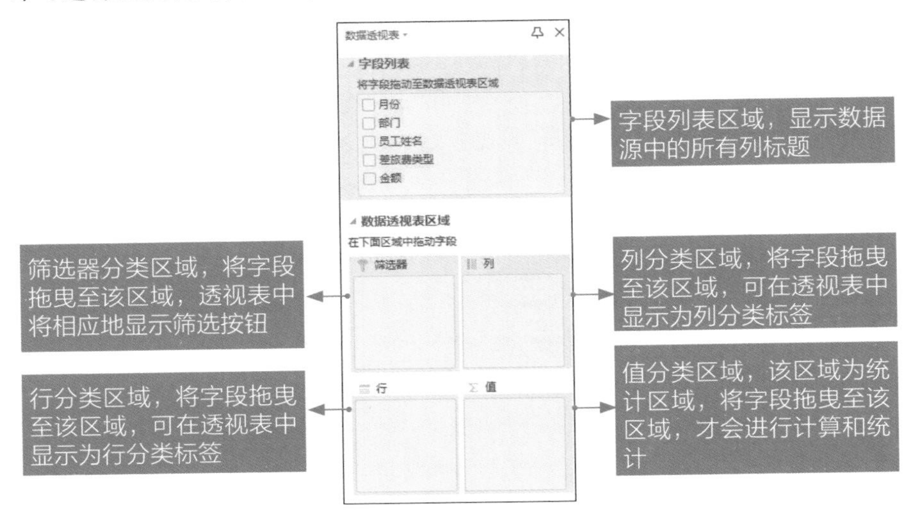

下面就通过各部门差旅费统计表，并结合多种可能的实际需求，介绍使用透视表分析数据的方法。

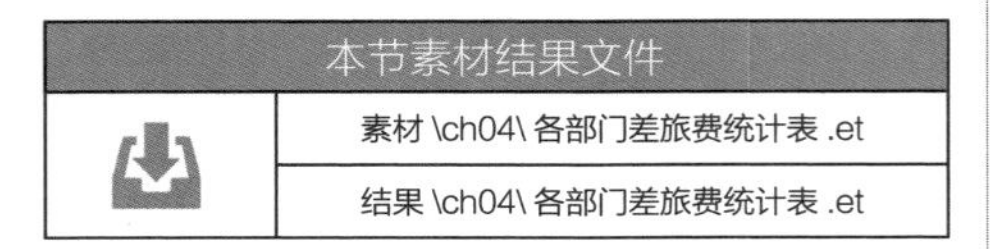

本节素材结果文件	
	素材 \ch04\ 各部门差旅费统计表 .et
	结果 \ch04\ 各部门差旅费统计表 .et

该素材文件收集了某单位 10 月 ~ 12 月各部门差旅费的情况，借助透视表可以抓取领导关心的数据。如结果文件汇总了各项差旅费的平均值、最大值、最小值及所占的百分比等数据，通过这些数据可以清楚地看出差旅费的支出情况。

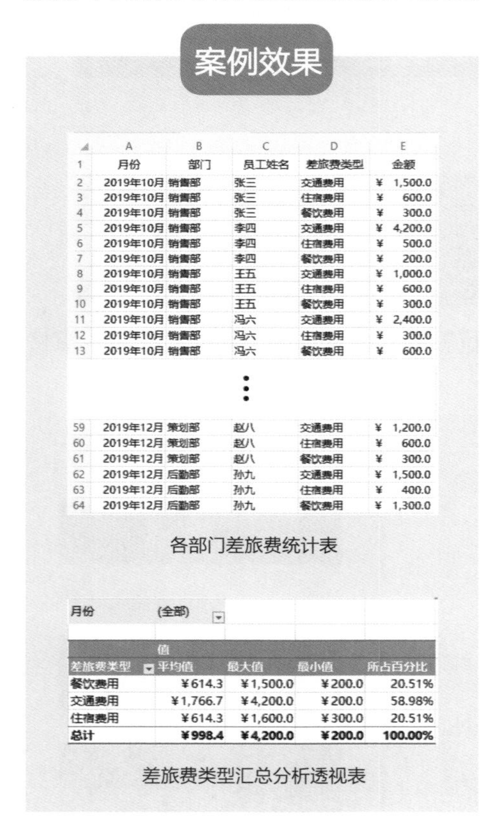

案例效果

	A	B	C	D	E
1	月份	部门	员工姓名	差旅费类型	金额
2	2019年10月	销售部	张三	交通费用	¥ 1,500.0
3	2019年10月	销售部	张三	住宿费用	¥ 600.0
4	2019年10月	销售部	张三	餐饮费用	¥ 300.0
5	2019年10月	销售部	李四	交通费用	¥ 4,200.0
6	2019年10月	销售部	李四	住宿费用	¥ 500.0
7	2019年10月	销售部	李四	餐饮费用	¥ 200.0
8	2019年10月	销售部	王五	交通费用	¥ 1,000.0
9	2019年10月	销售部	王五	住宿费用	¥ 600.0
10	2019年10月	销售部	王五	餐饮费用	¥ 300.0
11	2019年10月	销售部	冯六	交通费用	¥ 2,400.0
12	2019年10月	销售部	冯六	住宿费用	¥ 300.0
13	2019年10月	销售部	冯六	餐饮费用	¥ 600.0
			⋮		
59	2019年12月	策划部	赵八	交通费用	¥ 1,200.0
60	2019年12月	策划部	赵八	住宿费用	¥ 600.0
61	2019年12月	策划部	赵八	餐饮费用	¥ 300.0
62	2019年12月	后勤部	孙九	交通费用	¥ 1,500.0
63	2019年12月	后勤部	孙九	住宿费用	¥ 400.0
64	2019年12月	后勤部	孙九	餐饮费用	¥ 1,300.0

各部门差旅费统计表

月份	(全部)			
	值			
差旅费类型	平均值	最大值	最小值	所占百分比
餐饮费用	¥614.3	¥1,500.0	¥200.0	20.51%
交通费用	¥1,766.7	¥4,200.0	¥200.0	58.98%
住宿费用	¥614.3	¥1,600.0	¥300.0	20.51%
总计	**¥998.4**	**¥4,200.0**	**¥200.0**	**100.00%**

差旅费类型汇总分析透视表

4.5.1 创建各部门差旅费透视表

透视表的创建方法比较简单。通过汇总，可以直观地看到各部门、各项差旅费的支出详情。创建各部门差旅费透视表的具体操作步骤如下。

Tips

如果要根据部分数据创建透视表，只需选择要用来创建透视表的部分数据。

步骤 1 打开素材文件，选中数据区域内的任意单元格，单击【数据】→【数据透视表】按钮。

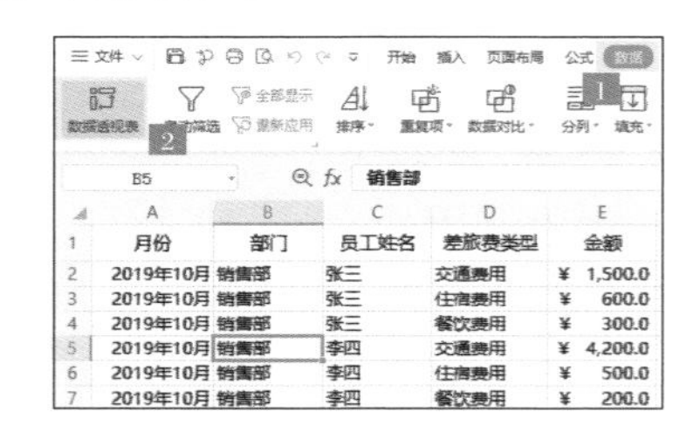

步骤 2 弹出【创建数据透视表】对话框，选中【现有工作表】单选项，并选择 G2 单元格，单击【确定】按钮。

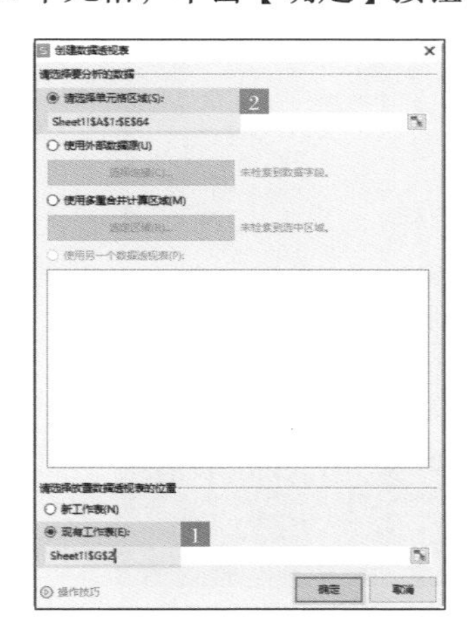

步骤3 弹出【数据透视表】窗格，拖曳【月份】至【筛选器】区域，拖曳【差旅费类型】至【列】区域，拖曳【部门】至【行】区域，拖曳【金额】至【值】区域。

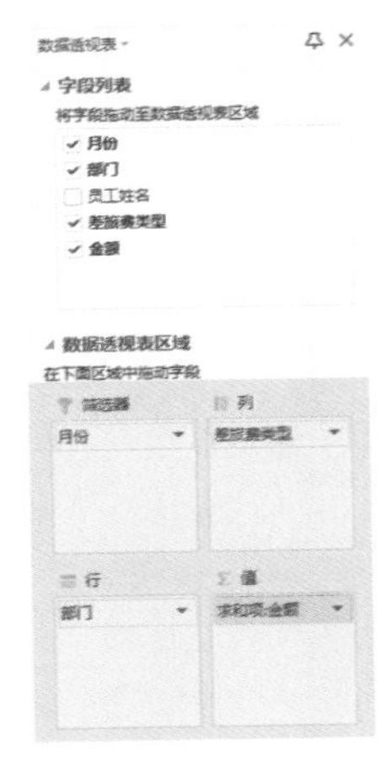

这样就完成了透视表的创建，效果如下图所示。

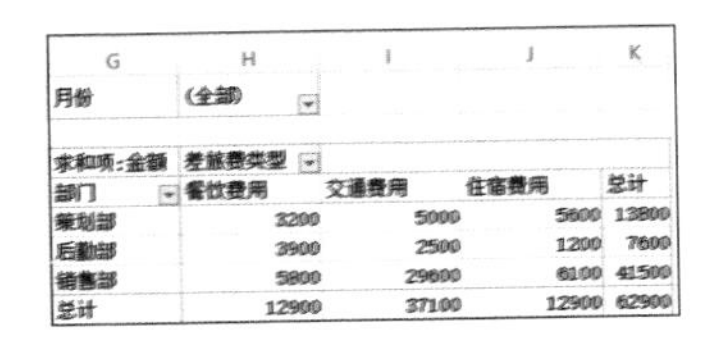

月份	(全部)			
求和项:金额	差旅费类型			
部门	餐饮费用	交通费用	住宿费用	总计
策划部	3200	5000	5600	13800
后勤部	3900	2500	1200	7600
销售部	5800	29600	6100	41500
总计	12900	37100	12900	62900

4.5.2 根据需求对数据透视表进行修改

创建透视表后可使用WPS内置的样式美化透视表，此外，还可以通过调整透视表的结构布局及字段来修改透视表。

1. 一键美化透视表

使用WPS内置的透视表样式可以快速美化透视表。

选中创建的透视表，单击【设计】→【数据透视表样式中等深浅9】按钮。

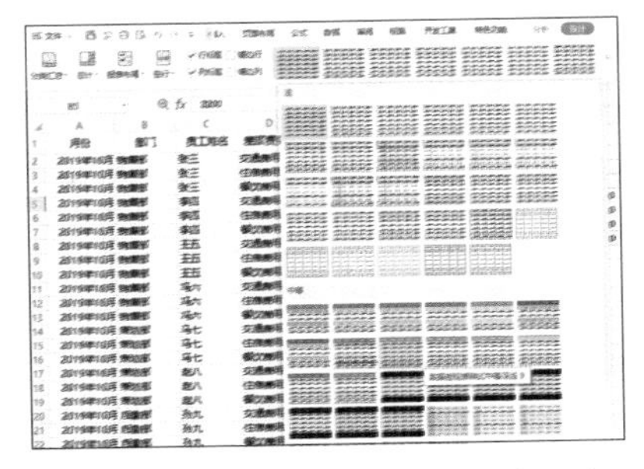

美化后的数据透视表后如下。

月份	(全部)			
求和项:金额	差旅费类型			
部门	餐饮费用	交通费用	住宿费用	总计
策划部	3200	5000	5600	13800
后勤部	3900	2500	1200	7600
销售部	5800	29600	6100	41500
总计	12900	37100	12900	62900

2. 修改字段

如果要把差旅费类型作为透视表的行，修改字段的具体操作步骤如下。

选中创建的透视表，在【数据透视表】窗格中将【部门】拖曳至【列】区域，将【差旅费类型】拖曳至【行】区域。

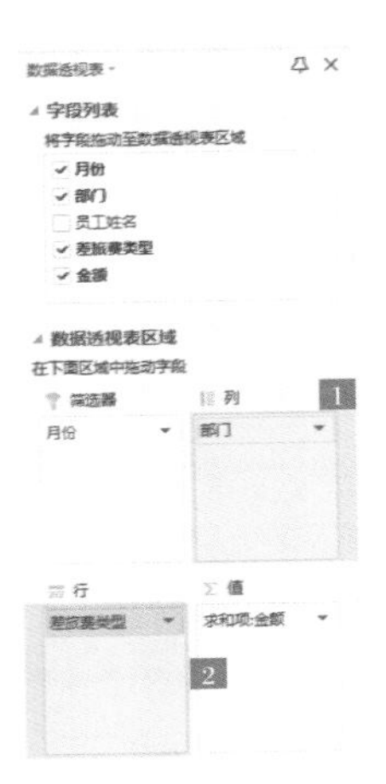

这时即可看到修改字段后数据透视表的效果。

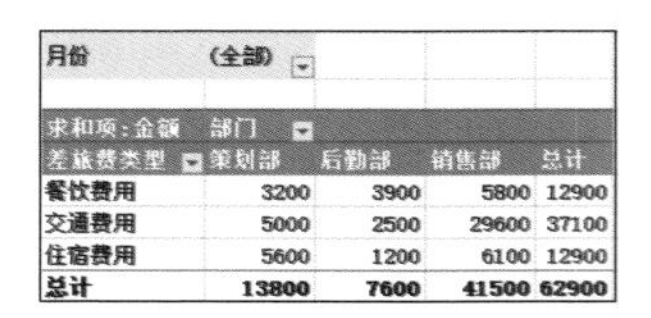

月份	(全部)			
求和项:金额	部门			
差旅费类型	策划部	后勤部	销售部	总计
餐饮费用	3200	3900	5800	12900
交通费用	5000	2500	29600	37100
住宿费用	5600	1200	6100	12900
总计	13800	7600	41500	62900

3. 添加字段

在【数据透视表】区域可添加多个字段，实现多级分类汇总。

例如，这里将【员工姓名】拖曳至【行】区域。

这时可以看到设置多级分类汇总后数据透视表的效果。

月份	(全部)				
求和项:金额		部门			
差旅费类型	员工姓名	策划部	后勤部	销售部	总计
餐饮费用	冯六			2300	2300
	李四			1700	1700
	马七	2300			2300
	孙九		3900		3900
	王五			900	900
	张三			900	900
	赵八	900			900
餐饮费用 汇总		3200	3900	5800	12900
交通费用	冯六			9000	9000
	李四			12600	12600
	马七	1400			1400
	孙九		2500		2500
	王五			3500	3500
	张三			4500	4500
	赵八	3600			3600
交通费用 汇总		5000	2500	29600	37100
住宿费用	冯六			1100	1100
	李四			1400	1400
	马七	3800			3800
	孙九		1200		1200
	王五			1800	1800
	张三			1800	1800
	赵八	1800			1800
住宿费用 汇总		5600	1200	6100	12900
总计		13800	7600	41500	62900

4. 删除字段

将字段名称拖曳出【数据透视表】区域，或者在【字段列表】区域取消选中字段名称前的复选框，即可删除字段。

选中透视表，在【数据透视表】窗格中将【员工姓名】拖曳出【行】区域，或在【字段列表】列表框中取消选中【员工姓名】复选框。

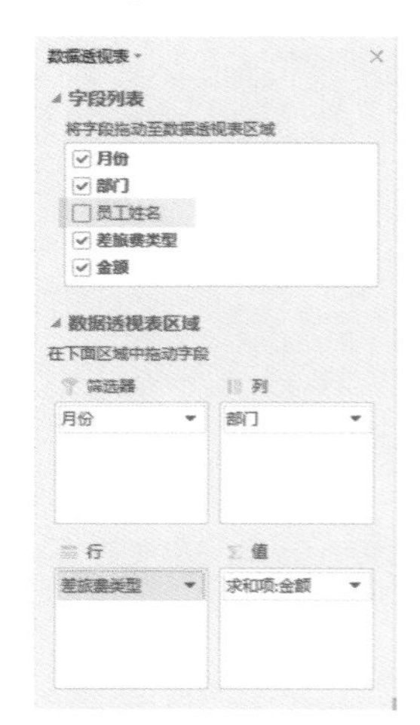

这样该字段就被删除了，效果如下图所示。

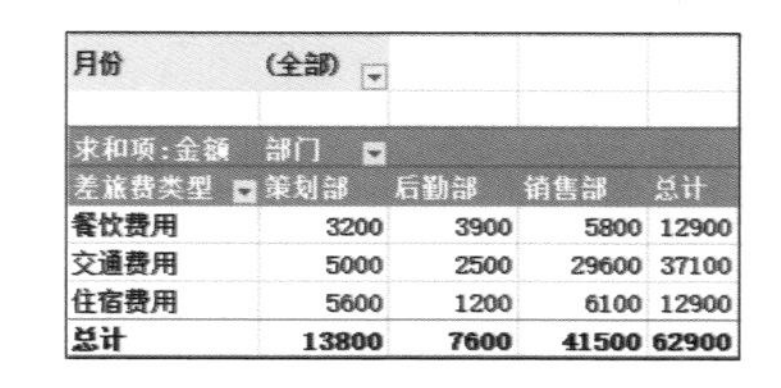

月份	(全部)			
求和项:金额	部门			
差旅费类型	策划部	后勤部	销售部	总计
餐饮费用	3200	3900	5800	12900
交通费用	5000	2500	29600	37100
住宿费用	5600	1200	6100	12900
总计	13800	7600	41500	62900

4.5.3 差旅费数据透视表值字段设置

数据透视表功能强大，可以通过设置值字段的值汇总方式及值显示方式，制作出内容更加丰富，能够满足不同统计需求的透视表。

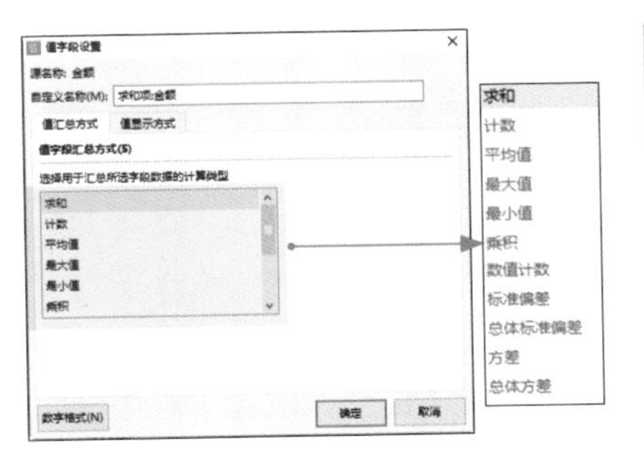

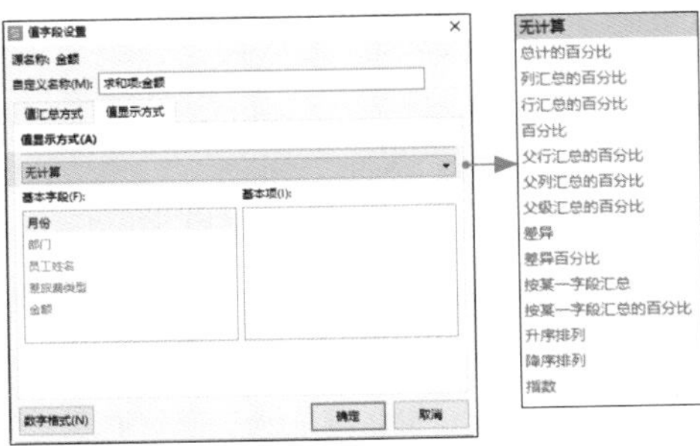

值字段设置

值汇总方式：切换值字段计算类型

默认汇总方式是求和，可以根据需要将值汇总方式设置为计数、平均值、最大值、最小值、乘积等

01

02

值显示方式：设置不同的分析方法

值显示方式种类繁多，常用的通常分为4大类，分别是百分比分析、差额分析、比率分析和名次分析

打开【值字段设置】对话框，设置值汇总方式及值显示方式的方法有 4 种。

方法一：选项卡按钮

单击【分析】→【字段设置】按钮。

方法二：【数据透视表】窗格

在【数据透视表】窗格的【值】区域单击字段名称右侧的下拉按钮，选择【值字段设置】选项。

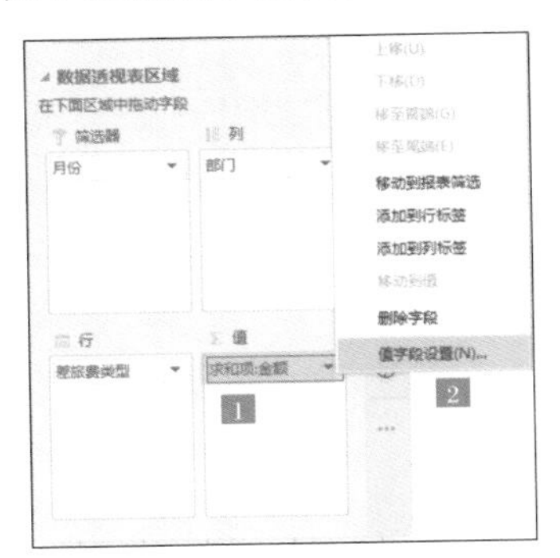

方法三：双击单元格

双击透视表中的值汇总单元格，如下图所示。

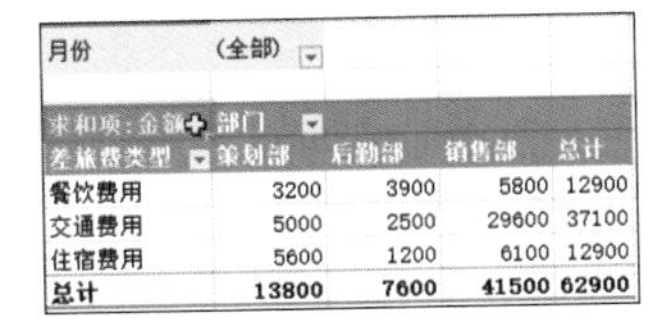

月份	(全部)			
求和项:金额	部门			
差旅费类型	策划部	后勤部	销售部	总计
餐饮费用	3200	3900	5800	12900
交通费用	5000	2500	29600	37100
住宿费用	5600	1200	6100	12900
总计	13800	7600	41500	62900

方法四：右键快捷菜单

在透视表的值汇总单元格上单击鼠标右键，选择【值字段设置】命令，或直接在【值汇总依据】和【值显示方式】下级菜单中设置，如下图所示。

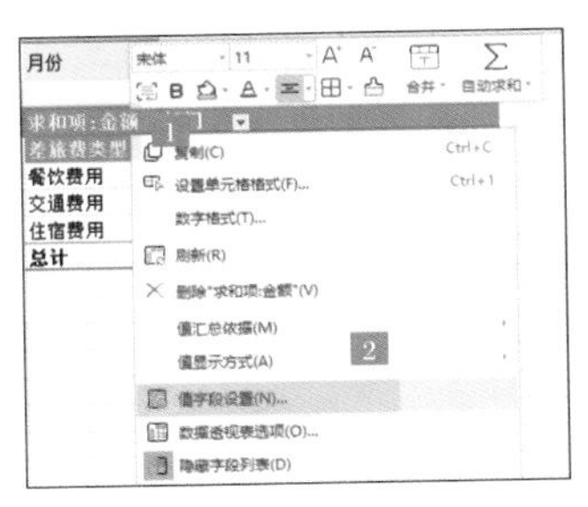

1. 更改值汇总方式

在差旅费透视表中，如果要查看各部门餐饮费用、交通费用及住宿费用的平均值、最大值及最小值，可更改值的汇总方式，具体操作步骤如下。

步骤 1 选择创建的透视表，在【数据透视表】窗格中将【部门】拖曳至【行】区域【差旅费类型】字段上方，并将【金额】字段再拖入【值】区域两次。

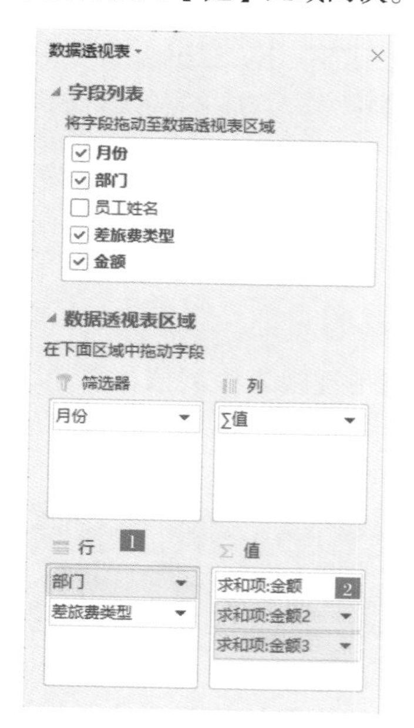

只有【值】区域可以将同一个字段拖入多次，而在【行】和【列】区域中，一个字段只能拖入一次。

步骤 2 这时可以看到更改透视表后的效果，双击【求和项：金额】单元格，如右上图所示。

月份	(全部)			
		值		
部门	差旅费类型	求和项:金额	求和项:金额2	求和项:金额3
策划部	餐饮费用	3200	3200	3200
	交通费用	5000	5000	5000
	住宿费用	5600	5600	5600
后勤部	餐饮费用	3900	3900	3900
	交通费用	2500	2500	2500
	住宿费用	1200	1200	1200
销售部	餐饮费用	5800	5800	5800
	交通费用	29600	29600	29600
	住宿费用	6100	6100	6100
总计		62900	62900	62900

步骤 3 打开【值字段设置】对话框，在【值字段汇总方式】列表框中选择【平均值】选项，并设置【自定义名称】为“平均值”，单击【确定】按钮。

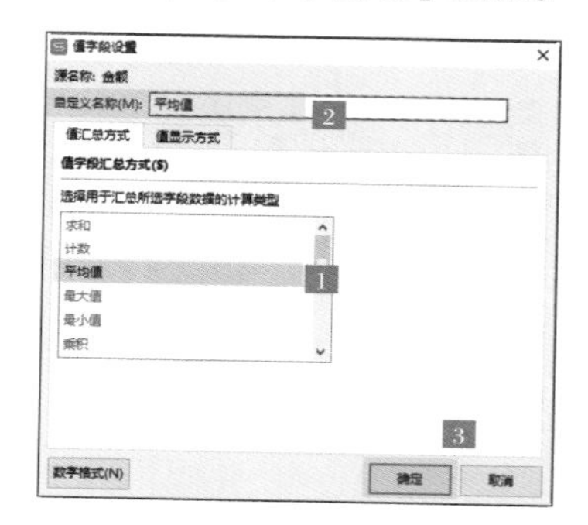

这时可以看到对各部门餐饮费用、交通费用及住宿费用的平均值进行汇总后的效果。

月份	(全部)			
		值		
部门	差旅费类型	平均值	求和项:金额2	求和项:金额3
策划部	餐饮费用	533.3333333	3200	3200
	交通费用	833.3333333	5000	5000
	住宿费用	933.3333333	5600	5600
后勤部	餐饮费用	1300	3900	3900
	交通费用	833.3333333	2500	2500
	住宿费用	400	1200	1200
销售部	餐饮费用	483.3333333	5800	5800
	交通费用	2466.666667	29600	29600
	住宿费用	508.3333333	6100	6100
总计		998.4126984	62900	62900

步骤 4 设置【平均值】列数据类型为“货币”，更改【字体】为“微软雅黑”，效果如下页图所示。

月份	(全部)			
		值		
部门	差旅费类型	平均值	求和项:金额2	求和项:金额3
⊟策划部	餐饮费用	¥533.3	3200	3200
	交通费用	¥833.3	5000	5000
	住宿费用	¥933.3	5600	5600
⊟后勤部	餐饮费用	¥1,300.0	3900	3900
	交通费用	¥833.3	2500	2500
	住宿费用	¥400.0	1200	1200
⊟销售部	餐饮费用	¥483.3	5800	5800
	交通费用	¥2,466.7	29600	29600
	住宿费用	¥508.3	6100	6100
总计		¥998.4	62900	62900

步骤 5　使用同样的方法将【求和项：金额 2】的【值汇总方式】更改为“最大值”，并设置【数据类型】为“货币”，效果如下图所示。

月份	(全部)			
		值		
部门	差旅费类型	平均值	最大值	求和项:金额3
⊟策划部	餐饮费用	¥533.3	¥1,000.0	3200
	交通费用	¥833.3	¥1,200.0	5000
	住宿费用	¥933.3	¥1,600.0	5600
⊟后勤部	餐饮费用	¥1,300.0	¥1,300.0	3900
	交通费用	¥833.3	¥1,500.0	2500
	住宿费用	¥400.0	¥400.0	1200
⊟销售部	餐饮费用	¥483.3	¥1,500.0	5800
	交通费用	¥2,466.7	¥4,200.0	29600
	住宿费用	¥508.3	¥600.0	6100
总计		¥998.4	¥4,200.0	62900

步骤 6　同理，更改【求和项：金额 3】的【值汇总方式】为“最小值”，并设置【数据类型】为“货币”，效果如下图所示。

月份	(全部)			
		值		
部门	差旅费类型	平均值	最大值	最小值
⊟策划部	餐饮费用	¥533.3	¥1,000.0	¥300.0
	交通费用	¥833.3	¥1,200.0	¥200.0
	住宿费用	¥933.3	¥1,600.0	¥600.0
⊟后勤部	餐饮费用	¥1,300.0	¥1,300.0	¥1,300.0
	交通费用	¥833.3	¥1,500.0	¥500.0
	住宿费用	¥400.0	¥400.0	¥400.0
⊟销售部	餐饮费用	¥483.3	¥1,500.0	¥200.0
	交通费用	¥2,466.7	¥4,200.0	¥1,000.0
	住宿费用	¥508.3	¥600.0	¥300.0
总计		¥998.4	¥4,200.0	¥200.0

2. 更改值显示方式

在差旅费透视表中，如果需要查看餐饮费用、交通费用及住宿费用占差旅费总额的百分比，可更改值的显示方式，具体操作步骤如下。

步骤 1　选择创建的透视表，在【数据透视表】窗格中将【部门】拖曳出【行】区域，再次将【金额】字段拖入【值】区域。

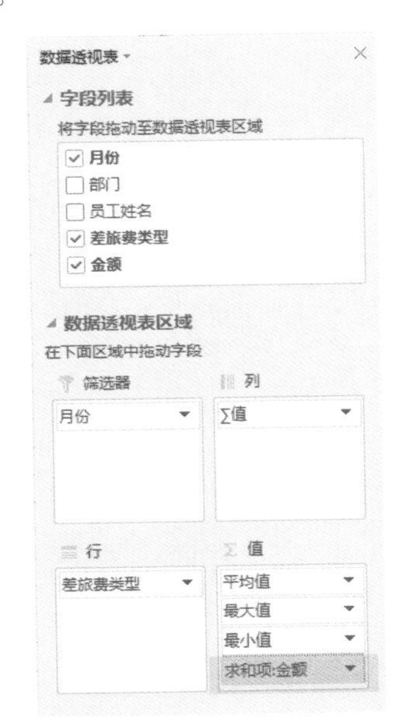

步骤 2　这时可以看到更改透视表后的效果，双击【求和项：金额】单元格，如下图所示。

月份	(全部)			
	值			
差旅费类型	平均值	最大值	最小值	求和项:金额
餐饮费用	¥614.3	¥1,500.0	¥200.0	12900
交通费用	¥1,766.7	¥4,200.0	¥200.0	37100
住宿费用	¥614.3	¥1,600.0	¥300.0	12900
总计	¥998.4	¥4,200.0	¥200.0	62900

步骤 3　打开【值字段设置】对话框，选择【值显示方式】选项卡，在【值显示方式】下拉列表中选择【总计的百分比】选项，并设置【自定义名称】为“所占百分比”，单击【确定】按钮。

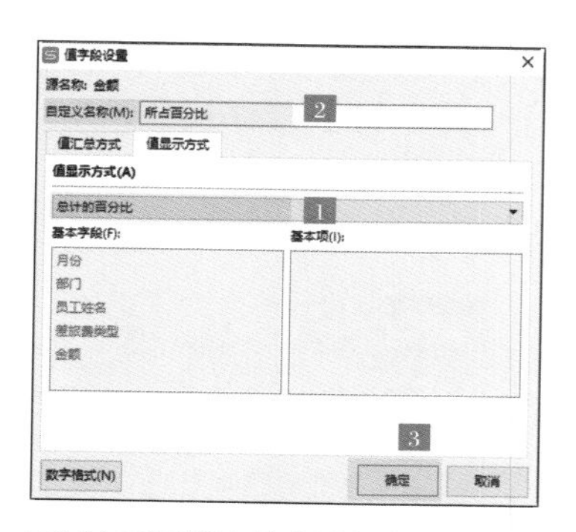

可以看到汇总餐饮费用、交通费用及住宿费用占差旅费总额的百分比后的效果，如下图所示。

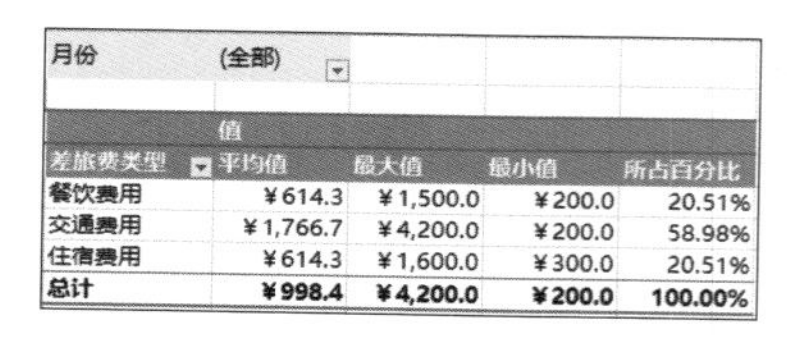

月份	(全部)			
	值			
差旅费类型	平均值	最大值	最小值	所占百分比
餐饮费用	¥614.3	¥1,500.0	¥200.0	20.51%
交通费用	¥1,766.7	¥4,200.0	¥200.0	58.98%
住宿费用	¥614.3	¥1,600.0	¥300.0	20.51%
总计	¥998.4	¥4,200.0	¥200.0	100.00%

Tips

各种百分比选项含义如下。

1.【总计的百分比】：显示每项数据占所有项目总和的百分比，计算原理是（单个项目的数值 / 所有项目的总值）×100%。

2.【列汇总的百分比】：显示每项数据占该列项目总和的百分比，计算原理是（单个项目的数值 / 项目所在列的总值）×100%。

3.【行汇总的百分比】：显示每项数据占该行项目总和的百分比，计算原理是（单个项目的数值 / 项目所在行的总值）×100%。

4.【百分比】：以某项目为标准，显示其他项目与该项目的比例。

5.【父行汇总的百分比】：显示某项目数据占该列分类项目数据总和的百分比。

6.【父列汇总的百分比】：显示某项目数据占该行分类项目数据总和的百分比。

7.【父级汇总的百分比】：显示某项目数据占所在分类数据总和的百分比。

4.5.4 刷新数据透视表中的数据

数据透视表处理的数据量一般都比较大，为了提高表格的运行效率，数据透视表不会自动更新数据，因此，在更改源数据数值后，需要手动更新透视表。方法有两种。

方法一：使用快捷菜单

选择透视表任意单元格并单击鼠标右键，在弹出的快捷菜单中选择【刷新】命令。

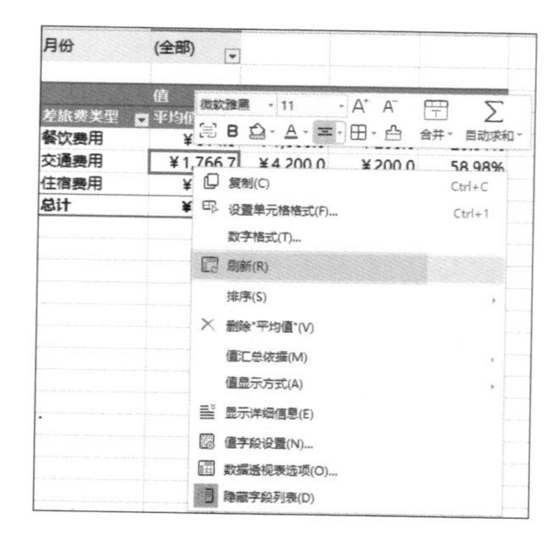

方法二：使用功能区

选择透视表，选择【分析】→【刷新】→【全部刷新】选项。

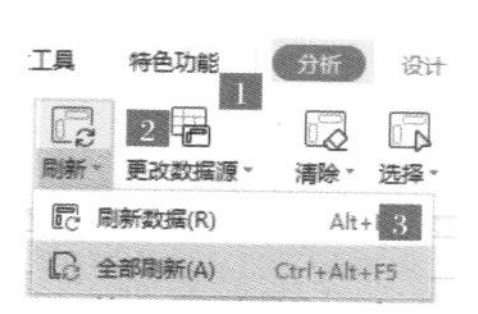

4.5.5 让透视表中的数据动起来

在数据透视表中，可以通过切片器实现透视表显示的变化，让数据动起来。具体操作步骤如下。

Tips

如果 WPS 中切片器显示为灰色，表示其不可用，可以将工作簿保存为“.xlsx”格式文件，删除原先创建的透视表，并重新创建透视表。

步骤 1 打开“素材 \ch04\ 各部门差旅费统计表 .xlsx”素材文件，单击【分析】→【插入切片器】按钮。

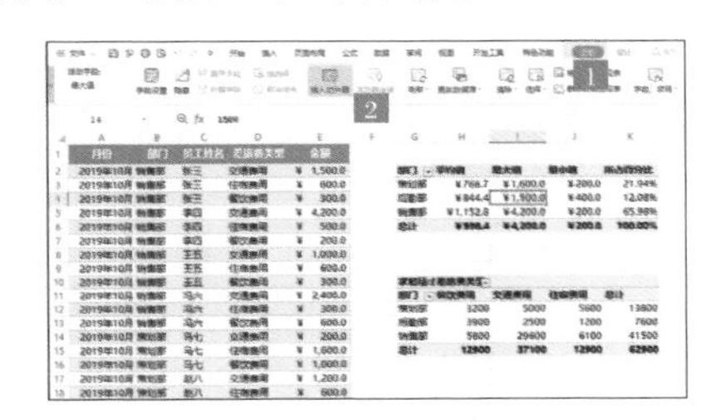

步骤 2 弹出【插入切片器】对话框，选中【部门】和【差旅费类型】复选框，单击【确定】按钮。

这时就已添加了【部门】切片器和【差旅费类型】切片器，如下图所示。

部门	平均值	最大值	最小值	所占百分比
策划部	¥766.7	¥1,600.0	¥200.0	21.94%
后勤部	¥844.4	¥1,500.0	¥400.0	12.08%
销售部	¥1,152.8	¥4,200.0	¥200.0	65.98%
总计	¥998.4	¥4,200.0	¥200.0	100.00%

求和项:差旅费类型

部门	餐饮费用	交通费用	住宿费用	总计
策划部	3200	5000	5600	13800
后勤部	3900	2500	1200	7600
销售部	5800	29600	6100	41500
总计	12900	37100	12900	62900

部门：策划部、后勤部、销售部
差旅费类型：餐饮费用、交通费用、住宿费用

步骤 3 此时，在切片器中选择相应的选项，即可看到上方透视表显示的数据会根据切片器变化，下图所示为策划部住宿费用的相关数据。

部门	平均值	最大值	最小值	所占百分比
策划部	¥933.3	¥1,600.0	¥600.0	100.00%
总计	¥933.3	¥1,600.0	¥600.0	100.00%

求和项:差旅费类型

部门	餐饮费用	交通费用	住宿费用	总计
策划部	3200	5000	5600	13800
后勤部	3900	2500	1200	7600
销售部	5800	29600	6100	41500
总计	12900	37100	12900	62900

步骤 4 如果需要使多个透视表显示的数据随切片器改变，可以将切片器连接至其他透视表。选择【部门】切片器，单击【选项】→【报表连接】按钮。

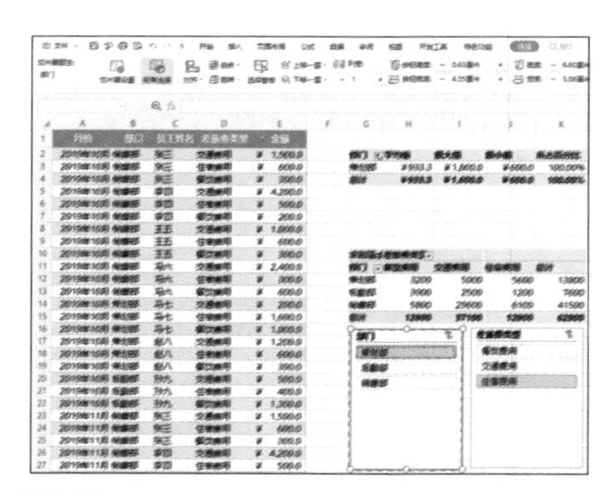

步骤5 弹出【数据透视表连接(部门)】对话框，选择其他要连接的透视表，单击【确定】按钮。

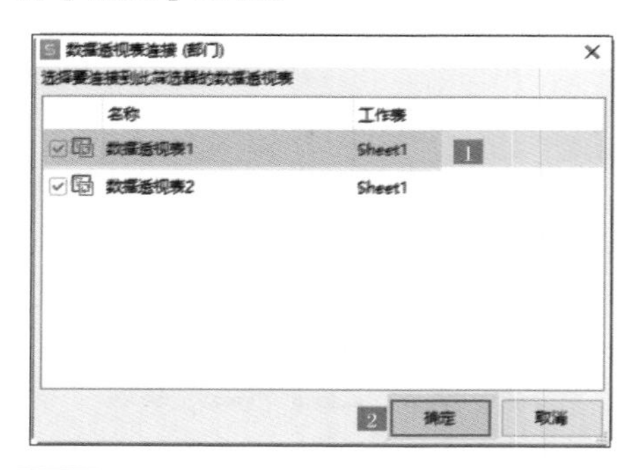

步骤6 重复上面的操作，将【差旅费类型】切片器连接至【数据透视表 1】。

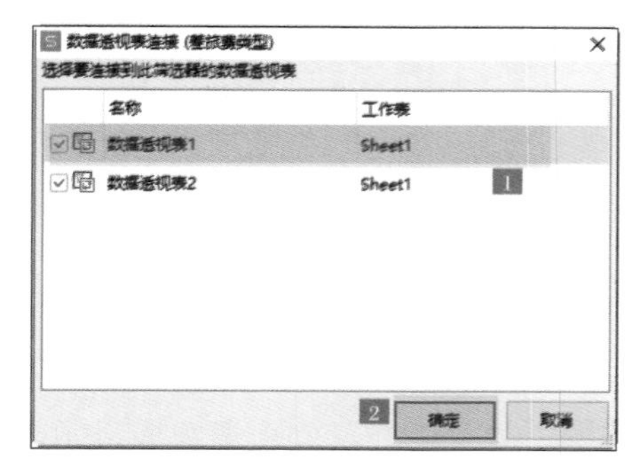

步骤7 再次在切片器中选择要查看的部门及差旅费类型，即可看到透视表中的数据动了起来。

Tips

如果要选择切片器中的所有选项，单击切片器右上角的【清除筛选器】按钮即可。

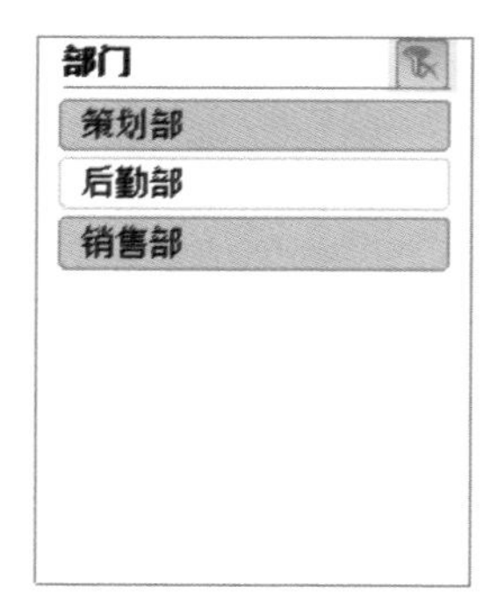

案例总结及注意事项

（1）值字段设置是透视表中的重要操作，读者需多加练习。

（2）透视表功能强大并且灵活，在工作中分析数据时，可从需要的角度出发，发挥想象力，做出满足需要的透视表。

动手练习：制作专业的员工销售业绩透视表

练习背景：

普通的数据透视表不一定能满足领导查看的需要。站在领导的角度，寻找领导感兴趣的数据，将其显示在数据透视表中，就能制作出专业的、让领导刮目相看的数据透视表。

员工销售业绩表中记录了公司各员工 5 月 ~7 月在不同城市销售不同产品的销售量及销售额，经过分析得知：领导更关注这 3 个月每种产品的销售量情况。因此，需要你根据领导的关注点，完成对数据的处理。

练习要求：

根据各员工的销售数据，使用数据透视表展示各月不同产品的销售量情况。

练习目的：

掌握透视表的创建及设置方法。

本节素材结果文件	
	素材 \ch04\ 专业的员工销售业绩透视表 .et
	结果 \ch04\ 专业的员工销售业绩透视表 .et

动手练习效果展示

	A	B	C	D	E	F
1	日期	销售人员	城市	商品	销售量	销售额
2	2019/5/12	张三	武汉	彩电	22	29900
3	2019/5/12	李四	沈阳	冰箱	23	70200
4	2019/5/12	王五	太原	电脑	24	344000
5	2019/5/12	王五	贵阳	相机	25	154980
6	2019/5/12	张三	武汉	彩电	26	78200
7	2019/5/12	冯六	杭州	冰箱	27	62400
8	2019/5/12	王五	天津	彩电	28	73600
9	2019/5/13	赵七	郑州	电脑	29	111800
10	2019/5/13	王五	沈阳	相机	30	125460
11	2019/5/13	王五	太原	彩电	31	46000
12	2019/5/13	王五	郑州	相机	32	158670
13	2019/5/13	孙九	上海	空调	33	126000
14	2019/5/13	冯六	南京	空调	34	95200
15	2019/5/13	李四	武汉	冰箱	16	41600
16	2019/5/13	马二	杭州	彩电	23	52900
17	2019/5/14	王五	上海	彩电	30	69000
18	2019/5/14	孙九	南京	冰箱	38	98800
19	2019/5/14	张三	昆明	冰箱	31	80600
⋮						
602	2019/7/22	赵七	南京	空调	37	78000
603	2019/7/22	马二	合肥	冰箱	75	150000
604	2019/7/22	张三	天津	空调	46	87600
605	2019/7/22	王五	武汉	空调	30	70000
606	2019/7/22	孙九	沈阳	空调	58	106400
607	2019/7/23	马二	贵阳	彩电	61	62100
608	2019/7/23	孙九	天津	彩电	48	55200

员工销售业绩表

销售人员 (全部)

商品 / 值	冰箱		空调		彩电		电脑		相机	
日期	单月数据	按月累计	单月数据	按月累计	单月数据	按月累计	单月数据	按月累计	单月数据	按月累计
5月	913	913	865	865	1001	1001	343	343	531	531
6月	2311	3224	2426	3281	2005	3006	441	784	736	1267
7月	1829	5053	2107	5388	1729	4735	168	952	558	1825
总计	5053		5388		4735		952		1825	

专业的数据透视表效果

秋叶私房菜：四步搞定数据分析

这年头，没人会怀疑数据的重要性，但有人会问我：“为什么要自己做数据，不是有专业的数据团队吗？”

部分公司有，但具备一定的数据分析常识，能让你和数据团队更好地沟通，拿到的原始数据或分析结果更能满足实际需要。

更重要的是，数据天生“脏乱差”，很容易被歪曲、被误读，常识能帮助你更好地分辨。

举个例子：分析结果说，产品80%的用户是女性。

若你有一些常识，又了解自己的产品，就会想，我们这个产品没有身份认证，没法精确判断男性、女性，这个结论是怎么得出的，是否可靠呢？这样你就可以发现、思考潜在的问题。

第一步：定义需求

数据分析，从定义需求、搜集数据开始，需求内容的来源包括外部的报告、内部的记录、日常的报表、定制的调研等。

据我观察，小伙伴们对数据的需求，往往包含3个层级。

❶ 高屋建瓴地看看这个产品、这个市场——这需要数据提供者非常清楚，到底“看什么、怎么看”。

❷ 获得相对清晰的数据——例如这些商品在过去一年里每月的销售额。

这其实还是挺模糊的：销售额怎么算，算付款额还是发货额？以美元还是以人民币结算？含不含税、含不含退货、含不含折扣？

❸ 给出完整的表格和描述——规定具体指标、时间跨度、数量单位、呈现方式等。

前期思考得细致，能避免反复折腾、做无用功。要义是“以终为始”“结果导向”地思考，自己究竟要解决什么问题。

举个例子：我面试了一个小伙伴，他的简历上写着“去年做某促销活动，给全平台交易额带来了15%的增长”。

可是，这样能说明活动成功吗？

为了交易额增长，付出了多大代价，划算吗？

怎么定义“增长”？是与平时的水平相比吗？考虑自然增长或季节因素了吗？

活动期后，交易额相对基线下降了多少（如果顾客在“双十一”期间把一年的尿布都买了，销量未必会增长，只是购买行为提前了）？

比起过去的类似活动、竞品的相关活动，这次的表现更好吗？

分析并没有那么简单，需要先想明白，我到底想证实或证伪什么，发现或解答什么，再决定用什么样的数据去支撑。

这和表格操作能力无关，却是一切分析的逻辑起点。

第二步：提出需求

我不认同用微信或邮件将数据需求发送出去，就算提出了需求。一定要和数据提供者约时间，过一遍需求。

❶ 交代背景，让对方理解目标。这样能使他们发挥出自己的专长，帮助我方修正需求。

举个例子：我昨天对行政小伙伴说，请把这个文件发顺丰次日达。不过，我也可以告诉她，因为情况紧急，这个文件明天中午之前一定要送到北京。

明白最终意图，她就可以发挥自己的专长，用更恰当的方式达到目的。她问我，最近北京快递受到限制，经常晚到，刚好有同事要去北京出差，托他把文件带去可以吗？当然可以！

❷ 解释指标，尽量统一大家的理解。

你会发现，人与人之间的误解，千奇百怪。表达需求的时候，不妨多啰嗦几句，避免对方一开始就理解错了。

❸ 了解数据的可得性，以及收集数据需要付出的代价。这一步非常重要，因为找数据也有“二八法则”。

在 2018 年年初的一次分析工作中，同事告诉我，2016 年 8 月进行过一次系统升级。如果要用此前的数据，就得大费周章，花一个星期导出并整理；如果改用此后的数据，几小时就可以搞定。

那么，我们可以问问自己，是否一定要用此前的数据？过去 16 个月的趋势是否已经基本满足需求？然后当场做个决定。

第三步：原始数据整合标注

有个小伙伴给了我一张图表——“理财用户移动终端设备 TOP10”。

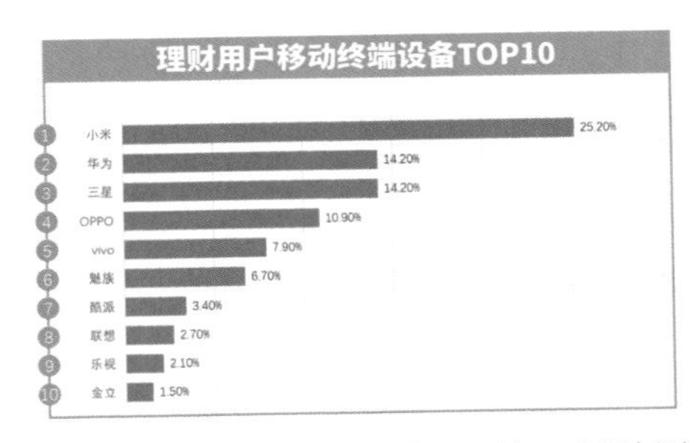

我一看，这违背常识啊：理财用户有钱，有钱人很多用 iPhone 吧。定睛一看，数据来源是 TalkingData，我很喜欢这家公司，但是它有些报告更偏重安卓设备分析，不覆盖苹果。

另外，这张图表使用的是截至 2016 年年底的数据。手机排名竞争激烈，2017 年的市场格局就不是这样了。

没有定义、来源、时间、单位的数据分析，都是“耍流氓”。

所以，拿到原始数据后，我通常会做以下动作。

❶ 将多项数据导入同一张大表。

原始数据来源不一、形式不一，可能是电子表格、TXT、文档文件等。整合在一起，方便处理。

❷ 给每一张数据表编号、命名，注明来源、日期、单位等信息。

原则就是，要使隔壁部门的同事或 6 个月后你自己打开时，能看懂、使用这些表。

（这是我做所有文件的原则：6 个月后打开，还能明白自己在说什么。）

❸ 在第一列填写当前行号。如果后面要排序、修改，恢复原顺序也比较容易。

❹ 确认单位，调整格式（如日期不要有乱码）。

❺ 检查一下是否有外部链接与公式。

值得一提的是，按住【Ctrl ＋ ~】组合键，可以显示单元格的隐藏信息。

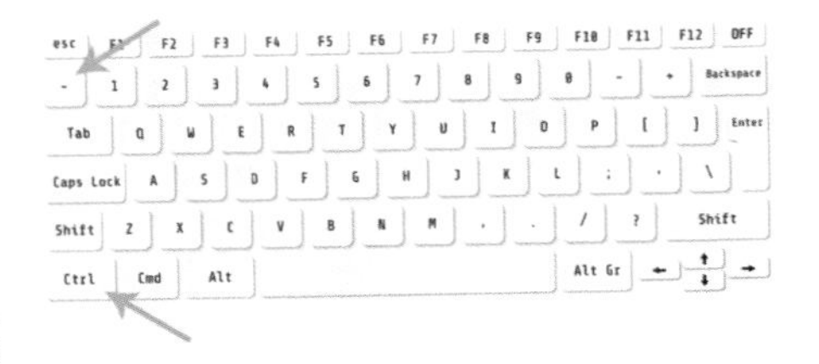

例如，正常看到的 WPS 表格是这样的。

	单位	2016年9月	2016年10月	2016年11月	2016年12月
投资端					
每月新增交易额	万元	10,972	15,863	13,921	26,225
Mom Grth	%		45%	-12%	88%
每月期末累计交易额	万元	116,359	132,222	146,142	172,367
当月天数	天	30	31	30	31

按住【Ctrl ＋ ~】组合键看到的是这样的，单元格里的公式和引用等会显示出来。

	单位	42614	42644	42675	42705
投资端					
每月新增交易额	万元	10,972.52	15,862.586	13,920.63	26,224.6243
Mom Grth	%		=E6/D6-1	=F6/E6-1	=G6/F6-1
每月期末累计交易额	万元	=C8+D6	=D8+E6	=E8+F6	=F8+G6
当月天数	天	=DAYS(E4,D4)	=DAYS(F4,DE4)	=DAYS(G4,F4)	=DAYS(H4,G4)

如无特殊情况，避免引用外部数据与公式，容易出错。

好了，现在你有了一个完整、清楚的原始数据文件。

原始数据必须妥善保存，复制一版后才能进行操作。如果出现误操作，可以在原始数据表格中核对。

第四步：检查异常，清洗数据

等我讲完你就知道，数据清洗有多重要。没有清洗数据，后面的分析都建立在“流沙”上。

下面的操作需要一步步耐心地完成。通常是检查完一列数据，再检查下一列数据。

❶ 看数据全貌。

在 WPS 表格底部右侧，可以看到所选列数据的基本信息，如计数、平均值、最大值、最小值等。

如下图所示数据，该列共计 8378 行，总额 260334 元，人均 31 元。

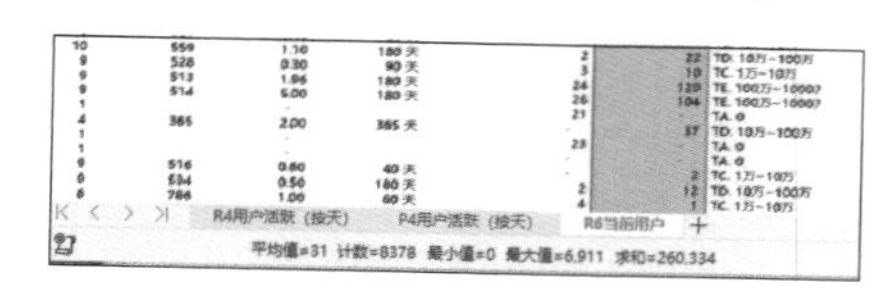

判断一下这些信息是否符合常识，有没有问题。

你可能会问：“但我怎么知道有没有问题呢？”

你不需要知道精确数值，只需要想想这个数量级是否正确。

假设现实生活中通常人均上千元，而表格数据显示人均只有 31 元，那么，你就得思考是数据定义错了、单位标识错了、数值本身错了，还是发生了什么其他状况。

如果等你做完才发现数据错漏，岂不是很郁闷？

❷ 是否有等于 0 或空白的数据，正常吗？

选中整张表格的数据，在菜单栏中选择【数据】→【筛选】命令，然后可用每一列的筛选下拉菜单，看看这栏包含哪些数值。

我特别注意等于 0 或空白的数据。它有可能是正常的，如某天真的没有人登录或注册（服务器宕机），但也可能是数据发生了缺失。

如果有大量的“0”或“空白”，我们需要思考其对我们分析的影响。

例如，你想统计男生、女生各自的行为，假设 1000 个样本里，有 800 个没有识别男女，那么统计结果还有代表性吗？

另外，软件对“0”与“空白”的处理不同。

例如，有 10 个数值，其中 2 个为 0，2 个缺失，6 个等于 8。让 WPS 表格数一数该列有几个值，会返回“8”。0 值会被计入，缺失项不计入。

若计算这一列的平均值，软件会算成 (2×0+6×8)/(2+6)，返回 6。因为软件求的是 8 个数的平均值，既不是全部 10 个，也不是非零非空的那 6 个。

因此，当我们见到“0”或“空白”时，需要追问，空白真的是空白吗？零真的是零吗？系统导出数据时，很可能把未曾统计标识为“0”，或者反之。例如，App 当日登录人数未曾统计，与确实无人登录，意义当然不同。

❸ 统一概念。

这是一项枯燥却必要的工作，大家肯定遇到过。

从 HR 那里要来员工名单，发现部门那一列的数据五花八门，“营销部”也会写成“营销中心”“营销”“市场营销”；

从客服那里要来用户问题列表，分类有“账户”“账号”“银行账户”……

要先把这些收拾干净，否则就无法愉快地进行统计了。

❹ 相关数据交叉检验。

有时候，同样的数值会在不同数据源中多次出现。

例如，一张表格是当天在售的每种商品的销售件数，另一张表格是当天每个用户各买了几件商品。

两张表格分别加总的值，应该相同。误差也许难免，个别数据统计不精确的情况时有发生；但若相差太大，可能就是数据出错了。

❺ 用“条件格式”看数据波动，发现异常。

表格的“条件格式”功能，可以根据数值大小，给单元格画上彩色的条形。

从下方左图中，可以发现 A 栏数据在 2016 年 11 月出现断崖式下降；右图 B 栏，则在 2016 年 12 月底出现峰值。

4	时间	A	B
43	2016/10/9	840	21
44	2016/10/10	1,002	23
45	2016/10/11	898	18
46	2016/10/12	868	20
47	2016/10/13	782	32
48	2016/10/14	812	51
49	2016/10/15	665	39
50	2016/10/16	888	35
51	2016/10/17	1,019	38
52	2016/10/18	1,070	54
53	2016/10/19	913	85
54	2016/10/20	907	50
55	2016/10/21	939	43
56	2016/10/22	612	48
57	2016/10/23	743	37
58	2016/10/24	962	61
59	2016/10/25	924	67
60	2016/10/26	844	40
61	2016/10/27	927	37
62	2016/10/28	828	40
63	2016/10/29	596	32
64	2016/10/30	569	25
65	2016/10/31	841	47
66	2016/11/1	692	36
67	2016/11/2	526	44
68	2016/11/3	150	56
69	2016/11/4	175	71
70	2016/11/5	80	42
71	2016/11/6	65	47
72	2016/11/7	200	59
73	2016/11/8	178	54
74	2016/11/9	145	40
75	2016/11/10	165	45
76	2016/11/11	171	58
77	2016/11/12	66	36
78	2016/11/13	70	30
79	2016/11/14	219	39
80	2016/11/15	180	45
81	2016/11/16	176	54
82	2016/11/17	187	47
83	2016/11/18	188	61
84	2016/11/19	79	40
85	2016/11/20	90	38
86	2016/11/21	227	48
87	2016/11/22	191	42
88	2016/11/23	187	69
89	2016/11/24	177	96
90	2016/11/25	210	62
91	2016/11/26	67	32

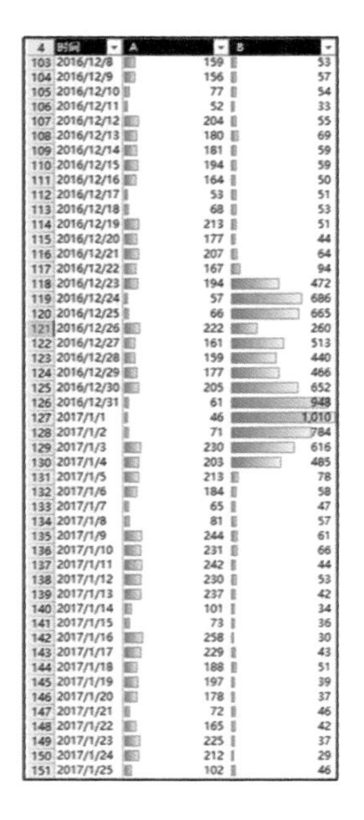

4	时间	A	B
103	2016/12/8	159	53
104	2016/12/9	156	57
105	2016/12/10	77	54
106	2016/12/11	52	33
107	2016/12/12	204	55
108	2016/12/13	180	69
109	2016/12/14	181	59
110	2016/12/15	194	59
111	2016/12/16	164	50
112	2016/12/17	53	51
113	2016/12/18	68	53
114	2016/12/19	213	51
115	2016/12/20	177	44
116	2016/12/21	207	64
117	2016/12/22	167	94
118	2016/12/23	194	472
119	2016/12/24	57	686
120	2016/12/25	66	665
121	2016/12/26	222	260
122	2016/12/27	161	513
123	2016/12/28	159	440
124	2016/12/29	177	466
125	2016/12/30	205	652
126	2016/12/31	61	948
127	2017/1/1	46	1,010
128	2017/1/2	71	784
129	2017/1/3	230	616
130	2017/1/4	203	485
131	2017/1/5	213	78
132	2017/1/6	184	58
133	2017/1/7	65	47
134	2017/1/8	81	57
135	2017/1/9	244	61
136	2017/1/10	231	66
137	2017/1/11	242	44
138	2017/1/12	230	53
139	2017/1/13	237	42
140	2017/1/14	101	34
141	2017/1/15	73	36
142	2017/1/16	258	30
143	2017/1/17	229	43
144	2017/1/18	188	51
145	2017/1/19	197	39
146	2017/1/20	178	37
147	2017/1/21	72	46
148	2017/1/22	165	42
149	2017/1/23	225	37
150	2017/1/24	212	29
151	2017/1/25	102	46

在这个真实案例中，前者的出现是因为当时统计口径发生了变化（不是真实波动）；而后者是促销带来的波动。

比起用数据绘制图表，这个功能快速简便，可以帮助我们发现错误，或者让我们留下总体印象，指导后续的分析。

其实不只是数据分析，本文所讲的方法也能用在工作的其他方面。

例如，将需求分为 3 个层级，在日常协作中，注意面对不同层级的合作者，使用相应的方式去沟通和安排任务，以免他人误解。

“一图胜千言”，借用图表可以展示事件全貌与整体趋势，发现数据间所隐含的内部关系，快速比较数据，同时图表可以增加说服力。在工作中，利用图表将数据化繁为简，让领导更轻松、更快速地获取信息，才能获得领导的青睐。

第5章 玩转图表，让数据一目了然

- 怎样选择合适的图表类型？
- 图表选择得不合适怎么办？
- 美化图表的方法有哪些？
- 在什么情况下使用组合图表？

5.1 绘制基本销售统计图表

某汽车销售企业会统计每月的汽车销售量。直接将用表格统计出来的数据给领导查阅，领导不能直接看出销量的变化趋势，并且无法从表格数据中提取背后隐藏的市场信息。所以为了让领导能一目了然地看出销量数据及销售趋势，可以制作每月销售量的图表来展现数据。

【插入图表】对话框各区域功能介绍如下图所示。

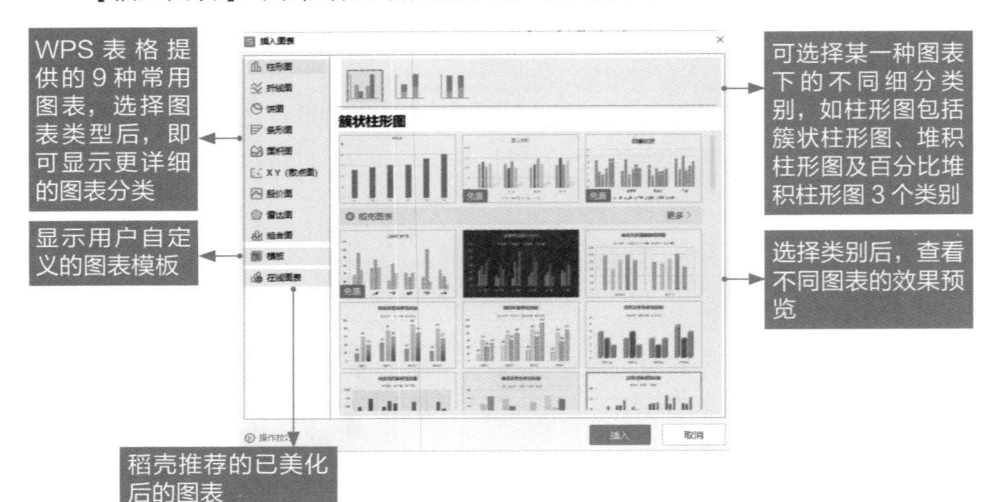

下面通过绘制某企业的汽车销售图表，介绍在WPS表格中创建图表的方法。

本节素材结果文件	
	素材 \ch05\ 销售统计图表 .et
	结果 \ch05\ 销售统计图表 .et

“销售统计图表 .et”素材文件记录了某汽车销售企业上半年的汽车销售量，为了更直观地查看不同月份的销售量变化情况，可以通过柱形图展示销售量数据。

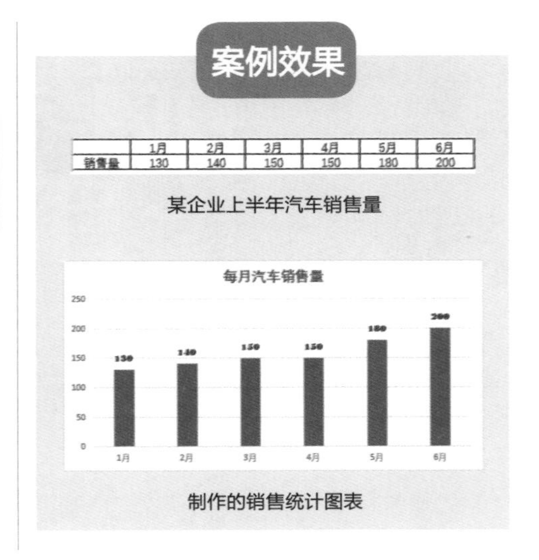

	1月	2月	3月	4月	5月	6月
销售量	130	140	150	150	180	200

5.1.1 认识图表的特点及构成

使用 WPS 表格创建图表之前，首先要认识一下图表的特点及图表的构成。

1. 图表的特点

图表是图形化的数据，图形由点、线、面与数据匹配组合而成。图表是数据分析的重要工具，具有直观形象、种类丰富、实时更新等特点。

（1）直观形象

图表最大的特点就是直观形象，与表格相比，它一目了然，更有助于理解数据之间的关系，如大小关系、结构关系、变化趋势等。如下图所示，如果只是阅读左侧的数据表中的数字，那么无法得到整组数据所包含的更多有价值的信息，而图表除了可以识别销量之外，还可以一目了然地显示销售的趋势。

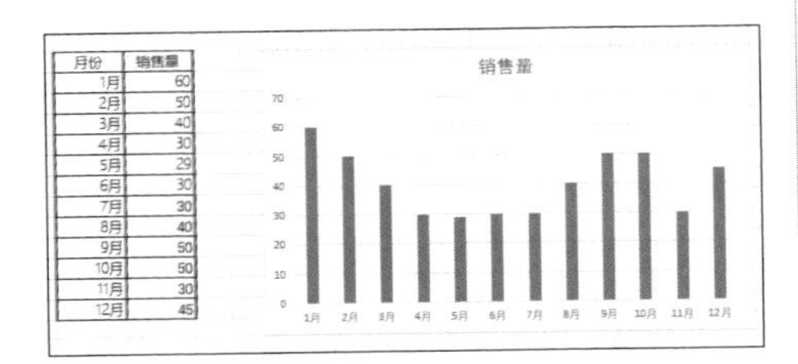

（2）种类丰富

WPS 提供了 9 种图表：柱形图、折线图、饼图、条形图、面积图、X Y（散点图）、股价图、雷达图、组合图。每一个图表类型下都包含若干个子图表类型。

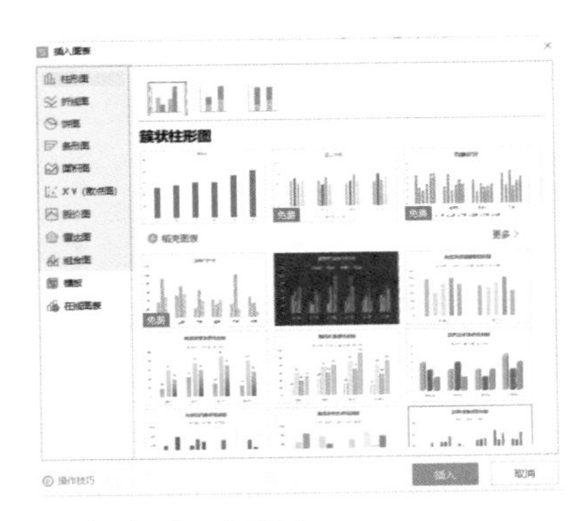

（3）实时更新

图表的创建必须基于相应的数据源，当数据源的数据发生变化时，图表也会自动更新。

2. WPS 支持的图表类型

用户在创建图表时，必须选择正确的图表类型。WPS 支持的图表类型有柱形图、折线图、饼图、条形图、面积图、X Y（散点图）、股价图、雷达图、组合图。下面介绍各图表类型的特点。

（1）柱形图

柱形图是用户经常使用的一种图表。它将数据转化为在垂直方向上延伸的柱形，以柱形的高度表示数值大小，通常用于比较不同类别数据的大小和变化幅度，同时也经常用于描述日期与数据之间的增减变化关系，如下图所示，x 轴是公司的产品类别变量，y 轴是销售数值变量。

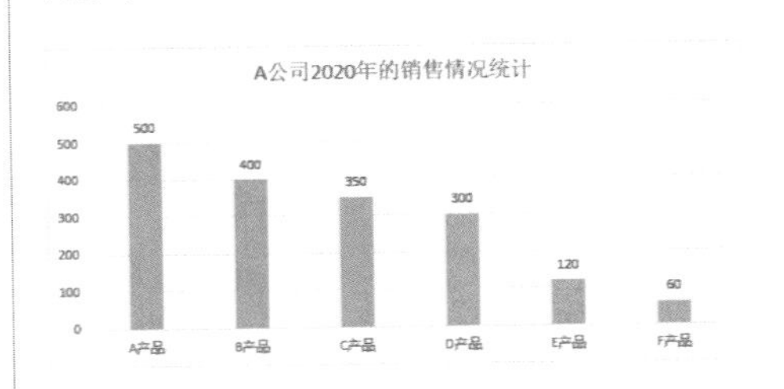

（2）折线图

折线图是用线段将各数据点连接起来而形成的图形，它主要用于处理连续数据的变化关系，常用于显示数据的变化趋势。折线图还可以清晰地显示出数据增减的状态、速率、幅度，以及最大值、最小值等特征。

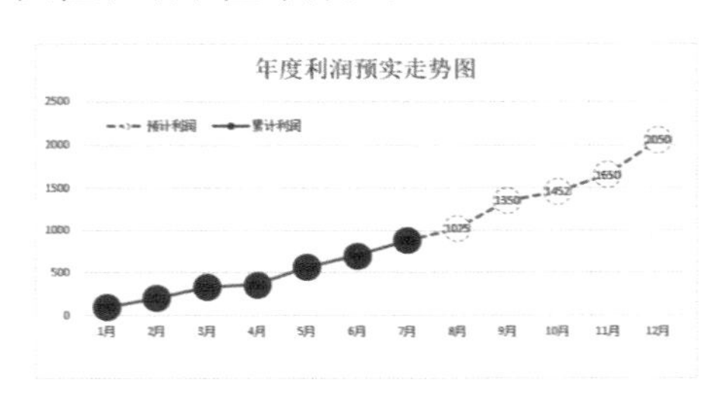

（3）饼图

饼图将一个圆划分为若干扇形，每个扇形代表数据系列的一个值。扇形主要用于展示事物的比例及构成关系。

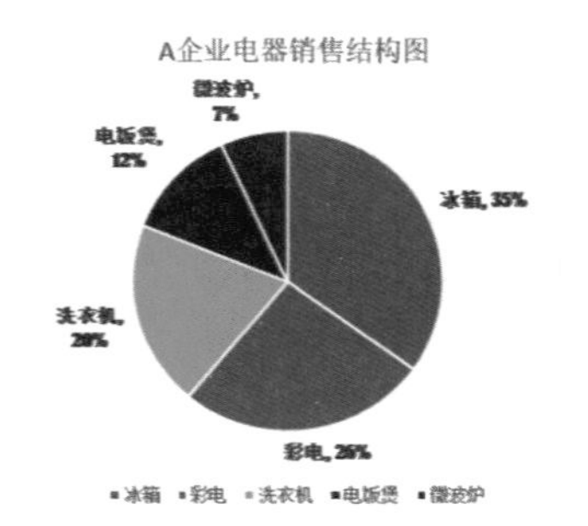

（4）条形图

条形图相当于柱形图顺时针旋转了 90°，它用 x 轴表示数值变量，用 y 轴表示类别变量。使用条形图的一个明显优点在于用户可以方便地阅读和添加分类标签，如右上图展示的是某公司的产品开发与批量情况，因产品件数类目较多，用户可以使用条形图在垂直方向显示；如果使用柱形图，很难在水平方向显示所有产品件数，因为水平方向空间有限。

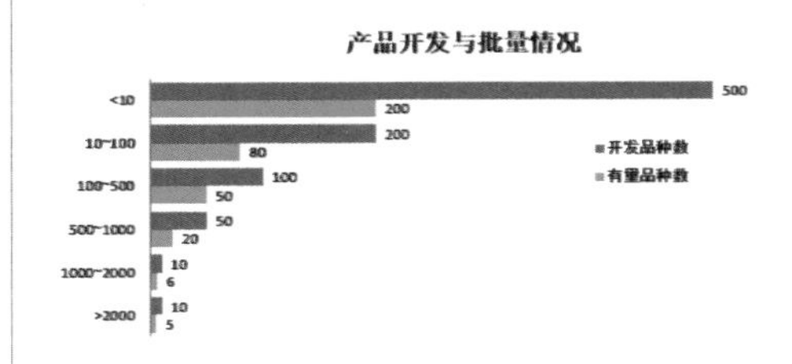

（5）面积图

面积图是折线图的另一种表示形式，它使用折线与 y 轴组成的面积来表示数据系列值的大小。面积图可以展示数据的变化趋势，同时也可以通过面积来分析部分与整体的关系。

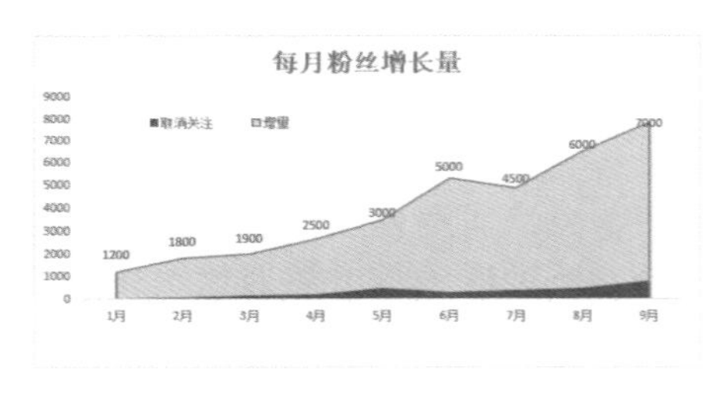

（6）XY（散点图）

散点图是由两个数值变量组合而成的坐标在直角坐标系中的分布图，它用于显示两个变量之间的关联，如两个数值变量是呈正相关、负相关，还是不相关。此外，从散布的数据点中可以看出整体趋势。下图展示的是销售额与收益率的关系图。

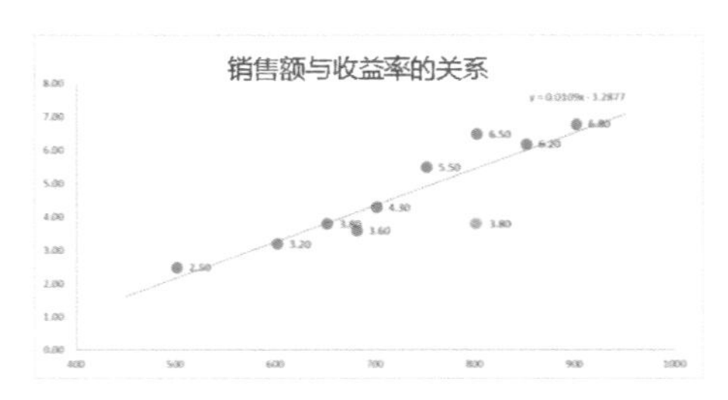

（7）股价图

股价图经常用来显示股价的波动情况。以特定顺序排列在工作表的列或行中的数据可以绘制到股价图中。这种图表也可用于科学数据。例如，可以使用股价图来显示某产品价格每月的波动情况。

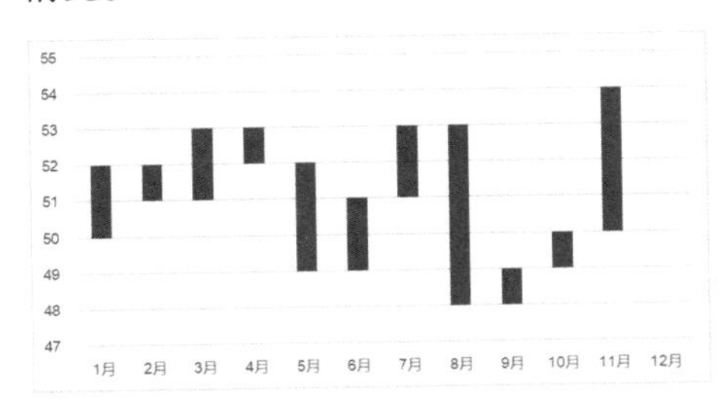

（8）雷达图

雷达图是利用数据源，将不同的指标组合在一起,形成类似雷达的图形。雷达图通常用于综合分析多个指标。

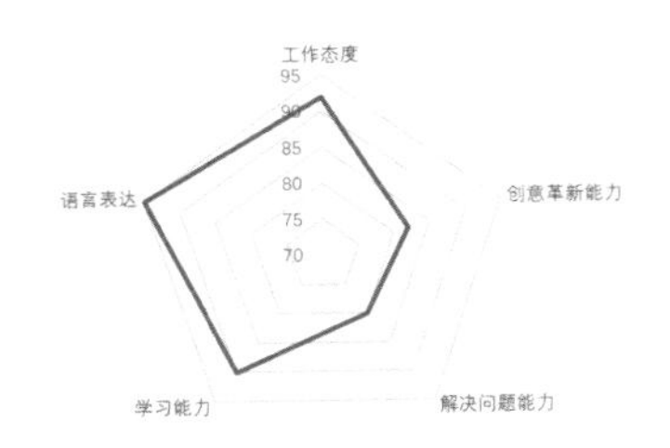

（9）组合图

组合图将两种及两种以上的图表绘制在同一图表中。组合图适用于不同数据系列大小差别较大的情况。

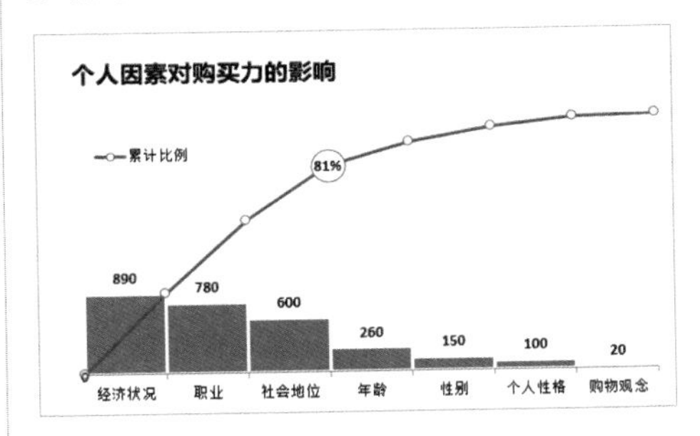

3. 图表的构成元素

WPS 图表主要由图表区、绘图区、坐标轴、标题、数据系列、图例和网格线等基本元素组成。

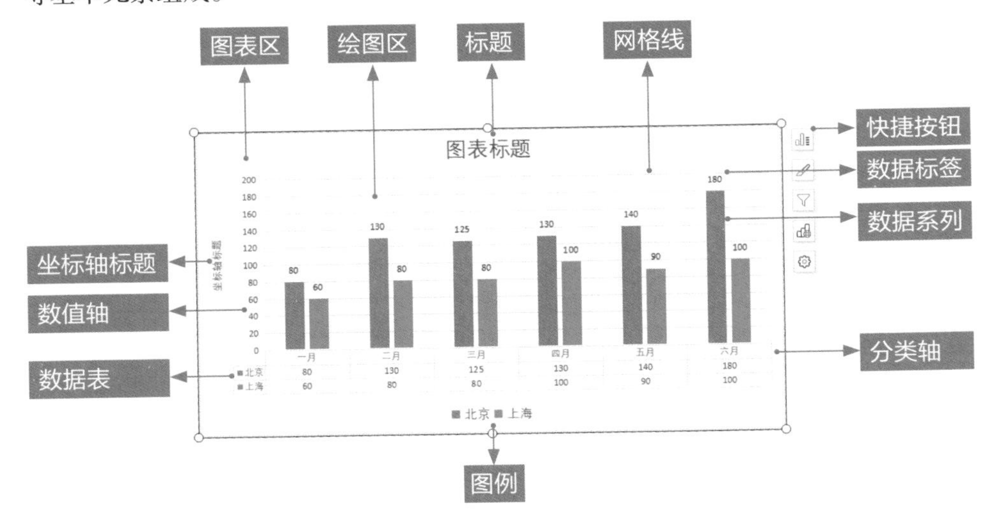

（1）图表区

图表区是指图表的全部范围，它就像一个容器，装载所有图表元素。用户选中图表区时，图表外层会显示整个图表区的边框线，边框线上有 6 个控制点。选中控制点，可以改变图表区的大小，调节图表的长宽比。此外，选中图表区还可以统一设置所有图表元素中文字的字体、大小等格式。

（2）绘图区

绘图区是指包含数据系列的图形区域，它位于图表区的中间。用户选中绘图区时，将显示绘图区边框，边框线上也有用于控制绘图区大小的 8 个控制点。

（3）标题

标题包括图表标题和坐标轴标题，标题是对相关图表元素的文字说明。

（4）网格线

网格线用来帮助用户确定数据点的数值。如果不需要网格线，或网格线影响图表查看效果，可将其隐藏。

（5）数据系列和数据标签

图表中的每个数据点都对应着数据源中相应单元格内的数值，在图表元素上标识的数据点被称为数据标签。而数据系列是由数据点构成的，数据系列对应着数据源中一行或一列数据。数据系列在绘图区中表现为不同颜色的点、线、面等图形。

（6）坐标轴（数值轴与分类轴）

坐标轴是绘图区最外侧的直线，常见的坐标轴有水平方向的分类轴，纵向的数值轴，在坐标轴上可设置刻度值区间大小、刻度线等。

（7）图例

图例是对数据系列名称的标识。

（8）数据表

数据表是放置在图表区中的数据源列表。当用户需要将图表及数据源合并在一起时，可以在图表区中设置显示数据表。

（9）快捷按钮

当用户选择图表区时，右上角会出现图表元素、图表样式和图表筛选器的快捷按钮。图表元素按钮用于快速添加、删除或更改图表元素。图表样式按钮用于快速设置图表样式和配色方案。图表筛选器按钮用于选择需要在图表上显示的数据系列和名称。

5.1.2 3 种方法创建销售统计图表

用户创建图表前必须先选中作图要用到的全部数据。若要对表格中连续的数据进行绘图，选中数据区域内的任意单元格即可。这样，创建图表时，WPS 表格会自动选择整个数据区域进行绘图。

Tips

如果用户只对数据区域内的部分数据绘制图表，则需要选择特定数据区域。此外，若要使用不连续数据创建图表，可按住【Ctrl】键选择数据。数据中的总计、合计等汇总性质的信息，大多数情况下不应纳入图表范围。

下面介绍在 WPS 表格中插入图表的 3 种主要方法。

方法一：使用【插入图表】对话框

单击【插入】→【全部图表】按钮，弹出【插入图表】对话框，在该对话框中选择图表类型，右侧会显示该类型下的图表样式及预览图。选定某个图表类型后，单击【插入】按钮即可创建该类型的图表。

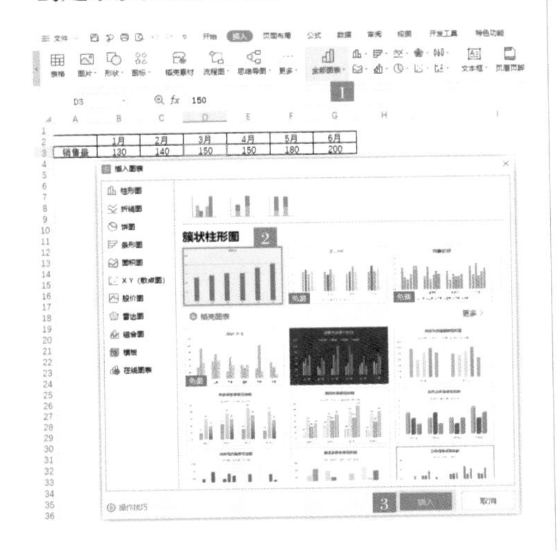

Tips

如果用户是稻壳会员，可以使用【在线图表】来创建更多类型的图表。

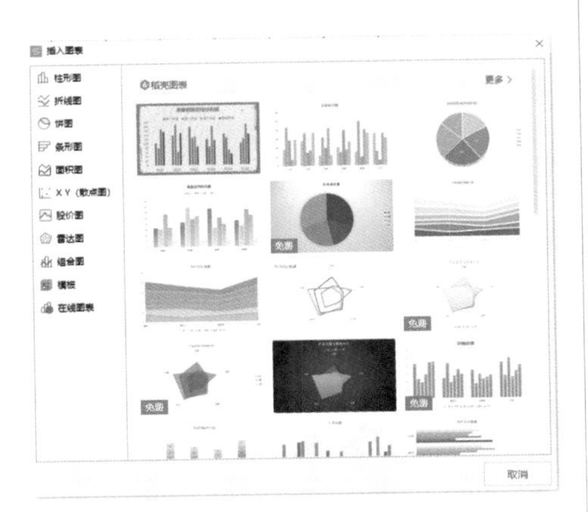

方法二：使用创建图表快捷命令

选择数据后，单击【插入】选项卡，可以看到其功能区内置了多种图表的快捷按钮。单击某种图表的快捷按钮，选择某个样式，即可在工作表中创建一个图表。如选中 A2:G3 单元格区域，选择【插入】→【插入柱形图】→【二维簇状柱形图】命令，在工作表中插入销售数据的簇状柱形图。

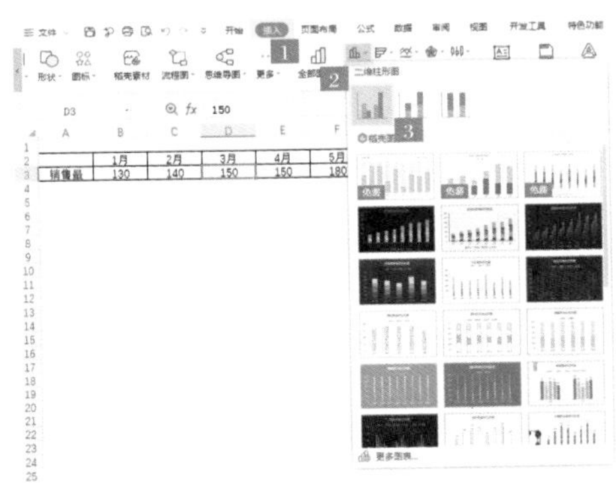

方法三：使用快捷键创建图表

选中数据后，按【Alt + F1】组合键可快速创建工作表图表，按【F11】键可以快速创建一个嵌入式图表。

Tips

嵌入式图表与其源数据在一张工作表中，而工作表图表则是特殊的工作表，只包含单独的图表，图表和图表数据不在一张工作表中。

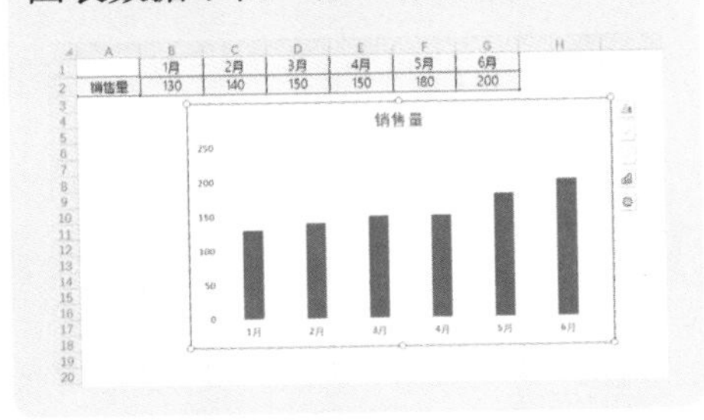

现以销售统计表为例，创建销售统计图表，具体操作步骤如下。

步骤 1 打开素材文件，选中 A2:G3 单元格区域，或直接将光标放置在数据源的任意单元格中，单击【插入】→【全部图表】按钮。

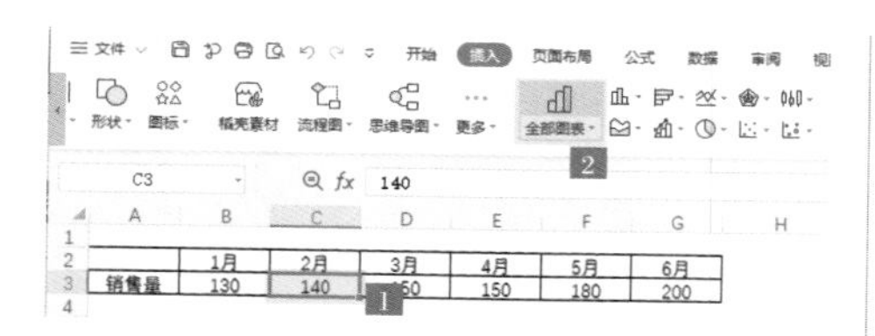

步骤 2 弹出【插入图表】对话框，选择要创建的图表类型，如单击选择柱形图中的簇状柱形图，单击【插入】按钮，即可插入柱形图，效果如下图所示。

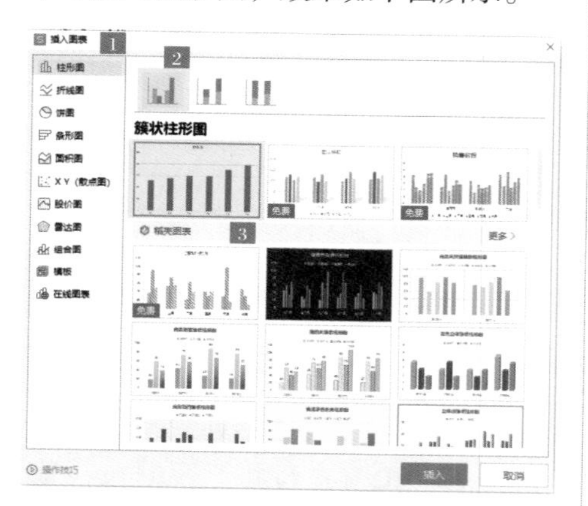

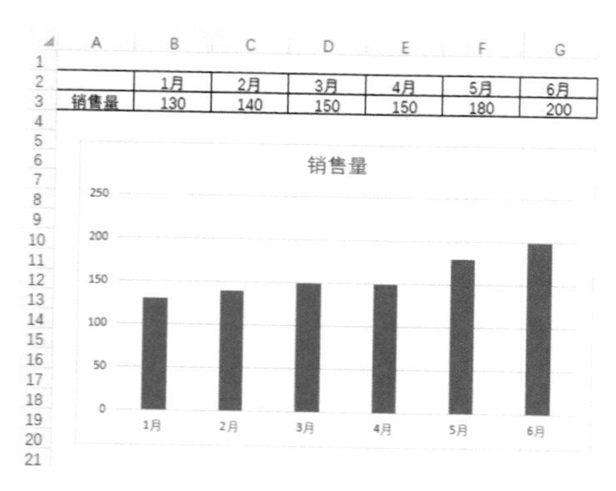

该销售统计图表水平分类轴上的类别为月份，竖轴为数值轴，柱形高度表示每月销量的数值大小。从该柱形图中可以看出，1 月销售量最低，6 月销售量最高，平均销售量为 150，整体的销售量趋势是平缓上升。

5.1.3 调整销售统计图表的大小和位置

完成图表的创建后，用户可以根据需要调整图表的大小和位置，使图表与源数据的布局更协调，看起来更自然。

1. 调整图表的大小

调整图表的大小有 4 种方法。

（1）使用控制点调整

选择图表，图表周围会显示 6 个控制点，将鼠标指针放在控制点上，按住鼠标左键拖曳鼠标，即可根据需要调整图表的大小。

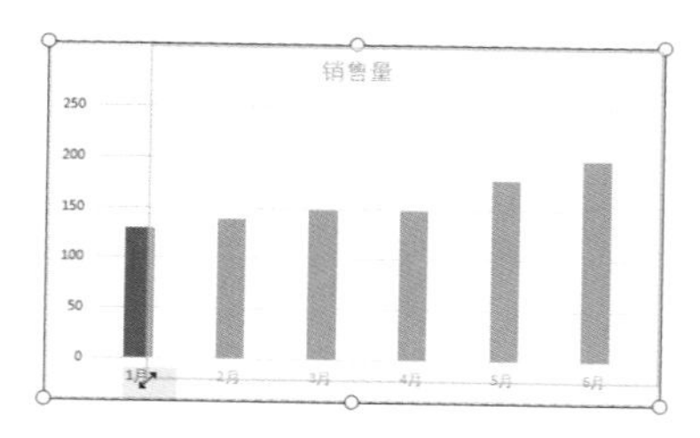

（2）精确调整图表大小

如果要精确调整图表的大小，选择图表后，单击【图表工具】→【设置格式】按钮，打开【属性】窗格，在【大小与属性】→【大小】的【高度】和【宽度】微调框中设置图表的精确高度和宽度。

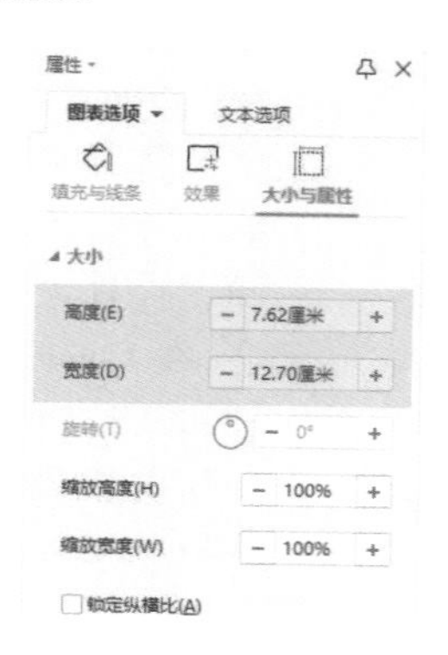

Tips

在【属性】窗格中选中【锁定纵横比】复选框，可等比例缩放图表。

（3）等比例缩放图表

如果不确定是否选中了【锁定纵横比】复选框，可以在选择图表后，按住【Shift】键，然后拖曳 4 个角的控制点，即可等比例调整图表大小。

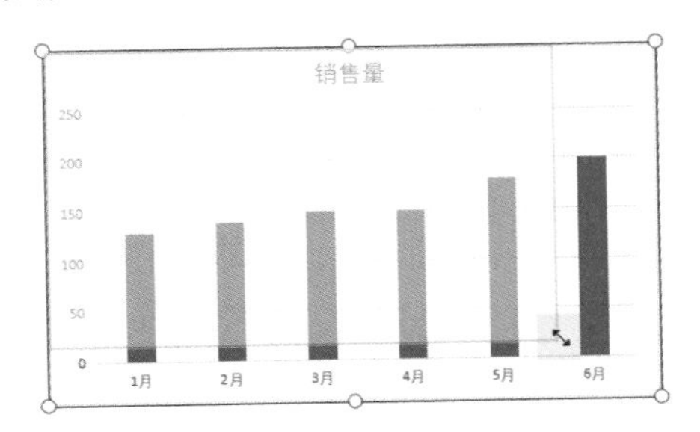

（4）使图表边框与网格线对齐

按住【Alt】键拖曳图表控制点，可以让图表的边框对网格线进行吸附对齐，此效果可以让图表在工作表中的排列更加自然、美观。

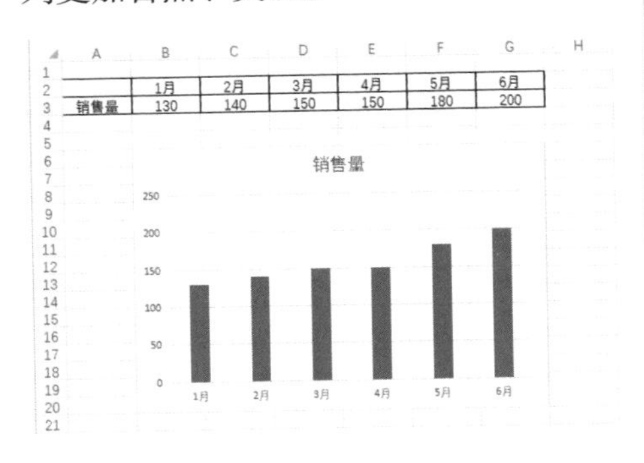

	1月	2月	3月	4月	5月	6月
销售量	130	140	150	150	180	200

2. 调整图表的位置

对于创建的图表，除了改变图表大小外，还经常需要改变图表在工作表中的位置。调整图表的位置有以下 3 种方法。

（1）拖曳图表调整位置

选中图表区，按住鼠标左键拖曳鼠标即可将图表移到任意位置，此方式较为灵活。

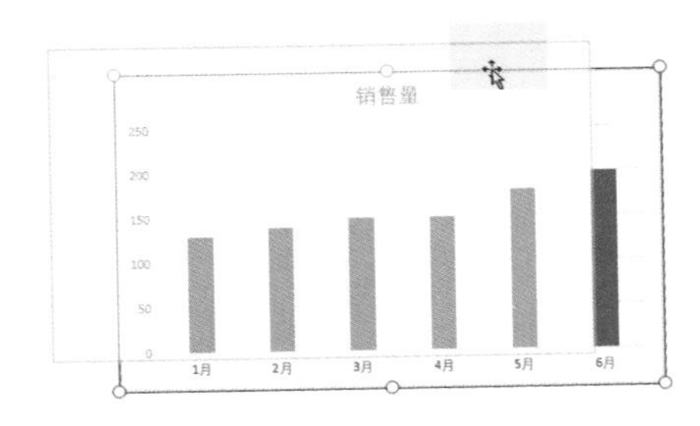

（2）使用键盘调整

选中图表后，按键盘上的【上】【下】【左】【右】方向键移动图表。此方式可以对图表的位置进行微调。

（3）使用剪切命令调整位置

选中图表后，使用剪切命令，然后在指定位置粘贴图表。使用剪切、粘贴命令来移动图表，可以在较大范围内移动图表，如跨工作表移动图表。

（4）使用菜单调整位置

选中图表后，单击【图表工具】→【移动图表】按钮，在打开的【移动图表】对话框中选择放置图表的位置，单击【确定】按钮，完成调整图表位置的操作。

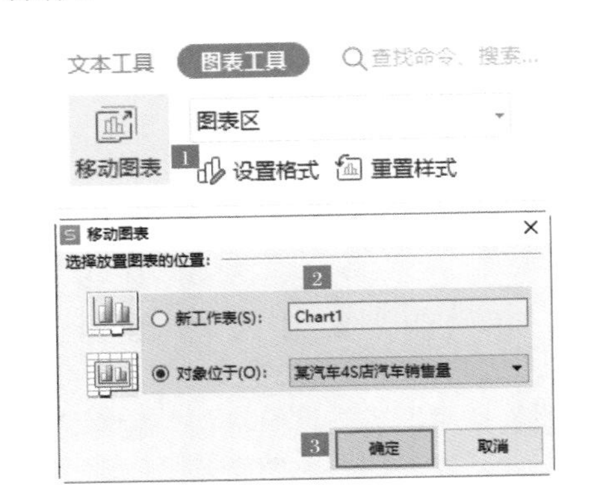

在本例中，调整销售统计图表大小和位置的具体操作步骤如下。

步骤1 单击图表区选中图表，此时图表最外层的边框上会出现6个圆形控制点，将鼠标指针放在右下角的控制点上，效果如下图所示。

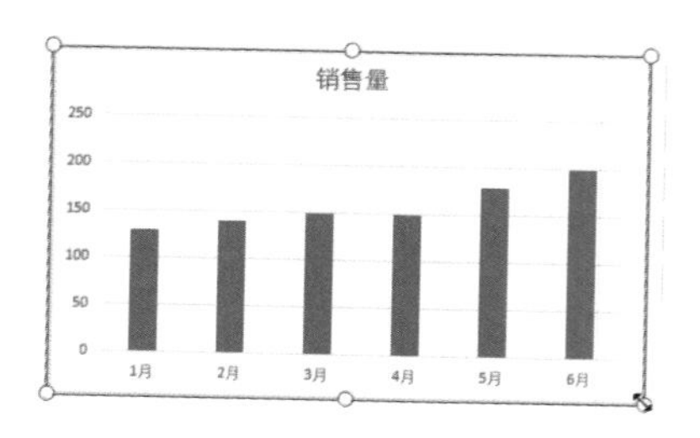

Tips

用户选择图表时，要注意选取图表区和绘图区的区别。绘图区是指图表区中间的数据系列区域，选取绘图区时，绘图区的四周会出现8个圆形控制点，调整绘图区的控制点只会调整绘图区的大小。而图表区是承载所有图表元素的载体，调整图表区的大小，会整体调整所有图表元素的大小。

步骤2 按住【Shift】键，拖曳右下角的控制点，调整图表大小至合适的位置，释放鼠标左键，完成调整图表大小的操作，效果如下图所示。

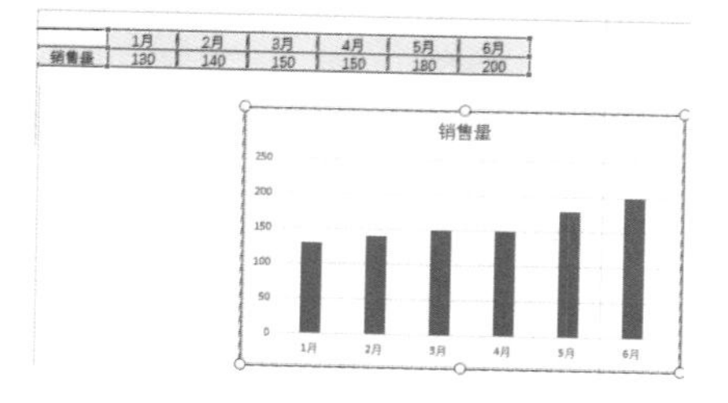

步骤3 选中图表，将鼠标指针放在图表区上方，效果如右上图所示。

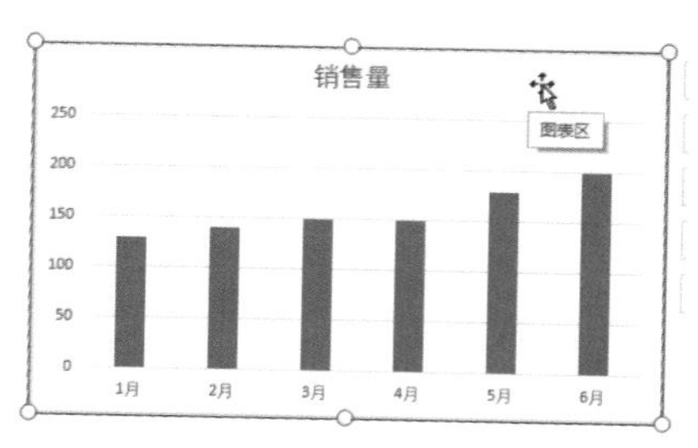

步骤4 按住鼠标左键，拖曳图表至合适的位置，完成调整图表位置的操作，效果如下图所示。

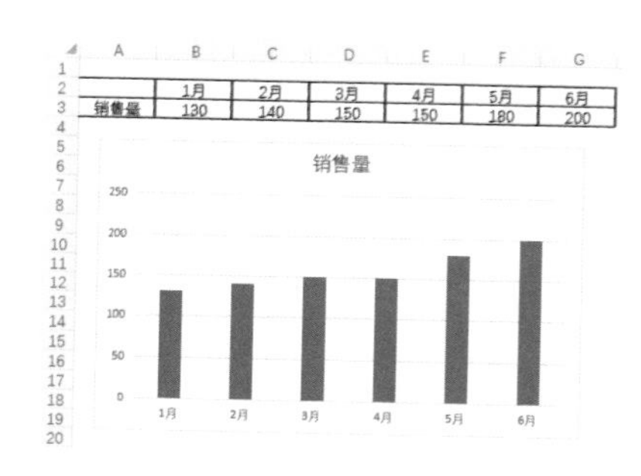

5.1.4 更改图表类型，使其更符合分析需求

用户创建图表后，如果选择的图表类型并不适合当前数据的展示，可以更改图表类型。更改图表类型不用删除原图表，并且会保留部分图表设置，更改图表类型的具体步骤如下。

步骤1 选中图表，单击【图表工具】→【更改类型】按钮。

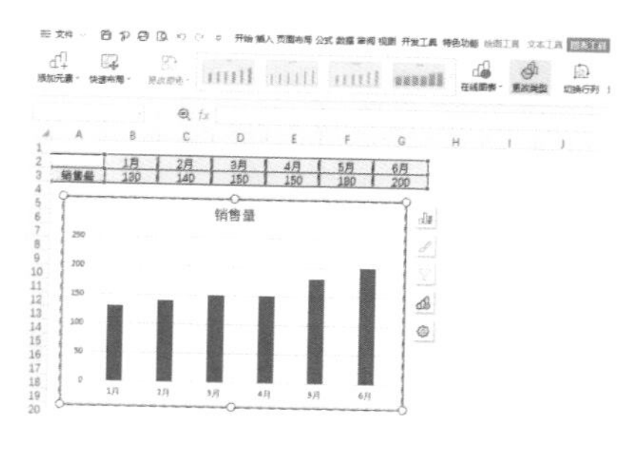

步骤 2 弹出【更改图表类型】对话框，选择另一种图表类型，如选择【带数据标记的折线图】类型。单击【插入】按钮，即可以将原来的柱形图更改为折线图，效果如下图所示。

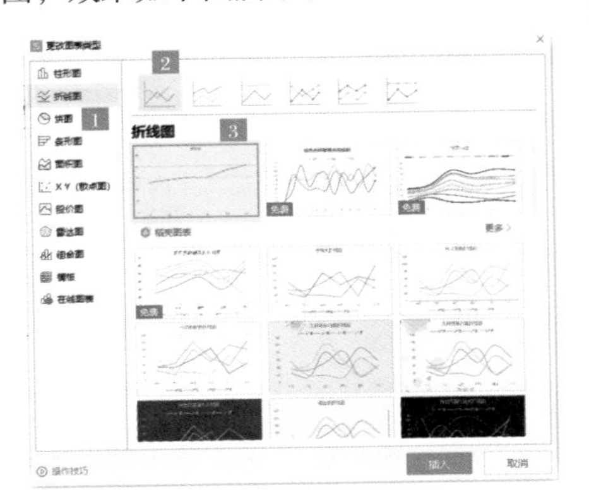

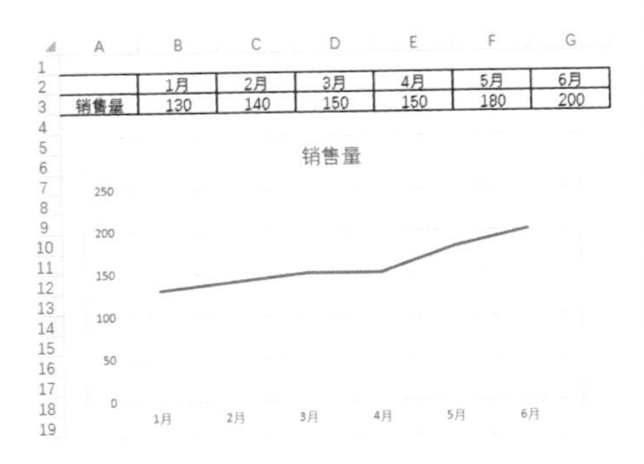

步骤 3 至此，就完成了更改图表类型的操作。为了使图表看起来更美观，这里将图表更改为簇状柱形图，并进行了简单的美化修饰操作。美化、修饰图表的操作会在 5.2 节介绍，这里仅展示美化后的效果，如下图所示。

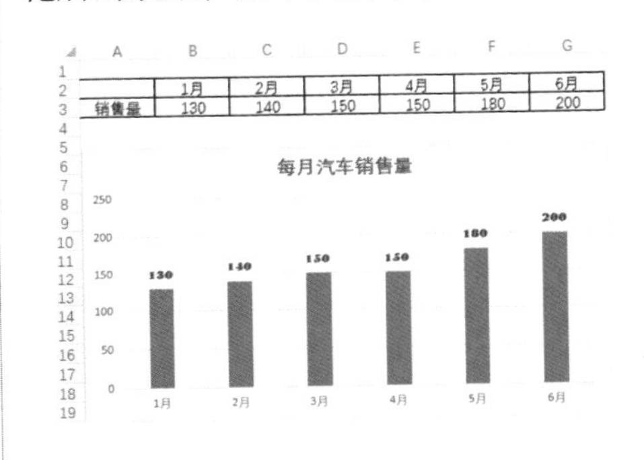

案例总结及注意事项

（1）熟悉各种图表的作用是正确选择图表的第一步。

（2）图表与数据源区域的大小和位置关系协调,能使制作的图表更易读。

（3）更改图表类型时，仅能保留部分设置。

动手练习：制作产品价格统计图表

练习背景：

产品价格是影响消费者购买行为的最直接因素。为了帮助某农贸市场直观了解不同农产品的价格信息，获得更多的经济效益，现公司要求你根据统计的产品单价表制作一份合理的图表。

练习要求：

（1）选择合适的图表类型。

（2）调整图表的大小和位置，使版面更美观。

练习目的：

（1）掌握创建图表的方式。

（2）掌握调整图表大小和位置的方法。

本节素材结果文件	
	素材 \ch05\ 产品价格统计图表 .et
	结果 \ch05\ 产品价格统计图表 .et

动手练习效果展示

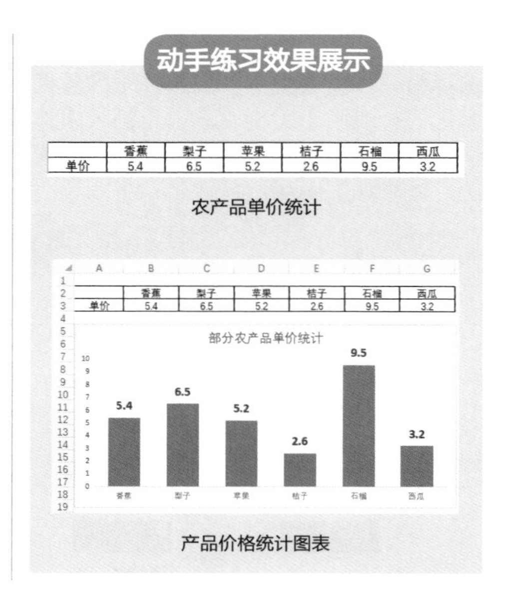

5.2 美化和修饰收入支出费用对比图表

在 WPS 表格中创建图表，人们一般会使用内置的默认图表样式，但默认的图表样式往往只具备数据图形化展示功能。一张高质量的图表，除了应具备数据图形化展示功能外，还应该有合理的布局、美观的版面，这样才能提高图表的展现能力。在 WPS 的图表中，用户除了可以自定义添加各种图表元素外，还可以对图表元素的外观样式进行各种设置，使图表看起来更美观。

【图表工具】选项卡中各按钮的作用如下图所示。

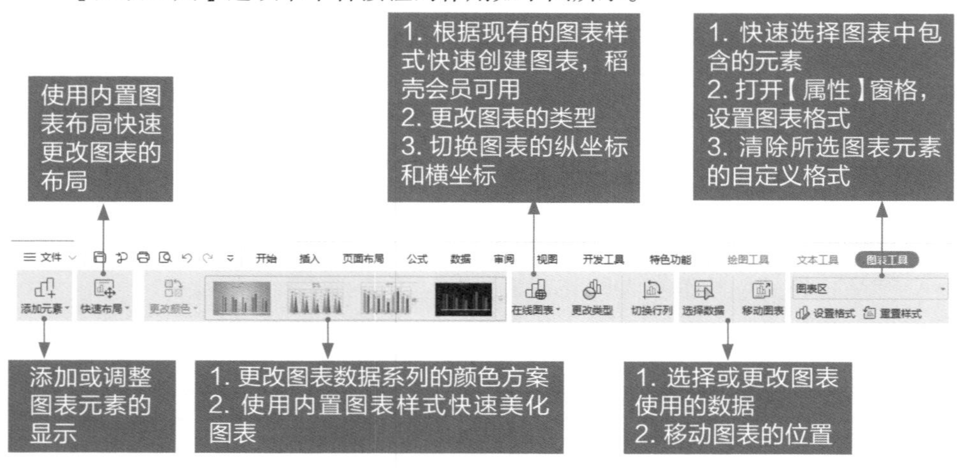

【属性】窗格会根据选择的不同图表元素更改相应的选项。下面以【系列选项】为例，介绍各按钮的功能，如下图所示。

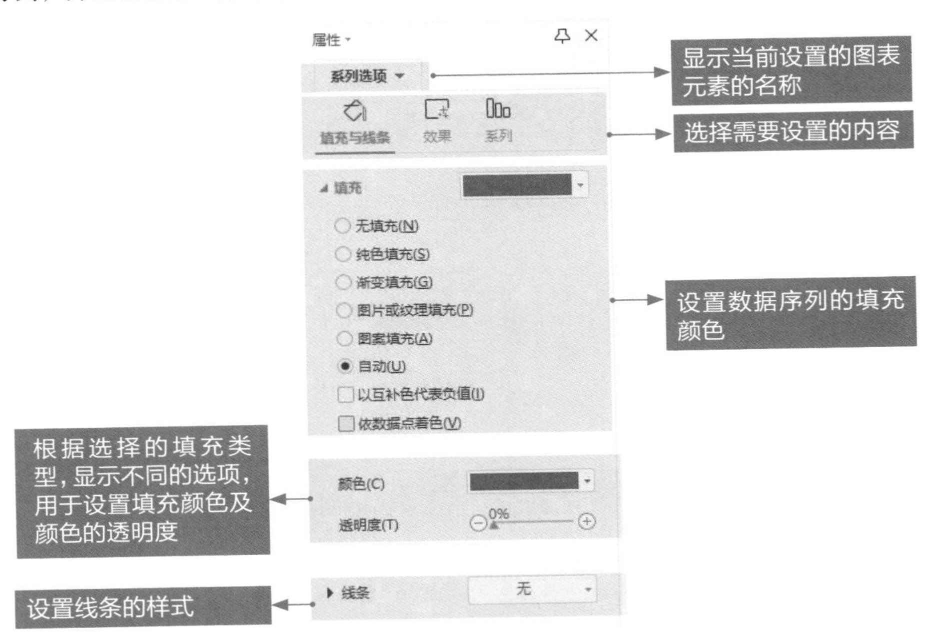

下面通过美化和修饰收入支出费用对比图表，介绍美化与修饰图表的方法。

本节素材结果文件	
	素材 \ch05\ 美化和修饰收入支出费用对比图表 .et
	结果 \ch05\ 美化和修饰收入支出费用对比图表 .et

“美化和修饰收入支出费用对比图表 .et”素材文件统计了某企业投资收入与总支出的数据，并创建了柱形图，现需要对该柱形图进行美化和修饰。

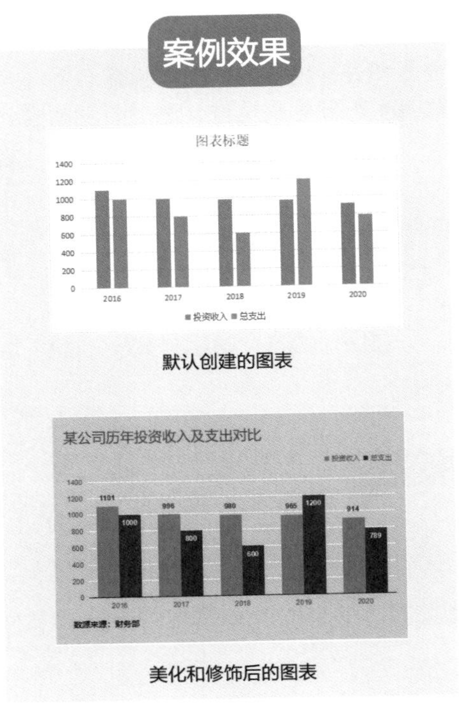

5.2.1 设置收入支出费用对比图表的标题

要设置图表元素的格式，必须先选中相应的图表元素。可以直接用鼠标单击相应的图表元素，也可以单击【图表工具】选项卡中的【图表元素】组合框，在弹出的下拉列表中的图表元素名称里进行选取。

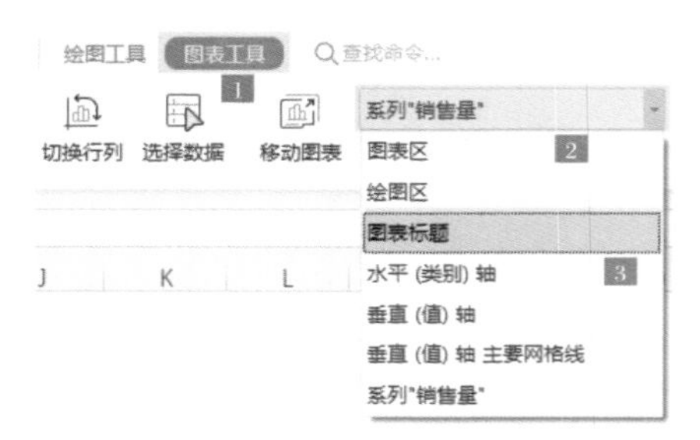

用户可以为图表设置图表标题、主要横向坐标轴标题及主要纵向坐标轴标题。用户创建图表时，会默认显示图表标题文本框，且位于图表的正上方。设置图表标题的具体操作步骤如下。

步骤 1 打开素材文件，选中图表标题。

Tips

如果不需要显示图表标题，可以选中标题框，按【Delete】键删除。

步骤 2 删除标题文本框中的内容，输入“某公司历年投资收入及总支出对比”，效果如下图所示。

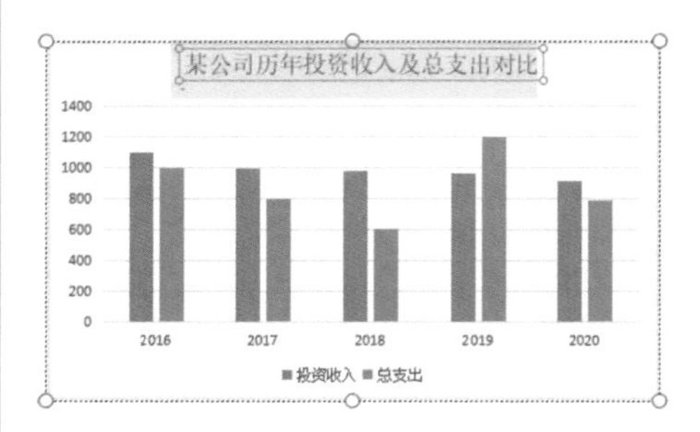

步骤 3 在【文本工具】或【开始】选项卡下设置【字体】为“微软雅黑”，【字号】为“18”，效果如下图所示。

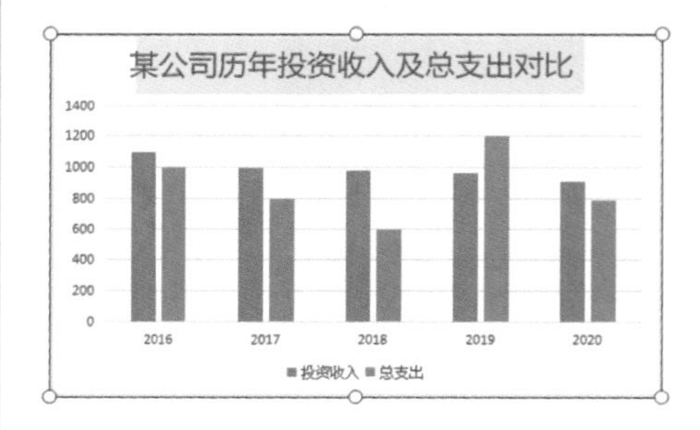

步骤 4 默认情况下，图表标题显示在图表上方的中间位置，选中图表标题框并拖曳，可调整图表标题的位置。将标题移到图表区左侧的效果如下图所示。

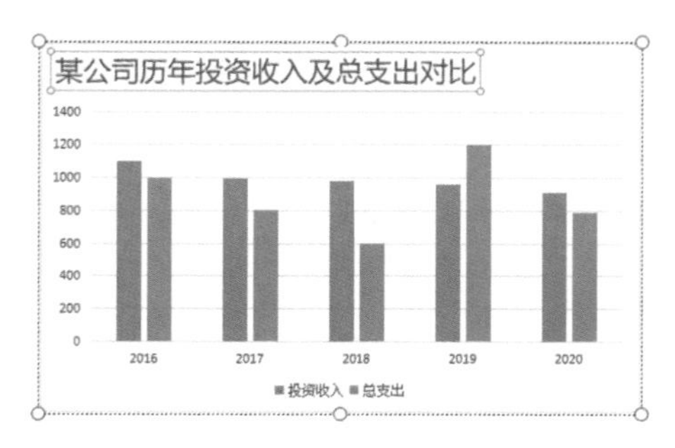

步骤 5 使用同样的方法设置图例项、主要横向坐标轴标题及主要纵向坐标轴标题的【字体】为“微软雅黑”，【字号】

为“9”，效果如下图所示。

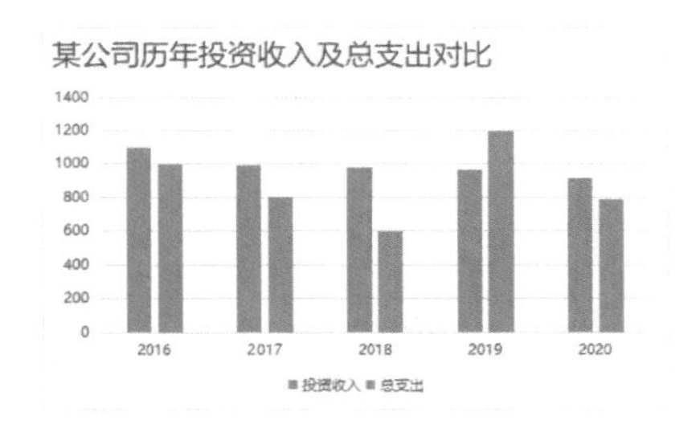

5.2.2 更改数据系列颜色让其更好区分

默认情况下，在创建的图表中，同一数据系列是一种颜色。在特殊情况下，用户可以对数据系列的颜色进行自定义设置。更改数据系列颜色的具体操作步骤如下。

步骤 1　选择“投资收入”数据系列。

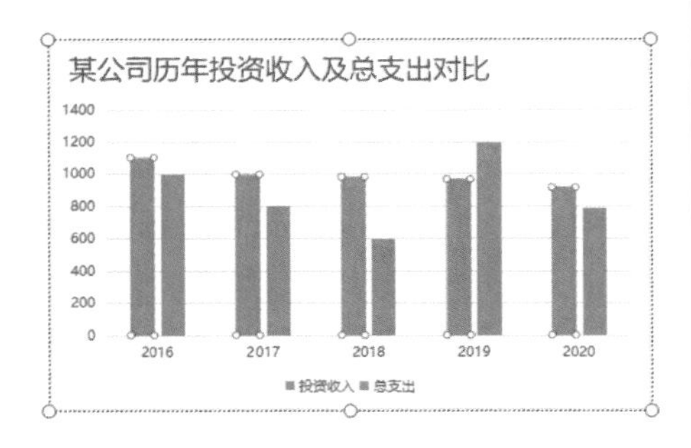

Tips

单击某一柱形，会自动选中该柱形所属数据系列中的所有图形。再次单击可单独选取该数据系列中的这一特定对象。

步骤 2　单击【开始】→【填充颜色】按钮，在弹出的下拉列表中选择一种颜色，如右上图所示。

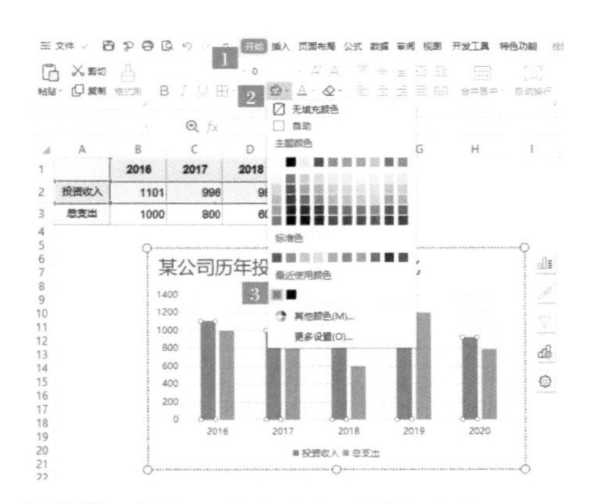

步骤 3　选择“总支出”数据系列。

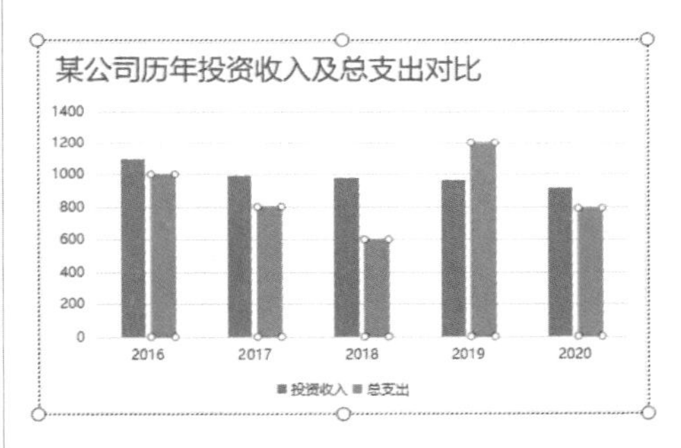

步骤 4　打开【属性】窗格，选中【填充与线条】→【填充】→【纯色填充】单选按钮。

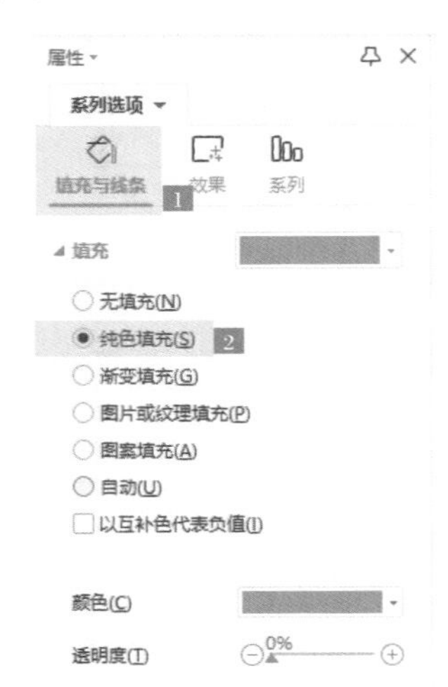

步骤 5 在【颜色】下拉列表中选择一种颜色，效果如下图所示。

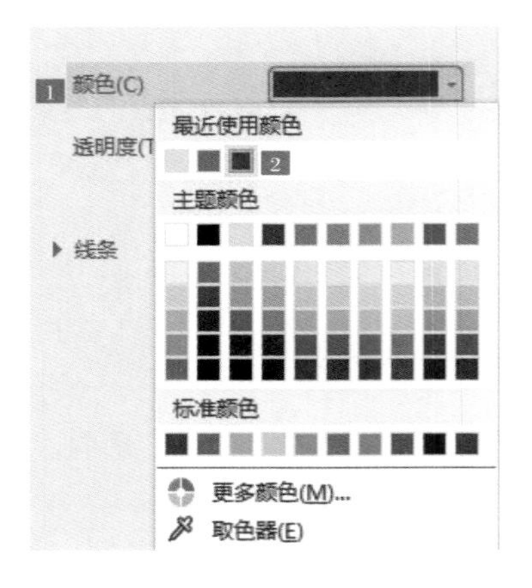

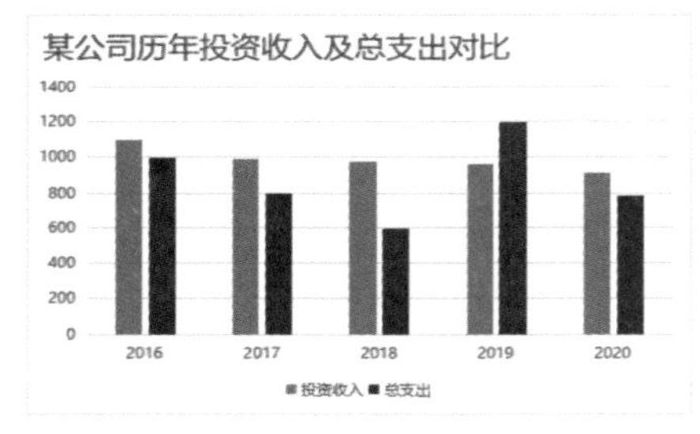

Tips

如果不懂得配色，可以使用【取色器】工具，拾取要填充的颜色。

此外，可以单独改变数据系列中某个数据对应的柱形的颜色，对其进行强调。如右上图所示，投资收入系列中2016年的值为最大值，总支出系列中2019年的值为最大值，为了强调这两个数据，可以单独更改它们对应的柱形的颜色。给数据系列中特定值对应的图形单独标识颜色，其目的就是在可视化对象中区分出重点内容。改变颜色后，图表中的重点值与其他值这两大部分就区分开了，图表形象、直观的作用也体现了出来。

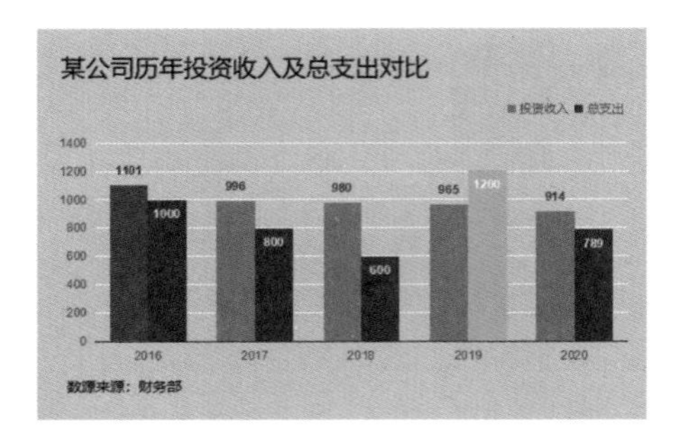

5.2.3 添加并设置图表元素

在默认的情况下，新创建的图表只有标题、分类轴、数据系列、图例等少量图表元素，图表更多的元素被隐藏了。为了使图表信息更加丰富，可以手动添加更多的图表元素，下面介绍常见图表元素的添加及设置。

1. 添加并设置数据标签的位置、颜色

数据标签是指使用数值标示出可视化对象的真实数据值，默认情况下是不显示的。用户若需要在可视化对象上显示真实数据值，可在【图表元素】快捷菜单中勾选【数据标签】复选框。或是选择【图表工具】→【添加元素】命令，在其下拉菜单中选择【数据标签】命令，并且可以指定数据标签的显示位置：居中、数据标签内、轴内侧、数据标签外。

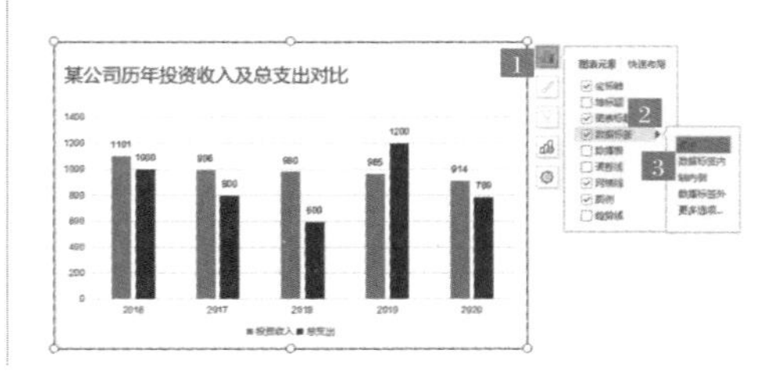

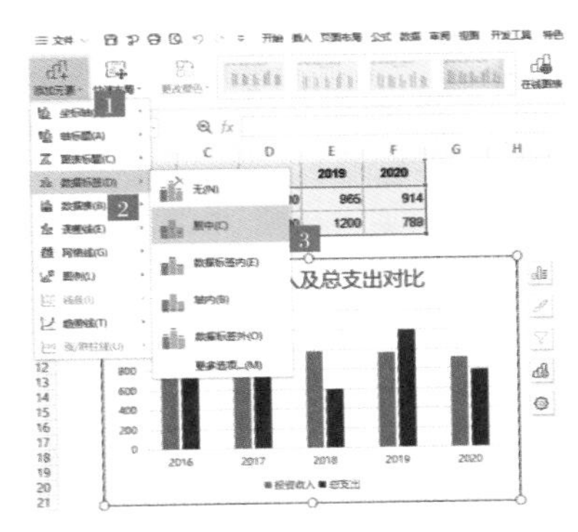

给图表元素添加数据标签后，标签文字的颜色可能会与系列形状的颜色相近，为了更加清楚地显示数据标签，可以选中标签进行拖曳，或是在【开始】选项卡中对标签进行字体、字号、颜色等一系列格式的调整。如下图所示，位于系列形状中部的数据标签默认为黑色，黑色与柱形颜色相近，为了更好地显示或打印数据标签，可选中数据标签，将数据标签的字体颜色设置为白色。

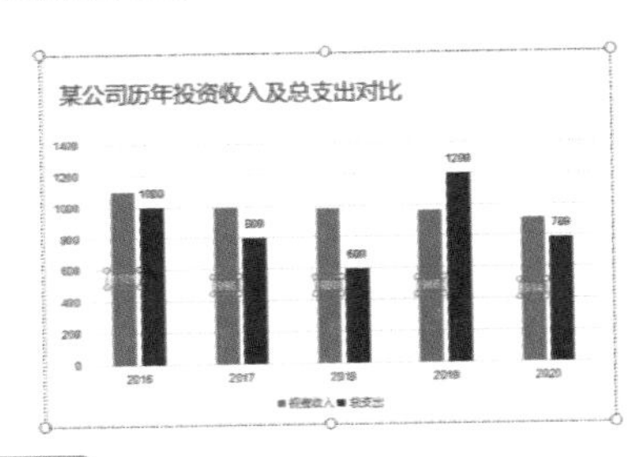

Tips

默认情况下，单击一个数据标签，会自动选中全部数据标签，在此状态下的设置将作用于全部数据标签。用户若想对单独一个数据标签进行选取或设置，可再次单击标签，即可单独选中此标签。这时所做的格式设置只作用于该数据标签。

2. 设置图例

图例由图例项和图例项标示组成，它的作用是对数据系列的主要内容进行说明。在默认情况下，包含图例的无边框矩形区域显示在绘图区底部。用户可以选择【添加元素】→【图例】命令，在下级菜单中调整图例的位置。此外还可以选中图例，利用鼠标拖曳的方式将图例移动到任意位置。

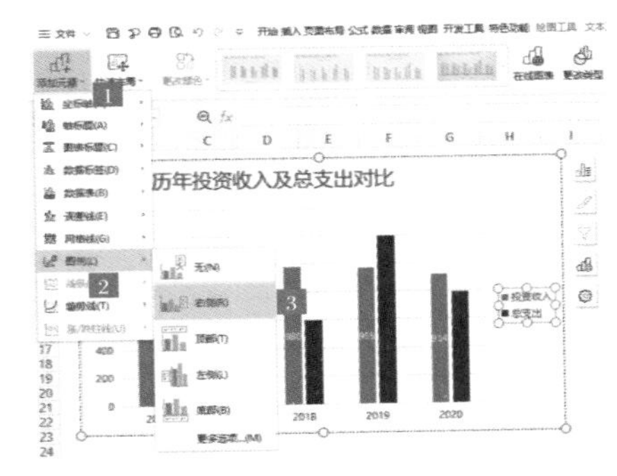

双击图例，右侧会弹出【属性】窗格，在任务窗格中，除了可以设置图例的位置外，还可以对图例进行填充、边框颜色、边框样式、阴影、发光和柔化边缘等设置。

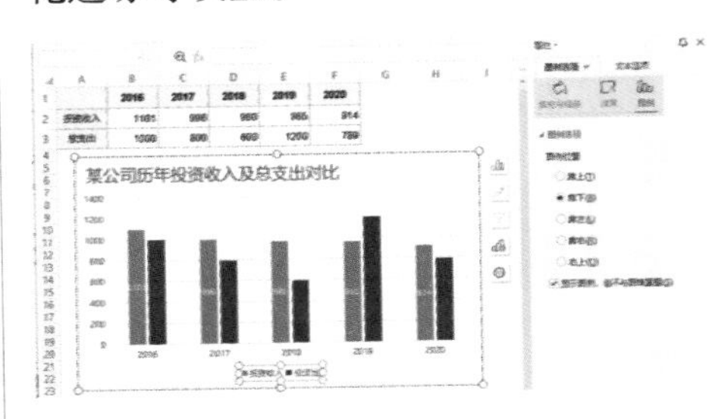

3. 设置数据系列格式及间隙

数据系列对应数据源中的一行或一列数据。它在绘图区中表现为不同颜色的点、线、面等图形。双击图中的柱形，打开【系列选项】任务窗格。单击【系列】标签，在此标签下可以设置系列重叠，系列重叠是指不同数据系列之间的重叠比例，比例范围为 -100%~100%。

如下图所示，将【系列重叠】设置为 -100%，将最大化分离数据系列；设置为 0，两系列紧贴在一起；设置为 100%，两系列重合。

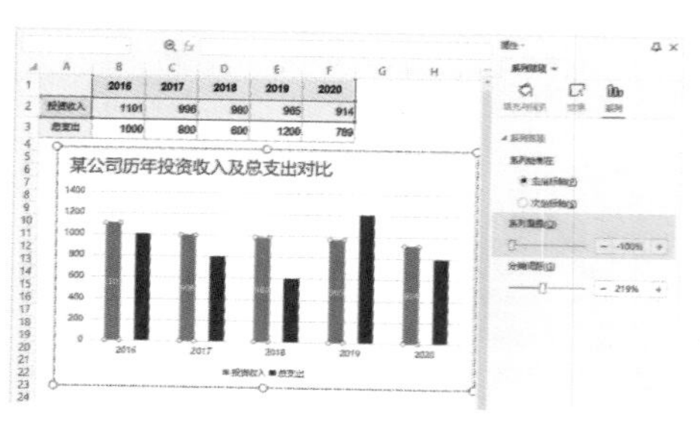

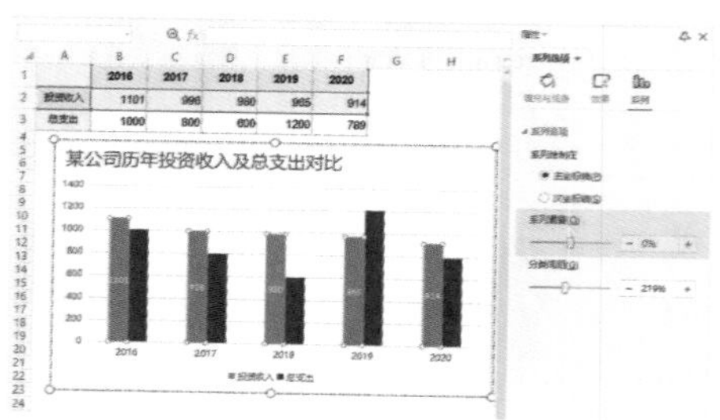

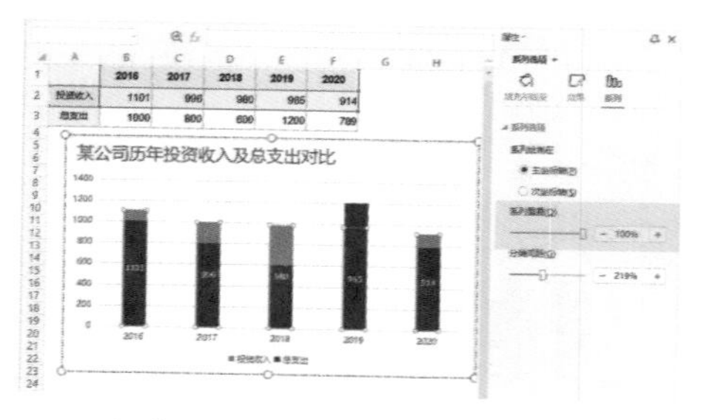

在【系列】标签下还可以设置分类间距。分类间距用于调整分类轴各类别之间的距离，同时调整柱形的宽度，取值范围为 0%~500%。

右上图展示了分类间距为 0% 和 500% 时的效果。

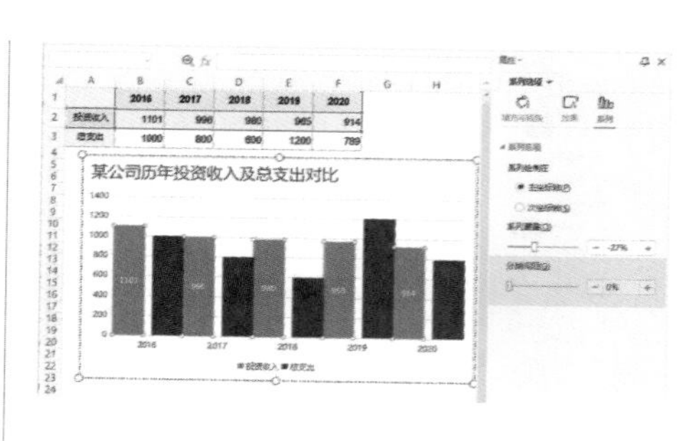

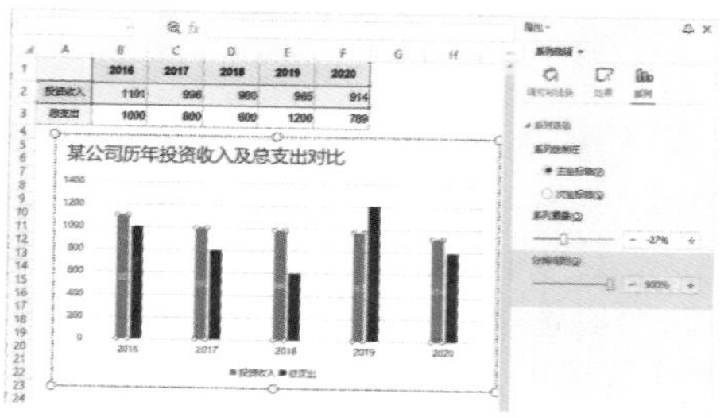

4. 设置图表区、绘图区格式

双击图表区或绘图区，右侧会弹出相应的属性任务窗格，在该任务窗格中有两个选项卡，分别是【图表选项】选项卡和【文本选项】选项卡。

在【填充与线条】子选项卡中，可以设置图表的填充颜色、透明度和线条相关属性等。

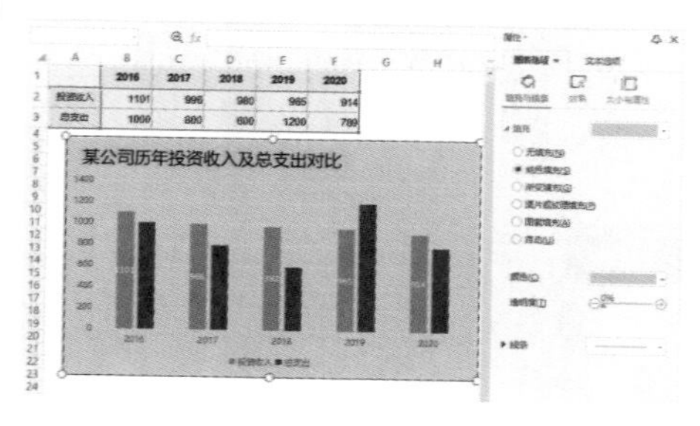

在【效果】子选项卡中可以设置图表区的阴影、发光等参数。

在【大小与属性】子选项卡中，可以设置图表元素的大小，图表是否随单元格改变位置和大小，图表是否为打印对象，以及图表的对齐方式、可选文字等。

在【文本选项】的【填充与轮廓】子选项卡中，可以设置图表中文字的填充颜色和轮廓；在【效果】子选项卡中，可以设置图表中文字的阴影、倒影、发光、三维格式、三维旋转；在【文本框】子选项卡中，可以设置图表中文字的对齐方式。

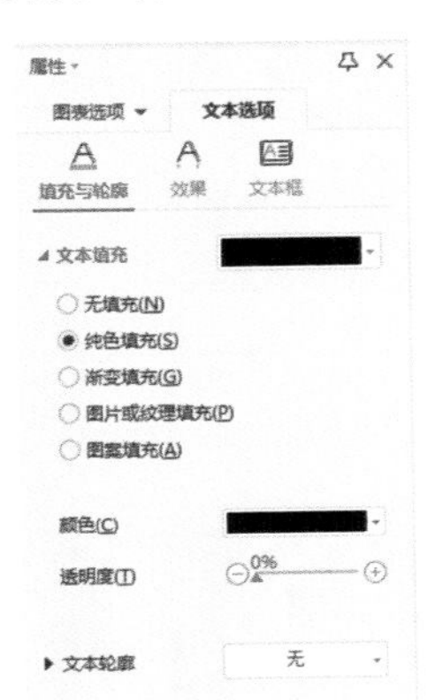

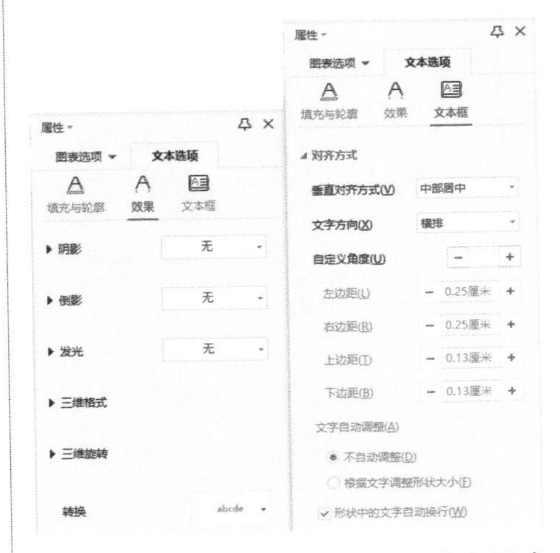

下面以在收入支出费用对比图表中添加数据标签及设置数据系列格式为例，介绍添加和设置图表的操作，具体操作步骤如下。

步骤 1 选中“投资收入”数据系列，选择【图表元素】→【数据标签】→【数据标签外】选项，即可添加数据标签，如下页图所示。

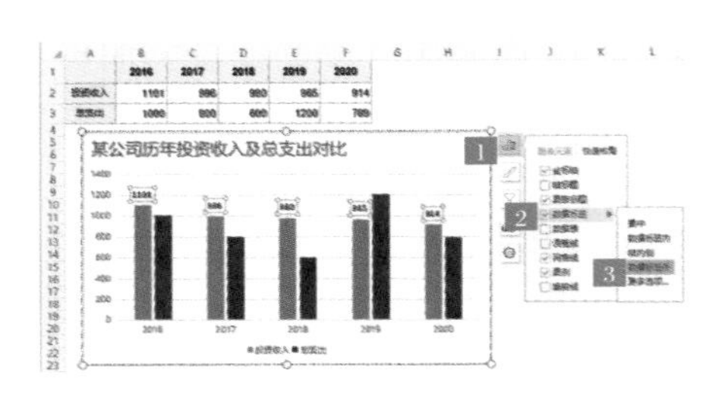

步骤2 选择添加的数据标签，设置【字体】为“微软雅黑”，【字号】为“9”，单击【加粗】按钮，效果如下图所示。

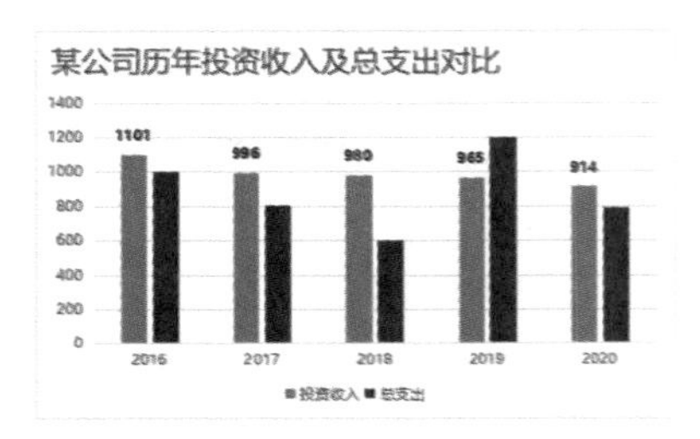

步骤3 选中“总支出”数据系列，选择【图表元素】→【数据标签】→【数据标签内】选项。

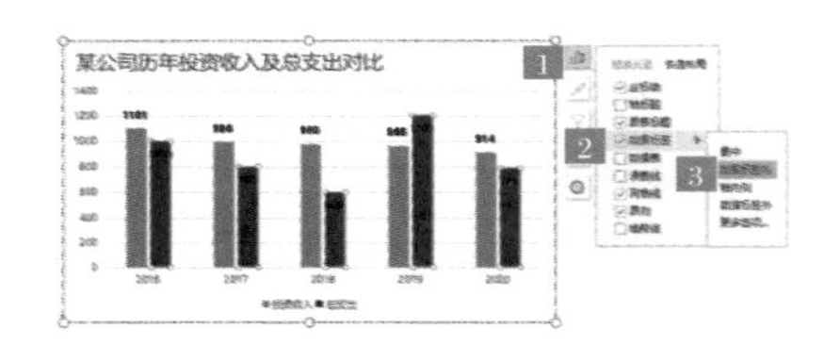

步骤4 选择添加的数据标签。重复步骤2，设置标签样式，并设置字体颜色为白色，效果如下图所示。

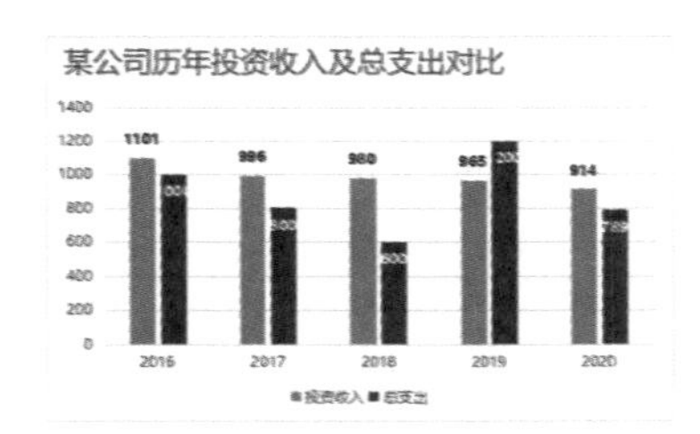

步骤5 选择数据标签，打开【属性】窗格，在【系列】选项卡下设置【系列重叠】为“0%”，【分类间距】为“80%”，效果如下图所示。

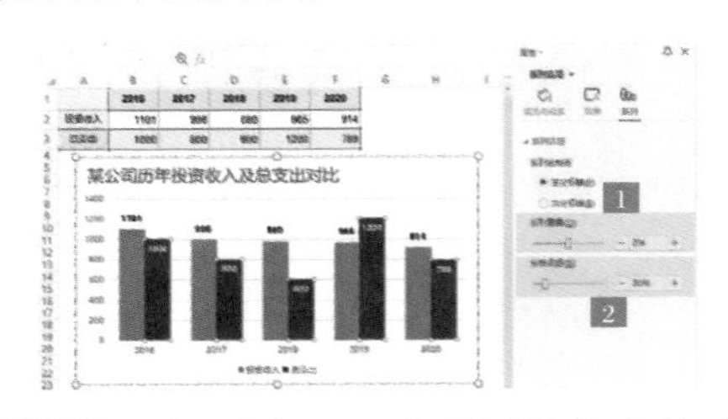

步骤6 选择图表区，在【属性】窗格中设置【填充】为“纯色填充”，并选择一种颜色，效果如下图所示。

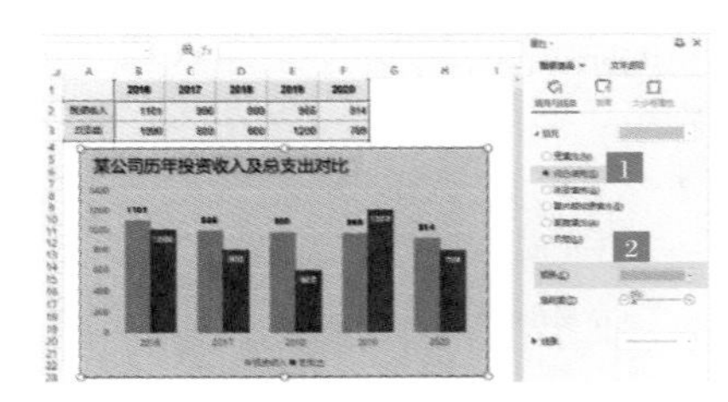

步骤7 选中网格线，在【属性】窗格中点击【线条】→【实线】单选按钮，选择一种线条样式，设置【颜色】为“白色”，【宽度】为“1.00 磅”，效果如下图所示。

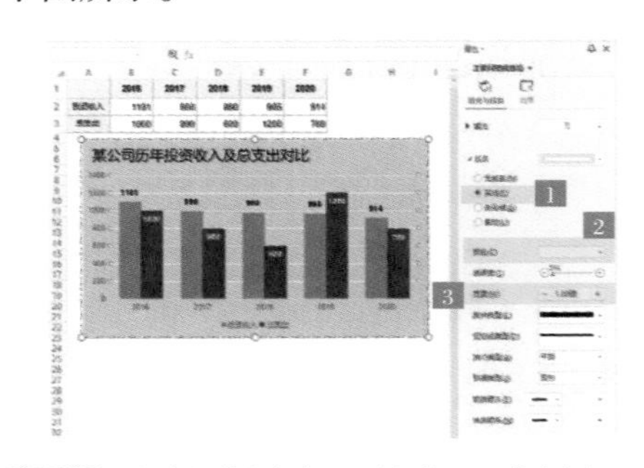

步骤8 选择【图表工具】→【添加元素】→【图例】→【顶部】选项，并将图例拖曳至右侧，效果如下页图所示。

步骤 9 选中图表区，在图表中插入一个文本框，在文本框中输入文字“数据来源：财务部”，设置字体格式，并将该文本框放置在左下角，效果如下图所示。

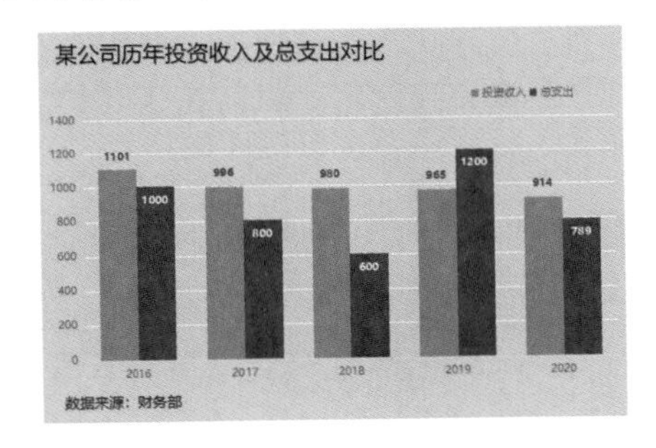

Tips

虽然图表中已经配置了多种图表元素，但在特殊情况下，内置的图表元素无法满足图表的设计要求，此时用户也可以插入文本框或其他元素，以此对图表做更多灵活的标识。

5.2.4 快速为收入支出费用对比图表布局

创建图表后，WPS 表格会采用默认的图表布局样式，该布局样式只包含最基本的图表元素。可以根据实际需求对图表布局进行调整，既使数据得到更加充分的表达，又能保证图表的美观。布局图表的方式有两种。

1. 快速布局

若想快速地布局图表元素，可以利用系统预置的布局样式对图表布局进行调整。选择【图表工具】→【快速布局】命令，在其下拉菜单中单击某种图表布局样式，即可切换所选图表的布局样式。

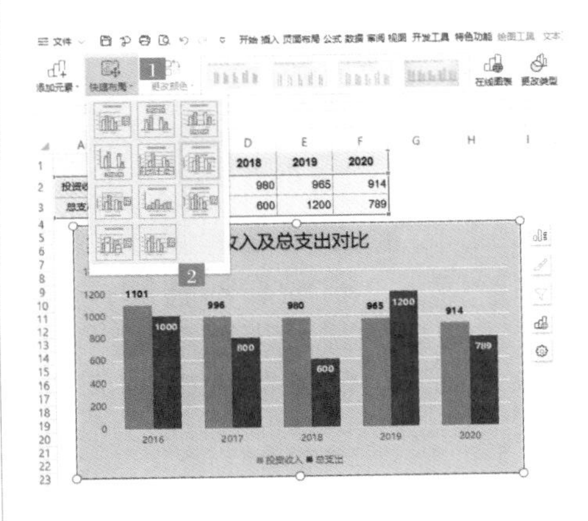

2. 自定义布局

如果快速布局不能满足要求，用户还可以自定义布局：通过手动添加、更改图表元素来布局，或者通过选择并拖曳图表元素来更改布局，如用鼠标将图例拖曳到标题下面，将写有数据来源的文本框拖曳到左上角。这样就形成了一种上面文字、下面图表数据的布局样式。

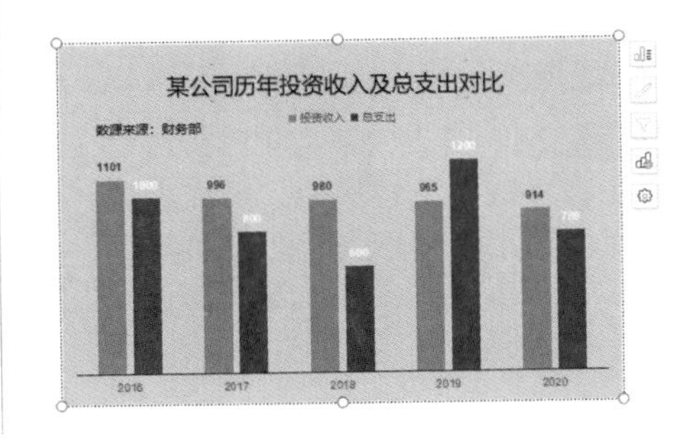

5.2.5 套用图表样式快速让图表变漂亮

用户除了使用自定义的方式格式化图表元素外，还可以使用内置的【更改颜色】和【图表样式】命令来格式化图表，具体步骤如下。

步骤 1 选中图表，单击【图表工具】→【更改颜色】按钮，在弹出的下拉列表中选择一种颜色。

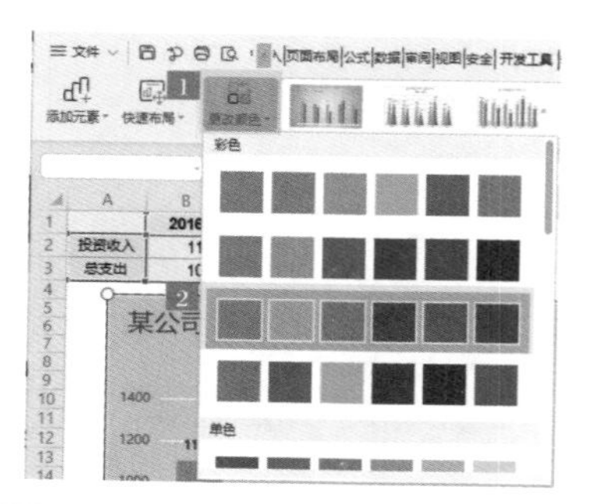

步骤 2 这时所选颜色将被应用到图表中。可以选择彩色或单色来调整图表颜色，效果如下图所示。

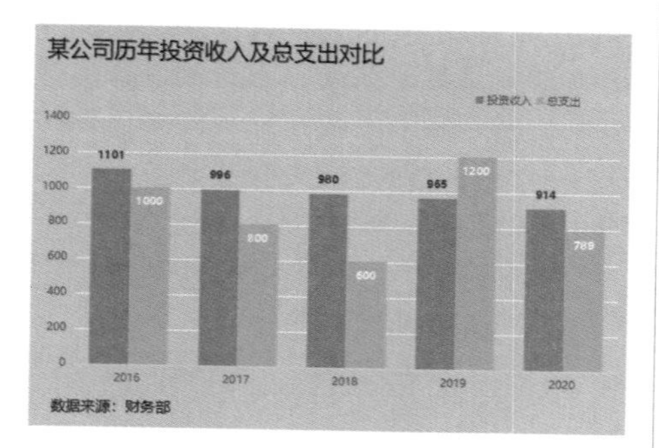

步骤 3 选中图表，单击【图表工具】→【图表样式】下拉按钮，可以看到，样式库内置了多种不同的图表样式。

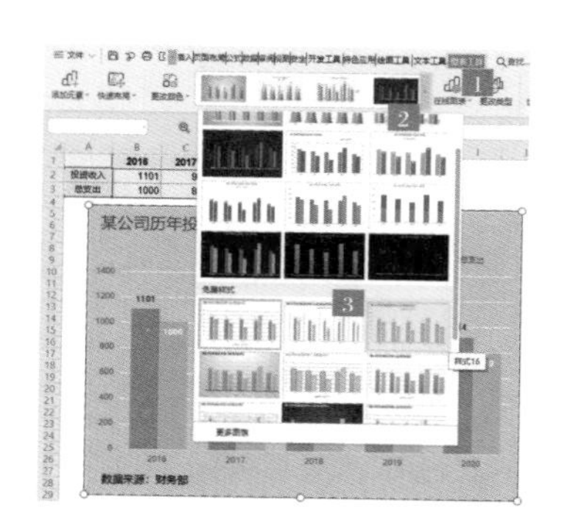

Tips

样式库中的图表样式分为稻壳会员专属样式和免费样式。免费样式用户可以直接使用，而稻壳会员专属样式需要开通会员方可使用。

步骤 4 选择一种图表样式，即可将原图表样式更改为所选图表样式。

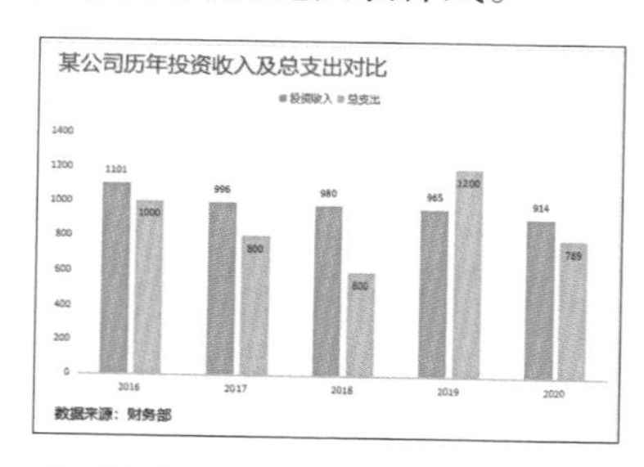

如果决定不使用这一内置的图表样式，可以按【Ctrl + Z】组合键撤销。至此，就完成了美化和修饰图表的操作，最终效果如下图所示。

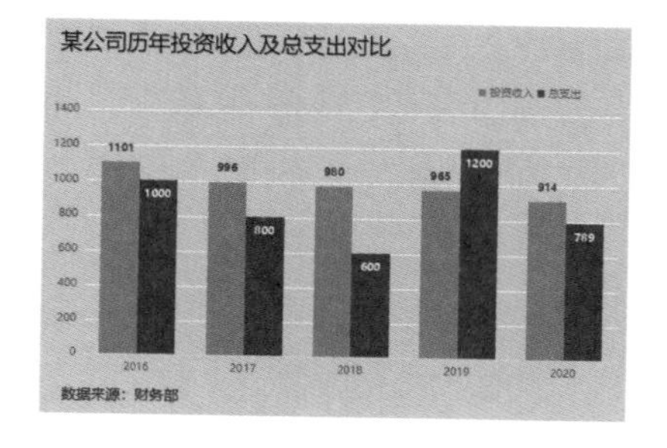

案例总结及注意事项

（1）若要突出图表中的某一个具体数据，可为其对应的图形设置特殊的颜色。

（2）图表元素的位置可以通过拖曳进行调整，但不能遮挡其他图表元素。

（3）图表颜色与数据标签的搭配要确保能看清数字。

动手练习：美化和修饰投资收益率图表

练习背景：

企业或个人对外投资是一项常见的经济活动，其目的是将有限的资源进行合理的配置，实现利益最大化。单纯地用表格进行收益率的统计，不利于投资决策的分析。而图表能帮助人们轻松地比较一个连续时期内的收益率变化趋势，预测未来财务状况，以判断投资前景。现公司统计了 2006 年至 2020 年的投资增长率和投资收益率数据，需要你按以下要求展示数据。

练习要求：

（1）选择合适的图表类型并添加图表元素。

（2）美化和修饰图表，使读者能够清晰地看到并理解各项数据。

（3）布局要合理。

练习目的：

（1）掌握美化和布局图表的方法。

（2）掌握设置图表元素的方法。

本节素材结果文件	
	素材 \ch05\ 投资收益率图表 .et
	结果 \ch05\ 投资收益率图表 .et

动手练习效果展示

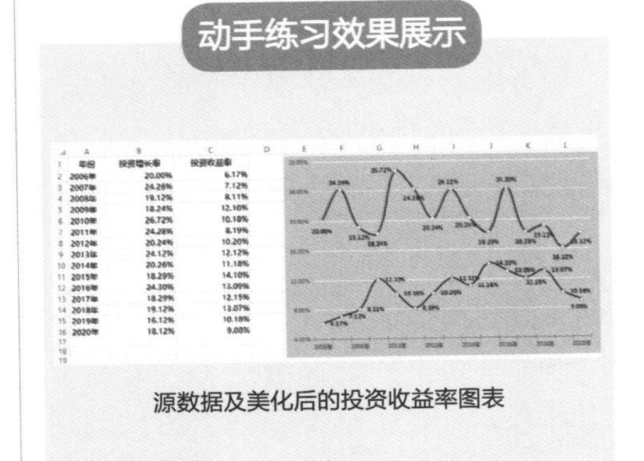

源数据及美化后的投资收益率图表

5.3 使用组合图分析计划完成情况

在数据处理中，如果两列数据的数据维度差距较大，以此数据生成的图表，图形大小的差距会很大，甚至会使数据小的系列在图表中不可见，这严重影响了图表对数据的直观呈现。为了规避这样的情形，就需要用到 WPS 图表中的组合图。组合图是将两种及两种以上的图表绘制在同一绘图区中的图表。组合图需要添加次坐标轴，这样不同的系列参照不同的坐标，就可以更加灵活、直观地表现数据。

设置组合图的主要按钮的功能如下图所示。

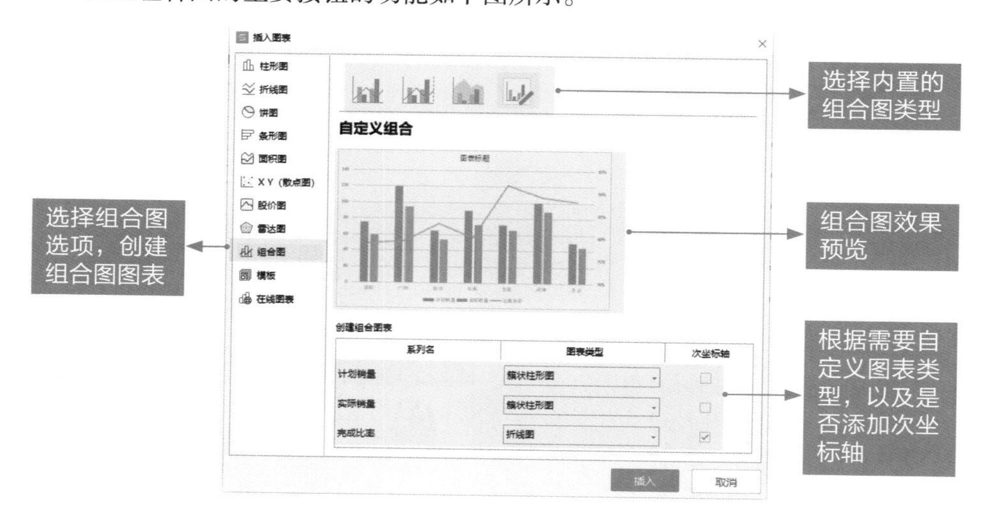

下面通过制作计划完成情况图表，介绍创建组合图的方法。

本节素材结果文件	
	素材 \ch05\ 计划完成情况图表 .et
	结果 \ch05\ 计划完成情况图表 .et

“计划完成情况图表 .et”素材文件记录了某企业在不同城市的计划销量、实际销量及完成比率，为了方便领导查看各城市的实际销量及完成情况，可以将这些数据用图表展示出来。

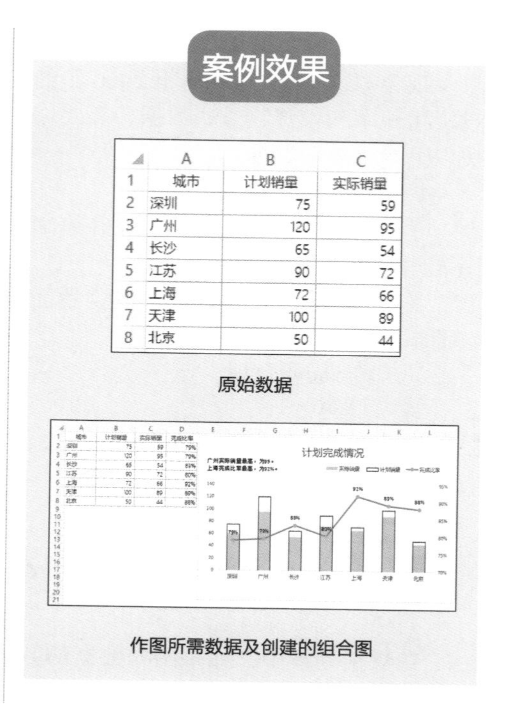

案例效果

	A	B	C
1	城市	计划销量	实际销量
2	深圳	75	59
3	广州	120	95
4	长沙	65	54
5	江苏	90	72
6	上海	72	66
7	天津	100	89
8	北京	50	44

原始数据

作图所需数据及创建的组合图

5.3.1 构思确定图表类型

如何根据自己的数据源选择最为合适的图表类型呢？这是很多用户非常困惑的一个问题。要选择合适的图表，用户除了要了解各个图表类型的主要性质外，还要了解数据源中的不同数据属于哪种关系。

工作中常见的图表关系有以下 7 种。

图表关系	说明	适合的图表类型
数值比较	对数值大小进行比较	柱形图
数值累积比较	对各个数据区域的累积值进行比较	堆积柱形图
时间序列	对不同时间点上的数据进行序列比较	柱形图、折线图
排序关系	将数据按顺序排列后进行比较	柱形图
比例关系	以百分比形式显示部分与整体之间的比例或构成关系	饼图、柱形图
对照关系	用某个标准值与其他数值进行比较	柱形图、多条折线图
交互关系	数据之间的分布及影响关系	散点图

以上选择图表类型的原则只是一般原则，在实际应用中，用户可以根据自己数据源的特性及需求选择合适的图表类型及其组合。

打开素材文件，可以看到该表格中包含计划销量与实际销量的数值，很明显是需要对数值大小进行比较，所以可以选择柱形图来展示数据，如下图所示。

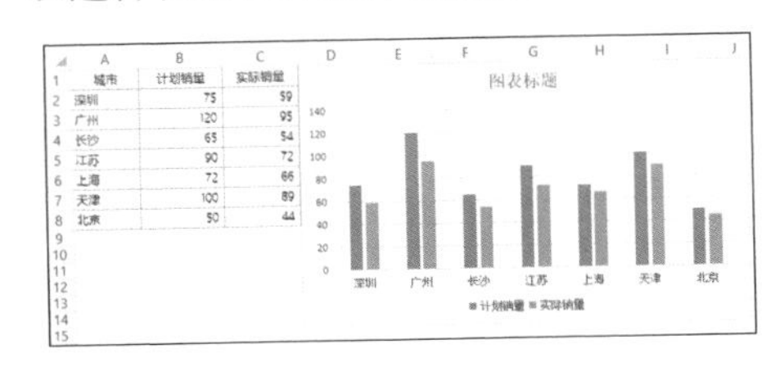

5.3.2 构建计划完成情况源数据

制作图表时，收集的数据不一定就是作图数据，收集生产、生活中产生的数据，还需要对数据进行分析，找出领导或用户关心的内容，并构建出作图的源数据，之后才能开始作图。

素材文件中只列出了计划销量和实际销量，为了让企业领导能清晰地看出各城市是否完成任务及各城市的完成情况，可以对收集的数据进行调整，如列出各城市的完成比率——在右列添加完成比率列，并通过公式进行计算，其公式结构为：完成比率 = 实际销量 / 计划销量。完成源数据的构建，如下图所示。

D2　fx　=C2/B2

	A	B	C	D
1	城市	计划销量	实际销量	完成比率
2	深圳	75	59	79%
3	广州	120	95	79%
4	长沙	65	54	83%
5	江苏	90	72	80%
6	上海	72	66	92%
7	天津	100	89	89%
8	北京	50	44	88%

5.3.3 确定图表呈现方式及坐标系

完成数据源的构建后，就需要创建各城市的计划销量、实际销量与完成比率图。按照 5.3.1 小节的构思创建簇状柱形图，效果如下图所示。

从上图可以看出，完成比率的数值较小，在图表区中几乎无法观察其图形大小及具体的值。为了直观展示完成比率的数据，可以单独为完成比率设置次坐标轴，并使用折线图展示，这就需要使用“簇状柱形图－折线图”组合图。

创建簇状柱形图后，可以将“完成比率”的数据系列改为折线图，具体操作步骤如下。

步骤 1 选中“完成比率”数据系列。若用户难以选中“完成比率”数据系列，可在【图表工具】选项卡下的图表元素选取栏中选取“完成比率”数据系列。

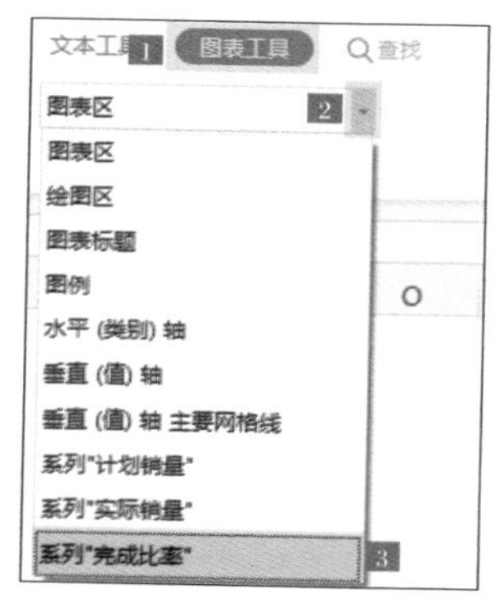

步骤 2 单击【图表工具】→【更改类型】按钮，在【更改类型】窗格中选择【组合图】选项。

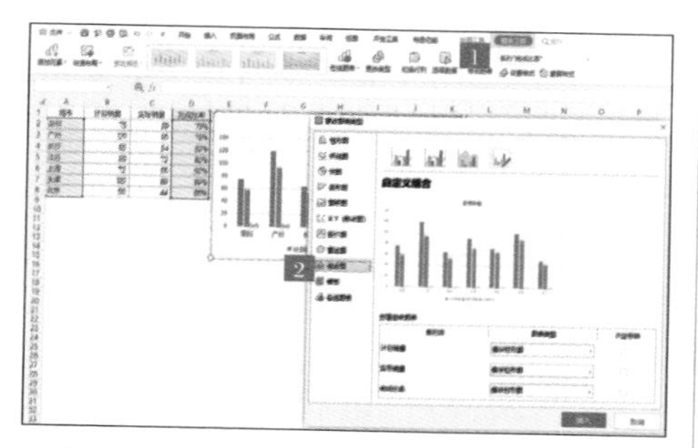

步骤 3 将“完成比率”的图表类型改为“带数据标记的折线图”，并且勾选右侧的【次坐标轴】复选框，单击【确定】按钮，即完成组合图的创建，效果如右上图所示。

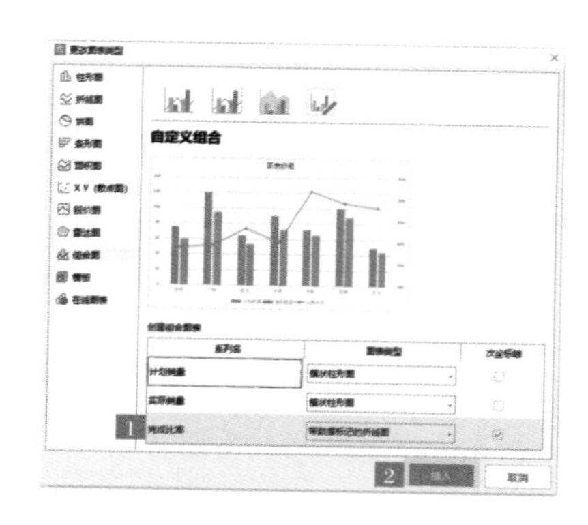

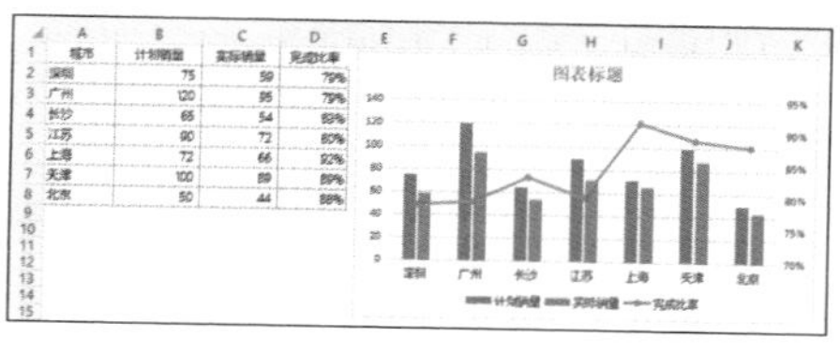

5.3.4 创建目标图表

确定图表的呈现方式后，就可以直接创建组合图了。直接创建目标组合图的具体操作步骤如下。

步骤 1 选中作图数据，单击【插入】→【全部图表】按钮，打开【插入图表】对话框，选择【组合图】选项。

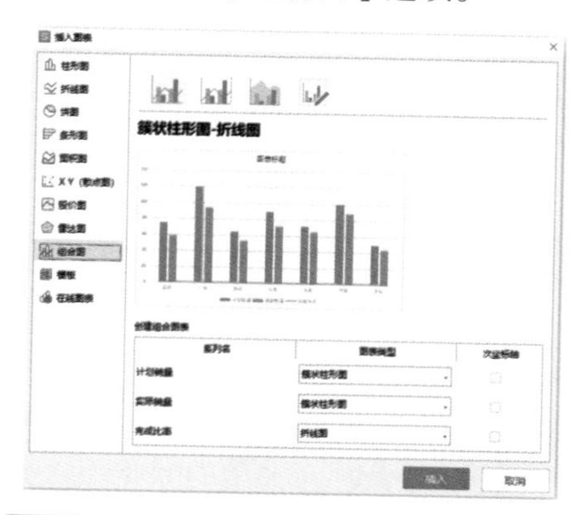

步骤 2 设置【计划销量】【实际销量】

的【图表类型】为“簇状柱形图”，【完成比率】的【图表类型】为“带数据标记的折线图”，选择【次坐标轴】复选框。

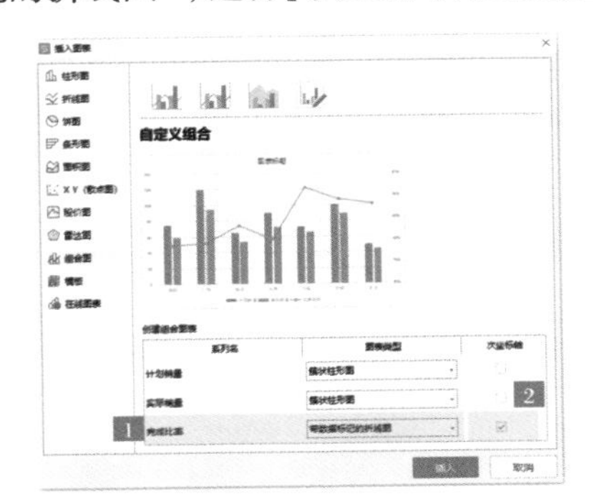

步骤 3 单击【确定】按钮，即可完成目标组合图的创建，效果如下图所示。

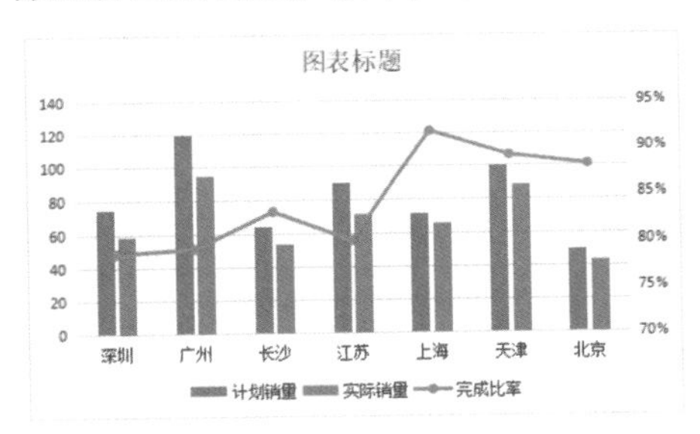

5.3.5 美化和调整计划完成情况图表

创建目标图表后，还需要观察图表是否能清楚地呈现数据关系，避免产生不易理解的图表。5.3.4 小节绘制的图表并不能清楚地呈现数据之间的关系，主要问题在于折线图的数据点位于计划销量与实际销量之间的间隙处，图表的直观性不强。为了增强图表的直观性，还必须对图表做进一步的美化和调整。

1. 调整系列的位置

根据数据可知，计划销量均大于实际销量，为了方便后续将两个数据系列进行重合排列，需要先将两个数据系列的位置进行调换。具体操作步骤如下。

步骤 1 选中图表，单击【图表工具】→【选择数据】按钮。

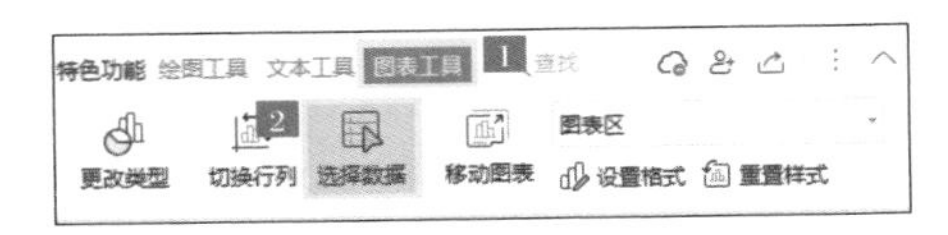

步骤 2 弹出【编辑数据源】对话框，在【系列】列表框中选择“实际销量”标签。

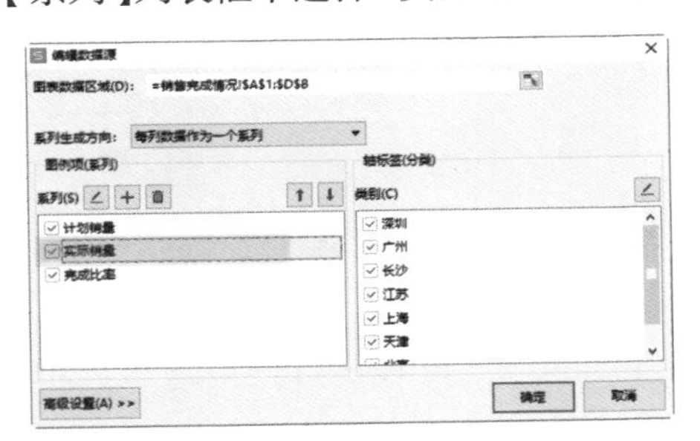

步骤 3 单击【上移】按钮，调整位置。单击【确定】按钮，即可互换两个数据系列的位置，效果如下图所示。

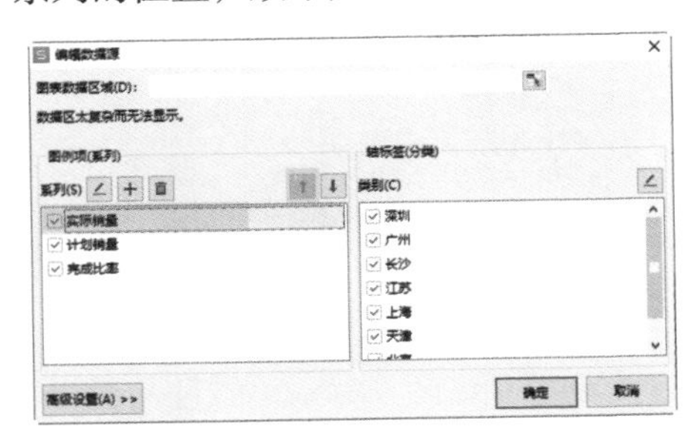

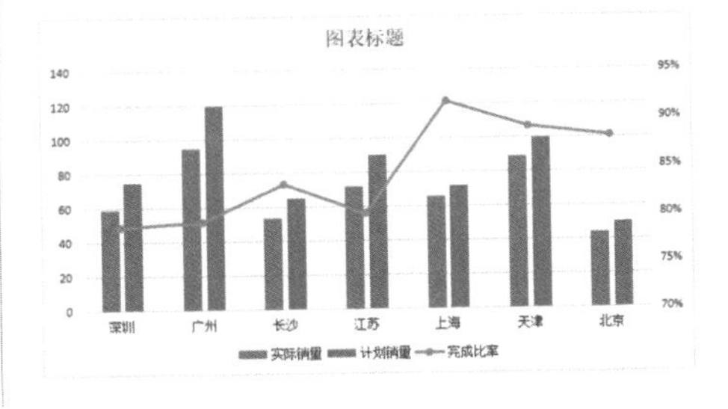

2. 设置计划销量系列的格式

步骤1 单击【图表工具】→【设置格式】按钮，打开【属性】窗格。选中“计划销量”系列，在【填充与线条】选项卡下，设置【系列颜色】为“无填充”，【线条】为“实线”，【颜色】为“黑色”。

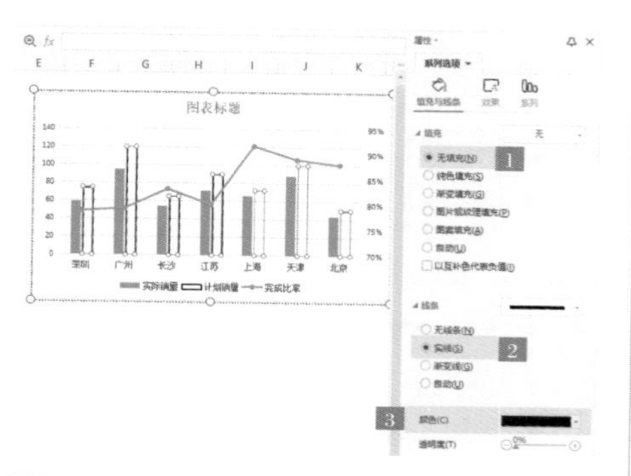

步骤2 选中“实际销量”系列，在【填充与线条】选项卡下，设置【系列颜色】为“纯色填充”，并设置一种颜色。设置【透明度】为“0%”。设置【线条】为“无线条”，效果如下图所示。

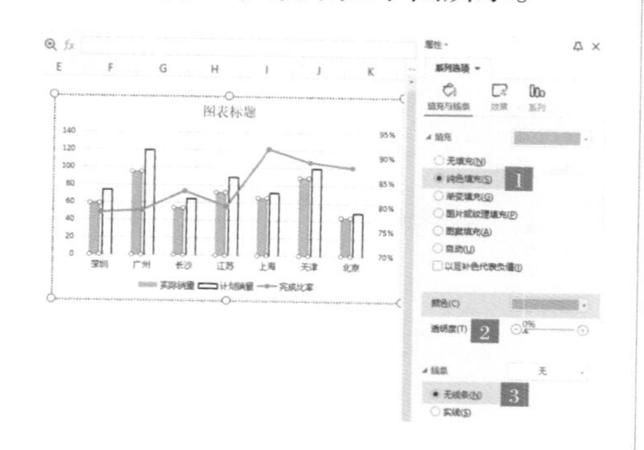

3. 将计划销量与实际销量系列重合

为了使折线的数据点与柱形系列更好地对应起来，可将计划销量系列与实际销量系列进行重合排列。

选中“计划销量”系列，在【属性】窗格选择【系列】标签，设置【系列重叠】为“100%”，【分类间距】为“150%”。此时两数据系列重合，图表中，黄色底纹表示实际销量，黑色框线表示计划销量，折线表示完成比率。图表的直观性大大加强了。

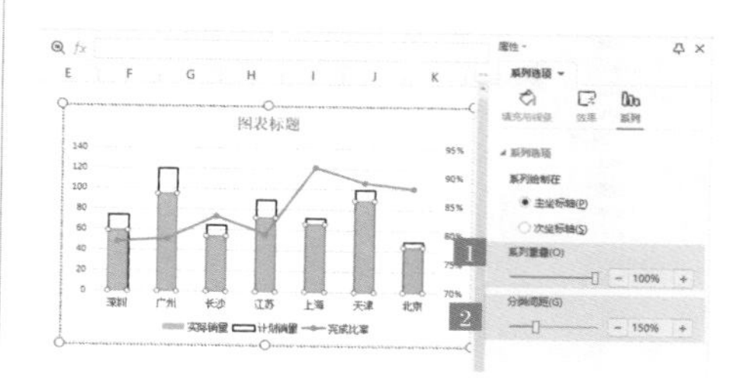

4. 美化图表

步骤1 更改图表标题为“计划完成情况”，设置【字体】为“微软雅黑”，【字号】为“18”，效果如下图所示。

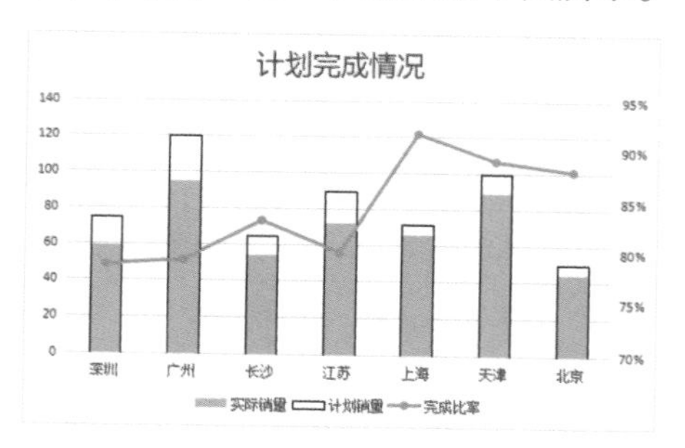

步骤2 设置坐标轴及图例的【字体】为“微软雅黑”，【字号】为“9”，效果如下图所示。

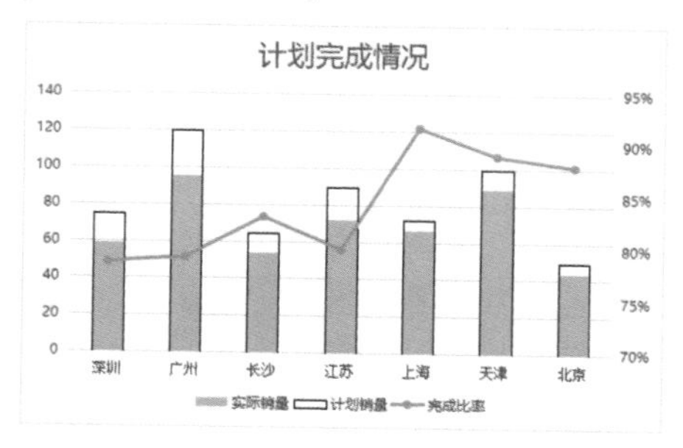

步骤3 选择图例，将其置于【上部】，并拖曳至图表区右侧，如下页图所示。

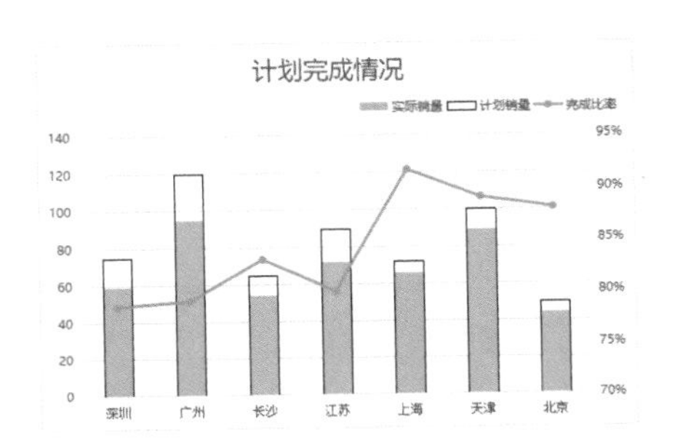

步骤 4 选择折线数据系列，设置【线条】为“实线”，并选择一种颜色，效果如下图所示。

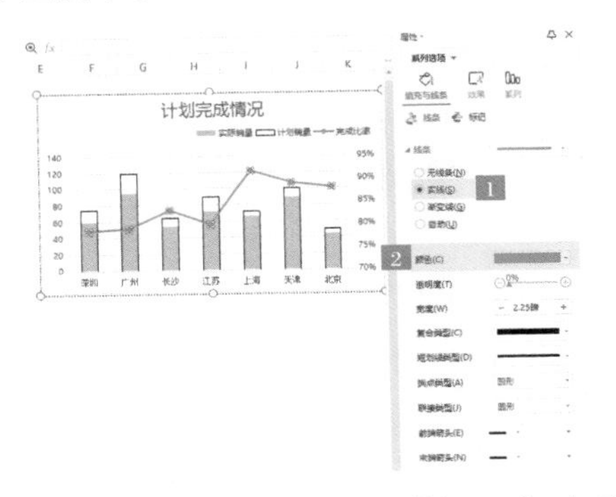

步骤 5 选择数据标记，在【标记】选项下设置【数据标记选项】为“内置”，【类型】为“圆形”，【大小】为“5”；在【填充】下选择【纯色填充】单选项，并设置填充颜色，效果如下图所示。

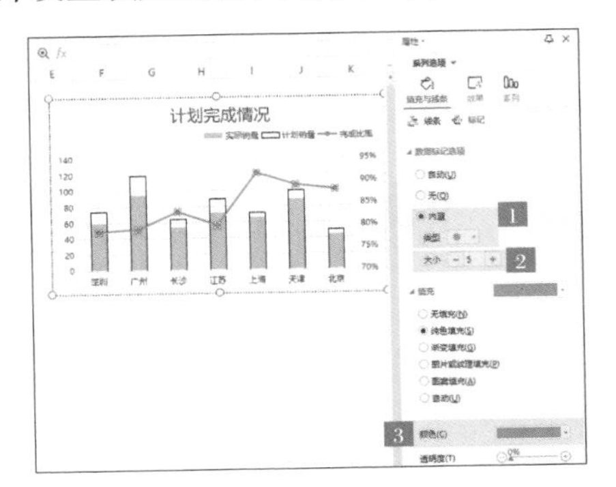

步骤 6 选择折线图，添加数据标签，设置【标签位置】为“靠上”，并设置标签的字体格式，效果如下图所示。

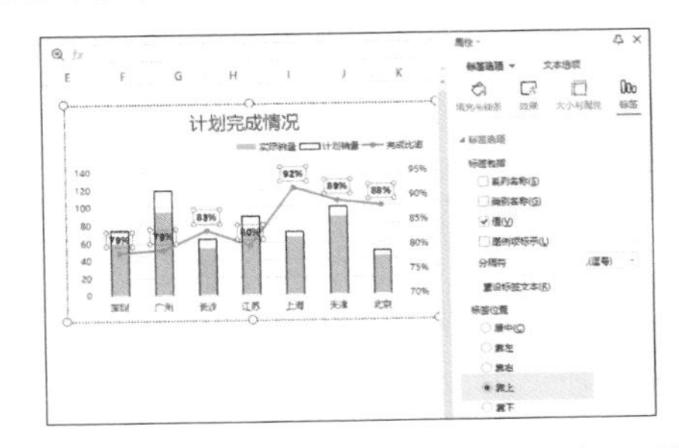

步骤 7 选中图表中的网格线，按【Delete】键将其删除，效果如下图所示。

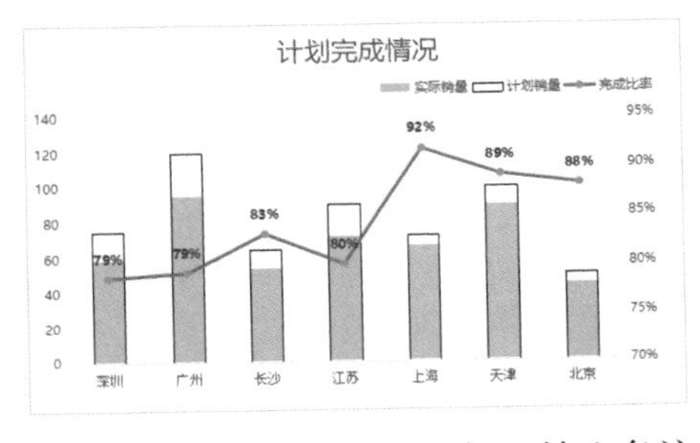

步骤 8 在图表区插入文本框，输入备注文字：“广州实际销量最高，为 95。上海完成比率最高，为 92%。”并设置字体样式。这样，组合图的制作就完成了，最终效果如下图所示。

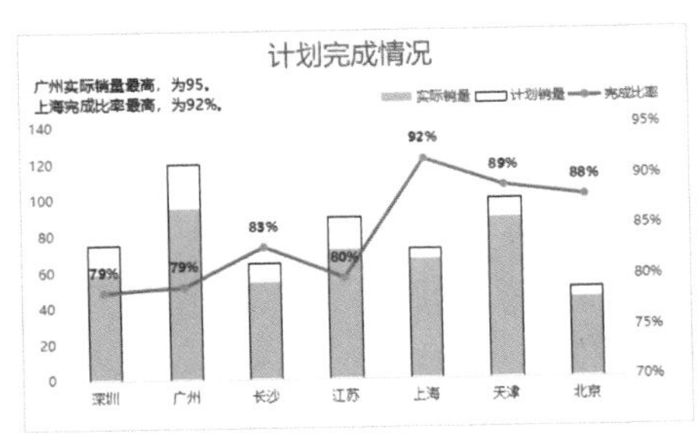

案例总结及注意事项

（1）可以发挥创意，制作出不同类型的组合图。

（2）不需要的图表元素可以删除，避免图表中的内容过于密集。

（3）添加辅助说明内容，不仅可以美化图表，还可以解释图表，使表达更清晰。

动手练习：使用组合图制作网站用户规模发展历程图表

练习背景：

随着电子商务及物联网的快速发展，越来越多的公司将传统的销售方式转为电商模式，对于电商网站注册人数和网购人数的统计是企业非常重要的经营数据。利用图表展示注册人数和网购人数，可以让公司领导非常直观地了解两者的关系和发展趋势。现公司要求你根据源数据创建合适的图表。

练习要求：

（1）选择合适的组合图类型。

（2）创建并美化网站用户规模发展历程图表。

练习目的：

（1）掌握确定图表类型的方法。

（2）掌握创建组合图的方法。

本节素材结果文件
素材 \ch05\ 网站用户规模发展历程表 .et
结果 \ch05\ 网站用户规模发展历程表 .et

动手练习效果展示

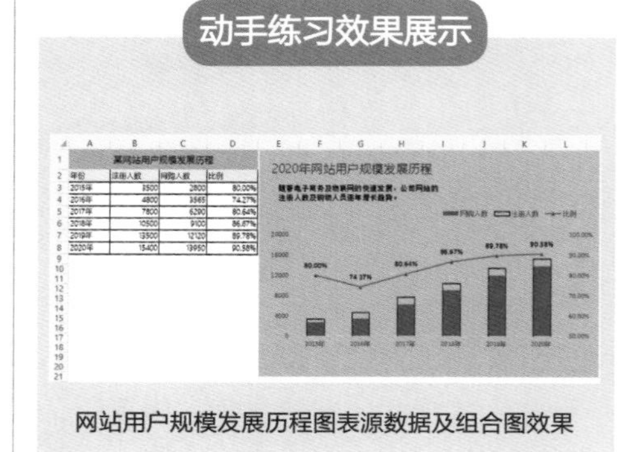

网站用户规模发展历程图表源数据及组合图效果

秋叶私房菜：图表都用不好，你还怎么做年终总结？

年终总结重要的组成元素莫过于“图表”。

做销售的，需要汇报销量业绩；

做后勤的，需要汇报支出明细；

做运营的，需要汇报传播数据；

……

下面就来盘点一下图表的 4 个基本问题，做好总结不心慌。

1. 为什么做总结要重视图表？

❶ 相对于文字，图表能够更直观地展示数据，业绩对比、亮点等一目了然。

如下面这个例子，用文字呈现出来是这样的。

> **国庆档电影豆瓣评分比较**
>
> 2017 年国庆档电影市场竞争激烈，最终"大浪淘沙，始见真金"，王晶导演的电影《追龙》豆瓣评分 7.5，居于首位。《羞羞的铁拳》和《英伦对决》豆瓣评分都为 7.2，《缝纫机乐队》豆瓣评分 7.0，《空天猎》豆瓣评分 5.0。

如果我们用图表来呈现，会变成这样。

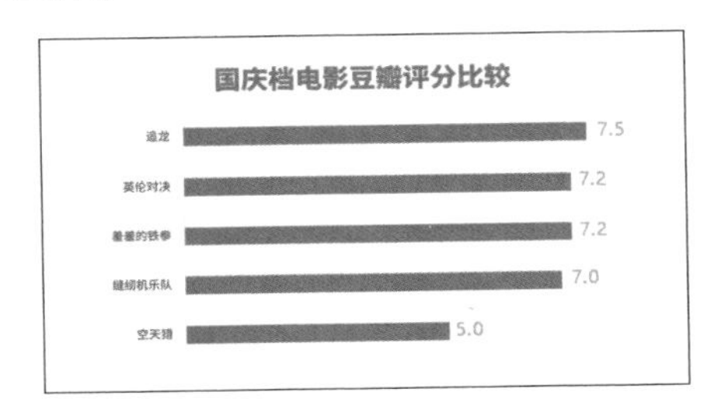

❷ 相对于表格，图表能够更好地对数据进行解读。

同样来看一个例子，如果数据用表格展示，我们可以做成这样。

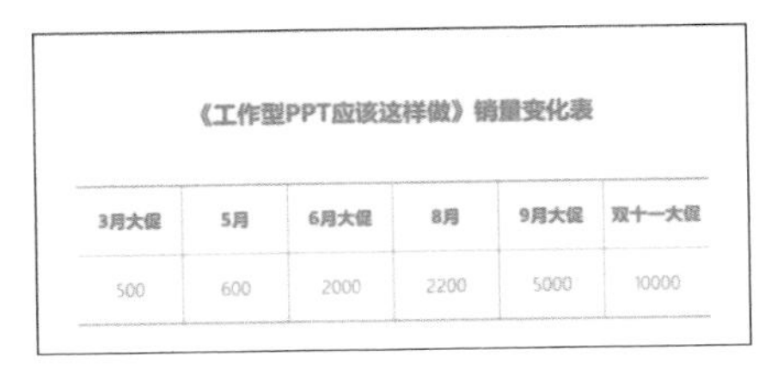

《工作型PPT应该这样做》销量变化表

3月大促	5月	6月大促	8月	9月大促	双十一大促
500	600	2000	2200	5000	10000

那如果这些数据用图表来呈现呢？

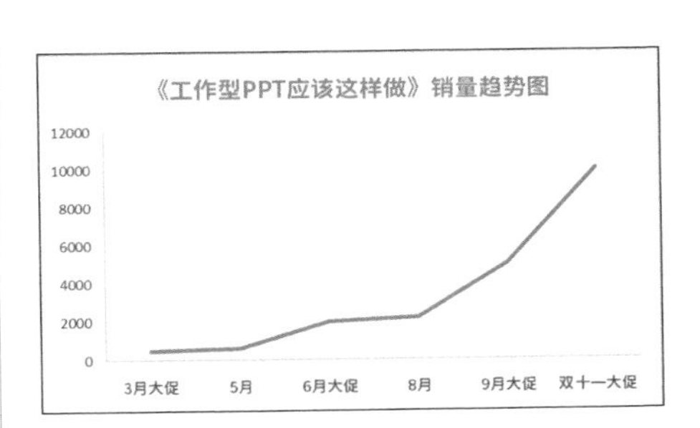

我们会发现，折线图能够更加明了地展现数据趋势。

2. 图表类型那么多，都要学习并掌握吗？

熟悉 WPS 的小伙伴们都知道，WPS 表格中光是图表就有 8 种，还可以使用组合图表，关于图表的设置更是五花八门。

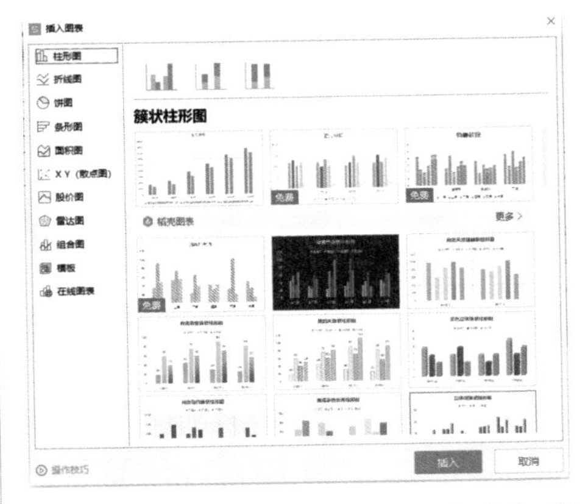

那么问题来了，这些图表我们都需要熟练掌握吗？

事实上，我们只要熟练掌握几种工作中最常用的图表就足够了。

❶ 柱形图 & 条形图。

这两种图表用于对不同类别的数值的大小进行比较。

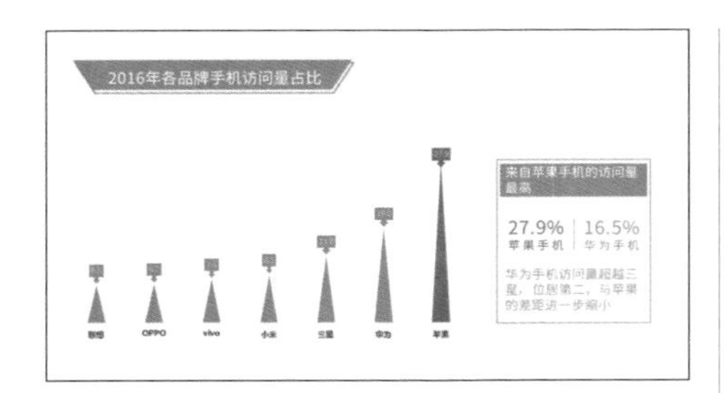

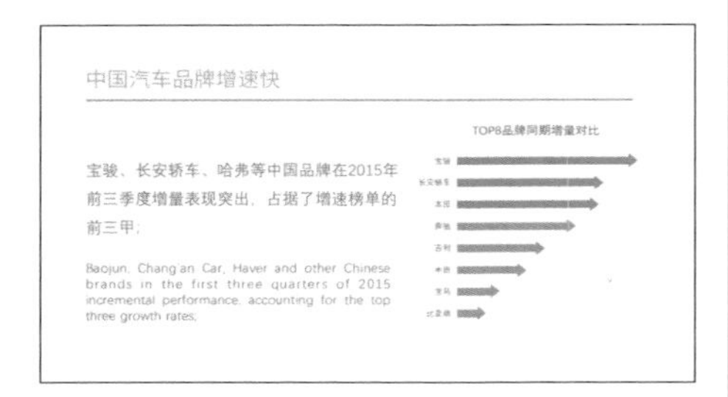

❷ 饼图 & 环形图。

这两种图表通常用于显示各类别的百分比分布情况。

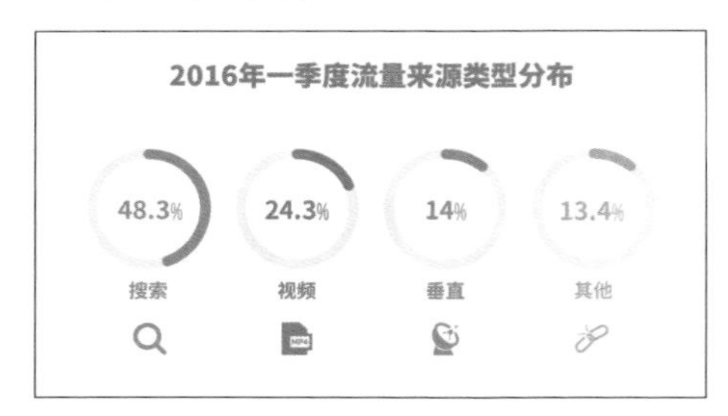

❸ 折线图。

折线图一般用来展示数据随时间的变化趋势，是展示时间序列数据的最佳图表。

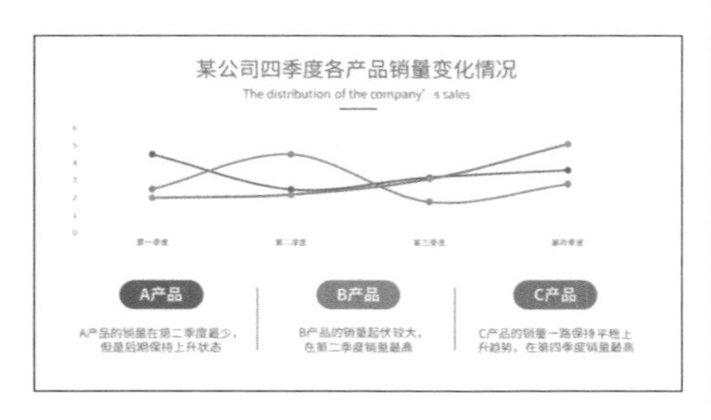

❹ 雷达图。

通常用于在多个维度上对两个变量进行比较。

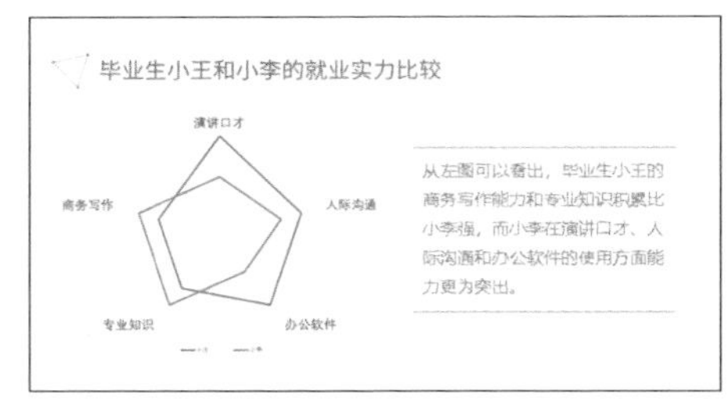

❺ 散点图。

散点图通常用来表示两个变量之间的关系。

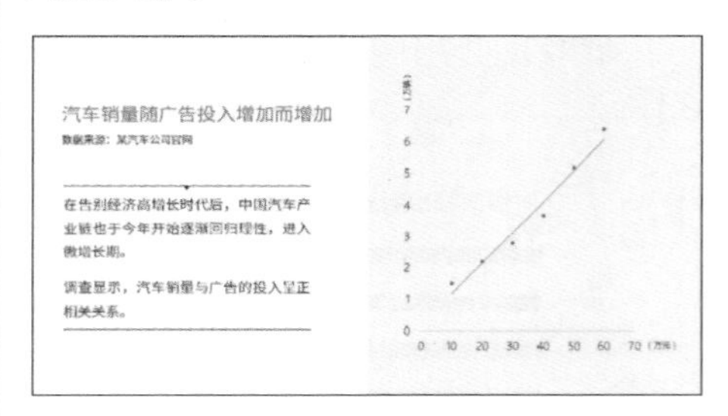

以上几种图表是我们用得比较频繁的图表，熟练掌握它们就能解决很多数据问题。

3. 所有的数据展示都要用到图表吗？

并不是！虽然我们强调图表的重要性，但并不是说要将一切数据图表化，而是要视情况而定。简单举几个例子，以下几种情况就不太适合使用图表。

❶ 数据很少。

如果我们要展示的数据只有一到两个，一般就没必要使用图表了，反而简单地呈现更好，比如这个例子。

❷ 数据很多。

若数据太多，使用图表会令人感觉很杂乱，反而会降低读者的阅读效率。如下面这个反例。

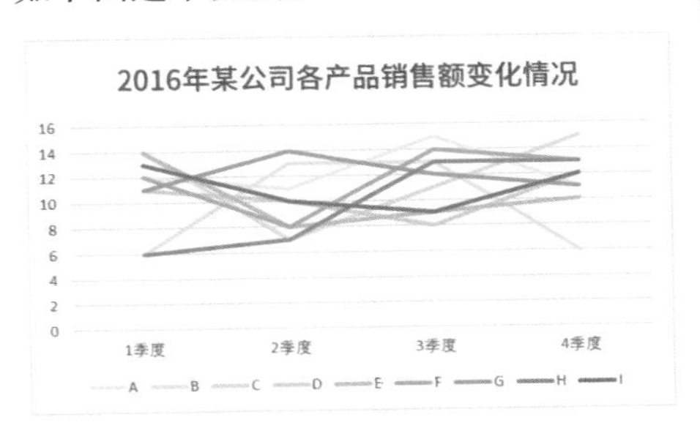

❸ 数据值变化很小或根本没有变化。

在这种情况下使用图表，没有太大的意义。

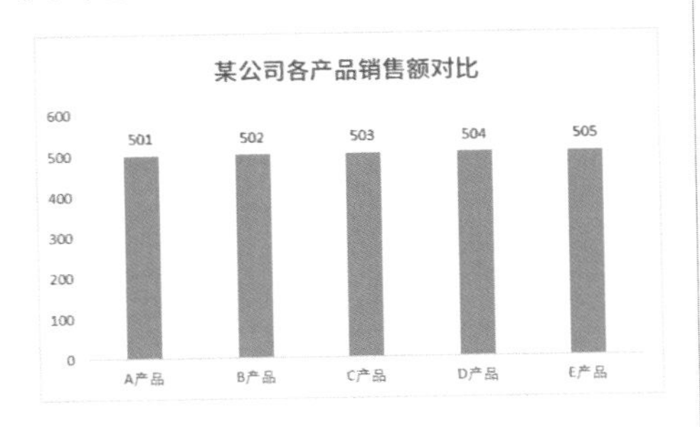

4. 如何用好图表？

如何用好图表是一个大问题。且不谈图表的创意和可视化那么深奥的问题，要用好图表，起码要注意以下几个事项。

❶ 选对图表。

也就是要选择合适的图表。一般来说，我们是按照数据之间的关系来选择图表的。

❷ 不要过度设计。

图表的设计要简洁明了，以直观传达信息，不要把心思放在过多的修饰上。

如下面的案例。

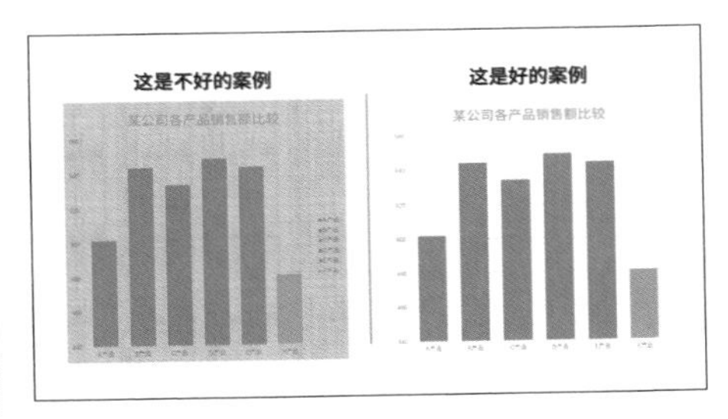

❸ 慎用系统预置的配色方案。

虽然软件厂商一直在努力优化系统预置的配色方案，但目前很多还没有达到可以直接使用的程度。

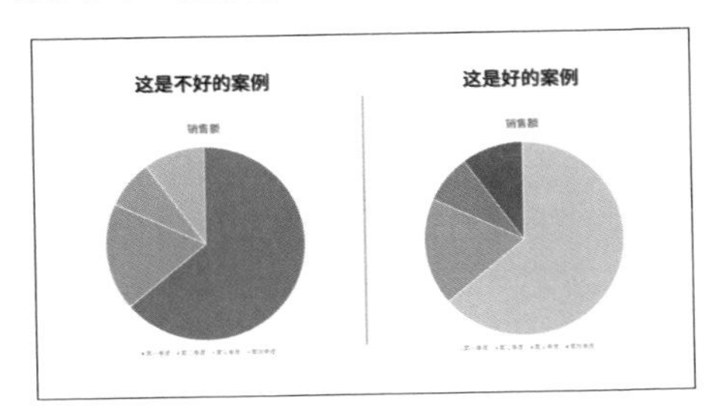

❹ 突出重点。

如果不是简单的数据展示，最好通过对比来吸引观众的注意力，以突出特定的信息。

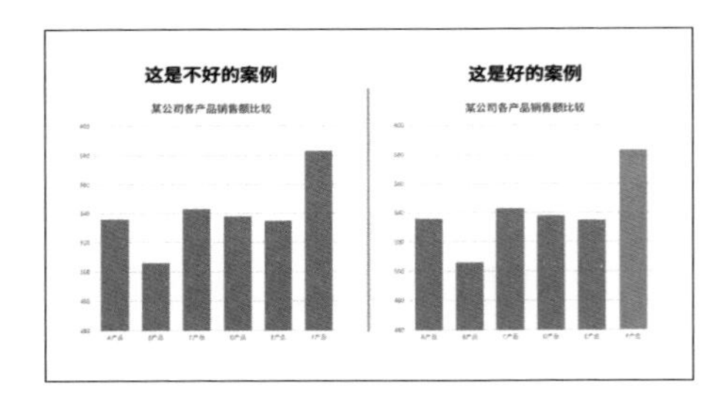

好了，以上就是我们做图表时的一些要点，简单总结一下。

❶ 相对于文字和表格而言，图表能更好地展示数据。

❷ 我们只需掌握常用的几种图表，其他图表了解即可。

❸ 并不是所有的数据展示都要用到图表。

❹ 使用图表的时候有 4 个注意点。

① 选择合适的图表类型。

② 图表的设计要简洁明了。

③ 尽量不用系统自带的配色方案。

④ 通过对比吸引观众的注意力。

在日常工作中，使用 WPS 制作表格、整理数据时，常常要用到 WPS 的函数与公式功能来自动统计、处理表格中的数据。而熟练运用函数与公式，不仅能提高工作效率，还能提高分析与处理数据的能力。

第 6 章

函数与公式的应用

- 公式和函数有什么区别？
- 怎么使用函数制作工资表？
- 如何从大量重复数据中查找需要的数据？
- 如何使用日期函数安排时间？

6.1 使用公式计算个人收支明细

WPS 表格不仅可以制作各种表格和进行统计分析，还有数据计算这一重要的功能。数据计算不但包括加减乘除等基本运算，还包括求和、求平均值、求最大/最小值、占比计算及逻辑判断等函数应用。要对数据进行计算和统计，就需要使用 WPS 表格中的公式功能。

【公式】功能区中各按钮的功能介绍如下。

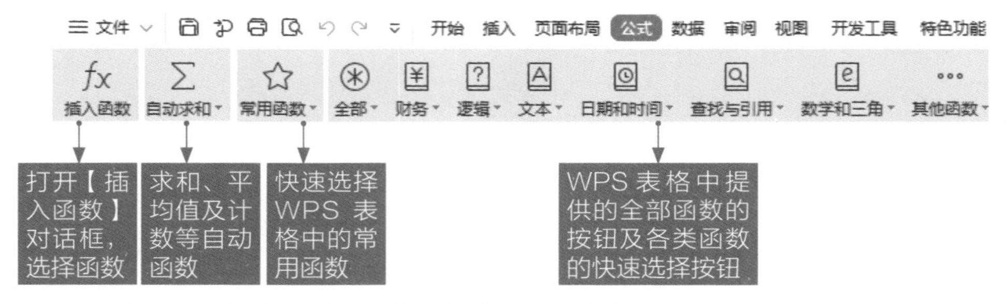

【插入函数】对话框中【常用公式】的功能介绍如下。

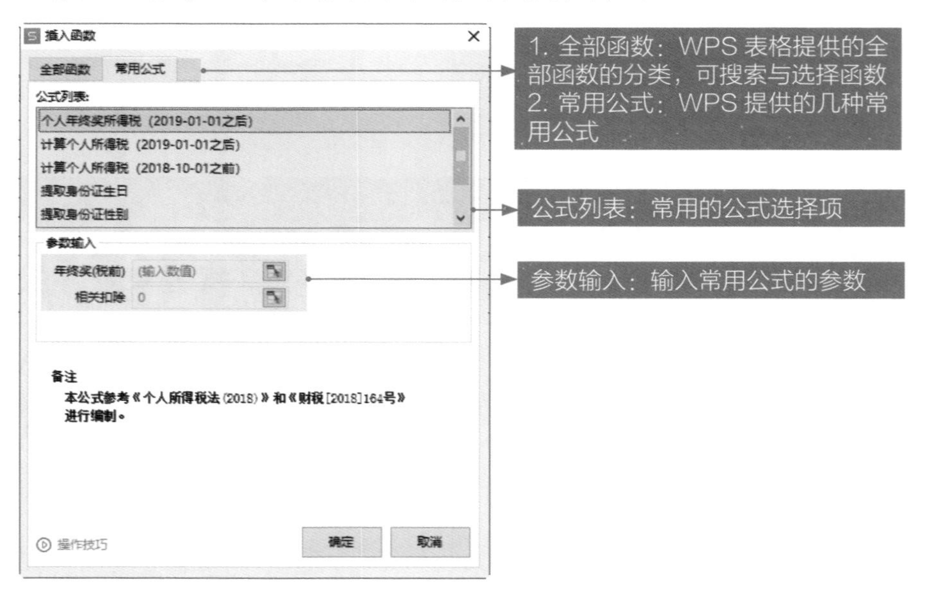

下面通过对个人收支明细的统计与分析，介绍 WPS 表格的公式功能。

本节素材结果文件	
	素材 \ch06\ 一季度个人收支明细 .et
	结果 \ch06\ 一季度个人收支明细 .et

“一季度个人收支明细 .et”素材文件中统计出了 3 个月收入和支出的项目明细，汇总这些数据，得到各月份（季度）的收入小计、支出小计、收入和支出项目占收入的百分比，以及每月、每季度的余额等。

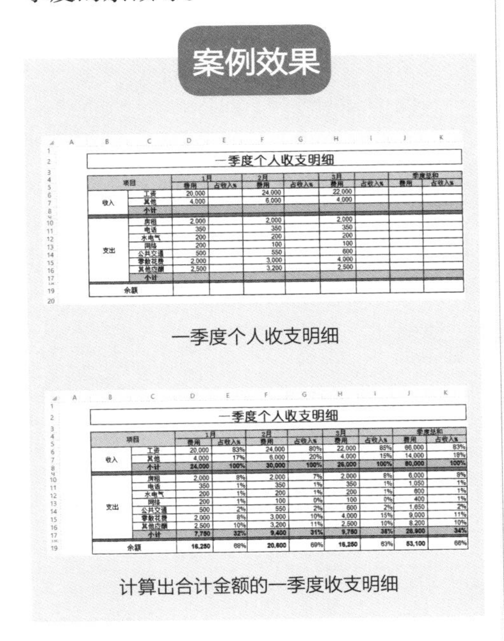

案例效果

一季度个人收支明细

项目		1月 费用	占收入%	2月 费用	占收入%	3月 费用	占收入%	季度总和 费用	占收入%
收入	工资	20,000		24,000		22,000			
	其他	4,000		6,000		4,000			
	小计								
支出	房租	2,000		2,000		2,000			
	电话	350		350		350			
	水电气	200		200		200			
	网络	200		100		100			
	公共交通	500		550		600			
	零散花费	2,000		3,000		4,000			
	其他应酬	2,500		3,200		2,500			
	小计								
余额									

一季度个人收支明细

项目		1月 费用	占收入%	2月 费用	占收入%	3月 费用	占收入%	季度总和 费用	占收入%
收入	工资	20,000	83%	24,000	80%	22,000	85%	66,000	83%
	其他	4,000	17%	6,000	20%	4,000	15%	14,000	18%
	小计	24,000	100%	30,000	100%	26,000	100%	80,000	100%
支出	房租	2,000	8%	2,000	7%	2,000	8%	6,000	8%
	电话	350	1%	350	1%	350	1%	1,050	1%
	水电气	200	1%	200	1%	200	1%	600	1%
	网络	200	1%	100	0%	100	0%	400	1%
	公共交通	500	2%	550	2%	600	2%	1,650	2%
	零散花费	2,000	8%	3,000	10%	4,000	15%	9,000	11%
	其他应酬	2,500	10%	3,200	11%	2,500	10%	8,200	10%
	小计	7,750	32%	9,400	31%	9,750	38%	26,900	34%
余额		16,250	68%	20,600	69%	16,250	63%	53,100	66%

计算出合计金额的一季度收支明细

6.1.1 认识公式

公式是由数字、单元格引用、函数及运算符等元素组成的计算式，是对数据进行计算和分析的等式。用户可以在 WPS 表格中利用公式对各种数据进行快速计算。

1. 运算符

在使用公式计算数据时，运算符用于连接公式中的计算参数，是工作表处理数据的指令。运算符的类型分为算术运算符、比较运算符、文本运算符和引用运算符 4 种。

（1）常用的算术运算符有加号“+”、减号“–”、乘号“*”、除号“/”、百分号“%”及乘方号“^”等。

（2）常用的比较运算符有等号“=”、大于号“>”、小于号“<”、小于等于号“<=”、大于等于号“>=”及不等号“≠”。

（3）常用的文本运算符是“&”，该符号用于将两个文本值连接起来，产生一个新的文本值。

（4）常用的引用运算符有区域运算符“:”、联合运算符“,”及交叉运算符“ ”（即空格）。

在公式中，每个运算符的优先级是不同的。在一个混合运算的公式中，对于不同优先级的运算，按照优先级从高到低的顺序进行计算；对于相同优先级的运算，按照从左到右的顺序进行计算。

Tips

按优先级从高到低的顺序排列各种运算符如下：冒号“:”、空格“ ”、逗号“,”、负号“–”、百分号“%”、乘方“^”、乘号“*”或除号“/”、加号“+”或减号“–”、与号“&”，以及比较运算符“=”“<”“>”“<=”“>=”和“≠”。此外，需要注意的是，在 WPS 中输入的所有运算符，都需要在英文输入状态下输入。

2. 输入公式

公式可以在单元格或编辑栏中输入。输入公式都以“=”开始，然后输入运算项和运算符，输入完后按【Enter】键确定，计算结果就会显示在单元格内。

3. 复制公式

在表格中输入公式后，如果想要将公式复制到其他单元格中，可以参照复制单元格数据的方式进行复制，具体操作方法有 3 种。

方法一：使用组合键

选中需要复制的公式所在的单元格，按【Ctrl + C】组合键，然后选中需要粘贴公式的单元格，按【Ctrl + V】组合键即可完成公式的复制，并在选中的单元格显示出计算结果。

方法二：使用下拉菜单功能

选中需要复制的公式所在的单元格，单击鼠标右键，在弹出的下拉菜单中选择【复制】命令，然后选中需要粘贴公式的单元格并单击鼠标右键，在弹出的下拉菜单中选择【选择性粘贴】→【选择性粘贴】命令，弹出【选择性粘贴】对话框，选中【公式】单选项，单击【确定】按钮，即完成公式的复制，并会在选中的单元格显示出计算结果。

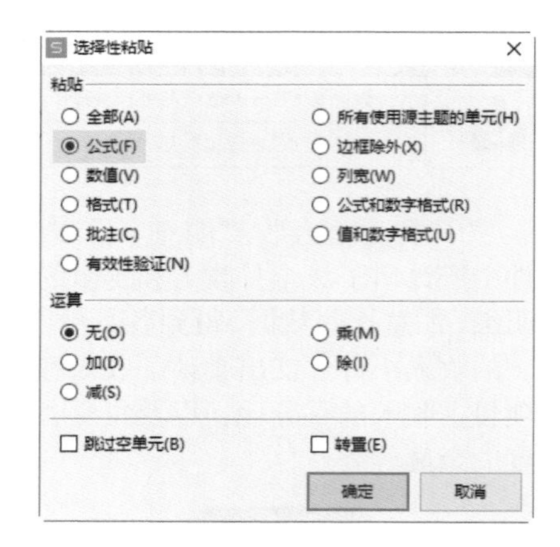

方法三：使用鼠标功能

选中需要复制的公式所在的单元格，将指针指向该单元格的右下角，当指针变为“+”形状时，长按鼠标左键向下拖动，拖至目标单元格时松开鼠标左键，即可将公式复制到指针所经过的单元格中，并显示出计算结果。

Tips

使用组合键复制公式，既可以用于连续单元格，又可以用于不连续单元格；使用鼠标功能复制公式，适合连续单元格的公式复制。

4. 单元格引用

单元格引用是指在公式中使用单元格的地址来代替单元格及其数值。当公式所在单元格的位置发生变化时，单元格引用的变化情况会有所不同，据此可以将单元格引用分为相对引用、绝对引用和混合引用。一般在默认情况下，WPS 表格使用相对引用。

（1）相对引用

使用相对引用，单元格引用会随公式所在单元格的位置变更而改变。复制使用相对引用的公式时，公式中引用的单元格地址将被更新，指向与当前公式位置相对应的单元格。例如，在 A1、A2 单元格中分别输入 5 和 10，在 B1 单元格中输入“=A1”，复制 B1 单元格并粘贴至 B2 单元格，可以看到 B2 单元格的公式会变为“=A2”。

（2）绝对引用

对于使用绝对引用的公式，被复制或移动到新位置后，公式中引用的单元格地址保持不变。在使用绝对引用时，需要在被引用单元格的行号和列标前分别加入符号“$”，如 $A$1。

（3）混合引用

混合引用是指相对引用与绝对引用同时存在于一个单元格引用中。如果公式所在单元格的位置改变，相对引用部分会改变，而绝对引用部分不变。混合引用的使用方法与绝对引用的使用方法相似。混合引用有“绝对列和相对行”与“绝对行和相对列”两种形式，例如 $E6、E$6。

Tips

选择输入的引用内容，按【F4】键，可使单元格地址在相对引用、绝对引用及混合引用之间进行切换。

6.1.2 逐项计算支出金额

在案例中，一季度个人收支明细表中统计了 1 月～3 月收入和支出各项目的金额，需要统计出各月份的收入小计、季度费用合计金额，这就需要对各项目进行逐项求和，可以运用运算符号“+”来计算。以统计 1 月收入小计为例，具体操作步骤如下。

步骤 1 打开素材文件，选择 D8 单元格（即需要小计收入的单元格）。

项目		1月 费用	占收入%
收入	工资	20,000	
	其他	4,000	
	小计		
支出	房租	2,000	
	电话	350	
	水电气	200	
	网络	200	
	公共交通	500	
	零散花费	2,000	
	其他应酬	2,500	
	小计		
余额			

步骤 2 在单元格内直接输入公式“=D6 + D7”，按【Enter】键确认，即可在 D8 单元格显示计算结果，如下图所示。

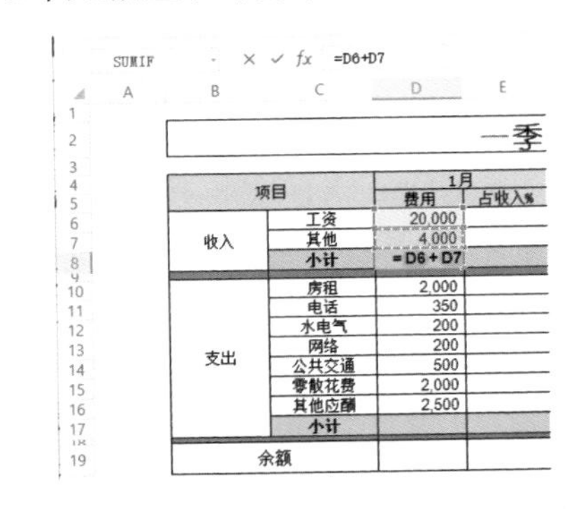

项目		1月 费用	占收入%
收入	工资	20,000	
	其他	4,000	
	小计	= D6 + D7	
支出	房租	2,000	
	电话	350	
	水电气	200	
	网络	200	
	公共交通	500	
	零散花费	2,000	
	其他应酬	2,500	
	小计		
余额			

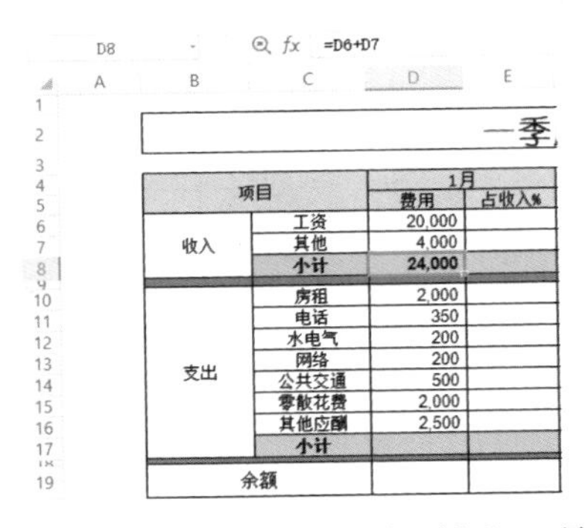

项目		1月 费用	占收入%
收入	工资	20,000	
	其他	4,000	
	小计	24,000	
支出	房租	2,000	
	电话	350	
	水电气	200	
	网络	200	
	公共交通	500	
	零散花费	2,000	
	其他应酬	2,500	
	小计		
余额			

步骤 3 同理，其他月份（2 月和 3 月）收入小计的计算可通过重复以上步骤或复制单元格 D8 的公式来完成，如下页图所示。

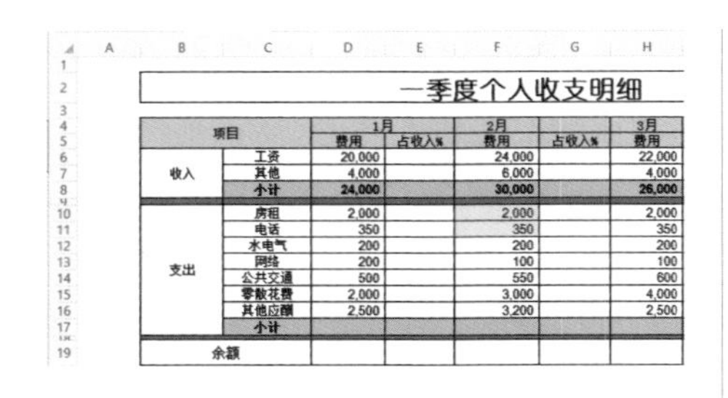

一季度个人收支明细

项目		1月 费用	占收入%	2月 费用	占收入%	3月 费用
收入	工资	20,000		24,000		22,000
	其他	4,000		6,000		4,000
	小计	24,000		30,000		26,000
支出	房租	2,000		2,000		2,000
	电话	350		350		350
	水电气	200		200		200
	网络	200		100		100
	公共交通	500		550		600
	零散花费	2,000		3,000		4,000
	其他应酬	2,500		3,200		2,500
	小计					
余额						

6.1.3 一键求和支出总额

逐项求和对于项目不多的数据求和来说，比较简单容易。但是对于多个数据求和，若使用逐项求和，效率就会较低，还容易选错单元格。这时，就可以选择一键求和公式来实现。以统计月度支出小计为例，一键求和有两种方式。

方法一：使用功能菜单【自动求和】进行多数据求和，具体操作步骤如下。

步骤1 打开素材文件，选中 D17 单元格（即需要统计支出小计的单元格）。

项目		1月 费用	占收入%
收入	工资	20,000	
	其他	4,000	
	小计	24,000	
支出	房租	2,000	
	电话	350	
	水电气	200	
	网络	200	
	公共交通	500	
	零散花费	2,000	
	其他应酬	2,500	
	小计		
余额			

步骤2 单击【公式】→【自动求和】按钮下方的下拉按钮，在弹出的下拉菜单中单击【求和】选项，即可在 D17 单元格显示出求和函数 SUM 及系统自动选中的求和单元区域，如右上图所示。

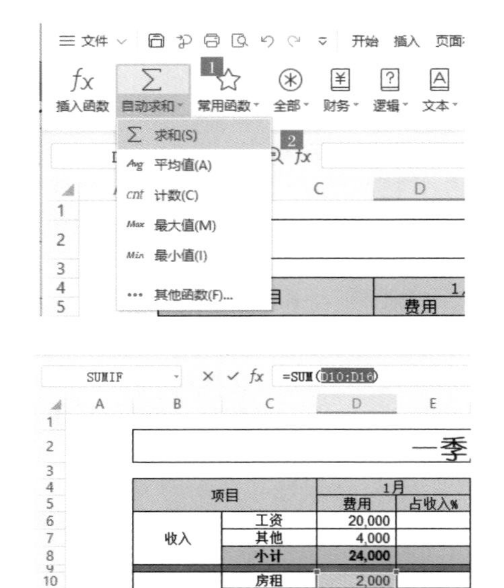

SUMIF =SUM(D10:D16)

项目		1月 费用	占收入%
收入	工资	20,000	
	其他	4,000	
	小计	24,000	
支出	房租	2,000	
	电话	350	
	水电气	200	
	网络	200	
	公共交通	500	
	零散花费	2,000	
	其他应酬	2,500	
	小计	=SUM(D10:D16)	
余额		SUM（数值1, ...）	

步骤3 按【Enter】键确认，即可在 D17 单元格显示出计算结果，如下图所示。

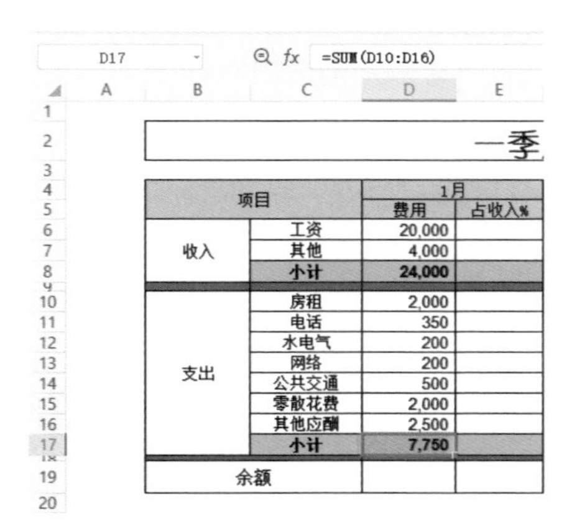

D17 =SUM(D10:D16)

项目		1月 费用	占收入%
收入	工资	20,000	
	其他	4,000	
	小计	24,000	
支出	房租	2,000	
	电话	350	
	水电气	200	
	网络	200	
	公共交通	500	
	零散花费	2,000	
	其他应酬	2,500	
	小计	7,750	
余额			

步骤4 同理，其他月份（2 月和 3 月）支出小计的计算可以通过重复以上步骤或复制单元格 D17 的公式来完成，如下页图所示。

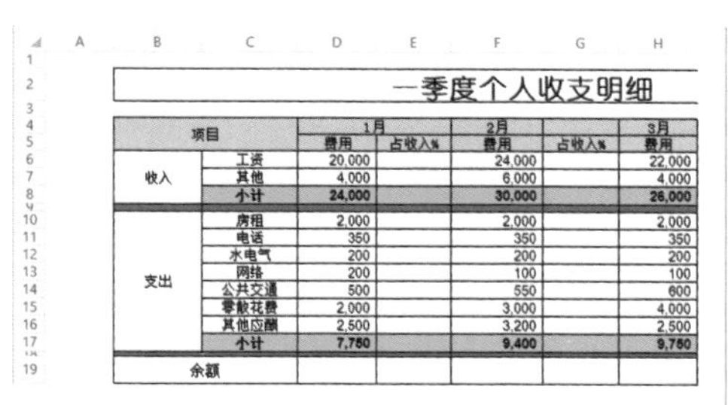

项目		1月 费用	占收入%	2月 费用	占收入%	3月 费用
收入	工资	20,000		24,000		22,000
	其他	4,000		6,000		4,000
	小计	24,000		30,000		26,000
支出	房租	2,000		2,000		2,000
	电话	350		350		350
	水电气	200		200		200
	网络	200		100		100
	公共交通	500		550		600
	零散花费	2,000		3,000		4,000
	其他应酬	2,500		3,200		2,500
	小计	7,750		9,400		9,750
余额						

方法二：使用【Alt ＋ =】组合键方式一键求和，具体操作步骤如下。

步骤 1　打开素材文件，选中需要求和的单元格区域 D10:D16，按【Alt ＋ =】组合键，即可在 D17 单元格显示出计算结果，并且单元格的求和公式会自动输入完毕，如下图所示。

项目		1月 费用	占收入%
收入	工资	20,000	
	其他	4,000	
	小计	24,000	
支出	房租	2,000	
	电话	350	
	水电气	200	
	网络	200	
	公共交通	500	
	零散花费	2,000	
	其他应酬	2,500	
	小计		
余额			

D17　=SUM(D10:D16)

项目		1月 费用	占收入%
收入	工资	20,000	
	其他	4,000	
	小计	24,000	
支出	房租	2,000	
	电话	350	
	水电气	200	
	网络	200	
	公共交通	500	
	零散花费	2,000	
	其他应酬	2,500	
	小计	7,750	
余额			

步骤 2　其他月份（2 月和 3 月）支出小计的计算可以通过重复以上步骤或复制单元格 D17 的公式来完成，如下图所示。

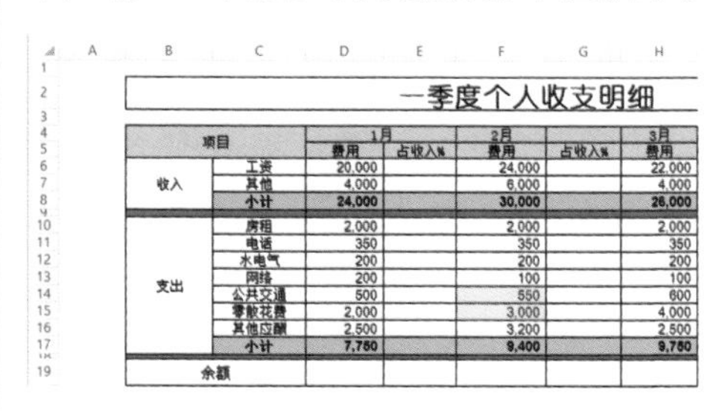

项目		1月 费用	占收入%	2月 费用	占收入%	3月 费用
收入	工资	20,000		24,000		22,000
	其他	4,000		6,000		4,000
	小计	24,000		30,000		26,000
支出	房租	2,000		2,000		2,000
	电话	350		350		350
	水电气	200		200		200
	网络	200		100		100
	公共交通	500		550		600
	零散花费	2,000		3,000		4,000
	其他应酬	2,500		3,200		2,500
	小计	7,750		9,400		9,750
余额						

6.1.4 使用单元格引用计算开支比例

对案例中各项收入和支出进行统计后，根据要求，需要计算各项目占当期收入的百分比。计算百分比，需要运用运算符“/”（即除号）。相对于其他单元格，当期收入的单元格位置是不变的。这里要运用单元格引用。具体操作步骤如下。

步骤 1　选中 E6 单元格（即需要计算占比的单元格）。

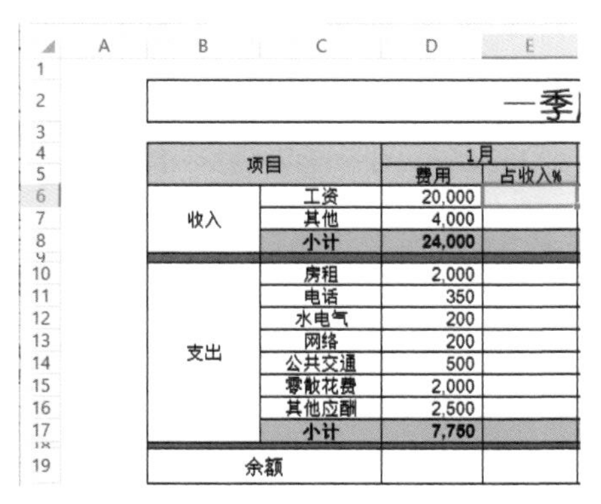

项目		1月 费用	占收入%
收入	工资	20,000	
	其他	4,000	
	小计	24,000	
支出	房租	2,000	
	电话	350	
	水电气	200	
	网络	200	
	公共交通	500	
	零散花费	2,000	
	其他应酬	2,500	
	小计	7,750	
余额			

步骤 2　直接输入公式“=D6/D$8”，对 D8 单元格采用混合引用（这里是行号绝对引用），这样在进行公式计算的时候，才不会出现计算错误。按【Enter】键即可看到公式计算出来的结果，如下页图所示。

SUMIF fx =D6/D$8

	A	B	C	D	E
1					
2		一季			
3					
4		项目		1月	
5				费用	占收入%
6		收入	工资	20,000	=D6/D$8
7			其他	4,000	
8			小计	24,000	
10		支出	房租	2,000	
11			电话	350	
12			水电气	200	
13			网络	200	
14			公共交通	500	
15			零散花费	2,000	
16			其他应酬	2,500	
17			小计	7,750	
19		余额			

E6 fx =D6/D$8

	A	B	C	D	E
1					
2		一季			
3					
4		项目		1月	
5				费用	占收入%
6		收入	工资	20,000	83%
7			其他	4,000	
8			小计	24,000	
10		支出	房租	2,000	
11			电话	350	
12			水电气	200	
13			网络	200	
14			公共交通	500	
15			零散花费	2,000	
16			其他应酬	2,500	
17			小计	7,750	
19		余额			

步骤3 可复制公式到其他需要计算收入和支出项目占当期收入的比例的单元格，如下图所示。

一季度个人收支明细

项目		1月		2月		3月		季度总和	
		费用	占收入%	费用	占收入%	费用	占收入%	费用	占收入%
收入	工资	20,000	83%	24,000	80%	22,000	85%	66,000	83%
	其他	4,000	17%	6,000	20%	4,000	15%	14,000	18%
	小计	24,000	100%	30,000	100%	26,000	100%	80,000	100%
支出	房租	2,000	8%	2,000	7%	2,000	8%	6,000	8%
	电话	350	1%	350	1%	350	1%	1,050	1%
	水电气	200	1%	200	1%	200	1%	600	1%
	网络	200	1%	100	0%	100	0%	400	1%
	公共交通	500	2%	550	2%	600	2%	1,650	2%
	零散花费	2,000	8%	3,000	10%	4,000	15%	9,000	11%
	其他应酬	2,500	10%	3,200	11%	2,500	10%	8,200	10%
	小计	7,750	32%	9,400	31%	9,750	38%	26,900	34%
余额		16,250	68%	20,600	69%	16,250	63%	53,100	66%

案例总结及注意事项

（1）在进行单元格引用时，必须清楚相对引用、绝对引用和混合引用的含义和用法，避免因为单元格地址错误而造成所引用数据的错误。

（2）在使用公式进行数据计算时，要结合实际需要，根据运用运算符的优先级来进行公式的设计。

动手练习：计算公司仓库进销商品数量

公司仓库进销商品数量表中，包含上月结转、本月出入库、标准库存量及商品单价等内容。为了解库存商品的情况，现在公司需要你按照以下要求进行数据处理。

练习要求：

（1）计算出每种商品的当前库存量和差异数。

（2）根据当前库存量及每种商品的单价，计算库存金额。

练习目的：

（1）学习输入公式进行计算的方法。

（2）掌握用公式求和的操作方法。

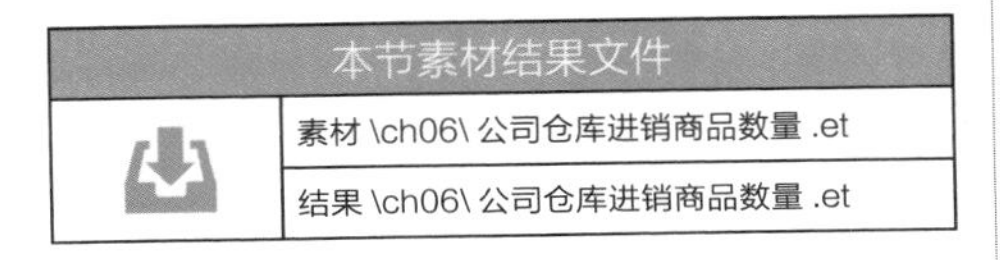

本节素材结果文件	
	素材 \ch06\ 公司仓库进销商品数量 .et
	结果 \ch06\ 公司仓库进销商品数量 .et

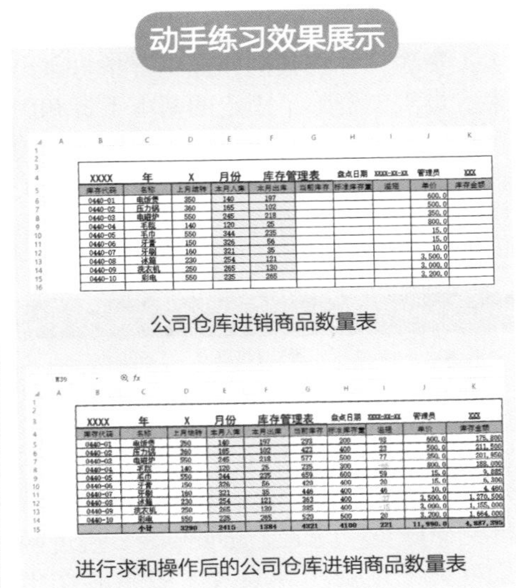

公司仓库进销商品数量表

进行求和操作后的公司仓库进销商品数量表

6.2 学会使用函数生成工资表

要对各种数据进行复杂的运算，这已经不是简单的公式能够胜任的了。在 WPS 表格中，将一组特定功能的公式组合在一起，就形成了函数。利用公式可以计算一些简单的数据，而利用函数则可以很容易地完成各种复杂数据的处理工作，并简化公式的使用方法。

【插入函数】对话框的功能介绍如下。

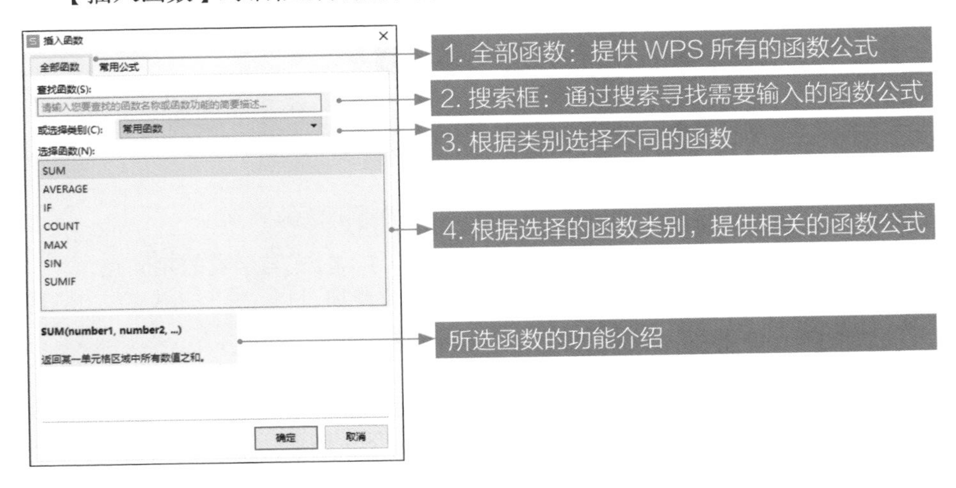

在企业中，每个月都需要制作员工工资表，并将其制作成工资条打印出来。员工工资除了固定的基本工资和固定的扣款外，还有一部分是根据特定的情况计算出来的。下面通过制作员工工资表，介绍函数的功能，以帮助读者学会使用函数生成工资表的方法。

本节素材结果文件	
	素材 \ch06\ 员工工资表 .et
	结果 \ch06\ 员工工资表 .et

“员工工资表 .et”素材文件包括销售奖金计算表、收入明细表、个人所得税计算表、员工工资明细表，通过函数将员工工资明细表及工资条制作出来。

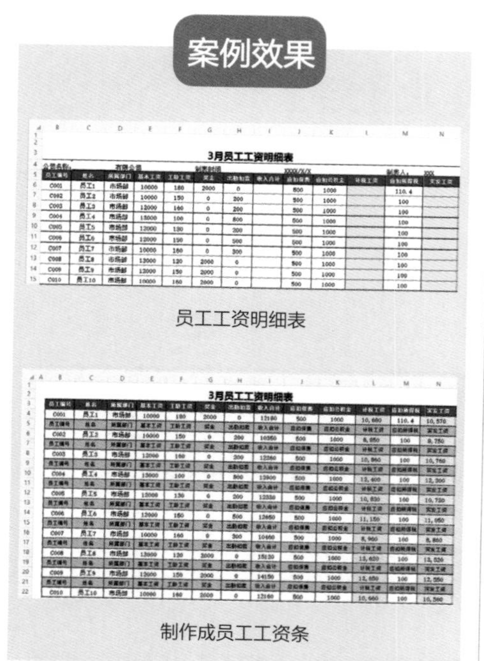

员工工资明细表

制作成员工工资条

6.2.1 公式与函数的区别

熟练使用函数处理表格中的数据，可以节省编写公式的时间，提高工作效率。

1. 函数式的组成

一个完整的函数式主要由标示符、函数名称和函数参数组成。以函数式 SUM(A1:A4) 为例进行说明。

（1）标示符：在表格中输入函数式时，必须要先输入“=”。“=”通常被称为函数的标示符。

（2）函数名称：函数名称代表要执行的函数，通常是其对应功能的英文单词缩写。本例的 SUM 函数，函数名称为“SUM”，意思为求和。

（3）函数参数：紧跟在函数名称后面的是一对半角括号“()”，被括起来的内容是函数要进行处理的数据，即为参数。本例的 SUM 函数的参数是“A1:A4”，即 A1 到 A4 单元格区域。

函数的参数既可以是常量或公式，也可以是其他函数。常见的函数参数类型有常量参数、逻辑值参数、单元格引用参数、函数值参数、数组参数等。

Tips

当一个函数式中有多个参数时，需要用英文状态的逗号“,”将其隔开。

2. 公式与函数的区别

（1）公式与函数的相同点

两者都是以“=”开头的，并且都会得到一个返回值。

公式是一个等式，以“=”开头，后面紧跟数据和运算符，并得到返回值。例如，下页图所示 C7 单元格中的“=C3

＋ C4 ＋ C5 ＋ C6”就是一个公式。

SUMIF　×　✓　fx　=C3+C4+C5+C6

商品	金额
帽子	100
鞋子	200
上衣	300
裤子	400
小计	=C3+C4+C5+C6

函数是一些预定义的公式，以“=”开头，会按特定的顺序或结构对一些被称为参数的特定数值进行计算，并得到返回值。

例如，下图所示的 C7 单元格中的“=SUM（C3:C6）”就使用了 SUM 函数。

SUM　×　✓　fx　=SUM(C3:C6)

商品	金额
帽子	100
鞋子	200
上衣	300
裤子	400
小计	=SUM(C3:C6)

（2）公式与函数的不同点

函数可以是公式的一部分，但公式不一定需要包含函数。所以公式的范畴是更大的，公式包含函数。例如，下图所示的 C7 单元格中的“=SUM(C3:C5) ＋ C6”就是一个公式，这个公式中包含了 SUM 函数。

SUM　×　✓　fx　=SUM(C3:C5)+C6

商品	金额
帽子	100
鞋子	200
上衣	300
裤子	400
小计	=SUM(C3:C5)+C6

函数有唯一的函数名称，而公式没有。每个函数都有特定的功能和用途，例如，SUM 函数是用来求和的，AVERAGE 函数是用来求平均值的。WPS 表格提供了各种类型的函数，包括文本函数、日期和时间函数、查找引用函数、数学和三角函数、工程函数等。不同的函数会严格按照特定规则来计算，而公式并没有特定的规则。

函数和公式的录入方法不同。函数可通过【插入函数】录入，或在单元格中输入“=”和函数名称，通过下拉列表选择所需函数。而要录入公式，直接在单元格中输入“=”，并用运算符连接单元格即可。

6.2.2 插入函数的方法

在 WPS 表格中输入函数的方法有很多种，下面介绍常用的 3 种方法。

方法一：通过【插入函数】输入

如果对要使用的函数的名称或语法不熟悉，可以通过【插入函数】来输入函数式。具体的方法为：选中要插入函数的单元格，选择【公式】→【插入函数】选项，打开【插入函数】对话框，选择需要使用的函数，根据提示完成函数参数设定后，单击【确定】按钮即可。可以通过对话框了解每个函数的功能说明，并可通过关键词搜索需要输入的函数。

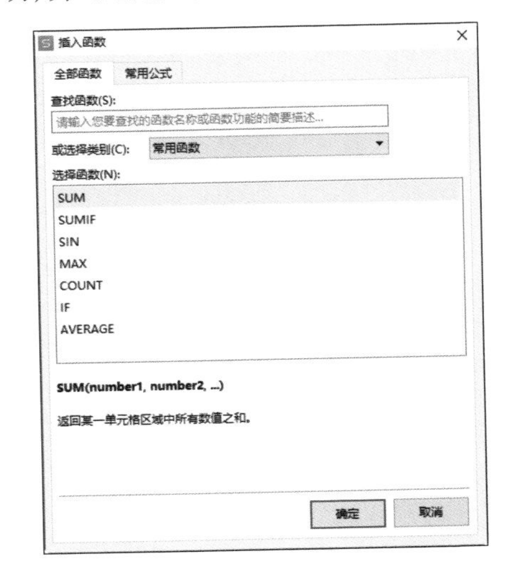

方法二：通过快捷键输入

如果对要使用的函数的名称和功能比较熟悉，可以直接通过快捷键插入函数。具体方法为：在【公式】选项卡中，有【常用函数】【财务】【逻辑】【文本】等多个下拉按钮，单击后打开不同类型的函数列表，选择需要使用的函数后根据提示完成参数设定，单击【确定】按钮即可。

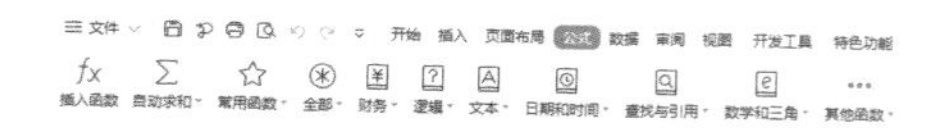

方法三：通过手动输入

如果知道要使用的函数的名称和语法，可以直接在单元格中输入函数式。具体的方法为：选中要输入函数的单元格，输入等号“=”，然后输入函数名和英文半角左括号，输入函数参数，最后输入英文半角右括号。输入完成后按【Enter】键即可。

6.2.3 使用函数计算奖金

在制作员工工资明细表时，首先要对工资收入部分进行核算。员工的奖金通常是根据当月的绩效或业务量等核算得出的。在本案例中，销售奖金的计算规则是：“销售任务最低限为 50 万元，如果超过 50 万元，则奖励 2000 元，没有超过 50 万元则没有奖金”。根据这个规则进行函数的设置，应选用 IF 函数（条件函数）进行条件设定，具体操作步骤如下。

步骤 1 打开素材文件，在“计算奖金”工作表中选中 F4 单元格，单击【公式】→【插入函数】按钮。

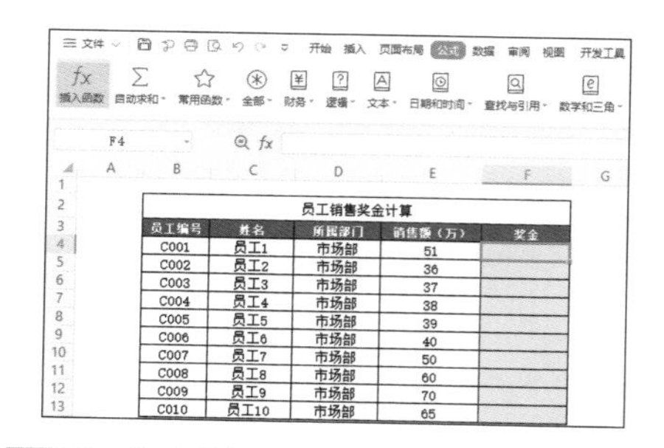

员工销售奖金计算

员工编号	姓名	所属部门	销售额（万）	奖金
C001	员工1	市场部	51	
C002	员工2	市场部	36	
C003	员工3	市场部	37	
C004	员工4	市场部	38	
C005	员工5	市场部	39	
C006	员工6	市场部	40	
C007	员工7	市场部	50	
C008	员工8	市场部	60	
C009	员工9	市场部	70	
C010	员工10	市场部	65	

步骤 2 弹出【插入函数】对话框，在【或选择类别】中选择【逻辑】选项，在【选择函数】列表中选择“IF”函数，单击【确定】按钮。

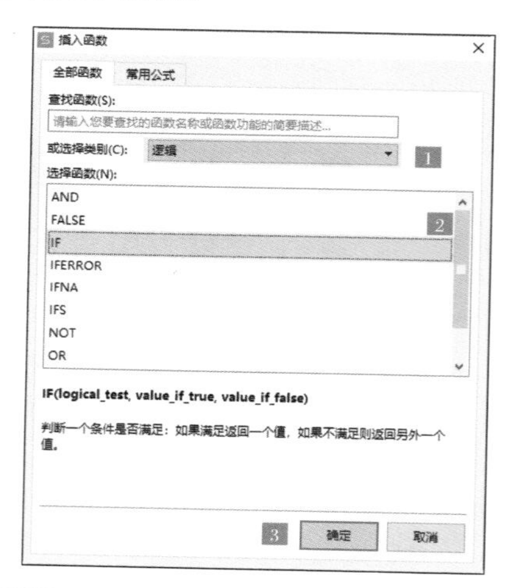

步骤 3 弹出【函数参数】对话框，设置【测试条件】参数为“E4>50”，设置【真值】参数为“2000”，设置【假值】参数为“0”，设置完成后单击【确定】按钮。这时可以看到所选单元格 F4 显示出来的函数运算结果，如下图所示。

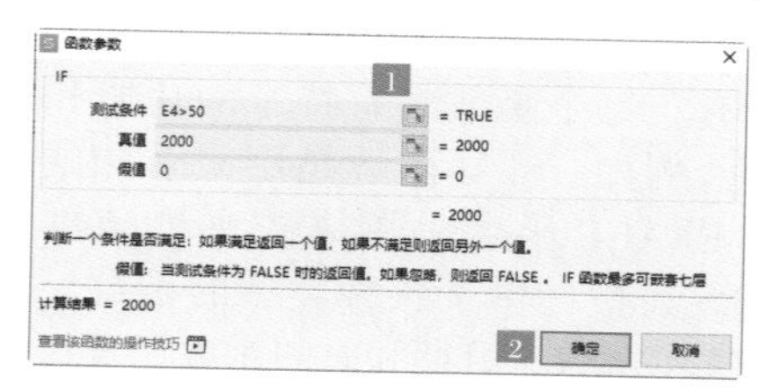

F4 =IF(E4>50, 2000, 0)

员工销售奖金计算				
员工编号	姓名	所属部门	销售额（万）	奖金
C001	员工1	市场部	51	2000
C002	员工2	市场部	36	
C003	员工3	市场部	37	
C004	员工4	市场部	38	
C005	员工5	市场部	39	
C006	员工6	市场部	40	
C007	员工7	市场部	50	
C008	员工8	市场部	60	
C009	员工9	市场部	70	
C010	员工10	市场部	65	

步骤 4 同理，其余单元格可通过重复以上步骤或复制公式完成。

员工销售奖金计算				
员工编号	姓名	所属部门	销售额（万）	奖金
C001	员工1	市场部	51	2000
C002	员工2	市场部	36	0
C003	员工3	市场部	37	0
C004	员工4	市场部	38	0
C005	员工5	市场部	39	0
C006	员工6	市场部	40	0
C007	员工7	市场部	50	0
C008	员工8	市场部	60	2000
C009	员工9	市场部	70	2000
C010	员工10	市场部	65	2000

6.2.4 计算个人所得税

在核算员工工资的过程中，最重要的一项工作就是计算个人所得税。WPS 表格的函数提供了 3 种计算个人所得税的常用方法：个人年终奖所得税（2019-01-01 之后）、计算个人所得税（2019-01-01 之后）和计算个人所得税（2018-10-01 之后）。读者可以根据实际需要进行选择。

在本案例中，计算的是员工 2019 年 3 月的工资，五险一金和专项附加扣除都视同每月固定。自 2019 年 1 月 1 日开始，个税起征点调整到 5000 元，个人所得税改为以年为单位，月度预缴、年度汇算清缴的方式。计税公式是：

本期应预扣预缴税额(即应缴个税)=（本年度累计预扣预缴应纳税所得额 × 预扣率 – 速算扣除数）– 累计减免税额 – 累计已预扣预缴税额

其中：累计预扣预缴应纳税所得额（即应税额）= 累计收入 – 累计免税收入 – 累计减除费用 – 累计专项扣除 – 累计专项附加扣除 – 累计依法确定的其他扣除。

现在，让我们通过计算员工 1 在 2019 年 3 月工资的应缴个税，来了解个人所得税的计算方法。

前期累计应税额，公式为“上月的本期应税额＋上月的前期应税额”。3 月的前期累计应税额为 1 月和 2 月要缴纳税款的工资数的总额。

前期累计扣税为本年度累计至前月的个税已缴金额。3 月的前期累计扣税即 1 月和 2 月已缴纳的个税额。本案例 1 月的前期累计应税额和前期累计扣税都为 0。具体操作步骤如下。

步骤 1 在“个人所得税”工作表中选中 G6 单元格（即 1 月本期应税额），输入公式“=C6–D6–E6–F6”，按【Enter】键确定即可。

IF =C6-D6-E6-F6

				个人所得税计算	
收入	起征点	五险一金	专项扣除	本期应税额	前期累计应税额
10000	5000	1500	2000	=C6-D6-E6-F6	
10000	5000	1500	2000		
12180	5000	1500	2000		

步骤 2 复制 G6 单元格公式至单元格 G7:G8，完成对“本期应税额”的输入与计算，如下图所示。

				个人所得税计算
收入	起征点	五险一金	专项扣除	本期应税额
10000	5000	1500	2000	1500
10000	5000	1500	2000	1500
12180	5000	1500	2000	3680

步骤 3 本案例中员工 1 的 1 月前期累计应税额和前期累计扣税都为 0，分别在单元格 H6 和 I6 中输入“0”，如下页图所示。

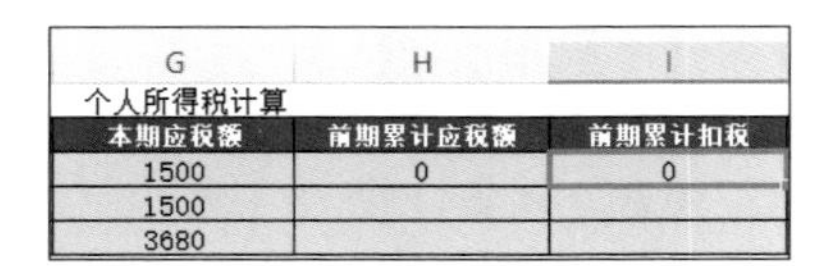

G	H	I
个人所得税计算		
本期应税额	前期累计应税额	前期累计扣税
1500	0	0
1500		
3680		

步骤4 选中 H7 单元格（即 2 月的前期累计应税额），输入公式“=G6 + H6”，按【Enter】键确定。

G	H
个人所得税计算	
本期应税额	前期累计应税额
1500	0
1500	=G6+H6
3680	

步骤5 复制 H7 单元格公式至单元格 H8，完成对“前期累计应税额”的输入与计算，如下图所示。

fx =G7+H7

G	H	I
个人所得税计算		
本期应税额	前期累计应税额	前期累计扣税
1500	0	0
1500	1500	
3680	3000	

步骤6 选中 I7 单元格（即 2 月的前期累计扣税），输入“=J6”；选中 I8 单元格（即 3 月的前期累计扣税），输入“=I7 + J7”，即完成了对“前期累计扣税”的输入和计算，如下图所示。

fx =J6+J7

G	H	I
个人所得税计算		
本期应税额	前期累计应税额	前期累计扣税
1500	0	0
1500	1500	0
3680	3000	0

步骤7 选中 J6 单元格（即 1 月应缴个税），选择【开始】→【插入函数】选项。

H	I	J
前期累计应税额	前期累计扣税	本期应缴个税
0	0	
1500	0	
3000	0	

步骤8 弹出【插入函数】对话框，在【常用公式】下拉列表中选择“计算个人所得税（2019-01-01 之后）”，在【参数输入】栏的【本期应税额】中输入“G6”，在【前期累计应税额】中输入“H6”，在【前期累计扣税】中输入“I6”，单击【确定】按钮。

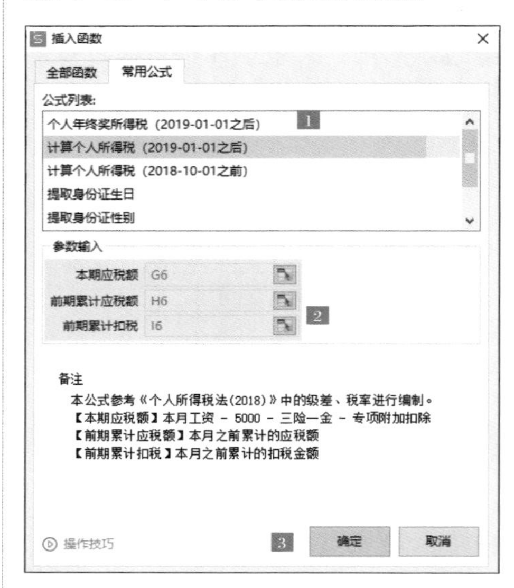

即可使所选单元格 J6 显示函数计算结果（即 1 月应缴个税），如下图所示。

G	H	I	J
个人所得税计算			
本期应税额	前期累计应税额	前期累计扣税	本期应缴个税
1500	0	0	45
1500	1500	45	
3680	3000	45	

步骤9 同理，对单元格 J7 和 J8（即 2 月和 3 月应缴个税）重复步骤7和步骤8，或复制 J6 单元格公式到 J7 和 J8，即可显示计算结果，如下图所示。

G	H	I	J
个人所得税计算			
本期应税额	前期累计应税额	前期累计扣税	本期应缴个税
1500	0	0	45
1500	1500	45	45
3680	3000	90	110.4

Tips

本节仅详细计算了第一位员工 3 个月的应缴个税，其他员工的应缴个税以虚拟的数字显示。

6.2.5 计算实发工资

通过核算员工奖金和应缴个税等各部分数据，就可以通过函数计算出员工当月的实发工资金额。具体操作步骤如下。

步骤 1 选择“员工工资明细表”工作表，选中 I5 单元格，输入公式“=E5 + F5 + G5–H5”，按【Enter】键，即可核算出该单元格结果（收入合计）。

=E5+F5+G5-H5

3月员工工资明细表

司 制表时间 XXXX/X/X

基本工资	工龄工资	奖金	出勤扣款	收入合计	应扣保费
10000	180	2000	=E5+F5+G5-H5		
10000	150	0	200		500

步骤 2 选中 I5 单元格，按住鼠标左键拖至 I14 单元格，对 I6:I14 单元格区域复制 I5 单元格公式，自动计算出其他员工的收入合计，如下图所示。

3月员工工资明细表

制表时间 XXXX/X/X

奖金	出勤扣款	收入合计	应扣保费	应扣公积金
2000	0	12180	500	1000
0	200	9950	500	1000
0	200	11960	500	1000
0	800	12300	500	1000
0	200	11930	500	1000
0	500	11650	500	1000
0	300	9860	500	1000
2000	0	15120	500	1000
2000	0	14150	500	1000
2000	0	12160	500	1000

步骤 3 选中 L5 单元格，输入公式“=I5–J5–K5”，按【Enter】键，即可核算出该单元格结果（计税工资）。

=I5-J5-K5

3月员工工资明细表

制表时间 XXXX/X/X

奖金	出勤扣款	收入合计	应扣保费	应扣公积金	计税工资
2000	0	12180	500	1000	=I5-J5-K5
0	200	9950	500	1000	
0	200	11960	500	1000	
0	800	12300	500	1000	
0	200	11930	500	1000	
0	500	11650	500	1000	

步骤 4 选中 L5 单元格，按住鼠标左键拖至 L14 单元格，对 L6:L14 单元格区域复制 L5 单元格公式，自动计算出其他员工的计税工资，如下图所示。

制表人： XXX

应扣公积金	计税工资	应扣所得税	实发工资
1000	10,680	110.4	
1000	8,450	100	
1000	10,460	100	
1000	10,800	100	
1000	10,430	100	
1000	10,150	100	
1000	8,360	100	
1000	13,620	100	
1000	12,650	100	
1000	10,660	100	

步骤 5 选中 N5 单元格，输入公式“=L5–M5”，按【Enter】键，即可核算出该单元格结果（实发工资）。

=L5-M5

资明细表

XXXX/X/X 制表人： XXX

收入合计	应扣保费	应扣公积金	计税工资	应扣所得税	实发工资
12180	500	1000	10,680	110.4	=L5-M5
9950	500	1000	8,450	100	
11960	500	1000	10,460	100	
12300	500	1000	10,800	100	
11930	500	1000	10,430	100	
11650	500	1000	10,150	100	
9860	500	1000	8,360	100	
15120	500	1000	13,620	100	
14150	500	1000	12,650	100	

步骤 6 选中 N5 单元格，按住鼠标左键

拖至 N14 单元格，对 N6:N14 单元格区域复制 N5 单元格公式，自动计算出其他员工的实发工资，如下图所示。

K	L	M	N
		制表人：	XXX
应扣公积金	计税工资	应扣所得税	实发工资
1000	10,680	110.4	10,570
1000	8,450	100	8,350
1000	10,460	100	10,360
1000	10,800	100	10,700
1000	10,430	100	10,330
1000	10,150	100	10,050
1000	8,360	100	8,260
1000	13,620	100	13,520
1000	12,650	100	12,550
1000	10,660	100	10,560

6.2.6 批量生成工资条

工资条与工资明细表的区别在于，每个员工的工资明细项目均带有标题行，以方便员工查看自己的工资发放情况。工资条制作的具体操作步骤如下。

步骤 1 复制“员工工资明细表”工作表，更改工作表名称为“员工工资表”，选中 B4:N4 单元格区域，单击鼠标右键，在弹出的菜单中选择【复制】命令。

步骤 2 在表格下方选中 B15:N23 单元格区域，粘贴刚才复制的表头。单击鼠标右键，在弹出的菜单中选择【粘贴】命令。

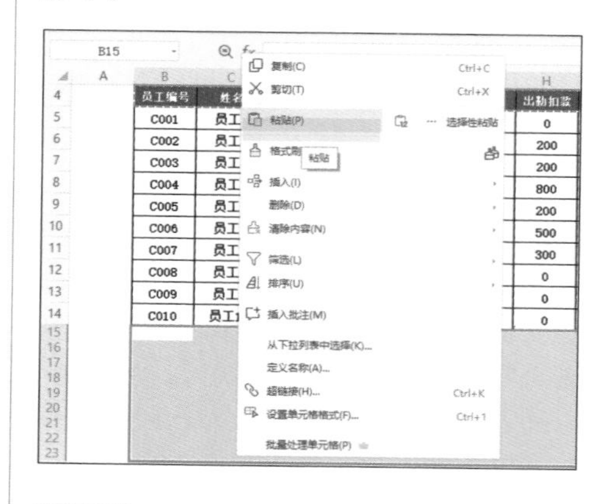

Tips

这里需要粘贴的行数，等于工资表里员工数目减 1。本案例中有 10 个员工，就是说只需要粘贴 9 行。

复制粘贴完工资表表头的效果如下图所示。

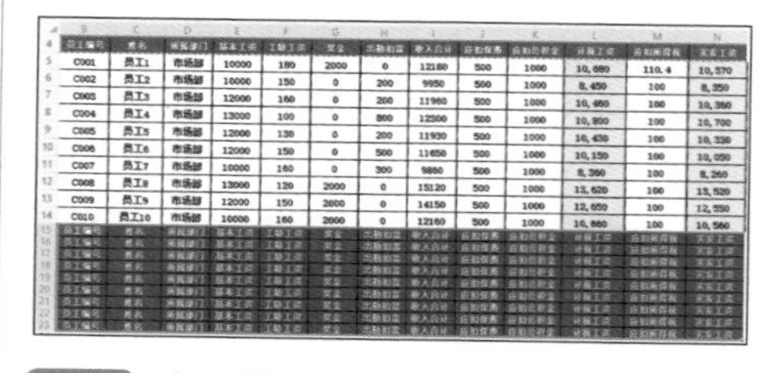

	B	C	D	E	F	G	H	I	J	K	L	M	N
4	员工编号	姓名	所属部门	基本工资	工龄工资	奖金	出勤扣款	收入合计	应扣保费	应扣公积金	计税工资	应扣所得税	实发工资
5	C001	员工1	市场部	10000	180	2000	0	12180	500	1000	10,680	110.4	10,570
6	C002	员工2	市场部	10000	150	0	200	9950	500	1000	8,450	100	8,350
7	C003	员工3	市场部	12000	160	0	200	11960	500	1000	10,460	100	10,360
8	C004	员工4	市场部	13000	100	0	800	12300	500	1000	10,800	100	10,700
9	C005	员工5	市场部	12000	130	0	200	11930	500	1000	10,430	100	10,330
10	C006	员工6	市场部	12000	150	0	500	11650	500	1000	10,150	100	10,050
11	C007	员工7	市场部	10000	160	0	300	9860	500	1000	8,360	100	8,260
12	C008	员工8	市场部	13000	120	2000	0	15120	500	1000	13,620	100	13,520
13	C009	员工9	市场部	12000	150	2000	0	14150	500	1000	12,650	100	12,550
14	C010	员工10	市场部	10000	160	2000	0	12160	500	1000	10,660	100	10,560
15	员工编号	姓名	所属部门	基本工资	工龄工资	奖金	出勤扣款	收入合计	应扣保费	应扣公积金	计税工资	应扣所得税	实发工资
16	员工编号	姓名	所属部门	基本工资	工龄工资	奖金	出勤扣款	收入合计	应扣保费	应扣公积金	计税工资	应扣所得税	实发工资
17	员工编号	姓名	所属部门	基本工资	工龄工资	奖金	出勤扣款	收入合计	应扣保费	应扣公积金	计税工资	应扣所得税	实发工资
18	员工编号	姓名	所属部门	基本工资	工龄工资	奖金	出勤扣款	收入合计	应扣保费	应扣公积金	计税工资	应扣所得税	实发工资
19	员工编号	姓名	所属部门	基本工资	工龄工资	奖金	出勤扣款	收入合计	应扣保费	应扣公积金	计税工资	应扣所得税	实发工资
20	员工编号	姓名	所属部门	基本工资	工龄工资	奖金	出勤扣款	收入合计	应扣保费	应扣公积金	计税工资	应扣所得税	实发工资
21	员工编号	姓名	所属部门	基本工资	工龄工资	奖金	出勤扣款	收入合计	应扣保费	应扣公积金	计税工资	应扣所得税	实发工资
22	员工编号	姓名	所属部门	基本工资	工龄工资	奖金	出勤扣款	收入合计	应扣保费	应扣公积金	计税工资	应扣所得税	实发工资
23	员工编号	姓名	所属部门	基本工资	工龄工资	奖金	出勤扣款	收入合计	应扣保费	应扣公积金	计税工资	应扣所得税	实发工资

步骤 3 在工资明细表最后一列旁边（即 O 列），从 O5 处开始输入序列号 1~10（即第一个员工至最后一个员工），如下图所示。

H	I	J	K	L	M	N	O
出勤扣款	收入合计	应扣保费	应扣公积金	计税工资	应扣所得税	实发工资	
0	12180	500	1000	10,680	110.4	10,570	1
200	9950	500	1000	8,450	100	8,350	2
200	11960	500	1000	10,460	100	10,360	3
800	12300	500	1000	10,800	100	10,700	4
200	11930	500	1000	10,430	100	10,330	5
500	11650	500	1000	10,150	100	10,050	6
300	9860	500	1000	8,360	100	8,260	7
0	15120	500	1000	13,620	100	13,520	8
0	14150	500	1000	12,650	100	12,550	9
0	12160	500	1000	10,660	100	10,560	10

步骤 4　在下方复制的表头区域旁，从 O15 开始输入序列号 1~9，如下图所示。

H	I	J	K	L	M	N	O
出勤扣款	收入合计	应扣保费	应扣公积金	计税工资	应扣所得税	实发工资	
0	12180	500	1000	10,680	110.4	10,570	1
200	9950	500	1000	8,450	100	8,350	2
200	11960	500	1000	10,460	100	10,360	3
800	12300	500	1000	10,800	100	10,700	4
200	11930	500	1000	10,430	100	10,330	5
500	11650	500	1000	10,150	100	10,050	6
300	9860	500	1000	8,360	100	8,260	7
0	15120	500	1000	13,620	100	13,520	8
0	14150	500	1000	12,650	100	12,550	9
0	12160	500	1000	10,660	100	10,560	10
出勤扣款	收入合计	应扣保费	应扣公积金	计税工资	应扣所得税	实发工资	1
出勤扣款	收入合计	应扣保费	应扣公积金	计税工资	应扣所得税	实发工资	2
出勤扣款	收入合计	应扣保费	应扣公积金	计税工资	应扣所得税	实发工资	3
出勤扣款	收入合计	应扣保费	应扣公积金	计税工资	应扣所得税	实发工资	4
出勤扣款	收入合计	应扣保费	应扣公积金	计税工资	应扣所得税	实发工资	5
出勤扣款	收入合计	应扣保费	应扣公积金	计税工资	应扣所得税	实发工资	6
出勤扣款	收入合计	应扣保费	应扣公积金	计税工资	应扣所得税	实发工资	7
出勤扣款	收入合计	应扣保费	应扣公积金	计税工资	应扣所得税	实发工资	8
出勤扣款	收入合计	应扣保费	应扣公积金	计税工资	应扣所得税	实发工资	9

步骤 5　选定表格除标题到最上面的表头之外的全部单元格，包括刚才输入的辅助序号列（即 B5:O23 单元格区域），如下图所示。

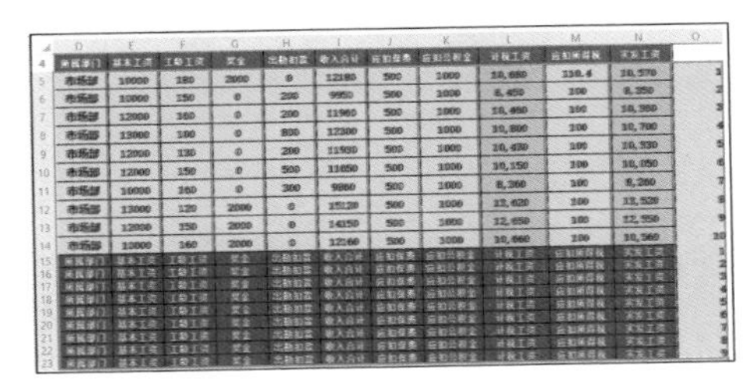

步骤 6　单击【开始】→【排序】按钮的下拉按钮，在弹出的下拉菜单中选择【自定义排序】选项。

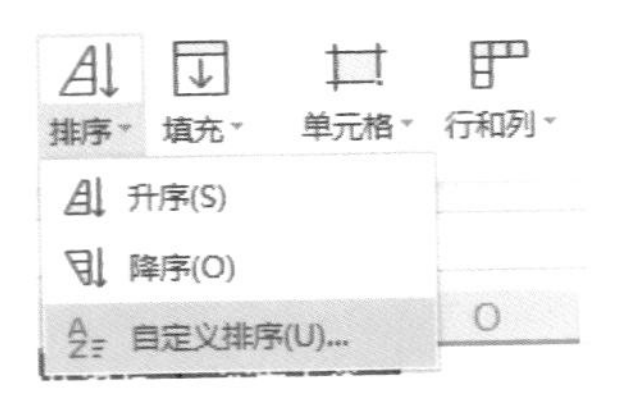

步骤 7　弹出【自定义排序】对话框，在【主要关键字】下拉菜单中选择“列 O”（即刚才输入的辅助序号列），【排序依据】选择“数值”，【次序】选择“升序”，单击【确定】按钮。

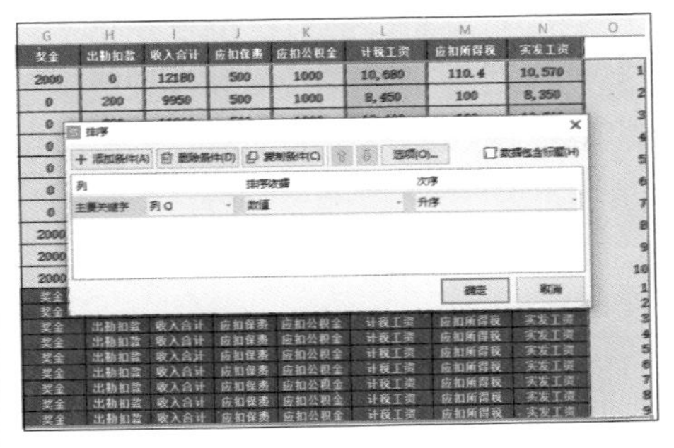

可看到每行复制的表头都添加在了每个员工的工资明细上方，生成了所需要的工资条。

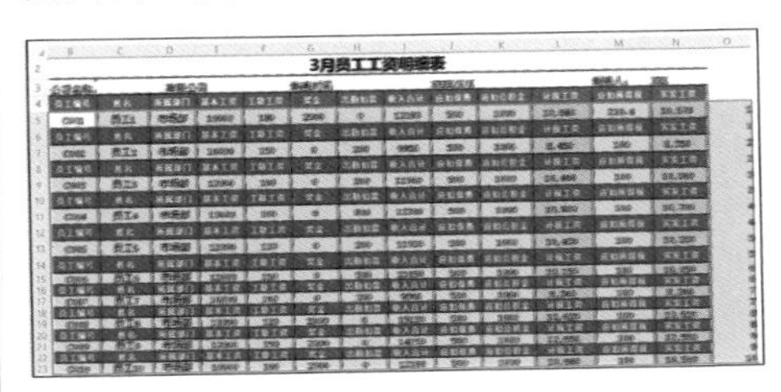

步骤 8　最后根据实际需要调整每行的行高，删除不需要的辅助序号列，就可以打印出来进行裁剪了。

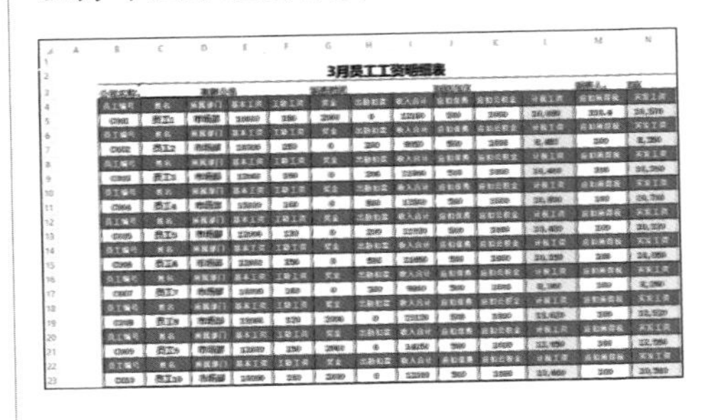

案例总结及注意事项

（1）在输入函数式时，假如使用了多个参数，那么参数与参数之间需要用英文状态下的逗号“,”进行分隔，否则将出现计算错误。

（2）函数的参数可以是常量（数字和文本）、逻辑值（真值和假值）、数组、错误值或单元格引用，甚至可以是另一个或几个函数。参数的类型和位置必须满足函数语法的要求，否则将返回错误信息。

（3）WPS 表格提供了多种插入函数的方式，并对每个函数提供了详尽的功能介绍，更便于读者使用函数。

动手练习：使用函数计算员工年度 KPI 奖励

练习背景：

公司员工年度 KPI 奖励表中统计了公司每个员工的上半年产品销售额情况，在总奖励金额为 100 万元的情况下，现在公司需要你按以下要求进行奖励金额的分配。

练习要求：

（1）计算每个员工上半年的销售总额。

（2）总奖励金额为 100 万元，根据每个员工的销售额占比进行分配。

（3）奖励金额需要按照 10% 进行个人所得税扣除，计算每个员工的个人所得税。

（4）计算每个员工最后的实际奖励金额。

练习目的：

（1）掌握数据求和的方法。

（2）掌握使用公式计算百分比的方法。

（3）学习运用函数对数据进行计算的方法。

（4）了解核算实发金额的方法。

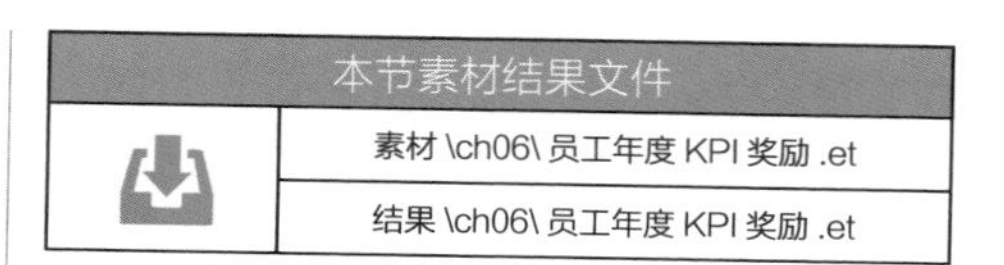

本节素材结果文件	
	素材 \ch06\ 员工年度 KPI 奖励 .et
	结果 \ch06\ 员工年度 KPI 奖励 .et

动手练习效果展示

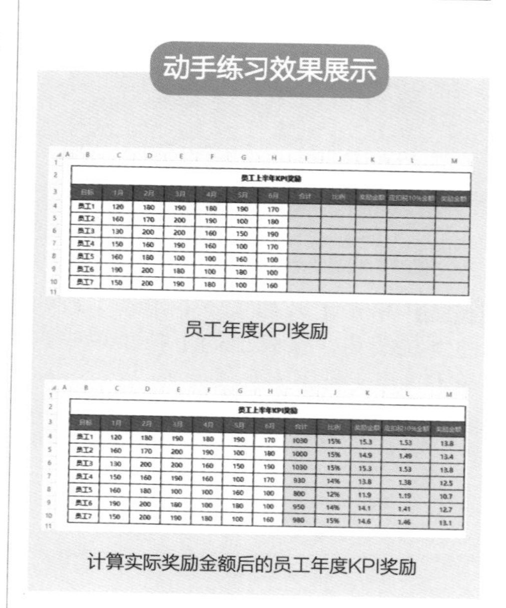

员工上半年KPI奖励

目标	1月	2月	3月	4月	5月	6月	合计	比例	奖励金额	应扣税10%金额	实际金额
员工1	120	180	190	180	190	170					
员工2	160	170	200	190	100	180					
员工3	130	200	200	160	150	190					
员工4	150	160	190	160	100	170					
员工5	160	180	100	100	160	100					
员工6	190	200	180	100	180	100					
员工7	150	200	190	180	100	160					

员工年度KPI奖励

员工上半年KPI奖励

目标	1月	2月	3月	4月	5月	6月	合计	比例	奖励金额	应扣税10%金额	实际金额
员工1	120	180	190	180	190	170	1030	15%	15.3	1.53	13.8
员工2	160	170	200	190	100	180	1000	15%	14.9	1.49	13.4
员工3	130	200	200	160	150	190	1030	15%	15.3	1.53	13.8
员工4	150	160	190	160	100	170	930	14%	13.8	1.38	12.5
员工5	160	180	100	100	160	100	800	12%	11.9	1.19	10.7
员工6	190	200	180	100	180	100	950	14%	14.1	1.41	12.7
员工7	150	200	190	180	100	160	980	15%	14.6	1.46	13.1

计算实际奖励金额后的员工年度KPI奖励

6.3 学会使用函数核对商品销售数据

在使用 WPS 制作各类表格的时候，经常会需要统计或查找某区域某类数据的情况，这里介绍两个使用频率较高的函数：COUNTIF 函数和 VLOOKUP 函数。

COUNTIF 函数的参数设定如下图所示。

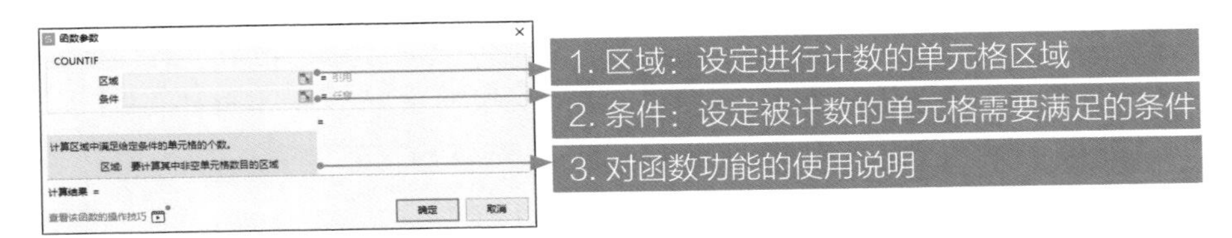

VLOOKUP 函数的参数设定如下图所示。

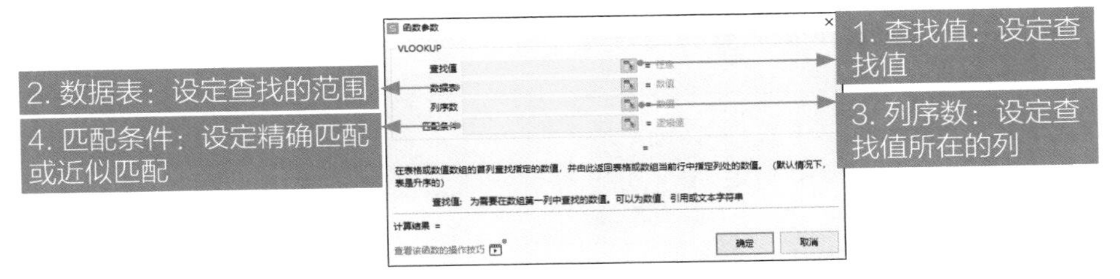

下面通过对 COUNTIF 和 VLOOKUP 两个常用函数功能的介绍，了解使用函数核对商品销售数据的方法。

本节素材结果文件	
	素材 \ch06\ 商品销售数据 .et
	结果 \ch06\ 商品销售数据 .et

“商品销售数据 .et”素材文件中统计了商品销售数量、商品的单价等，在该表中统计商品重复出现的次数，以及特定商品的单价和销售额。

案例效果

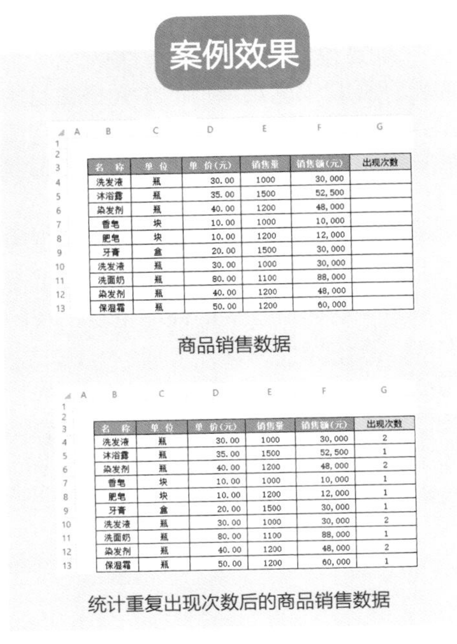

名称	单位	单价(元)	销售量	销售额(元)	出现次数
洗发液	瓶	30.00	1000	30,000	
沐浴露	瓶	35.00	1500	52,500	
染发剂	瓶	40.00	1200	48,000	
香皂	块	10.00	1000	10,000	
肥皂	块	10.00	1200	12,000	
牙膏	盒	20.00	1500	30,000	
洗发液	瓶	30.00	1000	30,000	
洗面奶	瓶	80.00	1100	88,000	
染发剂	瓶	40.00	1200	48,000	
保湿霜	瓶	50.00	1200	60,000	

商品销售数据

名称	单位	单价(元)	销售量	销售额(元)	出现次数
洗发液	瓶	30.00	1000	30,000	2
沐浴露	瓶	35.00	1500	52,500	1
染发剂	瓶	40.00	1200	48,000	2
香皂	块	10.00	1000	10,000	1
肥皂	块	10.00	1200	12,000	1
牙膏	盒	20.00	1500	30,000	1
洗发液	瓶	30.00	1000	30,000	2
洗面奶	瓶	80.00	1100	88,000	1
染发剂	瓶	40.00	1200	48,000	2
保湿霜	瓶	50.00	1200	60,000	1

统计重复出现次数后的商品销售数据

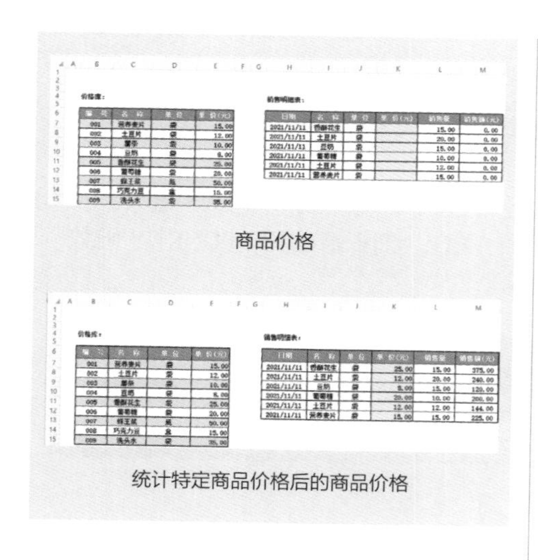
商品价格

统计特定商品价格后的商品价格

6.3.1 用 COUNTIF 函数查找是否有重复数据

COUNTIF 函数属于统计函数，用于计算区域中满足给定条件的单元格的个数。

语法结构：COUNTIF(range,criteria)，即 COUNTIF(条件区域，条件)。

参数说明：range（条件区域）为需要计算其中满足条件的单元格数目的单元格区域。criteria（条件）为确定哪些单元格将被计算在内的条件，其形式可以为数字、表达式或文本。

在本例中，可以在商品销售数据表中，用 COUNTIF 函数查找是否有重复商品，并返回所查找的商品重复出现的次数。具体操作步骤如下。

步骤 1 打开“商品销售数据 .et”素材文件，选择“商品销售数据”工作表，选中 G4 单元格。单击【公式】→【插入函数】按钮。

名 称	单 位	单 价(元)	销售量	销售额(元)	出现次数
洗发液	瓶	30.00	1000	30,000	
沐浴露	瓶	35.00	1500	52,500	
染发剂	瓶	40.00	1200	48,000	
香皂	块	10.00	1000	10,000	
肥皂	块	10.00	1200	12,000	
牙膏	盒	20.00	1500	30,000	
洗发液	瓶	30.00	1000	30,000	

步骤 2 弹出【插入函数】对话框，在【全部函数】中，设置【或选择类别】为“统计”，在【选择函数】选择框内选择“COUNTIF”函数，单击【确定】按钮。

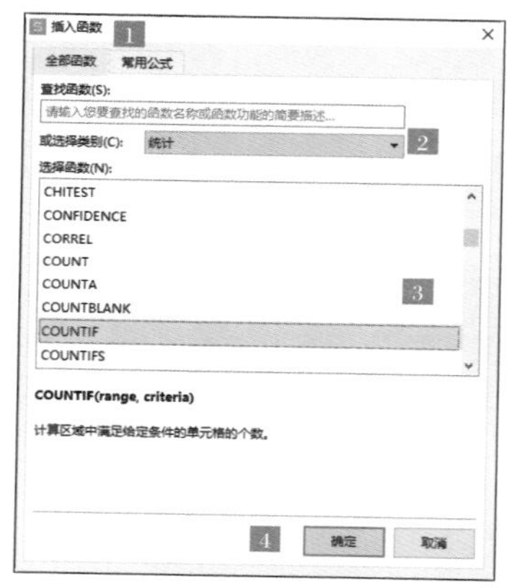

步骤 3 弹出【函数参数】对话框，设置【区域】为“$B$4:$B$13”，设置【条件】为“B4”，单击【确定】按钮。这样即可在单元格 G4 中显示出函数运算的结果，如下图所示。

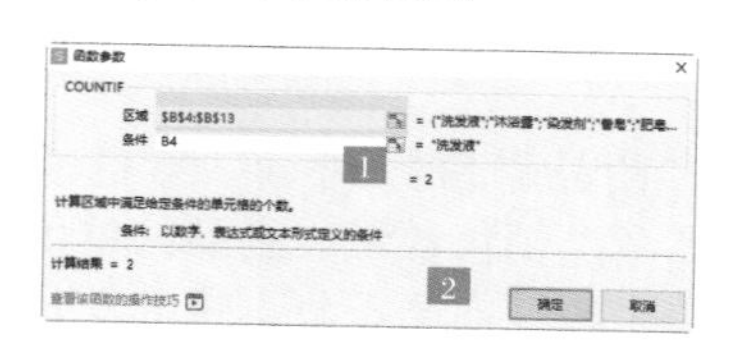

=COUNTIF($B$4:$B$13,B4)

名 称	单 位	单 价(元)	销售量	销售额(元)	出现次数
洗发液	瓶	30.00	1000	30,000	2
沐浴露	瓶	35.00	1500	52,500	
染发剂	瓶	40.00	1200	48,000	
香皂	块	10.00	1000	10,000	
肥皂	块	10.00	1200	12,000	
牙膏	盒	20.00	1500	30,000	
洗发液	瓶	30.00	1000	30,000	
洗面奶	瓶	80.00	1100	88,000	
染发剂	瓶	40.00	1200	48,000	
保湿霜	瓶	50.00	1200	60,000	

Tips

在【区域】进行参数设置，对区域范围进行单元格引用时，要根据实际情况采用相对引用或绝对引用。

步骤 4　重复以上步骤，对 G5:G13 单元格区域进行函数设置，或者复制 G4 单元格的公式到 G5:G13，完成后的效果如下图所示。

名　称	单　位	单　价(元)	销售量	销售额(元)	出现次数
洗发液	瓶	30.00	1000	30,000	2
沐浴露	瓶	35.00	1500	52,500	1
染发剂	瓶	40.00	1200	48,000	2
香皂	块	10.00	1000	10,000	1
肥皂	块	10.00	1200	12,000	1
牙膏	盒	20.00	1500	30,000	1
洗发液	瓶	30.00	1000	30,000	2
洗面奶	瓶	80.00	1100	88,000	1
染发剂	瓶	40.00	1200	48,000	2
保湿霜	瓶	50.00	1200	60,000	1

6.3.2 用 VLOOKUP 函数对数据进行匹配

VLOOKUP 函数属于查找与引用函数。平时工作中经常需要对 WPS 表格中的数据进行查询调用，VLOOKUP 函数就是工作中使用频率极高的查询函数之一。VLOOKUP 函数用于根据表格或数值数组的首列查找并返回指定列的数值。

其语法结构为：VLOOKUP(lookup_value,table_array,col_index_num, range_lookup)，即 VLOOKUP(查找值，查找范围，查找列数，精确匹配或近似匹配)。

在本案例中，需要在商品价格表中查找商品销售明细表指定商品的单价并进行销售量的核算。具体操作步骤如下。

步骤 1　选择“商品价格”工作表，选中 K4 单元格，单击【公式】→【插入函数】按钮。

销售明细表：

日期	名　称	单　位	单　价(元)	销售量	销售额(元)
2021/11/11	香酥花生	袋		15.00	0.00
2021/11/11	土豆片	袋		20.00	0.00
2021/11/11	豆奶	袋		15.00	0.00
2021/11/11	葡萄糖	袋		10.00	0.00
2021/11/11	土豆片	袋		12.00	0.00
2021/11/11	营养麦片	袋		15.00	0.00

步骤 2　弹出【插入函数】对话框，在【全部函数】中，设置【或选择类别】为“查找与引用”，在【选择函数】选择框内选择“VLOOKUP”函数，单击【确定】按钮。

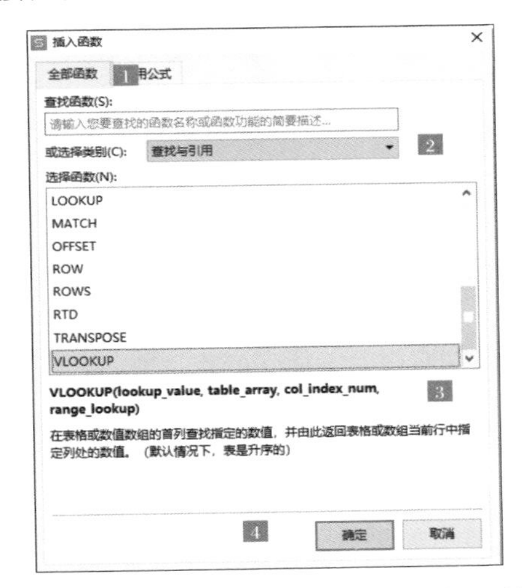

步骤 3　弹出【函数参数】对话框，设置【查找值】为“I7”，设置【数据表】为“$C$7:$E$16”，设置【列序数】为“3”，设置【匹配条件】为“FALSE”，单击【确定】按钮，即可在单元格 I7 中显示出函数运算的结果，如下图所示。

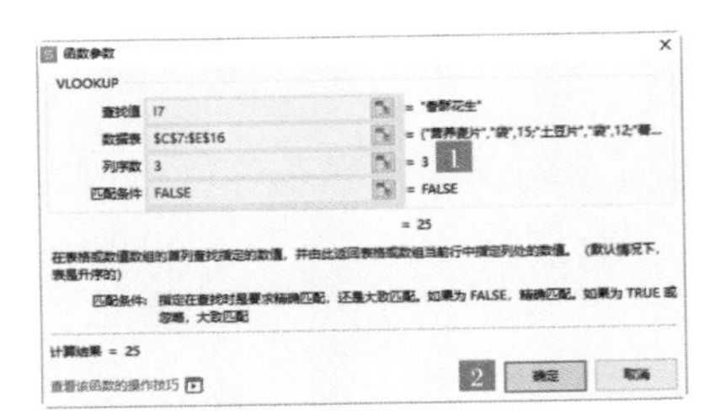

H	I	J	K	L	M
销售明细表：					
日期	名　称	单 位	单 价(元)	销售量	销售额(元)
2021/11/11	香酥花生	袋	25.00	15.00	375.00
2021/11/11	土豆片	袋		20.00	0.00
2021/11/11	豆奶	袋		15.00	0.00

Tips

第3个参数【列序数】设置为“3”，表示查找的列是“$C$7:$E$16”单元格区域的第3列，即E列。【匹配条件】输入“FALSE”表示精确匹配，输入“TRUE”则表示近似匹配。

步骤4 同理，对K5:K9单元格区域重复以上步骤，进行函数设置，或复制K4单元格的公式到K5:K9，完成后的效果如下图所示。

H	I	J	K	L	M
销售明细表：					
日期	名　称	单 位	单 价(元)	销售量	销售额(元)
2021/11/11	香酥花生	袋	25.00	15.00	375.00
2021/11/11	土豆片	袋	12.00	20.00	240.00
2021/11/11	豆奶	袋	8.00	15.00	120.00
2021/11/11	葡萄糖	袋	20.00	10.00	200.00
2021/11/11	土豆片	袋	12.00	12.00	144.00
2021/11/11	营养麦片	袋	15.00	15.00	225.00

案例总结及注意事项

（1）在使用查找和统计类函数时，要特别注意参数中的单元格引用方法。

（2）参数中的引号为英文引号，中文内容需添加双引号。

（3）VLOOKUP函数中的查找值在查找区域中必须位于返回值所在列的左边，如果在右边是不能完成查找的，即VLOOKUP函数只能实现从左向右的查找匹配，不能实现逆向匹配。

动手练习：使用函数核对中奖员工的领奖情况

练习背景：

公司统计出了已领奖员工名单，为了解公司现有员工是否已领奖，现在公司需要你按照以下要求处理数据。

练习要求：

在公司员工明细中标注出该员工是否已经领奖。

练习目的：

掌握使用函数对数据进行匹配的方法。

本节素材结果文件
素材 \ch06\ 员工领奖情况 .et
结果 \ch06\ 员工领奖情况 .et

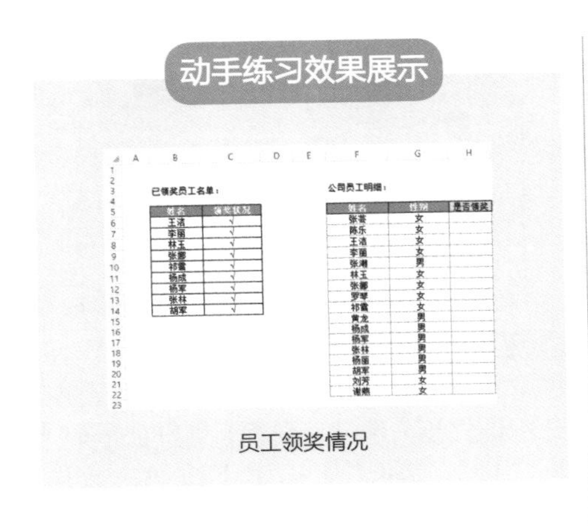

员工领奖情况

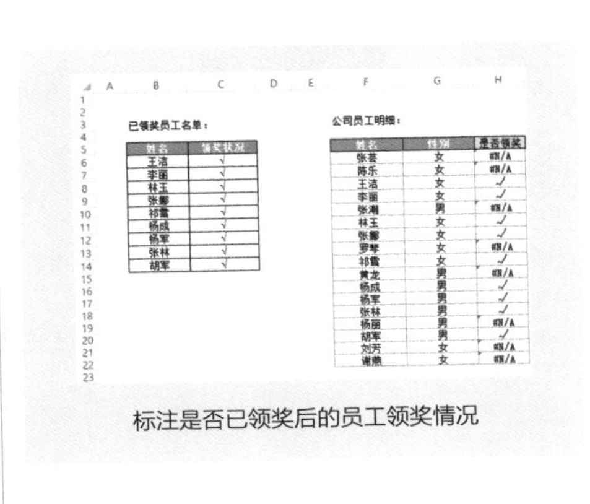

标注是否已领奖后的员工领奖情况

6.4 学会用文本函数快速提取员工信息

WPS 表格拥有非常强大的数据处理能力。工作中经常需要从文本中提取字符，一般情况下使用 LEFT、MID 和 RIGHT 3 个函数就能满足提取需求。

其中，LEFT 函数是从左往右截取特定个数的字符，RIGHT 函数是从右往左截取特定个数的字符，而 MID 函数可以从中间的某一位开始，截取任意个数的字符。

本节常用的函数按钮及功能介绍如下图所示。

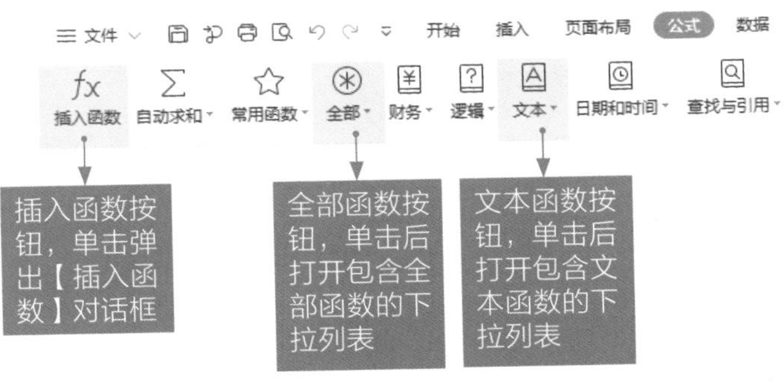

下面通过具体的实例，介绍 WPS 中用文本函数快速提取员工信息的功能。

本节素材结果文件	
	素材 \ch06\ 员工信息表 .et
	结果 \ch06\ 员工信息表 .et

“员工信息表 .et” 素材文件中包含员工身份证号码、姓名和部门等信息，现在需要按要求进行数据处理。

案例效果

	A	B	C
1	身份证号码	提取性别	提取出生日期
2	450311200209084011		
3	450311200207054016		
4	450311200209088012		
5	450311200206085024		
6	450311200209086009		

员工信息表

	A	B	C
1	身份证号码	提取性别	提取出生日期
2	450311200209084011	男	2002/9/8
3	450311200207054016	男	2002/7/5
4	450311200209088012	男	2002/9/8
5	450311200206085024	女	2002/6/8
6	450311200209086009	女	2002/9/8

提取性别和出生日期的效果

身份证号码	提取地区	提取年份
450311200209084011	450311	2002
450311200207054016	450311	2002
450311200209088012	450311	2002
450311200206085024	450311	2002
450311200209086009	450311	2002

提取地区和年份的效果

6.4.1 从身份证号码中提取性别和出生日期

公民身份证上的18位数字或字母涵盖了很多的信息，如出生日期、性别、年龄、所属区域代码等。人事人员在工作中，经常需要提取身份证号码中的性别和出生日期，WPS 表格提供了“提取身份证生日”和“提取身份证性别”的函数，利用函数自动提取，十分方便。在员工信息表中，从身份证号码中提取性别和出生日期的具体步骤如下。

步骤1 选择“提取性别和出生日期”工作表，选中 B2 单元格，单击【公式】→【插入函数】按钮。

	A	B	C	D
1	身份证号码	提取性别	提取出生日期	
2	450311200209084011			
3	450311200207054016			
4	450311200209088012			
5	450311200206085024			
6	450311200209086009			

步骤2 弹出【插入函数】对话框，在“常用公式”选项卡中，选择“提取身份证性别”选项，设置【身份证号码】为“A2”，单击【确定】按钮，效果如下图所示。

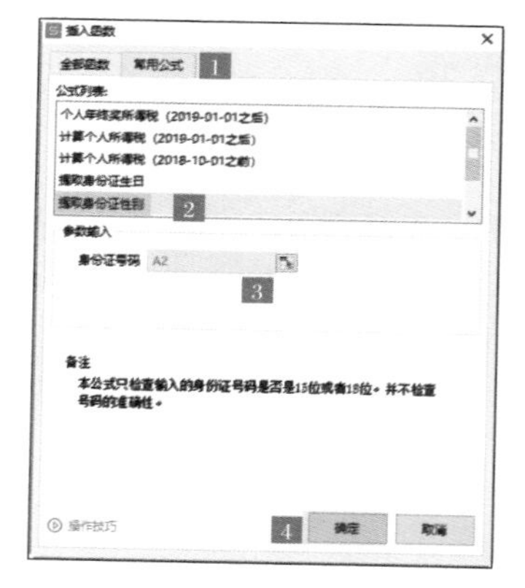

	A	B	C
1	身份证号码	提取性别	提取出生日期
2	450311200209084011	男	
3	450311200207054016		
4	450311200209088012		
5	450311200206085024		
6	450311200209086009		

Tips

设置【参数输入】时，可以直接在【身份证号码】文本框中输入“A2”，也可以选中 A2 单元格。

步骤3 选中 B2 单元格，按住鼠标左键向下拖动，填充到 B6 单元格，释放鼠标左键，就完成了表中所有身份证号码的性别提取，如下页图所示。

	A	B	C
1	身份证号码	提取性别	提取出生日期
2	450311200209084011	男	
3	450311200207054016	男	
4	450311200209088012	男	
5	450311200206085024	女	
6	450311200209086009	女	

Tips

将指针定位至 B2 单元格右下角，在光标呈“＋”字形时下拉复制公式，所有的性别信息就都被提取出来了。

步骤 4 选中 C2 单元格，单击【公式】→【插入函数】按钮，弹出【插入函数】对话框，在“常用公式”选项卡中，选择“提取身份证生日”选项，设置【身份证号码】为“A2”，单击【确定】按钮，效果如下图所示。

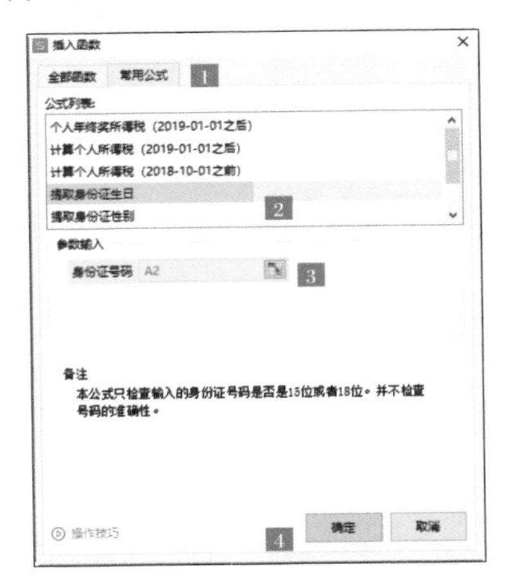

	A	B	C
1	身份证号码	提取性别	提取出生日期
2	450311200209084011	男	2002/9/8
3	450311200207054016	男	
4	450311200209088012	男	
5	450311200206085024	女	
6	450311200209086009	女	

步骤 5 选中 C2 单元格，将鼠标指针放在单元格右下角的填充柄上，按住鼠标左键向下拖曳至 C6 单元格，释放鼠标左键，就完成了对表中所有身份证号码的出生日期的提取。至此，从身份证号码中提取性别和出生日期的操作就完成了，最终效果如下图所示。

	A	B	C
1	身份证号码	提取性别	提取出生日期
2	450311200209084011	男	2002/9/8
3	450311200207054016	男	2002/7/5
4	450311200209088012	男	2002/9/8
5	450311200206085024	女	2002/6/8
6	450311200209086009	女	2002/9/8

6.4.2 用 LEFT、MID、RIGHT 函数提取身份证中的信息

LEFT 函数，是从左到右截取指定字符串中的字符的函数，常用于截取前段字符。

LEFT 函数使用格式：LEFT(text, num_chars)。

参数说明：text 是要提取字符的字符串，num_chars 是要提取的字符个数。

Tips

如果 num_chars 大于文本长度，则 LEFT 返回所有文本，如果省略 num_chars，则假定其为 1。

RIGHT 函数，是从右到左截取指定字符串中的字符的函数，常用于截取后段字符。

RIGHT 函数使用格式：RIGHT(text, num_chars)。

参数说明：text 是要提取字符的字符串，num_chars 是要提取的字符个数。

Tips

如果 num_chars 大于文本长度，则 RIGHT 返回所有文本，如果省略 num_chars，则假定其为 1。

MID 函数，从字符串的任意位置开始，截取任意个字符，常用于截取中间字符。

使用格式：MID(text,start_num,num_chars)

参数说明：text 是要提取字符的字符串，start_num 是要提取的第一个字符的位置，num_chars 是要提取的字符个数。如果要从第一个字符开始提取，那么 start_num 为 1。

Tips

如果 start_num 大于文本长度，则 MID 返回空文本；如果 start_num 小于文本长度，但 start_num 加上 num_chars 超过了文本的长度，则 MID 只返回从开始提取的字符到文本末尾的字符；如果 start_num 小于 1，则 MID 返回错误值 #VALUE!。

Tips

在 LEFT、RIGHT、MID 函数中，num_chars 必须大于或等于 0。

在 18 位身份证号码中，第 1 位和第 2 位是省份代码；第 3 位和第 4 位是城市代码；第 5 位和第 6 位是区县代码；第 7~14 位表示出生日期；第 15~17 位为顺序位，其中第 17 位男性为单数，女性为双数；第 18 位是校验码。我们可以利用 LEFT 函数提取身份证中的地区代码信息，利用 MID 函数提取身份证中的年份信息，具体操作步骤如下。

步骤 1 选择“提取地区和年份”工作表，选中 B2 单元格，单击【公式】→【插入函数】按钮，弹出【插入函数】对话框，在【查找函数】文本框中输入“LEFT”，按【Enter】键，在【选择函数】列表框中选择“LEFT”，单击【确定】按钮。

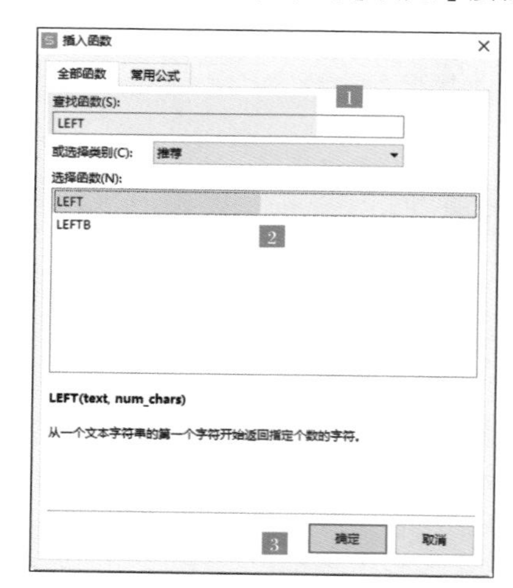

步骤 2 弹出【函数参数】对话框，设置【字符串】为“A2”，【字符个数】为“6”，单击【确定】按钮，结果如下图所示。

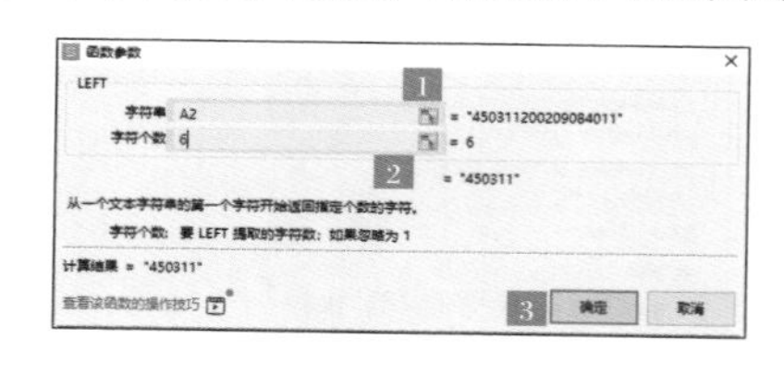

B2 fx =LEFT(A2, 6)

	A	B	C
1	身份证号码	提取地区代码	提取出生年份
2	450311200209084011	450311	
3	450311200207054016		
4	450311200209088012		
5	450311200206085024		
6	450311200209086009		

Tips

也可以直接在 B2 单元格中输入“=LEFT(A2,6)”提取地区代码信息。

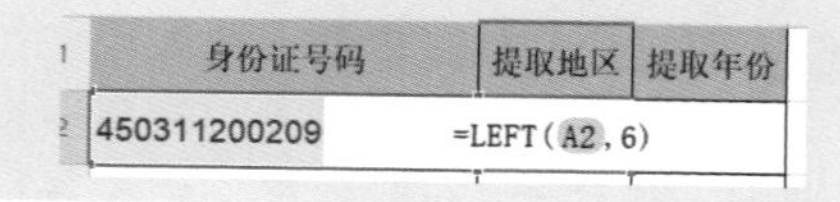

步骤 3　选中 B2 单元格，向下填充至 B6 单元格，就完成了所有身份证号码的地区代码提取，如下图所示。

	A	B	C
1	身份证号码	提取地区代码	提取出生年份
2	450311200209084011	450311	
3	450311200207054016	450311	
4	450311200209088012	450311	
5	450311200206085024	450311	
6	450311200209086009	450311	

步骤 4　选中 C2 单元格，打开【插入函数】对话框，在【或选择类别】下拉列表中选择“文本”选项，在【选择函数】列表框中选择“MID”函数，单击【确定】按钮。

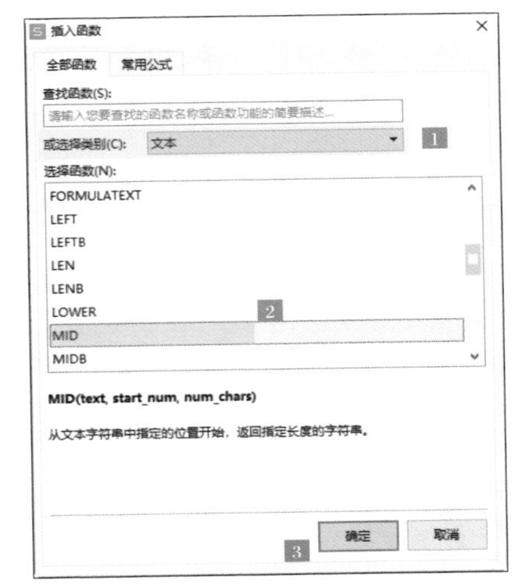

步骤 5　弹出【函数参数】对话框，输入【字符串】为“A2”，【开始位置】为“7”，【字符个数】为“4”，单击【确定】按钮，结果如下图所示。

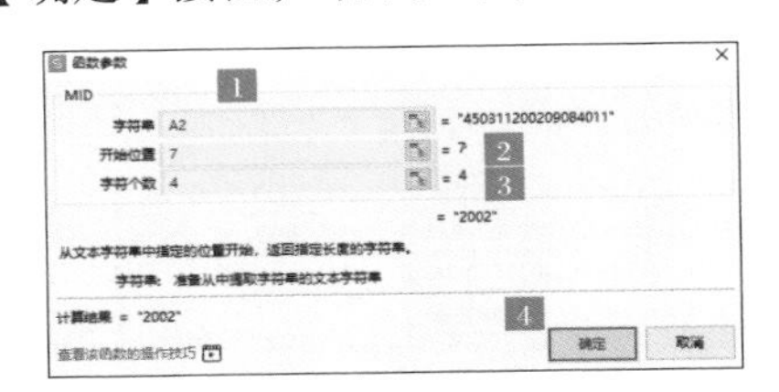

C2　f_x　=MID(A2,7,4)

	A	B	C
1	身份证号码	提取地区代码	提取出生年份
2	450311200209084011	450311	2002
3	450311200207054016	450311	
4	450311200209088012	450311	
5	450311200206085024	450311	
6	450311200209086009	450311	

Tips

在 MID 函数中，“字符串”是你准备提取的字符串，“开始位置”是这段字符串开始的位置，“字符个数”是这段字符串的字符个数。

步骤 6　选中 C2 单元格，按住鼠标左键向下拖动，填充到 C6 单元格，释放鼠标左键，就完成了所有身份证号码的年份提取。至此，从身份证号码中提取地区代码和年份信息操作完成，最终效果如下图所示。

	A	B	C
1	身份证号码	提取地区代码	提取出生年份
2	450311200209084011	450311	2002
3	450311200207054016	450311	2002
4	450311200209088012	450311	2002
5	450311200206085024	450311	2002
6	450311200209086009	450311	2002

工作中，经常需要提取文本右侧的内容，这就要用到 RIGHT 函数。以提取员工所在的部门为例，用 RIGHT 函数提取信息的具体步骤如下。

步骤 1　选择“提取所在工作部门”工作表，选中 B2 单元格，单击【公式】→【插入函数】按钮，在弹出的【插入函数】对话框中，搜索并选择“RIGHT”函数，单击【确定】按钮。

步骤 2 弹出【函数参数】对话框，设置【字符串】为“A2”，【字符个数】为“3”，单击【确定】按钮，结果如下图所示。

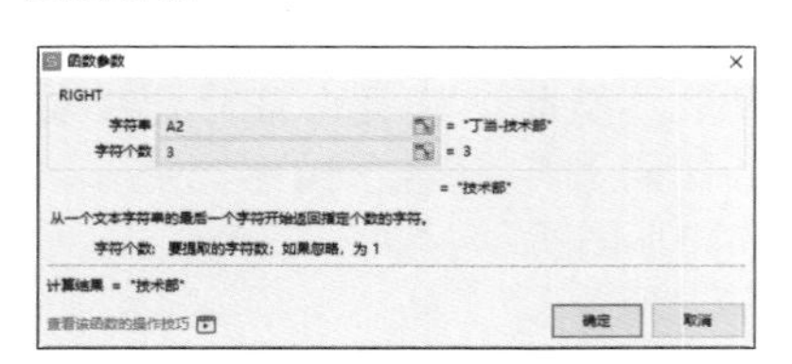

B2 =RIGHT(A2, 3)

	A	B	C	D
1	姓名和部门	所在部门		
2	丁当-技术部	技术部		
3	陈可-技术部			
4	王六-技术部			
5	吕云芬-技术部			
6	高林-客户部			
7	岳韩浩-客户部			

步骤 3 选中 B2 单元格，向下填充至 B7 单元格，就完成了所有员工的所在部门提取，最终效果如下图所示。

	A	B
1	姓名和部门	所在部门
2	丁当-技术部	技术部
3	陈可-技术部	技术部
4	王六-技术部	技术部
5	吕云芬-技术部	技术部
6	高林-客户部	客户部
7	岳韩浩-客户部	客户部

6.4.3 用 TEXT 函数设置单元格内信息文字的格式

TEXT 函数是一款功能强大的转换函数，日常工作中经常用到，它可以把数值转换为想要的文本。

TEXT 函数的使用格式：TEXT(value, format_text)。

参数说明：value 是要进行格式转换的数字内容，format_text 是想要转换成的数值格式。

Tips

在 TEXT 函数中输入 format_text 的数值格式，注意要带英文双引号，比如要将数值转换为百分数，那么就在 format_text 的位置填入“"0.0%"”。

与 MID 函数相比，使用 TEXT 函数支持将提取的数据转换为自定义的文本格式，具体操作步骤如下。

步骤 1 选择“转换单元格数字格式”工作表，选中 B2 单元格，单击【公式】→【插入函数】按钮，弹出【插入函数】对话框，选择“MID”函数，在【函数参数】对话框中，设置【字符串】为“A2”，【开始位置】为“7”，【字符个数】为“8”，单击【确定】按钮，结果如下图所示。

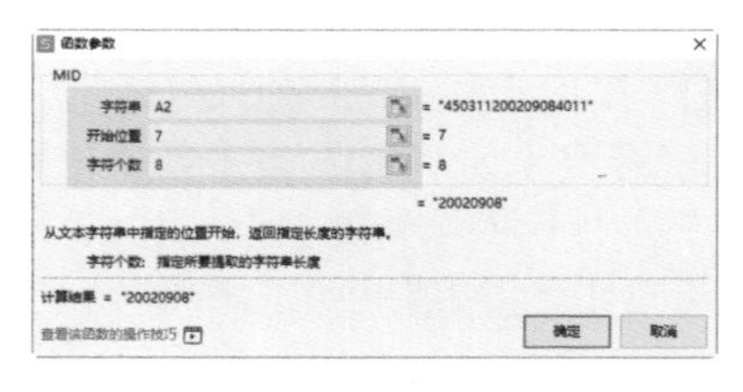

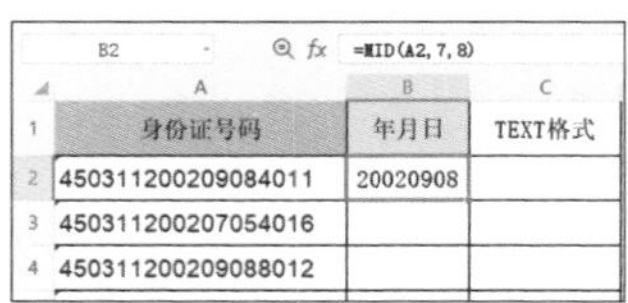

B2 =MID(A2, 7, 8)

	A	B	C
1	身份证号码	年月日	TEXT格式
2	450311200209084011	20020908	
3	450311200207054016		
4	450311200209088012		

步骤 2　重复上面的操作，提取 A3~A6 单元格的年月日信息，结果如下图所示。

	A	B	C
1	身份证号码	年月日	TEXT格式
2	450311200209084011	20020908	
3	450311200207054016	20020705	
4	450311200209088012	20020908	
5	450311200206085024	20020608	
6	450311200209086009	20020908	

步骤 3　选中 C2 单元格，单击【公式】→【插入函数】按钮，弹出【插入函数】对话框，选择“TEXT”函数，在【函数参数】对话框中，设置【值】为“B2”，在数值格式文本框中填入 "0000-00-00"，单击【确定】按钮，结果如下图所示。

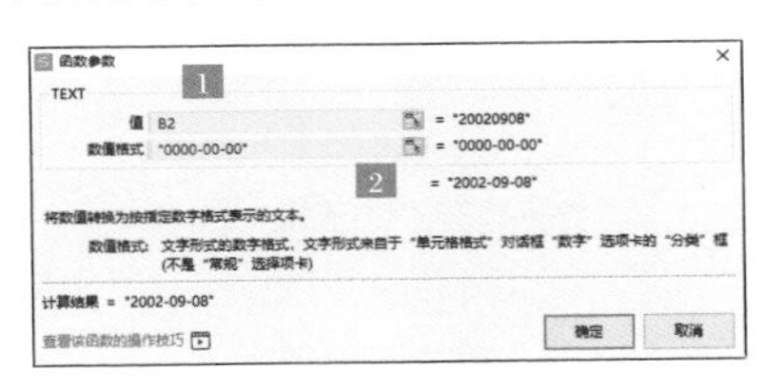

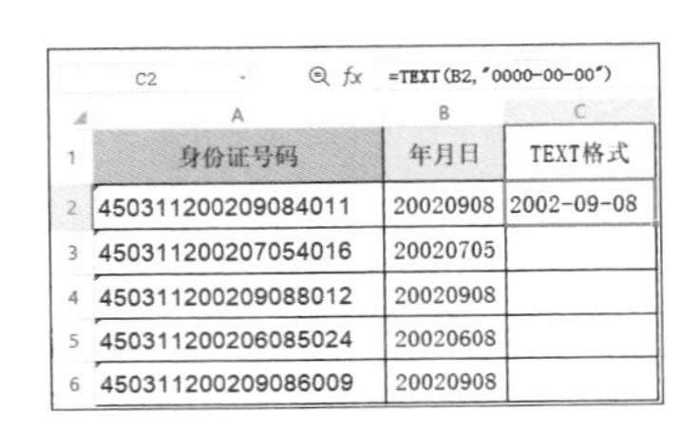

C2　fx　=TEXT(B2,"0000-00-00")

	A	B	C
1	身份证号码	年月日	TEXT格式
2	450311200209084011	20020908	2002-09-08
3	450311200207054016	20020705	
4	450311200209088012	20020908	
5	450311200206085024	20020608	
6	450311200209086009	20020908	

Tips

输入的数值格式，注意要带英文双引号。

步骤 4　选中 C2 单元格，按住鼠标左键向下拖动填充到 C6 单元格，释放鼠标左键，就完成了所有年月日信息的格式转换，如下图所示。

	A	B	C
1	身份证号码	年月日	TEXT格式
2	450311200209084011	20020908	2002-09-08
3	450311200207054016	20020705	2002-07-05
4	450311200209088012	20020908	2002-09-08
5	450311200206085024	20020608	2002-06-08
6	450311200209086009	20020908	2002-09-08

案例总结及注意事项

（1）使用 LEFT 和 RIGHT 函数提取信息时，在【函数参数】对话框中，“字符串”是你要从中提取信息的那个字符串的地址，“字符个数”是所要提取的信息的字符数。

（2）使用 TEXT 函数可以将数值转换为带格式的文本，但其结果将不再作为数字参与计算。

动手练习：按照产品类别汇总销售量

练习背景：

现已根据不同产品型号统计出商品的销售量，产品型号的前两个字母代表产品类别，如果要计算不同类别产品的销售量，可以通过文本函数和求和函数进行统计。现在需要你按照以下要求完成对数据的处理。

练习要求：

（1）通过 LEFT 函数提取产品类别。

（2）通过 SUMIF 函数统计各产品类别的销售量。

练习目的：

（1）掌握用文本函数提取信息的方法。

（2）掌握求和函数的使用方法。

本节素材结果文件	
	素材 \ch06\ 商品销量信息表 .et
	结果 \ch06\ 商品销量信息表 .et

动手练习效果展示

产品型号	销售量	提取产品类别
DD1111D	1700	
DD2211D	2000	
DD3911S	1400	
TT1312D	1500	
TT1331D	2000	
FF1511D	2000	
FF1811D	1300	
TT1811S	2000	

产品类别	销售量
DD	
FF	
TT	

商品销量信息表

产品型号	销售量	提取产品类别
DD1111D	1700	DD
DD2211D	2000	DD
DD3911S	1400	DD
TT1312D	1500	TT
TT1331D	2000	TT
FF1511D	2000	FF
FF1811D	1300	FF
TT1811S	2000	TT

产品类别	销售量
DD	5100
FF	3300
TT	5500

按类别统计后的商品销量信息表

6.5 学会用日期函数制作时间安排表

使用 WPS 表格进行日常办公时，特别是人力、文秘等行业，经常需要使用日期函数计算迟到时间、转正日期，以及快速拆分、合并时间和日期等。

下面就通过处理时间安排表，结合多种实际需求，介绍日期函数的使用方法。

本节素材结果文件	
	素材 \ch06\ 时间安排表 .et
	结果 \ch06\ 时间安排表 .et

该素材文件包含员工迟到时间、员工转正时间、合并时间、拆分时间等多张工作表，现在需要按要求进行数据处理。

案例效果

姓名	部门	考勤日期	上午		下午		迟到时间	
			上班时间	考勤时间	上班时间	考勤时间	上午	下午
王林	行政人事部	2020-09-01	8:30:00	8:30:01	13:00:00	12:25:53		
王林	行政人事部	2020-09-02	8:30:00	8:30:05	13:00:00	14:36:29		
王林	行政人事部	2020-09-03	8:30:00	8:30:10	13:00:00	14:38:05		
王林	行政人事部	2020-09-04	8:30:00	8:29:23	13:00:00	14:36:23		
王林	行政人事部	2020-09-05	8:30:00	8:31:01	13:00:00	14:35:40		
王林	行政人事部	2020-09-06	8:30:00	8:17:56	13:00:00	14:36:16		
王林	行政人事部	2020-09-07	8:30:00	8:37:56	13:00:00	12:13:04		
王林	行政人事部	2020-09-08	8:30:00	8:27:56	13:00:00	14:36:04		

员工上班时间记录

姓名	部门	考勤日期	上午		下午		迟到时间	
			上班时间	考勤时间	上班时间	考勤时间	上午	下午
王林	行政人事部	2020-09-01	8:30:00	8:30:01	13:00:00	12:25:53	0:00:01	0:00:00
王林	行政人事部	2020-09-02	8:30:00	8:30:05	13:00:00	14:36:29	0:00:05	1:36:29
王林	行政人事部	2020-09-03	8:30:00	8:30:10	13:00:00	14:38:05	0:00:10	1:38:05
王林	行政人事部	2020-09-04	8:30:00	8:29:23	13:00:00	14:36:23	0:00:00	1:36:23
王林	行政人事部	2020-09-05	8:30:00	8:31:01	13:00:00	14:35:40	0:01:01	1:35:40
王林	行政人事部	2020-09-06	8:30:00	8:17:56	13:00:00	14:36:16	0:00:00	1:36:16
王林	行政人事部	2020-09-07	8:30:00	8:37:56	13:00:00	12:13:04	0:07:56	0:00:00
王林	行政人事部	2020-09-08	8:30:00	8:27:56	13:00:00	14:36:04	0:00:00	1:36:04

计算员工迟到时间

 6.5.1 轻松计算迟到时间

当设置单元格数据为日期时间格式时，单元格的数据可以直接加减，因此在计

算两个时间的时间差时，可以直接对两个单元格做加、减法。在计算员工迟到时间时，可使用逻辑函数 IF 函数判断是否迟到，计算迟到时间，并返回内容。

使用格式：IF(logical_test, value_if_true, [value_if_false])。

参数说明：logical_test 是测试条件；value_if_true 表示满足测试条件时，希望返回的值；value_if_false 表示不满足测试条件时，希望返回的值。

使用 IF 函数计算员工迟到时间的具体操作步骤如下。

步骤 1 打开素材文件，选择“员工迟到时间”工作表，选中 H3 单元格，单击【公式】→【插入函数】按钮。

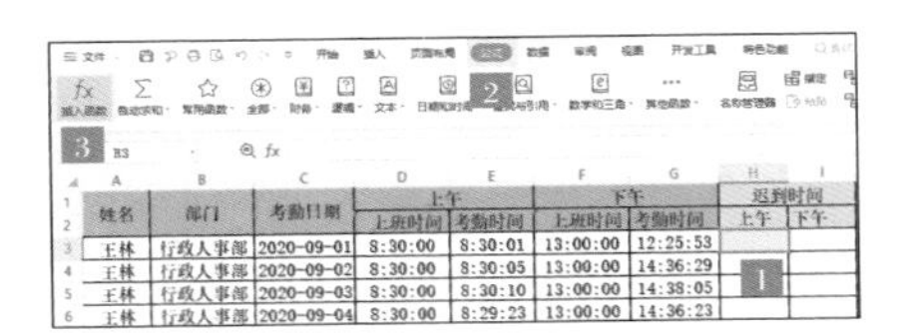

姓名	部门	考勤日期	上午		下午		迟到时间	
			上班时间	考勤时间	上班时间	考勤时间	上午	下午
王林	行政人事部	2020-09-01	8:30:00	8:30:01	13:00:00	12:25:53		
王林	行政人事部	2020-09-02	8:30:00	8:30:05	13:00:00	14:36:29		
王林	行政人事部	2020-09-03	8:30:00	8:30:10	13:00:00	14:38:05		
王林	行政人事部	2020-09-04	8:30:00	8:29:23	13:00:00	14:36:23		

步骤 2 弹出【插入函数】对话框，选择“IF”函数，在【函数参数】对话框中输入【测试条件】为“E3-D3<0”，【真值】为“0”，【假值】为“E3-D3”，单击【确定】按钮，效果如下图所示。

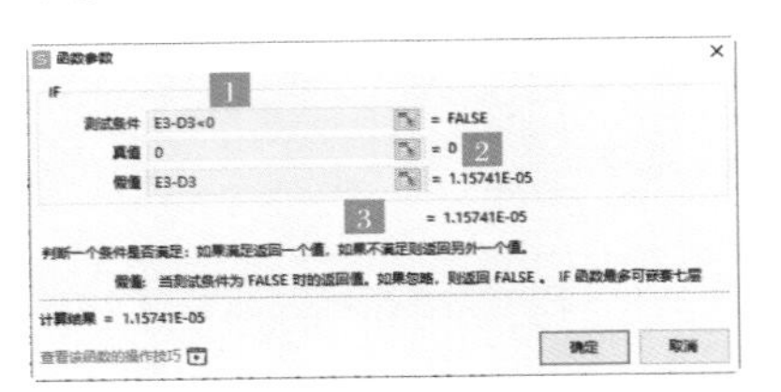

H3 =IF(E3-D3<0, 0, E3-D3)

姓名	部门	考勤日期	上午		下午		迟到时间	
			上班时间	考勤时间	上班时间	考勤时间	上午	下午
王林	行政人事部	2020-09-01	8:30:00	8:30:01	13:00:00	12:25:53	0:00:01	
王林	行政人事部	2020-09-02	8:30:00	8:30:05	13:00:00	14:36:29		
王林	行政人事部	2020-09-03	8:30:00	8:30:10	13:00:00	14:38:05		
王林	行政人事部	2020-09-04	8:30:00	8:29:23	13:00:00	14:36:23		
王林	行政人事部	2020-09-05	8:30:00	8:31:01	13:00:00	14:35:40		
王林	行政人事部	2020-09-06	8:30:00	8:17:56	13:00:00	14:36:16		
王林	行政人事部	2020-09-07	8:30:00	8:37:56	13:00:00	12:13:04		
王林	行政人事部	2020-09-08	8:30:00	8:27:56	13:00:00	14:36:04		

Tips

还可以直接在 H3 单元格中输入公式“=IF（E3-D3<0,0,E3-D3）”，意思就是如果满足“E3-D3<0”的条件，那么显示“0”；如果不满足，则显示“E3-D3”。

上午		下午		迟到时间	
上班时间	考勤时间	上班时间	考勤时间	上午	下午
8:30:00	8:30:01	13:00:00	12:25:53	=IF(E3-D3<0, 0, E3-D3)	

步骤 3 选中 H3 单元格，向下填充至 H10 单元格，就完成了上午迟到时间的计算，如下图所示。

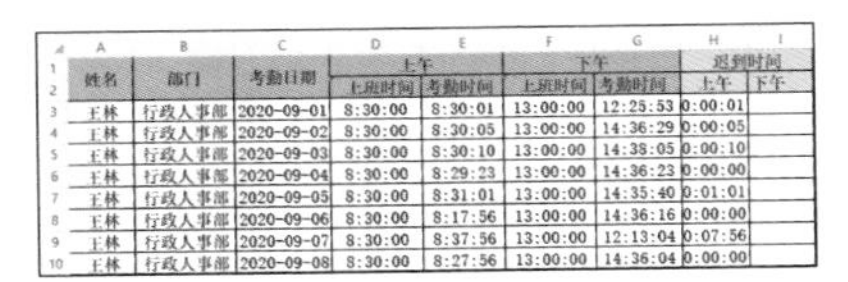

姓名	部门	考勤日期	上午		下午		迟到时间	
			上班时间	考勤时间	上班时间	考勤时间	上午	下午
王林	行政人事部	2020-09-01	8:30:00	8:30:01	13:00:00	12:25:53	0:00:01	
王林	行政人事部	2020-09-02	8:30:00	8:30:05	13:00:00	14:36:29	0:00:05	
王林	行政人事部	2020-09-03	8:30:00	8:30:10	13:00:00	14:38:05	0:00:10	
王林	行政人事部	2020-09-04	8:30:00	8:29:23	13:00:00	14:36:23	0:00:00	
王林	行政人事部	2020-09-05	8:30:00	8:31:01	13:00:00	14:35:40	0:01:01	
王林	行政人事部	2020-09-06	8:30:00	8:17:56	13:00:00	14:36:16	0:00:00	
王林	行政人事部	2020-09-07	8:30:00	8:37:56	13:00:00	12:13:04	0:07:56	
王林	行政人事部	2020-09-08	8:30:00	8:27:56	13:00:00	14:36:04	0:00:00	

步骤 4 使用同样的方法，计算出 I3 单元格的时间，并填充至 I10 单元格，计算出全部员工下午的迟到时间，最终结果如下图所示。

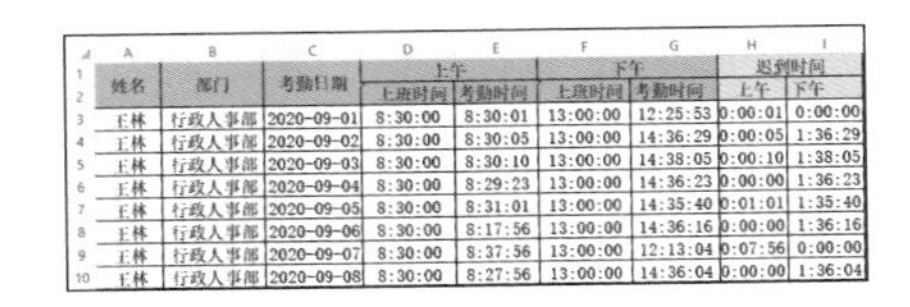

姓名	部门	考勤日期	上午		下午		迟到时间	
			上班时间	考勤时间	上班时间	考勤时间	上午	下午
王林	行政人事部	2020-09-01	8:30:00	8:30:01	13:00:00	12:25:53	0:00:01	0:00:00
王林	行政人事部	2020-09-02	8:30:00	8:30:05	13:00:00	14:36:29	0:00:05	1:36:29
王林	行政人事部	2020-09-03	8:30:00	8:30:10	13:00:00	14:38:05	0:00:10	1:38:05
王林	行政人事部	2020-09-04	8:30:00	8:29:23	13:00:00	14:36:23	0:00:00	1:36:23
王林	行政人事部	2020-09-05	8:30:00	8:31:01	13:00:00	14:35:40	0:01:01	1:35:40
王林	行政人事部	2020-09-06	8:30:00	8:17:56	13:00:00	14:36:16	0:00:00	1:36:16
王林	行政人事部	2020-09-07	8:30:00	8:37:56	13:00:00	12:13:04	0:07:56	0:00:00
王林	行政人事部	2020-09-08	8:30:00	8:27:56	13:00:00	14:36:04	0:00:00	1:36:04

Tips

计算 I3 单元格时，IF 函数的【测试条件】为“G3-F3<0”，【真值】为“0”，【假值】为“G3-F3”。

6.5.2 准确计算转正日期

EDATE 函数，可以用来计算指定日期之前或之后几个月的具体日期。

使用格式：EDATE(start_date, months)。

参数说明：start_date 是开始日期，若 start_date 不是有效日期，则 EDATE 返回错误值 #VALUE!。months 是 start_date 之前或之后的月数，months 为正值，将生成未来的日期；months 为负值，将生成过去的日期；若 months 不是整数，则截尾取整。

Tips

WPS 表格可将日期存储为序列号。默认情况下，1900 年 1 月 1 日的序列号是 1，而 2008 年 1 月 1 日的序列号是 39448，这是因为它距 1900 年 1 月 1 日有 39447 天。

用 EDATE 函数计算员工转正日期的具体操作步骤如下。

步骤 1 选择“转正时间”工作表，选中 D2 单元格，单击【公式】→【日期和函数】按钮，在下拉列表中选择“EDATE”函数选项。

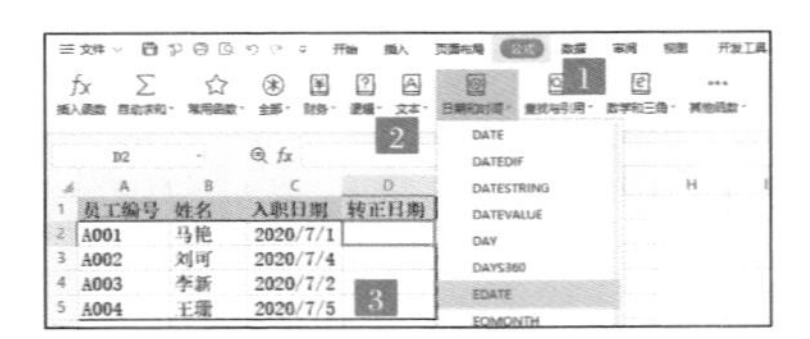

步骤 2 弹出【函数参数】对话框，选择【开始日期】为“C2”，【月数】为“3”，单击【确定】按钮，结果如下图所示。

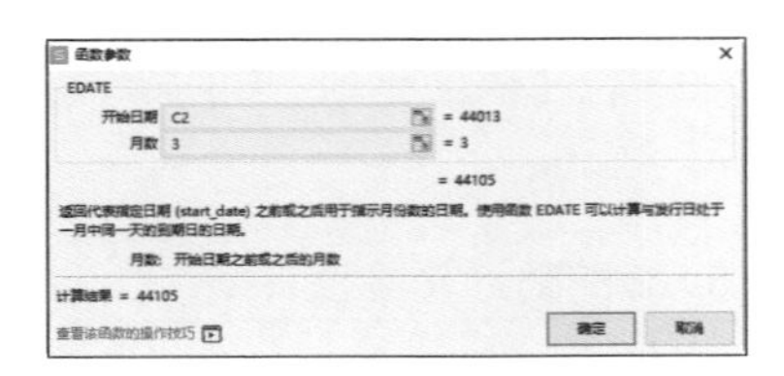

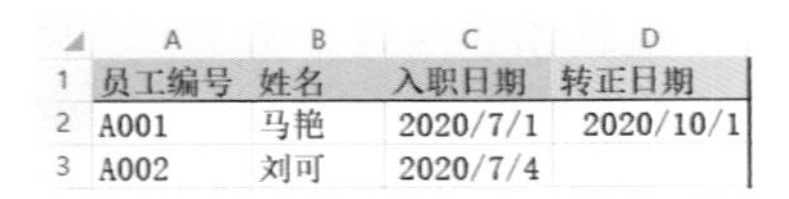

	A	B	C	D
1	员工编号	姓名	入职日期	转正日期
2	A001	马艳	2020/7/1	2020/10/1
3	A002	刘可	2020/7/4	

步骤 3 选中 D2 单元格，向下填充至 D5 单元格，完成所有员工的转正日期的计算，效果如下图所示。

员工编号	姓名	入职日期	转正日期
A001	马艳	2020-7-1	2020-10-1
A002	刘可	2020-7-4	2020-10-4
A003	李新	2020-7-2	2020-10-2
A004	王珊	2020-7-5	2020-10-5

6.5.3 快速拆分、合并时间及日期

在 WPS 表格中，有时需要将日期进行合并或拆分，以便后续进行一些相关的查询、统计等操作。

拆分日期和时间一般使用 INT 函数。INT 函数也能将数字向下舍入到最接近的整数。

使用格式：INT（number）。

参数说明：number 是需要进行向下舍入取整的“日期 + 时间”。

拆分、合并日期的具体操作步骤如下。

步骤 1 选择“合并时间”工作表，选中 C2 单元格，在单元格中输入公式“=A2 + B2”，按【Enter】键，结果如下图所示。

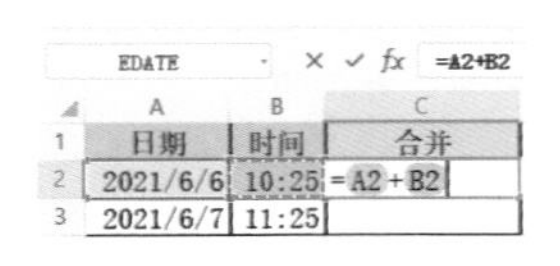

	A	B	C
1	日期	时间	合并
2	2021/6/6	10:25	2021/6/6 10:25
3	2021/6/7	11:25	

步骤 2 选中 C2 单元格，向下填充至 C3 单元格，就完成了所有日期和时间的合并，如下图所示。

	A	B	C
1	日期	时间	合并
2	2021/6/6	10:25	2021/6/6 10:25
3	2021/6/7	11:25	2021/6/7 11:25

步骤 3　选择“拆分时间”工作表，选中 B2 单元格，在【插入函数】对话框中寻找并选择“INT”函数，单击【确定】按钮，在【函数参数】对话框中的【数值】文本框中填写 A2 单元格，单击【确定】按钮，如下图所示。

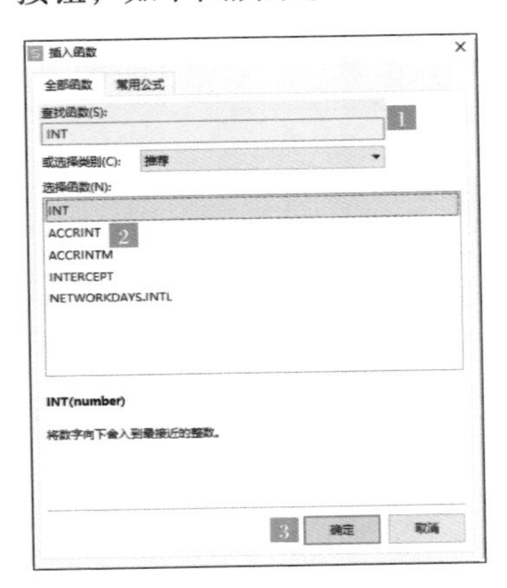

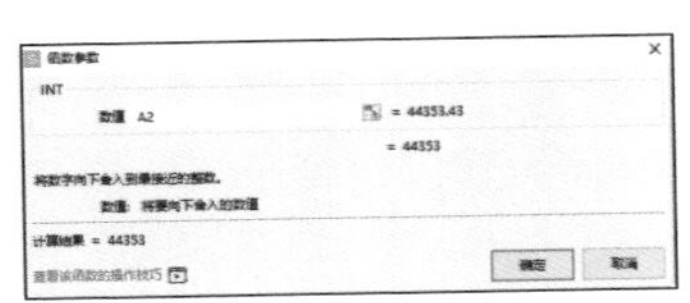

步骤 4　在 B2 单元格中显示拆分后的日期，选中 B2 单元格，向下填充至 B3 单元格，就完成了 A3 日期的拆分，如下图所示。

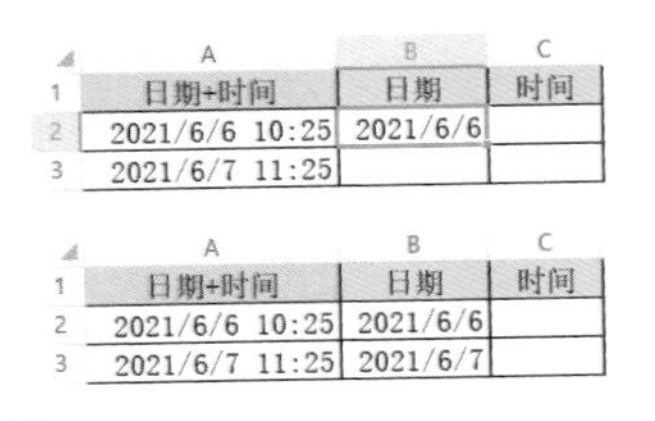

	A	B	C
1	日期+时间	日期	时间
2	2021/6/6 10:25	2021/6/6	
3	2021/6/7 11:25		

	A	B	C
1	日期+时间	日期	时间
2	2021/6/6 10:25	2021/6/6	
3	2021/6/7 11:25	2021/6/7	

步骤 5　选中 C2 单元格，输入公式“=A2-B2”，按【Enter】键，结果如下图所示。

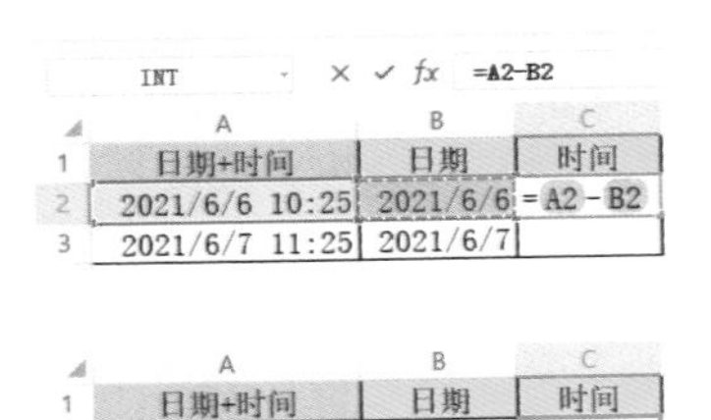

INT　×　✓　fx　=A2-B2

	A	B	C
1	日期+时间	日期	时间
2	2021/6/6 10:25	2021/6/6	=A2-B2
3	2021/6/7 11:25	2021/6/7	

	A	B	C
1	日期+时间	日期	时间
2	2021/6/6 10:25	2021/6/6	10:25
3	2021/6/7 11:25	2021/6/7	

步骤 6　使用同样的方法，可以从 A3 单元格内容中拆分出时间，最终效果如下图所示。

	A	B	C
1	日期+时间	日期	时间
2	2021/6/6 10:25	2021/6/6	10:25
3	2021/6/7 11:25	2021/6/7	11:25

案例总结及注意事项

（1）时间和日期数据可以直接进行加减运算。

（2）计算日期时，在单元格中输入公式并按【Enter】键后，如果得出的结果不是日期格式，可能是单元格格式设置不正确。

（3）使用 INT 函数处理带小数的数值时，INT 函数直接去掉小数部分取整，并不会对小数部分进行四舍五入。比如 INT（3.84）的结果是 3。

动手练习：用日期函数制作项目管理进度表

练习背景：

在企业项目管理中，经常要用甘特图。现在公司正在开发一个新车型，为了一目了然地掌握项目的进度情况，需要你使用日期函数为新车型的开发制作一张项目管理进度表。

练习要求：

为表格设置条件格式，只需录入开始和结束日期，即可自动显示进度条。

练习目的：

（1）掌握使用日期函数的方法。

（2）掌握条件格式的使用方法。

本节素材结果文件	
	素材 \ch06\ 新车型开发项目管理进度表 .et
	结果 \ch06\ 新车型开发项目管理进度表 .et

动手练习效果展示

环节	开始时间	完成时间	天数
客户诉求	2020/1/1	2020/1/6	2
设计构想	2020/1/6	2020/1/11	4
产品设计	2020/1/11	2020/1/15	5
制造规划	2020/1/15	2020/1/20	3
采购规划	2020/1/20	2020/1/25	5
样件交付	2020/1/25	2020/1/28	2
台架试验	2020/1/28	2020/2/1	4
小批生产	2020/2/1	2020/2/3	2
量产确认	2020/2/3	2020/2/4	1

新车型开发项目管理进度表

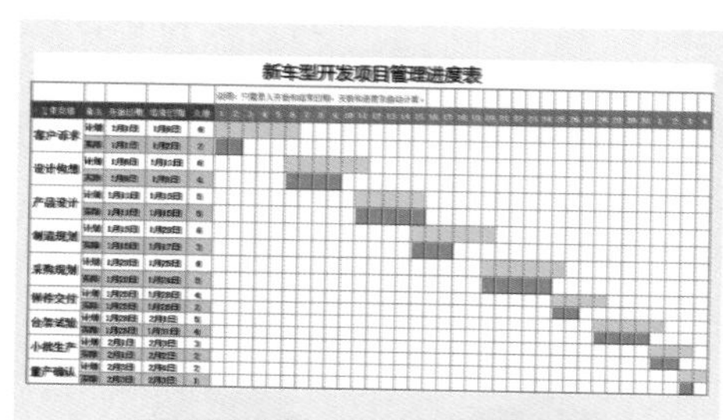

设置后的新车型开发项目管理进度表

Tips

1 月各环节计划天数的条件格式规则为："=AND(G$3>=$D4,G$3<=$E4)"，实际天数的规则为：=AND(G$3>= $D5,G$3<=$E5)；2 月各环节计划天数的条件格式规则为："=AND(AL$3>= $D16,AL$3<=$E16)"，实际天数规则为："=AND(AL$3>=$D17, AL$3<= $E17)"。

秋叶私房菜：告别难缠的公式错误，看这篇就够了！

下页图中带"#"字符的奇怪语句，相信你一定没少遇到过。其实，这些都是表格中常见的函数公式返回的错误值！

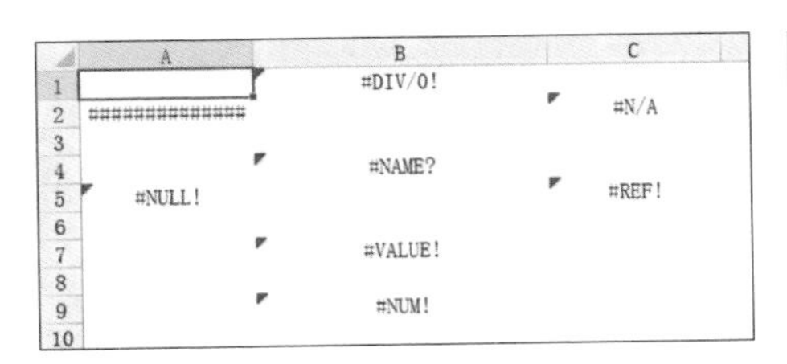

这里将为大家全面介绍这些错误值产生的原因及应对的办法，帮助大家轻松地处理函数公式返回的错误值！

1. 错误值生成的原因

❶ 生成“#DIV/0!”错误值的原因。

如下图所示，当销售人员计算“同比”时，出现了“#DIV/0!”错误值。

D5 f_x =(C5-B5)/B5

	A	B	C	D
1	销售人	上期完成数	本期完成	同比
2	凌丹丹	75	28	-63%
3	从建	79	73	-8%
4	况晶	96	43	-55%
5	叔玉	0		#DIV/0!
6	车伟	75		
7	何秀梅	47		
8	钟丹	49		
9	南颖	88		

计算错误：除法运算的分母为0!
显示计算步骤(C)...
忽略错误(I)
在编辑栏中编辑(F)
错误检查选项(O)...
出现 #DIV/0! 的原因

表格中出现“#DIV/0!”错误值的原因在于在公式中使用了除法运算，同时除数为0。

如上图中，当计算“叔玉”的同比值时，由于他上期的完成数为0，用公式=(C5-B5)/B5进行计算，除数为0，所以出现了“#DIV/0!”错误值。

其中DIV是除数的英文（divisor）缩写，而/0表示除数为0。

❷ 生成“#NAME?”错误值的原因。

当表格无法识别公式中的文本时，将出现“#NAME?”错误值。

如下图中，本来是要对B2:B9单元格区域进行求和的，但是把SUM函数写成了sume函数，表格无法识别这个函数，所以生成了“#NAME?”错误值。

B10 f_x =sume(B2:B9)

	A	B	C	D
1	销售人	上期完成数	本期完成	同比
2	凌丹丹	75	28	-63%
3	从建	79	73	-8%
4	况晶	96	43	-55%
5	叔玉	0	10	#DIV/0!
6	车伟	75	62	-17%
7	何秀梅	47	81	72%
8	钟丹	49	37	-24%
9	南颖	88	59	-33%
10	总计	#NAME?		

再如下图所示：

D2 f_x =本月同比&(C2-B2)/B2

	A	B	C	D
1	销售人	上期完成数	本期完成	同比
2	凌丹丹	75		#NAME?
3	从建	79	73	#NAME?
4	况晶	96	43	#NAME?
5	叔玉	0	10	#NAME?
6	车伟	75	62	#NAME?
7	何秀梅	47	81	#NAME?
8	钟丹	49	37	#NAME?
9	南颖	88	59	#NAME?
10	总计	#NAME?		

在D列输入了公式“=本月同比&(C2-B2)/B2”，也生成了错误值“#NAME?”。

在函数公式中，如果要输入文本值，需要用英文双引号引起来。如果没有引起来，软件会认为这个文本是自定义的公式，或函数名称，结果没找到，就会生成“#NAME?”错误值。

❸ 生成“#REF!”错误值的原因。

“#REF!”错误值也是一种常见的函数公式返回的错误值，当函数公式中的单元格引用被删除时，将会生成“#REF!”错误值。

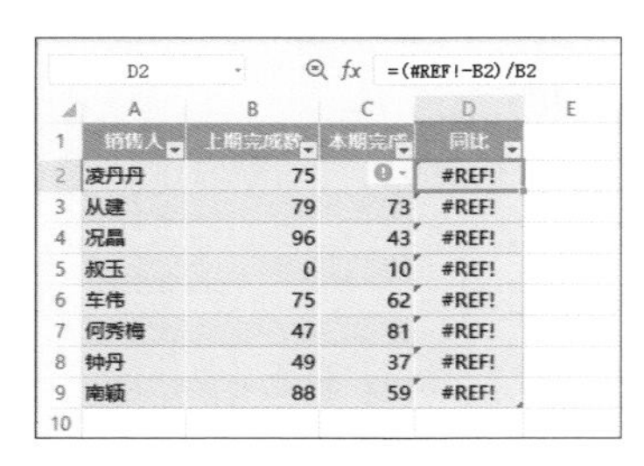

D2 =(#REF!-B2)/B2

	A	B	C	D
1	销售人	上期完成数	本期完成	同比
2	凌丹丹	75		#REF!
3	从建	79	73	#REF!
4	况晶	96	43	#REF!
5	叔玉	0	10	#REF!
6	车伟	75	62	#REF!
7	何秀梅	47	81	#REF!
8	钟丹	49	37	#REF!
9	南颖	88	59	#REF!

其中“#REF!”错误值中的REF是引用（reference）的英文缩写。除了删除原有公式中的单元格引用，凡是函数公式要返回一个无效的单元格引用时，都会生成“#REF!”错误值。

在下图这个例子中，单元格A1:C9只有9行数据，而E2处的公式是“=INDEX(A1:C9,10,1)”，含义是要返回A1:C9单元格区域中的第10行第1列的数据，显然这个是不存在的引用，所以也生成了“#REF!”错误值。

E2 =INDEX(A1:C9,10,1)

	A	B	C	D	E
1	销售人	上期完成数	本期完成	同比	
2	凌丹丹	75	28	-	#REF!
3	从建	79	73	-8%	
4	况晶	96	43	-55%	
5	叔玉	0	10	#DIV/0!	
6	车伟	75	62	-17%	
7	何秀梅	47	81	72%	
8	钟丹	49	37	-24%	
9	南颖	88	59	-33%	

❹ 生成“#NULL!”错误值的原因。

如下图所示，为了求两个区域交叉部分的和，可以使用公式“=SUM(B2:D7 C6:F11)”。

RANDBETWEEN =SUM(B2:D7 C6:F11)

	A	B	C	D	E	F	G	H
1								区域重叠部分之和
2		87	68	75	72	75		=SUM(B2:D7 C6:F11)
3		71	62	66	99	82		
4		81	75	59	62	89		
5		94	79	59	97	75		
6		91	79	89	71	76		
7		83	90	83	60	82		
8		71	95	79	98	61		
9		98	70	55	73	85		
10		72	74	66	56	81		
11		81	58	86	92	61		
12		77	90	79	81	78		
13		89	67	92	86	82		
14		57	74	82	86	82		

公式中B2:D7和C6:F11之间的空格符是一个单元格区域运算符，用于求出两个单元格区域的交叉部分。

当两个单元格区域没有交叉部分时，函数将生成“#NULL!”错误值。下面的公式就将生成“#NULL!”错误值。

在公式“=SUM(B2:C5 D8:F11)”中，B2:C5单元格区域和D8:F11单元格区域之间没有相交的单元格区域。

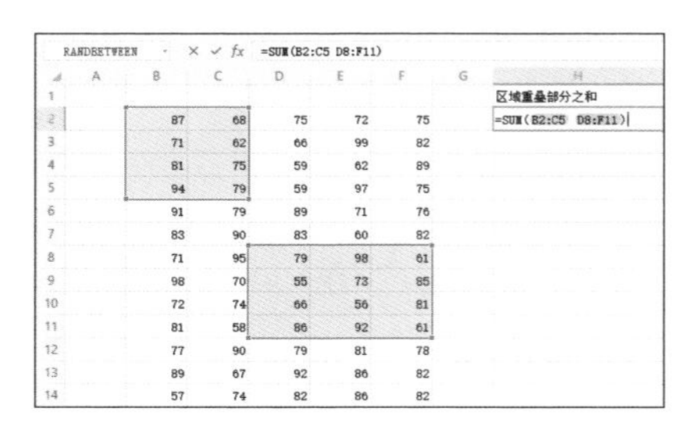

RANDBETWEEN =SUM(B2:C5 D8:F11)

	A	B	C	D	E	F	G	H
1								区域重叠部分之和
2		87	68	75	72	75		=SUM(B2:C5 D8:F11)
3		71	62	66	99	82		
4		81	75	59	62	89		
5		94	79	59	97	75		
6		91	79	89	71	76		
7		83	90	83	60	82		
8		71	95	79	98	61		
9		98	70	55	73	85		
10		72	74	66	56	81		
11		81	58	86	92	61		
12		77	90	79	81	78		
13		89	67	92	86	82		
14		57	74	82	86	82		

❺ 生成“#NUM! ”错误值的原因。

若在表格中输入了函数中不支持的数值参数时，会生成“#NUM! ”错误值。

B2 =DEC2BIN(A2,16)

	A	B
1	十进制值	二进制
2		#NUM!
3	2	#NUM!
4	3	#NUM!
5	4	#NUM!
6	5	#NUM!
7	6	#NUM!
8	7	#NUM!

当用DEC2BIN函数将十进制值转化为二进制值时，由于DEC2BIN函数的第2个参数使用了超出可以显示的范围的参数，所以生成了“#NUM!”错误值。

❻ 生成“#N/A”错误值的原因。

“#N/A”错误值也是一种常见的错误值，如果经常使用VLOOKUP函数，就一定不会陌生！用VLOOKUP函数查找不到要查找的值时，就会返回“#N/A”错误值。

如下图所示，在 G2 单元格中输入公式“=VLOOKUP(F2,$A$1:$C$8,3,0)”。

G2 fx =VLOOKUP(F2,$A$1:$C$8,3,0)

	A	B	C	D	E	F	G
1	销售人员	上期完成数	本期完成	同比		销售人员	本期完成数
2	凌丹丹	75	28	-63%		叔玉	#N/A
3	从建	79	73	-8%			
4	况晶	96	43	-55%			
5	车伟	75	62	-17%			
6	何秀梅	47	81	72%			
7	钟丹	49	37	-24%			
8	南颖	88	59	-33%			
9							

在 A 列的销售人员中并没有“叔玉”这个人，所以 G2 单元格生成了“#N/A”错误值。不仅仅是 VLOOKUP 函数，使用其他查找引用函数时，如果某个被查找值无法找到，也会生成“#N/A”错误值。

❼ 生成“#VALUE!”错误值的原因。

“#VALUE!”错误值的生成原因有多种，其中最常见的有以下两种。

①文本参与了数值运算

C5 fx =A5*B5

	A	B	C	D
1	原价	折扣	折后价/元	
2	30	0.6	18	
3	20	0.6	12	
4	90	0.6	54	
5	70元		#VALUE!	
6	80	0.6	48	
7	10	0.6	6	
8	20	0.6	12	
9		0.6	0	
10				

C5 单元格中计算折后价时，由于工作人员疏忽，在 A5 单元格中添加了文本“元”，WPS 表格将 A5 单元格中的数据视为了文本，文本参与乘法运算，导致生成了“#VALUE!”错误值。

②输入了一个数组公式，没有按【Shift + Ctrl + Enter】组合键结束

下面是一个经典的求单列不重复值的公式。

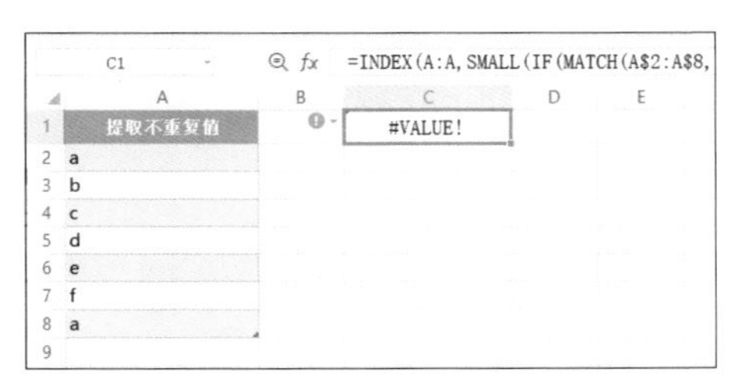

C1 fx =INDEX(A:A,SMALL(IF(MATCH(A$2:A$8,

	A	B	C	D	E
1	提取不重复值		#VALUE!		
2	a				
3	b				
4	c				
5	d				
6	e				
7	f				
8	a				
9					

由于输入公式后没有以按【Shift + Ctrl + Enter】组合键结束，所以公式生成了“#VALUE!”错误值。

只有按【Shift + Ctrl + Enter】组合键结束公式输入，公式才会返回正确的值，这是数组公式的要点。

❽ 生成“#####”错误值的原因。

准确地说，“#####”错误值并不是函数公式产生的错误值，它是表格中的一种显示预警。

当单元格中出现“#####”时，一般有以下两个原因。

当我们在单元格输入负数，然后将单元格格式设置为日期或时间格式时，单元格内容会显示为“#####”。

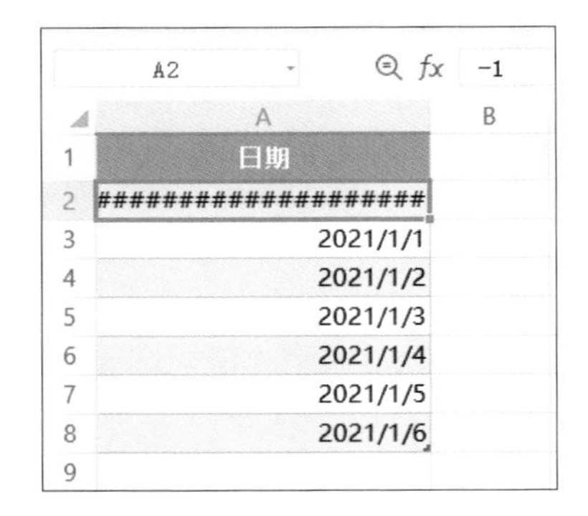

A2 fx -1

	A	B
1	日期	
2	####################	
3	2021/1/1	
4	2021/1/2	
5	2021/1/3	
6	2021/1/4	
7	2021/1/5	
8	2021/1/6	
9		

这种情况的解决办法就是把单元格格式改成常规。

当单元格的列宽不足以显示单元格的所有内容时，也会出现“#####”错误值。

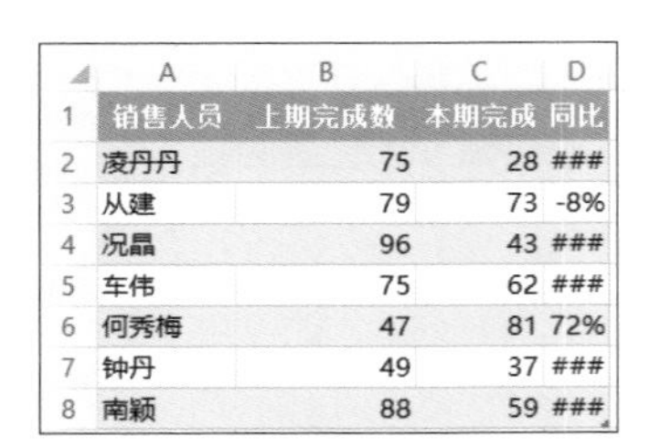

	A	B	C	D
1	销售人员	上期完成数	本期完成	同比
2	凌丹丹	75	28	###
3	从建	79	73	-8%
4	况晶	96	43	###
5	车伟	75	62	###
6	何秀梅	47	81	72%
7	钟丹	49	37	###
8	南颖	88	59	###

由于 D 列的列宽不足以显示 D5 的公式生成的值，所以显示为“#####”错误值,调整列宽后即可显示正确的值。

	A	B	C	D	E
1	销售人员	上期完成数	本期完成	同比	
2	凌丹丹	75	28	-63%	
3	从建	79	73	-8%	
4	况晶	96	43	-55%	
5	车伟	75	62	-17%	
6	何秀梅	47	81	72%	
7	钟丹	49	37	-24%	
8	南颖	88	59	-33%	
9					

2. 纠正错误值的方法

上面详细地介绍了 WPS 表格中 8 种错误值的生成原因，接下来要告诉大家如何纠正这些错误值。

❶ 总原则。

所有的错误值都有具体的生成原因，要想避免生成错误值，首要原则就是保证输入的函数名称和函数参数要正确。

如“#NAME?”错误值的生成原因，主要就是输入了表格无法识别的函数名称或参数，这时只需修改函数名称或参数。

再如“#REF!”错误值，提示我们如果该单元格的公式中引用了其他单元格，则引用的单元格必须存在。如不能在只有 10 行的单元格区域内查找第 11 行的值。

❷ 遇到错误值时替换显示。

有些错误值是不可避免的。

如 VLOOKUP 函数找不到值时，返回“#N/A”错误值，又如算同比时的除数确实为 0。

遇到这些不可避免的错误值，我们可以用一个万能函数 IFERROR，将结果显示为其他更有意义的值。

IFERROR 函数的语法是：=IFERROR (value,value_if_error)。

其中第一个参数 value 为可能返回错误值的公式，value_if_error 参数为当公式返回错误值时要替换显示的返回值。

如上文中的“#DIV/0!”错误值，可以使用公式“=IFERROR((C5−B5)/B5," 上期完成数为 0")”替代。

D5　fx　=IFERROR((C5-B5)/B5,"上期完成数为 0")

	A	B	C	D	E	F
1	销售人员	上期完成数	本期完成	同比		
2	凌丹丹	75	28	-63%		
3	从建	79	73	-8%		
4	况晶	96	43	-55%		
5	叔玉	0	52	上期完成数为 0		
6	车伟	75	62	-17%		
7	何秀梅	47	81	72%		
8	钟丹	49	37	-24%		
9	南颖	88	59	-33%		
10						

再如上文中的 #N/A 错误值，可以使用“=IFERROR(VLOOKUP(F2,$A$1:$C$8,3,0)," 没有该成员的销售信息 ")”公式替代。

G2　fx　=IFERROR(VLOOKUP(F2,$A$1:$C$8,3,0),"没有该成员的销售信息")

	A	B	C	D	E	F	G
1	销售人员	上期完成数	本期完成	同比		销售人员	本期完成数
2	凌丹丹	75	28	-63%		叔玉	没有该成员的销售信息
3	从建	79	73	-8%			
4	况晶	96	43	-55%			
5	车伟	75	62	-17%			
6	何秀梅	47	81	72%			
7	钟丹	49	37	-24%			
8	南颖	88	59	-33%			
9							

即使在输入公式时没有注意，造成了这样的错误，也不要慌，相信你看完本章，已经对这 8 个难缠错误的成因和解决办法都了然于心了！下次，我们就能从容地应对这些错误了。

WPS 中的公式与函数可根据变量值求解结果值，而模拟分析工具可以分析变量与结果之间的关系，并且可在预先知道结果值的情况下求解变量值，可视为公式函数的反向操作。

模拟分析在现代经济生活中运用极广，如贷款买房、预算分析、投资分析等活动，往往是先给出结果值（目标值），然后反向求解影响该结果值的变量值。恰当地运用规划求解可以快速完成很多复杂的数据分析计算。

第 7 章 表格数据的规划求解

- 怎样使用单变量求解目标值？
- 如何利用规划求解获取最佳方案？

7.1 制作商品销售计划表

为了加强企业财务管理，进行风险控制，每个企业都会进行预算分析，预算分析主要是先确定各项经济任务的目标值，然后对目标值进行实际执行。预算分析会涉及大量的数据分析，这些数据分析往往是先知道目标值（结果值），再对影响目标值的各种变量进行计算。此计算方式与传统正向的根据变量计算结果不同，用户需要有逆向计算的思维。在 WPS 中利用模拟计算可轻松完成逆向计算的数据分析问题。

【单变量求解】对话框中各文本框的功能如下图所示。

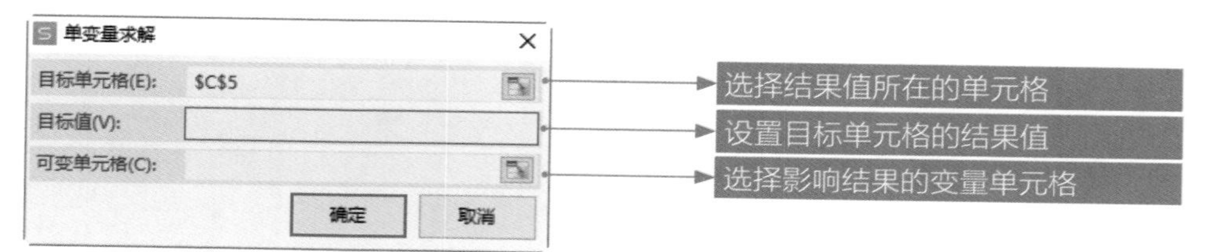

下面通过计算目标销售额及考虑人工成本的销售额两个案例，介绍 WPS 表格的单变量求解功能。

本节素材结果文件	
	素材 \ch07\ 商品销售计划表 .et
	结果 \ch07\ 商品销售计划表 .et

“商品销售计划表 .et”素材文件中包含两张表，“用单变量求解计算目标销售额”表需要根据设置的销售目标，计算出第四季度至少应达到的销量。

“用单变量求解计算考虑人工成本的销量”表需要考虑成本等因素，计算出单日销售量达到多少才能保持收支平衡。

案例效果

	A	B	C
1		期间	销量
2		第一季度	280
3		第二季度	300
4		第三季度	270
5		第四季度	261.11
6		销售总计	1111.11
7		税率	10%
8		净利润	1000

用单变量求解计算第四季度销量

	A	B	C
1			
2		单价	12
3		每日销量	143
4		营业收入	1714
5		固定成本	1500
6		单杯人工成本	1.5
7		每日净利润	0

用单变量求解每日销量

7.1.1 用单变量求解计算目标销售额

在企业中，为了调动员工的工作积极性，往往会先设立一个工作目标值。如下图所示，假设某公司第一季度、第二季度、第三季度的销量分别为 280、300、270。该公司的全年目标是实现净利润 1000，假设税率为 10%，其他税率不考虑，那么第四季度销量需要达到多少？

	A	B	C	D	E	F
1		期间	销量			
2		第一季度	280			
3		第二季度	300			
4		第三季度	270			
5		第四季度				
6		销售总计	850	→ =SUM(C2:C5)		
7		税率	10%			
8		净利润	765	→ =C6*(1-C7)		

相关公式说明：C6 单元格是对第一季度至第四季度销量的求和，公式为“=SUM(C2:C5)”;C7 单元格为税率 10%，C8 单元格为净利润，公式为“=C6*(1–C7)”，即净利润 = 销售额 ×(1– 税率)。

对于上述案例，其特点是先已知某一目标值或结果值（净利润 1000），再求影响该结果的变量值应为多少。面对这类分析需求，许多用户可能会频繁输入某值进行试探，然后利用公式会自动重算的特性，观察计算结果的变化。如在第四季度单元格中填入 200，净利润的公式计算得 945。该值小于 1000 的目标，所以需要继续增大测试数据。

	A	B	C	D	E	F
1		期间	销量			
2		第一季度	280			
3		第二季度	300			
4		第三季度	270			
5		第四季度	200			
6		销售总计	1050	→ =SUM(C2:C5)		
7		税率	10%			
8		净利润	945	→ =C6*(1-C7)		

使用试探的方法进行数据的分析过程烦琐，并且低效。现介绍如何利用 WPS 中单变量求解功能高效解决上述问题。其具体操作步骤如下。

步骤 1 根据已知条件，构建关系表格及公式模型，即预先在列表中输入相关计算公式。如在 C6 单元格中输入公式“=SUM（C2:C5）”，在 C8 单元格中输入公式“=C6*（1–C7）”。

C8 | fx =C6*(1-C7)

	A	B	C	D	E	F
1		期间	销量			
2		第一季度	280			
3		第二季度	300			
4		第三季度	270			
5		第四季度				
6		销售总计	850			
7		税率	10%			
8		净利润	765			

步骤 2 选择【数据】→【模拟分析】→【单变量求解】命令。

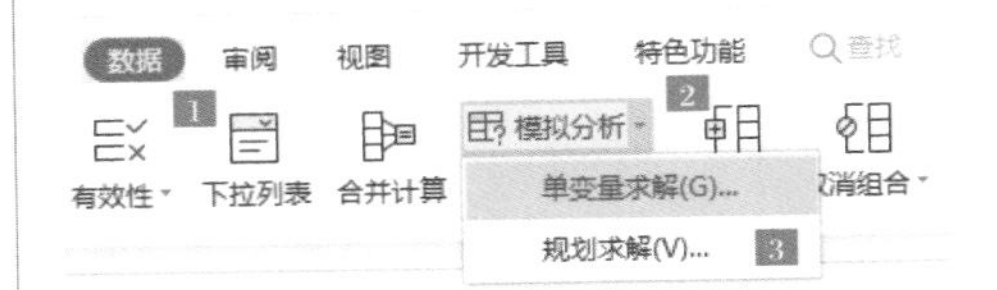

步骤 3 弹出【单变量求解】对话框，【目标单元格】表示结果值所在的单元格，这里选择 C8 单元格。【目标值】表示结果的数值，这里输入“1000”。【可变单元格】表示影响结果的变量单元格，这里选择 C5 单元格（第四季度）。单击【确定】按钮。

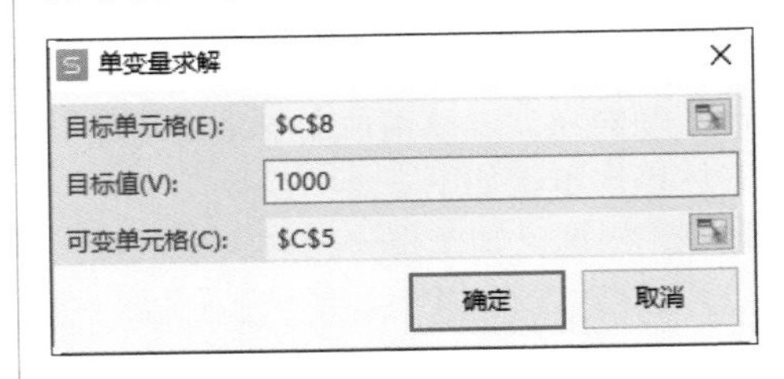

步骤4 进行【单变量求解】操作后，会弹出【单元格求解状态】对话框，在该对话框中，会显示单变量求解结果，并且会将求解的结果全部更新在数据列表中。如下图所示，如果净利润需要达到1000，则第四季度销量需要达到261.11。

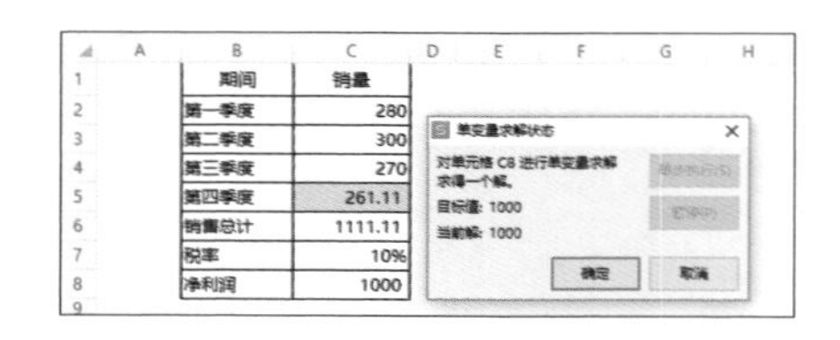

7.1.2 用单变量求解计算考虑人工成本的销售额

企业为了在激烈竞争的商业环境中求生存，往往会计算各种成本的投入，如固定资产投入、人工成本投入，并且也会计算企业达到收支平衡时的相关经济指标。如下图所示，某奶茶店每天的房租、物业费等固定成本是1500元，单杯奶茶的人工成本是1.5元，每杯奶茶的售价是12元。该奶茶店的经营者想知道，每天需要卖多少杯奶茶才能收支平衡（即每日净利润为0）。

	B	C	D	E
2	单价	12		
3	每日销量			
4	营业收入	0	→	=C2*C3
5	固定成本	1500		
6	单杯人工成本	1.5		
7	每日净利润	-1500	→	=C4-C5-C6*C3

上述收支平衡问题，同样需要在先知道目标值的情况下，反求变量值。该问题同样需要使用单变量求解功能，具体操作步骤如下。

步骤1 根据已知条件，构建关系表格及公式模型，即在C4单元格中（营业收入）输入公式“=C2*C3”（营业收入 = 单价 * 每日销量），在C7单元格（每日净利润）中输入公式“=C4-C5-C6*C3”（每日净利润 = 营业收入 - 固定成本 - 单杯人工成本 * 每日销量）。

步骤2 选择【数据】→【模拟分析】→【单元格求解】命令，在弹出的【单变量求解】对话框中，设置【目标单元格】为C7单元格（每日净利润），【目标值】为“0”，【可变单元格】指定为C3单元格（每日销量），单击【确定】按钮即可求解。

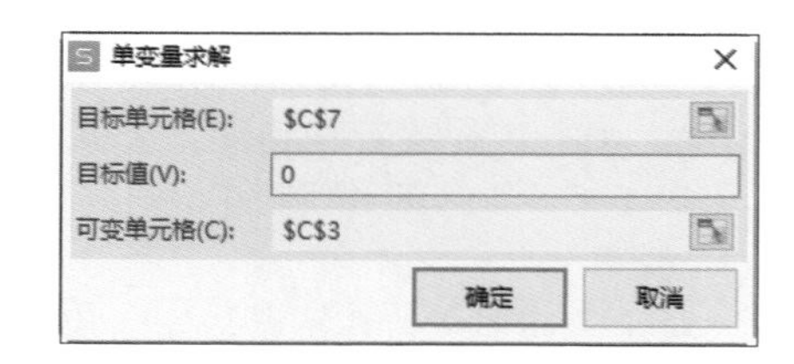

进行【单变量求解】计算后，会自动显示计算的结果，根据计算结果得知，每日需要销售143杯奶茶，才可以达到收支平衡。

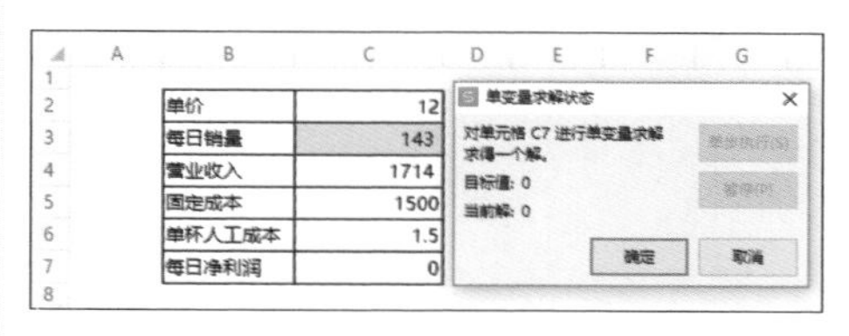

案例总结及注意事项

（1）利用单变量求解可以迅速、

精确地求解目标销售额。

（2）单变量求解的适用范围就是假定一个公式要取得某一结果值，其中的变量值应为多少的问题。

（3）在 WPS 中进行单变量求解时，系统会不断调整和引用单元格的值，直至达到所要求的目标值。使用该功能避免了用户频繁手动尝试，从而大大提高了工作效率。

动手练习：利用单变量求解解决贷款利率和期限问题

练习背景：

在现代社会中，贷款买房、买车已经非常普遍。贷款的用户需要了解贷款利率及贷款期限，这样可根据自身经济偿还能力，提前做好各项准备，避免因未合理选择贷款金额和期限，而导致自己还款金额过高，压力过大。如果每月的月还款额为 3000 元，现需要在 WPS 中利用单变量求解，对贷款的金额、利率或期限进行各种测算。

练习要求：

（1）设置月还款额为 3000 元，利用单变量求解计算期限、利率。

（2）改变数据，多次计算不同本金、利率、期限下的还款额。

练习目的：

（1）学会单变量求解的思维。

（2）掌握单变量求解的计算原理。

本节素材结果文件	
	素材 \ch07\ 利用单变量求解解决贷款利率和期限问题 .et
	结果 \ch07\ 利用单变量求解解决贷款利率和期限问题 .et

动手练习效果展示

	A	B	C
1	贷款金额：	200,000	
2	贷款期限（年）：	6.77	
3	贷款年利率：	6%	
4	月还款额：	-3,000.00	

不同数据下的月还款额

7.2 制作商品生产规划表

在现代经济环境中，企业与企业之间的竞争日益加剧，为了在激烈的竞争环境下生存，企业在保证产品质量的前提下，都会对生产经营过程中的各个环节进行科学合理的管理，力求以最少的生产成本取得最大的生产成果。成本控制与分析必须依靠科学高效的数据分析方法，在 WPS 中利用规划求解可以高效解决企业成本最小化、利润最大化等相关问题。

【规划求解参数】对话框中各参数的功能如下图所示。

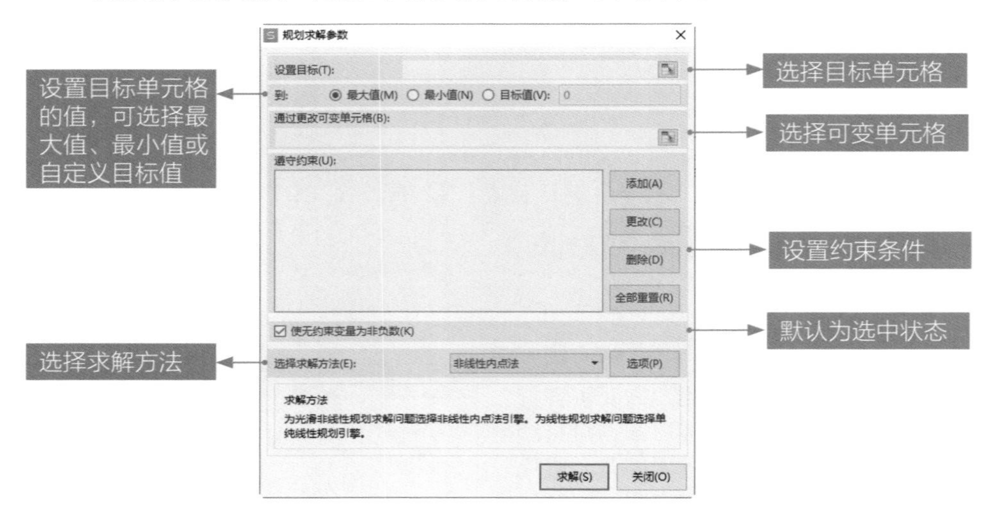

下面通过求解成本最小化和利润最大化两个案例，介绍 WPS 表格的规划求解功能。

本节素材结果文件	
	素材 \ch07\ 商品生产规划表 .et
	结果 \ch07\ 商品生产规划表 .et

“商品生产规划表 .et”素材文件中包含两张表，“通过规划求解保证成本最小化”表需要根据已知条件，计算出成本最小时的值。“通过规划求解保证利润最大化”表需要根据已知条件，计算出利润最大时的值。

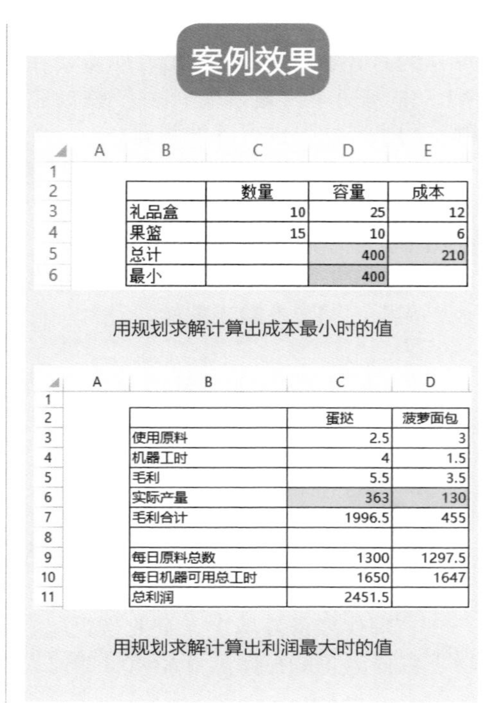

	数量	容量	成本
礼品盒	10	25	12
果篮	15	10	6
总计		400	210
最小		400	

用规划求解计算出成本最小时的值

	蛋挞	菠萝面包
使用原料	2.5	3
机器工时	4	1.5
毛利	5.5	3.5
实际产量	363	130
毛利合计	1996.5	455
每日原料总数	1300	1297.5
每日机器可用总工时	1650	1647
总利润	2451.5	

用规划求解计算出利润最大时的值

7.2.1 通过规划求解保证成本最小化

在企业中，降低成本可以增加利润、抵抗内外压力，是企业生存的主要保障。企业降低成本有多种方式，其中一种方式就是利用科学的数学分析方法，来获取最佳生产方案。

如下图所示，某水果店需要用果篮和礼品盒包装水果，进行销售。现有 400 个苹果要放进 x 个礼品盒及 y 个果篮中。一个礼品盒可以放 25 个苹果，而一个果篮可以放 10 个苹果。礼品盒的成本为 12 元 / 个，果篮的成本为 6 元 / 个，并且礼品盒的数量不能多于果篮的数量。在这种情况下，该店分别采购多少个礼品盒和果篮时，会使采购成本最小？

	A	B	C	D	E
1					
2			数量	容量	成本
3		礼品盒	10	25	12
4		果篮	15	10	6
5		总计		400	210
6		最小		400	
7					
8					

对于上述问题，如果没有相关的数学基础，用户很难分析并得出最佳结果，但如果运用 WPS 中的规划求解功能，则可以高效、精确地获取最佳采购方案，具体步骤如下。

步骤 1 根据已知条件，构建关系表格及公式模型，即预先在列表中输入相关计算公式。如在 D5 单元格中输入公式“=C3*D3 + C4*D4”，此公式用于计算总的容量；在 E5 单元格中输入公式“=C3*E3 + C4*E4”，此公式用于计算总的成本；在 D6 单元格中输入常量“400”，表示要放入的苹果总个数。

E5 　 fx =C3*E3+C4*E4

	A	B	C	D	E
1					
2			数量	容量	成本
3		礼品盒	1	25	12
4		果篮	1	10	6
5		总计		35	18
6		最小		400	

步骤 2 选择【数据】→【模拟分析】→【规划求解】命令。

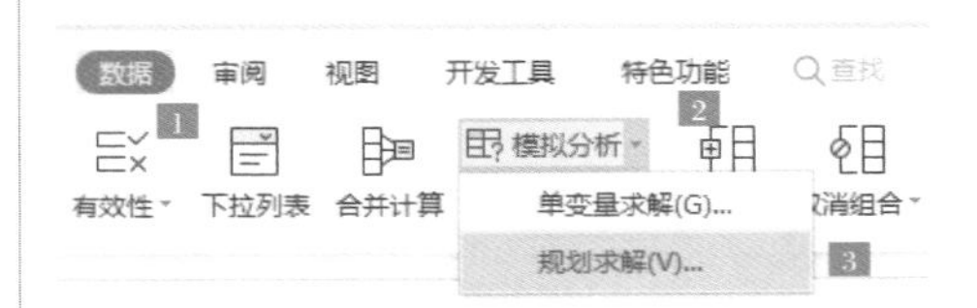

步骤 3 弹出【规划求解参数】对话框，在其中可设置相关参数。

步骤 4 设置目标值。该案例是获取成本最小值，而成本所在单元格为 E5 单元格，所以在【设置目标】处需要选择 E5 单元格为目标单元格，并且选择【最小值】单选按钮，表示求解的目标单元格是 E5 单元格，求解的属性是求解它的最小值。

步骤5 设置可变单元格。该项设置的是影响结果值的可变单元格的区域，在本例中是礼品盒和果篮的采购数量，这些数量是需要求解的变量，所以是可变单元格。将光标定位在【通过更改可变单元格】输入框中，然后拖曳鼠标选择C3:C4区域，即礼品盒与果篮的数量区域。

步骤6 设置约束条件。单击【添加】按钮，在【添加约束】对话框中设置第1个条件。将光标置于【单元格引用】框中，选中C3:C4区域，然后在中间条件中选择【int】(int表示整数)，【约束】文本框中自动显示“整数”。最后单击【添加】按钮。

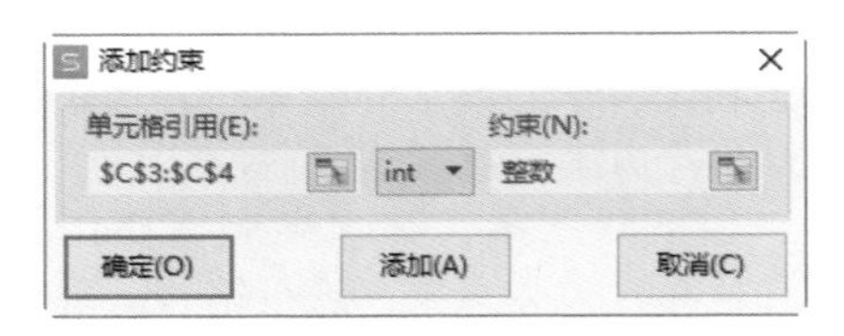

Tips

对于规划求解，必须依据一些条件来进行计算，该案例中的条件有以下3个。

（1）因礼品盒与果篮是完整的实物，所以其数量必须为整数，不能出现小数。

（2）由已知条件得知，礼品盒的个数要小于等于果篮的个数

（3）采购的礼品盒与果篮容纳的苹果数要大于等于400。

步骤7 添加第2个条件。将光标置于【单元格引用】框中，选择C3单元格，在中间的等式选取框中选择“<=”，在【约束】框中选取C4单元格，然后单击【添加】按钮。

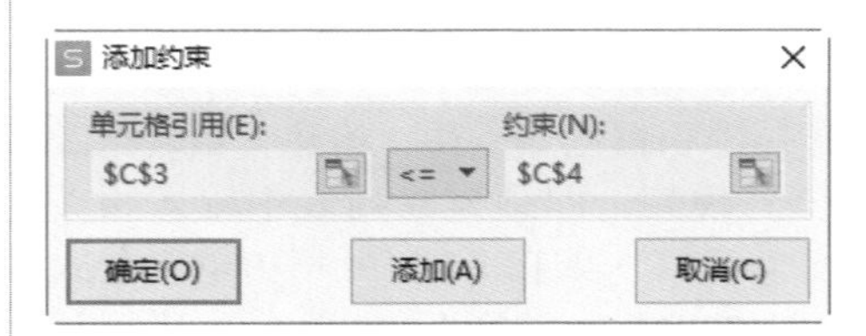

步骤8 添加第3个条件。将光标置于【单元格引用】框中，选择D5单元格，在中间的等式选取框中选择“>=”，在【约束】框中选取D6单元格或直接输

入 400。因只存在 3 个条件，设置完成，单击【确定】按钮完成约束条件的输入。

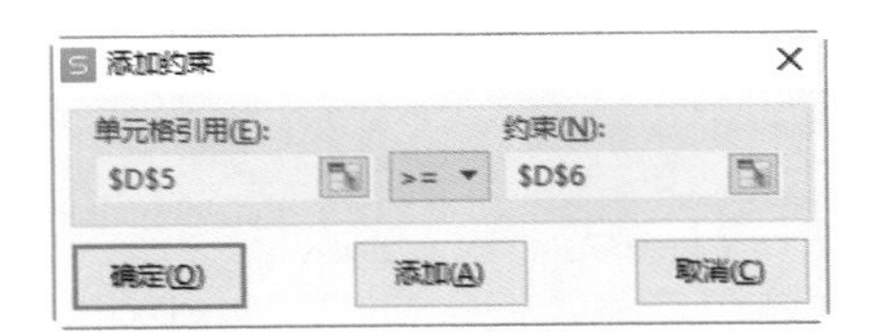

步骤 9 查看【规划求解参数】对话框中的相关参数，确认无误后，单击【求解】按钮，即可计算最佳方案。

步骤 10 此时会弹出【规划求解结果】对话框，选中【保留规划求解的解】单选项，单击【确定】按钮，就可以关闭此对话框，并将求解的值显示在列表中。

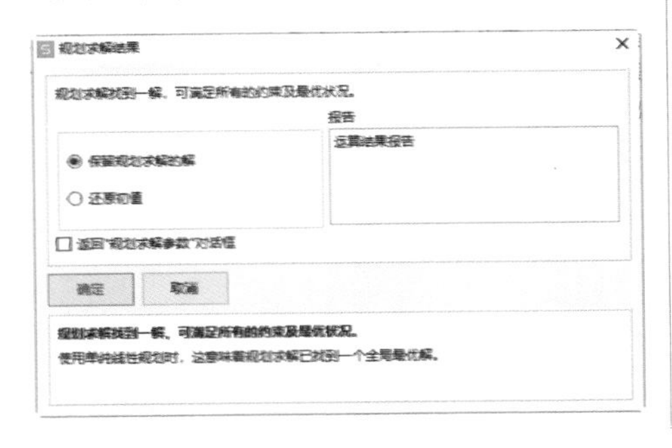

步骤 11 查看求解结果，经过规划求解后，可获取最佳方案，即采购礼品盒 10 个、果篮 15 个，成本是最小的。

	A	B	C	D	E
1					
2			数量	容量	成本
3		礼品盒	10	25	12
4		果篮	15	10	6
5		总计		400	210
6		最小		400	

7.2.2 通过规划求解保证利润最大化

大部分企业的行动目标，就是追求利润最大化，企业除了加强管理、改进技术、提高劳动生产率、降低产品成本外，还可以对资源进行科学合理的分配，以此提高经济效益。

如下图所示，某面包店生产蛋挞和菠萝面包两种食品，生产每个蛋挞所用的原料为 2.5 个单位，机器工时为 4 小时，销售每个蛋挞可获得毛利 5.5 元；生产每个菠萝面包所用的原料为 3 个单位，机器工时为 1.5 小时，销售每个菠萝面包可获得毛利 3.5 元。该店每日可用原料总数为 1300 个单位，每日机器可用总工时为 1650 小时。在这种情况下，假如该店每天生产的蛋挞和菠萝面包全部可以售出，那该店每天分别生产蛋挞和菠萝面包多少个时，总利润是最大的？

	蛋挞	菠萝面包	
使用原料	2.5	3	
机器工时	4	1.5	
毛利	5.5	3.5	
实际产量	1	1	
毛利合计	5.5	3.5	→ =D6*D5
每日原料总数	1300	5.5	→ =C6*C3+D6*D3
每日机器可用总工时	1650	5.5	→ =C6*C4+D6*D4
总利润	9		
	↓ =C7+D7		

上述使利润最大化的问题与 7.2.1

小节使成本最小化的问题原理类似，同样使用规划求解来获取利润最大化的方案，具体操作步骤如下。

步骤1 根据已知条件，构建关系表格及公式模型，即预先在列表中输入相关计算公式。

在C7单元格中输入公式“=C6*C5”。在D7单元格中输入公式“=D6*D5”，此公式用于计算总的毛利。在D9单元格中输入公式“=C6*C3 + D6*D3”，此公式用于计算每日消耗的原料总数。在D10单元格中输入公式“=C6*C4 + D6*D4”，此公式用于计算每日消耗的总机器工时。在C11单元格中输入公式“=C7 + D7”，此公式用于计算总利润。

C11　fx　=C7+D7

	A	B	C	D
1				
2			蛋挞	菠萝面包
3		使用原料	2.5	3
4		机器工时	4	1.5
5		毛利	5.5	3.5
6		实际产量	1	1
7		毛利合计	5.5	3.5
8				
9		每日原料总数	1300	5.5
10		每日机器可用总工时	1650	5.5
11		总利润	9	

步骤2 选择【数据】→【模拟分析】→【规划求解】命令。

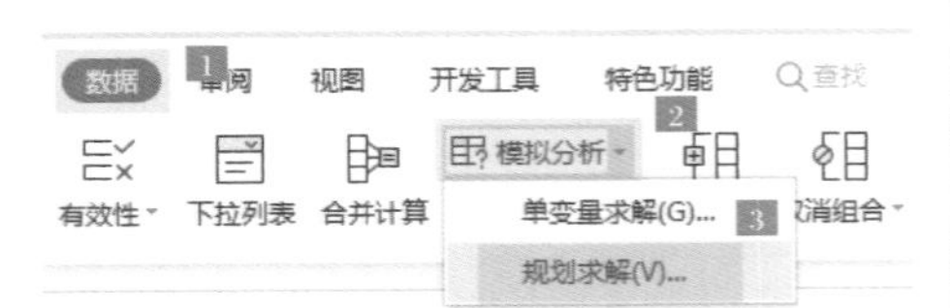

步骤3 弹出【规划求解参数】对话框，首先设置目标，该案例要获取总利润最大值，而总利润所在单元格为C11单元格，所以需要在【设置目标】处将C11单元格设为目标单元格，并且选择【最大值】单选项。此设置表示求解的目标单元格是C11单元格，求解的属性是求解它的最大值。

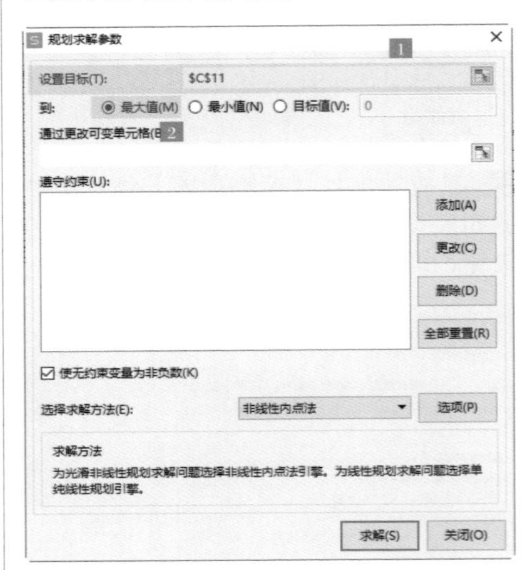

步骤4 设置可变单元格，该项设置的是获取影响结果值的可变单元格的区域，在本例中是生产蛋挞和菠萝面包的数量，即实际产量。将光标定位在【通过更改可变单元格】输入框中，然后拖动鼠标选择C6:D6区域，即实际产量的数据区域。

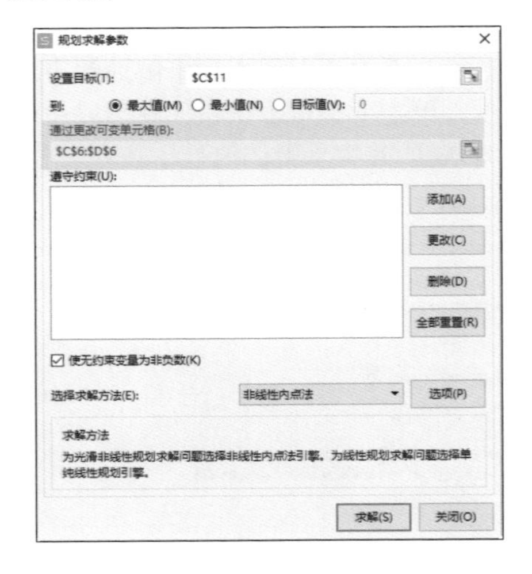

Tips

下面设置约束条件，该案例中的条件有 3 个。

（1）因蛋挞和菠萝面包是完整的实物，所以其数量必须为整数，不能出现小数。

（2）每日耗费的原料总数小于等于 1300。

（3）每日机器工时的总数小于等于 1650。

步骤 5 单击【添加】按钮，在【添加约束】对话框中设置第 1 个条件。将光标置于【单元格引用】框中，选取 C6 单元格，然后在中间条件中选择【int】，单击【添加】按钮，再次添加菠萝面包的整数条件，再次单击【添加】按钮。

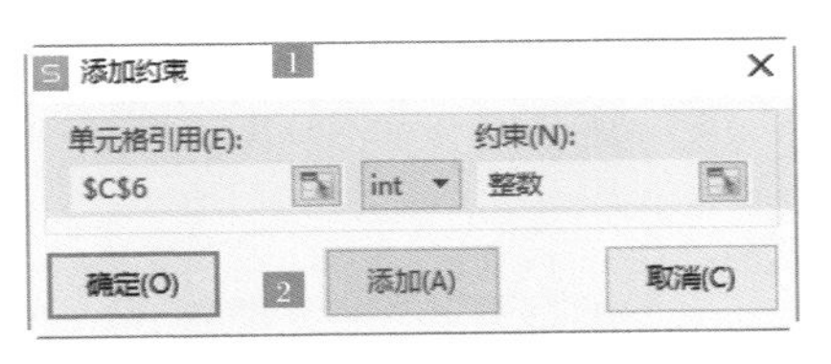

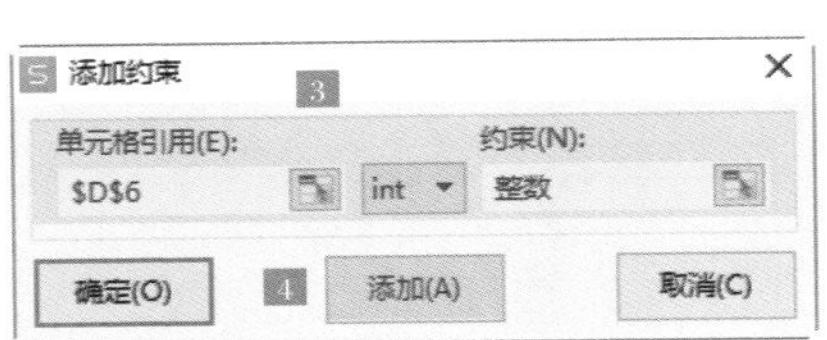

步骤 6 添加第 2 个条件。将光标置于【单元格引用】框中，选择 D9 单元格，在中间等式选取框中选择“<=”，在【约束】框中输入 1300 或是选取 C9 单元格，然后单击【添加】按钮。

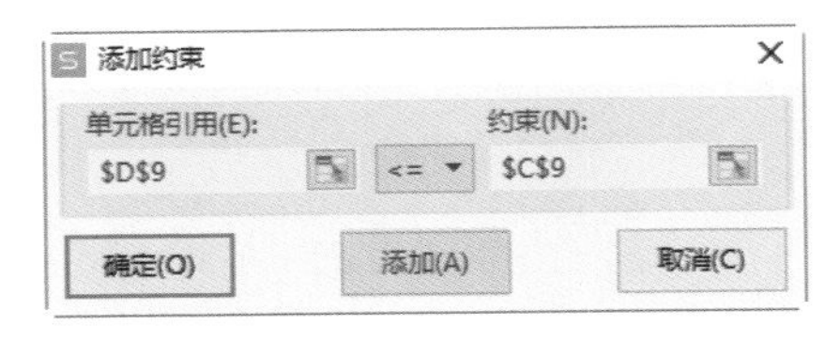

步骤 7 添加第 3 个条件。将光标置于【单元格引用】框中，选择 D10 单元格，在中间等式选取框中选择“<=”，在【约束】框中输入 1650 或是选取 C10 单元格，然后单击【确定】按钮。

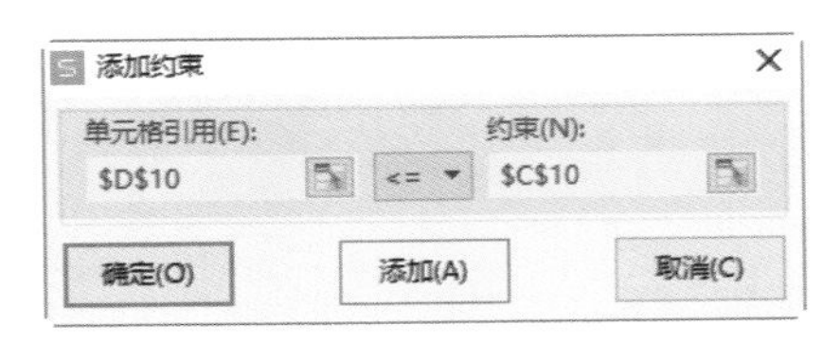

步骤 8 查看【规划求解参数】对话框中的相关参数，确认无误后，单击【求解】按钮，即可计算最佳方案。

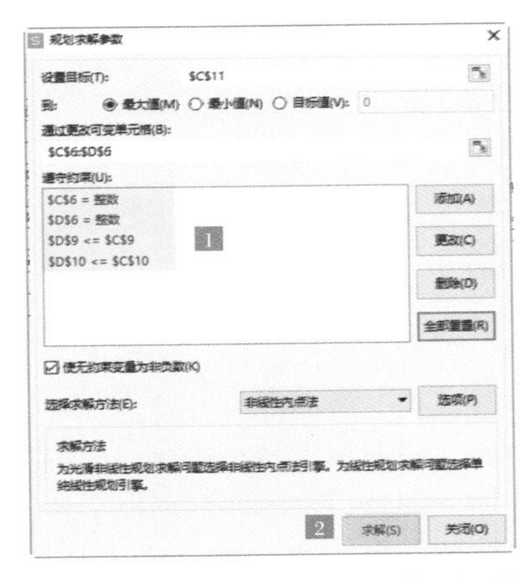

步骤 9 弹出【规划求解结果】对话框，单击【确定】按钮，即可计算最佳方案。即每日生产蛋挞 363 个，生产菠萝面包 130 个时，利润最大。

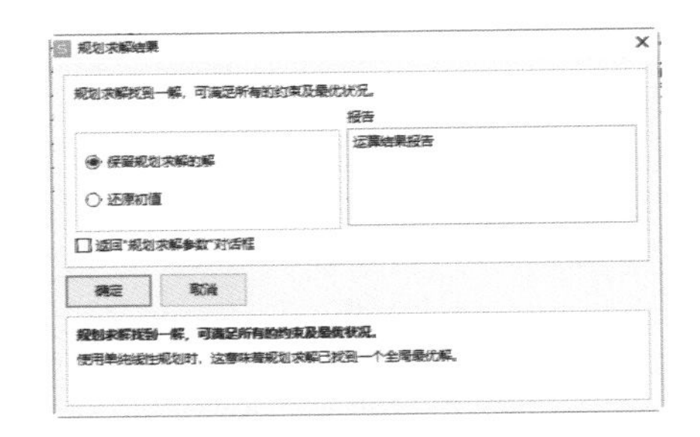

	A	B	C	D
1				
2			蛋挞	菠萝面包
3		使用原料	2.5	3
4		机器工时	4	1.5
5		毛利	5.5	3.5
6		实际产量	363	130
7		毛利合计	1996.5	455
8				
9		每日原料总数	1300	1297.5
10		每日机器可用总工时	1650	1647
11		总利润	2451.5	

案例总结及注意事项

（1）规划求解前首先需要构建出表格中各项数据之间的关系。

（2）分析已知条件，找出并设置约束条件。

动手练习：根据消费总金额找出对应多张发票

练习背景：

在日常生活和工作中，我们经常需要在一组数据中找出若干数字，它们相加的和为一个指定的值。此类场景常出现在财务工作中，如发票金额核对、根据银行流水核对账面。如果人工一个个查找比对，效率低，并且也不一定能找得到。但规划求解可迅速、准确找到匹配值。现公司要求你根据以下要求找出对应的发票。

练习要求：

（1）尝试通过人工比对来找出结果。

（2）通过规划求解找出满足要求的匹配值。

练习目的：

（1）掌握逆向计算思维。

（2）掌握规划求解的计算原理。

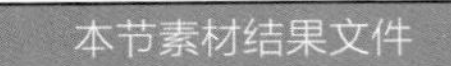

素材 \ch07\ 根据消费总金额找出对应多张发票 .et

结果 \ch07\ 根据消费总金额找出对应多张发票 .et

动手练习效果展示

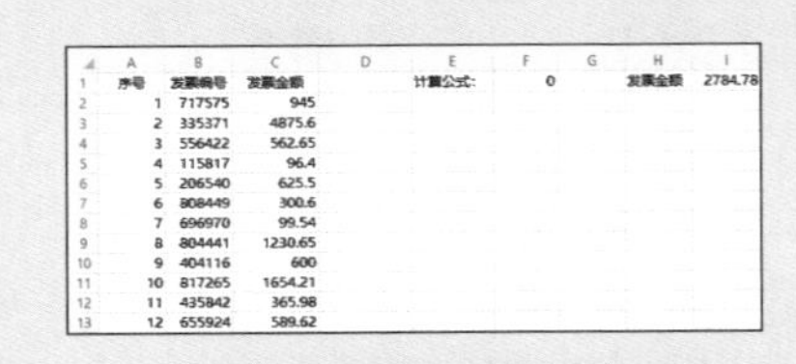

	A	B	C	D	E	F	G	H	I
1	序号	发票编号	发票金额		计算公式:	0		发票金额	2784.78
2	1	717575	945						
3	2	335371	4875.6						
4	3	556422	562.65						
5	4	115817	96.4						
6	5	206540	625.5						
7	6	808449	300.6						
8	7	696970	99.54						
9	8	804441	1230.65						
10	9	404116	600						
11	10	817265	1654.21						
12	11	435842	365.98						
13	12	655924	589.62						

发票统计数据表

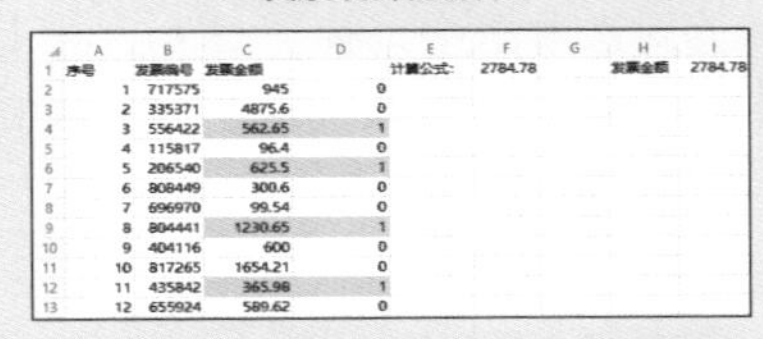

	A	B	C	D	E	F	G	H	I
1	序号	发票编号	发票金额		计算公式:	2784.78		发票金额	2784.78
2	1	717575	945	0					
3	2	335371	4875.6	0					
4	3	556422	562.65	1					
5	4	115817	96.4	0					
6	5	206540	625.5	1					
7	6	808449	300.6	0					
8	7	696970	99.54	0					
9	8	804441	1230.65	1					
10	9	404116	600	0					
11	10	817265	1654.21	0					
12	11	435842	365.98	1					
13	12	655924	589.62	0					

找出对应发票后的效果

演示文稿作为辅助表达及对外演示的工具，常用于培训课件、宣传策划、工作汇报、企业宣传、产品介绍等领域，其视觉效果不仅体现了使用者的态度，也直接影响观众对演示的认可程度。在商务场合，它更代表了企业形象！快速制作简单又好看的演示文稿，已经不仅是一项职场的工作技能，还是人生不断增值的体现。

第 8 章 快速打造简单又好看的演示文稿

- 主题的作用是什么？如何设置？
- 如何使用母版统一版式？
- 怎样更改演示文稿的配色方案？
- 演示文稿的布局如何修改？
- 能否一键美化排版？

8.1 制作企业宣传介绍演示文稿

企业宣传介绍演示文稿是企业形象识别系统的一个重要组成部分。企业宣传介绍演示文稿需要具有一定的专业性，同时企业理念、发展历程、销售业绩、未来规划等都比较抽象，所以还需要结合实际的应用来实现可视化、直观化的表达效果。

WPS 演示文稿界面各区域介绍如下。

下面通过对企业宣传介绍演示文稿的制作，介绍 WPS 演示的各种功能。

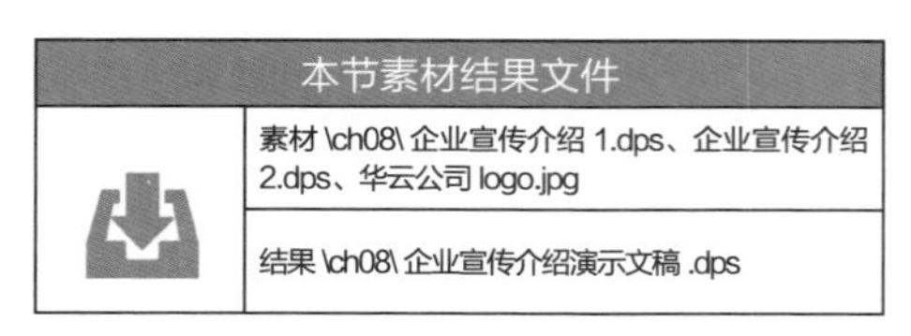

本节素材结果文件	
	素材 \ch08\ 企业宣传介绍 1.dps、企业宣传介绍 2.dps、华云公司 logo.jpg
	结果 \ch08\ 企业宣传介绍演示文稿 .dps

本节素材文件中包含了企业宣传介绍内容及公司 logo 图片。现需要根据这些资料制作出带有公司 logo 的企业宣传介绍演示文稿。

企业宣传介绍

带有企业logo的企业宣传介绍模板

8.1.1 使用模板创建新演示文稿

制作演示文稿前需要创建空白演示文稿。为了让演示文稿美观和专业，也可以先选择一个模板。演示文稿的模板包括主题颜色、字体、幻灯片背景及幻灯片版式等。WPS 演示提供了很多演示文稿的模板，读者可以直接选用适合的模板创建新演示文稿。具体操作步骤如下。

步骤 1 启动 WPS 软件，单击软件界面上方或左侧的【新建】按钮。

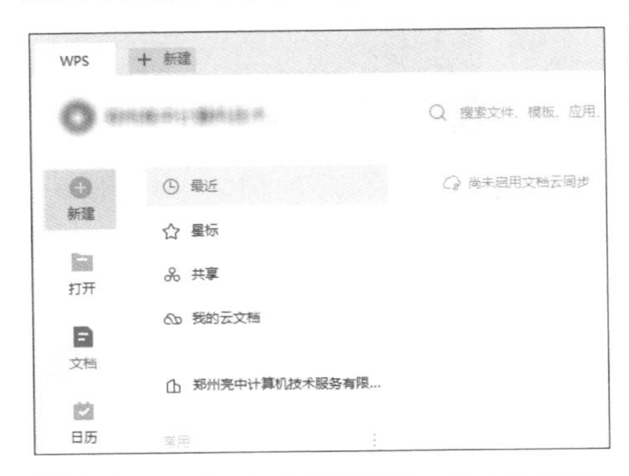

步骤 2 进入新建文档页面，单击页面上方的【演示】按钮，即可看到系统推荐的各种不同类型的 PPT 模板和界面中间的【新建空白文档】选项。选择【新建空白文档】选项，即可新建一个名为“演示文稿 1”的空白演示文稿。

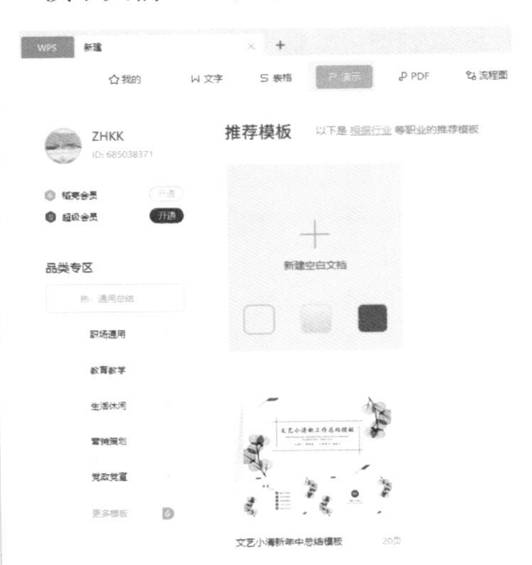

Tips

稻壳会员也可以直接在【新建】页面选择稻壳网提供的模板。

8.1.2 将主题修改为企业简介风格

编辑演示文稿的时候，可以随时根据需要进行主题模板的修改，使演示文稿的主题与企业宣传介绍的内容呼应。

与更改主题相关的功能介绍如下。

本案例将已编辑完成的“企业宣传介绍 1.dps”演示文稿的主题模板改为企业简介风格，具体操作步骤如下。

步骤 1 打开“企业宣传介绍 1.dps”素材文件，单击【设计】→【更多设计】按钮。

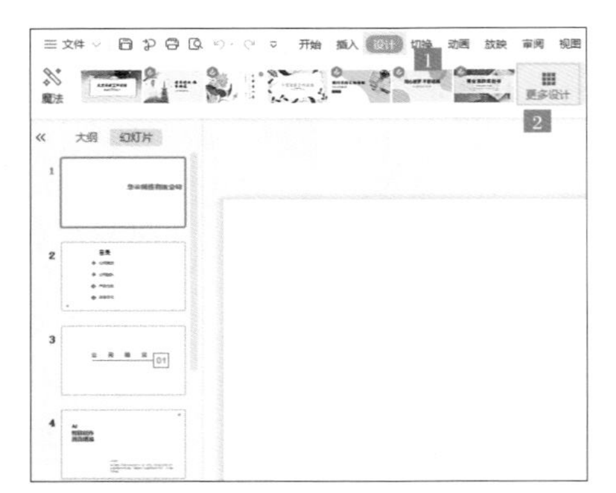

步骤 2 在弹出的【在线设计方案】对话框中，根据需要选择一个合适的模板。

步骤 3 单击所选择的模板，弹出【设计方案】对话框，可以看到该模板所有页面的设计方案，根据需要进行页面选择或全部选择后，单击【应用本模板风格】按钮，如下图所示。

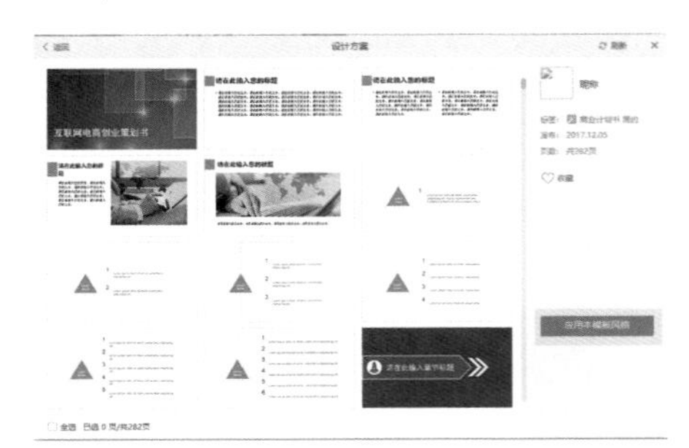

步骤 4 这时即可看到演示文稿所有页面的版式都更改了，之后可根据需要修改幻灯片中的文字和图片，最后形成一个完整的企业宣传介绍演示文稿。

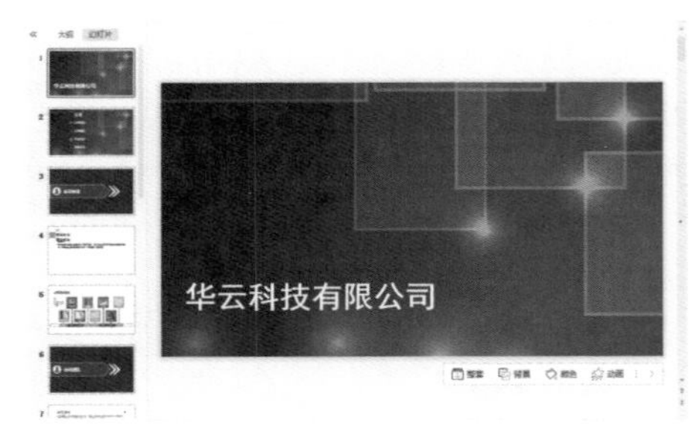

8.1.3 使用“魔法”工具秒变主题

WPS 演示提供了很多十分便利的功能，供读者制作演示文稿，其中的“一键魔法换装功能”就可以随机快速变换不同效果的模板，一键更换整个文档的主题模板。在本案例中，对前面完成的企业宣传介绍演示文稿运用“一键魔法换装功能”进行主题更换，具体操作步骤如下。

步骤 1 单击【设计】→【魔法】按钮。

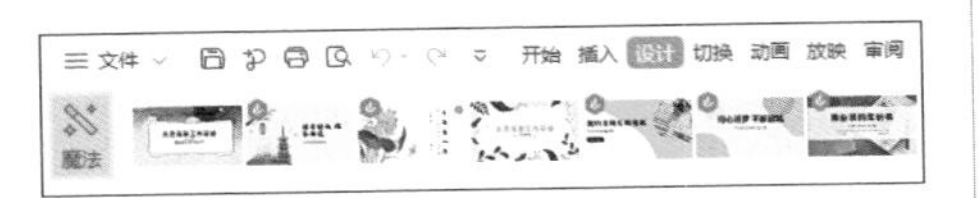

步骤 2 弹出一个提示框，提示开始进行魔法换装。

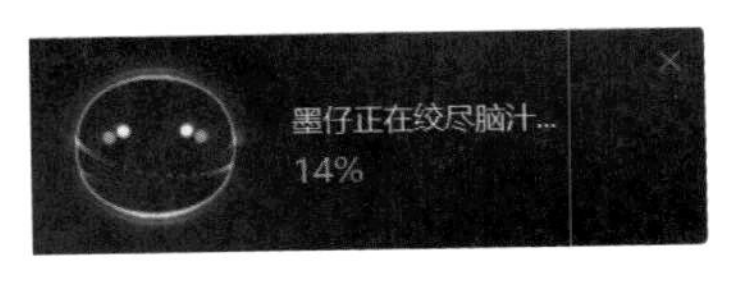

步骤 3 等待一段时间后，魔法换装完成，可以看到演示文稿每一页的模板都已经替换完毕，如下图所示。

Tips

完成演示文稿制作后，记得及时保存文档。

8.1.4 幻灯片的基本操作

WPS 演示文稿由多张幻灯片组成，对幻灯片的基本操作包括幻灯片的播放、新建、复制、删除等。

1. 新建幻灯片（Ctrl ＋ M）

默认情况下，在新建的空白演示文稿中只有一张幻灯片，而一篇演示文稿需要使用多张幻灯片来表达需要演示的内容，这时就需要在演示文稿中添加新的幻灯片。在演示文稿中新建幻灯片的方法主要有以下 4 种。

方法一：通过快捷菜单添加

打开“企业宣传介绍 2.dps”素材文件，在演示文稿左边的大纲窗格中，选中要新增幻灯片的位置上方的那张幻灯片，单击鼠标右键，在弹出的快捷菜单中选择【新建幻灯片】命令。

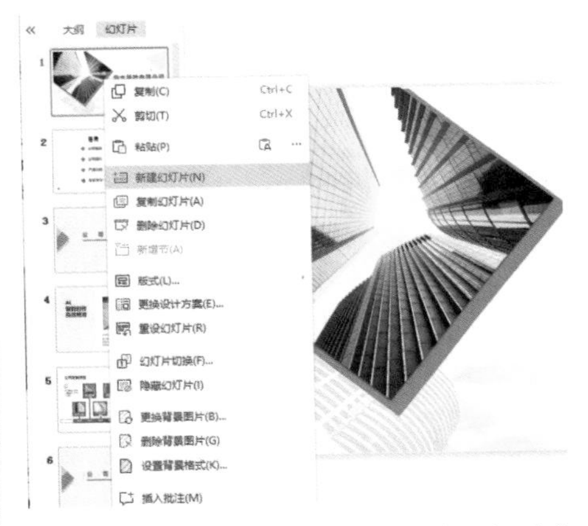

这样即可在所选中的幻灯片下方添加一张同样版式的空白幻灯片。效果如下图所示。

方法二：通过快捷键添加

在演示文稿左边的大纲窗格中，选中要新增幻灯片的位置上方的那张幻灯片，按【Enter】键确定，即可在该幻灯片的下面添加一张同样版式的空白幻灯片。效果如下图所示。

方法三：通过快捷按钮添加

通过快捷按钮添加新幻灯片有两种方式。

（1）在演示文稿左边的大纲窗格中，选中要新增幻灯片的位置上方的那张幻灯片，单击该幻灯片下方的【新建幻灯片】按钮，在弹出的对话框中根据需要选择新幻灯片的主题模板样式，单击【立即使用】按钮，即可添加一张或一整套具有固定模板的空白幻灯片，如下图所示。

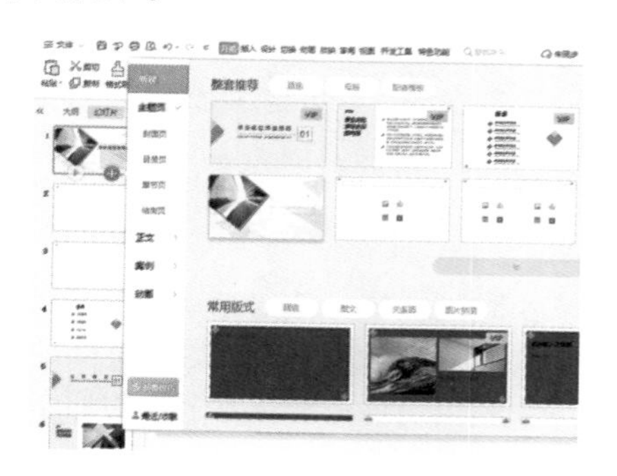

（2）在演示文稿左边的大纲窗格中，选中要新增幻灯片的位置上方的那张幻灯片，单击该大纲窗格下方的【新建幻灯片】按钮，在弹出的对话框中根据需要选择新幻灯片的主题模板样式，单击【立即使用】按钮，即可添加一张或一整套具有固定模板的空白幻灯片，如下图所示。

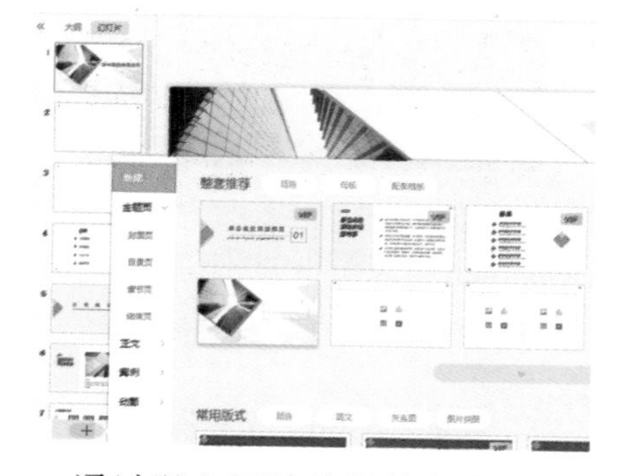

通过以上两种快捷按钮方式添加幻灯片，效果如下图所示。

方法四：通过功能菜单添加

通过功能菜单添加新幻灯片有如下两种方式。

（1）选中要新增幻灯片的位置上方的那张幻灯片，在演示文稿上方功能菜单中，单击【开始】→【新建幻灯片】按钮，在弹出的对话框中根据需要选择新幻灯片的主题模板样式，单击【立即使用】按钮，添加一张或一整套具有固定模板的空白幻灯片，如下页图所示。

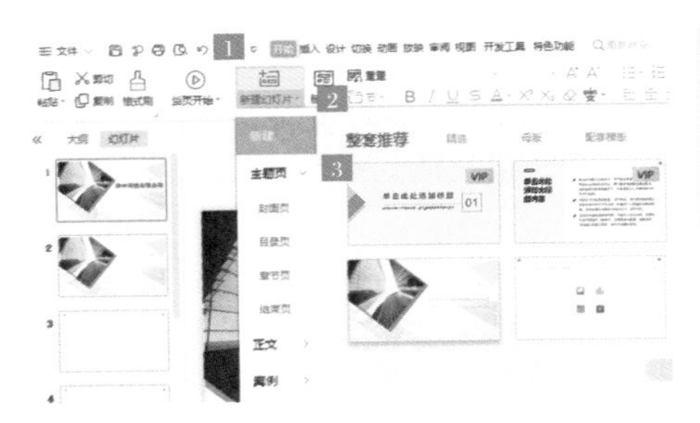

（2）选中要新增幻灯片的位置上方的那张幻灯片，在演示文稿上方功能菜单中单击【插入】→【新建幻灯片】按钮，在弹出的对话框中根据需要选择新幻灯片的主题模板样式，单击【立即使用】按钮，即可添加一张或一整套具有固定模板的空白幻灯片，如下图所示。

通过以上两种功能菜单方式添加幻灯片，效果如下图所示。

2. 复制（Ctrl + C）/ 粘贴（Ctrl + V）幻灯片

复制幻灯片就是指创建一张相同的幻灯片。复制幻灯片的方法有以下两种。

方法一：通过快捷菜单或组合键复制

在演示文稿左边的大纲窗格中，选中要复制的幻灯片 1，单击鼠标右键，在弹出的快捷菜单中选择【复制】命令或按【Ctrl + C】组合键，然后移动指针至目标位置的前一张幻灯片处（即幻灯片 4 前），单击鼠标右键，在弹出的快捷菜单中选择【粘贴】命令或按【Ctrl + V】组合键，即可在所选位置处创建出一张相同的幻灯片。

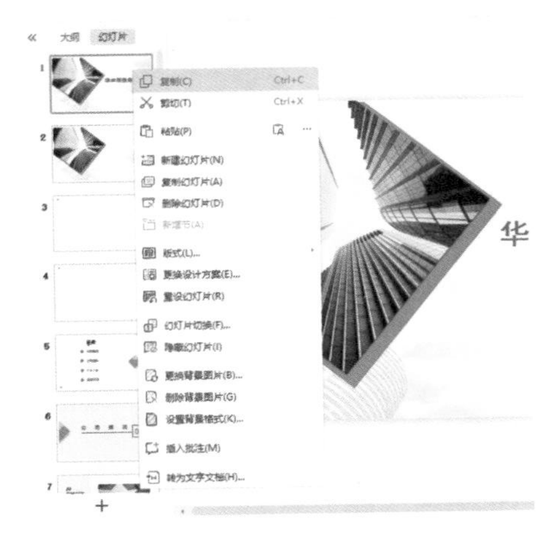

此时，新复制的幻灯片序号变为 4，效果如下图所示。

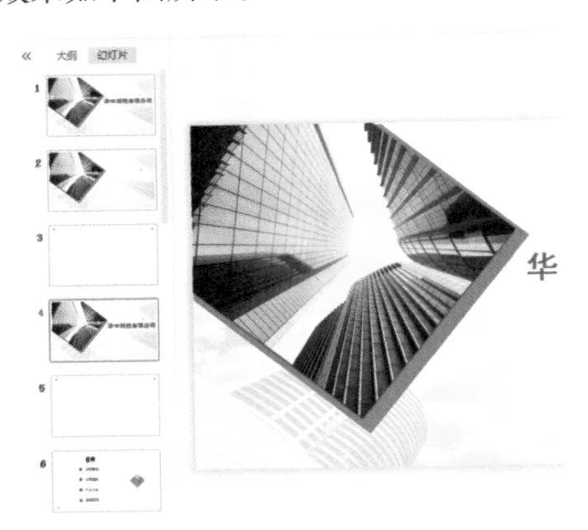

方法二：快速复制

在演示文稿左边的大纲窗格中，选中要复制的幻灯片 1，单击鼠标右键，在弹出的快捷菜单中选择【复制幻灯片】命令，即可在所选幻灯片下方创建出一张相同的幻灯片。

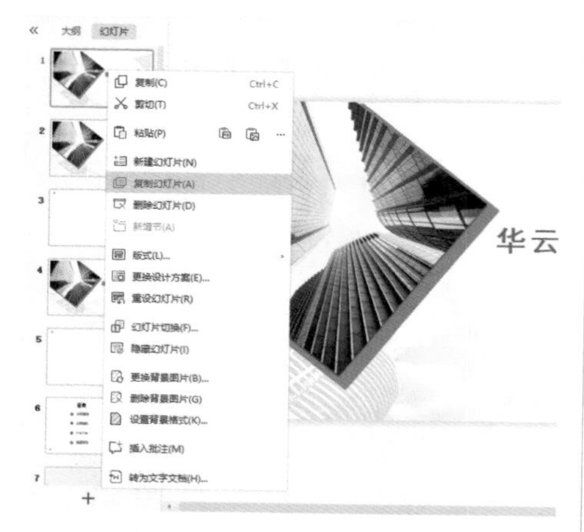

此时，新复制的幻灯片序号变为 2，效果如下图所示。

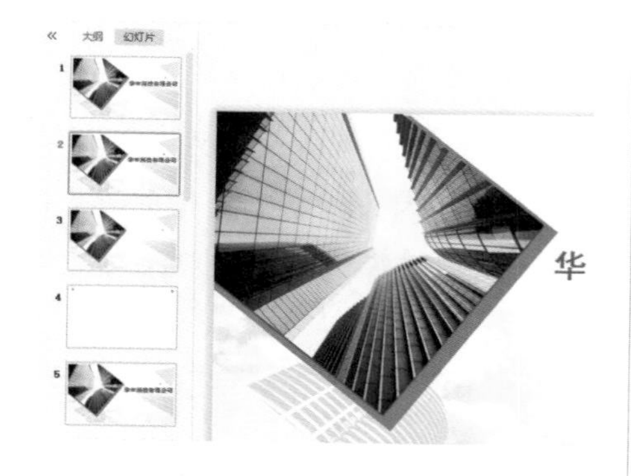

Tips

用方法一复制幻灯片，可以将所复制的幻灯片粘贴到演示文稿的任意位置；而用方法二复制幻灯片，只能将所复制的幻灯片粘贴在其下方。

3. 删除幻灯片

在编辑演示文稿时，如果需要删除多余或错误的幻灯片，可以通过以下两种方法实现。

方法一：通过快捷菜单删除

选中要删除的幻灯片 2，单击鼠标右键，在弹出的快捷菜单中选择【删除幻灯片】命令，即可删除所选幻灯片。

此时，幻灯片 3 的序号变为 2，效果如下图所示。

方法二：通过快捷键删除

选中要删除的幻灯片，直接按【Delete】键，即可删除幻灯片。

8.1.5 编辑母版统一版式

前面已介绍了编辑幻灯片和选择主题模板的方法，但在模板中加入统一的背景或插图等元素该如何实现呢？例如，企业宣传介绍演示文稿往往会在每页幻灯片中加入公司的 logo，如果每页都手动输入、编辑，就非常烦琐，这时就需要通过编辑幻灯片母版的功能来实现。

【幻灯片母版】选项卡下各按钮的功能介绍如下。

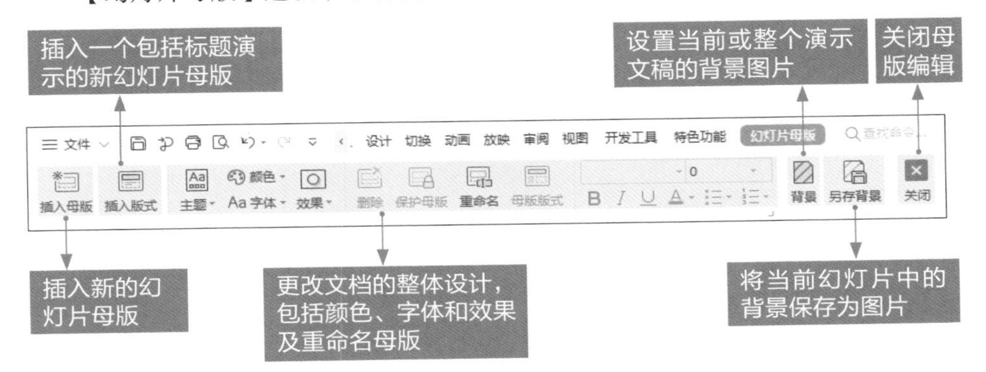

1. 打开幻灯片母版编辑界面

幻灯片母版是一种视图方式，类似于演示文稿的编辑“后台”，通过它可以对幻灯片中的各个版式进行编辑。在编辑幻灯片时，输入的文字或插入的图片等只会在所编辑的一张幻灯片中显示，而通过母版对版式进行编辑，其内容则会应用到所有使用该版式的幻灯片中。

进入幻灯片母版编辑界面，有以下两种方法。

方法一：单击【视图】→【幻灯片母版】按钮，即可进入母版编辑界面，如下图所示。

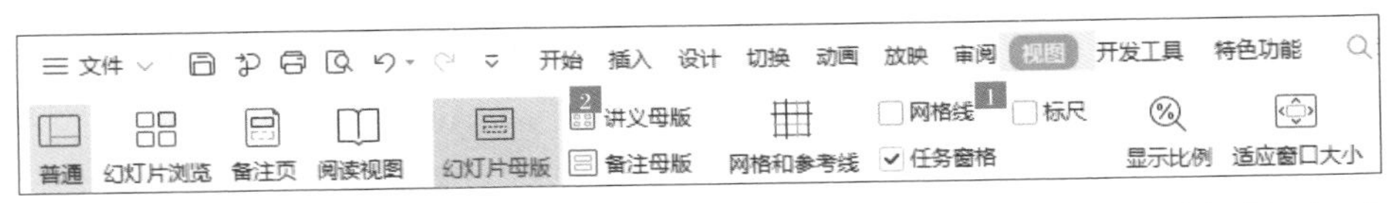

方法二：单击【设计】→【编辑母版】按钮，也可以进入母版编辑界面，如下图所示。

进入母版编辑界面后，在左边大纲窗格中可以看到 1 张主幻灯片和十几张子

幻灯片，其中十几张子幻灯片分别对应幻灯片的十几个版式。对主幻灯片进行的所有编辑，均会应用到这十几张子幻灯片中；也可以分别对每个子幻灯片母版进行单独编辑。如下图所示。

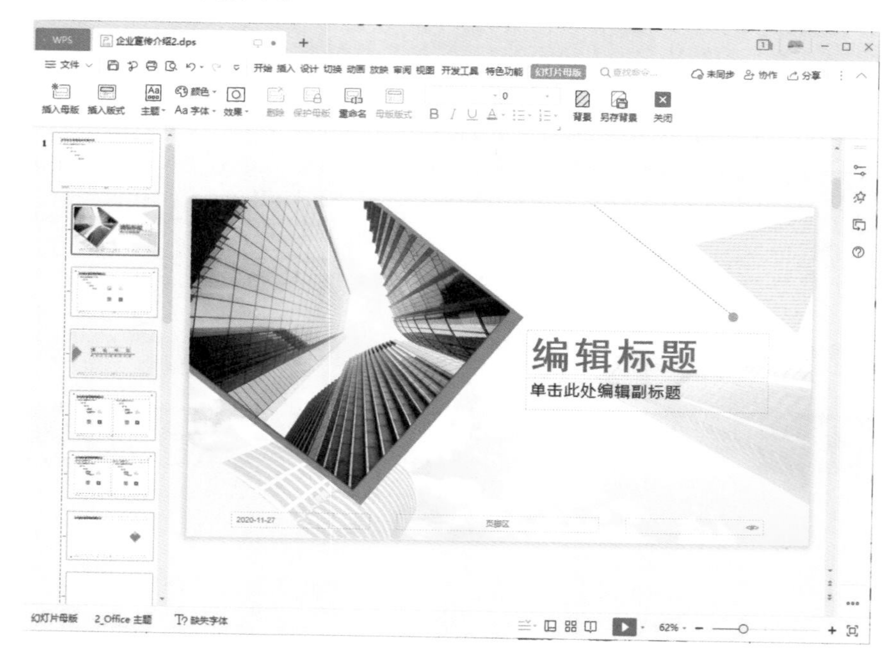

2. 编辑幻灯片母版

在本案例中，通过给幻灯片母版添加“华云公司 logo”图片，了解幻灯片母版的基本使用方法及如何编辑和保存母版。具体操作步骤如下。

步骤 1 在打开的素材文件中，单击【视图】→【幻灯片母版】按钮。

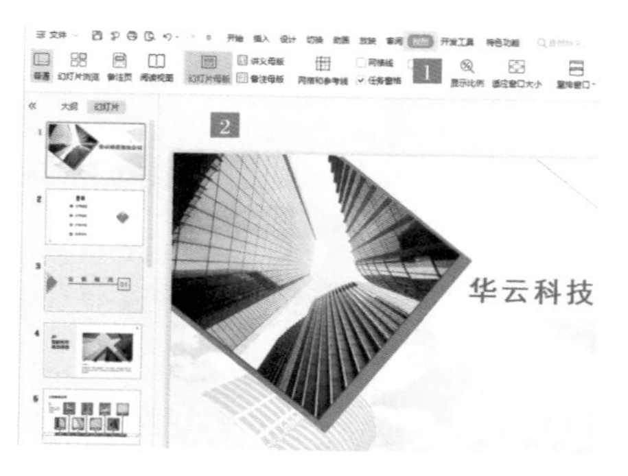

步骤 2 进入母版编辑界面，即可看到母版中的所有幻灯片都处于编辑状态，选中母版的主幻灯片，如下图所示。

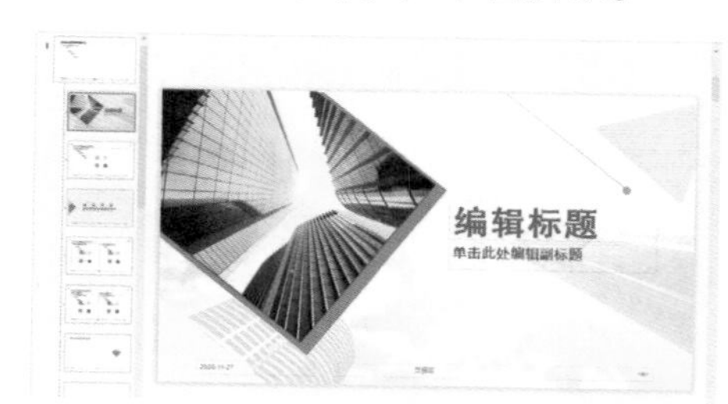

步骤 3 选择【插入】→【图片】→【本地图片】选项。

步骤 4 弹出【插入图片】对话框，选择素材文件夹中的“华云公司 logo.jpg”素材文件，单击【打开】按钮。

步骤 5 这样，所选图片即可插入所选的母版幻灯片中。根据需要，调整图片大小及位置，如下图所示。

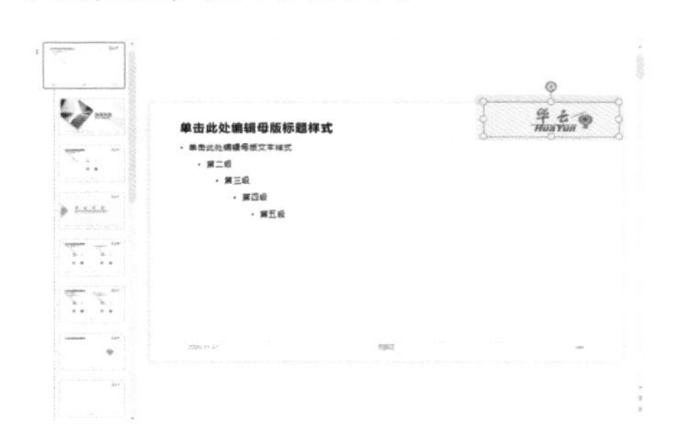

步骤 6 母版制作完成后，单击【幻灯片母版】→【关闭】按钮，退出母版编辑界面。

这时即可看到所选的公司 logo 图片已经显示在所有幻灯片中，如下图所示。

8.1.6 巧用“稻壳颜色”对企业宣传介绍演示文稿进行配色

可以通过 WPS【配色方案】对整个文稿的主题色进行配色调整，以实现更多的个性化设计。WPS 系统提供了两套配色系统：稻壳颜色和预设颜色。稻壳颜色是为稻壳 VIP 会员提供的更多的配色方案；预设颜色是 WPS 系统自带的配色方案。

【配色方案】功能选项说明如下。

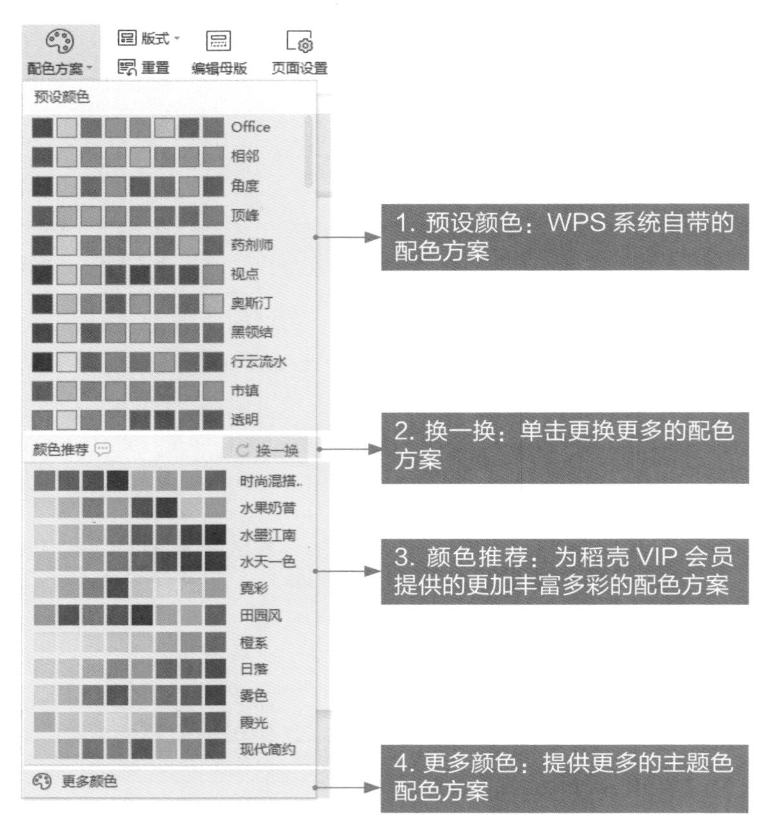

使用【配色方案】可以一键更改整个文档的主题色配色。例如，在本案例中，对前面编辑完成的企业宣传介绍演示文档进行主题色的修改，调整主题色配色方案为“视点”，具体操作步骤如下。

步骤1 在打开的素材文件的幻灯片页面，单击【设计】→【配色方案】选项，弹出配色下拉菜单，在弹出的下拉菜单中，单击“视点”系列。

步骤 2 这时可以看到整个文档的背景配色及相应的字体颜色发生了变化，如下图所示。

Tips

制作幻灯片时，只有严格使用当前的主题色对幻灯片中的所有对象进行填充，才可以使用其他配色方案一键替换所有配色。

8.1.7 保存企业简介演示文稿

最后，在制作完企业宣传介绍演示文稿之后，最重要的一步就是保存文件。在本案例中，对前面完成的演示文稿进行保存，具体操作步骤如下。

步骤 1 单击【文件】选项右边的下拉箭头，进入【文件】下拉菜单，选择【另存为】命令，在【保存文档副本】区域选择“WPS 演示文件（*.dps）”选项。

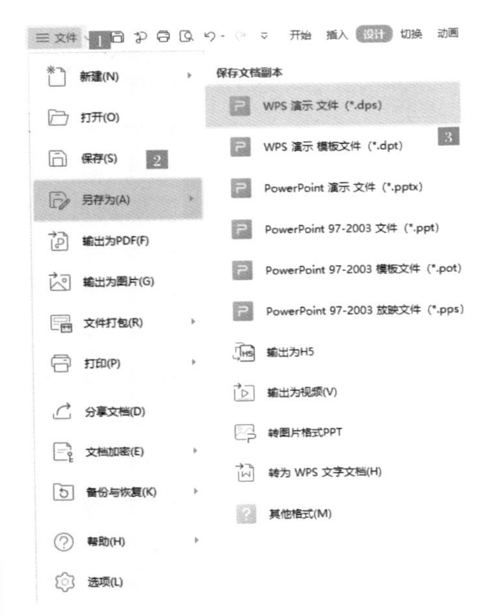

步骤 2 弹出【另存文件】对话框，根据需要选择文件保存路径，在【文件名】文本框中输入需要保存的文件名。由于建立的是 WPS 演示文稿文件，在【文件类型】选择框中选择“WPS 演示文件（*.dps）”，单击【保存】按钮。

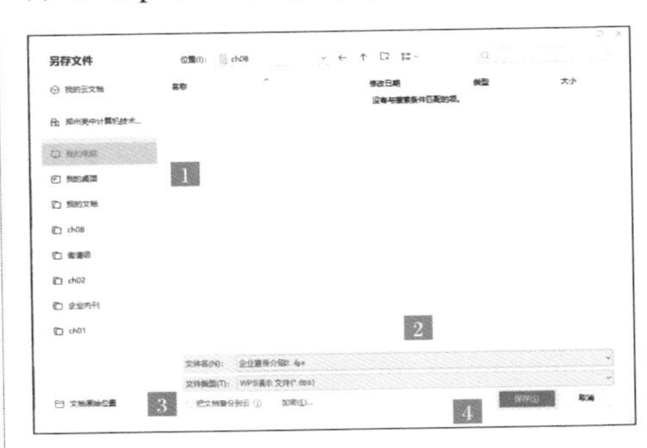

WPS 文件的保存路径有 4 种：我的云文档、我的电脑、我的桌面和我的文档。WPS 软件不仅可以编辑文档，随时将文档保存在本地设备，还可以将文档传输到云端（即 WPS 网盘）。WPS 网盘的文件同步功能非常方便，可以随时随地下载自己上传的文档。WPS 网盘仅限于 WPS 注册用户使用。

案例总结及注意事项

（1）在进行演示文稿编辑制作时，要及时保存文档。

（2）演示文稿的主题模板可以统一设置为一种模板，也可以根据需要为每页幻灯片设置不同的主题模板。

（3）在进行母版编辑时，可以根据需要，为每个子幻灯片母版单独设置背景样式，这样显示的每张幻灯片可以有所不同。

动手练习：制作公司产品介绍演示文稿

练习背景：

根据所提供的公司产品宣传介绍说明和资料，为了更好地对外宣传公司产品，现在公司需要你按照以下要求完成对演示文档的制作。

练习要求：

根据素材文件，为演示文档选择产品介绍类型的主题模板。

将公司 logo 图案添加到演示文档的母版中，制作带有公司 logo 的产品介绍演示文稿。

练习目的：

（1）掌握建立 WPS 演示文稿的方法。

（2）掌握选择和更换主题模板的方法。

（3）掌握编辑演示文档母版版式的方法。

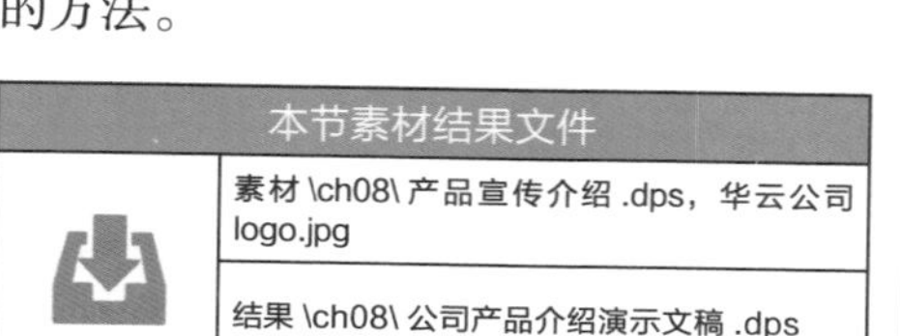

本节素材结果文件	
	素材 \ch08\ 产品宣传介绍 .dps，华云公司 logo.jpg
	结果 \ch08\ 公司产品介绍演示文稿 .dps

公司产品宣传介绍

带有公司logo的产品宣传介绍模板

8.2 制作岗位竞聘演讲演示文稿

在职场上准备竞聘演讲时，需要目标很明确，能说服现场的评审领导，那么要用各种证据去证明每一个观点、自身的优势，这样才是有说服力的演说，才有胜算。因此，准备岗位竞聘演示文稿时，就需要通过设置字体、段落及编号等功能优化文字的样式及逻辑结构，使演示文稿条理清晰。

制作演示文稿时，常用的字体及段落设置按钮功能介绍如下。

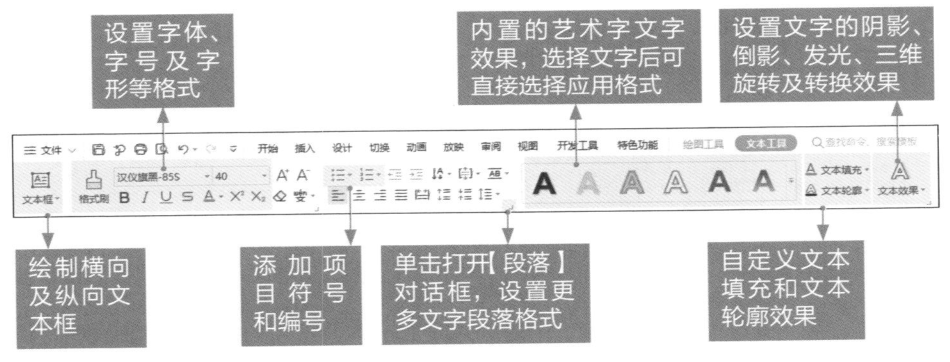

【版式】界面介绍如下。

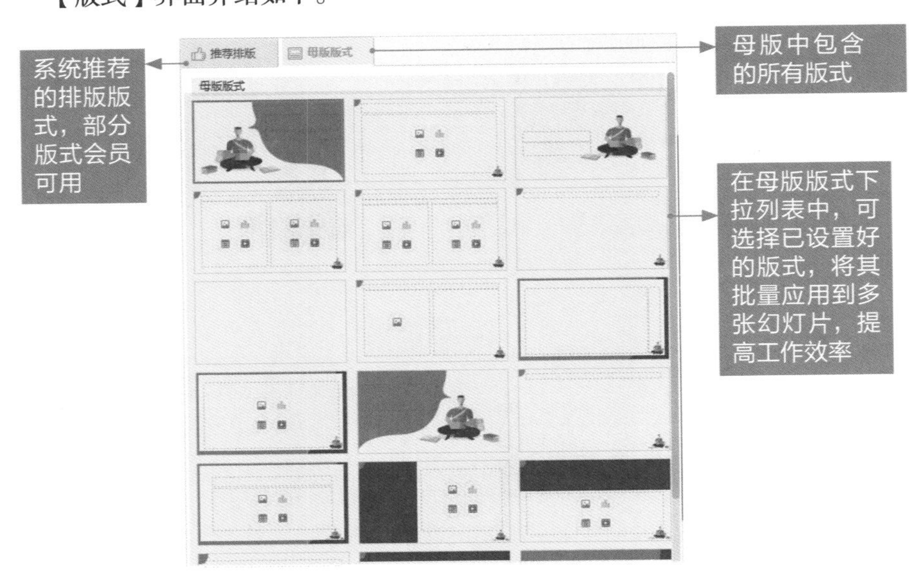

下面通过制作岗位竞聘演讲演示文稿，介绍在 WPS 演示中制作演示文稿的相关操作。

本节素材结果文件	
	素材 \ch08\ 制作岗位竞聘演讲演示文稿 .dps
	结果 \ch08\ 制作岗位竞聘演讲演示文稿 .dps

“制作岗位竞聘演讲演示文稿 .dps”素材文件中包含一个 9 页的演示文稿和一张图片，现在需要在素材文件中输入文字，并设置字体和段落格式，制作出一份竞聘演讲演示文稿。

案例效果

制作岗位竞聘演讲演示文稿

8.2.1 制作竞聘演讲演示文稿首页

在编辑演示文稿时，需要根据实际需求，在特定的位置插入大小合适的文本框。下面以制作竞聘演讲演示文稿的首页为例，具体步骤如下。

步骤 1 打开素材文件，选择第 1 张幻灯片页面，选择“单击编辑标题”文本框，输入文字“销售经理竞聘报告”，如下图所示。

步骤 2 选择【开始】→【文本框】→【横向文本框】选项。

步骤 3 在幻灯片页面中，按住鼠标左键并拖曳鼠标，即可根据需要绘制出文本框，如下图所示。

Tips

绘制文本框后，单击右侧的【形状样式】【形状填充】【形状轮廓】按钮，可以设置文本框的样式。如单击【形状填充】按钮，可通过颜色、渐变、纹理、图片等设置文本框对象。

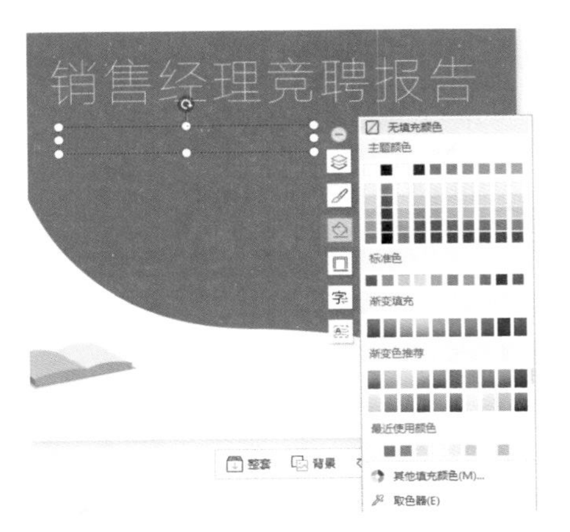

步骤 4 在插入的横向文本框中，分 3 行输入文字“姓名: 小林”“年龄: 25 岁”“从业：3 年” 文本，效果如下图所示。

Tips

在文本框中输入文字时，按【Enter】键即可换行。

8.2.2 为竞聘演讲演示文稿快速布局

通过应用 WPS 演示中的幻灯片版式，可以快速地完成对文字、图片等元素的布局。WPS 中有推荐排版和母版版式两类版式，在母版版式下有多种类型的版式，在推荐排版下有文字排版、图片排版和配套排版等色彩更加丰富的版式，可以根据需要选择。

Tips

使用母版版式，幻灯片母版上的对象会出现在每张幻灯片的相同位置上。使用母版不仅可以统一幻灯片的风格，还能够方便修改整体风格，能够节约设置格式的时间。

以竞聘演讲演示文稿为例，快速布局的具体操作步骤如下。

步骤 1 选中第 3 张幻灯片页面。

步骤 2 单击【开始】→【版式】按钮。

步骤 3 打开【版式】下拉列表，选择【推荐排版】→【配套排版】选项，在【配套排版】下拉列表中选择一种版式，单击【插入】按钮，即可完成版式的替换，效果如下页图所示。

Tips

【全部】版式中包含文字版式、图示版式和配套版式，如果仅需要设置文字版式、图示版式等，可直接选择【文字版式】或【图示版式】选项。

8.2.3 为内容页添加和编辑文本

幻灯片中不能直接添加和编辑文本，必须通过插入的文本框才能实现文字的输入。添加和编辑文本的具体步骤如下。

步骤 1 选择第 2 张幻灯片页面，单击第 1 个文本框，输入文字“个人简历”，如下图所示。

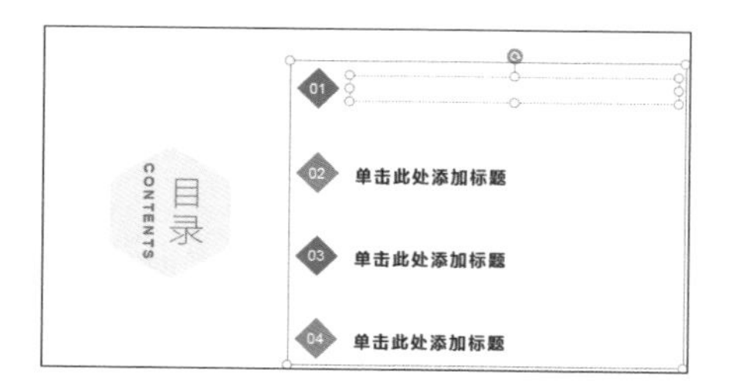

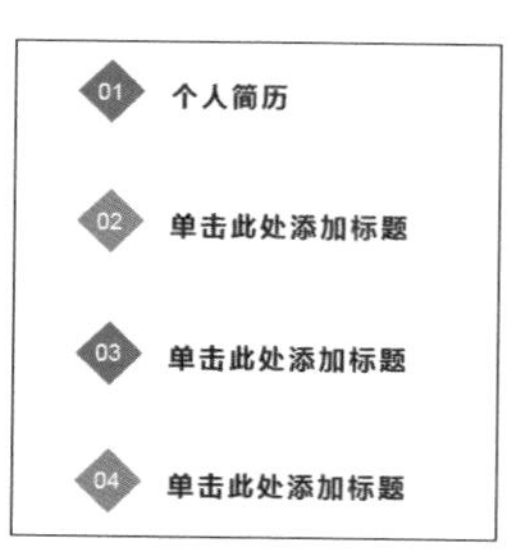

步骤 2 依次在其他 3 个文本框中输入“工作成绩”“履职能力”和“规划展望”，结果如下图所示。

步骤 3 选择第 3 张幻灯片页面，使用同样的方法，分别在两个文本框中输入相应的文本。

步骤 4 选择第 5 张幻灯片页面，选中标题文字“近三年个人业绩”，单击【开始】→【字体】按钮。

近三年个人业绩

步骤 5 弹出【字体】对话框，设置【字体】为“微软雅黑”，【字形】为“加粗”，【字号】为“36”，【字体颜色】为“黑色”，【下划线类型】为“单线”，【下划线颜色】为“黑色”，单击【确定】按钮，结果如下图所示。

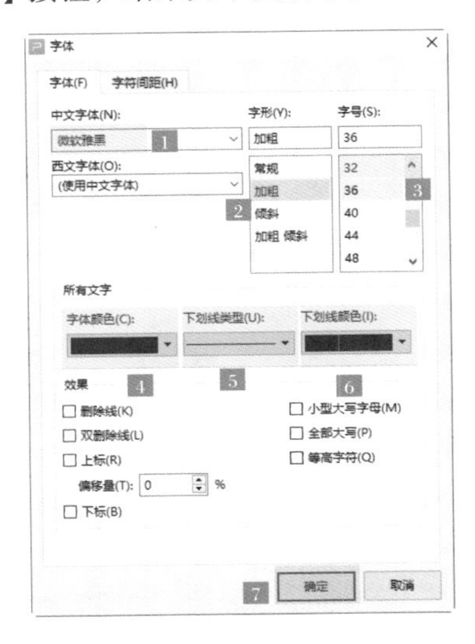

近三年个人业绩

步骤 6 选择第 9 张幻灯片页面，使用同样的方式，设置文字“新项目拓展增收 2000 万”的【字体】为“微软雅黑”，【字形】为“加粗”，【字号】为“36”，【字体颜色】为“黑色”，【下划线类型】为“单线”，【下划线颜色】为“黑色”，设置前后效果如下图所示。

新项目拓展增收2000万

新项目拓展增收2000万

步骤 7 选择第 1 张幻灯片页面，使用同样的方式，设置“销售经理竞聘报告”的【字体】为“华文楷体”，【字号】为“54”，【字形】为“加粗”；设置“姓名：小林”“年龄：25 岁”和“从业：3 年”的【字体】为“华文楷体”，【字号】为“18”，【字形】为“加粗”，【字体颜色】为“白色”，修改前后效果如下图所示。

销售经理竞聘报告
姓名：小林
年龄：25岁
从业：3年

销售经理竞聘报告
姓名：小林
年龄：25岁
从业：3年

8.2.4 复制和移动幻灯片

下面介绍如何复制和移动幻灯片，具体操作步骤如下。

步骤 1 选择第 3 张幻灯片页面，按【Ctrl + C】组合键对该幻灯片进行复制。

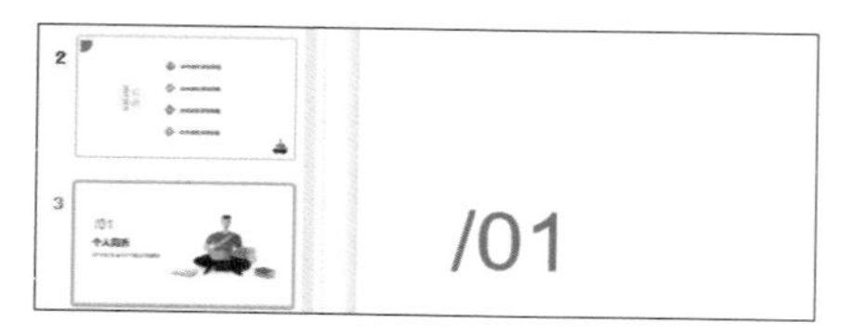

步骤 2 在要粘贴的位置，按【Ctrl + V】组合键，就完成了第 3 张幻灯片的粘贴，结果如下图所示。

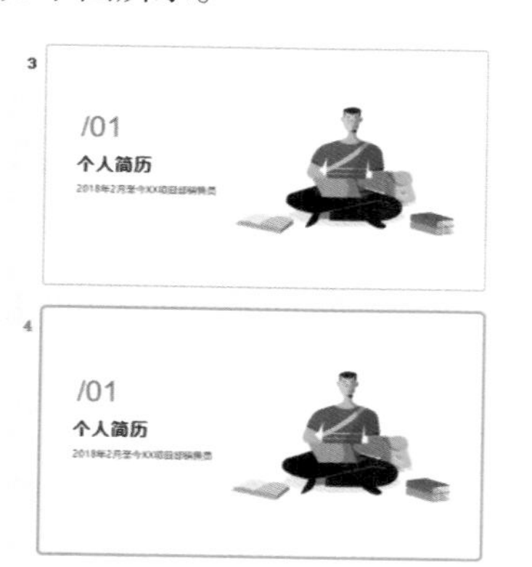

步骤 3 选中复制出的幻灯片页面，修改幻灯片文本框的文字为“/02 工作成绩”，并去掉多余的文本框，结果如下图所示。

步骤 4 通过同样的方式，分别得到“/03 履职能力”和“/04 规划展望”两张幻灯片。

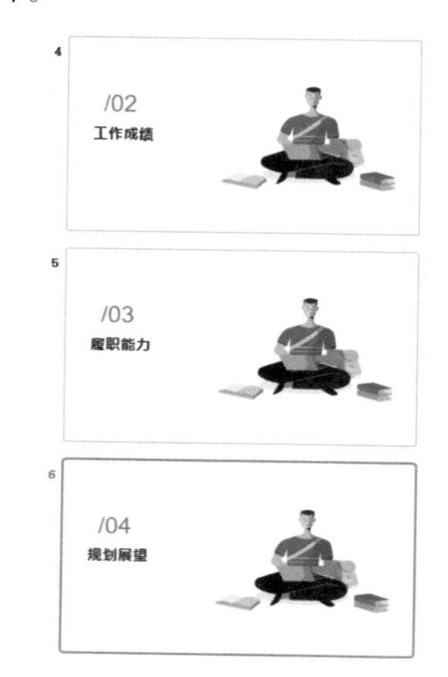

步骤 5 选中第 7 张幻灯片。按住鼠标左键不放，将其移动到第 11 张幻灯片的位置，释放鼠标，就完成了幻灯片位置的移动。第 7 张幻灯片移动前后的效果如下图所示。

移动前

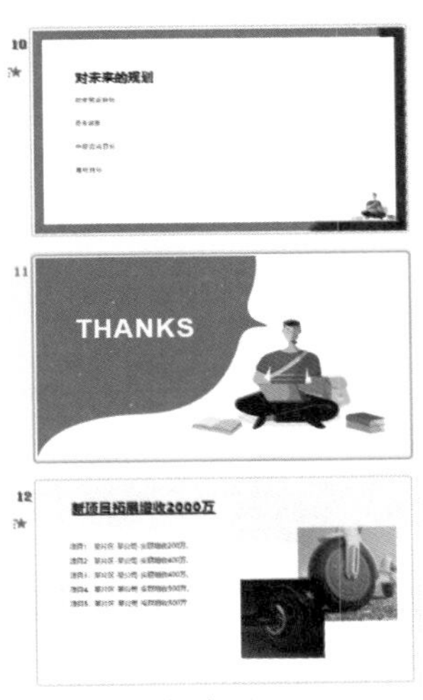

移动后

Tips

选中幻灯片后，按住鼠标左键不放，可将幻灯片移动到任意位置。

步骤 6 使用同样的方式，移动第 5 张幻灯片到第 9 张幻灯片的位置，第 9 张幻灯片在第 5 张幻灯片移动前后的变化如下图所示。再移动原第 6 张幻灯片到第 10 张幻灯片的位置。

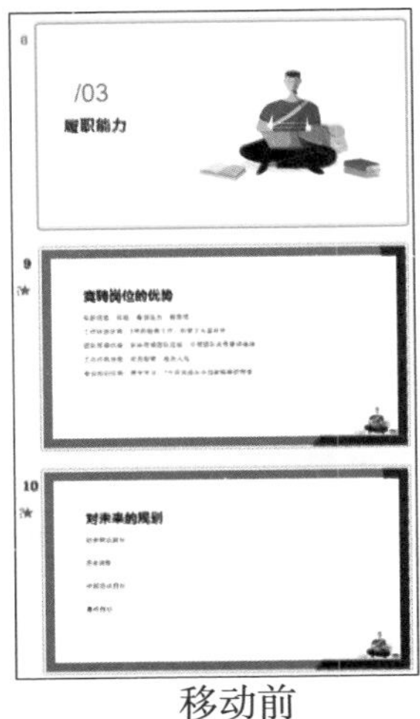

移动前

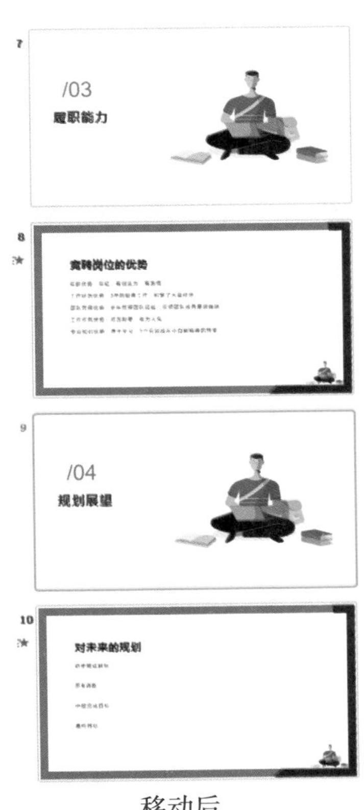

移动后

Tips

排在前面的幻灯片移动后，其后的幻灯片页码数会随之改变。

8.2.5 设置段落格式

在幻灯片中输入多段文字时，如果段落拥挤，会很不美观，因此需要对幻灯片中的内容进行段落设置。设置段落格式的具体操作步骤如下。

步骤 1 选择第 1 张幻灯片页面，选中要设置格式的文本，单击【文本工具】→【段落】按钮。

步骤 2 弹出【段落】对话框，设置【对齐方式】为“左对齐”，【段后】为“10磅”，【行距】为“多倍行距”，【设置值】为“1.3”，结果如下图所示。

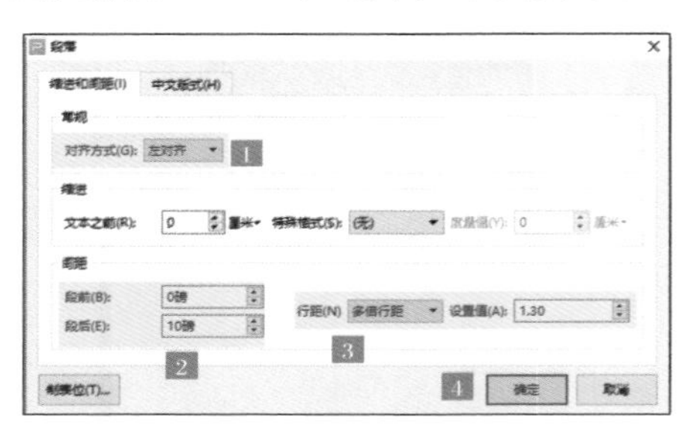

Tips

之后即可根据需要设置其他幻灯片页面中段落的样式，这里不再赘述。

8.2.6 为文字添加特殊效果

有时为了让文字赏心悦目，还需要为文字添加视觉效果，如阴影、倒影、发光等。

在竞聘演讲演示文稿中，为文字添加特殊效果的具体操作步骤如下。

步骤 1 选择第 5 张幻灯片页面，选中文字“近三年个人业绩”，单击【文本工具】→【文本效果】按钮。

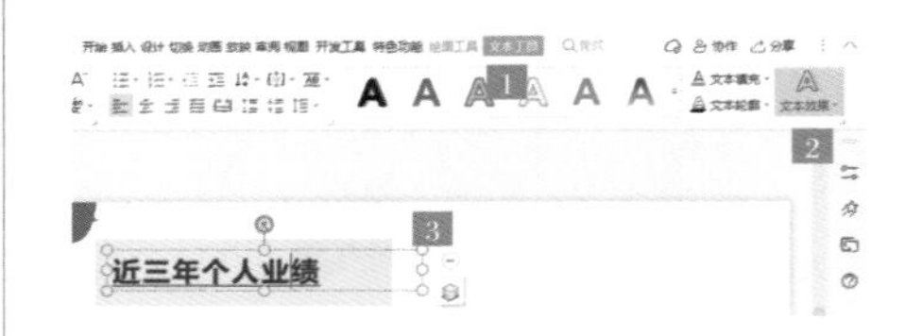

步骤 2 在下拉列表中，选择【阴影】，在阴影下拉列表中选择“外部”下的“居中偏移”选项，效果如下图所示。

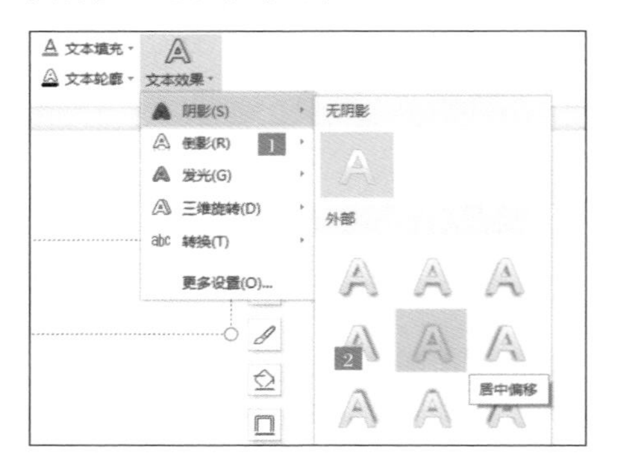

近三年个人业绩

步骤 3 选择第 6 张幻灯片页面，使用同样的方法，设置标题文字阴影效果为“居中偏移”，设置前后的效果对比如下图所示。

新项目拓展增收2000万

新项目拓展增收2000万

步骤 4 选择第 8 张幻灯片页面，使用同样的方法，设置标题文字阴影效果为“右上对角透视”，设置前后的效果对比如下图所示。

竞聘岗位的优势

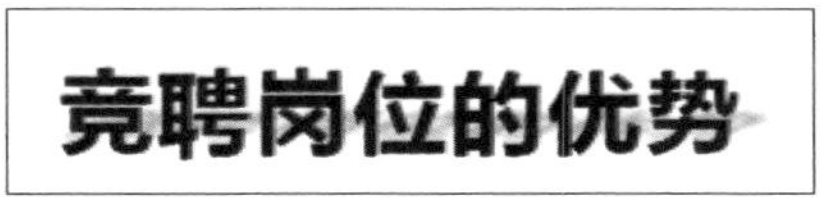

竞聘岗位的优势

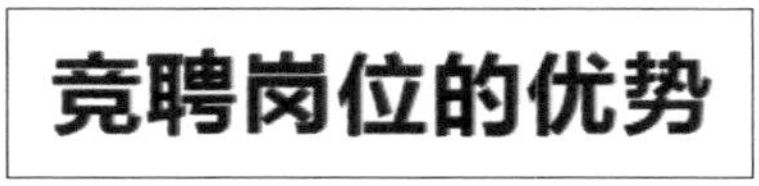

步骤 5 选择第 10 张幻灯片页面，使用同样的方法，设置标题文字阴影效果为“右上对角透视”，设置前后的效果对比如下图所示。

对未来的规划

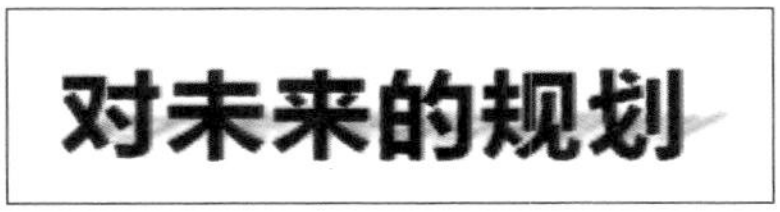

对未来的规划

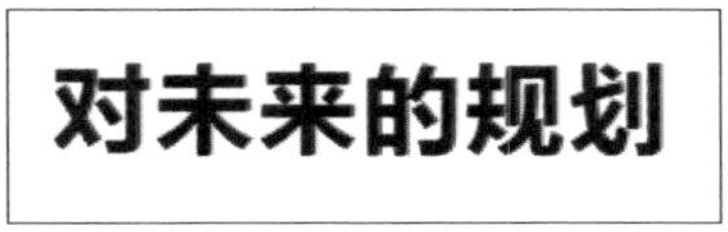

8.2.7 设置内容段落的项目符号和编号

如果想要分段显示演示文稿中的内容，可以给每一小段编上序号或符号，这样一方面能让演示文稿更美观，另一方面还能帮助演示文稿展示者理清思路。

设置内容段落项目符号和编号的具体操作步骤如下。

步骤 1 选择第 6 张幻灯片页面，选中需要设置项目符号的文字。

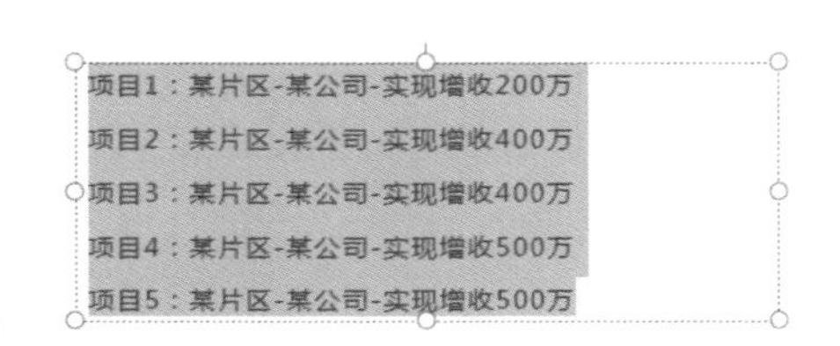

步骤 2 单击【文本工具】→【项目符号】按钮，在下拉列表中选择第 1 排第 4 列符号样式，效果如下图所示。

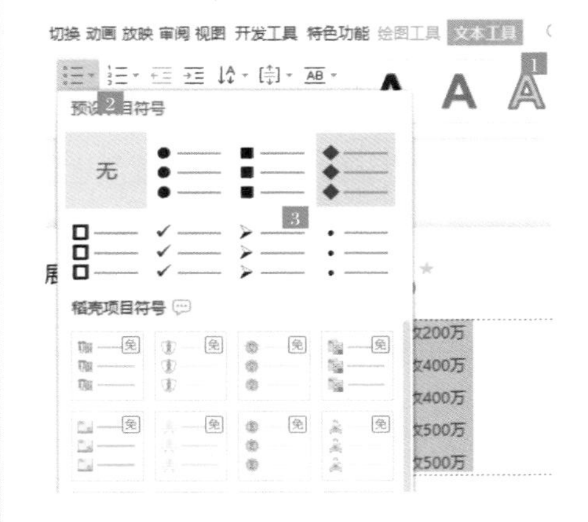

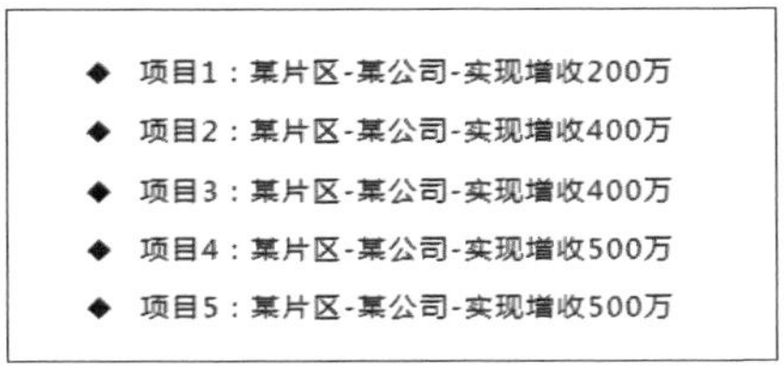

◆ 项目1：某片区-某公司-实现增收200万
◆ 项目2：某片区-某公司-实现增收400万
◆ 项目3：某片区-某公司-实现增收400万
◆ 项目4：某片区-某公司-实现增收500万
◆ 项目5：某片区-某公司-实现增收500万

步骤 3 选择第 8 张幻灯片页面，选中需要设置编号的文字。

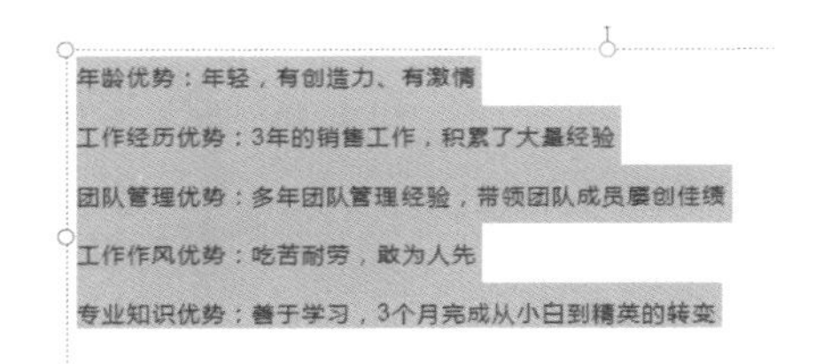

步骤 4 单击【文本工具】→【编号】按钮，在下拉列表中选择一种编号样式，设置编号后的效果如下图所示。

1. 年龄优势：年轻，有创造力、有激情
2. 工作经历优势：3年的销售工作，积累了大量经验
3. 团队管理优势：多年团队管理经验，带领团队成员屡创佳绩
4. 工作作风优势：吃苦耐劳，敢为人先
5. 专业知识优势：善于学习，3个月完成从小白到精英的转变

Tips

选择【其他编号】选项，弹出【项目符号和编号】对话框，在对话框中可以对项目符号和编号的样式、大小、颜色、开始位置等进行设置。

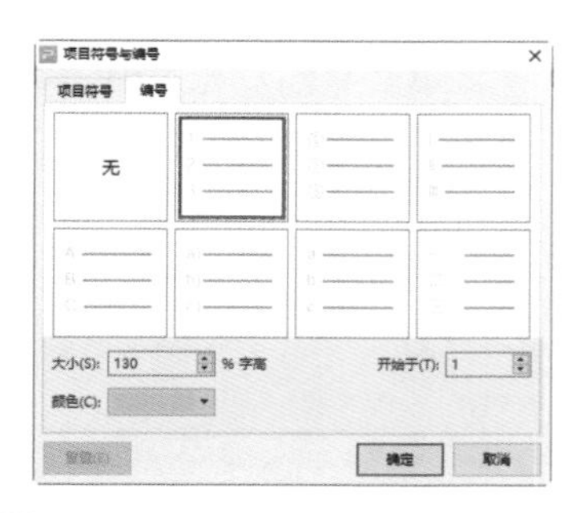

步骤 5 选择第 10 张幻灯片页面，使用同样的方法，为内容设置项目符号。

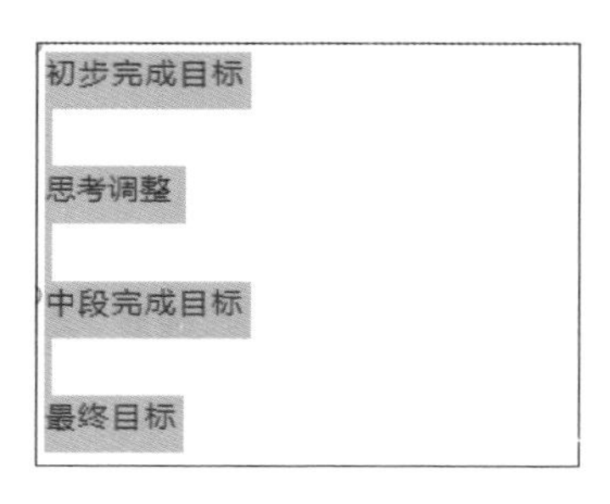

➢ 初步完成目标

➢ 思考调整

➢ 中段完成目标

➢ 最终目标

8.2.8 告别手动，使用一键美化排版

制作演示文稿时，找模板、处理细节不但会耗费大量的时间，而且制作出的演示文稿不一定美观。为解决这一问题，WPS 演示推出了“一键美化”功能，可以实现智能排版，快速解决演示文稿排版不美观问题。

使用一键美化排版的具体操作步骤如下。

步骤 1 选择第 12 张幻灯片页面，单击页面下方的【一键美化】按钮。

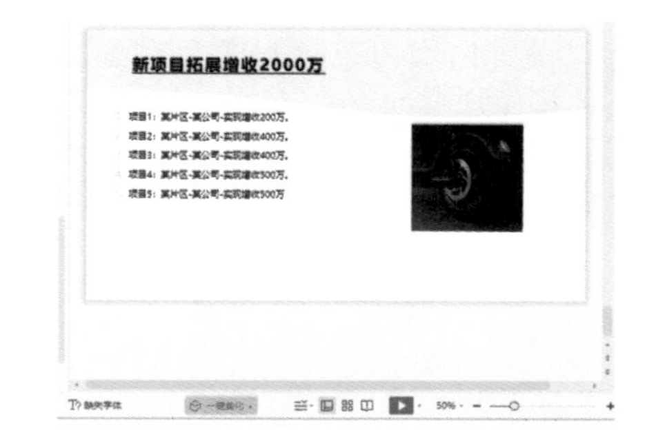

步骤 2 弹出【一键美化】界面，选择中意的版式，单击【单击应用】按钮，应用版式后的效果如下图所示。

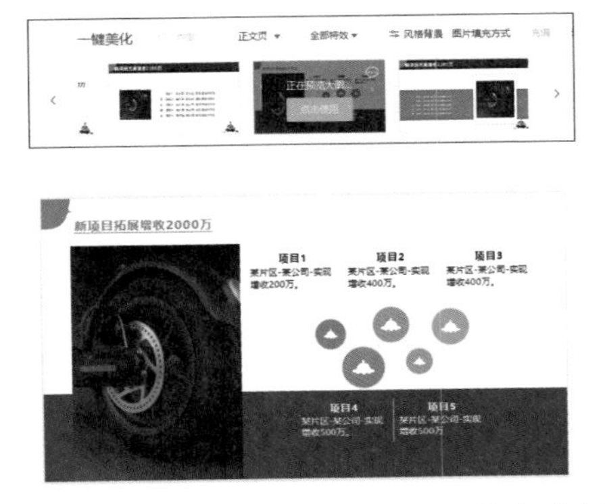

步骤 3 选中需要处理的图片，单击【图片工具】→【更改图片】按钮，弹出【更改图片】对话框，选择素材文件夹中的“图片 .png”图片，更改图片后的效果如下图所示。

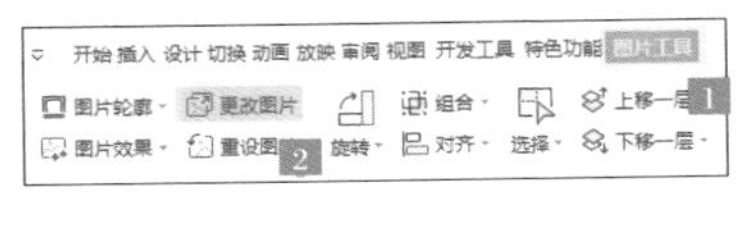

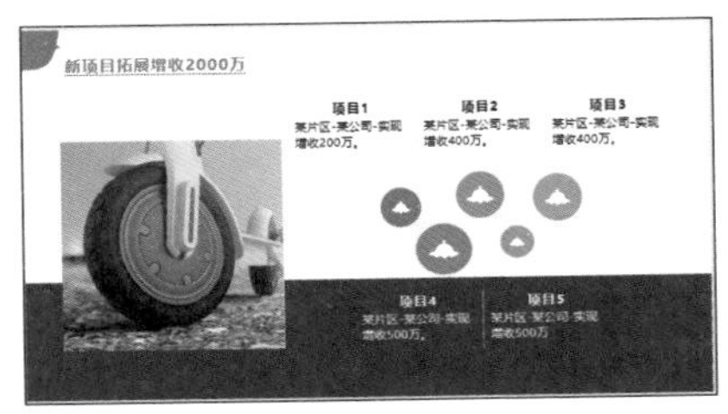

案例总结及注意事项

（1）绘制文本框后，如果没有输入任何内容，直接在其他位置单击，新绘制的文本框会消失，为了防止文本框消失，可先输入任意文字。

（2）母版中设置的内容，在普通视图下无法修改，必须进入母版视图才能修改。

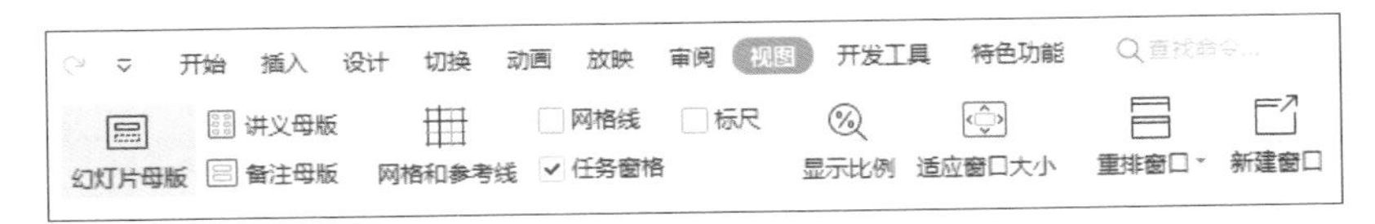

动手练习：制作公开演讲演示文稿

练习背景：

为期一个月的演讲训练营即将结束，需要根据训练目的、训练过程及训练完成情况制作一份配合演讲的演示文稿。现需要你为闭营仪式准备这份演示文稿。

练习要求：

参照最终结果文件的效果完成如下操作。

（1）完善幻灯片页面结构。

（2）补充并完善文字内容。

（3）设置文本格式和段落样式。

练习目的：

（1）掌握快速布局的方法。

（2）掌握设置文字、段落样式的方法。

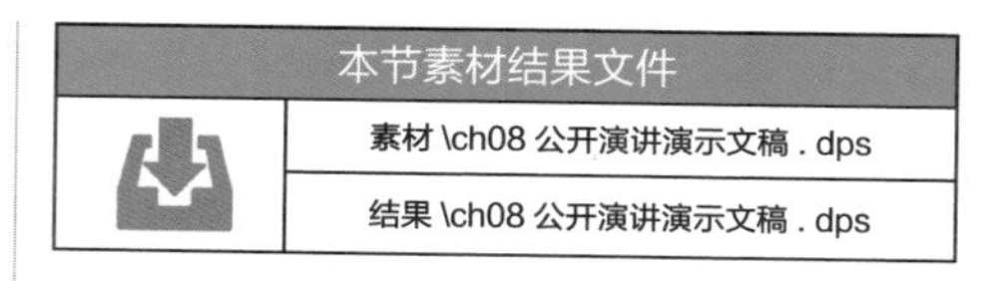
本节素材结果文件

素材 \ch08 公开演讲演示文稿 . dps

结果 \ch08 公开演讲演示文稿 . dps

动手练习效果展示

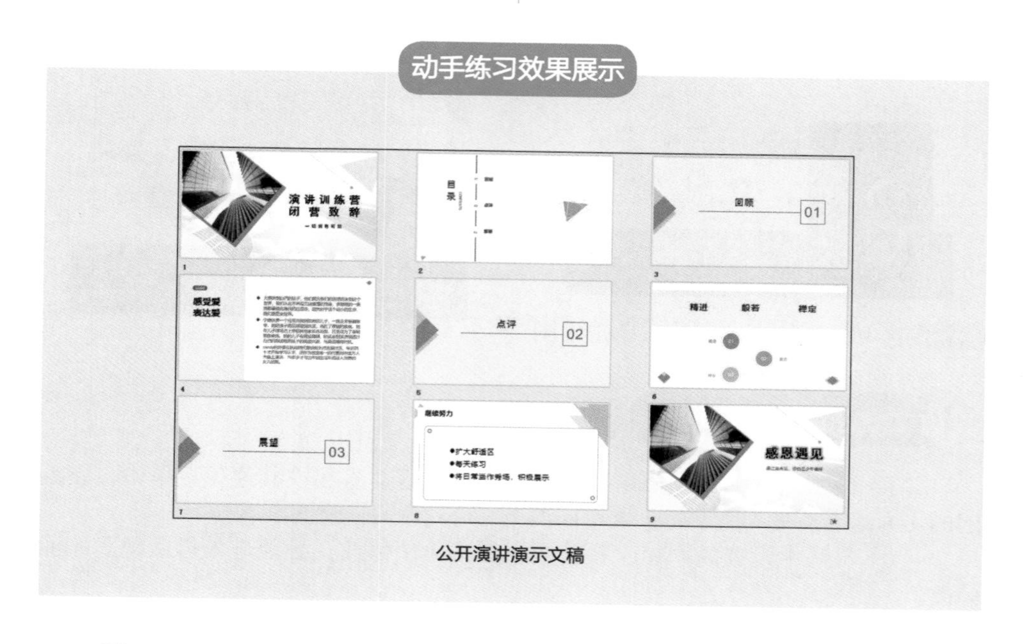

公开演讲演示文稿

秋叶私房菜：用秋叶四步法制作演示文稿，超越 99% 的模板

我们平时制作演示文稿时，常将相关内容并列起来展示，比如：

- 三个要点
- 四种方法
- 五个原则
- 六大板块

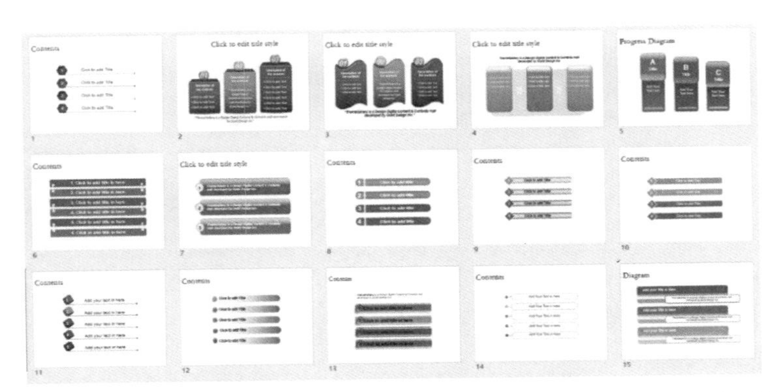

很多人做幻灯片时完全不理会具体内容，不管三七二十一直接套模板，如做成下面这样。

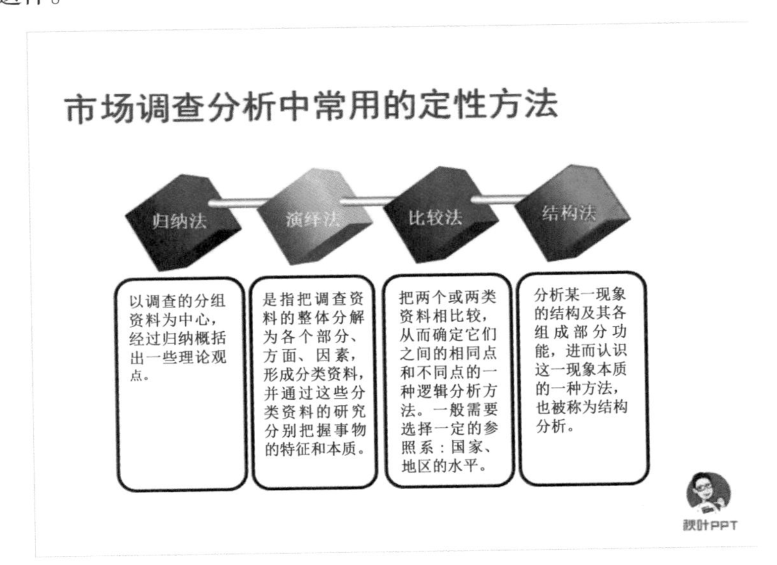

其中主要存在的问题有以下几个。

❶ 4 个调研方法采用了渐变立体色块作为衬底，颜色老旧。

❷ 正文字体是宋体，放映在投影仪上容易看不清，若将这张幻灯片用作教学课件，这是致命伤。

❸ 对这 4 个调研方法的介绍都是长段的文本，向竖形色块中强行放入长段文本，行数特别多，给观众的阅读体验很差。

❹ 页面整体比较平淡，缺乏设计感。

那怎么办？换一个更好看的模板？

不，只需采用经典的秋叶四步法，就可以轻松搞定！

第一步：统一字体

先去除页面中的所有干扰元素，恢复到初始状态，这样便于我们看清内容之间的逻辑关系。

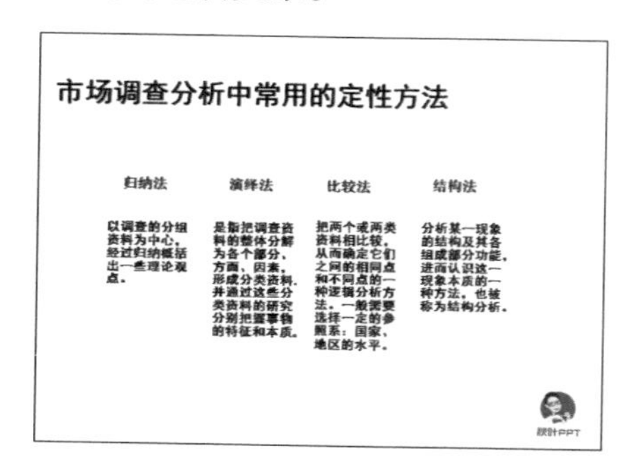

利用【开始】→【替换】→选择【替换字体】功能，将“宋体”和“黑体”替换为“思源黑体 CN Light”。

（思源黑体为免费可商用的字体，需要下载安装；非商用时，建议使用系统自带的微软雅黑。）

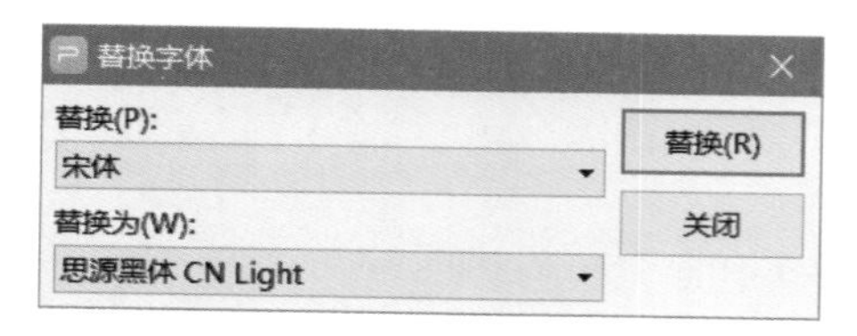

最终，我们得到统一字体后的页面。

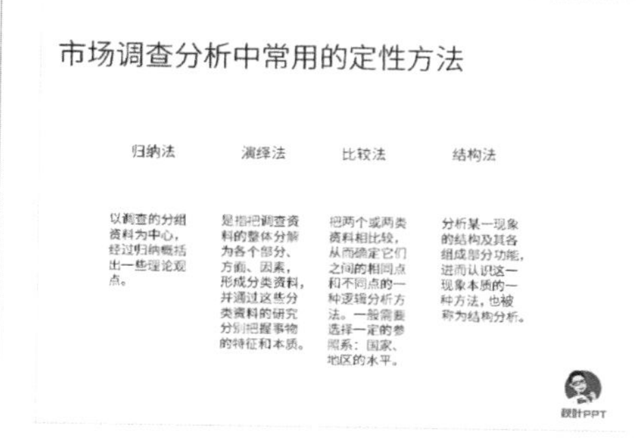

第二步：突出标题

我们把“市场调查分析中常用的定性方法”和“归纳法”等 4 个小标题的字体换成笔画更粗的“思源黑体 CN Bold”。

同时，我们要放大 4 个小标题的字号，并且将正文内容的行间距改为 1.2 或 1.3 倍。

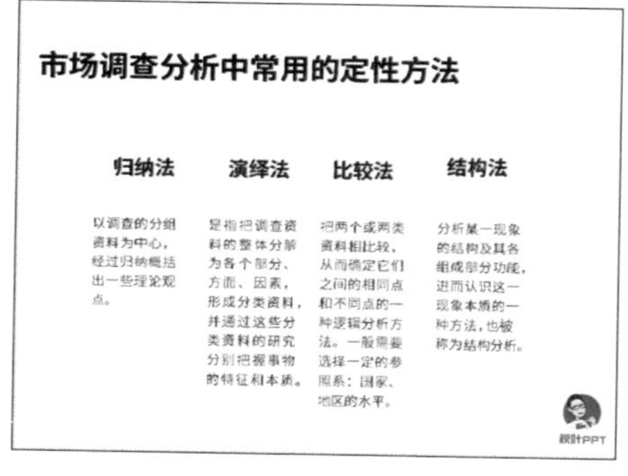

接下来做两个小细节的调整。

❶ 给标题添加项目符号，并且插入一个矩形作为衬底，把标题文字改为白色，以突出标题内容。

❷ 竖长的文本框给人的阅读体验不是很好，我们将文本框进行横向拉伸，4 个要点纵向排版。

通过以上两步，我们可以清晰地看出这一页的主要内容。

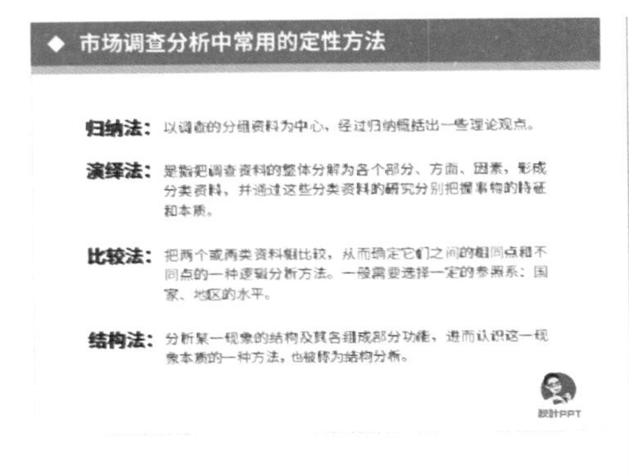

第三步：巧取颜色

默认的页面颜色看起来十分单调，因此我们选择一个合适的颜色，按照 logo 取色法，对 logo 进行取色。

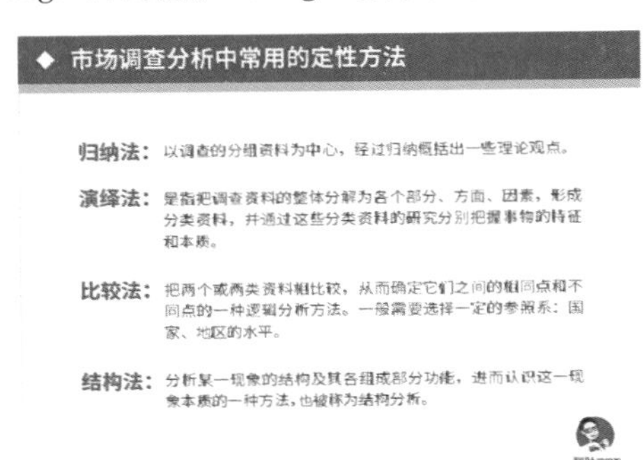

第四步：快速配图

没有配图，这一页幻灯片显得缺乏一点活力，因此我们可以添加一张配图。

我们通过常用的无版权图库——StockSnap，搜索关键词“business”，就能搜到很多高清、高质量的无版权图片。

在这些图片中选择一张。根据版式，选图的时候要注意选择纵向的图片。

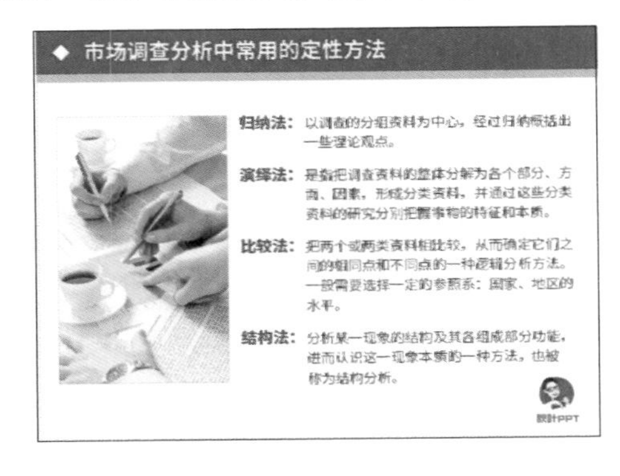

这样下来大致的页面美化就完成了。

前后对比一下，哪一页幻灯片看起来更舒服？

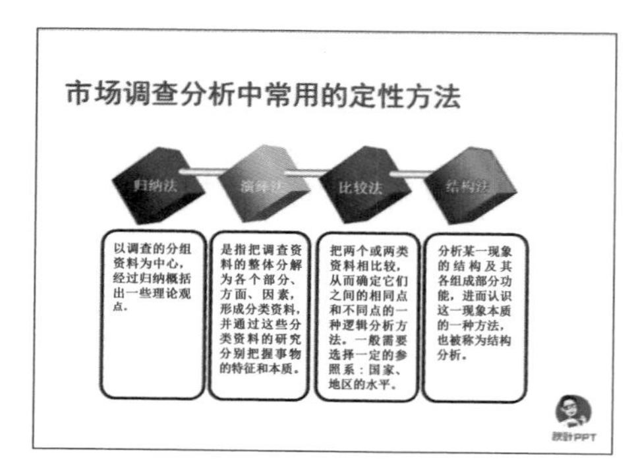

修改前

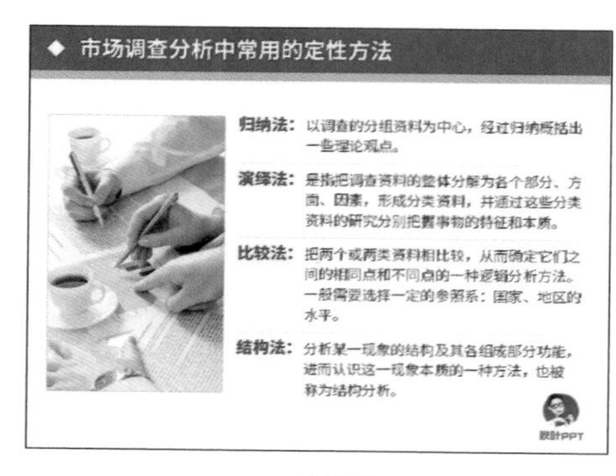

修改后

怎么样，通过这样简单的四步，就可以快速完成一页相关内容并列展示的幻灯片的美化！

秋叶四步法，你都掌握了吗？

专业的才值得信赖，演示文稿作为一种宣传工具，只有做到修饰恰当、结构清晰、框架完整，才便于观众理解，从而达到宣传的目的。在职场中，专业的演示文稿是你晋升路上的垫脚石。

第9章 让你的演示文稿更专业

- 用图片修饰演示文稿的方法有哪些？
- 图文混排的处理方法是什么？
- 怎样用图形图示更专业？
- 文字过于稀疏怎么办？

9.1 公司形象宣传演示文稿的图片编排

公司形象宣传演示文稿主要用于宣传公司，展示公司形象。图片是公司形象宣传演示文稿中不可或缺的元素，使用图片展示不仅形象生动，还便于观众理解。

在演示文稿中进行图片编排，需要使用 WPS 演示的图片工具功能。图片工具在演示文稿默认工具栏中一般不显示，只有在进行图片编辑时，才会自动显示出来。

【图片工具】各按钮的功能介绍如下。

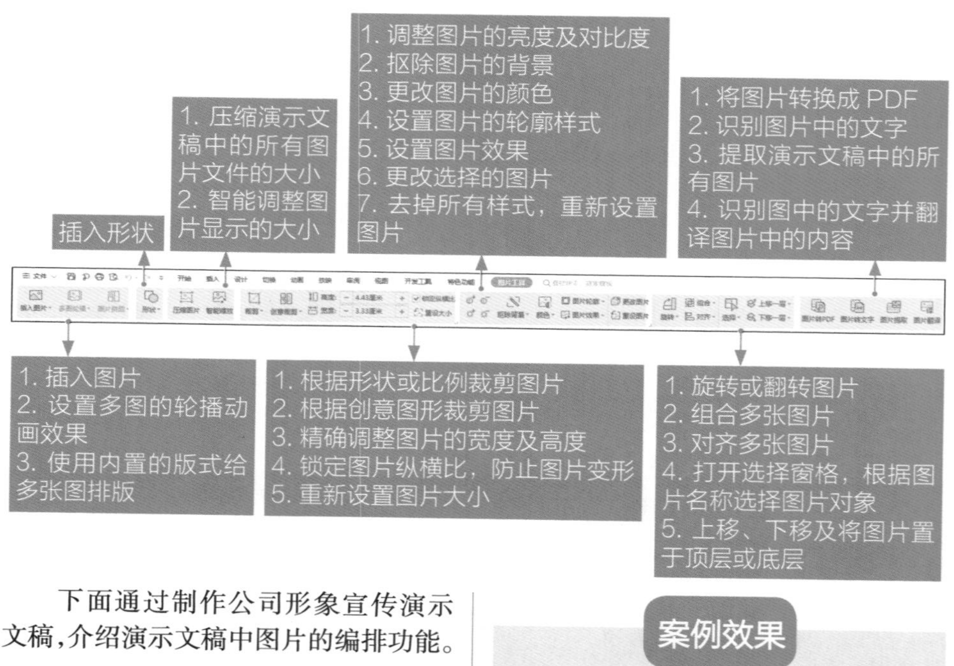

下面通过制作公司形象宣传演示文稿，介绍演示文稿中图片的编排功能。

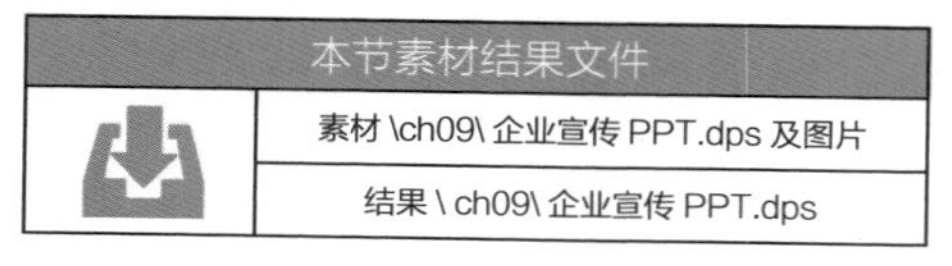

本节素材结果文件	
	素材 \ch09\ 企业宣传 PPT.dps 及图片
	结果 \ ch09\ 企业宣传 PPT.dps

“企业宣传 PPT.dps”素材文件中包含企业宣传的文字内容，现需要将素材中提供的图片插入演示文稿中，实现美化演示文稿及展示企业形象的目的。

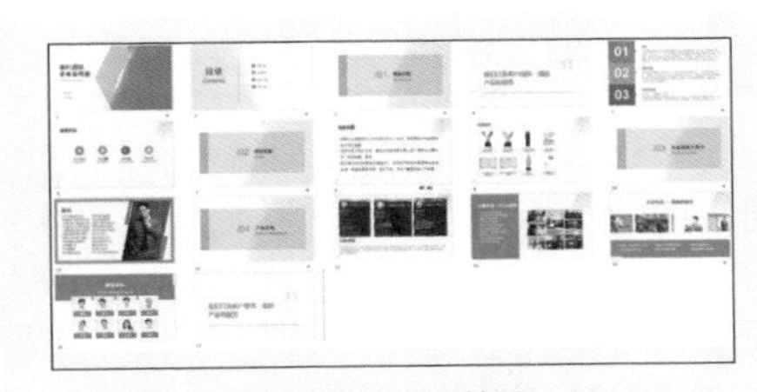

企业宣传PPT效果

9.1.1 不可不知的选图技巧

很多人用演示文稿的最重要的理由就是演示文稿可以配图。但对于为什么演示文稿中要使用这张图片这个问题，答案往往是因为图片好看，或者说这张图片有视觉冲击力。

虽说“图文并茂”吸引人，但如果演示文稿“文不对图，图不配文”，其实是滥用图片。

1. 如何选图

演示文稿中之所以要用图片，是因为一张好的图片能讲故事，可以避免使用大量的文字去交代背景，从而节约演讲时间。

（1）图片要有关联主题的创意

什么是好图片？要兼顾美观、创意和故事性。配图不仅要考虑视觉冲击力，更重要的是它的寓意要和主题有强烈的关联。这一点对演示文稿配图的选择非常重要。

（2）图片要有反映真实的内容

有时选择真实的图片才具备说服力。越是和工作业务、演讲主题有关的场景，越需要使用真实的图片来展示。

（3）图片要有内涵丰富的故事

不是所有的图片都有故事，不管观众能否理解图片的准确含义，都需要结合页面文字，让观众成功地进入预设的思考场景。

2. 什么是有品位的图片

同样是在演示文稿中配图，有的

人选择的图片很好看，有的人选择的图片就很难看。为什么图片会显得难看呢？除了和文案没有关联性、没有故事性、没有真实感之外，还有没有什么比较容易忽略的要点呢？

（1）不要滥用 3D 插画

并非 3D 插画不好看，而是大部分人选择的 3D 插画过于简陋，不能准确地表达演示文稿的主题。

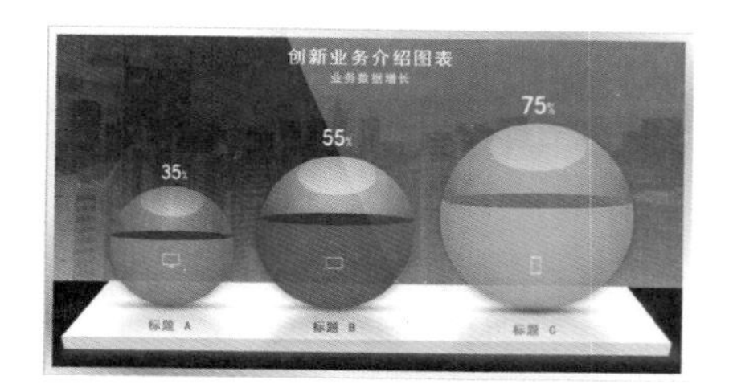

（2）用干净的图片

背景色太杂乱，会导致无论在哪里放置文字，都会与图片产生冲突。背景色相对单一，凸显文字就容易得多。干净的图片必须风格一致，有足够留白可以设计文字。

9.1.2 插入图片

WPS 演示中提供了丰富的图片处理功能，可以轻松插入计算机中的图片文件，并可以根据需要对图片进行裁剪、设置亮度或对比度，以及设置特殊效果等编辑操作。为演示文稿插入图片的方法有以下 3 种。

方法一：使用功能菜单

使用功能菜单为公司形象宣传演示文稿插入图片的具体操作步骤如下。

步骤1 打开素材文件“企业宣传PPT.dps”，选中第一张幻灯片，选择【插入】→【图片】→【本地图片】选项。

步骤2 弹出【插入图片】对话框，找到图片保存的位置，选择需要插入的图片，单击【打开】按钮。

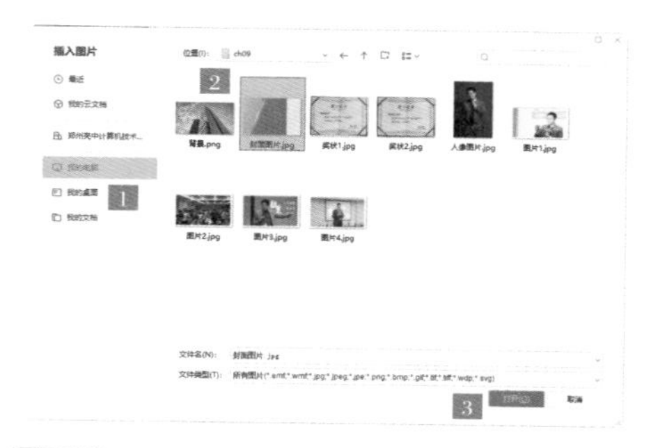

步骤3 返回演示文稿编辑页面，可以看到刚才所选择的图片已经插入幻灯片中。此时就可以对所插入的图片进行编辑了。

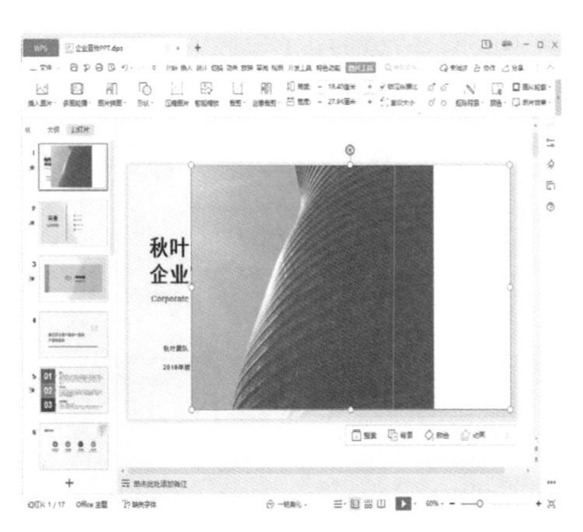

方法二：直接复制粘贴

直接使用复制粘贴功能为公司形象宣传演示文稿插入图片，具体操作步骤如下。

步骤 1 打开图片存放的文件夹，选中需要插入的图片后，在界面上方选择【主页】→【复制】选项。

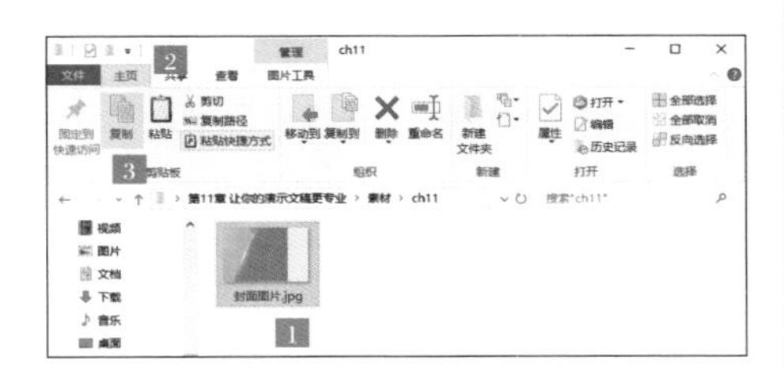

步骤 2 返回打开的素材文件，选中需要插入图片的第一张幻灯片，在幻灯片中单击鼠标右键，在弹出的菜单中选择【粘贴】命令。

这时即可看到刚才所复制的图片已经粘贴在幻灯片中。

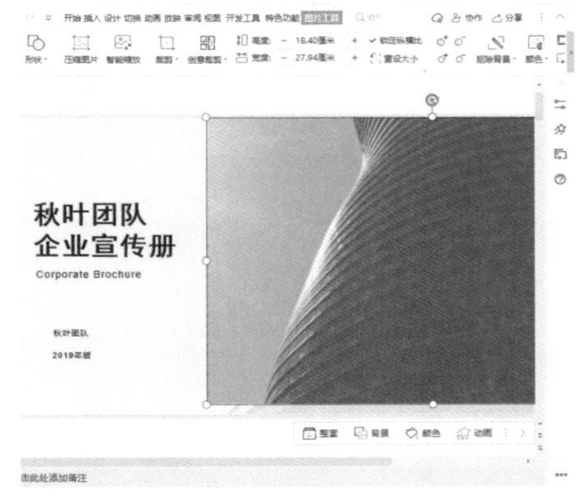

方法三：使用占位符图标

使用占位符图标为公司形象宣传演示文稿插入图片，具体操作步骤如下。

步骤 1 打开素材文件，选中需要插入图片的幻灯片，单击占位文本框中的【图片】图标，如下图所示。

步骤 2 弹出【插入图片】对话框，打开图片保存的位置，选择需要插入的图片，单击【打开】按钮。

步骤 3 返回演示文稿编辑页面，可以看到刚才所选择的图片已经插入幻灯片中。

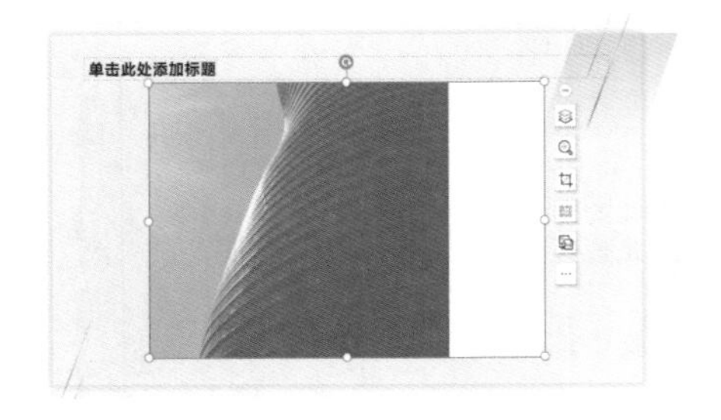

Tips

使用该方法，图片将会被插入占位文本框中，图片大小也会受到文本框大小的限制。

9.1.3 公司宣传图片的创意裁剪

WPS 演示提供了图片裁剪功能，可以对插入的图片进行调整，以剪掉不需要的部分，使图片更加符合演示文稿的需要。裁剪图片的方法有以下 4 种。

1. 使用创意裁剪功能

使用创意裁剪功能对公司宣传图片进行创意裁剪，具体操作步骤如下。

步骤 1 选中需要进行裁剪的图片，选择【图片工具】→【创意裁剪】选项。

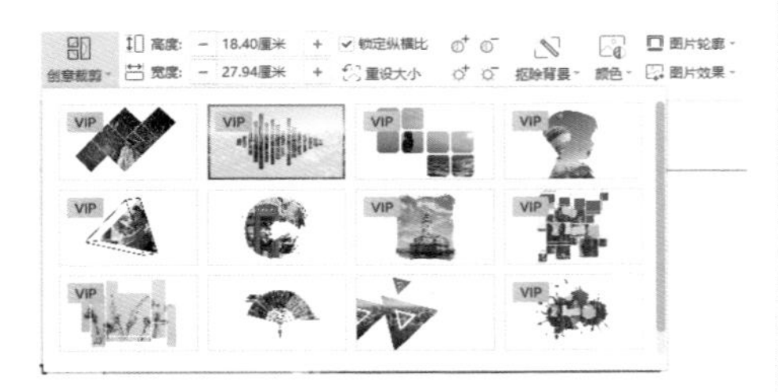

步骤 2 弹出图片裁剪样式列表，单击选择一款图片裁剪样式。

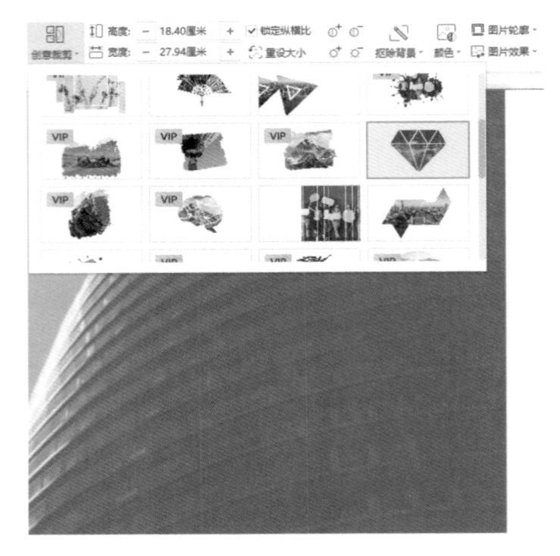

步骤 3 返回演示文稿界面，可以看到所选图片已经被裁剪为创意裁剪样式。

Tips

（1）应用【创意裁剪】功能后，可利用演示文稿右边弹出的【创意裁剪】窗格对图片进行详细设置。包括图片的更换、智能裁剪，以及其他创意样式的更换。

要在【裁剪区域】对所插入的图片进行智能裁剪设置，需要升级为 WPS 会员后通过【开启配置】使用该功能。

（2）创意裁剪中的 VIP 样式，需要升级为WPS会员才能下载使用。WPS 注册用户可以下载其他大量免费样式。

2. 使用裁剪功能

使用裁剪功能对公司宣传图片进行裁剪，具体操作步骤如下。

步骤 1 打开素材文件，选中需要进行裁剪的图片，单击【图片工具】→【裁剪】按钮，在弹出的形状列表中选择【按形状裁剪】中的“六边形”形状进行裁剪。

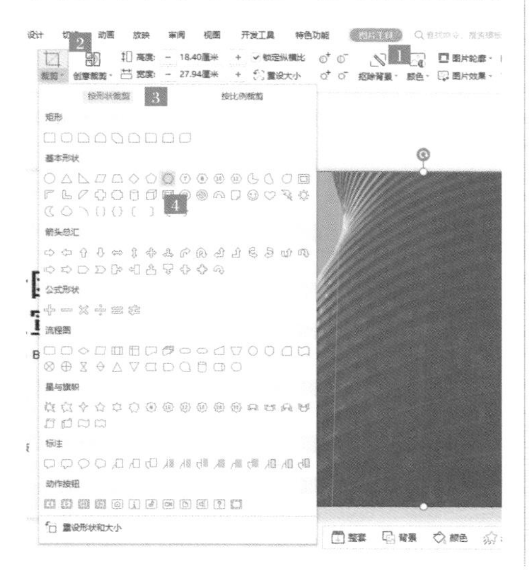

这时即可看到图片按照所选的形状进行了裁剪，如下图所示。

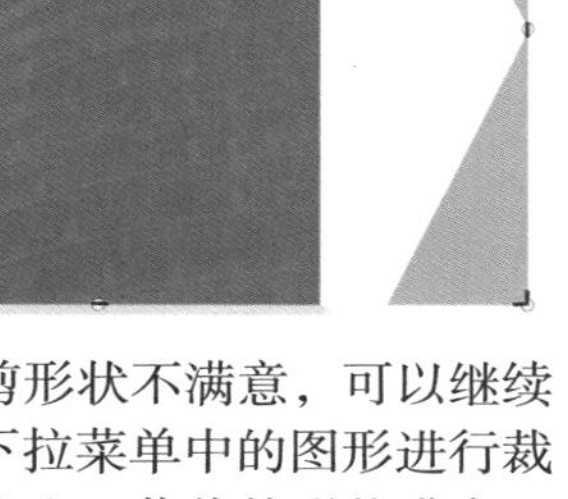

步骤 2 若对裁剪形状不满意，可以继续选择【裁剪】下拉菜单中的图形进行裁剪，直到满意为止；若裁剪形状满意，单击空白处或按【Enter】键完成裁剪工作，然后对图片进行其他编辑操作。

Tips

还可以在【裁剪】下拉菜单中选择【按比例裁剪】中的【自由比例】，按比例数进行图片裁剪。

3. 使用合并形状功能

使用合并形状功能对公司宣传图片进行裁剪，具体操作步骤如下。

步骤 1 选中需要裁剪图片的幻灯片，选择【图形工具】→【形状】选项，在弹出的形状列表中选择需要的形状。

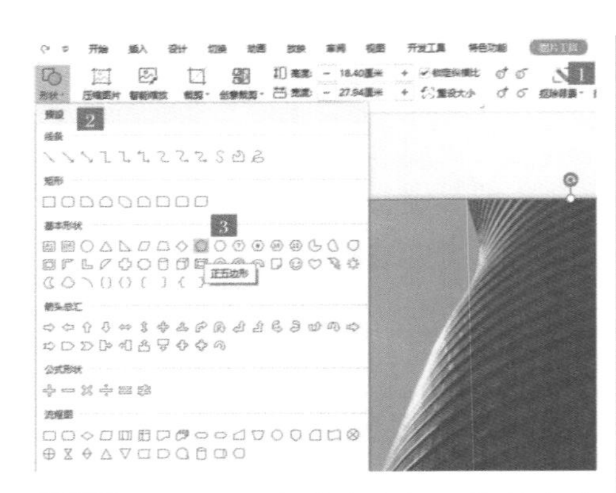

步骤 2 在幻灯片中单击鼠标，将所选形状插入幻灯片，并调整插入形状的大小，使之与需要裁剪的图片差不多大。

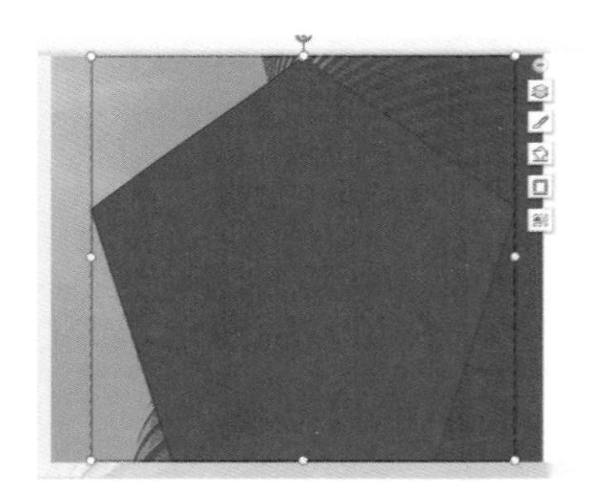

步骤 3 按【Ctrl】键先选择底部的图片，再选择新绘制的形状，选择【绘图工具】→【合并形状】→【相交】选项。

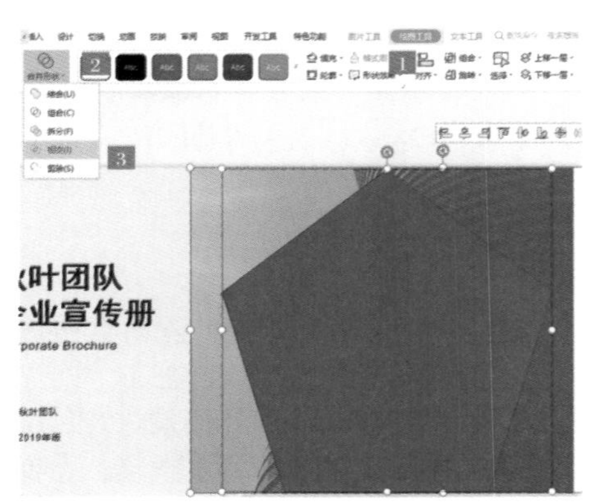

Tips

执行【合并形状】相关命令时，合并形状的结果和选择对象的先后顺序有关。

这时即可看到图片已经按照刚才所选形状裁剪成形。

4. 使用图片填充形状功能

使用图片填充形状功能对公司宣传图片进行裁剪，具体操作步骤如下。

步骤 1 打开素材文件，选中需要填充图片形状的幻灯片，选择【插入】→【形状】选项，在弹出的形状列表中，选择需要的形状。

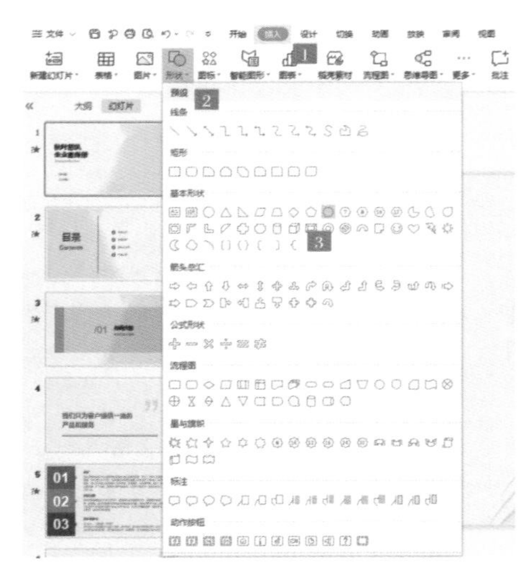

步骤 2 在幻灯片中单击鼠标，将所选

形状插入幻灯片中，并调整至所需要的尺寸。

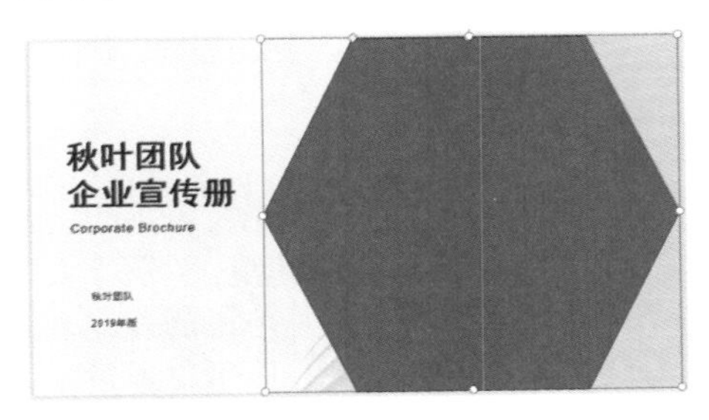

步骤 3 选中插入的形状，选择【绘图工具】→【填充】→【图片或纹理】→【本地图片】选项。

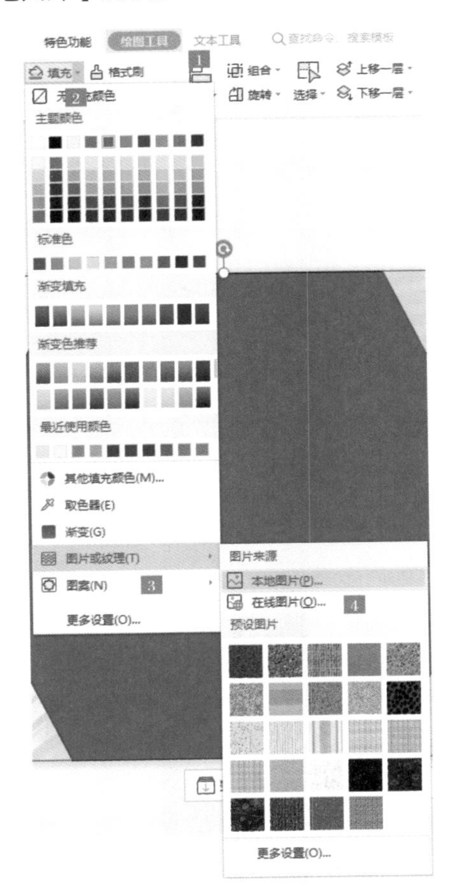

步骤 4 弹出【选择纹理】对话框，选择需要插入的图片，单击【打开】按钮。返回演示文稿编辑页面，即可看到所选的图片已填充到刚才所选的形状中，效果如下图所示。

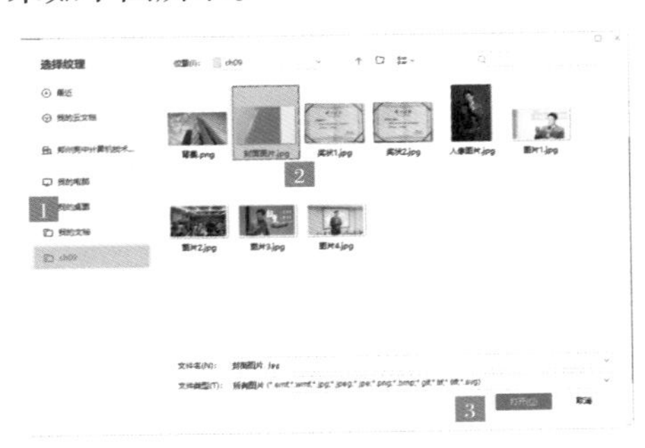

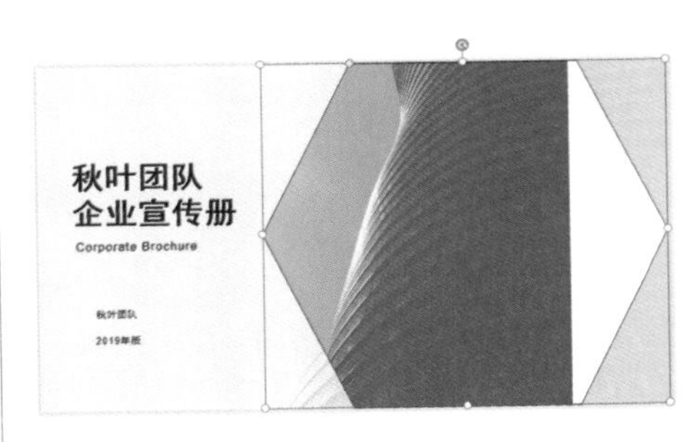

9.1.4 调整宣传图片素材的大小比例

将图片插入演示文稿中，图片的大小并不一定适合页面布局，这就需要对图片的大小比例进行调整。

1. 调整单张图片大小比例

单张图片大小的调整方法有以下几种。

方法一：参数设置调整（精确调整）

使用参数设置调整的方式对企业宣传图片进行调整，具体操作步骤如下。

步骤 1 打开素材文件“企业宣传 PPT.dps”，选中第 11 张幻灯片，选择【插入】→【图片】→【本地图片】选项，单击需要插入的图片，单击【打开】按钮。

这时即可看到所选的图片已经插入幻灯片中，选中图片。

步骤 2 在【图片工具】的【高度】和【宽度】数字输入框中直接输入参数值，或者单击输入框两边的【－】和【＋】按钮，可调整图片的大小参数值，以实现图片大小比例的调整。

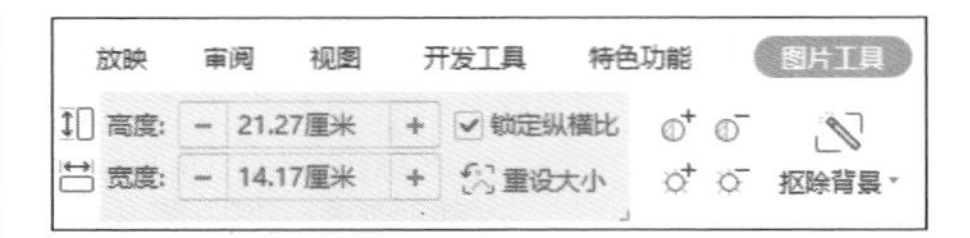

Tips

另外，可以通过演示文稿右边的【对象属性】窗格进行调整，选择【大小与属性】选项，除了可以通过输入参数调整高度和宽度，还可以通过设置缩放高度和宽度的比例来调整图片的大小。

步骤 3 根据需要将所选的图片调整至合适的大小，调整后的效果如下图所示。

Tips

通过参数调整图片大小时，选中【锁定纵横比】复选框，将等比例调整高度和宽度；不选中【锁定纵横比】复选框，可分别调整高度或宽度。

方法二：鼠标拖动调整（粗略调整）

使用鼠标拖动调整方式对企业宣传图片进行调整，具体操作步骤如下。

步骤 1　选中第 11 张幻灯片中插入的图片（需要调整的图片）。

步骤 2　调整图形宽度：将鼠标指针放到所选图形的左框线或是右框线位置，待指针变成双向箭头符号后按住鼠标左键不放，向外或向内拉动图形，实现图形宽度的调整。

调整图形高度：将指针放到所选图形的上框线或是下框线的位置，待指针变成双向箭头符号后按住鼠标左键不放，向外或向内拉动图形，实现图形高度的调整。

同时调整图形宽度和高度的方法：将指针放到所选图形 4 个角中某一个角的控制点上，待指针变成双向箭头符号后按住鼠标左键不放，向内或向外拉动图形，实现图形高度和宽度的同时调整。

用鼠标等比例缩放图片的方法：按住【Shift】键的同时，拖曳图片 4 个角中某一个角的控制点，即可实现等比例缩放图片的操作。

Tips

还可以选中图片后，选择右键菜单中的【设置对象格式】命令，进入【对象属性】→【大小与属性】窗格，通过【高度】和【宽度】参数调整图片大小。

2. 同时调整多张图片大小

对幻灯片中插入的尺寸不一致的多张图片进行调整，可以应用 WPS 的【对齐】功能。

为企业宣传演示文稿中的多张图片统一尺寸，具体操作步骤如下。

步骤 1　在素材文件“企业宣传 PPT.dps”中，选中第 14 张幻灯片，按住【Ctrl】键，单击选择全部图片。

步骤2 单击【图片工具】→【对齐】按钮，在下拉菜单中选择【等尺寸】选项。

这样即可将所选图片全部调整为同一大小，如下图所示。

Tips

“等高”“等宽”或“等尺寸”功能可以同时调整多张图片的大小，但选择单张图片时，“等高”“等宽”或“等尺寸”功能不可用。

9.1.5 为宣传图片进行装饰处理

演示文稿插入图片后，可以对图片进行美化操作，包括对图片轮廓、图片效果、图片对比度、图片色彩等进行设置，使图片更加美观，完善演示文稿。本案例通过对宣传图片进行美化编辑，介绍WPS的几种装饰编辑操作。

1. 图片轮廓设置

图片轮廓设置是设置所选对象轮廓的颜色、粗细和虚线线型。

Tips

图片轮廓设置里面的【图片边框】是稻壳会员专享的，必须升级为稻壳会员才能够下载使用。

在【线型】选项下可设置线条的粗细。

在【虚线线型】选项下可设置边框线条为虚线，并选择虚线类型。

选中所选图片，选择【图片工具】→【图片轮廓】选项，在弹出的下拉列表中选择一种边框颜色，即可为图片增加边框。效果如下图所示。

2. 图片效果设置

图片效果是对图片应用某种视觉效果，如阴影、倒影、发光、三维旋转及柔化边缘。

选中所选图片，单击【图片工具】→【图片效果】按钮，在弹出的下拉列表中选择一种效果样式，这里选择【倒影】→【倒影变体】→【紧密倒影，接触】选项，效果如下图所示。

3. 图片颜色设置

图片颜色设置是指更改所选图片的颜色，如黑白、冲蚀或透明色。

选中所选图片，选择【图片工具】→【颜色】选项，在弹出的下拉列表中选择一种颜色效果，即可为图片更改颜色。

下图所示为选择【灰度】后的效果。

4. 图片裁剪

对图片进行裁剪，就是将图片裁剪成各种所需要的形状，删除不需要的部分，可以分为按形状裁剪、按比例裁剪（具体功能介绍详见 9.1.3 小节）。

选中所选图片，选择【图片工具】→【裁剪】选项，在弹出的下拉列表的【按形状裁剪】中选择一款裁剪样式，即可将图片裁剪成形。

再次插入【平行四边形】形状，调整颜色及尺寸，对图片进行修饰，最终效果如下图所示。

9.1.6 多张宣传图片的对齐与组合

当演示文稿插入了多张图片后，就需要应用 WPS 演示的组合和对齐功能。如果要将排列杂乱的多张图片进行对齐，就需要 WPS 演示的对齐功能。组合就是将选中的多个对象组合起来，以便作为单个对象处理。

1. 多张图片的对齐

对多张混乱的图片进行对齐操作，有以下两种方法。

方法一：使用功能菜单

使用功能菜单对多张宣传图片进行对齐，具体操作步骤如下。

步骤 1 选中第 13 张幻灯片，按住【Ctrl】键，从右至左依次选择需要对齐的图片。

Tips

设置对齐方式时，要注意选择图片的顺序，WPS 会按照选择的最后一张图片的位置来对齐所有图片。

步骤 2 选择【图片工具】→【对齐】→【靠上对齐】选项，可看到所选的图片在幻灯片中靠上对齐的效果，如下图所示。

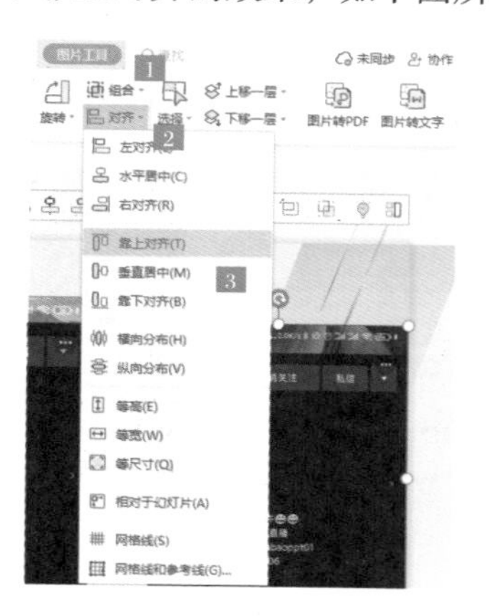

Tips

【对齐】功能提供了 8 种对齐方式：左对齐、水平居中、右对齐、靠上对齐、垂直居中、靠下对齐、横向分布、纵向分布；3 种尺寸设置：等高、等宽、等尺寸。默认情况下，WPS 会根据选择的多个图形设置对齐，如果选中“相对幻灯片位置调整”选项，则会相对于幻灯片页面对齐选择的对象。

方法二：智能对齐

WPS 智能对齐按钮在【对齐工具栏】浮动栏上，当选中多个对象时就会显示。

使用智能对齐功能对多张宣传图片进行对齐，具体操作步骤如下。

步骤 1 撤销上一节设置的对齐效果，并选择需要对齐的所有图片，单击图片上方【对齐工具栏】浮动栏中的【智能对齐】“小黄灯”按钮。

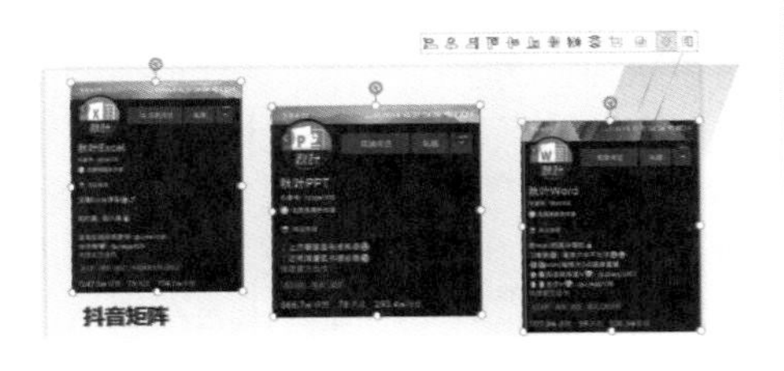

步骤 2 弹出【智能对齐】对话框，根据需要选择一种对齐方式，如【分组顶部对齐】选项，即可看到所选的图片在幻灯片中靠上对齐的效果，如下图所示。

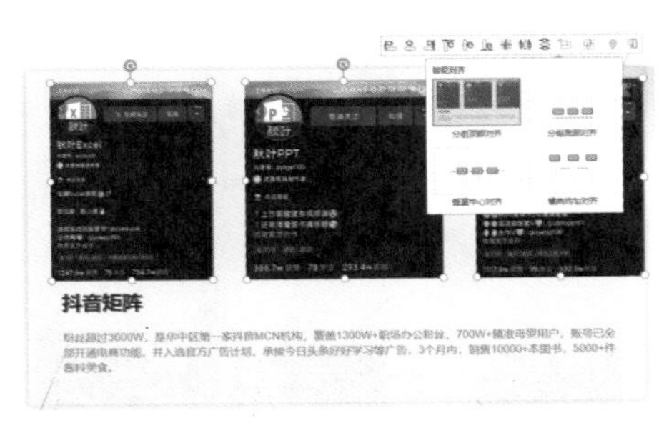

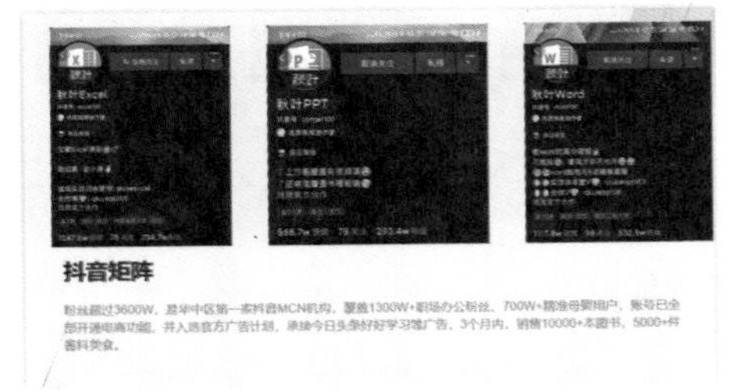

2. 多张图片的组合

将多张图片组合在一起的方法有以下几种。

方法一：使用功能菜单

使用功能菜单对多张宣传图片进行组合，具体操作步骤如下。

步骤 1 选中第 13 张幻灯片，并选择要组合的所有图片。

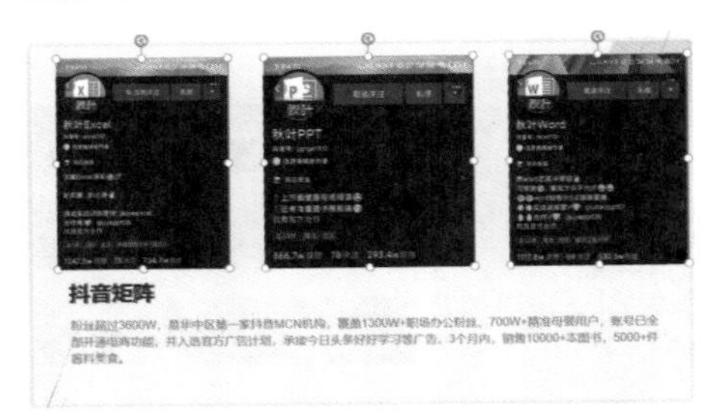

步骤2 选择【图片工具】→【组合】→【组合】选项。

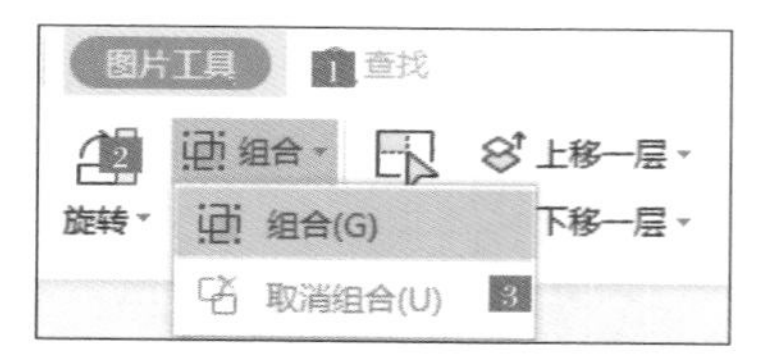

这时即可看到图片组合在一起的效果，如下图所示。

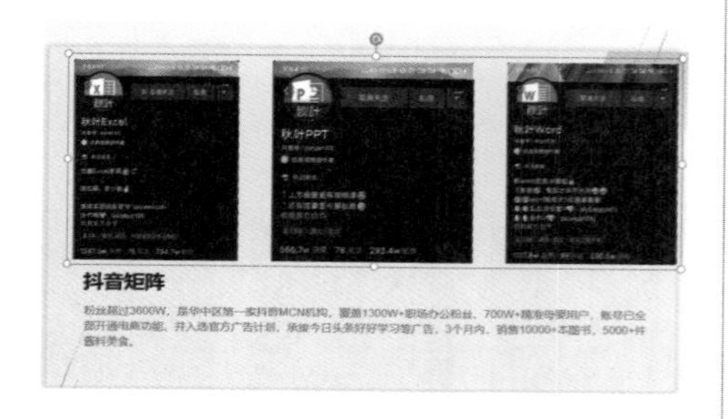

Tips

如果要取消多张图片的组合效果，则选中该组合图片，然后选择【图片工具】→【组合】→【取消组合】选项即可。

方法二：使用快捷工具栏

使用快捷工具栏对多张宣传图片进行组合，具体操作步骤如下。

步骤1 选中第14张幻灯片，根据需要对齐图片并选择需要组合的所有图片。

步骤2 单击图片上方【对齐工具栏】浮动栏中的【组合】图形按钮。

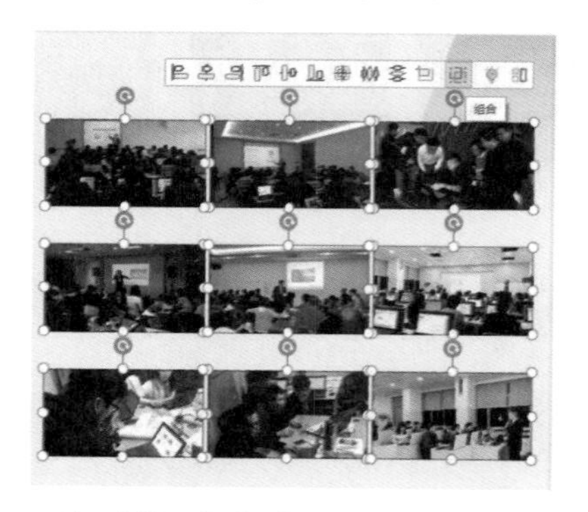

这时即可看到图片组合在一起的效果，如下图所示。

9.1.7 图文混排的处理方案

排版是演示文稿制作中最重要，也是最难的一个环节。一份演示文稿质量高，排版往往起到了非常关键的作用。

传统的演示文稿图文混排，需要结合排版常识对每个图文对象进行调整，例如，文字、图片、形状如何排版才能突出重点，图表该用什么样式才不枯燥，过渡页怎么设计才能承上启下等。而 WPS 演示在制作演示文稿时提供了许多在线版式功能，能够快速实现演示文稿的图文混排，让幻灯片制作更容易，也更显专业。

演示文稿排版主要是对幻灯片页面中的文字、图片进行搭配与设计。图文的搭配一般分为两种类型：单张图片＋文字、多张图片＋文字。下面以企业形象宣传演示文稿的图文排版为例，介绍 WPS 强大的图文混排功能。

1. 单张图片＋文字排版

单张图片＋文字的排版，需要先提炼文字内容，在此基础上，对图片进行处理。单张图片＋文字的排版，需要注意以下几点。

（1）图片与文字间要留出足够的空白区域。

（2）文字显示在大图上方时，要确保文字能看清楚。

（3）布局较为灵活，上下结构、左右结构或倾斜结构都是不错的选择。

还可以使用【图片工具】的【按形状裁剪】功能，将插入的图片裁剪为多边形、圆形、三角形等，效果如下图所示。

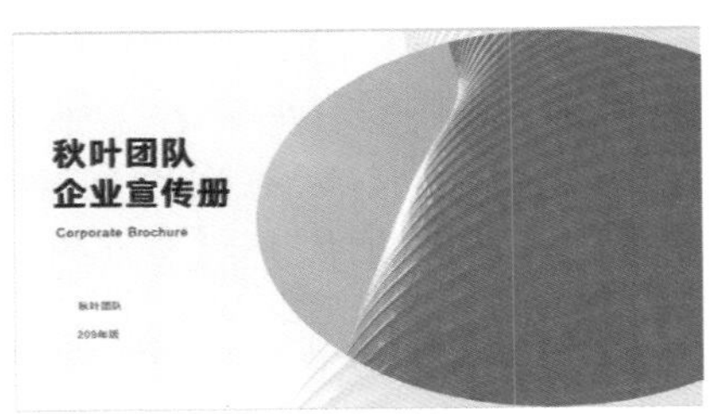

2. 多张图片＋文字排版

相对于单张图片而言，多张图片的图文排版因为图片的增多而变得复杂。主要有以下几种方法。

（1）多张图片形成规则的图片组合

使用 WPS【图片工具】的【组合】或【对齐】功能，对多张插入图片进行调整，例如，对多张图片进行统一尺寸和统一排版的调整，效果如下图所示。

（2）形成不规则的图片组合

对多张插入图片进行不规则的排版，可以应用 WPS 提供的【图片拼图】功能，具体操作步骤如下。

步骤 1 选中第 14 张幻灯片，取消组合，并选择需要调整的多张图片。

步骤 2 选择【图片工具】→【图片拼图】选项，在【拼图样式】中选择一款样式，即可看到拼图的样式，如下图所示。

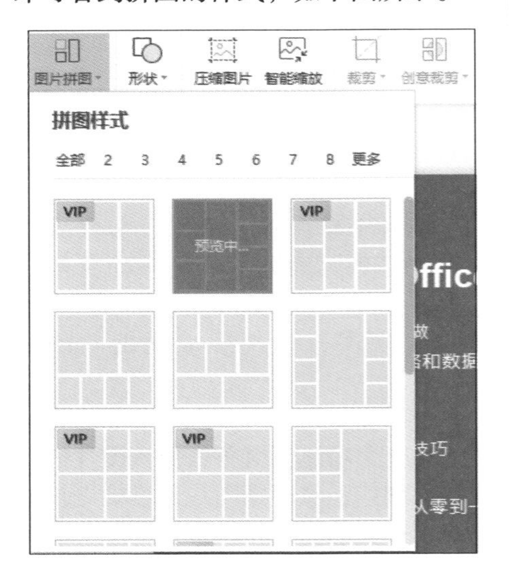

Tips

【拼图样式】下拉菜单中包含 2、3 等数字，根据所选图片的数量，选择不同的数字，可以找到最合适的拼图方式。所选图片数量不能超过 10 张，否则【图片拼图】按钮不可用。

Tips

【图片拼图】功能根据所选图片的张数，在首页智能推荐相应张数的多图拼图样式，同时会呈现其他张数的拼图样式以供选择。

在选择了多图拼图样式后，演示文稿右侧会弹出相应的【图片拼图】窗格，可以对所选多图拼图样式进行调整，包括图片间距、是否裁剪、拼图样式等的详细设置。

3. 多图轮播功能

对于多张插入图片的调整，WPS 演示还提供了一种非常有创意的多图轮播功能。具体操作如下。

步骤 1 打开素材文件“企业宣传 PPT.dps”，选中第 15 张幻灯片，选择【插入】→【图片】→【本地图片】选项。

步骤 2 找到图片保存的位置，选中需要插入的多张图片，单击【打开】按钮，即可将这些图片全部插入幻灯片中。

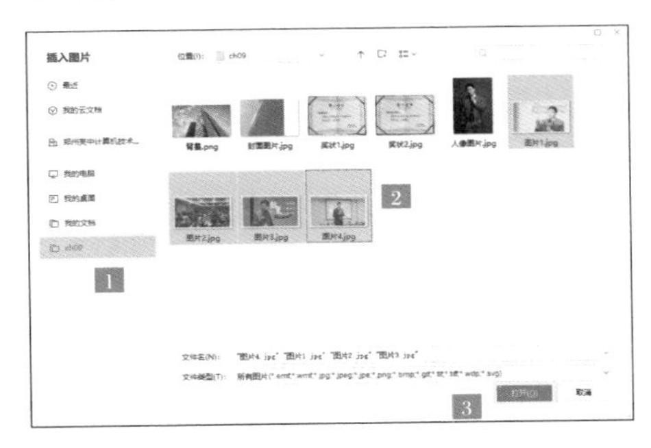

步骤 3 选中插入的图片，选择【图片工具】→【多图轮播】→【多图动画】选项，在【水平】组下选择需要的样式，单击【套用轮播】按钮。

这时即可看到所应用的多图轮播效果，如下图所示。

Tips

在使用了【多图轮播】功能后，演示文稿右侧会弹出【多图轮播】窗格，可以对所选的多张图片进行详细设置，包括多张轮播图片的演示顺序，添加和删除图片，动画的速度，切换的方式，轮播次数及选择其他轮播方式等。

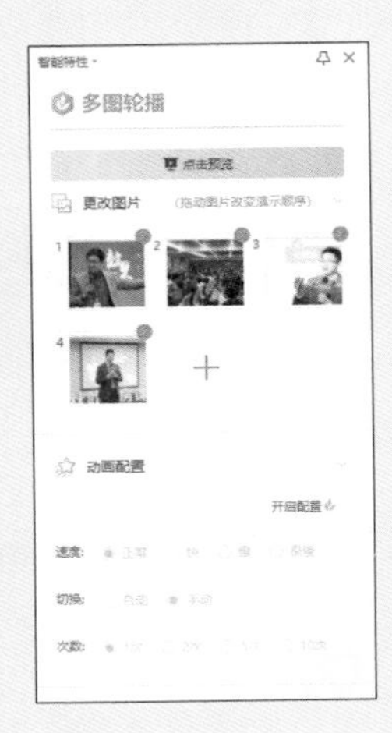

4. 一键美化智能推荐

使用 WPS 的一键美化功能，也可以实现演示文稿的图文混排。使用一键美化功能对企业形象宣传演示文稿进行编辑，具体操作步骤如下。

步骤 1 选择第 13 张幻灯片，单击幻灯片下方的【一键美化】按钮。

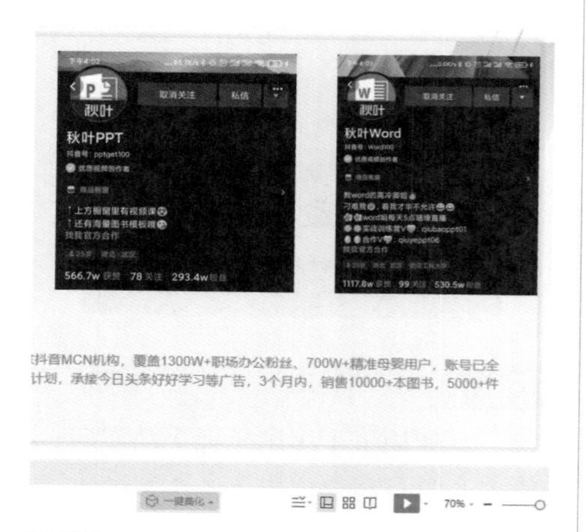

步骤 2 所选幻灯片下方会弹出【帮你排版】菜单，系统将根据当前幻灯片的图文排版样式智能推荐许多在线版式样式，根据需要选择一种样式，鼠标单击时可以即时显示预览，单击【点击使用】按钮，如下图所示。

步骤 3 这样即可看到更换的新幻灯片版式，只需稍微修改就可以使用，轻松搞定排版工作。

Tips

推荐的 VIP 幻灯片版式，必须升级为 WPS 超级会员或稻壳会员才能免费下载。WPS 注册用户可以下载使用免费幻灯片版式。

案例总结及注意事项

（1）在演示文稿中插入图片，除了可以插入计算机中的图片，还可以通过手机传图方式插入图片，一次最多上传 20 张图片。

（2）裁剪图片后，图片并不是真的被剪掉了，而是被隐藏起来了，若需要还原图片，反方向裁剪图片即可，或者选择【图片工具】→【重设图片】选项，取消对所选图片的所有更改，恢复原图片。

（3）选择【插入】→【图片】→【分页插图】选项，按住【Shift】键选择多张图片，单击【打开】按钮，可以实现批量向演示文稿插入图片，并且每一张幻灯片插入一张图片。

动手练习：产品介绍演示文稿中的图片编排

练习背景：

公司近期要开展产品介绍宣讲会，办公室提供了产品介绍演示文稿及相关图片，现在公司需要你按照以下要求完成对产品介绍演示文稿的处理。

练习要求：

（1）在产品介绍演示文稿中插入图片，并设置图片的样式。

（2）调整图片的布局并组合图片，使演示文稿看起来工整。

练习目的：

（1）掌握裁剪和调整图片大小的操作方法。

（2）掌握组合和对齐多张图片的操作方法。

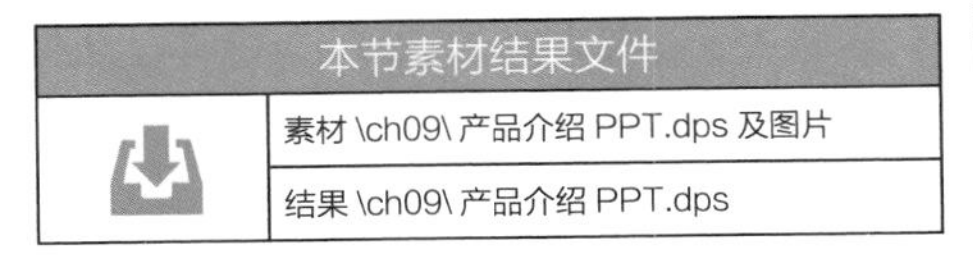

本节素材结果文件	
	素材 \ch09\ 产品介绍 PPT.dps 及图片
	结果 \ch09\ 产品介绍 PPT.dps

动手练习效果展示

产品介绍

产品介绍页面

9.2 产品营销策划方案演示文稿中图形图示的应用

演示文稿中图形图示的设计、应用水平，决定了演示文稿的总体质量。

图形图示插入按钮及功能介绍如下图所示。

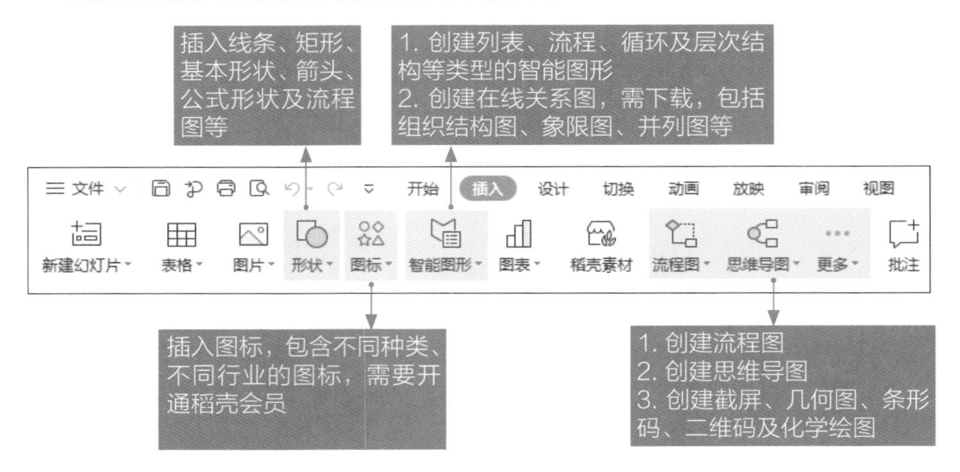

Tips

插入的图表需在WPS表格中编辑。

下面通过制作产品营销策划方案演示文稿，介绍在 WPS 演示中使用图形图示的操作。

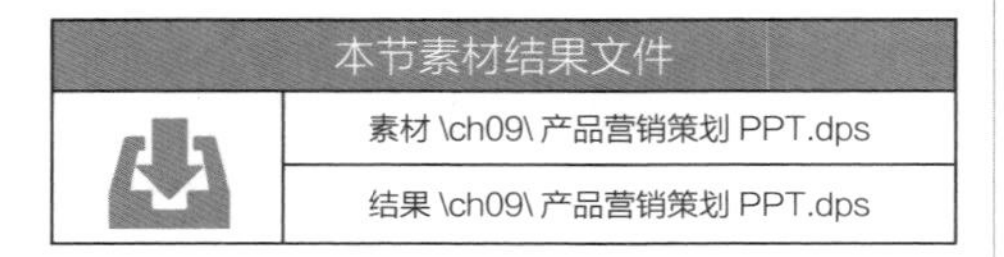

本节素材结果文件	
	素材 \ch09\ 产品营销策划 PPT.dps
	结果 \ch09\ 产品营销策划 PPT.dps

“产品营销策划 PPT.dps”素材文件中包含 16 页幻灯片，现需要在该演示文稿中添加图形图示来丰富和美化演示文稿。

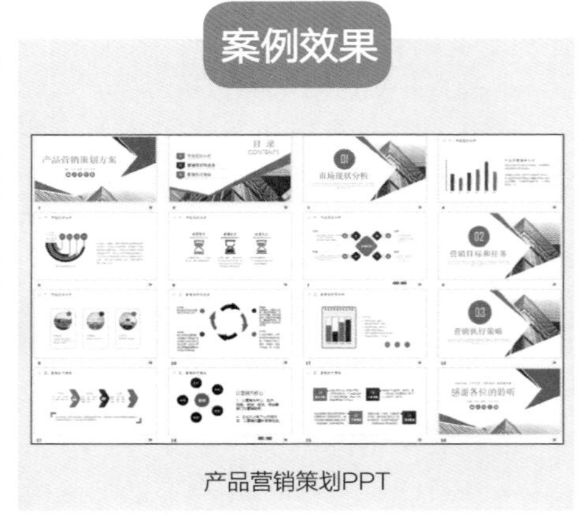

产品营销策划PPT

9.2.1 为什么演示文稿中要用到图形图示

WPS演示中的图形图示包含形状、图标、功能图、智能图形、关系图、图表、思维导图及流程图等几种类型。

为什么演示文稿中要用到图形图示呢？主要原因有以下几个方面。

（1）美观：使用风格统一、大小协调、排列工整的图形图示能起到美化幻灯片页面的效果。

（2）引导观众视线：通过直线、箭头等形状，可以引导观众的阅读视线，改变阅读的方向。

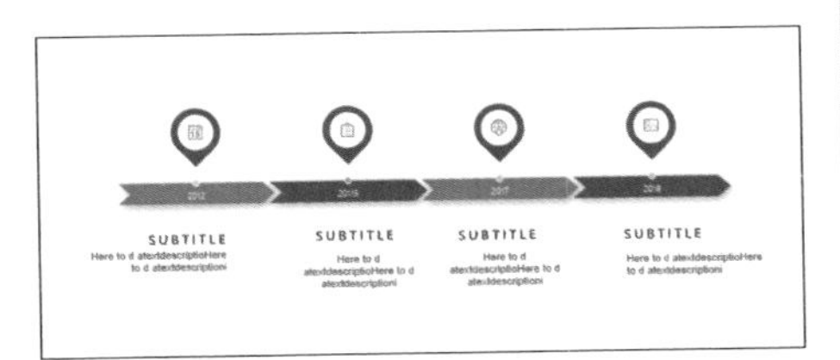

（3）划分区域：图形图示能够划分演示文稿的区域，减少一次性的阅读量，减少观众接受的信息量。

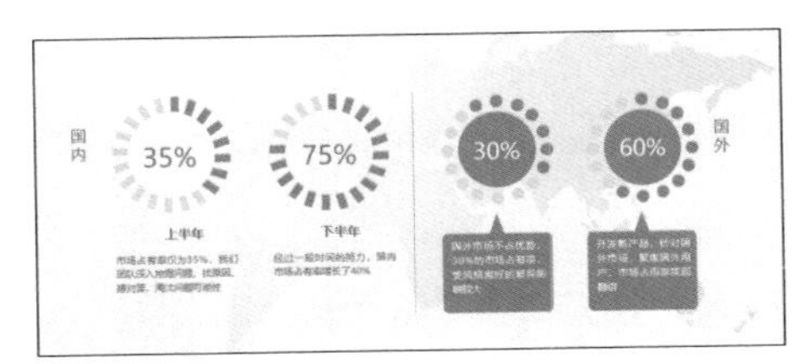

（4）标注重点：使用图形图示，可以标注出重点内容，便于观众第一时间获取页面中的重点信息。

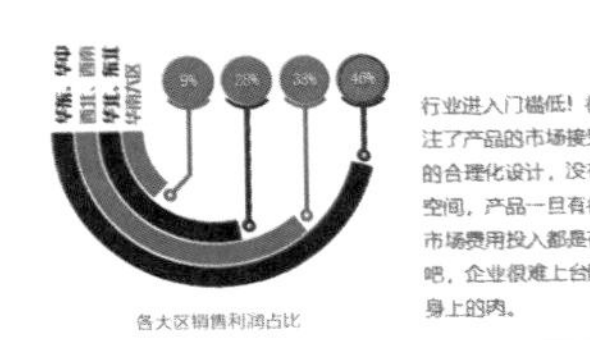

（5）展示文字关系：智能图形、关系图、图表、思维导图及流程图等图形图示，可以清晰地展示出不同文字之间的并列、比较及递进关系。

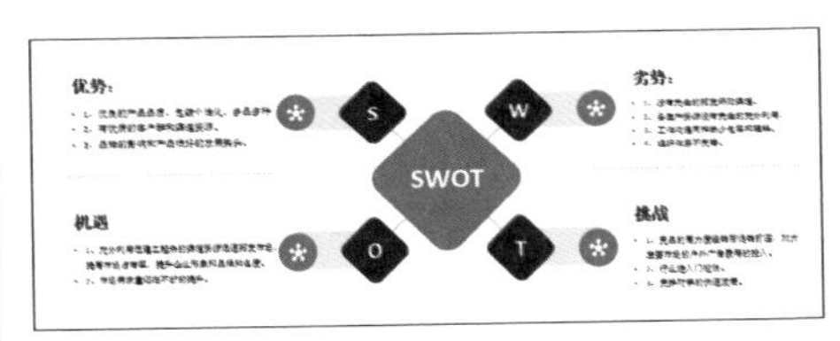

9.2.2 图形的绘制技巧

在制作演示文稿的时候，经常要使用形状，下面通过在产品营销策划方案演示文稿中绘制形状，介绍图形的绘制技巧，具体操作步骤如下。

步骤 1 打开素材文件，选择第 3 张幻灯片页面，单击【插入】→【形状】按钮。

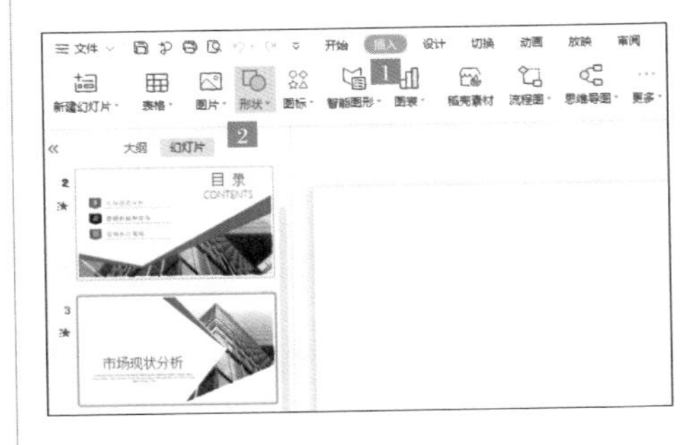

Tips

还可以单击【开始】→【形状】按钮，在下拉列表中选择形状。

步骤 2 在弹出的【形状】下拉列表中，选择【基本形状】→【椭圆】选项。

预设
线条
矩形
基本形状
椭圆
箭头总汇
公式形状
流程图
星与旗帜
标注
动作按钮

Tips

选择【椭圆】形状后，直接绘制的形状是椭圆形，如果要绘制圆形，可以按住【Shift】键绘制。

步骤 3 按住【Shift】键，单击并拖曳鼠标，绘制出大小合适的圆形，释放鼠标左键，效果如下图所示。

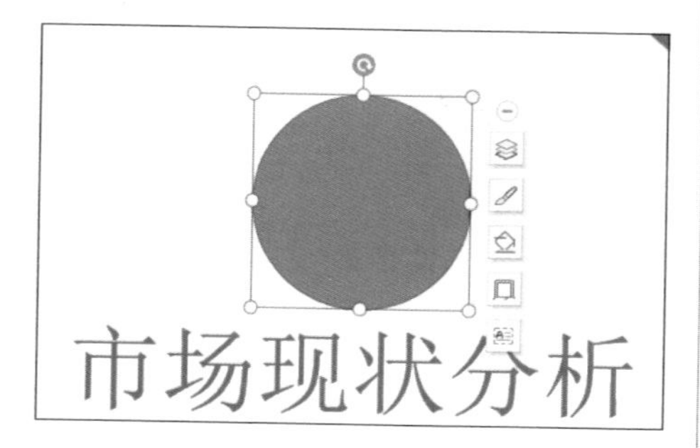

Tips

插入并选中形状后，可通过拖曳形状 4 个角的控制点来调整图形大小。

步骤 4 在插入的形状上右击，选择【编辑文字】命令，输入“01”，并设置【西文字体】为“Agency FB”,【字号】为“96”，【字体颜色】为“白色”，结果如下图所示。

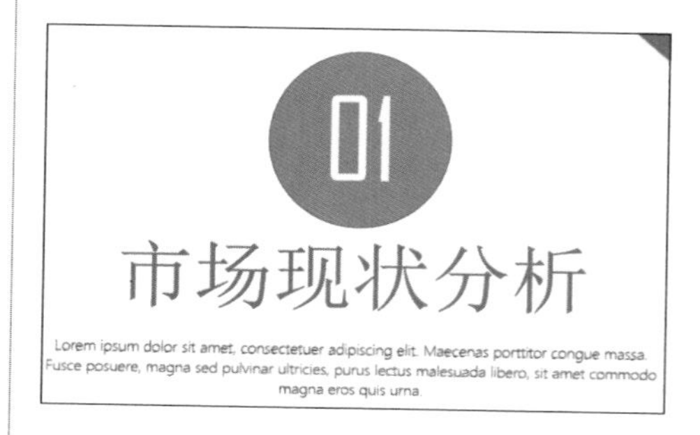

Tips

如果要精确设置形状的高度和宽度，可通过【绘图工具】菜单，直接输入【高度】和【宽度】数值进行设置。

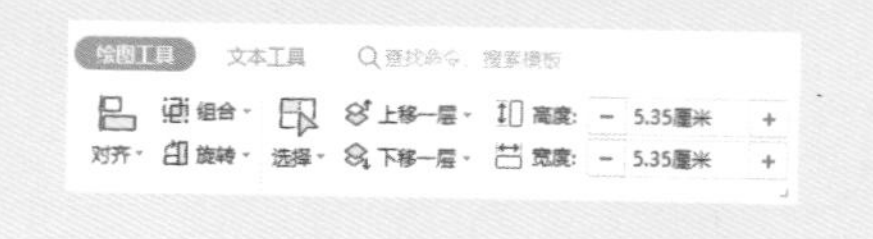

9.2.3 形状边框及填充效果的调整

绘制图形时，形状边框和填充效果应与当前的主题一致，如果形状的边框和填充效果与需要的不符，可以进行调整。调整形状边框及填充效果的具体操作步骤如下。

步骤1 选择第 3 张幻灯片页面，选中要调整的形状，单击【绘图工具】→【填充】按钮。

Tips

步骤1的选择非常关键，选取的范围就是自定义规则的应用范围。

步骤2 在弹出的列表中设置填充颜色为“深红色”，效果如下图所示。

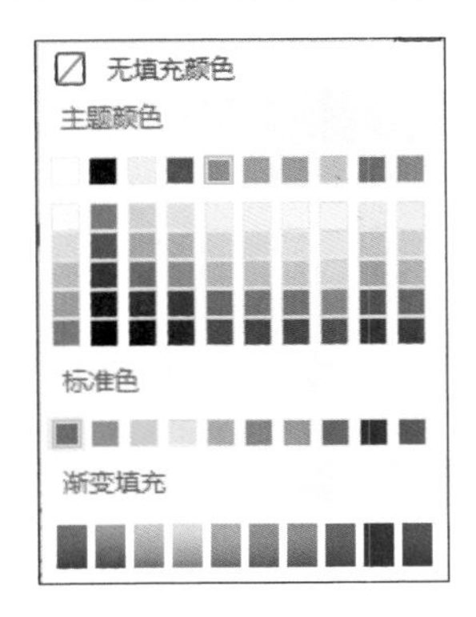

步骤3 选中要调整的形状，单击【绘图工具】→【轮廓】按钮，在弹出的列表中设置轮廓为“无线条颜色”，效果如下图所示。

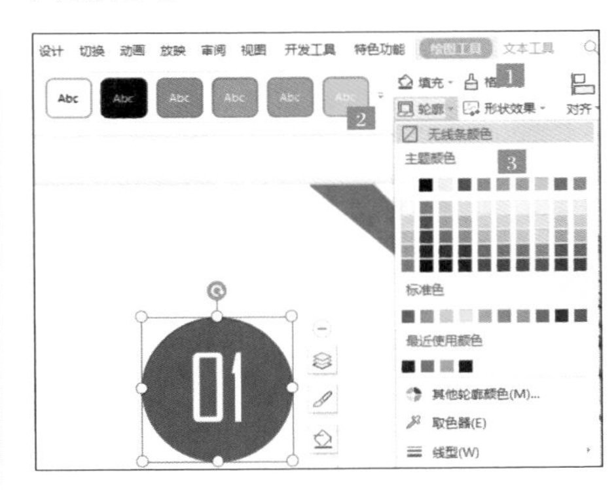

Tips

双击图形图示可打开【对象属性】窗格，对形状的填充与线条、效果、大小与属性等进行设置。

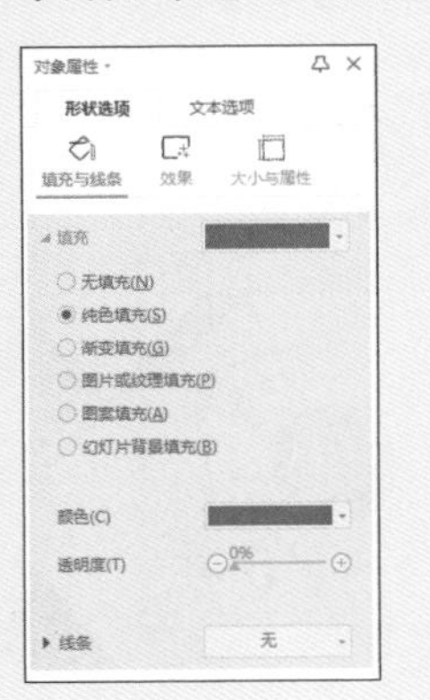

9.2.4 设置图形的形状效果

WPS 提供了阴影、倒影、发光、柔化边缘、三维旋转等形状效果，可以让绘制的图形更美观。设置图形形状效果的具体操作步骤如下。

步骤 1 选择第 3 张幻灯片页面。选中要设置形状效果的图形，选择【绘图工具】→【形状效果】→【阴影】选项。

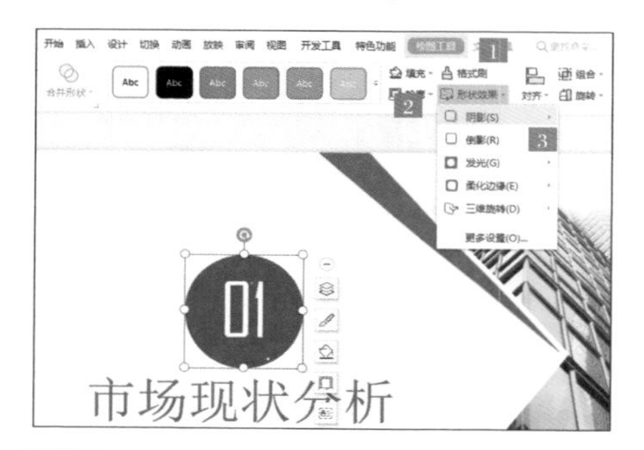

步骤 2 在弹出的列表中，选择【外部】的“向下偏移”选项，效果如下图所示。

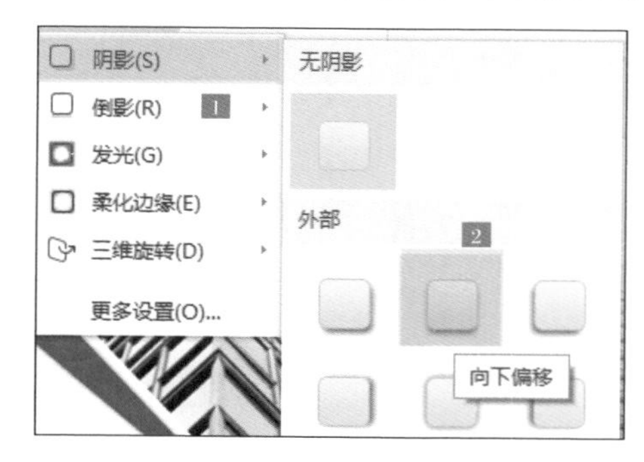

Tips

使用格式刷可套用一个已设置好的形状效果至其他图形。

9.2.5 使用图标让稀疏文字不再尴尬

在演示文稿中使用图标，能让稀疏的文字不再尴尬。图标有常见图标、动态图标和插画图标等种类。图标资源可以在网络上获取，也可以自己绘制。WPS 演示提供了一个资源丰富的图标库，包含大量高清图标，可以直接使用。在演示文稿中插入图标的具体操作步骤如下。

步骤 1 选择第 11 张幻灯片页面。

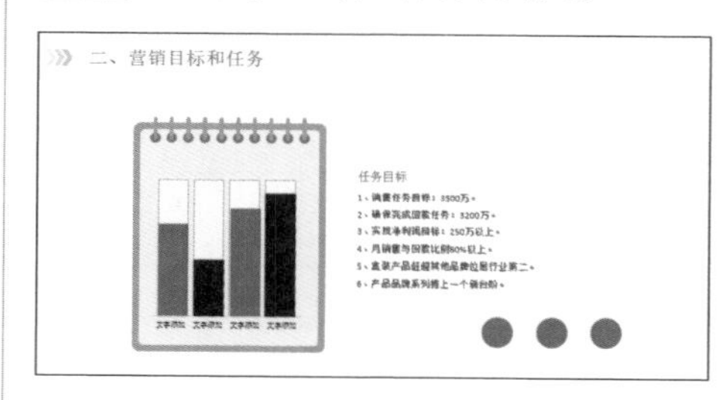

步骤 2 单击【插入】→【图标】按钮，在弹出的下拉列表中可以看到各种各样的图标。

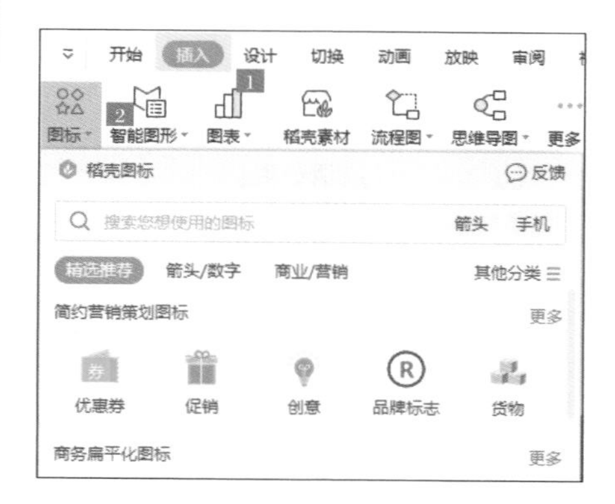

步骤3 在搜索框输入关键字“文件”进行搜索，在搜索结果中，选择合适的图标，单击【使用】按钮，效果如下图所示。

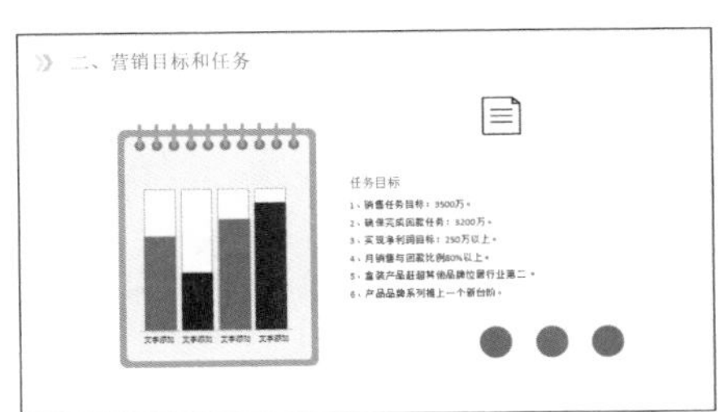

步骤4 拖曳图标的4个角，调整图标大小，并将图标拖曳至合适的位置，效果如下图所示。

步骤5 选中图标，单击【图形工具】→【图形填充】按钮，设置图形填充颜色为“白色”，效果如右上图所示。

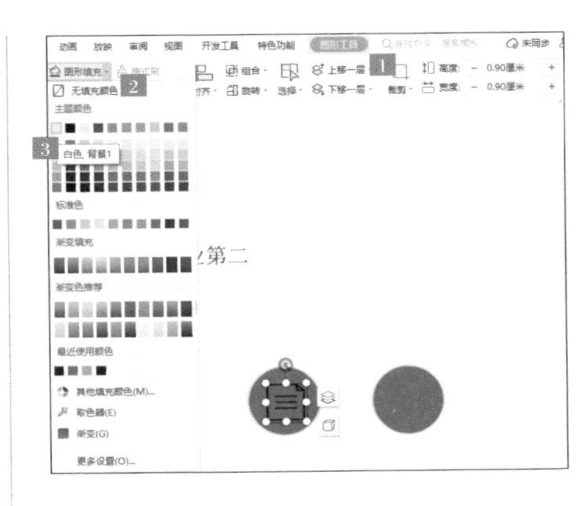

步骤6 使用同样的方法，插入另外两个图标，效果如下图所示。

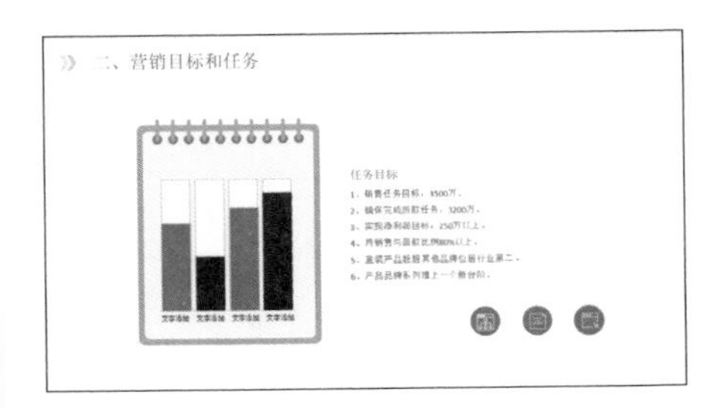

9.2.6 WPS智能图形的应用

智能图形是一个十分强大的功能，在WPS演示中，通过智能图形，可以调用WPS在线素材中的图形图示模板，快速完成各种图形图示的制作。

在演示文稿中，应用WPS智能图形的具体操作步骤如下。

步骤1 选择第 10 张幻灯片页面，单击【插入】→【智能图形】→【智能图形】按钮。

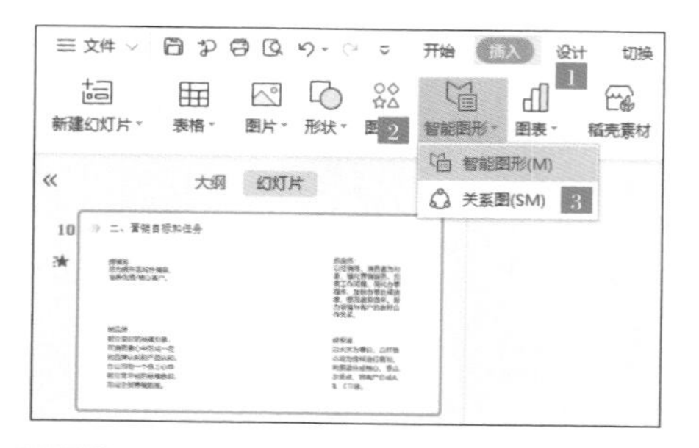

步骤2 打开【选择智能图形】对话框，选择合适的图形，单击【插入】按钮，效果如下图所示。

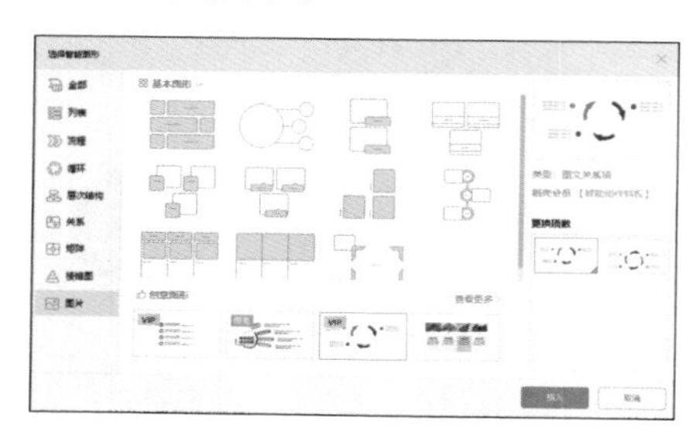

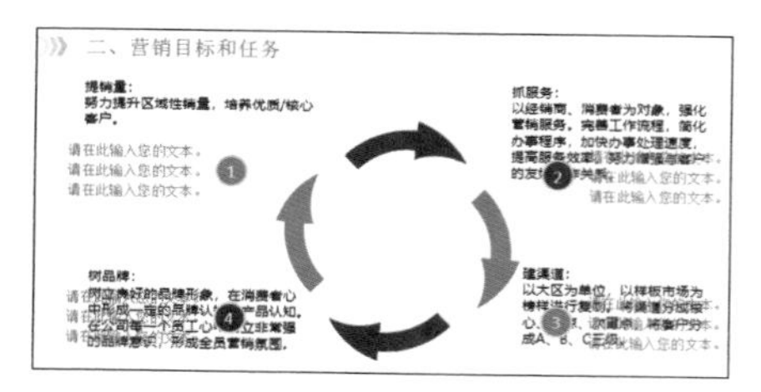

步骤3 将原页面中的文字内容输入对应的文本框中，效果如下图所示。

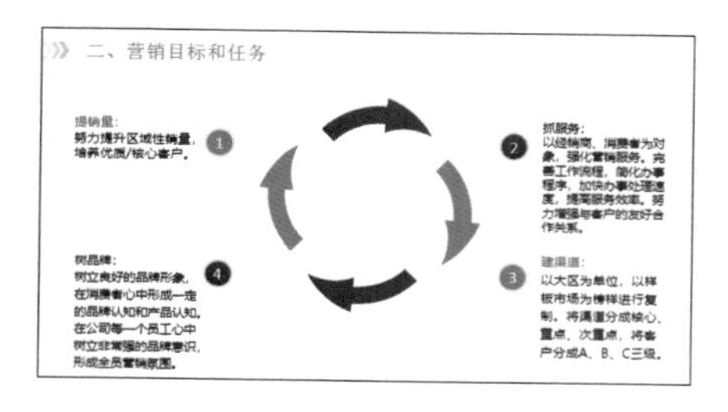

步骤4 选中一个箭头，在弹出的悬浮框中选择【形状填充】→“深红”选项，效果如下图所示。

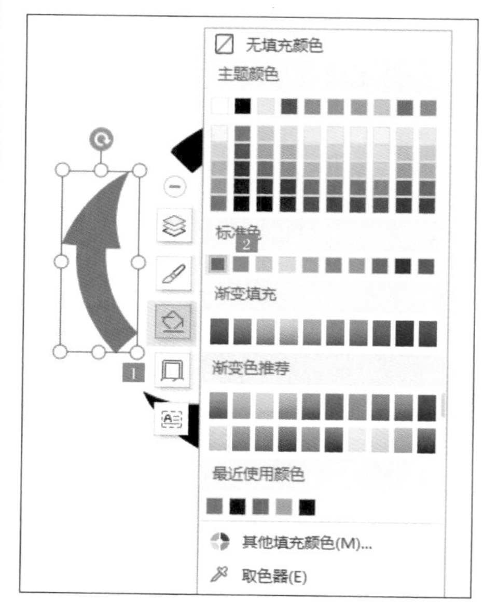

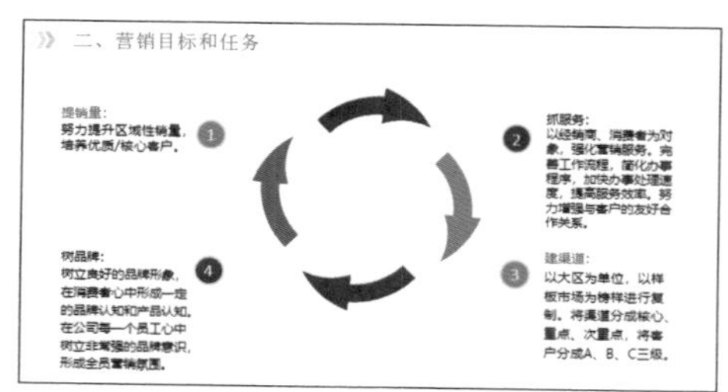

步骤5 使用同样的方式，设置数字 1、2、3、4 所在图形及剩余 3 个箭头的填充颜色，效果如下图所示。

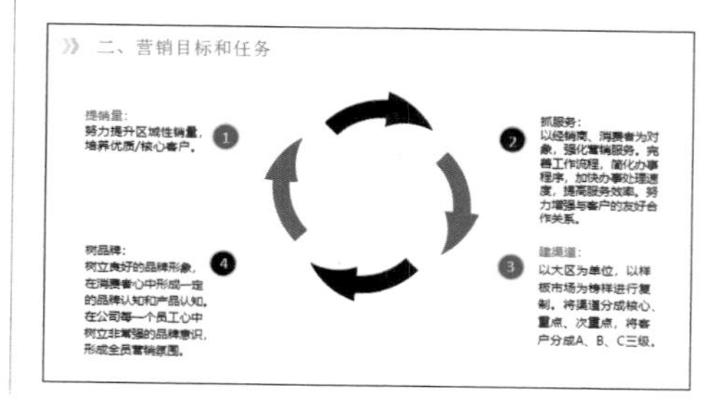

9.2.7 使用关系图，对内容进行结构化表达

在演示文稿中，与文字相比较，关系图可以更加清楚地表达事物之间的从属关系。在演示文稿中，插入关系图的具体操作步骤如下。

步骤 1 选择第 14 张幻灯片页面，单击【插入】→【智能图形】→【关系图】按钮。

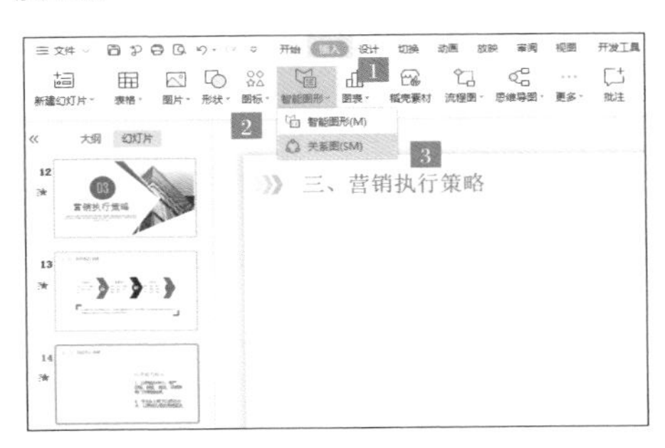

步骤 2 在打开的对话框中设置【分类】为“总分”，【项目数】为“5 项”，在页面左侧单击合适的图形。

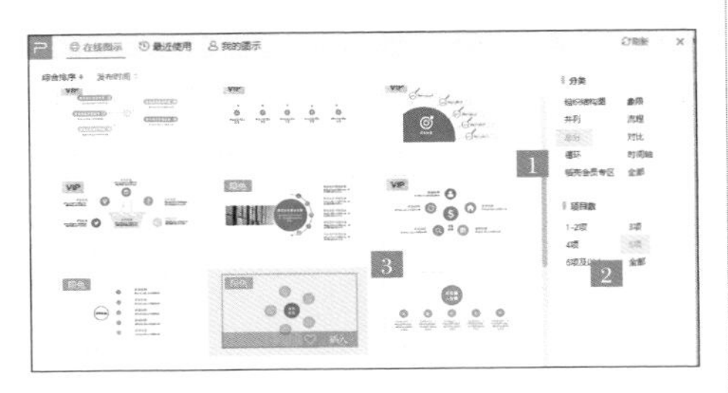

步骤 3 选择需要的图形，单击【插入】按钮，效果如下图所示。

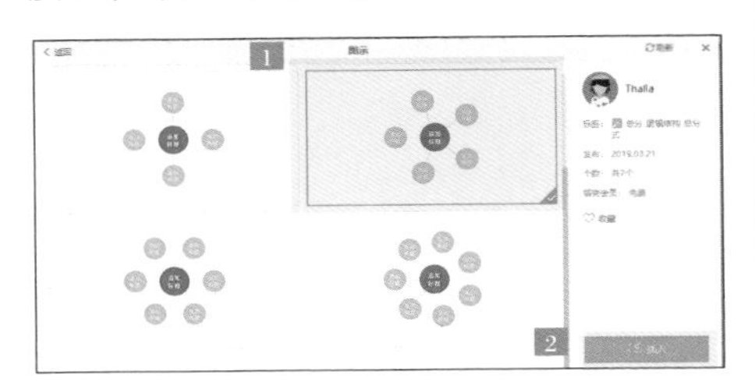

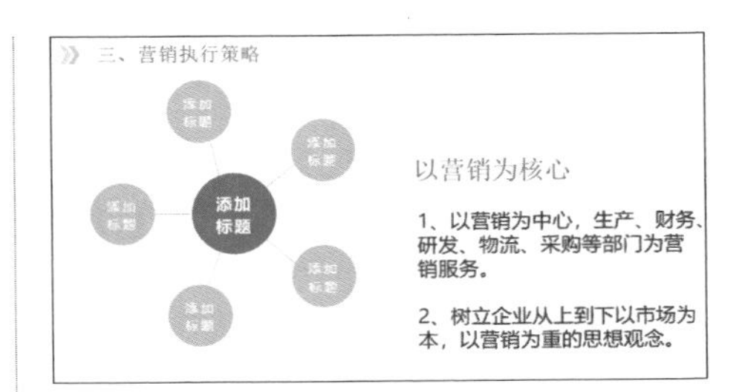

步骤 4 根据页面文本框的内容，补充关系图的内容，效果如下图所示。

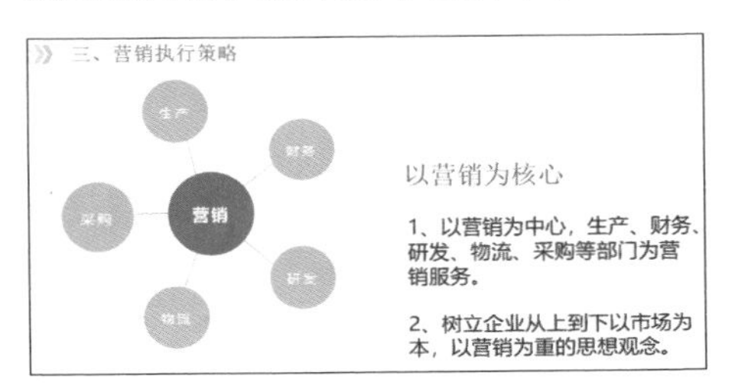

步骤 5 根据需要调整关系图的填充颜色，效果如下图所示。

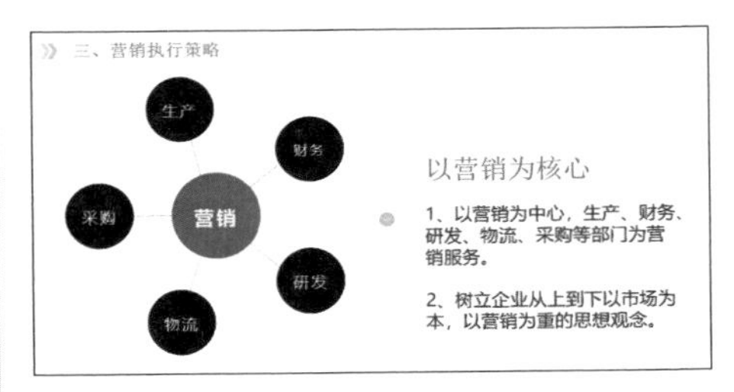

案例总结及注意事项

（1）为了使演示文稿美观，演示文稿的配色风格最好统一。

（2）使用 WPS 中的图标、智能图形、关系图等功能。

（3）设置背景填充颜色时，要确保能看清文字或数字。

动手练习：用图示展示公司组织架构

练习背景：

某销售公司，最高管理者为董事长，下有总经理一名，分管企划部、配销中心、区域经理、财务部、采购部和人事部等6个部门。区域经理负责华南、华北、华东、华西4个区域，各区域均有3家营业餐厅。现要求用图示展示公司组织架构。

练习要求：

为该公司制作一个能够展示公司组织架构的图示。

练习目的：

掌握使用图形制作关系图的方法。

本节素材结果文件	
	无
	结果\ch09\公司组织架构.png

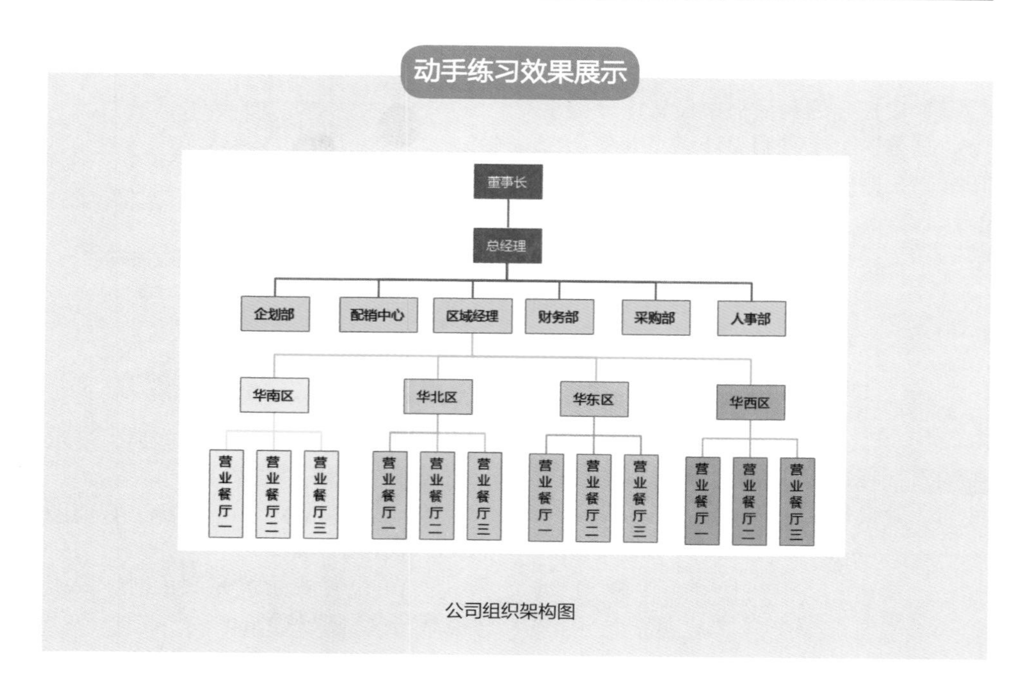

公司组织架构图

9.3 让你的年终总结演示文稿完整出色

每到年底，很多人都需要向老板汇报本年度的工作情况。一份完整的年终总结演示文稿，通常包含封面、目录页、过渡页、内容页及结束页等页面。优秀的年终总结演示文稿，无疑能在职场为你加分。

下面通过案例，介绍制作年终总结演示文稿的方法。

本节素材结果文件	
	素材 \ch09\ 年终总结 PPT.dps
	结果 \ch09\ 年终总结 PPT.dps

“年终总结 PPT.dps”素材文件中包含部分背景图片及文字内容，但并不完整，现在需要通过制作封面、目录页、过渡页、内容页及结束页，掌握一份完整演示文稿的制作方法。

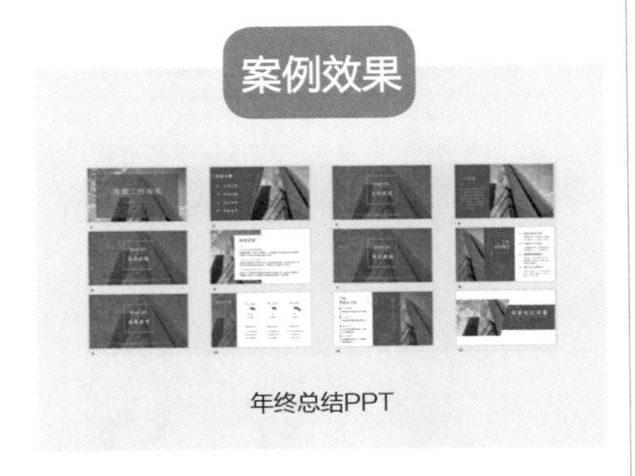

9.3.1 设计年终总结演示文稿的框架

要设计年终总结演示文稿，首先要设计年终总结的框架结构，年终总结一般包含对本年度的工作回顾、获取的成果、工作中的体会和经验及新一年的工作计划。

在这里，我们采用的框架为工作总结、存在问题、改正措施及未来展望，如下图所示。其中，工作总结的重点是本年度的关键性工作，主要写取得的成绩；存在问题，描述时尽量中肯；改正措施，是针对存在的问题，提出改进的方法；最后的未来展望，是向领导传达你对明年工作的规划，告诉对方你能给公司带来什么样的价值。

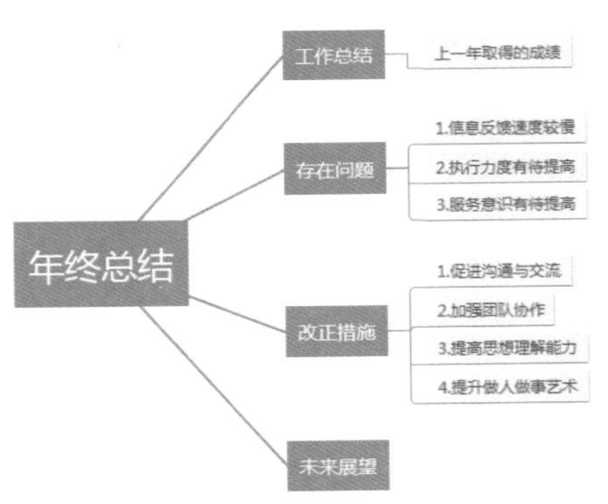

9.3.2 封面的设计

演示文稿的封面就像一个人的脸面，封面给观众的第一印象很重要。下面，我们一起来看一下年终总结演示文稿中封面的设计步骤。

步骤 1 打开素材文件，在第 1 张幻灯片页面上方插入一张空白幻灯片，效果如下图所示。

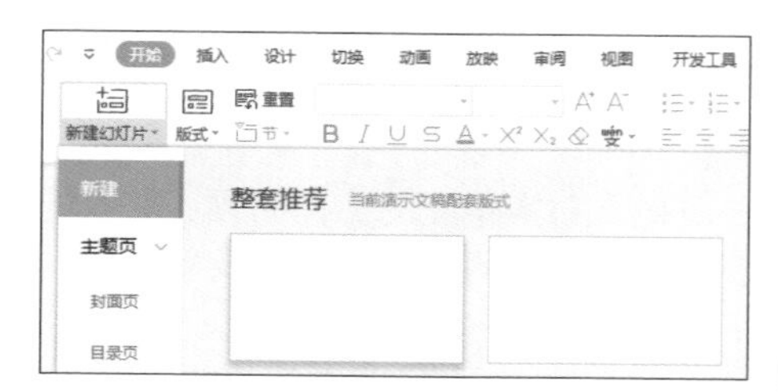

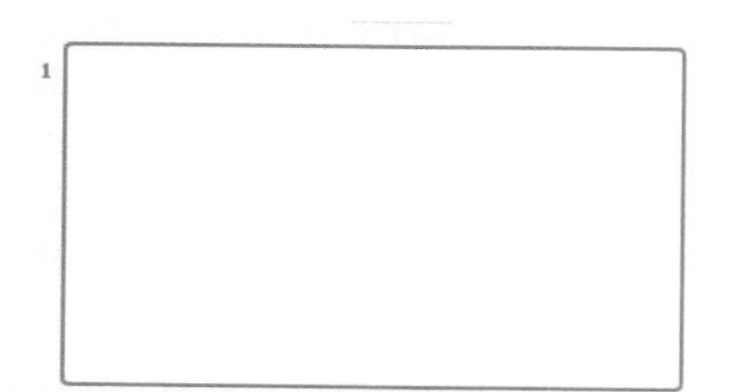

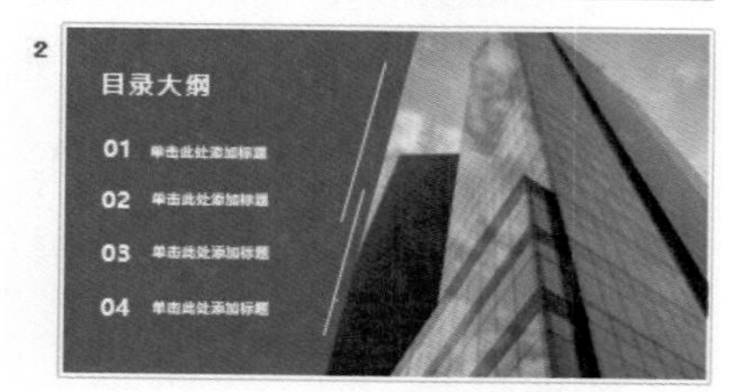

步骤 2 选择第 1 张幻灯片页面，单击【插入】→【图片】→【本地图片】按钮，选择素材中的图片“背景 .png”，插入图片后的效果如右上图所示。

步骤 3 选中图片，拖曳图片 4 个角的控制点，调整图片大小，将图片铺满整个幻灯片页面，效果如下图所示。

步骤 4 单击【插入】→【形状】按钮，选择并绘制“矩形”，效果如下图所示。

步骤 5 双击绘制的矩形，幻灯片页面右侧会弹出【对象属性】窗格。

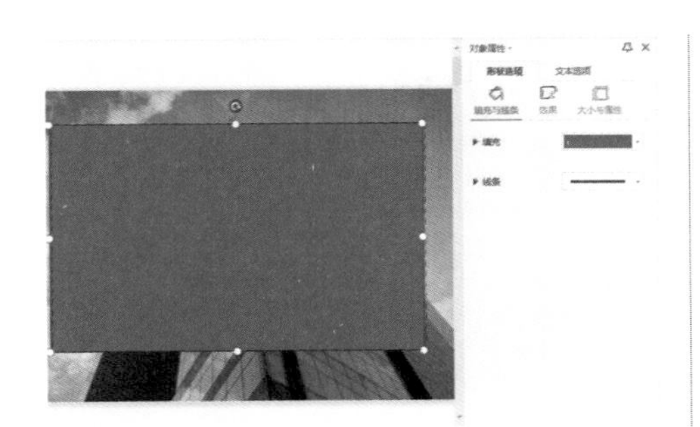

步骤 6 在【对象属性】窗格中，设置【填充】为“蓝色”，【透明度】为“35%”，【线条】为“无”，效果如下图所示。

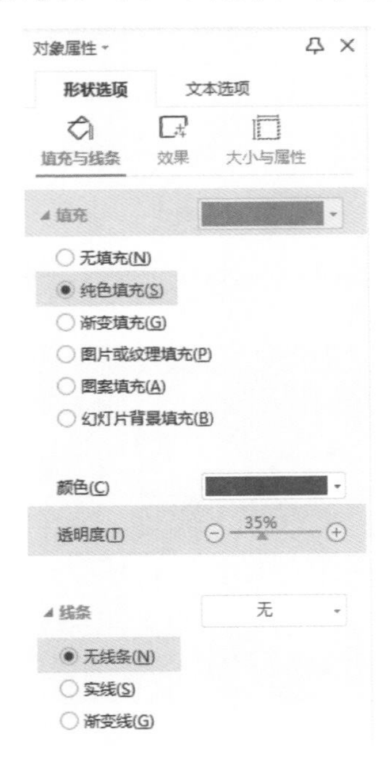

步骤 7 单击【插入】→【文本框】按钮，绘制文本框，并在文本框中输入文字“年度工作报告”，效果如下图所示。

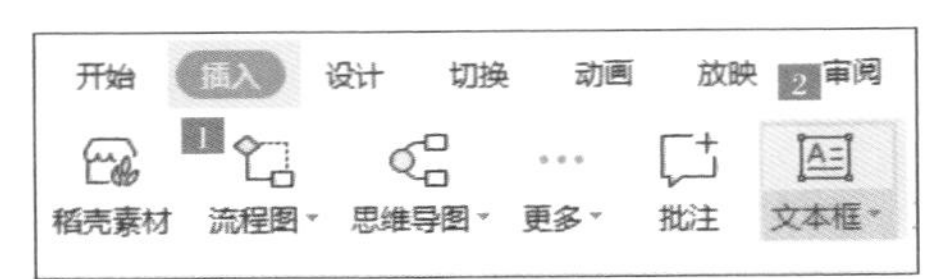

步骤 8 选中文字“年度工作报告”，在【文本工具】选项卡下设置【字体】为“微软雅黑”，【字号】为“80”，【字形】为“加粗”，【字体颜色】为“白色”，效果如下图所示。

年度工作报告

步骤 9 使用同样的方法，插入两个文本框，分别输入文字“笃守诚信 创造卓越”和“汇报人：BLACK”，并根据需要设置字体格式和矩形底纹大小。至此，年终总结演示文稿的封面页制作完成，效果如下图所示。

9.3.3 目录页的设计

目录页是演示文稿内容的核心，列举出各部分的核心思想。根据前面的年终总结框架，年终总结演示文稿的目录应分为工作总结、存在问题、改进措施和未来展望 4 个部分。

设计目录页的具体步骤如下。

步骤 1 选择第 2 张幻灯片页面，单击文本框，分别输入文字“工作总结”“存在问题”“改进措施”和“未来展望”，效果如下图所示。

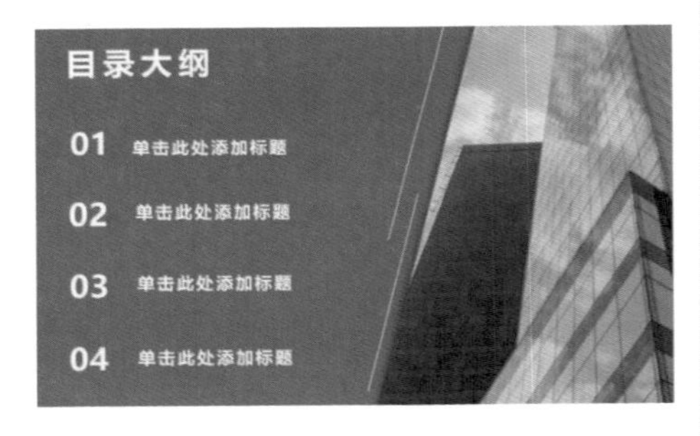

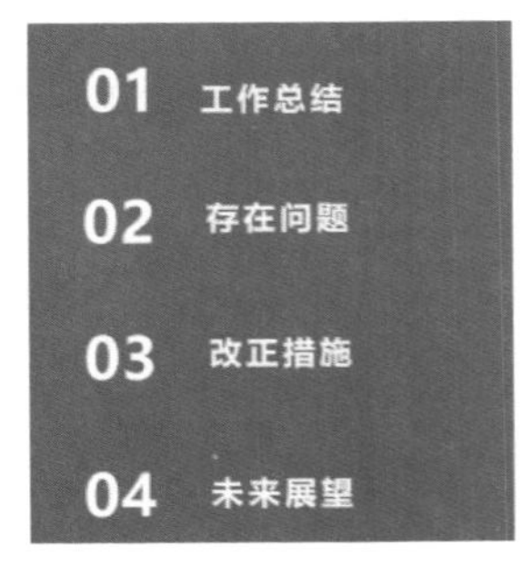

步骤 2 选中文字“工作总结”，单击【文本工具】→【字体】按钮。

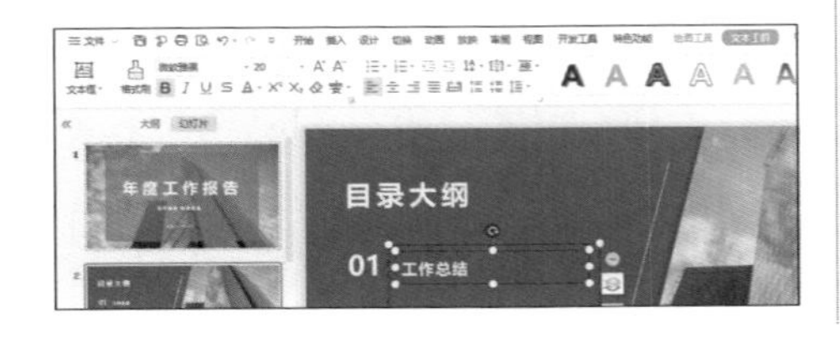

步骤 3 弹出【字体】对话框，设置【字体】为“微软雅黑”，【字形】为“加粗”，【字号】为“32”，单击【确定】按钮，效果如下图所示。

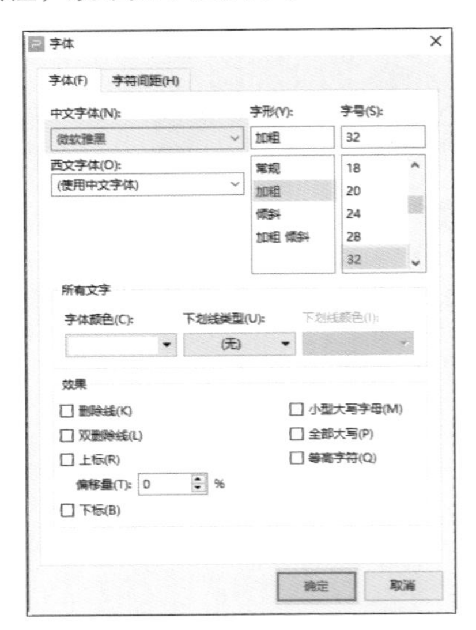

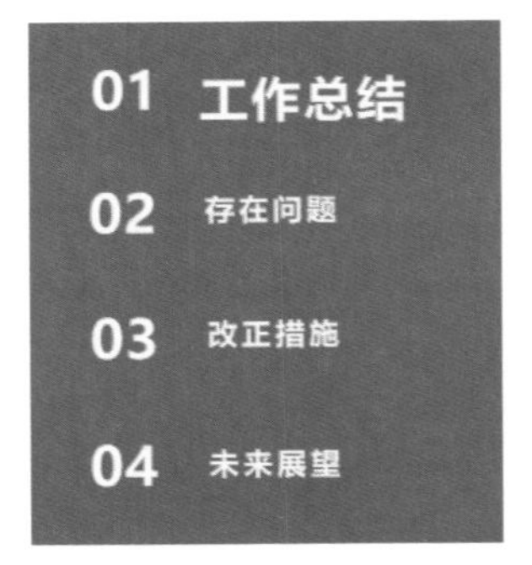

Tips

WPS 还提供了很多云字体，可以根据需要下载使用。

步骤 4 重复上面的操作，设置“存在问题、改进措施、未来展望”的【字体】为“微软雅黑”，【字形】为“加粗”，【字号】为“32”，效果如下页图所示。

Tips

还可以通过【开始】→【格式刷】按钮，修改字体的设置。

步骤 5 单击【插入】→【形状】按钮，在下拉列表中选择“直线”选项，在“目录大纲”文本框前绘制一条线段，效果如下图所示。

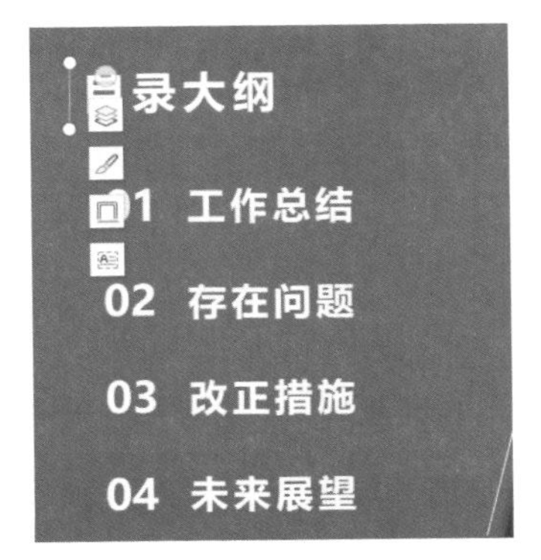

步骤 6 选中线段，设置【高度】为“1.40 厘米”，在【对象属性】窗格中设置线条的【颜色】为“白色”，【宽度】为“2.00 磅”，如下图所示。

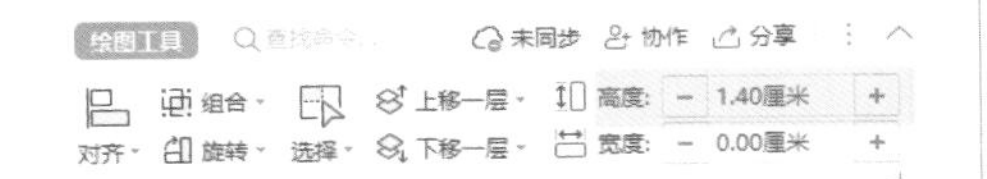

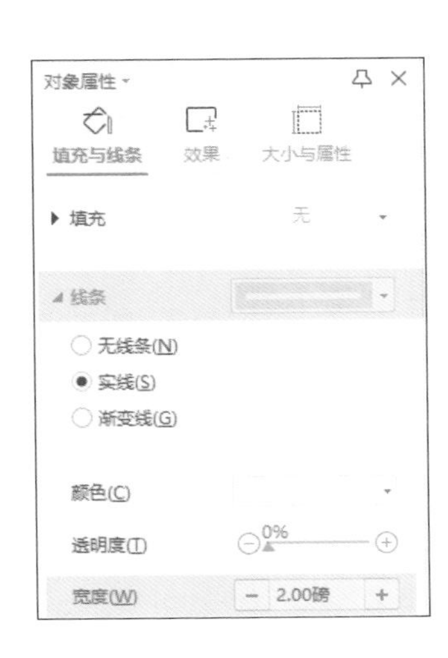

步骤 7 使用同样的方法，再次插入两段长度不一的线段，并设置线段的【颜色】为“白色”，【宽度】为“2.00 磅”，中间线段【高度】为“0.80 厘米”，左侧线段【高度】为“0.35 厘米”，效果如下图所示。

步骤 8 同时选中 3 条线段和“目录大纲”文本框，单击【绘图工具】→【组合】按钮，在下拉列表中选择“组合”选项，至此，目录页设计完成，效果如下图所示。

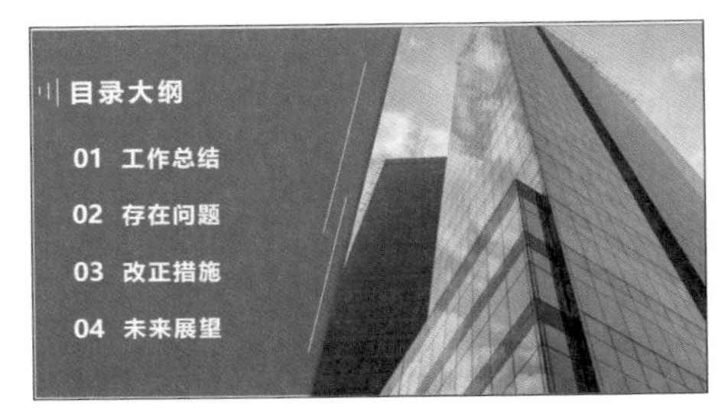

9.3.4 过渡页的设计

过渡页是一小节内容的核心，用来提出这一小节内容的主题，可以提示观众当前介绍到了哪个部分。设计过渡页的具体步骤如下。

步骤1 选择第3张幻灯片页面，单击文本框添加标题“工作总结”，效果如下图所示。

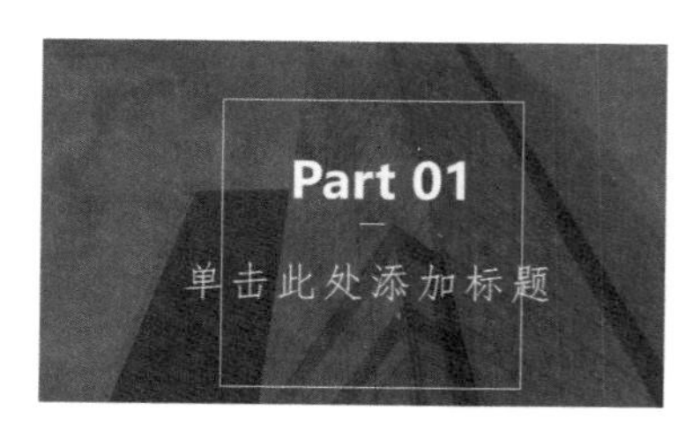

步骤2 选中文字“工作总结”，单击【文本工具】→【段落】按钮。

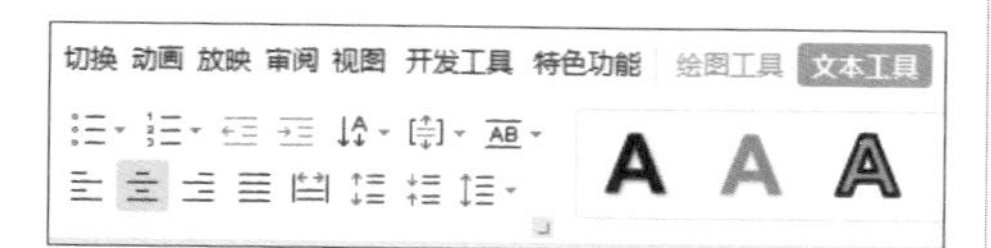

步骤3 弹出【段落】对话框，设置【对齐方式】为“居中”，单击【确定】按钮。

步骤4 选中文字“工作总结”，设置【字体】为“微软雅黑”，【字形】为“加粗”，【字号】为“48”，至此，第3张幻灯片设计完成，效果如下图所示。

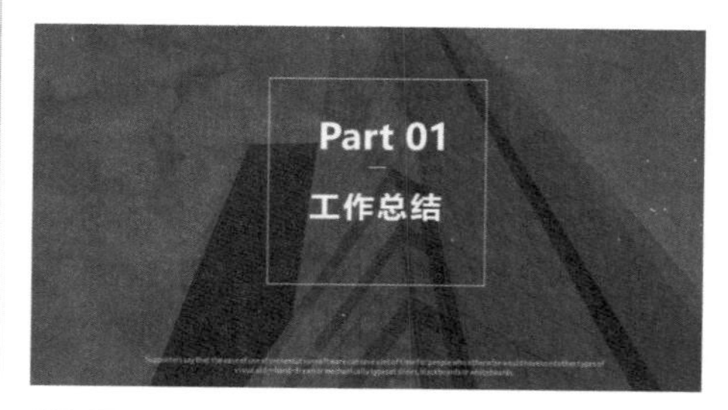

步骤5 使用同样的方法，设计第5张幻灯片，效果如下图所示。

步骤6 使用同样的方法，设计第7张幻灯片，效果如下页图所示。

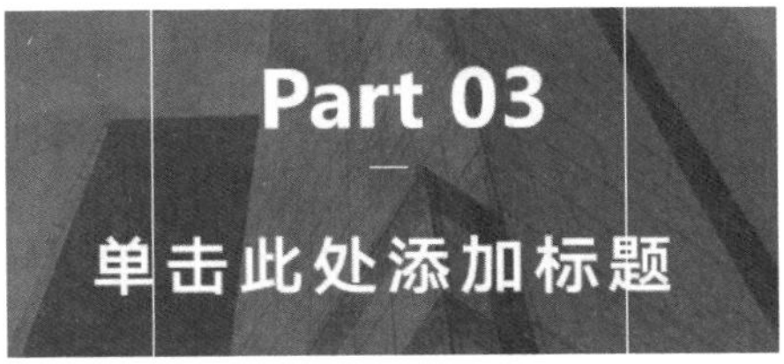

Part 03
—
单击此处添加标题

Part 03
—
改正措施

步骤 7 使用同样的方法，设计第 9 张幻灯片，效果如下图所示。

Part 04
—
单击此处添加标题

Part 04
—
未来展望

9.3.5 内容页的设计

内容页显示的是演示文稿各小节主题下各层次的内容，在演示文稿中占的篇幅最大。可以通过设置字体及段落格式、插入各种元素，美化和丰富内容页。设计内容页的具体步骤如下。

1. 文字内容设计

恰当的字体格式便于观众查看及接收信息。

步骤 1 选择第 6 张幻灯片页面，单击文本框添加标题文字“存在不足”，效果如下图所示。

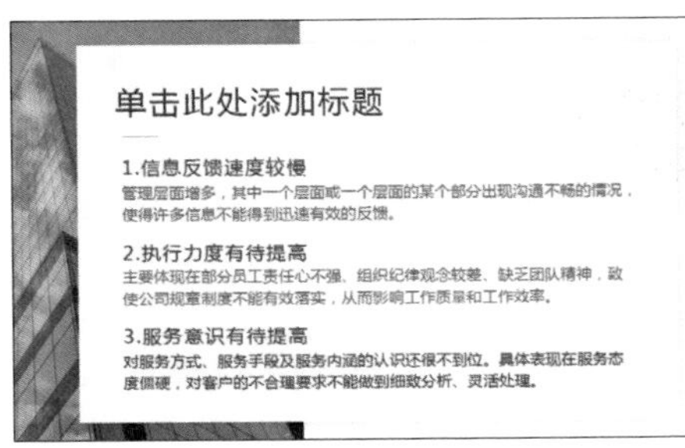

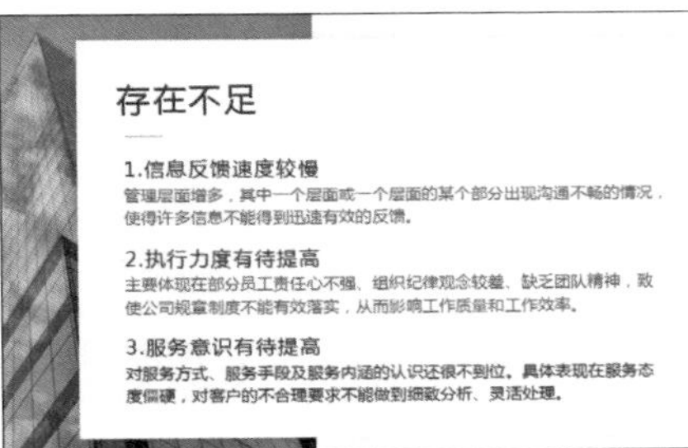

步骤 2 选中文字“存在不足”，设置【字体】为“微软雅黑”，【字形】为“加粗”，【字号】为“36”，【字体颜色】为“蓝色”，效果如下图所示。

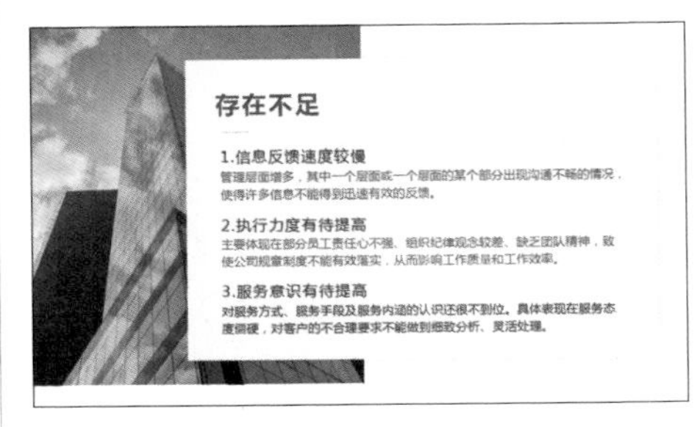

步骤 3 使用同样的方法，设置 3 个小标题的【字体】为“微软雅黑”，【字号】为“22”，【字体颜色】为“蓝色”；设置小标题下的段落文字的【字体】为“微软雅黑”，【字号】为“18”，【字体颜色】为“黑色”，效果如下页图所示。

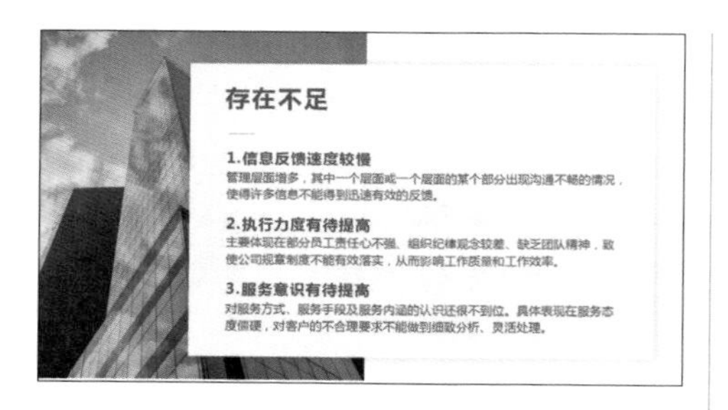

Tips

当幻灯片中的背景颜色较深或较浅时，输入文字容易看不清，这时可以在文字底部添加色块，这样不仅能解决文字看不清的问题，还可以让页面内容更丰富。

2. 图表设计

使用 WPS 可以为幻灯片插入图表或在线图表。

步骤 1 选择第 10 张幻灯片页面，单击【插入】→【图表】按钮。

步骤 2 在【插入图表】对话框中选择“饼图”→“圆环图”，单击【插入】按钮，效果如右上图所示。

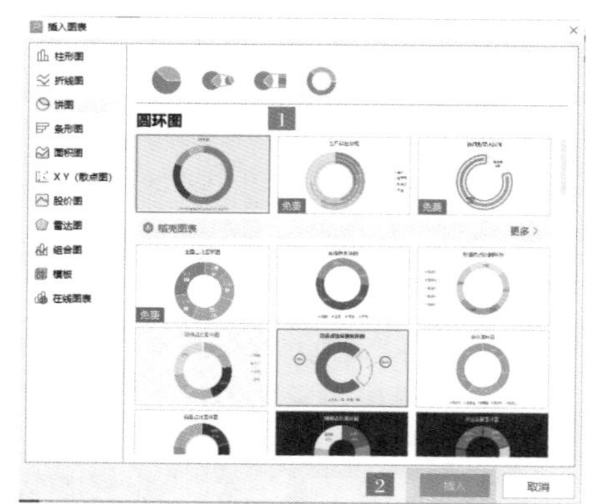

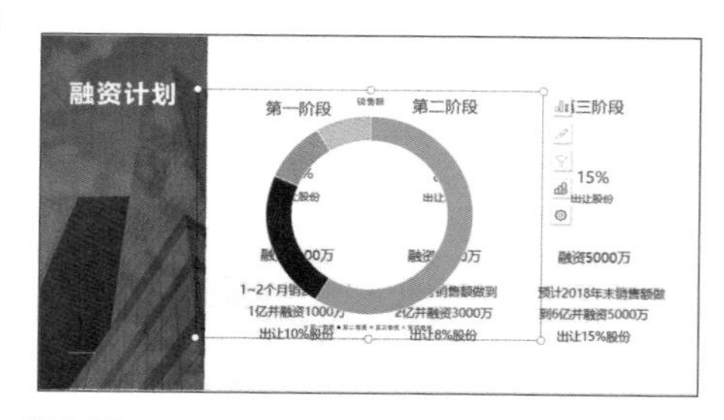

步骤 3 选中圆环图，单击【图表工具】→【编辑数据】按钮，打开 WPS 演示中的图表文件。

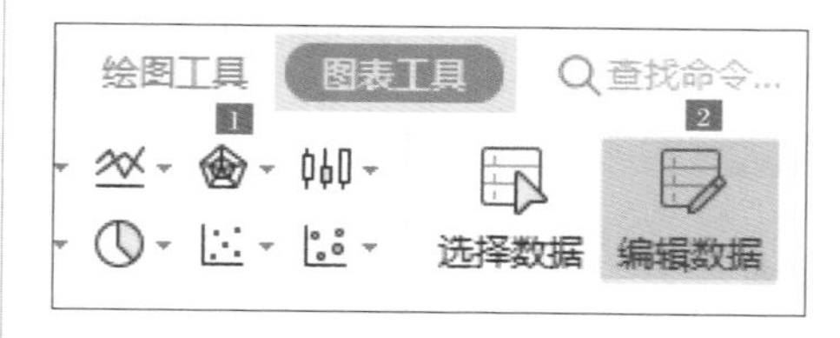

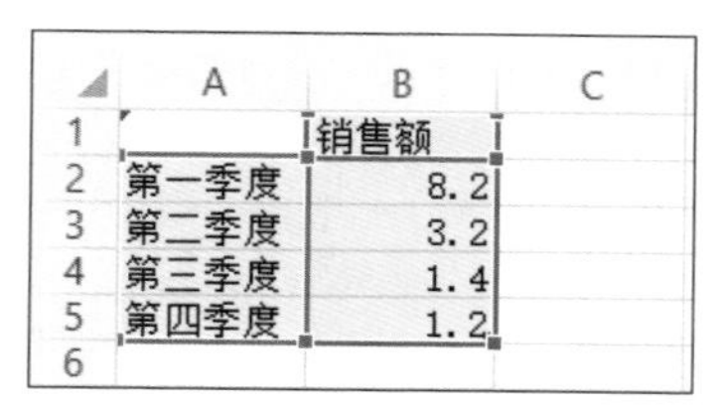

	A	B	C
1		销售额	
2	第一季度	8.2	
3	第二季度	3.2	
4	第三季度	1.4	
5	第四季度	1.2	
6			

步骤 4 在 WPS 表格中，删除第三季度和第四季度，更改第一季度销售额为 10，第二季度销售额为 90，保存并退出表格，演示文稿效果如下页图所示。

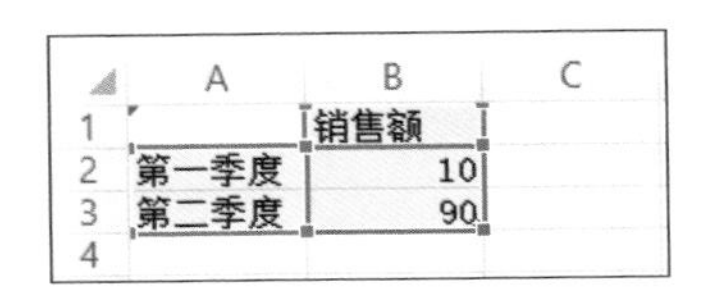

	A	B	C
1		销售额	
2	第一季度	10	
3	第二季度	90	
4			

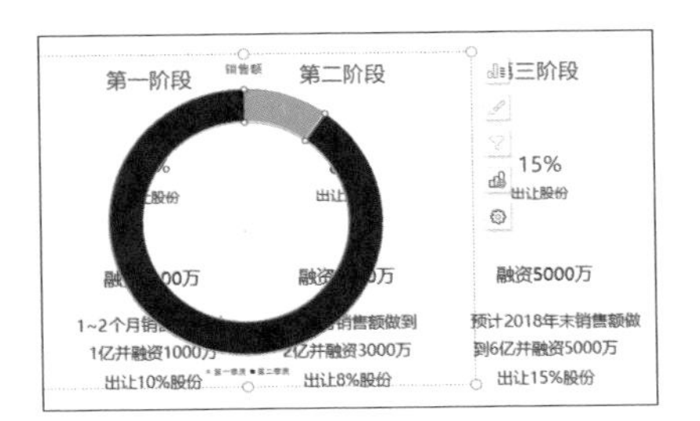

步骤 5 双击圆环的黑色部分，打开【对象属性】页面，设置【填充】为“纯色填充”，【颜色】为“灰色”，效果如下图所示。

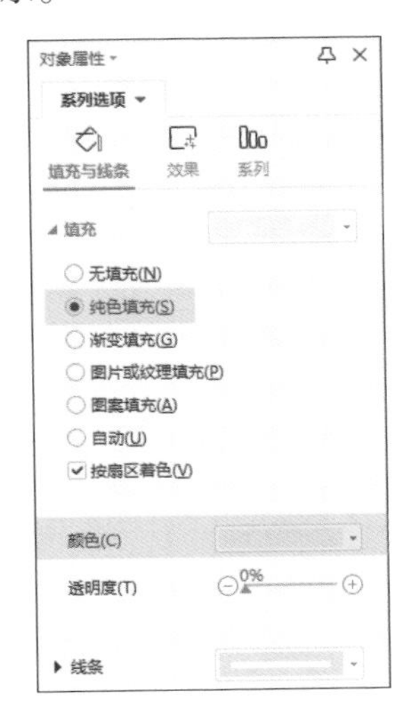

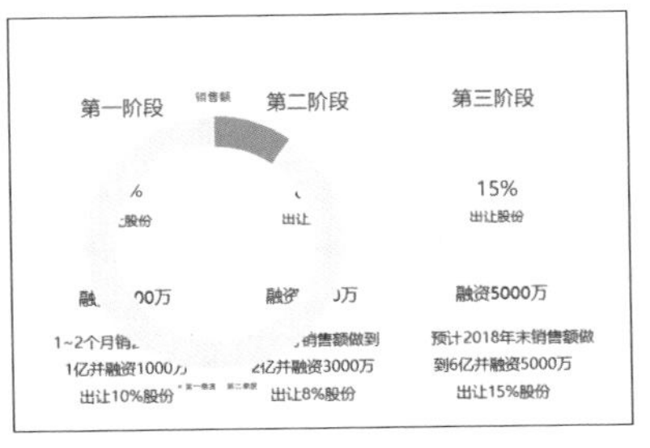

步骤 6 使用同样的方式，设置圆环剩余部分的填充颜色为“蓝色”，效果如下图所示。

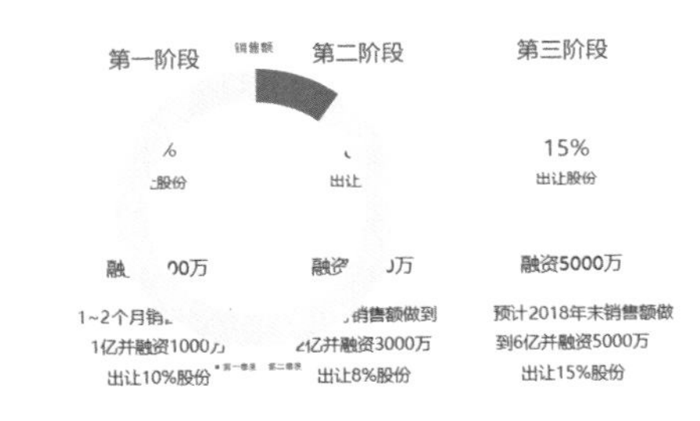

步骤 7 删除图表中多余的文本框，拖曳图表的 4 个角，调整图表大小，并将图表移动到合适的位置，如下图所示。

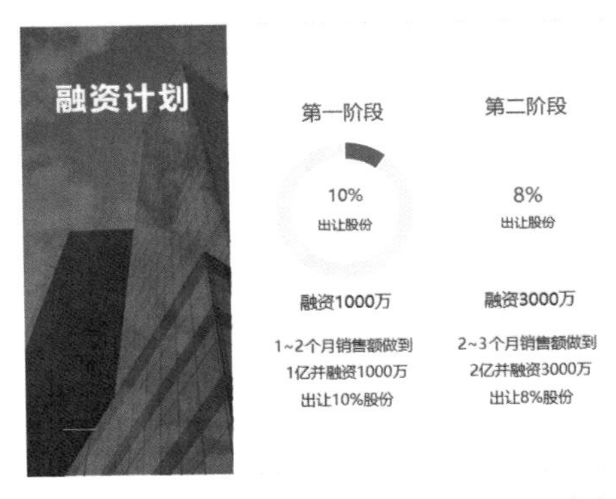

步骤 8 使用同样的方法，插入第二阶段和第三阶段的图表，结果如下图所示。

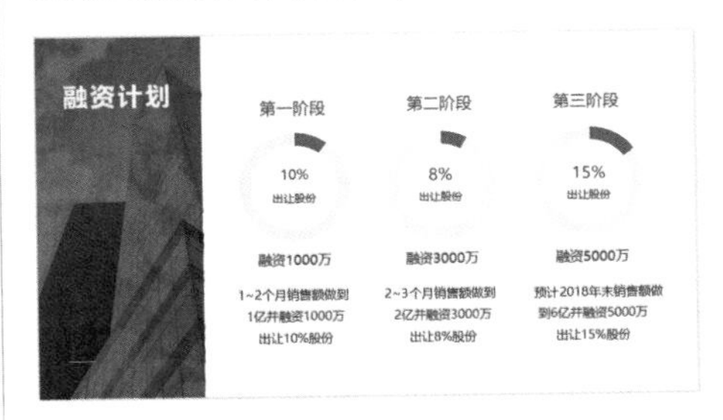

9.3.6 结束页的设计

结束页主要用于表示对观众的感谢。设计结束页的具体步骤如下。

步骤1 选择第12张幻灯片页面。选中文字“感谢您的观看”，选择【文本工具】→【文本效果】→【阴影】选项，在下拉列表中选择合适的透视效果，如下图所示。

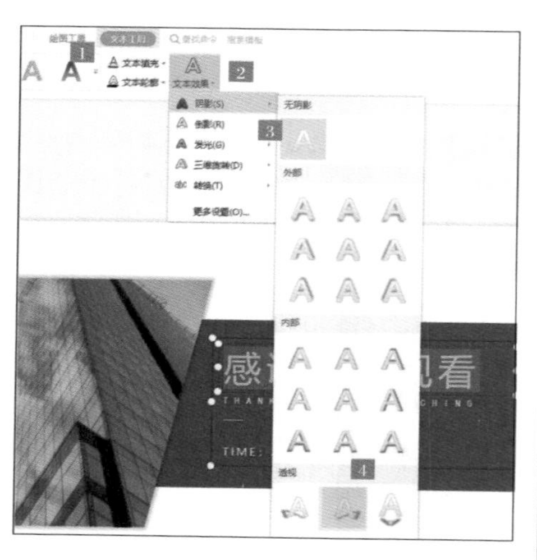

步骤2 设置【加粗】效果，并根据需要调整其他英文字体的样式。至此，就完成了年终总结演示文稿的结束页的制作，最终效果如下图所示。

案例总结及注意事项

（1）制作演示文稿时，使用的颜色尽量不要太杂，字体颜色最好不超过3种。

（2）所有的字体、段落、文字效果等格式，都可以使用【格式刷】工具完成快速复制。

动手练习：完成一份完整的年终总结演示文稿

练习背景：

公司要召开年终总结大会，要求每名员工做汇报，汇报内容主要是针对2020年度的工作情况进行复盘，总结经验教训，根据本年度存在的问题，提出改进的措施，并明确下一年度的工作计划和希望达成的目标。

练习要求：

设计一份完整的年终总结演示文稿，内容要求包含2020年工作总结、存在问题、改进措施及未来展望。

练习目的：

（1）掌握一份完整演示文稿包含的页面的制作方法。

（2）掌握 WPS 演示的各种基本操作。

本节素材结果文件	
	无
	结果 \ch09\2020 工作总结报告 .dps

2020年终总结

秋叶私房菜：令人发愁的年终总结，领导到底想看什么？

每次写周报、月报就已经抓耳挠腮了，临近年底，年终总结这座大山更是令人望而生畏。

今天就来说说，如何在职场汇报、年终总结时，运用金字塔原理中的 SCQA，让你的报告击中要害！

先来简单介绍一下金字塔原理中的 SCQA 模型。

背景（Situation）

确保说话时，你和其他人能站在同一背景下。

冲突（Complication）

推动故事情节发展，并引发对方产生疑问。

疑问（Question）

顺势而为，将对方的疑问说出来。

回答（Answer）

最后传递出自己想表达的信息。

1. 年终总结，要抓住这 3 个点

年终总结该怎么写？

很多人觉得难，是因为他们不知道自己该写什么，好像也没什么业绩值得写。最后只能找别人的总结作模板，拿来改一改，就变成自己的总结，或者列一堆没有意义的流水账。

年终总结不是自说自话的职场八股文，它是一个难得的汇报机会，值得你用 SCQA 模型认真对待。

年终总结怎么写？

套模板

写成职场八股文

记流水账

全文自说自话

❶ 写给谁看？

确定年终总结的对象。年终总结是写给谁看的，是自己、同事，还是领导？其实，年终总结应该写两份，一份写给自己看，一份写给领导看。

写给自己看的年终总结，你可以好好列举：

• 今年参与了哪些培训（表达、写作、演讲、专业等）？

• 今年看过哪些有助于提升自己的图书？

• 今年认识了哪些有能量的人？从他们那学到了什么？

• 今年去了哪些地方？有什么感触？

看看自己的成长，了解同事、朋友对自己的评价，这些都很好。但对于写给领导看的年终总结，以上这些都没有意义。关键问题是：领导想在你的年终总结中看到什么？

❷ 领导想看什么？

直属领导想听听你在工作中发现的问题和解决思路。上级领导想知道你未来工作的目标和具体的行动计划。

简单地说，在工作年终总结中，领导最关心这些内容：

• 今年你的 KPI 达标没有？

• 你有没有为公司挣钱？

• 你为明年制订了多大的目标？

领导想看这些东西，你就得给他看这些东西，但这不是你的真实目的。

❸ 你想表达什么？

我们写年终总结的实际意图是什么呢？每个人的业绩不同，诉求无非以下 3 种。

• 获得表扬：我很棒，请了解我、认可我、重视我，给我更多奖励。

• 争取资源：我很拼，请体谅我、帮助我、支持我，给我更多资源。

• 得到谅解：我很苦，请谅解我、支持我、信任我，给我更多机会。

一篇成功的年终总结，应该将自己的意图潜移默化地传递给领导。

现在是不是豁然开朗了？

2. 聪明人的年终总结怎么写？

领导想看到的年终总结，一般分为 4 个部分：

3 问题分析及建议

同样的 4 部分内容，聪明人会如何用 SCQA 表达？

优等生：突出信心。

S（背景）：我的工作不仅达标，而且超标，我总结出了一系列亮点。

C（冲突）：还是有一些问题制约我做得更好。

Q（疑问）：明年业绩如何才能踏上更高的台阶？

A（回答）：我的改进对策及建议，明年我的更高目标和具体安排，请您给我授权。

上进生：突出专业。

S(背景)：我的工作按计划执行中，取得了 ××× 进展，部分指标数据在行业内领先。

C（冲突）：遇到了一些实际的困难和问题。

Q（疑问）：如何解决以上问题？

A（回答）：需要领导支持（给资源），对下一步工作我充满信心。

后进生：突出成长。

S（背景）：工作任务重，种类多，

我熬夜加班，我很努力。

C（冲突）：遇到突如其来的任务 / 意外情况，我做出了巨大牺牲，取得了很好的成绩。

Q（疑问）：为什么今年的任务还差 10.7% 未完成？

A（回答）：困难督促我成长，今年积累的经验为明年更大的进步做好了铺垫（请谅解）。

聪明人绝对不会把年终总结写成流水账，因为年终总结是公司制度中规定的，上级领导专门抽出时间，倾听你发言的难得机会。

想清楚沟通的三要素，在这上面多下功夫，就容易提高领导的满意度。而领导提高了满意度，反过来也会更容易接受你的暗示。

如何让领导一眼看懂你做的演示文稿？请注意这两个原则！

演示文稿是拥有视觉化功能的沟通工具。

演示文稿拥有视觉化设计的功能，很多人会用它来做出令人震撼、精致、美观的设计。

但回归本质，我们使用演示文稿是为了实现高效沟通。

基于此，这里想与大家分享的是：如何用两个原则，打造有助于高效沟通的演示文稿。

1. 信噪比原则，有效传递你的信息

用美观、有意思的页面设计来吸引观众的眼球，以此附带地传递你的信息？

不好意思，你可能本末倒置了。

在幻灯片中，设计不是关键，想办法无损传递信息才是首要的。

演讲意图 —无损传递→ 观众理解

第一，什么是信噪比原则？

“信噪比”是通信行业中用来评估通话质量的关键指标。

信噪比越高，说明通话质量越高。

同理，如果演示文稿的“信噪比”足够高，那么你传递信息的质量也会变高。

通话质量

CALL QUALITY

信噪比率 = 信号 / 噪声

演示文稿沟通

EFFECTIVE COMMUNICATION

信息传递 = 有效信息 / 无效噪点

举个例子，下方的这页幻灯片，有着不错的设计。

但仔细看，你能快速从中得到关键的信息点吗？

我们稍作修改，突出想表达的信息，这样信息传递的有效性是不是提升了？

这就是我们想达到的效果：提高信息的有效性，减少可能的噪点。

第二，哪些设计会产生视觉噪点？

❶ 五花八门的颜色。

颜色一般是第一个被人们感受到的视觉元素。

如果没有按一定的原则使用颜色，比如没有统一的配色，那么很有可能产生不必要的视觉噪点。

下方这个案例尽管排版整齐、页面简洁，但因为太多无序的颜色，整个页面看起来“无从下手”。

台灯独特卖点　Topday 冠今

第三代智能台灯

矩型投射	智慧调光	产品外观
显指>97	R9>90	色温4800
电源驱动	自适应+滑动开关	光品质

那应该怎么办？最简单的方式是统一配色，或者按层次进行配色。如下方统一配色，信息是不是清晰了很多？

台灯独特卖点　Topday 冠今

第三代智能台灯

矩型投射	智慧调光	产品外观
显指>97	R9>90	色温4800
电源驱动	自适应+滑动开关	光品质

❷ 与主题不搭配的图片。

图片作为视觉设计的关键素材，如果滥用，也很有可能形成视觉噪点。并非配上图片即是图文并茂。

如下方这个案例，你会发现，这里搭配的图片与主题压根没有关系，这是典型的滥用图片。

合适的图片比什么都重要。替换成与人相关的图片，尽管简洁，但对传递信息来说有大作用。

❸ 乱七八糟的排版。

排版不当也会造成视觉噪点。最糟糕的情况是：观众看到一份页面乱七八糟的演示文稿，连看的欲望都没有。

如下方这个案例，是不是感觉很业余？最起码的对齐都没有，这样对于观众来说，阅读起来有些吃力，不利于信息传递。

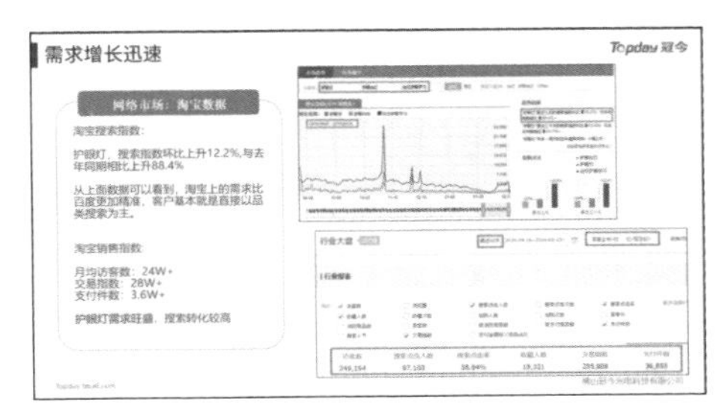

要学会归类和对齐排版，让你的信息层次鲜明。如先提炼关键内容，归类成组（这也是金字塔原理提倡的做法），再来考虑图片的放置。

❹ 刺目的特效。

我们并非不重视设计，但假如单方面追求技术（尤其是动画），信息很有可能被视觉噪点所掩盖。

如下方这个案例，一堆光效看起来很耀眼，但本质上是在制造视觉噪点，起码内容的聚焦度变低了。

最好的做法是回归本质，以体现信息为主，删除一切特效。

第三，哪些做法会产生信息噪点？

❶ 没有经过提炼的内容。

大块的信息对观众来说是个负担，因为观众都是缺乏耐心的，起码多数人不愿意短时间内花精力理解你的内容。

如下方这个案例，如果你习惯了复制粘贴，那么你要注意了，观众很有可能连看的心情都没有，更别提接收你要传递的信息了。

WPS Office是国内普及的办公软件
WPS演示，是金山WPS公司的演示文稿软件。用户可以用投影仪进行演示，也可以将演示文稿打印，以便应用到更广泛的领域中，如在互联网上召开面对面会议、远程会议或在网上给观众展示演示文稿。
WPS文字，金山公司的一个文字处理应用程序。它给用户提供了用于创建专业而优雅的文档的工具，帮助用户节省时间并得到优雅美观的结果。一直以来，它都是国内普及率最高的文字处理程序。
WPS表格，是金山公司的办公软件WPS的组件之一。表格是金山办公软件套装的一个重要的组成部分，它可以进行各种数据处理、统计分析和辅助决策操作，广泛地应用于管理、财经、金融等众多领域。

提炼信息是基本要求。分段提炼每段的中心思想，甚至删除不重要的内容，用一句话总结你的意图。这样，你的信息传递才足够高效。

WPS Office 是国内普及的办公软件

WPS演示是应用最广泛的演示工具
WPS演示，是金山WPS公司的演示文稿软件。用户可以用投影仪进行演示，也可以将演示文稿打印，以便应用到更广泛的领域中，如在互联网上召开面对面会议、远程会议或在网上给观众展示演示文稿。

WPS文字是职场日常办公最常用的工具
WPS文字，金山公司的一个文字处理应用程序。它给用户提供了用于创建专业而优雅的文档的工具，帮助用户节省时间并得到优雅美观的结果。一直以来，它都是国内普及率最高的文字处理程序。

WPS表格是数据处理、财务统计最常用的工具
WPS表格，是金山公司的办公软件WPS的组件之一。表格是金山办公软件套装的一个重要的组成部分，它可以进行各种数据处理、统计分析和辅助决策操作，广泛地应用于管理、财经、金融等众多领域。

❷ 错误的表达方式。

这是大多数人的弊病。很多人懂得使用演示文稿，却不懂得选择合适的方式去表达，造成理解困难。通常来说，表达方式包含列表、表格、数据图表、关系图表等。

如下方这个案例，也许它的设计不错，但这肯定不是好的表达方式。起码，你没法直观地看到不同学校的差距在哪里。

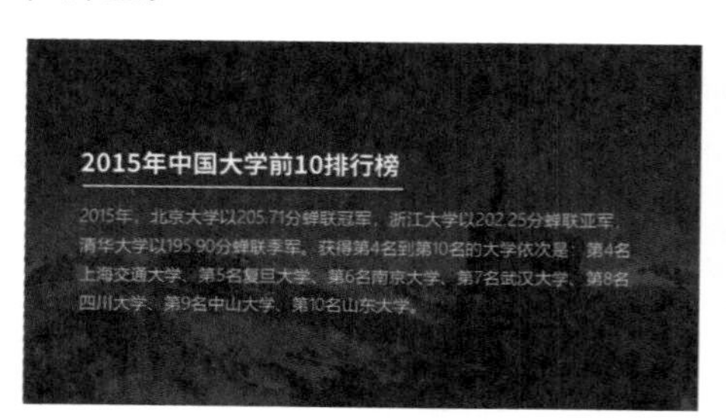

对于数据的比较，你可以使用数据图表来表达。如这里使用柱形图来比较各大学的分数差距，就显得很直观。

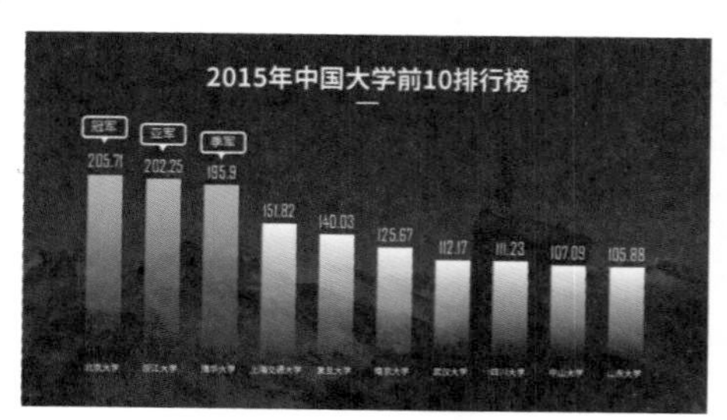

信噪比原则给我们的启发是，无论是视觉设计还是信息处理，如果没法快速传递你的信息，那么必然是存在太多噪点。

2. KISS 原则，让你的信息足够简单

KISS 原则意在将用户体验做到极致，翻译过来是“保持简单和愚蠢”。也就是说，要把产品做到任何人都能用。

演示文稿也同理，实现高效沟通的最高境界是谁都能懂。

举个例子：

乔布斯在 iPod 发布会上需要陈述一个技术优势，5GB 的容量和 1.8in 的硬盘。放在现在当然好理解，但要知道在当时，消费者对容量和硬盘可没有概念，更别说直观感受了。

乔布斯很好地使用了 KISS 原则，堪称演示的经典。他说：“将 1000 首歌放进你的口袋。”作为观众的你来说，是不是感觉很直观、很震撼？

那么，如何贯彻 KISS 原则？这其中的关键在于：与观众保持同频。

第一，将信息转化成大众熟知的事和物。

举个例子，OPPO 开发的 VOOC 闪充技术，是一个不错的优势技术。假如我在发布会现场，用下面这页幻灯片介绍这个专业的技术细节，你能理解吗？你可能连兴趣都没有。

而 OPPO 的广告语“充电 5 分钟，通话 2 小时”可谓经典！

且不说该技术是否真能达到此效果。单说它将技术术语转换成熟知的事和物后，是不是更容易使看到的人有很深刻的感受？

再举个例子：1992 年，美国公共利益科学中心专家阿特·希尔弗曼，想让大众了解：电影院中的一个中包爆米花，就含有 37 g 饱和脂肪酸。

美国农业部提出的建议是这样的（页面做过重新设计，大致是这样的）：

阿特·希尔弗曼觉得太过理性，不够直观。于是他想出了右上图这样的表达形式。是不是更令人有感触？

转化法适用范围很广。比如：要展示业绩实力，你可以用自己的业绩相当于多少个竞争对手公司（或熟知的企业）的业绩来表达。

第二，如果没法转化，请简化你的信息。

信息量过大对于演示文稿来说是致命伤，是信息传递的主要阻碍。因此在演示时，要想尽办法让你的信息足够简化。举个例子，下方是一页介绍企业 3 年来的荣誉的幻灯片。对于观众来说，一次性展现显得太过复杂，注意力也容易分散。

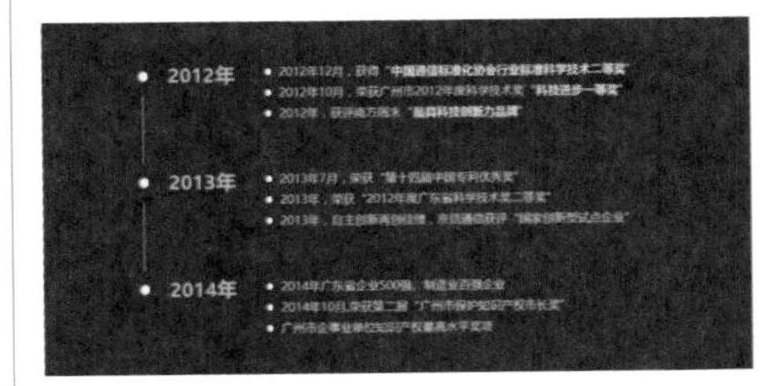

那么，你可以怎么做呢？

❶ 拆解页面。

如果你的页面信息量太大，把内容拆解为多页是不错的选择。

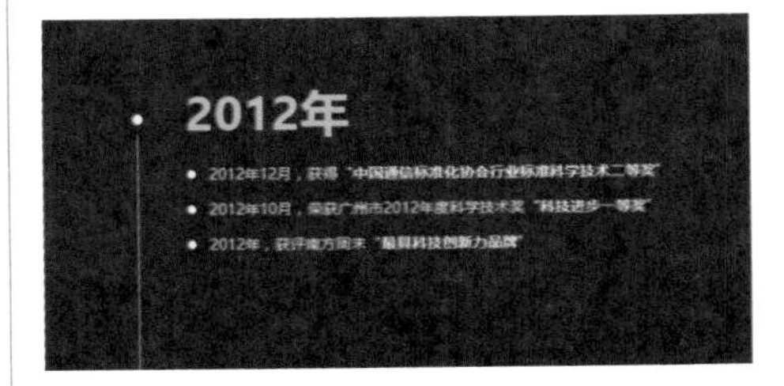

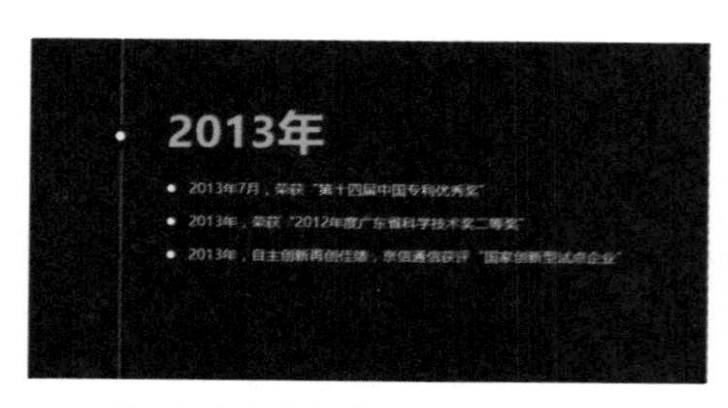

❷ 添加顺序动画。

假如你需要保证信息的整体呈现，添加先后出现的动画是不错的选择，讲到哪里就展示到哪里。

KISS 原则给我们的启发是：从观众的角度出发，让传递的信息足够简单，这样才能做到高效沟通。

信噪比原则和 KISS 原则，不仅可以用在幻灯片演示中，而且在职场的很多场合都适用，希望能对你有所启发。

动画是演示文稿中不可或缺的元素，可以使演示文稿更富有吸引力，增强幻灯片的视觉效果。演示文稿的放映是设置幻灯片的最终环节，优秀的演示文稿加上完美的放映能给观众带来一次难忘的视觉享受。

第 10 章 演示文稿的动画设计与放映

- 怎样为演示文稿添加动画效果？
- 如何设置演示文稿的一键智能动画切换？
- 辅助演讲的手段有哪些？
- 在他人计算机上放映演示文稿，缺少字体怎么办？

10.1 企业宣传演示文稿中动画的设计

一个好的演示文稿除了要有丰富的文本内容外，还要有合理的排版设计、鲜明的色彩搭配及得体的动画效果。WPS 演示中提供了丰富的动画效果，可以为演示文稿的文本、图片、图形和表格等对象创造更精彩的视觉效果。

对演示文稿进行动画设计，需要运用幻灯片动画效果和幻灯片页面切换效果。要增加动画效果，就需要使用动画功能；要为幻灯片增加切换效果，就需要使用切换功能。

【动画】菜单及【自定义动画】对话框中各选项的功能介绍如下。

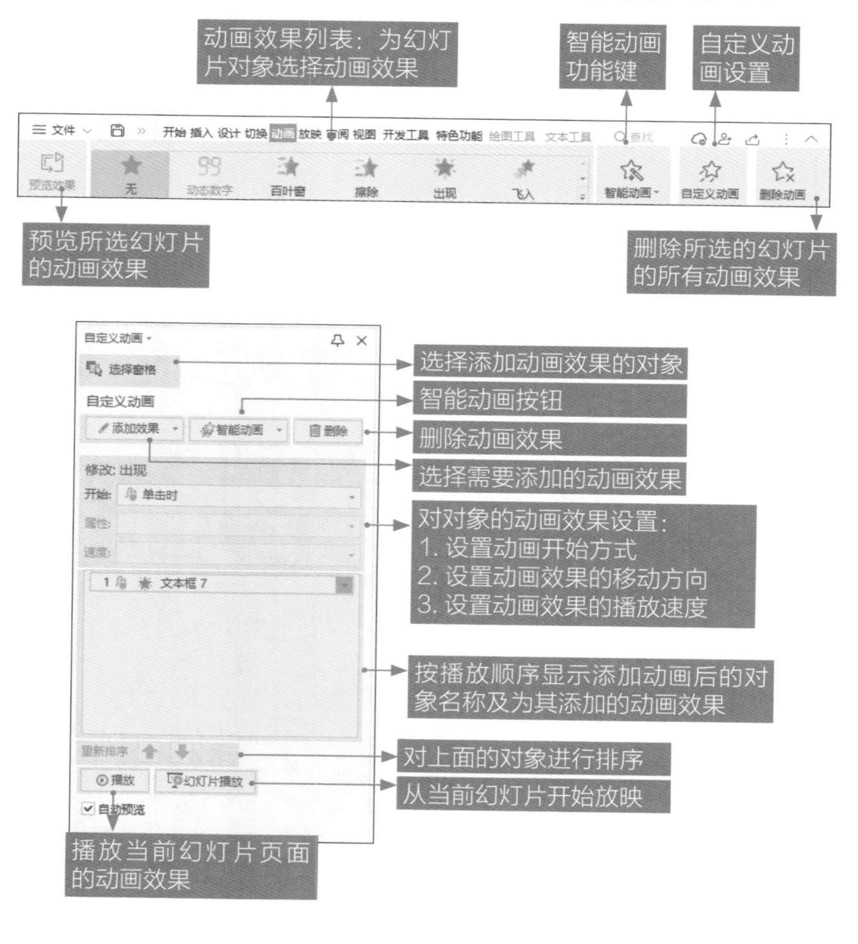

【切换】菜单及【幻灯片切换】对话框中各选项的功能介绍如下。

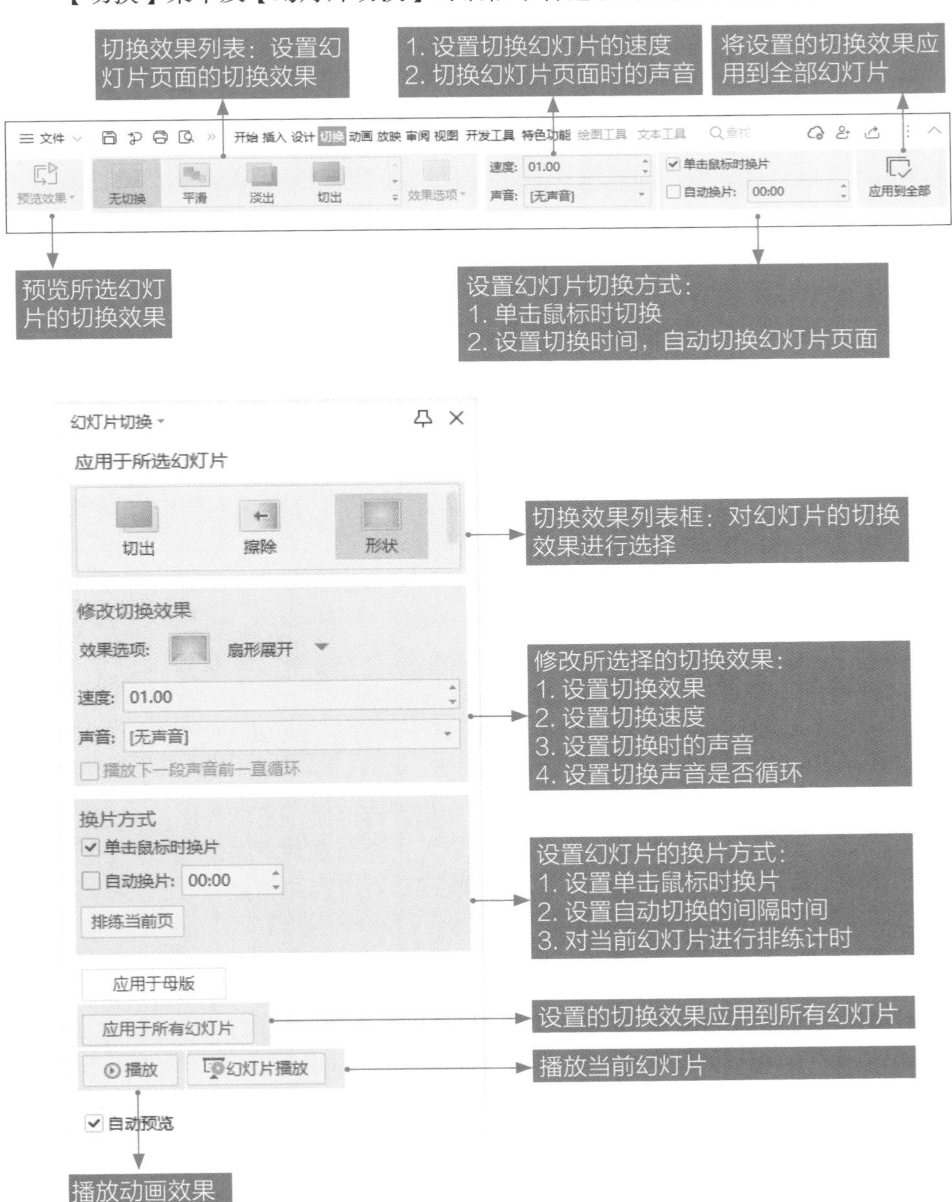

下面通过对企业宣传演示文稿进行动画设计，介绍 WPS 演示的动画和切换功能。

本节素材结果文件	
	素材 \ch10\ 企业宣传 PPT.dps
	结果 \ch10\ 企业宣传 PPT.dps

为制作完成的“企业宣传 PPT.dps”文件的每个页面对象添加合适的动画效果，并为幻灯片页面添加切换效果。

企业宣传PPT

10.1.1 设计动画的原则和误区

如果演示文稿缺少动画，在展示的时候可能会显得过于单调。但是，并不是说只要有动画就能够提高演示文稿的档次，而是要看整个演示文稿的动画设计水准。在添加演示文稿的动画效果时，要遵守几个设计原则。

1. 动画的设计原则

（1）重复原则

需注意在一个页面内，动画效果不应太多，一般不要超过两个。过多不同的动画效果，不仅会让页面杂乱，还会影响观众的注意力。

（2）强调原则

如果一个页面中内容较多，要突出强调某一点，可以单独为这个元素添加动画，其他页面保持静止，达到强调的效果。

（3）顺序原则

在添加动画时，让内容根据逻辑顺序出现，观感更为舒适。并列关系的内容同时出现，层级关系的内容可按照从左到右的顺序或从下到上的顺序出现。

2. 设计动画需要注意的误区

在进行动画设计时，除了遵守以上几个原则之外，还要避免进入以下几个误区。

（1）避免动画乱入

在进行演示文稿的动画设置时，如果没有遵循一定的顺序，而是让动画乱入，会影响观众的观感，自然就会影响观众对内容的印象。

（2）注意动画切入的时间把控

在设计演示文稿动画播放速度的时候，一定要根据内容或需求做好自定义，太快、太慢对于幻灯片的放映都是有很大影响的。

（3）注意动画的主次之分

在设置动画的时候，动画的切入如果缺少主次之分，会造成动画播放混乱，影响观看效果。

(4) 注意动画动作切换规律

一般在设计演示文稿动画中的动作时，都需要遵循一定的规律；在设计切换动作的时候，最好也能够遵循一定的规律，这样播放出来的效果才会更加出彩。

(5) 避免乱用动画效果

在制作演示文稿的过程中，动画效果的添加可以起到锦上添花的作用，但是如果设计不好，自然也会影响整个演示文稿的放映效果。

10.1.2 为企业宣传演示文稿添加动画效果

演示文稿中的动画效果主要分为对象动画和切换动画两种。对象动画是指在幻灯片中为文本、文本框、图片和表格等对象添加标准动画效果，使其以不同动态方式出现或消失在屏幕中。

在幻灯片中选择一个对象后，可以给该对象添加一个动画效果，动画效果包括进入、强调、退出和动作路径等。本例通过讲解如何给企业宣传演示文稿添加动画效果，介绍如何在演示文稿中设置动画效果。为企业宣传演示文稿添加动画效果的具体操作步骤如下。

步骤 1 打开素材文件“企业宣传 PPT.dps”，选择第 2 张幻灯片，选中幻灯片中间的“目录”图形框。

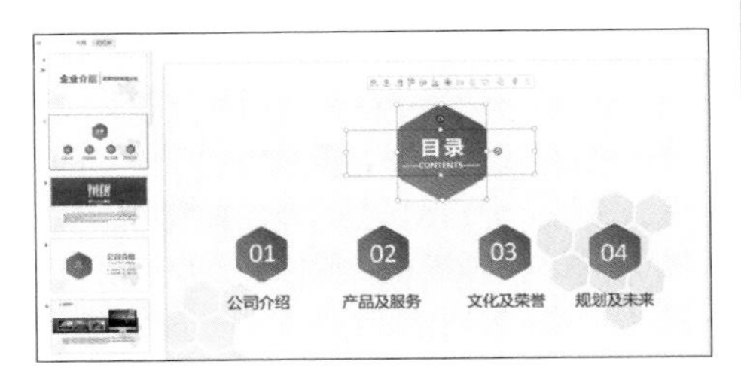

步骤 2 选择【动画】→【自定义动画】选项。

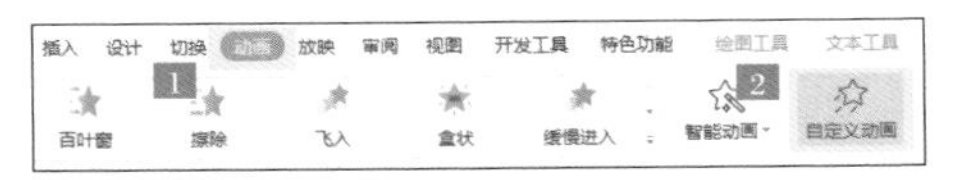

步骤 3 在演示文稿右侧弹出【自定义动画】窗格，单击【添加效果】按钮，在下拉动画列表中选择“进入”组中的“飞入”选项。

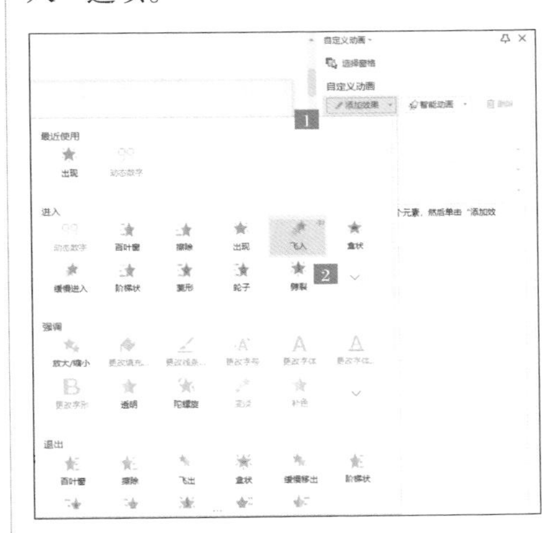

步骤 4 为图形框添加了动画后，将自动演示一次动画效果，并在添加了动画效果的对象左上角显示“1”，表示该动画为该幻灯片页面中的第一个动画。

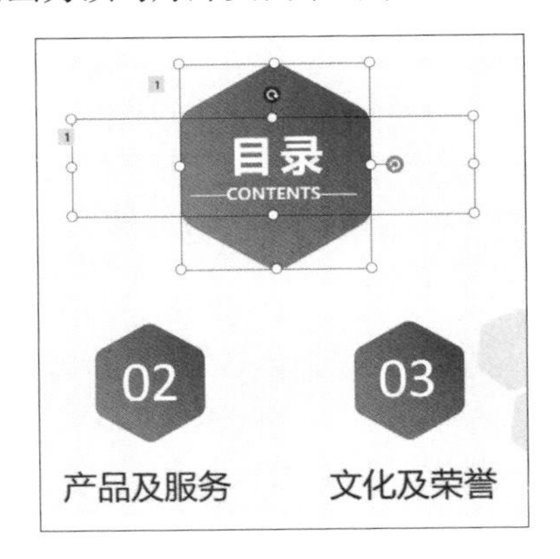

Tips

添加动画后，如果没有预览到动画效果或是需要再次预览动画效果，选中该幻灯片，然后单击【动画】→【预览效果】按钮再次进行播放。

步骤 5 选中该幻灯片的其他图形框，重复前面添加动画效果的步骤，在右侧【自定义动画】窗格中单击【添加效果】按钮，在下拉动画列表中选择所需要的动画选项。

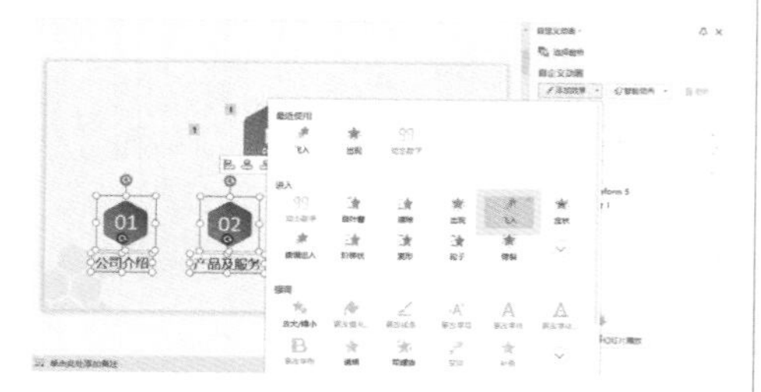

步骤 6 添加完所有图形框的动画效果后，可以在【自定义动画】窗格中看到该幻灯片中所有动画对象列表。

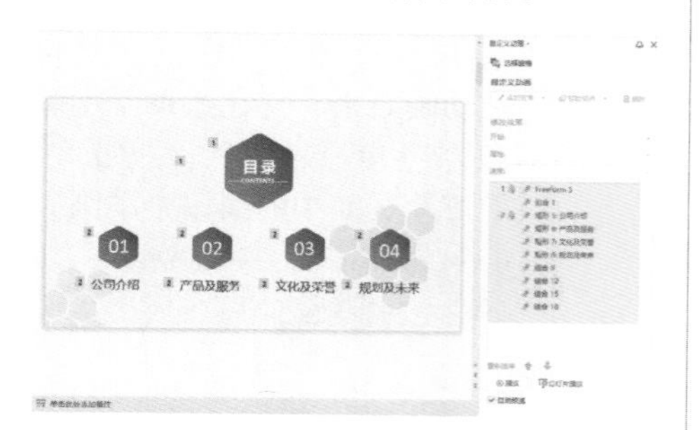

步骤 7 在右侧窗格的动画对象列表中，单击选中某个动画对象，然后单击其后的箭头按钮，利用弹出的菜单可以进行动画效果的修改或删除。调整幻灯片的每个动画对象，直至整张幻灯片呈现的动画效果符合使用需要。

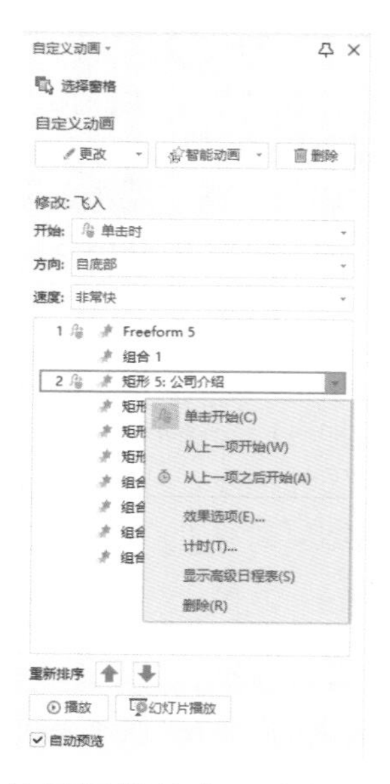

步骤 8 使用同样的方法为其他幻灯片对象添加动画效果，完成后选择【幻灯片放映】→【当页开始】选项，预览本幻灯片页面的动画效果。

Tips

在演示文稿右侧的【自定义动画】窗格中单击【播放】按钮，即可预览当前幻灯片的动画效果。如果勾选了“自动预览”选项，则可以在添加动画效果后，自动播放动画效果。

10.1.3 动画的调整与编辑

为演示文稿添加完动画效果后，可根据预览效果的满意度进行动画的调整和编辑。对动画的调整与编辑包括更改动画效果、添加多个动画效果、删除动画效果等。

1. 更改动画效果

更改动画效果是指对动画对象的动画效果样式、动画效果选项等进行修改。对企业宣传演示文稿的动画效果进行更改的具体操作步骤如下。

步骤 1　在【自定义动画】选项下方的动画对象列表中选择需要更改动画效果的对象。

步骤 2　单击上方的【更改】按钮，在弹出的动画效果列表中选择需要的效果样式。

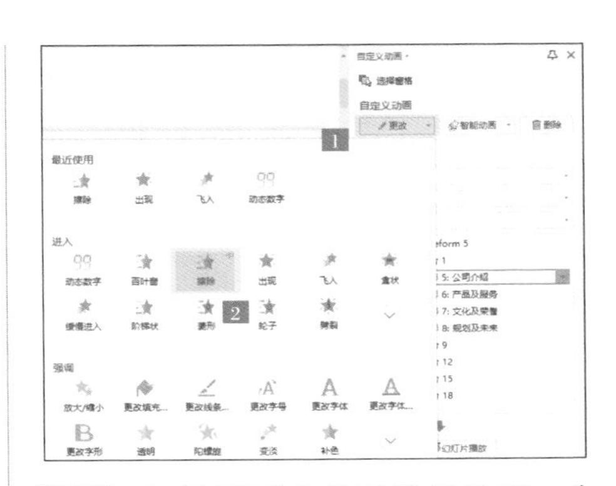

步骤 3　如果要更改动画效果选项，先选中要调整的动画对象，然后单击其后的下拉箭头，在弹出的下拉列表中选择“效果选项”选项。

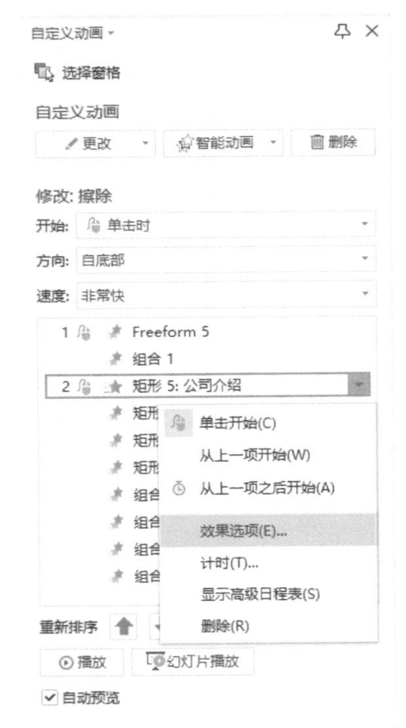

步骤 4　弹出【擦除】动画设置对话框，在【效果】选项卡的【方向】下拉列表中可以重新设置动画进入的方向；在【声音】下拉列表中可以重新设置动画的声音。

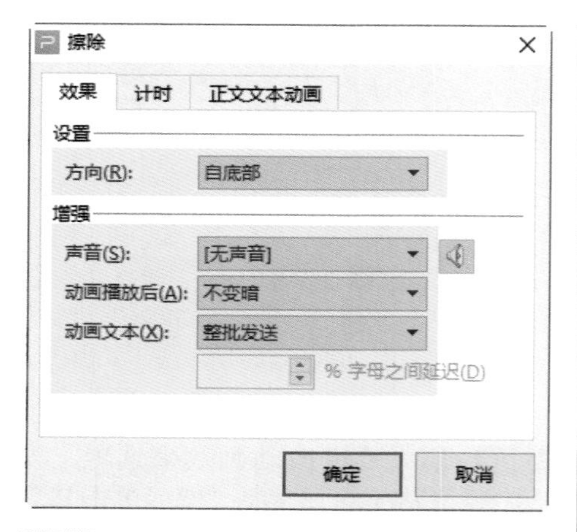

步骤 5 切换到【计时】选项卡，在【开始】下拉列表中设置动画开始方式；在【速度】下拉列表中设置动画运行速度。设置完成后，单击【确定】按钮。

2. 删除动画效果

删除演示文稿中不满意的动画效果有以下几种方法。

方法一：通过按钮删除单个动画

在右侧【自定义动画】窗格中，选择要删除的动画对象，然后单击上方的【删除】按钮。

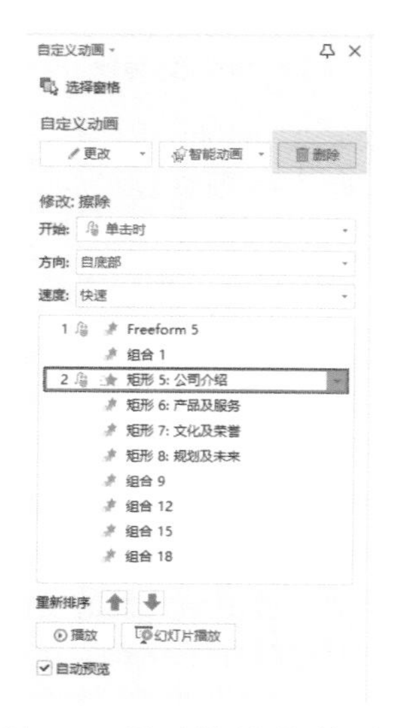

方法二：通过快捷菜单删除单个动画

在右侧【自定义动画】窗格中，选择要删除的动画对象，在右侧的下拉列表中选择【删除】选项。

方法三：通过动画顺序图标删除动画

添加动画后，在对象前会显示动

画顺序图标，如果要删除单个动画，可以直接选择动画图标，按【Delete】键即可删除动画。

方法四：通过功能区删除全部动画

步骤 1 选中需要删除动画效果的幻灯片，选择【动画】→【删除动画】选项。

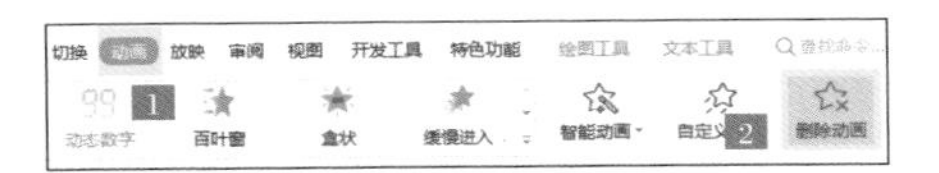

步骤 2 弹出【WPS 演示】提示框，系统提示“删除当前选中幻灯片中所有动画”，如果确定，就单击【是】按钮；如果不确定，就单击【否】按钮。单击【是】按钮，则删除该幻灯片中的所有动画效果。

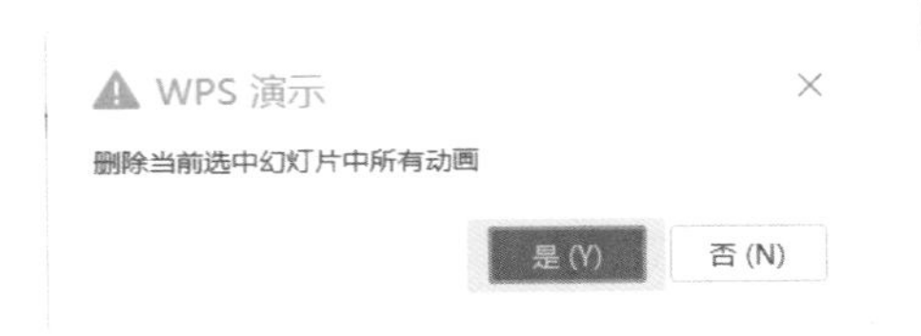

10.1.4 一键智能动画切换

在设置演示文稿动画时，一般需要根据所理解的动画关系，逐个为幻灯片中的各个图形元素添加动画效果。而 WPS 演示中有一个智能动画的功能，能一键智能为所有图形元素添加动画效果。

对企业宣传演示文稿使用智能动画功能，具体操作步骤如下。

步骤 1 在打开的素材文件中选择第 1 张幻灯片，选中所有需要添加动画效果的图形元素或文本框。

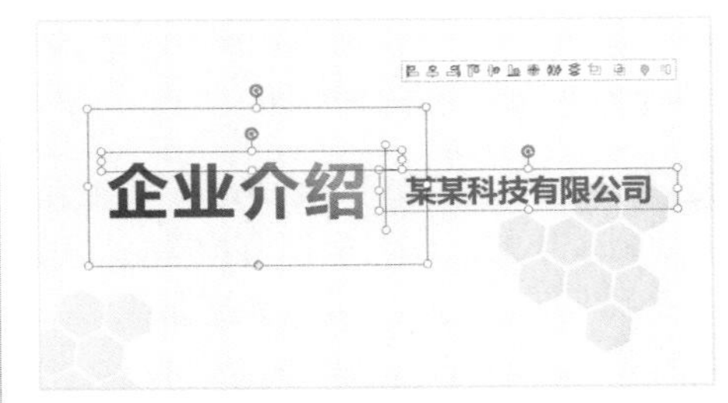

步骤 2 单击【动画】→【智能动画】按钮。

步骤 3 弹出【智能动画】对话框，WPS 会自动识别幻灯片内的图形元素，推荐各种动画效果以供选择，如下图所示。

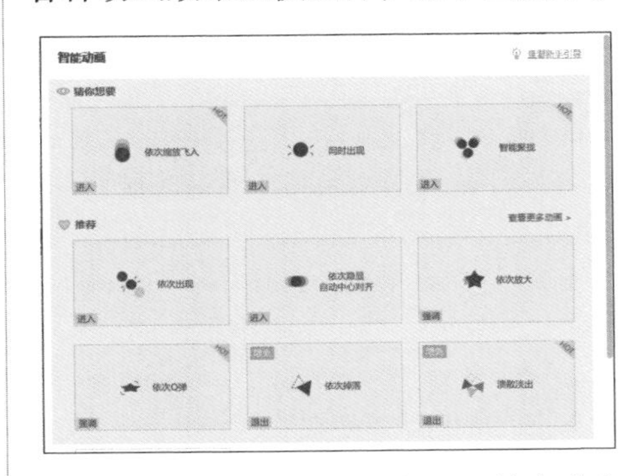

步骤 4 选中需要的动画效果，单击【免费下载】，即可将其应用到幻灯片上，并同时预览动画效果。

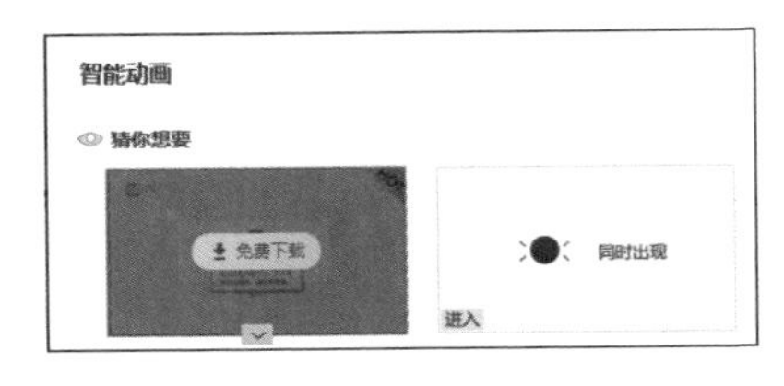

Tips

WPS 为注册用户提供了很多【免费下载】的动画效果，若需要【VIP 下载】的动画效果，则需要注册升级为稻壳会员才行。【VIP 下载】提供了很多酷炫的动画效果。

步骤 5 完成了一键为该幻灯片智能添加动画效果的操作，根据所推荐的多种动画效果样式，可以进行多次预览，直到满意为止。

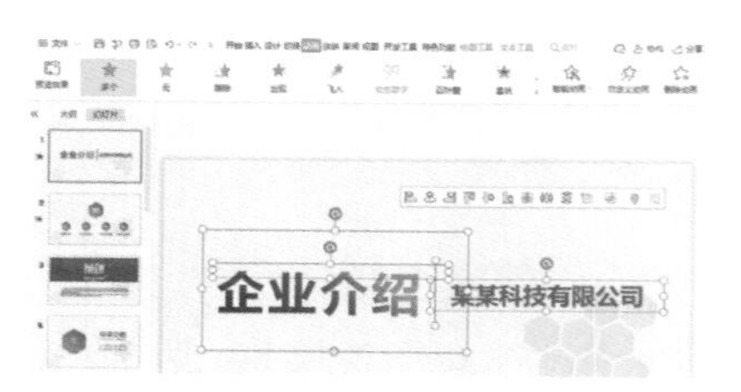

步骤 6 对演示文稿中的其他幻灯片重复以上步骤，可以快速完成所有幻灯片的动画效果添加。

Tips

使用智能动画前，要先选择幻灯片里面的动画对象，否则无法应用该功能。

10.1.5 恰当地应用切换效果

幻灯片的切换效果是指在放映幻灯片时，一张幻灯片从屏幕消失，另一张幻灯片显示在屏幕上的一种动画效果。为幻灯片添加恰当的切换效果，可以使演示文稿的放映更加生动。

1. 添加切换效果的方法

WPS 演示提供了多种切换效果，可以通过以下两种方法进行添加。

方法一：通过功能区添加

选中要设置切换效果的幻灯片，选择演示文稿界面上方功能区中的【切换】选项，在切换效果列表框中选中要添加的切换样式并进行切换效果的详细设置。

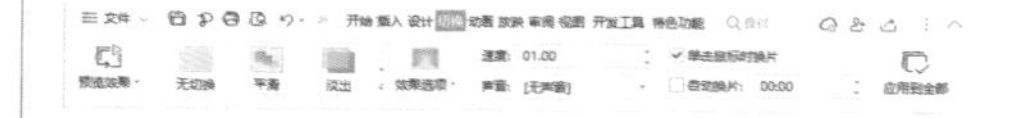

方法二：通过【幻灯片切换】窗格

选中要设置切换效果的幻灯片，单击演示文稿界面右方的【幻灯片切换】按钮，打开【幻灯片切换】窗格，在切换效果列表框中选中要添加的切换样式并进行切换效果的详细设置。

2. 设置切换效果的步骤

为演示文稿添加切换效果的具体操作步骤如下。

步骤 1 打开素材文件“企业宣传 PPT.dps”，选中第一张幻灯片后，选择【切换】选项，在切换效果列表框内选择需要的切换样式，如“淡出”效果，并可即时预览切换效果。

步骤 2　单击【效果选项】按钮，在下拉列表中可以设置“淡出”效果的样式，如选择“平滑”。

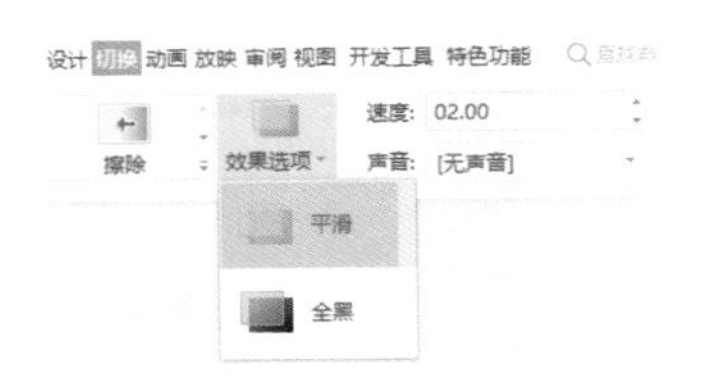

步骤 3　如果需要对切换效果的播放速度进行调整，可在【速度】微调框中设置切换效果的持续时间，其单位为“秒”，数值越大，切换效果播放时间越长，播放速度越慢。若需要添加切换时播放的声音，单击【声音】下拉按钮，在下拉列表中可选择声音，如“爆炸”。

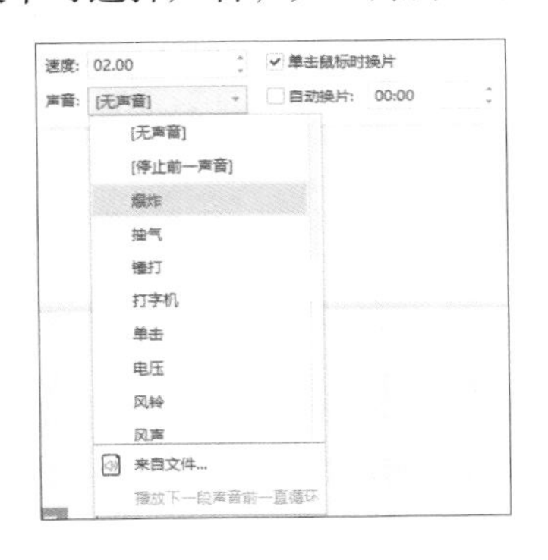

步骤 4　设置完成后，可单击【应用到全部】按钮，将当前幻灯片设置的切换效果及相关设置应用到该演示文稿的所有幻灯片中。

Tips

如果不希望所有幻灯片都使用同一种切换效果，也可以分别为每张幻灯片设置不同的切换效果。

案例总结及注意事项

（1）添加或设置动画效果时，必须先选中对象才能设置。并非所有对象都需要添加动画效果，避免过多动画影响幻灯片放映效果。

（2）建议为整个演示文稿添加同一切换效果，不建议分别为每一张幻灯片页面设置不同的切换效果。

动手练习：公司年会演示文稿的动画设计

练习背景：

公司定于年末召开总结大会，年会发言人提供了发言时所需要的演示文稿，演示文稿包括年度工作汇报、明年销售目标等内容，现在公司需要你按照以下要求完成操作。

练习要求：

（1）根据所提供的公司年会演示文稿，结合幻灯片内容给每页幻灯片添加合适的动画效果。

（2）完成要求（1）后，结合动画效果给每页幻灯片添加切换效果。

练习目的：

（1）掌握演示文稿添加动画效果的操作方法。

（2）掌握演示文稿添加切换效果的操作方法。

（3）练习智能动画设置的操作。

本节素材结果文件	
	素材 \ch10\ 年会动画 PPT.dps
	结果 \ch10\ 年会动画 PPT.dps

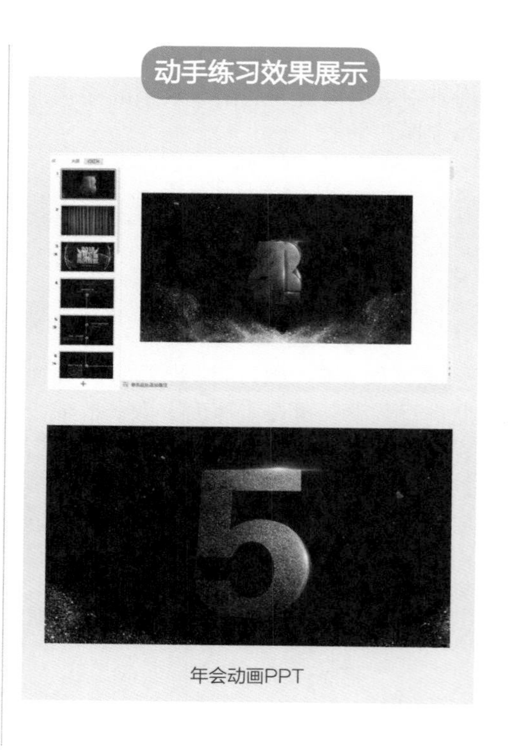

年会动画PPT

10.2 企业路演演示文档的放映与设置

放映幻灯片是演示文稿制作的最后环节，一次成功的幻灯片演讲与幻灯片放映的精确控制密不可分。在放映幻灯片前，还需要对放映选项进行相关设置。这里就需要应用演示文稿的幻灯片放映功能。

【放映】菜单功能及【设置放映方式】功能介绍如下。

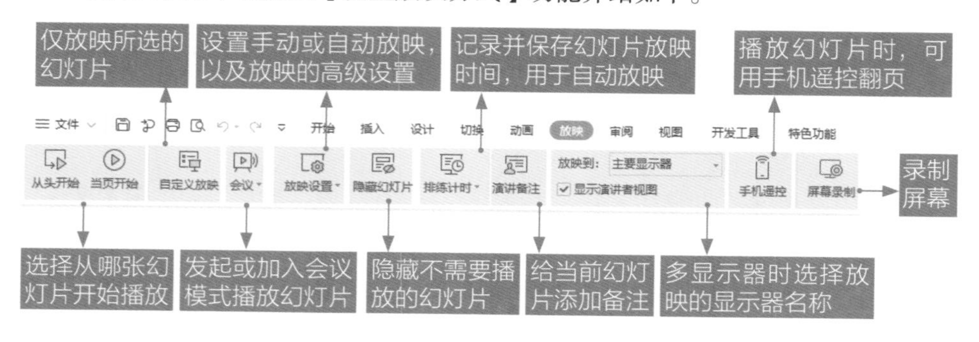

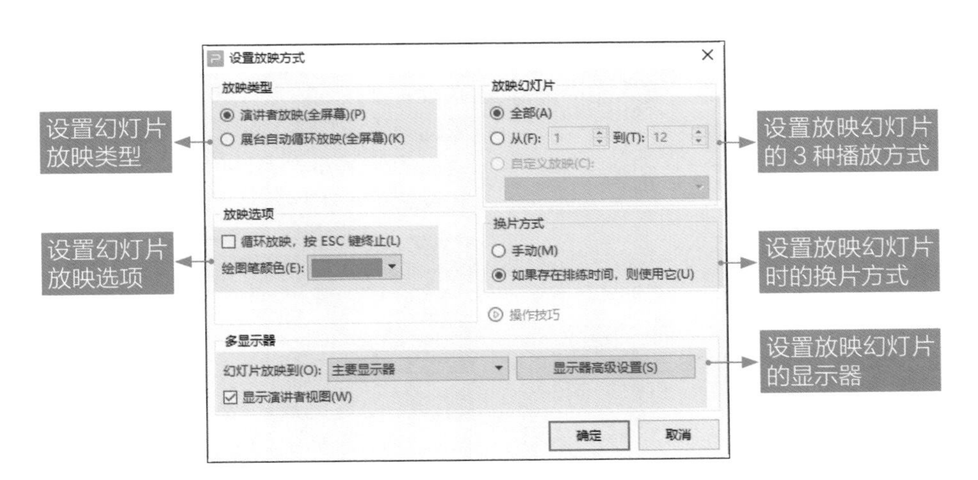

下面通过对企业路演演示文稿进行放映设置操作，介绍幻灯片的放映设置及操作方法。

本节素材结果文件	
	素材 \ch10\ 路演汇报 .dps
	结果 \ch10\ 路演汇报 .dps

“路演汇报 .dps”是已经制作完成的文件，通过对演示文稿进行放映设置，可以更精确地把握演讲时间，也可以在排练演示的过程中发现并修改错误。

案例效果

路演汇报

10.2.1 设置备注帮助演讲

在使用演示文稿进行演讲时，可以在幻灯片内添加备注。备注可在演讲者的计算机上显示，提示演讲者相关内容，而不显示在放映的屏幕上。

设置演示文稿备注的具体操作步骤如下。

步骤 1 打开素材文件“路演汇报 .dps”，选中需要添加备注的第一张幻灯片，选择【放映】→【演讲备注】选项。

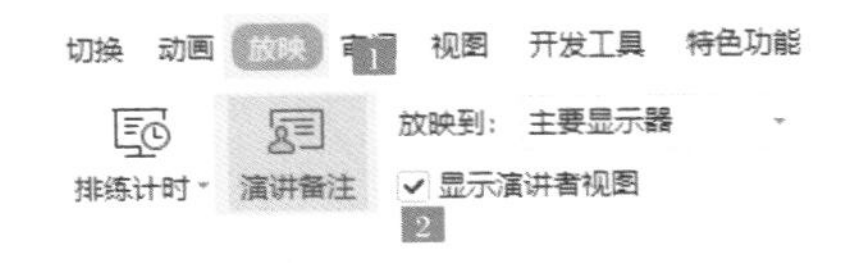

步骤 2 弹出【演讲者备注】对话框，在文本框中输入备注信息，输入完毕单击【确定】按钮。

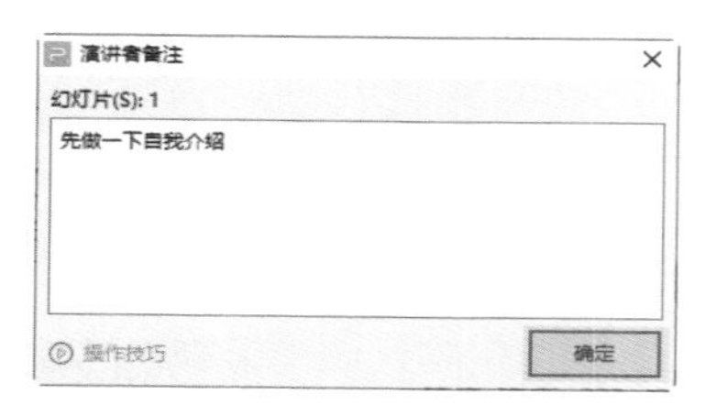

步骤 3 返回幻灯片页面，可以看到幻灯片页面下方已经录入了备注信息。

步骤 4 选择【放映】→【放映设置】→【放映设置】选项。

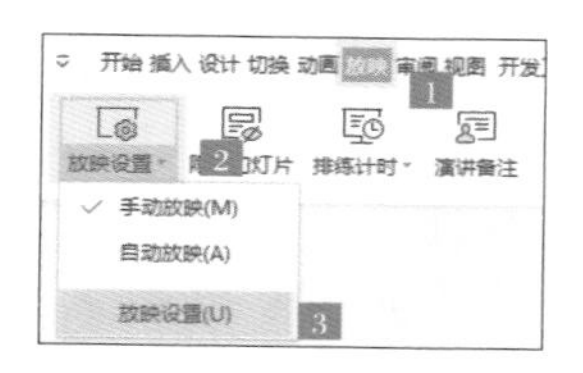

步骤 5 弹出【设置放映方式】对话框，在【放映类型】中选择【演讲者放映(全屏幕)】，单击【显示器高级设置】按钮。

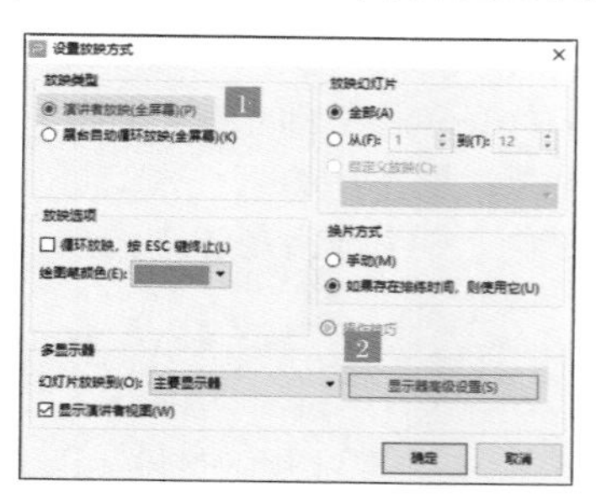

步骤 6 弹出【设置】对话框，单击【进入设置】按钮，在【多显示器设置】区域选择【设为主显示器】复选框，设置当前的显示器为主显示器，并把显示模式设置为【扩展这些显示器】模式。

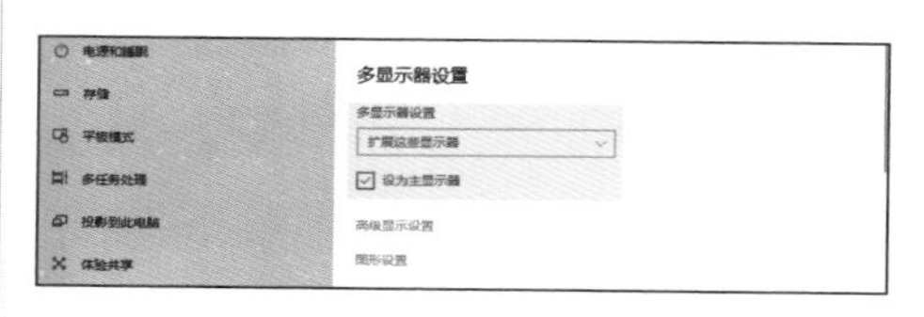

步骤 7 设置完成，会出现两个显示器窗口，计算机中的显示器则会显示出备注窗口。

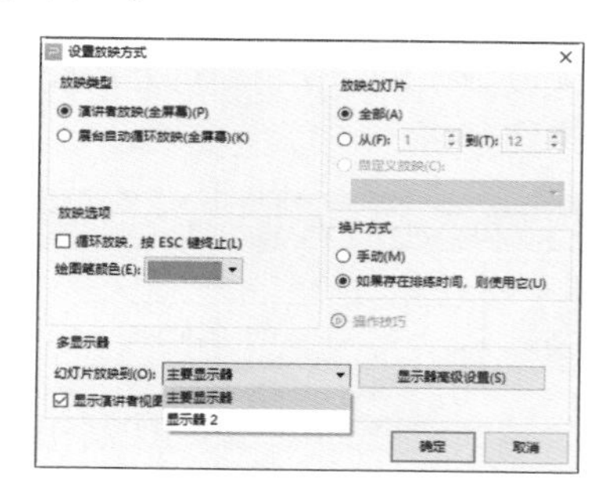

Tips

可以为每张幻灯片单独设置备注信息，当使用双屏放映时，在放映过程中打开【演讲者备注】对话框，不会出现在放映屏幕中。下图所示为打开【演讲者备注】对话框后，演讲者看到的屏幕效果。

10.2.2 在放映前进行演示排练

排练计时功能就是在正式放映前用手动控制的方式进行换片，并模拟演讲过程，让程序将手动换片的时间记录下来，此后，就可以按照这个换片时间自动进行放映，不需要人为控制。

对企业路演演示文稿进行排练计时设置，具体操作步骤如下。

步骤 1 打开素材文件“路演汇报 .dps”，选择【放映】→【排练计时】→【排练全部】选项。

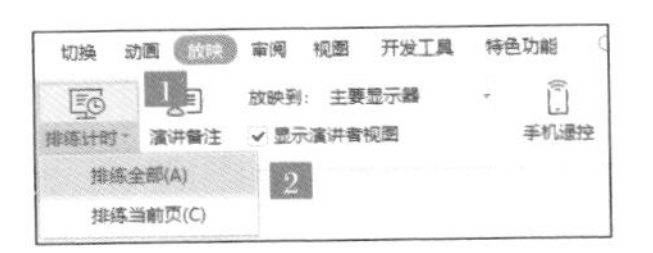

步骤 2 进入幻灯片放映状态，在放映窗口左上角有一个计时器，显示录制的时间。随着计时器计时，按正常演示那样进行幻灯片切换，模拟想要的播放效果。

步骤 3 幻灯片放映结束时会弹出对话框，显示幻灯片放映共需多长时间，并询问【是否保留新的幻灯片排练时间】。如果需要保存，单击【是】按钮。如果对排练时间不满意，还想重新排练的话，可以单击【否】按钮，然后重新排练，直到满意后保存。

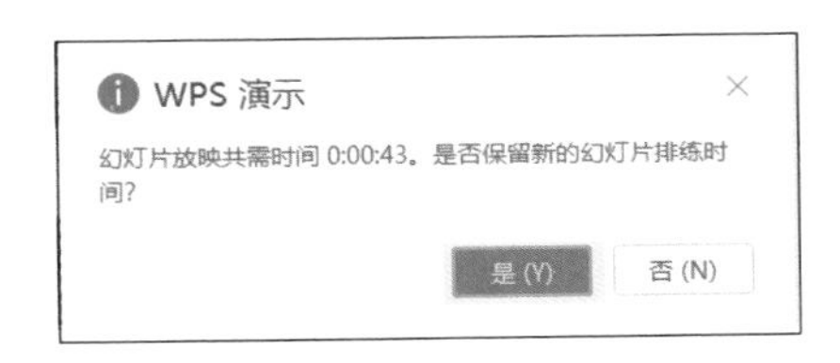

步骤 4 返回演示文稿界面，即可看到演示文稿全部展现出来，并且每张幻灯片下都记录着需要放映多长时间。关闭幻灯片并进行保存，下次播放时就可以按照所保存的排练计时进行自动播放了。

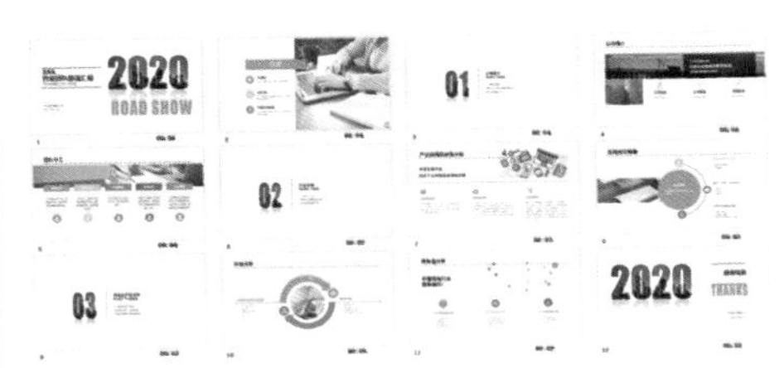

步骤 5 如果要设置自动播放，需要进一步详细设置。选择【放映】→【放映设置】→【放映设置】选项，在打开的【设置放映方式】对话框的【换片方式】中选择“如果存在排练时间，则使用它”，然后单击【确定】按钮。

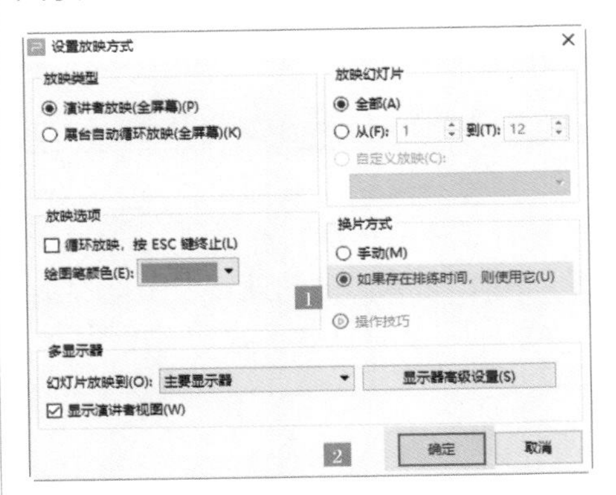

步骤 6 返回演示文稿页面，选择【放映】→【放映设置】→【自动放映】选项。

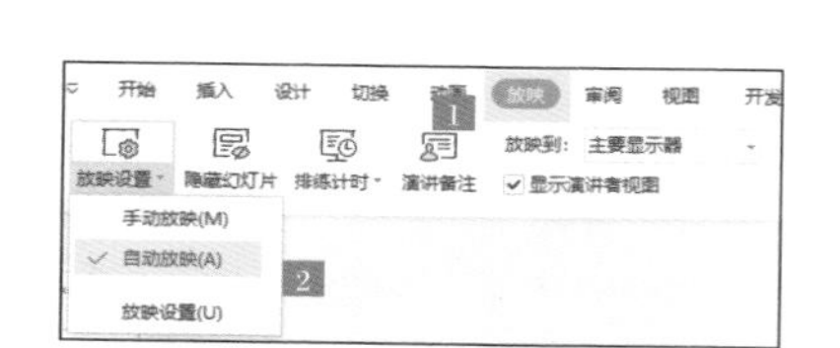

步骤 7 选择【放映】→【从头开始】选项，演示文稿即可按照之前保存的排练计时自动播放，如下图所示。

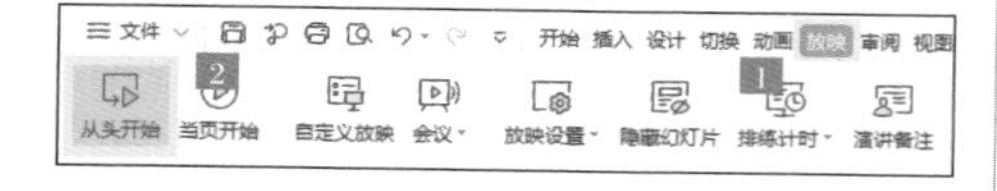

Tips

掌握了排练计时的功能，可以使演讲者在演讲时不必控制幻灯片的播放，并且可以很好地把握幻灯片放映的时间，不至于超时。

10.2.3 演示文稿的放映设置

在放映演示文稿前，还需要对放映选项进行相关设置，例如，放映方式的设置、可放映幻灯片设置、放映显示器的设置、放映中的幻灯片控制等。

1. 设置放映方式

在放映幻灯片前，还需要对放映选项进行相关设置。

（1）设置放映类型

根据幻灯片放映时的不同操作者，可将放映类型分为演讲者放映和展台自动循环放映。

类型一：演讲者放映。该方式为常规放映方式，用于演讲者亲自播放演示文稿的情况。演讲者对幻灯片具有完全的控制权，可以自行切换幻灯片或暂停放映。

类型二：展台自动循环放映。这是一种自动运行的全屏放映方式，放映结束后将自动重新放映。演讲者不能自行切换幻灯片，但可以单击幻灯片页面所设置的超链接或动作按钮。

（2）设置可放映幻灯片

设置可放映幻灯片有 3 种方式，分为全部放映、单项选择放映和自定义放映。

方式一：全部放映

在【设置放映方式】对话框的【放映幻灯片】选项中，选择【全部】选项，即可选择放映所有幻灯片。

方式二：单项选择放映

在【设置放映方式】对话框【放映幻灯片】选项中，选择【从 *X* 到 *Y*】选项，就是选择放映 *X*~*Y* 若干页连续的幻灯片。

方式三：自定义放映

对演示文稿进行自定义放映设置的具体操作步骤如下。

步骤 1 打开素材文件“路演汇报 .dps”，单击【放映】→【自定义放映】按钮。

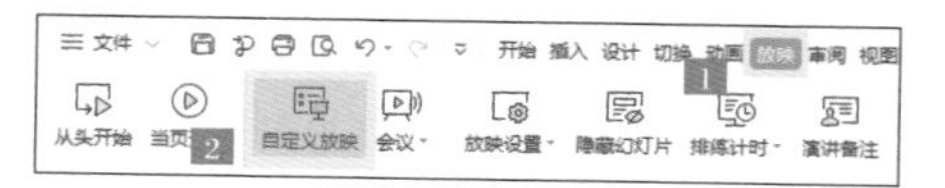

步骤 2 弹出【自定义放映】对话框，单击【新建】按钮。

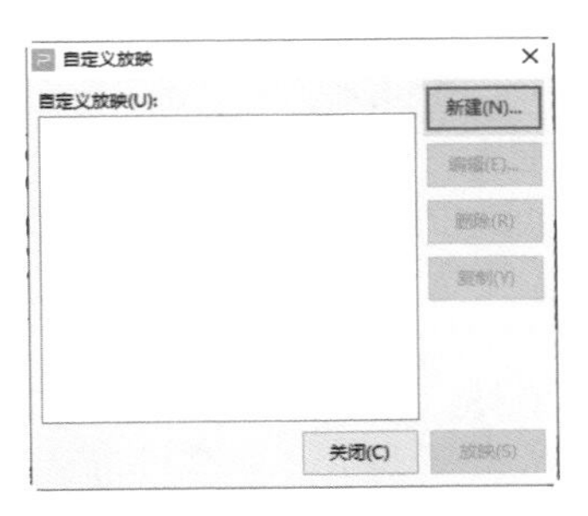

步骤 3 弹出【定义自定义放映】对话框，在【幻灯片放映名称】右边的文本框中输入放映序列的名称，如“自定义放映1”，并在下方的幻灯片列表中依次选中要放映的幻灯片，然后单击【添加】按钮添加到右侧的放映列表中，最后单击【确定】按钮保存。

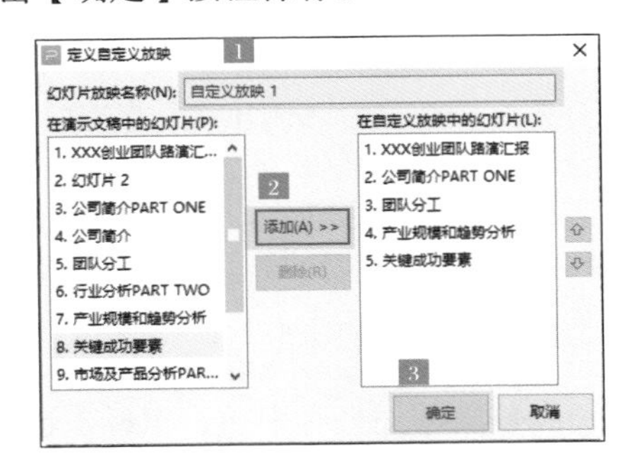

步骤 4 返回【自定义放映】对话框，可以看到刚才新建的放映序列“自定义放映 1”已经出现在左边【自定义放映】下方的文本框中，单击【关闭】按钮关闭对话框。

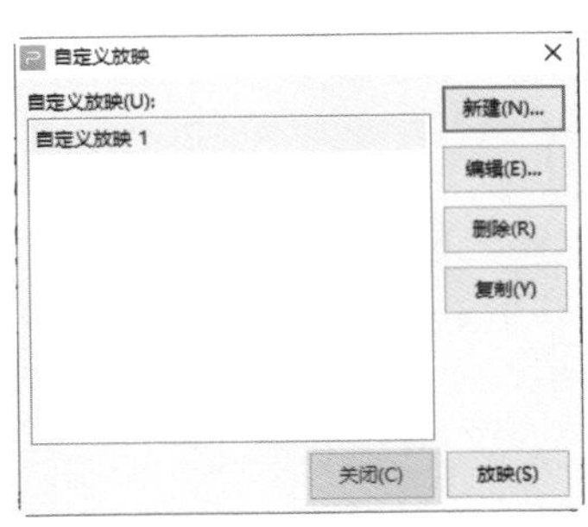

步骤 5 返回演示文稿界面，选择【放映】→【放映设置】→【放映设置】选项，弹出【设置放映方式】对话框，在【放映幻灯片】中选择【自定义放映】选项，在其下拉列表中选择刚才新建的放映序列“自定义放映 1”，单击【确定】按钮。

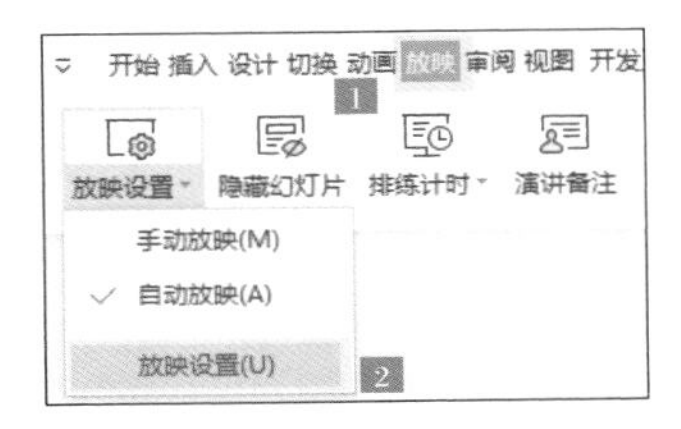

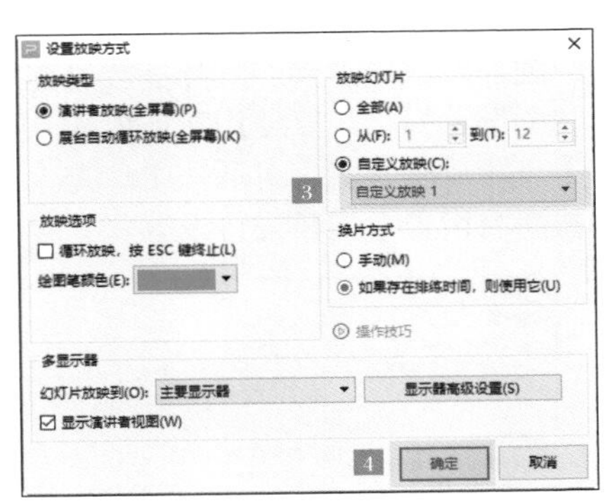

步骤 6 返回演示文稿界面，单击【放映】→【从头开始】按钮，可以看到演示文稿是按照刚才自定义的放映序列进行放映的，如下图所示。

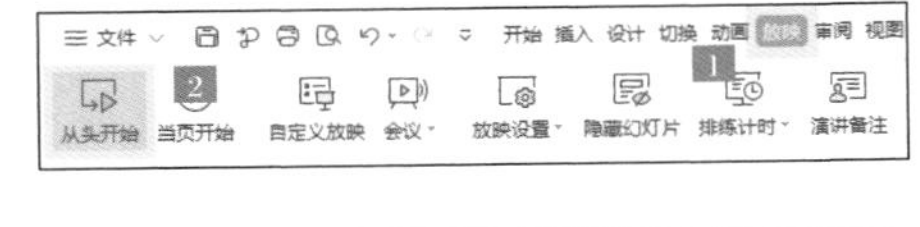

Tips

自定义放映可以根据演讲者的使用需要，选择不连续的几页幻灯片设为放映序列，而方式二的放映方式只能选择连续的若干页幻灯片。

2. 放映演示文稿

（1）放映显示器的设置

演示文稿的放映可以分为两种情况，一种是单屏放映，即在操作者自己的计算机屏幕上放映；另一种是双屏放映，使用双屏放映时，可以将演讲者视图和播放视图分别显示在不同的屏幕上，观众将只能看到幻灯片播放过程及绘制的屏幕标记。要使用双屏放映，可在【设置放映方式】对话框中单击【显示器高级设置】按钮进行设置。

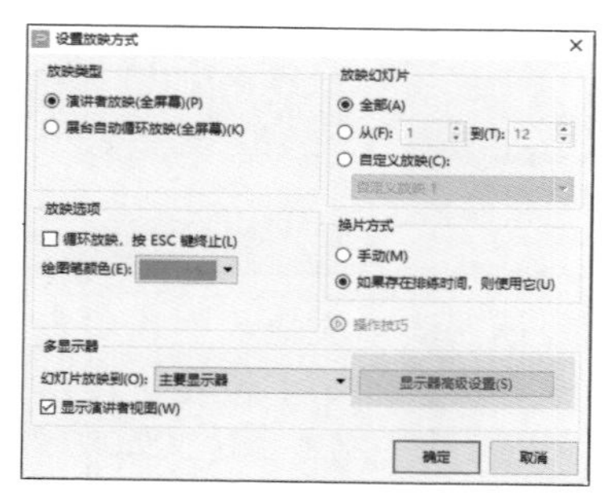

（2）放映演示文稿

连接好播放设备并完成相应设置后即可播放演示文稿。在演示文稿中，单击【放映】→【从头开始】或【当页开始】按钮即可开始放映。

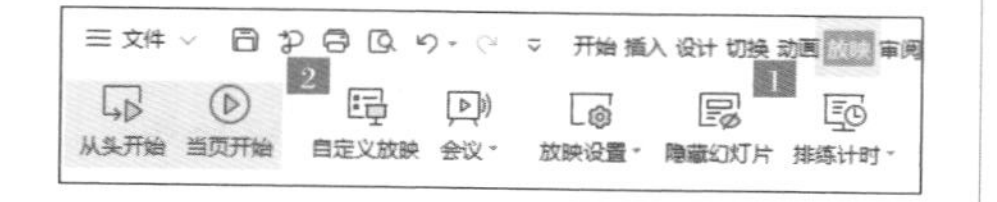

Tips

【从头开始】按钮：从第 1 张幻灯片页面开始放映。

【当页开始】按钮：从当前选择的幻灯片页面开始放映。

另外，按【F5】键，即可从头开始放映幻灯片；按【Shift + F5】组合键，即可从当前幻灯片开始放映。

（3）控制放映的方式

在放映幻灯片的过程中，可以通过以下 4 种方式来对幻灯片进行控制。

方式一：使用鼠标单击

在屏幕中单击鼠标左键，可以切换到下一张幻灯片。

方式二：使用键盘控制

按空格键、【Enter】键、【N】键、【PgDn】键、向右或向下方向键，可以切换到下一张幻灯片。按向左或向上方向键、【P】键、【PgUp】键，可以切换到上一张幻灯片。

方式三：通过快捷菜单控制

在放映的幻灯片中单击鼠标右键，在弹出的快捷菜单中选择【上一张】【下一张】【第一页】或【最后一页】命令进行幻灯片切换。

方式四：通过快捷菜单快速定位

在放映的幻灯片中单击鼠标右键，在弹出的快捷菜单中选择【定位】→【按标题】命令，选择要播放的幻灯片。

Tips

在放映幻灯片时按【Esc】键，在屏幕中单击鼠标右键，或在弹出的快捷菜单中选择【结束放映】命令，即可结束幻灯片放映。

3. 在放映时绘制标记

如果想在放映幻灯片时为重点内容添加标记，可以利用软件提供的绘图工具来实现。绘图工具有圆珠笔、水彩笔和荧光笔 3 种。在放映幻灯片时，单击屏幕左下角的类似笔的按钮，即可在弹出的菜单中选择工具类型。其中，圆珠笔可绘制细线条；水彩笔可绘制粗线条；荧光笔可绘制半透明带状线条。选择绘图工具后即可在屏幕中进行绘制，以协助演讲者进行讲解。

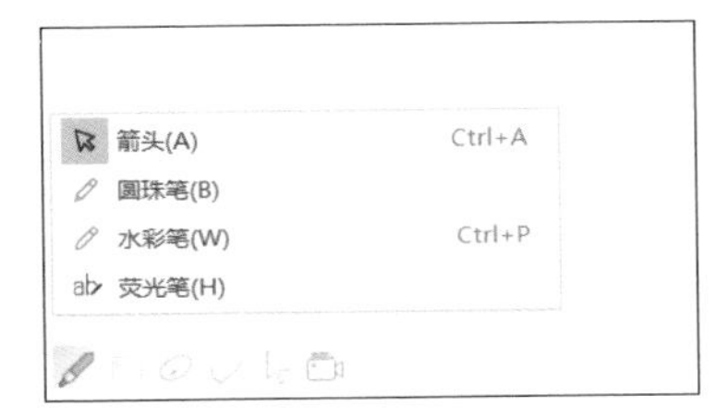

Tips

选择绘图工具的另外一种方式是在放映幻灯片时，在屏幕中单击鼠标右键，在弹出的快捷菜单中选择【指针选项】子菜单里面的绘图工具选项。

10.2.4 防止效果丢失，将字体嵌入文件

在办公演示或演讲中使用演示文稿，有时会遇到幻灯片中的特殊字体在其他计算机中无法显示或是排版错乱的情况。针对这种情况，WPS 提供了将字体嵌入幻灯片中的功能，使幻灯片在其他计算机中可以正常放映。

为了防止效果丢失，将字体嵌入文件的具体操作步骤如下。

步骤 1 在打开的“路演汇报 .dps”素材文件中，选择【文件】→【选项】选项。

步骤 2 在弹出的【选项】对话框中选择【常规与保存】，在打开的界面中勾选“将字体嵌入文件”选项。若选中【仅嵌入文档中所用的字符】单选项，嵌入字体后的文件相对较小；若选中【嵌入所有字符】单选项，可以方便他人编辑。选择合适的模式，字体就会被嵌入文件，单击【确定】按钮。

案例总结及注意事项

（1）添加演示文稿的演讲备注后，一定要进行双屏设置，这样添加的备注才会显示。

（2）设置了演示文稿的动画效果和切换效果后，选择合适的放映方式，才能更好地把控演讲过程。

动手练习：工作总结演示文稿的放映设置

练习背景：

近期公司将召开工作总结会议，已经完成了工作总结演示文稿的制作，现在公司需要你按以下要求对工作总结演示文稿进行放映设置。

练习要求：

（1）为工作总结演示文稿添加演讲备注。

（2）为工作总结演示文稿进行演示排练。

练习目的：

（1）掌握为演示文档添加演讲备注的操作方法。

（2）掌握对演示文稿放映的设置，练习演示排练和自动播放的操作方法。

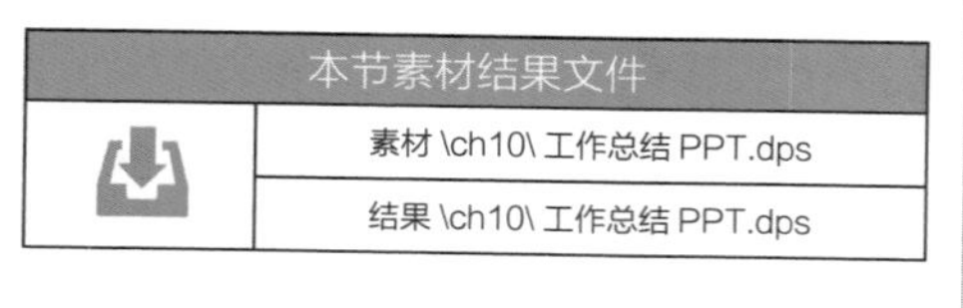

本节素材结果文件	
	素材 \ch10\ 工作总结 PPT.dps
	结果 \ch10\ 工作总结 PPT.dps

工作总结

工作总结

秋叶私房菜：掌握这 3 项参数设置，制作炫酷动画不用愁！

相信你已经从前面的教学中体验到了幻灯片动画的实用与魅力，可自己设计动画时，你是不是依然对动画参数设置感到迷茫？

这里就详细介绍一下各项动画参数！下图是我们在设置演示文稿动画效果时离不开的 3 项参数设置，下面就分别介绍。

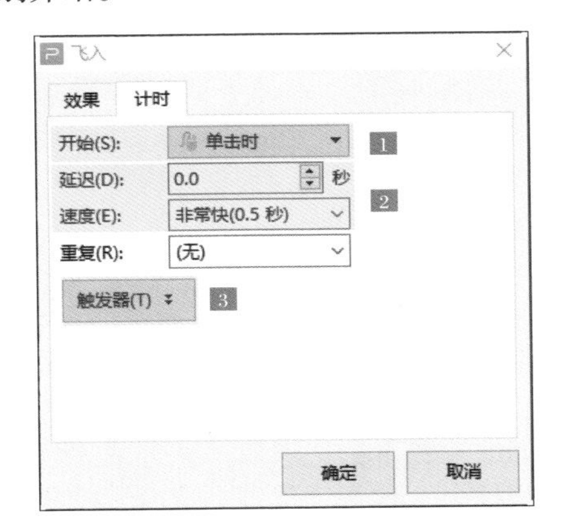

1. 开始

幻灯片上有两张图片，我们为它们各设置了一种动画效果。

【开始】有 3 个选项，下面根据这个案例介绍它们的具体含义。

第一种：两个动画效果均为【单击时】，每个动画效果出现时，都必须单击一次鼠标。

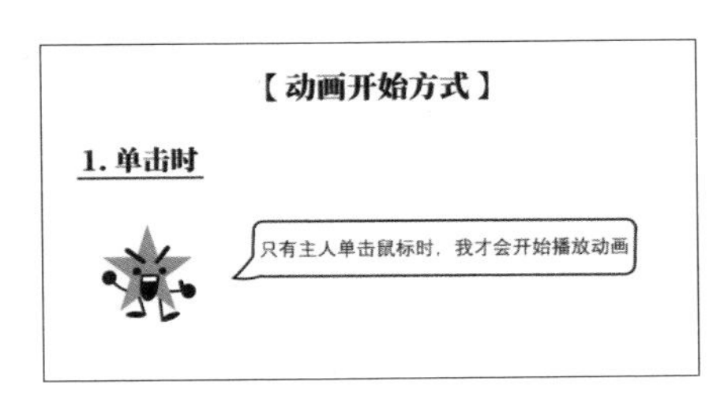

第二种：两个动画效果均为【与上一动画同时】。

此时，两个动画效果会同时播放，不需要单击鼠标。

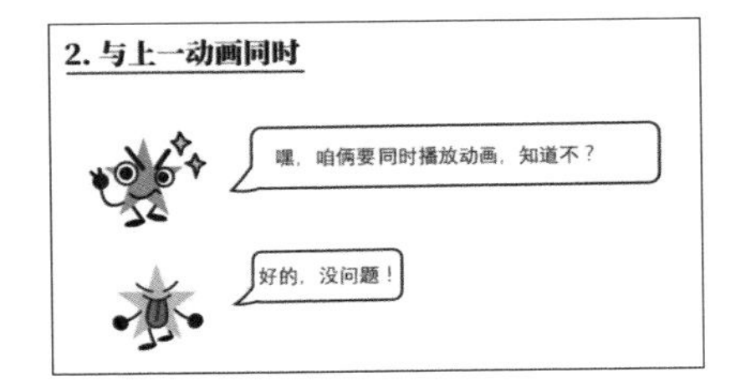

第三种：将第二个动画效果设置为【上一动画之后】。

此时当第一个动画完全播放完成后，第二个动画才开始自动播放。

那么知道了动画【开始】的设置方式，接下来就是两个时长的设置。

2. 速度和延迟时间

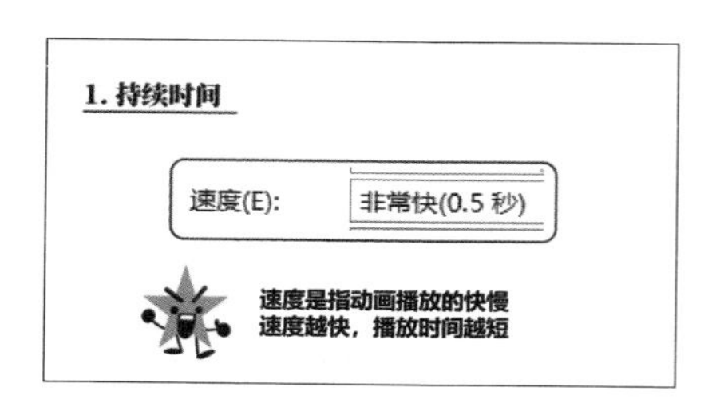

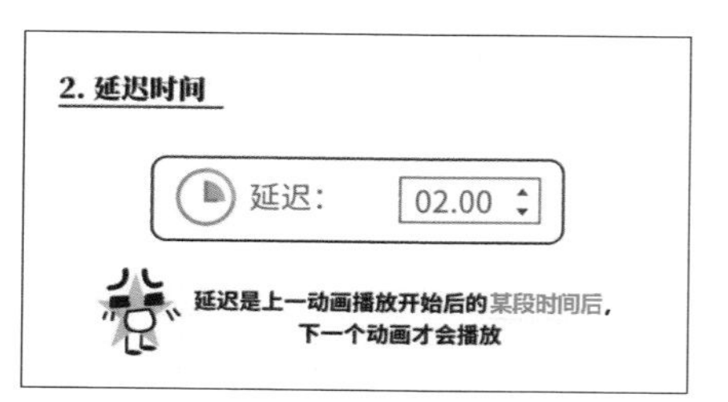

同时设置两个动画，给第二个动画设置延迟时间 3s 后播放，第二个动画就会在第一个动画播放后 3s 开始播放。

3. 触发器

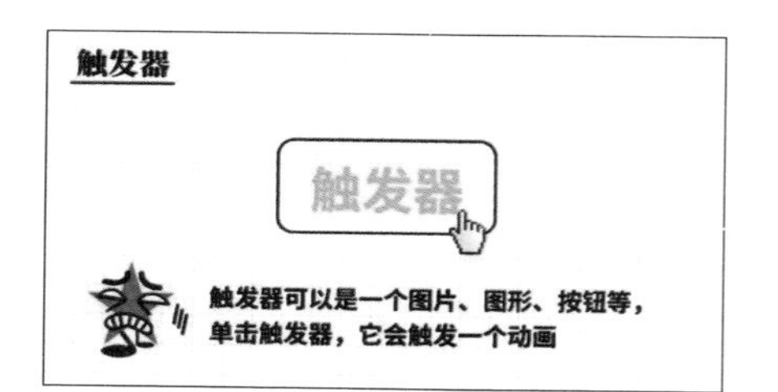

说通俗些，触发器就像一个开关，打开开关，对应的动画效果就会播放！

演示时让你尴尬的 5 大突发情况，早学早预防！

在学校的时候，我们需要用演示文稿做各种展示作业、整体策划、模拟课堂……但是学校的计算机一般都比较老旧，总会遇到一些意外。工作后，我们需要用演示文稿向上级汇报工作业绩、给客户演示方案等，演讲的突发情况也很容易发生。

我们必须在事前做好充分的心理准备，心中要有备用方案，才能保持冷静，临场不乱。虽不能完全杜绝，但可以尽量将风险降到最低，避免尴尬。

这里为大家总结了 5 个令人尴尬的突发情况的解决方案，希望大家阅读后，以后遇到意外时可以有所防备。

1. 放映幻灯片的计算机软件不对

精心搜寻了各种高大上的演示文稿模板，加上了炫酷的动画效果，按要求将其复制到演讲现场的计算机上，信心满满地准备演示。

尴尬瞬间：该计算机的软件不一样，要么打开后全部错乱，要么连文件都打不开……此刻只能站在台上内心抓狂。

解决方案：

如果自己使用的是高版本的软件，千万不要忘记保存一份低版本的备用文件！高版本的幻灯片在低版本软件中放映的时候经常会出现效果缺失或无法打开的情况。现实是很多单位或学校的计算机真的还在使用 WPS Office 2013 版或微软 Office 2003/2007 版，不少使用的还是 Windows XP 系统。

不要惊讶，技术发展上的不平衡远超我们的想象。所以建议每次外出携带的演示文件要保存 3 个版本，DPS、PPTX 和 PPT 格式各一份。

2. 字体丢失，视觉体验很差

在放映的计算机上打开演示文稿，结果发现由于该计算机中没有安装幻灯片里使用的“思源黑体”，使用该字体的文字全部变成了宋体！

尴尬瞬间 1：无法忍受宋体，得将文本框中的文字逐个更换成“微软雅黑”，刚换到第 5 页就要开场了……

尴尬瞬间 2：时间紧迫，只能硬着头皮用宋体讲，观众的视觉体验很不好，自己看着满屏的宋体也不忍读之……

解决方案：

❶ 单击【替换】→【替换字体】，一种字体秒变另一种字体，迅速到位！

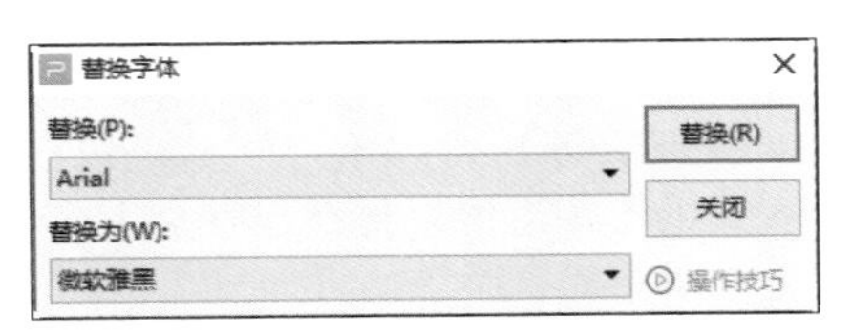

❷ 如果非常想呈现具有自己独特风格的字体，可以考虑在制作演示文稿时“嵌入字体”。

单击界面右上角的【文件】→【选项】→【常规与保存】，然后勾选【将字体嵌入文件】选项。

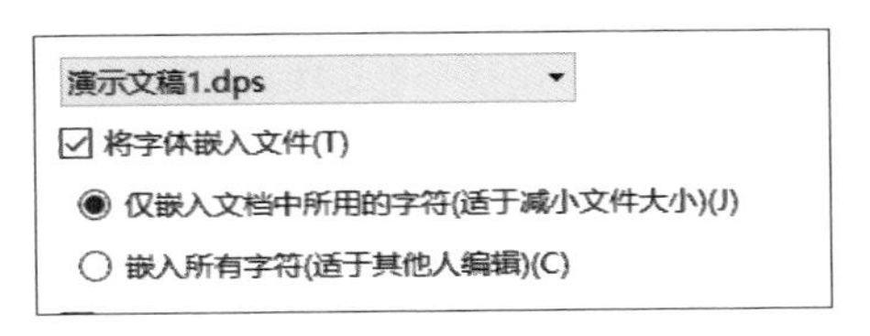

确认后保存文件，就可以正常显示字体了，但嵌入字体后文件会变得很大，还有一些字体因为版权原因不能嵌入文档中。所以比较好的办法是将字体文件随幻灯片一起复制，提前在放映的计算机中安装所需的字体。

❸ 可以考虑将演示文稿输出保存为 PDF 文件或图片。直接单击【另存为】，文件类型选择“PDF”或“JPG”格式即可。

这样处理之后，不会出现内容错乱问题，但问题是输出为这种格式会丢失演示文稿的动画、触发等效果，所以一般适用于静态、没有叠加动画的幻灯片。

❹ 如果你想保留完整的字体和动画，还可以把演示文稿保存为视频格式。直接单击【文件】→【另存为】，选择“输出为视频”即可。

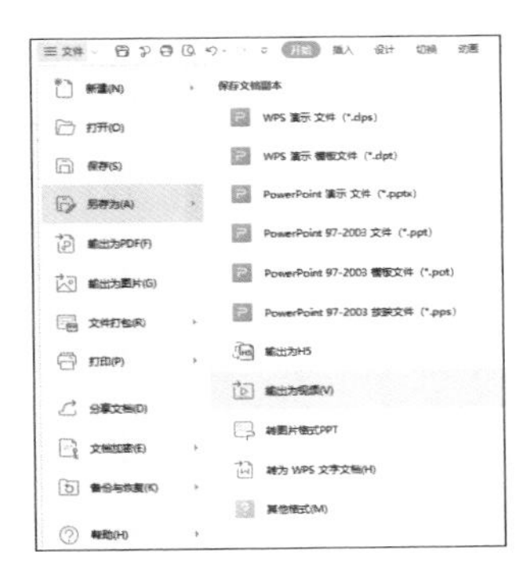

这种格式不存在软件不匹配的问题，但对演讲者演讲时间、进度的把控有很高的要求，需要演讲前多练习几次。

3. 字号太小，观众抱怨

由于演示前对现场场地大小的估计与实际有偏差，字号设置不太合适，坐在后排的观众看不清演示的内容。

尴尬瞬间 1：观众直接喊“看不清”，现场嘈杂，场面失控……

尴尬瞬间 2：观众看不清演示内容，干脆放弃，低头玩手机，不听了……

解决方案：

使用 WPS 演示软件中的“批量设置字体”功能，就可以为演示文稿里面的所有字体设置字号，而且可以灵活地选择需要设置字体的位置，如设置标题字体、正文字体，或者文本框、表格、形状中的字体。

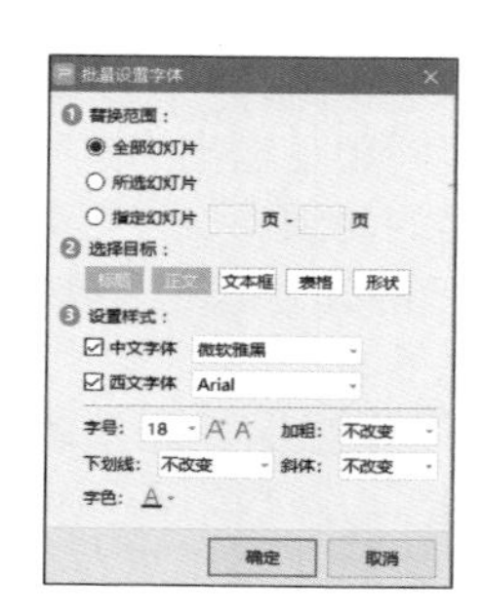

4. 需要快速定位到某张幻灯片

在做演示的时候，我们经常需要快速定位到某张幻灯片页面上。

尴尬瞬间 1：用鼠标或翻页器点了几十下，终于翻到了第 36 张幻灯片，展示之后再翻回去……观众需要耗费 1 分钟看你翻页……

尴尬瞬间 2：退出放映模式，翻到某张幻灯片后再放映，讲完这一张后再次退出，然后翻到之前的那张，继续放映……

尴尬瞬间 3：演讲时间不够，只能单击几下，播放最后一张幻灯片结束演讲，这下所有的观众都知道你没有在规定时间内讲完。

解决方案：

❶ 在播放状态下，只需按【数字键+回车键】就可以快速定位到数字对应的幻灯片，如按数字键【8】，再按【回车键】，就能快速定位到第 8 张幻灯片；按数字键【2】和【5】，再按【回车键】，就可以定位到第 25 张！

❷ 另外，按【Home】键可以快速回到第 1 张幻灯片页面，按【End】键可以快速跳到最后一张幻灯片页面，再也不用担心跳转页面时的尴尬了。

5. 内容太多记不住，窘态百出

不是每一个人都擅长在台上表达，本来下面人多就紧张，如果需要演讲的内容还比较多，就会出现各种窘态。

尴尬瞬间 1：语无伦次，磕磕巴巴，接下来也不知道该讲什么，观众不耐烦了……

尴尬瞬间 2：为了避免背稿忘词，把所有的文字都写到了幻灯片上，密密麻麻的一大片，排版太挤，不简洁，观众看得不舒服，且找不到演讲的重点。

解决方案：

若是连接投影仪播放的，放映时勾选【使用演示者视图】。

勾选之后，投影上还会正常全屏播放，而你在计算机上可以清楚地看到这张幻灯片的备注内容和下一张幻灯片的小图预览。

这样的话，既能看到文字备注，提示自己要说什么，又能提前看到下一张幻灯片的内容，让自己顺畅转场，而且幻灯片显得简洁，可谓“一箭三雕”。